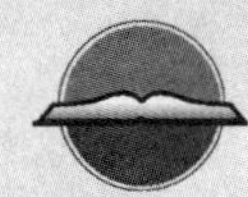

全国高职高专教育“十二五”规划教材

国家级示范性（骨干）高职院建设成果系列教材

兽医职业技能鉴定培训教材

王　涛
于　淼　主编

【畜牧兽医及相关专业使用】

中国农业科学技术出版社

图书在版编目（CIP）数据

兽医职业技能鉴定培训教材／王涛，于森主编．—北京：中国农业科学技术出版社，2012.9

ISBN 978-7-5116-0997-7

Ⅰ.①兽… Ⅱ.①王…②于… Ⅲ.①兽医学—职业技能—鉴定—教材 Ⅳ.①S85

中国版本图书馆CIP数据核字（2012）第158016号

责任编辑 闫庆健 柳 颖
责任校对 贾晓红 范 潇

出 版 者 中国农业科学技术出版社
北京市中关村南大街12号 邮编：100081
电 话 （010）82106632（编辑室）（010）82109704（发行部）
（010）82109709（读者服务部）
传 真 （010）82106632
网 址 http：//www.castp.cn
经 销 者 各地新华书店
印 刷 者 北京富泰印刷有限责任公司
开 本 787 mm×1 092 mm 1/16
印 张 28.5
字 数 708千字
版 次 2012年9月第1版 2012年9月第1次印刷
定 价 45.00元

《兽医职业技能鉴定培训教材》编委会

主　　编　王　涛　于　淼

副 主 编　苏治国　陈广仁　李茂平

编　　委（以姓氏笔画为序）

于　淼（山东畜牧兽医职业学院）
王　涛（江苏畜牧兽医职业技术学院）
王　健（江苏畜牧兽医职业技术学院）
王永立（河南省周口师范学院）
王洪利（山东畜牧兽医职业学院）
刘　云（黑龙江农业职业技术学院）
刘　莉（江苏畜牧兽医职业技术学院）
苏治国（江苏畜牧兽医职业技术学院）
李茂平（江苏省姜堰市白米畜牧兽医站）
吴桂银（江苏畜牧兽医职业技术学院）
张素丽（河南省周口职业技术学院）
陈广仁（江苏省建湖县上冈畜牧兽医站）
陈礼朝（江苏省仪征市动物卫生监督所）
黄东璋（江苏畜牧兽医职业技术学院）
梅存玉（江苏省姜堰市娄庄畜牧兽医站）
蔡丙严（江苏畜牧兽医职业技术学院）
谭　菊（江苏畜牧兽医职业技术学院）
魏　宁（江苏畜牧兽医职业技术学院）

主　　审　崔洪平（江苏省无锡市动物卫生监督所）
舒永芳（江苏省新沂市畜牧兽医站）
陈　兴（江苏省仪征市畜牧兽医站）
袁逢新（周口职业技术学院）

序

在任何一种教育体系中，课程始终处于核心地位。高等职业教育是高等教育的一种重要类型，肩负着培养面向生产、建设、服务和管理第一线需要的高素质高技能人才的使命。职业教育课程是连接职业工作岗位的职业资格与职业教育机构的培养目标，即学生所获得相应综合职业能力之间的桥梁。而教材是课程的载体，高质量的教材是实现培养目标的基本保证。

江苏畜牧兽医职业技术学院是教育部、财政部确定的“国家示范性高等职业院校建设计划”骨干高职院校首批立项建设单位。学院以服务“三农”为宗旨，以学生就业为导向，紧扣江苏现代畜牧产业链和社会发展需求，动态灵活设置专业方向，深化“三业互融、行校联动”人才培养模式改革，创新“课堂—养殖场”、“四阶递进”等多种有效实现形式，积极探索和构建行业、企业共同参与教学管理运行机制，共同制定人才培养方案，推动专业建设，引导课程改革。行业、企业专家和学院教师在实践基础上，共同开发了《动物营养与饲料加工技术》等40多门核心工学结合课程，合作培养就业单位需要的人才，全面提高了教育教学质量。

三年来，项目建设组多次召开教材编写会议，认真学习高等职业教育课程开发理论，重构教材体系，形成了以下几点鲜明的特色：

第一，以就业为导向，明确课程建设指导思想。设计导向的职业教育思想，实践专家与专业教师结合的课程开发团队，突出综合职业能力培养的课程标准，学习领域“如何工作”的课程模式，涵盖职业资格标准的课程内容，贴近工作实践的学习情境，工学交替、任务驱动、项目导向和顶岗实习相协调的教学模式，实践性、开放性和职业性相统一的教学过程，校内成绩考核与企业实践考核相结合的评价方式，毕业生就业率与就业质量、“双证书”获取率与获取质量的教学质量指标等，构成了高等职业教育教学课程建设的指导思想。

第二，以工作为目标，系统规划课程设计。人的职业能力发展不是一个抽象的过程，它需要具体的学习环境。工学结合的人才培养过程是将“工作过程中的实践学习”和“为工作而进行的课堂学习”相结合的过程，课程开发必须将职业资格研究、个人职业生涯发展规划、课程设计、教学分析和教学设计结合在一起。按照行业企业对高职教育的需求分析、职业岗位工作分析、典型工作任务分析、学习领域描述、学习情境设计、课业文本设计等6个步骤系统规划课程设计。

第三，以需要为标准，选择课程内容。高等职业教育课程选择标准，应该以职业工作情境中的经验和策略习得为主、以适度够用的概念和原理理解为辅，即以过程性知识和操作性技能为主、陈述性知识和验证性技能为辅。为全程培养学生“知农、爱农、务农”的综合职业能力，以畜牧产业链各岗位典型工作任务为主线，引入行业企业核心技术标准和职业资格标准，分析学生生活经验、学习动机、实际需要和接受能力的基础上，针对实际的职业工作过程选择教学内容，设计成基于工作任务完成的职业活动课程。

第四，以过程为导向，序化课程结构。课程内容的序化是指以何种顺序确立课程内容涉及的知识、技能和素质之间的关系及其发展。对所选择的内容实施序化的过程，也是重建课程内容结构的过程。学生认知的心理顺序是由简单到复杂的循序渐进自然形成的过程序列，能力发展的顺序是从能完成简单工作任务到完成复杂工作任务的过程序列，职业成长的顺序是从初学者到专家的过程序列，这三个序列与系统化的工作过程，构成了课程内容编排的逻辑形式。

第五，以文化为背景，突出技术应用。高等职业教育的职业性，决定了要在教育文化与企业文化融合的环境中培养具有市场意识、竞争意识的高素质人才。这套教材的编写以畜牧产业、行业、企业的文化为背景，系统培养学生在学校和企业两个不同学习场所的“学、做、用”技术应用的能力。

“千锤百炼出真知”。本套特色教材的出版是“国家示范性高等职业院校建设计划”骨干高职院校建设项目的重要成果之一，同时也是带动高等职业院校课程改革、发挥骨干带动作用的有效途径。

感谢江苏省农业委员会、江苏省教育厅等相关部门和江苏高邮鸭集团、泰州市动物卫生监督所、南京福润德动物药业有限公司、卡夫食品（苏州）有限公司、无锡派特宠物医院等单位在编写教材过程中的大力支持。感谢李进、姜大源、马树超、陈解放等职教专家的指导。感谢行业、企业专家和学院教师的辛勤劳动。感谢同学们的热情参与。教材中的不足之处恳请使用者不吝赐教。

是为序。

江苏畜牧兽医职业技术学院院长：何正东

2012年4月18日于江苏泰州

前言

本教材是在中共中央、国务院《关于进一步加强人才工作的决定》、《教育部关于加强高职高专教育人才培养工作的意见》、《关于加强高职高专教育教材的若干意见》、《关于全面提高高等职业教育教学质量的若干意见》等文件精神的指导下，以职业活动为导向，紧扣《动物疫病防治员国家职业标准》、《动物检疫检验员国家职业标准》、《兽医化验员国家职业标准》（以下简称《标准》），按照突出职业能力培养，体现基于职业岗位分析和具体工作过程的课程设计理念，围绕职业活动设计相应的项目、任务，并集国家动物防疫与检疫实训基地建设、国家示范性（骨干）高职院建设的成果编写而成的。

本教材由具有丰富教学和职业技能鉴定工作经验的双师型教师、行业专家、国家职业技能鉴定考评员共同编写，在编写过程中，编者针对高职学生的特点和就业面向，立足于基本理论、基本知识、基本技能，在内容上力求具有思想性、科学性、启发性、先进性、适用性，并能反映新知识、新方法和新技术，以适用、够用、实用为度，特别强调实用性。本书既可作为高职高专相关专业学生顶岗实习教材，也适用于兽医职业技能鉴定机构组织培训、申报技能鉴定的人员和畜牧兽医相关行业工作人员使用。

国家职业技能鉴定包括应知（理论知识）和应会（技能操作）两项内容，并实行逐级考核鉴定。为此，本教材根据《标准》和职业技能鉴定的方式，设计了职业岗位基础知识、职业岗位典型工作任务和附录三个部分。职业岗位基础知识模块主要介绍：专业知识、生物安全知识和相关法律法规知识三个项目二十一个任务；职业岗位典型工作任务模块按照《标准》主要介绍：消毒技术，免疫接种技术，临床检查、诊疗与给药技术，麻醉与动物阉割技术，实验室检验技术，胴体检验技术，患病动物的处理技术，培训指导技术八个项目三十七个典型工作任务；附录主要提供了相关职业标准、国家法律法规等，便于读者查找。

本教材的编写分工是：模块一中项目一的任务一由刘云和李茂平编写，任务二由魏宁和梅存玉编写，任务三由刘云和魏宁编写，任务四至六由于淼和蔡丙严编写，任务七由苏治国和李茂平编写，任务八、任务九由王永立和陈礼朝编写，任务十由王永立和蔡丙严编写，任务十一由刘云和陈广仁编写，任务十二由苏治国和梅存玉编写；项目二由陈广仁和王涛编写；项目三由苏治国和李茂平编写。模块二中项目一、项目二由王涛和陈广仁编写；项目三中任务一至四由谭菊和刘莉编写，任务五由谭菊和蔡丙严编写，任务六由谭菊和梅存玉编写；项目四由黄东璋和王健编写；项目五中任务一至三由张素丽和李茂平编写，任务四、任务五由张素丽和蔡丙严编写，任务六由王涛和张素丽编写，任务七由蔡丙严和王洪利编写，任务八由谭菊和刘莉编写；项目六由吴桂银和魏宁编写；项目七中任务一、任务四由黄东璋和梅存玉编写，任务二、任务三、任务五由黄东璋和王健编写，任务六由黄东璋和蔡丙严编写；项目八由王永立和苏治国编写。全书由王涛和于淼统稿。

本教材由江苏省无锡市动物卫生监督所崔洪平所长、江苏省新沂市畜牧兽医站舒永芳副站长、江苏省仪征市畜牧兽医站高级兽医师陈兴审定，并提出了许多宝贵意见；教材编写过程中，也收到了许多兄弟院校老师和行业技术专家提出的建议和意见，并得到了相关编写人员单位的支持与帮助；此外，教材编写过程中还参考引用了相关专家的成果文献，在此一并表示最诚挚的感谢！

由于编者的水平和经验有限，加之时间仓促，书中缺点和错误在所难免，恳请广大师生及同行对本教材的内容和文字上的疏漏或不当之处多提宝贵意见。

编者
2012 年 4 月

目　录

模块二　职业岗位典型工作任务

模块一

职业岗位基础知识

项目一　专业知识

任务一　动物解剖生理基础知识

一、动物机体的组织结构

动物机体是由细胞、组织、器官和系统组成的一个完整的有机体。体内各个部分在机能上是互相联系、互相制约的，倘若某一部分发生变化，就会影响其他的有关部分的机能活动。尽管动物机体的构造是复杂多样的，但都是由基本结构和机能单位细胞组成的。

细胞体积非常小，主要由细胞膜、细胞质和细胞核组成。各种细胞具有不同的形态、大小和功能，但是每种细胞都具有新陈代谢、生长、感应、繁殖、衰老和死亡的生物学特性。

具有相同功能的细胞结合在一起，称为组织。根据动物的组织构造和功能的不同，分为上皮组织、结缔组织、肌肉组织和神经组织四类。

（一）上皮组织

由一层或多层上皮细胞紧密排列和细胞间有少量细胞间质构成，简称上皮。被覆在机体的表面和体内一切管状器官的内表面以及某些内脏器官的表面。上皮组织具有保护（如皮肤上皮）、感觉（如嗅上皮、味蕾等）、分泌（如腺上皮）、生殖（如睾丸生精上皮）、吸收营养（如小肠上皮）和排泄（如肾小管上皮）等作用。

（二）结缔组织

由多种多样的细胞和大量细胞间质所组成，在体内分布很广。根据结缔组织的结构和机能不同，可以分为：纤维性结缔组织（疏松结缔组织、致密结缔组织、脂肪组织、网状组织）、支持性结缔组织（软骨组织、骨组织）、营养性结缔组织（血液、淋巴）。这些组织具有联系、支持、保护及营养等作用。

（三）肌肉组织

由肌细胞和其间少量的结缔组织、血管及神经所组成。肌细胞多为长梭形或长柱状，故又称肌纤维。肌细胞具有收缩与舒张能力。根据肌细胞的形态结构和机能特点，肌组织分为横纹肌、平滑肌和心肌。横纹肌绝大部分附着在骨骼上（也叫骨骼肌），其收缩受意识支配，属随意肌，收缩力强而迅速，但易疲劳，不持久。平滑肌分布于血管和内脏（如胃、肠、膀胱等），其收缩不受意识支配，属于不随意肌，收缩弱而缓慢，但能持久。心肌为心脏所特有，属不随意肌，具有节律性收缩能力。心肌和骨骼肌都有明显的横纹，均属于横纹肌。

（四）神经组织

由神经细胞和神经胶质细胞所构成。神经细胞也叫神经元，为高度分化的细胞。能感受体内外环境的刺激和传导兴奋，是神经系统结构和功能的基本单位。细胞体向外伸出树突和轴突。树突分支多而短，接受外部冲动并将它传到细胞体。轴突分支少而长，将冲动由细胞体向外传出。细胞突起的外面包有神经膜和髓鞘，构成神经纤维。神经纤维的末端在器官或组织内形成神经末梢，具有接受刺激或传导中枢反应的能力。有些神经具有内分泌功能。神经胶质细胞又称神经胶质，其数量很多，存在于神经细胞之间，无传导功能，对神经细胞具有支持、营养、保护、隔离和修复的作用。

几种不同的组织按照一定的规律结合起来，协调作用，并具有一定的生理功能，称为器官。如心、肺、肝、脾、肾、肌肉、食管、胃肠、气管、膀胱、血管等。

由一些机能密切相似的器官组合在一起，彼此联系，分工合作，完成体内某一方面的生理机能，这些器官的组合就构成一个系统。动物机体由运动系统、被皮系统、消化系统、呼吸系统、泌尿系统、生殖系统、循环系统、神经系统、内分泌系统、感觉器官等组成。

二、运动系统

主要由骨、骨连接、骨骼肌三部分组成。它们在神经系统的支配下，与其他系统密切合作，对动物体起着运动、支持、保护的作用。

（一）骨

由骨质、骨膜、骨髓及关节软骨组成。骨质外边包有骨膜，内有骨髓，骨膜中有丰富的神经和血管。骨质很坚硬，但在过强的力量冲击下也会折断，这种现象叫做骨折。骨的机能是构成畜体支架，形成腔壁，保护重要器官，如胸廓保护心、肺等；通过神经、肌肉完成运动的各种动作；制造红细胞，贮藏和释放钙和磷。全身骨骼分为头骨、躯干骨和四肢骨。

1. 头骨 包括颅骨和面骨。颅骨主要形成颅腔，其中容纳脑髓，并与面骨形成眼眶。面骨主要形成口腔、鼻腔和眼眶。

2. 躯干骨 由脊椎骨、肋骨和胸骨组成。脊椎骨构成畜体上壁的干轴，根据其在畜体的不同部位，分为颈椎、胸椎、腰椎、荐椎和尾椎。整个脊椎骨中间有一椎管，内有脊髓，向前与颅腔相通；肋骨位于胸腔的两侧，形态长而扁，呈半弧弯曲，下端与胸骨相连，上端与胸椎相连；胸骨位于胸部的正中央，胸腔的下部。由胸椎、肋骨和胸骨围拢而组成胸廓。

3. 四肢骨 分为前肢骨和后肢骨。前肢骨由肩胛骨、肱骨、桡骨、尺骨、腕骨、掌骨、指骨组成。后肢骨由髋骨、股骨、髌骨（膝盖骨）、胫骨、跗骨、跖骨、趾骨组成。

（二）骨连接

指骨与骨之间的连接。由于部位和机能不同，连接的方式也不同，一般分为直接连接和关节连接。

1. 直接连接 如头部各骨的连接，直接形成骨缝，老龄时骨化愈合在一起。

2. 关节连接 包括微动连接和关节连接。

（1）微动连接：如椎骨间的连接，一般无关节腔。

(2) 关节连接：骨与骨之间连接能够活动的地方称为关节。关节由关节面、关节囊和关节腔组成，多数关节还有韧带，以增强关节的坚固性。

关节面是骨与骨之间的接触面，表面覆盖有一层透明软骨，叫关节软骨，有减少摩擦和缓冲的作用。关节囊附着在关节面的周围，外层为纤维层，有保护作用；内层为滑膜层，能分泌滑液。关节囊内的腔体叫关节腔，内含少量滑液，可减少摩擦。

（三）肌肉

运动系统的肌肉是横纹肌，是动物机体活动的动力器官。每一块横纹肌分为肌腹和肌腱。其中肌腹具有收缩能力，通过两端的腱将收缩力传至运动的骨骼，引起关节屈、伸、收、展或旋转。此外，肌肉上还有一些辅助器官，包括筋膜、黏液囊、腱鞘等。筋膜具有保护和分隔肌肉的作用；黏液囊具有减少肌腱和骨骼的摩擦作用；腱鞘可减缓腱活动时的摩擦。

三、被皮系统

皮肤由表皮、真皮和皮下组织等构成。

（一）表皮

位于皮肤的最外层，多由角质细胞所构成，此层易脱落。

（二）真皮

位于表皮下面，由致密结缔组织构成，坚韧而富有弹性，是皮肤最主要、最厚的一层，真皮内分布有大量的血管、淋巴管、神经、汗腺、皮脂腺和毛囊等。

（三）皮下组织

位于真皮下面，由疏松结缔组织构成。疏松而有弹性，有蓄积脂肪的能力，皮下组织与肌肉或骨骼相连。

皮肤是动物机体的一种天然保护器官，能防止微生物侵入，避免机械性损伤，防止体液散失和外界水分进入体内。皮肤还可感受温度、疼痛、软硬及其他不同的外界刺激。此外，皮肤可以通过血液循环和汗腺分泌达到调节体温的作用。

（四）皮肤的衍生物

有汗腺、皮脂腺、乳腺、毛、蹄等。汗腺分泌汗液，以散发热量调节体温。皮脂腺分泌皮脂，有滋润被毛和表皮的作用。毛有保护皮肤的作用。蹄由蹄匣与肉蹄两部分构成，为运动系统的重要部分。

四、消化系统

消化系统由口腔、咽、食道、胃、肠、肝、胰等器官组成，其生理功能主要是采取食物，消化和吸收其中的营养成分，并排出残渣。

（一）口腔

包括唇、齿、舌和颊。口腔具有采食、咀嚼、湿润食物和形成食团的作用，另外还有辨别味道的机能。

（二）咽

位于口腔和鼻腔的后方，是呼吸和消化的共同通道。其中软腭位于鼻咽部和口咽部之间，为一个含肌组织和腺体的黏膜褶，有调节食物进入食道的作用。

（三）食道

是运送食物的通道，前端与咽相连，后端接胃的贲门。食道黏膜与黏膜下层形成若干纵行的皱褶，在食团通过时，管腔扩大，皱褶展开。

（四）胃

胃是消化道的膨大部位，可分为单胃（猪、马、犬、兔等）和复胃（牛、羊、骆驼等）两个类型。位于腹腔内，膈的后方，前接食道，后接十二指肠。

1. 复胃 又称多室胃，由四个胃组成。即瘤胃、网胃、瓣胃和皱胃。前三个胃称为前胃，其中没有腺体，主要起贮存食物和发酵、分解纤维素的作用。皱胃的黏膜上有大量的腺体，具有真正的消化作用，所以称之为真胃。皱胃与肠相连。

（1）瘤胃：为第一胃，最大，占整个腹腔的左半部。前端背侧有食道入口称贲门，并与网胃相通，该处称瘤胃前庭。

（2）网胃：为第二胃，最小，位于瘤胃前庭的前下方，与第6至第8肋间相对，剑状软骨之上。前端紧接膈肌而靠近心脏，网胃黏膜呈蜂窝状。借食道沟与食道相通，食道沟顺瘤胃前庭及网胃的右侧壁向下延伸到瓣胃。

（3）瓣胃：为第三胃，位于右季肋区的下方，与第7～11肋相对，在第7～9肋间和腹壁相接触。瓣胃黏膜形成约一百个纵形的瓣叶，所以叫百叶胃，借瓣胃口与真胃相通。

在哺乳期的幼畜食道沟很发达，吮吸乳汁时能闭合成管状，乳汁可由贲门通过食道沟流经瓣胃孔直接送到真胃进行消化。

（4）皱胃：为第四胃，位于右季肋部和剑状软骨部，与腹腔底部紧贴。皱胃的末端即幽门部，与十二指肠相接。皱胃壁上具有胃腺，可对蛋白质进行初步消化，也可消化少量脂肪，在犊牛还有较强的凝乳作用。

经口腔咽下的草料，即进入瘤胃或网胃。采食以后经过一定的时间，把这些未经充分咀嚼的草料，逆呕到口腔进行充分咀嚼，并混入大量唾液，再行咽下，这一过程叫反刍。反刍可使草料得到充分咀嚼，大量唾液进入胃中，以中和瘤胃内由于发酵产生的酸。反刍还能使胃内气体排出，即嗳气，以及促进食糜向下面消化器官推行，所以反刍是牛的一个重要生理机能。经反刍咽下的草料进入瘤胃前庭，并且部分地与瘤胃的内容物拌和，再经网胃入瓣胃，最后达到真胃。

2. 单胃 又称单室胃。前端贲门接食道，后端幽门接十二指肠。黏膜具有胃腺，分泌消化酶，进行糖类和蛋白质的分解。此外，猪胃液有很强的凝乳作用。

（五）肠

1. 小肠 包括十二指肠、空肠、回肠，是食物消化和吸收的主要部位。十二指肠是位于小肠的最前端的一段，与胃相连，并有胆管和胰管的开口。十二指肠的后端连着空肠。回肠前与空肠连接，后端连盲肠，回肠入盲肠处有一开口叫回盲口。小肠内壁具有肠腺，分泌小肠液，小肠液里有多种消化酶，呈现碱性。小肠的肌层为内环外纵两层平滑肌，平滑肌的收缩使小肠蠕动，能把剩余内容物推送到大肠。

2. 大肠 分为盲肠、结肠和直肠，前端接回肠，末端通肛门。大肠主要是吸收水分，分泌黏液，使食物残渣形成粪便，排出体外。

（六）肝

位于腹前部，为动物体中最大的腺体，是整个机体代谢的枢纽，可以对血液中的营养物质进行加工、转换、储存和解毒。此外，它还分泌胆汁。由于胆汁是碱性的，进入胃中可中和胃酸，维持肠道正常的酸碱度。同时，在肠道内对脂肪的消化吸收过程起着重要的辅助作用。

（七）胰

位于右季肋部，与十二指肠紧贴。胰腺能够分泌胰液，胰液为碱性，能够中和胃酸，维持肠道内正常的酸碱度，其中还含有多种消化酶，对小肠里营养物质的消化起着重要作用。此外，胰腺的胰岛还具有内分泌功能。

（八）腹膜

是腹壁的内层和腹腔内脏表面覆盖着的一层薄膜。腹壁内层和内脏间的空隙叫腹膜腔，腹膜腔内有少量液体，又叫做腹水，具有润滑、减少摩擦的作用。

五、循环系统

循环系统包括血液循环系统和淋巴循环系统两部分。通过循环系统中血液和淋巴液的运转，使畜体各部分组织能够不断的获得氧气和营养物质，同时将二氧化碳及其他代谢产物运送出来，通过其他系统排泄出去，以保证新陈代谢的正常进行。

（一）血液循环系统

血液循环系统包括血液和心血管系统两部分。血液循环借助心血管系统和血液，一方面把肠道吸收来的营养物质和肺吸进的氧运送至全身各个器官、组织和细胞，供其生理需要。另一方面又把各个器官、组织和细胞在生理活动过程中所产生的代谢产物运送到肺、肾和皮肤排出体外。

1. 血液　血液是由血细胞和血浆组成的，血细胞包括红细胞、白细胞和血小板。血浆主要包括血清和纤维蛋白原。

（1）红细胞：呈圆形，扁平，两面略向内凹的烧饼状。成熟的红细胞无细胞核，主要是通过血红蛋白携带氧气和二氧化碳。

（2）白细胞：为无色有核的小圆球，体积比红细胞大。根据白细胞的性质和形态，把白细胞分为嗜中性粒细胞、嗜酸性粒细胞、嗜碱性粒细胞、单核细胞和淋巴细胞。白细胞能吞噬细菌，是参与免疫的主要细胞成分，在机体中起着重要的防御作用。

（3）血小板：为小而无核的不规则形小体。当出血时，血小板能促进血液凝固。因此，在临床上，当血小板减少时，可以引起出血性疾病。

同一种动物的血容量是相对恒定的。在正常生理情况下，只有一部分血液在血管内循环，另一部分血液贮藏于血库中（肝、脾和皮肤）。牛的血量占体重的8%，猪占4.6%，马占9.8%。当血容量减少、血液浓缩、血液的酸碱度发生变化时，可引起血液循环障碍。

2. 心血管系统　由心脏和血管（动脉、静脉、毛细血管）所组成。

（1）心脏：是中空的圆锥形肌质器官，位于胸腔两肺之间，大部分偏于体正中线左侧。心基向前上方与大血管和肺脏相靠，心尖向后下方，游离在心包内。心脏由内至外，分心内膜、心肌和心外膜三层，此外还有一层心包膜，它与心外膜构成密闭的心包腔，内有少量液体。靠近心基处环绕心脏的冠状沟把心脏分为上部的心房和下部的心室。心脏里面由纵隔分成左右两半，互不相通，使左、右侧心腔的血液不致相混。在心脏表面表现为左纵沟和右纵沟。左侧心腔被二尖瓣分成上方的左心房、下方的左心室。左心房与肺静脉相连，接受肺静脉回流到心脏的血液，左心室经房室口与左心房相连，将来自左心房的血液经主动脉半月瓣送入主动脉。右侧心腔由三尖瓣分成上方的右心房和下方的右心室，右心房与前、后腔静脉相连，接受全身回流到心脏的血液，右心室与右心房相通，将来自右心房的血液经肺动脉半月瓣送入肺动脉。这些瓣膜都是起防止血液逆流的作用。

心脏一缩一舒叫做一个心动周期。在每一个心动周期中，心脏的活动可以发出两个声音，叫做心音。心室收缩时所听到的是第一心音，又叫收缩音，音调低而长。它是由于房室瓣关闭、瓣膜与腱索振动和心室肌收缩所形成的。在心室舒张时所听到的是第二心音，又叫舒张音，音调高而短。它是由半月瓣的关闭和振动所形成的。血液随着心脏的收缩而被压入动脉，动脉管壁也随着心脏收缩的节奏而跳动，这就是脉搏。它可反映心脏活动的基本情况。正常家畜的脉搏与心跳次数是一致的，牛为 40 ~ 80 次/min、猪 60 ~ 80 次/min、马 30 ~ 40 次/min。

（2）动脉：将心脏压出的血液分布于全身各器官。在接近心脏的大动脉，其血管管壁较厚，有弹性，对强大的血压有缓冲的作用。远离心脏的血管由于分支越来越细，小动脉管壁薄而富有平滑肌，具有较强收缩力，有调节血量分布的作用。

（3）静脉：将血液导流进入心脏，但其管壁薄而无弹性和收缩力。

（4）毛细血管：血液和组织进行物质交换的地方，介于动脉和静脉之间，通常吻合成网状，管壁仅为一层内皮，通透性较大。

血液循环可分为体循环和肺循环。体循环血液从左心室压入主动脉，流经全身动脉和毛细血管，再流入小、中静脉，然后汇集为前、后腔静脉，最后进入右心房。将营养物质和氧供给全身各组织，而带走代谢产物和二氧化碳。

肺循环血液从右心室压入肺动脉，通过肺泡壁上的毛细血管，汇集到肺静脉，最后回到左心房。血液在肺部吸收氧气和放出二氧化碳。

3. 造血器官 脾脏不仅是吞噬并破坏衰老或不正常的红细胞和血小板的主要场所，还有贮藏血液和产生淋巴细胞，进行免疫学反应的作用。

骨髓分红、黄两种。其中红骨髓是造血场所。成熟的各种血细胞进入骨髓内的动脉窦，从而进入血液循环。同时骨髓既是中枢免疫器官，又是外周免疫器官。

（二）淋巴循环系统

淋巴循环系统由淋巴管、淋巴结和淋巴液组成。血液透过毛细血管到达组织间隙，称为组织液。组织液透过淋巴管成为淋巴液，淋巴液流动的方向是单一的，仅由外周流向中央，即帮助静脉使体液回流心脏，同时还有制造淋巴细胞、吞噬侵入体内的微生物和产生抗体、保护机体等功能。

全身组织内分布着许多毛细淋巴管，吸收组织内的组织液。毛细淋巴管逐渐汇集成较大的淋巴管，淋巴管内的淋巴液汇总到胸导管，最后注入前腔静脉，进入到血液。

在淋巴管的径路上有许多豆形或椭圆形的淋巴结。大多数淋巴结呈灰色或黄色，而牛的淋巴结呈紫红色。淋巴结是外周免疫器官，不仅能产生淋巴细胞，其中的网状内皮结构还有吞噬作用，是免疫反应的场所。

六、呼吸系统

家畜在生命活动中，必须不断地从外界吸入氧，从体内呼出二氧化碳。机体与外界进行气体交换的过程叫呼吸。呼吸系统由鼻腔、咽、喉、气管、支气管和肺等器官构成。它们由骨和软骨作为支架，围成开放性的管腔，保证气体的自由畅通。

（一）鼻腔

鼻腔是呼吸器官，又是嗅觉器官。以中隔分为左右两半，外通鼻孔，内通咽部。

（二）喉

前接咽，后连气管，由几块软骨和肌肉、韧带构成。喉软骨内覆黏膜，喉黏膜有敏感的感受器，当有刺激性气体或异物入喉时，立即引起咳嗽。喉腔内有一对声带，是发音的器官。

（三）气管

位于颈部腹侧，由一系列的软骨环组成。气管前端与喉相通，向后延伸在胸骨处进入胸腔并分为左右支气管，分别通入该侧肺中。每个支气管进入肺内后，表现为树枝状反复分支，最后形成小叶间支气管、小叶间细支气管、呼吸性细支气管、肺泡管。肺泡管管壁突出形成肺泡。气管和支气管为呼吸通道，黏膜表面分泌出黏液和密布绒毛，具有吸附和排出尘埃等异物的作用。

（四）肺

位于胸腔内，在纵膈的两侧，左右各一，右肺比左肺大。肺的颜色为粉红色，表面光滑、富有弹性，浮于水。其结构分为尖、心、膈等三叶，尖叶朝前，膈叶宽大朝后，心叶靠近心脏。在右肺膈叶的内侧，有一不大的中间叶。肺胸膜的结缔组织将肺实质分割成许多小叶。肺的小支气管和大量的肺泡构成了肺的实质。肺泡是肺中内外气体交换的主要场所。肺泡壁四周包围着毛细血管网，肺泡内的空气可以与血液中的二氧化碳交换。

肺在正常时充满整个胸腔，而与胸壁紧贴。胸壁内面和肺表面都覆有胸膜。这两层胸膜之间的空隙叫胸膜腔，内有少量浆液，以保持湿润。

呼吸运动是由大脑和延髓呼吸中枢指挥的，主要靠肋间肌、膈肌等的收缩和松弛来完成。吸气时由于肌肉收缩，使胸廓扩张，胸腔内压降低，胸膜腔形成负压，肺被动的扩张，形成吸气，吸入氧气。当呼气时，肋间肌的肌肉松弛，胸廓回缩，压迫肺脏呼出二氧化碳。此时从外表上可以看到胸腹部有节律的起伏波动，这种现象叫做胸腹式呼吸。

当胸部患病时，腹部起伏运动明显，严重时张口呼吸，这种现象称作腹式呼吸。当腹部患病疼痛时，胸部运动明显，肋骨前后移动，这种现象称为胸式呼吸。

在正常时，各种动物都有一定的呼吸节律。猪 8～18 次/min，牛 10～39 次/min，马 8～16 次/min。幼畜呼吸较快，吃食、使役、发热和某些疾病时，均可使呼吸节律加快。

呼吸通常分为在肺泡内的外呼吸和在组织内的内呼吸。组织内的氧气和二氧化碳的输入、输出主要靠红细胞内的血红蛋白（Hb）运输完成的。在肺泡内氧（O_2）分压高，血红蛋白与氧结合为氧合血红蛋白（HbO_2），放出二氧化碳。在组织中二氧化碳（CO_2）分压高，血红蛋白与二氧化碳结合（$Hb-CO_2$），放出氧气。

此外，来自组织内的二氧化碳还能与血浆和红细胞中的钾、钠离子结合成碳酸氢盐，当血液流经肺毛细血管时，在氧分压高的情况下，则放出二氧化碳，经肺呼出。

七、泌尿系统

泌尿系统由肾脏、输尿管、膀胱和尿道组成。其功能是将机体的代谢产物（尿素、尿酸等）和代谢过程的水分以尿液形式，排出体外。肾脏是泌尿器官，其主要的作用是生成尿液排出废物。输尿管、尿道主要作用是输送尿液和排出尿液。膀胱主要作用是暂时贮藏尿液，其大小、形状和位置因尿量多少而异。

（一）肾脏

分为皮质和髓质两部分。皮质在表面，髓质在深部。皮质部是完成尿液生成过程的主要地方，内含大量肾小球及肾小管。髓质由多个肾锥体组成，锥体的尖端叫肾乳头，伸入肾盏，肾盏又汇成肾大盏（牛）或肾盂（猪、马），出肾门，与输尿管相连。血液经过肾小球时除血细胞和大分子的蛋白质外，其余的物质通过肾小球的过滤作用形成原尿，原尿经肾小管进入集合小管、肾盂等环节，通过选择吸收等作用，变成尿液。

（二）输尿管

是一对细长的管道，起自肾盂（猪）或肾大盏（牛），沿脊柱两侧后行，止于膀胱。

（三）膀胱

位于骨盆腔内。公畜在直肠下面的生殖褶下，母畜在阴道下面，开口于尿道。当尿液贮存达一定量时，刺激神经中枢反射性引起膀胱肌层收缩，产生排尿动作。

（四）尿道

是膀胱向外排出尿液的管道。对于公畜来说尿道还兼有排精作用，故称之为尿生殖道，尿道开口于阴茎头。母畜尿道开口位于阴道后方的尿生殖前庭的腹侧面。

八、生殖系统

生殖系统是产生生殖细胞、分泌性激素、繁殖新个体，以保证种族延续的生理系统。分为雄性生殖系统和雌性生殖系统。

（一）雄性生殖系统

雄性生殖系统是由睾丸、附睾、输精管、副性腺、尿生殖道、阴茎及其附属器官（精索、阴囊和包皮）组成。

1. 睾丸 有两个，呈卵圆形，位于阴囊内，它是公畜的主要生殖腺，能产生精子和雄性激素。雄性激素的生理作用是促进生殖器官的发育、雄性副性征的出现并维持其正常功能状态；激发公畜产生性欲和性兴奋；促进精子的发育成熟并延长其在附睾内的存活时间。睾丸囊由阴囊、睾丸提肌、睾丸鞘膜三部分组成。

2. 阴囊 是一个袋状的皮肤囊，里面容纳睾丸和附睾。由阴囊皮肤和肉膜构成，左右以纵隔将两侧的睾丸分开。睾丸提肌包在总鞘膜的外面，可把睾丸和附睾提到腹股沟管或腹腔中。睾丸鞘膜分总鞘膜和固有鞘膜二层，固有鞘膜包在睾丸和附睾的外面。其二层之间的空隙叫鞘膜腔，内有少量液体。

3. 附睾 位于睾丸的上方，与睾丸相连，是精子进一步贮存和成熟的地方。

4. 输精管 起自附睾，通至尿道的骨盆部，是输送精子的管道，并分泌少量对精子生存有保护作用的分泌物。

5. 副性腺　包括精囊腺、前列腺和尿道球腺。其分泌物称为精清，它们和精子混合在一起，即成精液。精清有刺激精子活动，中和尿道酸性物质和吸收精子活动时所产生的二氧化碳，以及润滑尿道和清除尿道黏膜上残余尿液的作用，使精子不致受到危害。

6. 阴茎　主要由海绵体构成，是排尿、排精和交配的器官。各种动物的阴茎的形态有所不同，例如公猪的阴茎呈长而细的圆柱状。其包皮前上方内部有一卵圆形的盲囊（包皮憩室）。

（二）雌性生殖系统

雌性生殖系统由卵巢、输卵管、子宫、阴道及外阴部所组成。

1. 卵巢　位于腹腔内腰部的下方，成对，呈卵圆形，能产生卵子和分泌雌性激素。雌性激素的生理作用是促进母畜生殖器官的生长发育及母畜副性征的出现，并使其维持在正常状态；激发母畜的性欲和性行为；促进乳腺发育；促进输卵管黏膜增生和输卵管平滑肌的收缩，以利于精子和卵子运行等。值得强调的是卵巢在发情期的形状、大小及质地的变化为鉴定发情和安排输精或配种的主要依据。

2. 输卵管　是位于卵巢和子宫角之间的两条弯曲的细小管道，具有输送卵细胞的作用。前端扩大呈漏斗状，叫做输卵管漏斗，排卵时卵子通过输卵管漏斗进入输卵管内。输卵管的后端与子宫相通，可以将卵子输送到子宫内。

3. 子宫　位于骨盆腔前部及腹腔的后部，是胎儿生长发育的器官。子宫由子宫角、子宫体和子宫颈组成。子宫角连接输卵管，子宫体与阴道相连。子宫体的后端突入阴道内称子宫颈，并与阴道相通。子宫内膜上皮和子宫腺随着母畜发情的周期性变化而发生变化。

4. 阴道　为一肌肉性管道，是交配器官也是分娩时排出胎畜的通道。阴道位于骨盆腔内，直肠的下方，膀胱的上方。

5. 外阴部　包括尿生殖前庭、阴唇和阴蒂。阴唇是母畜生殖器官最末端部分，左右两片阴唇构成阴户。阴蒂位于阴唇下角内侧阴蒂凹陷内，主要由海绵体组织构成。发情时前庭腺分泌出大量的黏液，前庭球充血勃起，使阴户稍为张开。

（三）雌性生殖生理

家畜到了一定年龄以后，开始产生生殖细胞和分泌性激素，并出现交配欲望，此时叫做性成熟时期。但刚刚达到性成熟的家畜，身体还正在生长发育阶段，还不能进行繁殖。必须等到身体发育成熟后，才能配种。

母畜在性成熟后，周期性地从阴道排出黏液和出现交配欲望，这种现象叫做发情。每次从发情开始到发情结束，这段时间叫发情期，此时母畜表现兴奋不安，食欲减退，主动接近公畜，外阴部充血肿胀，卵巢内有成熟卵子排出，只有在这时配种才有精子和卵子相遇结合的可能。

从前一次发情开始至下一次发情开始之间的间隔时间，叫做性周期或发情周期。

当母畜发情并经交配后，精子进入子宫，并通过子宫角迅速向输卵管移动。当卵子落入输卵管伞，进入输卵管的壶腹部（约为输卵管的1/3处），精子也运动到这里，卵子与精子相遇，并互相结合。这个过程叫受精。受精卵逐渐移向子宫，到达子宫后，并定植于子宫壁上，在合适的条件下受精卵则逐渐发育成胚胎。胚胎在母畜子宫内发育的整个时期叫妊娠。

各种家畜的妊娠期长短不一，当胚胎经过一定时间的孕育后，在一系列的激素和药理性物质的作用下，胎畜由子宫和产道从母体中产出，完成分娩。

九、神经系统

神经系统是调节机体内各器官的活动，保持器官之间或机体与外界环境之间的协调统一的系统。神经系统是由脑、脊髓、神经节和分布于全身的神经组成。具体说来，是由神经细胞和神经纤维所组成。神经纤维分布于动物体的全身，起传递信号的作用。家畜体内各器官和系统机能的协调及家畜对外界条件的感觉与反应，都是依靠神经系统来实现的。根据神经系统的功能和解剖结构可分为中枢神经系统、外周神经系统和植物神经系统。

（一）中枢神经系统

1. 脑 位于颅腔内，由大脑、小脑和脑干组成。

（1）大脑：主要部分是大脑半球，其表面覆有一层由神经细胞为主构成的灰质，称为大脑皮层，是神经系统的高级中枢，能产生复杂的感觉和精确的动作。内面有神经纤维为主构成的白质。脑中还有空腔，叫脑室，是脑脊髓液贮留的地方。家畜机体对外部或内部刺激引起的反应，称为反射。

（2）小脑：位于大脑的后方，主要机能是维持身体平衡，调节肌肉的紧张度和动作的协调。

（3）脑干：前连大脑和小脑，后经枕骨大孔与脊髓相连，包括延髓、桥脑、中脑和间脑等部。延髓向后与脊髓相连，是脑干的重要部分，其中有许多重要中枢，如呼吸、心跳、血管舒张和胃肠活动等中枢均位于此，所以延髓又称“生命中枢”。此外，12 对脑神经也是由脑干发出的。

2. 脊髓 前接延髓，后端终止于荐椎的中部。脊髓中央为灰质，周围部分为白质。灰质中有较低级的中枢，主要调节排尿、排粪等内脏活动。而白质则由神经纤维构成，它把脑的命令传送到躯干四肢，同时把躯干四肢的感觉信号传送回到大脑。

脑和脊髓的结构是其外表面都包有三层膜，自外到内顺序是硬脑（脊）膜、蛛网膜和软脑（脊）膜，总称脑脊髓膜，主要起保护脑和脊髓的作用。

脑脊液为无色透明的液体，分布于脑和脊髓四周的软脑（脊）膜与蛛网膜之间的空隙里。由脑室的小动脉网渗出，然后吸收进入静脉系统。具有保护脑、脊髓，供应营养，排出废物和避免外力冲击的作用。

（二）外周神经系统

包括脑神经和脊神经两部分，脑和脊髓发出的神经纤维分布全身，主要掌管感觉和运动机能。

（三）植物神经系统

分为交感神经和副交感神经两大部分，主要机能是调节内脏、血管、心肌和腺体的功能。内脏器官一般受这两种神经系统的双重支配，但两者的功能是相反的。在中枢神经系统的控制下，交感神经和副交感神经之间是互相对抗又互相协调统一，使器官的活动随时适应机体的需要。

十、内分泌系统

内分泌器官是很多种没有导管的腺体的总称。这些腺体分泌的物质是一种特殊的化学物质，称为激素，这些激素可以直接进入血液或淋巴，输送到全身各有关器官和组织，对整个动物体发生影响。

内分泌器官有甲状腺、甲状旁腺、肾上腺、脑垂体、胸腺和松果体等。此外还有位于非内分泌器官的具有内分泌功能的细胞群，如胰脏内的胰岛、睾丸内的间质细胞、卵巢内的卵泡细胞和黄体细胞等。

（一）甲状腺

位于喉的后部和前几个气管环附近，它的作用主要是促进新陈代谢和生长发育。当甲状腺分泌过多时，可以加速蛋白质、脂肪、糖的分解氧化，动物常表现消瘦、容易疲劳等。当甲状腺分泌过少，则常表现为成年动物产生黏液性水肿，幼畜则发育不全的现象。

（二）甲状旁腺

位于甲状腺附近或深藏在甲状腺组织中，分泌的激素主要作用是调节钙、磷代谢。如果将甲状旁腺割除，可使血磷增高、血钙降低，常引起痉挛、食欲减退、消瘦，以致动物死亡。

（三）肾上腺

位于肾脏的内侧前部，结构分为皮质和髓质两部分。皮质部分泌皮质激素，主要作用是维持调节体内电解质和水分的代谢、糖和蛋白质的代谢和性腺机能等。髓质部分泌肾上腺素和去甲肾上腺素，主要作用是使小动脉收缩，血压升高，分解糖原、升高血糖等。

（四）脑垂体

位于脑的底部，由前叶和后叶构成，通常前叶叫腺垂体，后叶叫神经垂体。

1. 腺垂体　分泌生长激素，促进机体的生长发育；催乳激素，促进乳腺生长发育，使已成熟的乳腺分泌乳汁；促性腺激素，促进母畜卵巢中滤泡的成熟、排卵和黄体生成，促进公畜的性成熟和精子生成；促肾上腺皮质激素和促甲状腺激素，刺激肾上腺皮质的活动和加强甲状腺的机能。

2. 神经垂体　分泌催产素和加血压抗利尿激素（亦称加血压素）。催产素能加强子宫肌肉、膀胱平滑肌、肠平滑肌和乳腺肌上皮的收缩，对动物的分娩和泌乳有一定作用。加血压素可使血压升高、泌尿减少。

（五）胰岛素

由分布于胰腺的胰岛分泌。主要调节糖类代谢，对脂肪和蛋白质代谢也有一定影响。如果胰岛受损害，机体则表现出血糖超过正常水平，不能分解利用的糖，经过尿中排出，成为糖尿病。

十一、感觉器官

家畜是通过眼、耳、鼻、舌、身这五个器官，借助神经和神经末梢感受器的传导机能把外界环境的变化反应给大脑，并由大脑进行处理分析，发出指令以保持内外环境的统一。

（一）触觉器官

位于皮肤内，使家畜能够感受到事物的性状，也能辨别出外界温度（冷、热）。

（二）味觉器官

位于口腔黏膜中，使家畜能够辨别饲料的品质。

（三）嗅觉器官

位于鼻腔的后部，能够辨别饲料的品质。狗的嗅觉非常发达，借嗅觉能认清掳获物、敌人等。

（四）听觉器官

耳是听觉器官，同时也是平衡的器官，位于头骨后，分为外耳、中耳和内耳。外耳由耳廓和外听道组成，为集音装置。中耳借鼓膜与外耳分开，为传音装置。内耳由前庭、半规管和耳蜗组成，为感音和变音装置。

（五）视觉器官

眼是视觉器官的主要部分，位于眼眶内，后面以视神经连接干脑。眼由眼球和辅助装置两部分组成。眼球由三层膜构成。

外层是纤维膜，可分为角膜和巩膜，角膜是眼球前面的圆形透明膜，巩膜是眼球后部白色、不透明的膜。中层是血管膜，血管膜由前向后分为虹膜、睫状体和脉络膜三部分。虹膜就是所谓黑眼球，中央有一孔叫瞳孔。在强弱不同光线的刺激下，瞳孔能开大或缩小。睫状体在虹膜的根部，和晶状体联系，能使晶状体改变厚度，起调节视力的作用。脉络膜衬在巩膜内面，富有小血管。内层是视网膜，布满神经组织，汇成视神经，通到大脑。

眼球内容物包括晶状体、玻璃体和眼房水。晶状体像一凸透镜，在虹膜后面。玻璃体则充满晶状体后面的整个空腔。此外，在晶状体和角膜之间的空隙为眼房，房内充满房水。

辅助装置包括保护器官和运动装置，保护器官有眼睑、结膜和泪器。运动装置有七条肌肉，管理眼球的运动。

十二、家禽的解剖与生理特征

禽类骨骼的特征是轻便而坚固，骨质致密坚硬，具有极好的承重性。成禽除翼和双肢下段外，骨骼普遍为含气骨，这样既保持外形又减轻重量。

禽类的口腔构造简单，无上、下唇，无软腭、颊、齿，但具有特殊的采食器官——喙。鸡舌呈长三角形，味觉较差，但对饮水温度感觉敏锐。禽无颊，口可以张得更大，便于吞食。禽口腔无牙齿，采食不经咀爵便可吞咽。食管较长较宽且易于扩张，鸡食管进入胸腔之前有一个膨大部称为嗉囊，嗉囊能贮存食物，并使食物浸湿变软。

胃由前部的腺胃和后部的肌胃组成，腺胃能分泌胃液，消化食物，而肌胃则有磨碎食物的作用。但食物的消化吸收主要在小肠内。禽的大肠很短，无结肠，并有两条盲肠，直肠肠管的末端膨大部叫泄殖腔，输尿管和输精管均开口其内。泄殖腔是消化、泌尿和生殖三个系统的共同通道。

禽类的呼吸系统很发达，除了鼻腔、喉、气管和支气管、肺以外，还有特殊的结构——气囊。

鼻腔的外口有一对鼻孔，位于喙的基部。喉分前喉和后喉，前喉在气管前端，后喉由气管末端的峰状软骨和两初级支气管起端的内、外鸣膜构成，为发音器。肺位于肋骨之间，并与肋骨贴合在一起，在每叶肺中均有支气管，支气管从整个肺中通过，然后进入腹气囊，由支气管向肺表面分出许多较细小的支气管，小支气管中有一部分同时也开口于气囊。

气囊是禽类的特殊器官，有四个成对的和一个不成对的共9个。分布在内脏之间、肌肉之间、骨的空隙里，而且都跟肺相通。气囊的主要功能是储存气体，使肺无论在吸气和呼气时都能进行气体交换。此外，还有散发体温、飞翔或游水时减轻体重和调整重心等作用。

禽类泌尿系统的组成与哺乳动物的主要不同之处是，无肾盂，也无膀胱。肾脏生成的尿液以尿酸盐形式经输尿管直接进入泄殖腔，在泄殖腔与粪便一起排出体外。

由于禽类的尿是与粪一起向外排出的，啄食谷粒的禽类由于尿中含有多量游离状态的尿酸，在粪上形成白色的薄层，这与哺乳动物的尿不同。

雌禽的生殖器官由左侧卵巢、左侧输卵管和输卵管的末端膨大部组成。输卵管接近卵巢的地方形成一个宽大的漏斗，已成熟的卵由此漏斗落入输卵管。交配时进入泄殖腔的精子被吸入输卵管的膨大部，然后沿输卵管前进，在运动中使与之相遇的卵子受精。公鸡没有交配器官，交配时公鸡将泄殖腔紧压在母鸡的泄殖腔上，然后将精液射入其内，而完成射精过程。

（刘　云　李茂平）

任务二　动物药品基础知识

一、抗微生物药物

抗微生物药物是指对侵袭性病原体具有选择性地抑制或杀灭作用，而对机体（宿主）没有或轻度毒性的一类化学物质。

（一）抗生素

抗生素原称抗菌素，是细菌、真菌、放线菌等微生物的代谢产物，能杀灭或抑制病原微生物。

按照抗生素的抗菌作用机理分为：抑制细菌细胞壁合成的如青霉素类、头孢菌素类、杆菌肽类、磷霉素；增加细菌胞浆膜通透性的如多肽类（如多粘菌素 B 和硫酸粘菌素）及多烯类（如两性霉素 B、制霉菌素等）；抑制细菌蛋白质合成的如氨基糖苷类、林可胺类、四环素类、酰胺醇类和大环内酯类等；抑制细菌核酸合成的如新生霉素、灰黄霉素、利福平等。

按照抗生素的抗菌范围可分为抗革兰氏阳性菌的抗生素如青霉素、头孢菌素、大环内脂类、林可霉素类、杆菌肽等；抗革兰氏阴性菌的抗生素如氨基糖甙类、多粘菌素类；广谱抗生素如四环素类和酰胺醇类；抗真菌抗生素如多烯类的二性霉素 B、制霉菌素；抗霉形体的抗生素如硫酸粘菌素、泰乐菌素、北里霉素。

按照抗生素的化学结构可分为：β-内酰胺类、氨基糖苷类、四环素类、酰胺醇类、大环内脂类、林可胺类、多肽类、多烯类和含磷多糖类。

1. β-内酰胺类 包括青霉素类、头孢菌素类等。前者有青霉素、苯唑西林等。后者有头孢唑林、头孢氨苄、头孢西丁、头孢噻呋等。近年来发展了非典型的β-内酰胺类，如碳青霉烯类（亚胺培南）、单环β-内酰胺类（氨曲南）、β-内酰胺酶抑制剂（克拉维酸和舒巴坦）及氧头孢烯类（拉氧头孢）等。

2. 氨基糖甙类 包括链霉素、新霉素、庆大霉素、卡那霉素、丁胺卡那霉素、壮观霉素、阿米卡星、大观霉素、安普霉素、潮霉素、越霉素A等。

3. 四环素类 包括四环素、土霉素、金霉素、多西环素、美他环素、米诺环素等。

4. 酰胺醇类 氯霉素、甲砜霉素、氟苯尼考。

5. 大环内脂类 泰乐菌素、红霉素、罗红霉素、阿奇霉素、阿维霉素、北里霉素、螺旋霉素、替米考星、吉他霉素、竹桃霉素等。

6. 林可胺类 林可霉素、克林霉素。

7. 多肽类 杆菌肽、多黏菌素B、黏菌素、维吉尼霉素、硫肽菌素等。

8. 多烯类 制霉菌素、两性霉素B等。

9. 含磷多糖类 黄霉素、大碳霉素、喹北霉素等，主要用作饲料添加剂。

（二）化学合成抗菌药

包括磺胺类及其增效剂、喹诺酮类、喹噁啉类、硝基呋喃类、硝基咪唑类等。

1. 磺胺类药 磺胺类药是通过干扰敏感菌的叶酸代谢而抑制其生长繁殖的一类合成药物。根据内服后的吸收情况可分为肠道易吸收、肠道难吸收及外用三类。

（1）肠道易吸收的磺胺药：氨苯磺胺（SN）、磺胺噻唑（ST）、磺胺嘧啶（SD）、磺胺二甲嘧啶（SM2）、磺胺甲噁唑（新诺明，新明磺，SMZ）、磺胺对甲氧嘧啶（SMD）、磺胺间甲氧嘧啶（SMM）、磺胺地索辛（SDM）、磺胺多辛（SDM'）、磺胺喹噁啉（SQ）、磺胺氯吡嗪。

（2）肠道难吸收的磺胺药：磺胺脒（SM、SG）、柳氮磺胺吡啶（水杨酸偶氮磺胺吡啶，SASP）、酞磺胺噻唑（酞酰磺胺噻唑，PST）、酞磺醋胺（PSA）、琥珀酰磺胺噻唑（丁二酰磺胺噻唑，琥磺噻唑，SST）。

（3）外用磺胺药：磺胺醋酰钠（SA-Na）、醋酸磺胺米隆（甲磺灭脓，SML）、磺胺嘧啶银（SD-Ag）。

2. 抗菌增效剂类 抗菌增效剂主要是抑制二氢叶酸还原酶，使二氢叶酸不能还原成四氢叶酸，因而阻碍了敏感菌叶酸代谢和利用，从而妨碍菌体核酸合成。该类药物与磺胺药或与其他抗菌药合用时，使后者抗菌作用增强数倍至近百倍，甚至使抑菌作用变为杀菌作用，故称“抗菌增效剂”。国内常用甲氧苄啶（TMP）和二甲氧苄啶（DVD）两种，后者为动物专用品种。国外应用的还有奥美普林（二甲氧甲基苄啶，OMP）、阿地普林（ADP）及巴喹普林（BQP）。

3. 硝基呋喃类 本类为广谱抗菌药，对多数革兰氏阳性菌和阴性菌都有较强的作用，低浓度抑菌，高浓度杀菌。临床应用的有呋喃唑酮和呋喃妥因，毒性均较大，但其体内过程各有特点，临床各有不同用途。

4. 硝基咪唑类 本类药物具有抗原虫和抗菌活性，同时具有很强的抗厌氧菌的作用。

兽医临床常用的有甲硝唑、地美硝唑。

5. 喹噁啉类　本类药物兼有抗菌和促生长作用，能提高饲料报酬、促进蛋白质合成，使动物增重加快，增加瘦肉率。

6. 喹诺酮类　喹诺酮类药物是一类人工合成抗菌药，是近年来研究开发的新领域，作用机理是抑制细菌 DNA 回旋酶，干扰细菌 DNA 的复制而使细菌死亡。根据抗菌作用特点，喹诺酮类药物大致分为4代。

（1）第1代：如萘啶酸，抗菌谱窄，抗菌活性低，仅对大肠杆菌、肺炎杆菌、沙门氏菌等革兰氏阴性菌有效，对革兰氏阳性菌和绿脓杆菌无效。毒副作用大，细菌易产生耐药性，现已废止。

（2）第2代：如吡哌酸、氟甲喹，抗菌谱扩大，对大肠杆菌、沙门氏菌、变形杆菌有杀菌作用，高浓度对金葡萄球菌、绿脓杆菌和支原体有效，对肠球菌无效。

（3）第3代：为氟喹诺酮类，如诺氟沙星、环丙沙星、洛美沙星和畜禽专用的恩诺沙星、沙拉沙星、达诺沙星等，其抗菌谱进一步扩大，抗菌活性进一步增强，对大肠杆菌、沙门氏菌等革兰氏阴性菌的作用显著，对包括葡萄球菌和链球菌在内的革兰氏阳性菌抗菌活性也较高，对支原体有一定作用。目前广泛用于临床。

（4）第4代：如司巴沙星，具有广谱、长效特点，国外已有应用。

（三）抗真菌药与抗病毒药

真菌感染分为浅部真菌感染和深部真菌感染，前者多见于各种癣菌所致的毛发、皮肤、趾部感染，常用制霉菌素、克霉唑、益康唑、灰黄霉素治疗。后者常见于白色念珠菌、组织胞浆菌、新型隐球菌、雏鸡曲霉菌等引起的深部组织和器官感染，如牛真菌性子宫炎、乳腺炎、雏鸡曲霉菌性肺炎等，治疗药物有两性霉素 B、酮康唑等。

目前试用于兽医临床的抗病毒药主要有金刚烷胺、吗啉胍、利巴韦林与干扰素等。许多中草药如大青叶、板蓝根、金银花等对病毒也有一定的作用。

（四）抗菌中草药

抗菌中草药多属清热药，如清热泻火药有知母、栀子、淡竹叶、芦根，清热凉血药丹皮、地骨皮、玄参、紫草、白茅根，清热燥湿药黄连、黄芪、黄柏、胆草、苦参、胡黄连、三颗针、秦皮，清热解毒药二花、连翘、紫花地丁、蒲公英、板蓝根、白芍、穿心莲等，均在不同程度上具有抑菌和杀菌功效，临床上用于微生物引起的感染症。

（五）消毒防腐药

消毒防腐药是用于畜禽体表或周围环境，以杀灭病原微生物或抑制其生长繁殖作用的一类药物。

1. 用于外周环境和用具的消毒药

（1）酚类：苯酚、煤酚和间苯二酚。

（2）醛类：甲醛和聚甲醛。

（3）碱类：氢氧化钠、氧化钙和草木灰。

（4）氧化剂：过氧乙酸（过氧醋酸）、过氧化氢溶液（双氧水）和高锰酸钾。

（5）氯制剂：漂白粉（含氯石灰）、二氯异氰尿酸钠（优氯净）和二氧化氯。

2. 用于皮肤、黏膜及创伤的消毒药

（1）醇类：乙醇（酒精）。

（2）酸类：水杨酸（柳酸）、硼酸。

（3）重金属化合物：硫柳汞（硫汞柳酸钠）。

（4）表面活性剂：苯扎溴铵（新洁尔灭）、度米芬（消毒宁）、醋酸氯己定（醋酸洗必泰）、双十烷基二甲溴铵。

（5）染料类：利凡诺（雷佛奴尔）、甲紫。

（6）焦油类：鱼石脂。

（7）碘与碘化物：碘酊。

二、抗寄生虫药物

抗寄生虫药是用于驱除和杀灭体内外寄生虫的药物。按抗寄生虫药的作用机理可分为：抑制虫体内的某些酶的活性，而使虫体的代谢过程发生障碍，如左旋咪唑、硝氯酚和硝硫氰胺等；干扰虫体的物质代谢过程，如苯并咪唑类药物、三氮脒、氯硝柳胺、氨丙啉、有机氯等；作用于虫体的神经肌肉系统，影响其运动功能或导致虫体麻痹死亡，如哌嗪、噻嘧啶；干扰虫体内离子平衡或运转，如聚醚类抗球虫药。按照抗寄生虫类型可分为：

（一）抗蠕虫药

如驱线虫药有左旋咪唑（左咪唑）、阿苯达唑（丙硫咪唑，抗蠕敏）、芬苯达唑（苯硫苯咪唑）、甲苯达唑、噻嘧啶、哌嗪、越霉素 A、潮霉素 B、伊维菌素、乙胺嗪（海群生）；驱吸虫药有硝氯酚、硫溴酚（抗虫 349）、溴酚磷（蛭得净）、氯氰碘柳胺钠（佳灵三特）；驱绦虫药有吡喹酮、氯硝柳胺；抗血吸虫药有六氯对二甲苯（血防 846，海涛尔）、硝硫氰酯、呋喃丙胺。

（二）抗原虫药

如抗球虫药有氨丙啉（安普罗铵）、氯苯胍（罗贝瓜）、氯羟吡啶（克球粉，氯吡多）、二硝托胺（球痢灵）、尼卡巴嗪、常山酮（卤夫酮）、地克珠利（氯嗪苯乙氰）、癸氧喹酯、莫能菌素、盐霉素、马杜霉素、拉沙洛西、赛杜霉素；抗锥虫药有喹嘧胺（安锥赛）、萘磺苯酰脲（舒拉明，那加诺）；抗血孢子虫药有三氮脒（贝尼尔，二脒那嗪）、锥黄素（吖啶黄，黄色素）；抗滴虫药有甲硝唑（灭滴灵）、二甲硝唑（地美硝唑）。

（三）杀虫药

通常有三种：有机氯类如三氯杀虫酯、杀虫脒（氯苯脒）；有机磷酸酯类杀虫药如蝇毒磷（库马磷）、辛硫磷、二嗪农、巴胺磷；拟除虫菊酯杀虫药如二氯苯醚菊酯（除虫精）、溴氰菊酯、氰戊菊酯（速灭杀丁）。

三、作用于中枢神经系统的药物

（一）全身麻醉药

全身麻醉药，简称全麻药，是一类可逆的抑制中枢神经系统功能的药物，表现为意识丧失、感觉及反射消失、骨骼肌松弛等，但仍保持延脑生命中枢的功能。主要用于外科手术前的麻醉。按照给药途径将全身麻醉药分为：

1. 吸入性麻醉药　氟烷（三氟氯溴乙烷，氟罗生）、氧化亚氮和恩氟烷（安氟醚）。

2. 非吸入性麻醉药　水合氯醛、戊巴比妥、硫喷妥钠和氯胺酮（开他敏）、二甲苯嗪

（隆朋，麻保静）、二甲苯胺噻唑（静松灵）、乌拉坦（氨基甲酸乙酯）。

（二）镇静药与抗惊厥药

镇静药能使中枢神经系统产生轻度的抑制作用，减弱机能活动，从而起到缓和激动、消除躁动不安、恢复安静的一类药物。临床上应用的镇静药有溴化物（溴化钠、溴化铵）。

抗惊厥药是指能对抗或缓解中枢神经过度兴奋症状，消除或缓解全身骨骼肌不自主强烈收缩的一类药物。常用的抗惊厥药有硫酸镁注射液、巴比妥类药物、水合氯醛、地西泮等。

（三）镇痛药

镇痛药是选择性地抑制中枢神经系统痛觉中枢或其受体，以减轻和缓解疼痛，但对其他感觉无影响并保持意识清醒的药物。临床上常用的镇痛药有吗啡、哌替啶（杜冷丁）、芬太尼、埃托啡、赛拉嗪和赛拉唑。

（四）中枢兴奋药

中枢兴奋药是指能兴奋中枢神经系统，并提高其功能的一类药物。本类药物对中枢神经系统的不同部位具有一定的选择性，依据药物的主要作用部位，可分为：大脑兴奋药（如咖啡因）、延髓兴奋药（如尼可刹米、回苏灵、多沙普伦）和脊髓兴奋药（如士的宁）三类。

四、作用于外周神经系统的药物

外周神经系统可分为传入神经纤维和传出神经纤维两大类，故外周神经系统药物包括作用于传出神经药物与作用于传入神经药物两大部分，其中作用于传入神经药物是以局部麻醉药为主。

（一）作用于传出神经药物

作用于传出神经药物主要根据它们作用的受体和产生的效应，分为拟胆碱药、抗胆碱药、拟肾上腺素药和抗肾上腺素药。

1. 拟胆碱药　氨甲酰甲胆碱（比赛可灵）、毒扁豆碱（依色林）、新斯的明（普洛色林）。

2. 抗胆碱药　山莨菪碱、颠茄酊。

3. 拟肾上腺素药　肾上腺素、麻黄碱、去甲肾上腺素、异丙肾上腺素。

4. 骨骼肌松弛药　氯化琥珀胆碱（司可林）。

（二）局部麻醉药

1. 局部麻醉药　简称局麻药，是能阻断神经冲动传导，使局部痛觉丧失，以便进行外科手术的药物。临床上常见的有普鲁卡因、利多卡因、丁卡因。

2. 保护药　亦称皮肤黏膜保护药，是对皮肤黏膜部位神经感受器有机械保护性作用，缓和有害因素的刺激，减轻炎症和疼痛的一类药物。根据保护药作用特点，可分为收敛药（如明矾）、吸附药（如药用炭、白陶土、滑石粉等）、黏浆药（如淀粉、明胶、阿拉伯胶等）和润滑药（如豆油、花生油、凡士林等）。

五、作用于消化系统的药物

作用于消化系统的药物可分为健胃药和助消化药，反刍促进药、制酵药和消沫药，泻药与止泻药。

（一）健胃药和助消化药

1. 健胃药　是指能提高动物食欲、促进消化液分泌、增强消化机能的药物。其主要适应症是胃肠功能性的食欲不振，或其他病因治疗的辅助药物。健胃药可分为苦味健胃药如龙胆、马钱子（番木鳖）、大黄等；芳香性健胃药如陈皮、肉桂、豆蔻、茴香等；盐类健胃药如氯化钠、碳酸氢钠、人工盐等。

2. 助消化药　是指能促进胃肠消化机能，补充消化液或某些成分不足的药物。临床常见用药有稀盐酸、乳酸、胃蛋白酶、胰酶、干酵母、乳酶生、嗜酸杆菌制剂。

（二）反刍促进药、制酵药和消沫药

1. 反刍促进药　又称为瘤胃兴奋药，是指能加强瘤胃平滑肌收缩，促进瘤胃蠕动，兴奋反刍，从而消除积食和胀气的药物。常用药物有氨甲酰甲胆碱（比赛可灵）、毒扁豆碱、新斯的明、浓氯化钠注射液、酒石酸锑钾（吐酒石）、灭吐灵（胃复安）。

2. 制酵药　是能抑制胃肠内微生物或酶发酵作用的药物。常用药物有甲醛溶液、鱼石脂、大蒜等。

3. 消沫药　是一类表面张力低于“起泡液”，不与起泡液互溶，能迅速破坏起泡液的泡沫，而使泡内气体逸散的药物。常用的消沫药有二甲硅油、松节油、各种植物油（如豆油、花生油、菜籽油等）。

（三）泻药与止泻药

1. 泻药　是一类促进粪便顺利排出的药物。按作用机理可分为三类：容积性泻药（亦称盐类泻药），如硫酸钠、硫酸镁、氯化钠等；润滑性泻药（亦称油类泻药），如植物油、动物油等；刺激性泻药（亦称植物性泻药），如大黄、芦荟、蓖麻油等。

2. 止泻药　是一类能制止腹泻的药物。依据药理作用特点，止泻药可分为三类：保护性止泻药，如碱式硝酸铋、碱式碳酸铋等，通过凝固蛋白质形成保护层，使肠道免受有害因素刺激，减少分泌，起收敛保护黏膜作用；吸附性止泻药，如药用炭、高岭土等通过表面吸附作用，可吸附水、气、病毒、细菌、毒素及毒物等，减轻对肠黏膜的损害；苯乙哌啶等通过抑制肠道平滑肌蠕动而止泻。

六、作用于呼吸系统的药物

（一）祛痰药

能增加呼吸道分泌，使痰液变稀并易于排出的药物。常用药物有氯化铵、碘化钾、乙酰半胱氨酸。

（二）镇咳药

根据药物作用的部位分为对咳嗽中枢产生抑制的中枢性镇咳药；对其他环节产生抑制的镇咳药称为末梢镇咳药。常见的镇咳药有咳必清（喷托维林）、可待因、甘草、杏仁等。

（三）平喘药

缓解或消除呼吸系统疾患所引起的气喘症状的药物。常用的药物有氨茶碱、麻黄碱（麻黄素）、盐酸异丙肾上腺素（喘息定、治喘灵）。

七、作用于血液循环系统的药物

血液循环系统药物的主要作用是能改变心血管和血液的功能。根据兽医临床应用分为作用于血液的药物和体液补充剂。

（一）作用于血液的药物

1. 抗贫血药　是能增进机体造血机能、补充造血必需物质、改善贫血状态的药物。常用抗贫血药物是铁制剂，如硫酸亚铁、富马酸亚铁和枸橼酸铁铵；注射的有右旋糖酐铁。

2. 抗凝血药　是指能延缓或阻止血液凝固的药物。常用的药物有肝素、枸橼酸钠（柠檬酸钠）。

3. 止血药　又称凝血药，是指能加速血液凝固或降低毛细血管通透性，使出血停止的药物。分为全身止血药和局部止血药。常用的全身止血药有维生素 K、止血敏（酚磺乙胺）、安络血、凝血质；常用的局部止血药有吸收性明胶海绵、淀粉海绵。

（二）体液补充剂

体液补充剂可分为血容量扩充剂，如右旋糖酐、葡萄糖；电解质补充剂，如氯化钠、氯化钾；酸中毒调节药，如碳酸氢钠、乳酸钠。

八、利尿药与脱水药

（一）利尿药

作用于肾脏，影响电解质及水的排泄，使尿量增加的物质。按其作用强度可分为：高效利尿药，如呋塞米（速尿）、依他尼酸（利尿酸）；中效利尿药，如氢氯噻嗪（双氢克尿噻）、氯酞酮、苄氟噻嗪等；低效利尿剂，如螺内酯、氨苯蝶啶。

（二）脱水药

脱水药又称渗透性利尿药。本类药物有甘露醇、山梨醇和高渗葡萄糖等。

九、作用于生殖系统的药物

（一）子宫兴奋药

一类选择兴奋子宫平滑肌引起子宫收缩的药物。兽医临床上常用于催产、引产、产后子宫出血及子宫复原等。常用的药物有麦角新碱、前列腺素 $F_{2\alpha}$（$PGF_{2\alpha}$）

（二）性激素

动物性腺分泌的甾体激素，包括雌激素、雄激素及孕激素等。雌激素主要有雌二醇；孕激素主要有黄体酮（孕酮、黄体素）、甲地孕酮（去氢甲孕酮）；雄激素与同化激素有丙酸睾酮（丙酸睾丸酮）、甲睾酮（甲基睾丸酮）、苯丙酸诺龙（苯丙酸去甲睾酮）；促性腺激素有垂体促卵泡素、垂体促黄体素、孕马血清（马促性腺素）、绒毛膜促性腺素（绒促性素）。

十、维生素类药物、肾上腺皮质激素类药物和抗过敏药物

（一）维生素类药物

兽医临床上常用的维生素类药物有两大类。一类是脂溶性维生素，包括维生素 A、维

生素 D、维生素 E、维生素 K 等；一类是水溶性维生素，包括维生素 B_1、维生素 B_2、维生素 B_5、维生素 B_6、维生素 PP、维生素 C 以及叶酸、胆碱等。

（二）肾上腺皮质激素类药物

肾上腺皮质激素简称皮质激素。按其作用可分为盐皮质激素和糖皮质激素两类。盐皮质激素主要影响水、盐代谢，有留钠、留水、排钾作用。糖皮质激素主要影响糖、蛋白质、脂肪的代谢，对水、盐代谢影响小。其代表激素是可的松和氢化可的松。常用糖皮质激素有醋酸可的松、氢化可的松、醋酸泼尼松（强的松）、氢化泼尼松（强的松龙）、地塞米松（氟美松）。

（三）抗过敏药物

主要用于控制速发型变态反应。常用的药是抗组胺（组胺药）。兽医临床上常见抗过敏药有苯海拉明（可他敏）、异丙嗪（非那更）、扑尔敏（氯苯吡啶）、西咪替丁（甲氰咪胍）。

十一、解毒药

解毒药是通过药物的药理作用，颉颃或消除毒物作用的一类药物。根据解毒药的作用特点及疗效，解毒药可分为特异性解毒药和非特异性解毒药。

（一）特异性解毒药

1. 有机磷酸酯类中毒的特异解毒药　这类解毒药临床上主要有碘磷定（解磷定、哌姆）和双复磷等。

2. 亚硝酸盐中毒的特异性解毒药　这类解毒药临床上主要为亚甲蓝。

3. 氟化物中毒的特效解毒药　这类解毒药临床上主要为乙酰胺。

4. 重金属与类金属中毒的特异解毒药　这类解毒药临床上主要有含巯基的解毒药，如二巯丙醇、二巯丙磺钠、二巯丁二钠和青霉胺；络合解毒药，如依地酸钙钠（解铅乐）、去铁敏。

5. 氰化物中毒的特异解毒药　这类解毒药临床上主要有亚硝酸钠、亚甲蓝。

（二）非特异性解毒药

非特异性解毒药是指能减少或阻碍毒物的吸收，促进毒物排出，破坏在胃肠道内未被吸收毒物的毒性，解除中毒时引起严重症状的药物。包括催吐剂、中和剂、氧化剂、保护剂、沉淀剂、吸附剂、泻下剂和利尿剂等。

（魏　宁　梅存玉）

任务三　动物病理基础知识

一、疾病的概念及其特点

（一）疾病的概念

疾病是指动物机体在致病因素的作用下发生的损伤与抗损伤的复杂的斗争过程。在此过程中，动物机体表现出一系列功能、代谢和形态结构的变化，使机体内外环境之间的相对平衡状态发生紊乱，从而出现一系列的症状与体征，并造成动物生产性能下降及经济价值降低。

（二）疾病的特点

1. 疾病是在一定条件下由于病因作用于机体的结果 任何疾病都有其发生的原因，没有原因的疾病是不存在的。只有查明病因，才能真正做到对因治疗，并从根本上有效地防止该疾病的发生。例如肠炎，有病毒性肠炎，也有细菌性肠炎，查明是病毒性肠炎，使用特效抗病毒药，结合对症治疗；是细菌性肠炎，必须使用特效抗菌药，结合对症治疗来处理。如果不明病因情况下乱用药物，势必引起不堪设想的后果。

2. 疾病是完整机体的反应 机体在生命活动过程中，通过神经—体液的调节，各器官的机能、代谢和形态结构维持着正常的协调关系，而机体与变化着的外界环境也保持着相对平衡，即内外平衡，这是动物机体健康的标志。当外界环境变化过于剧烈，超出机体生理防御范围，或者机体本身抵抗力降低，不能适应外界环境的变化，使机体内部器官之间或机体与外界环境之间的平衡发生紊乱，在机体的某些局部出现比较明显变化，或全身的严重反应。

3. 疾病是机体损伤与抗损伤的相互斗争过程 当动物机体受到外界致病因素作用时，一方面机体受到损伤，发生病理反应，使自身正常的生理机能、代谢和形态结构发生不同程度的改变和破坏；另一方面，机体也必然产生抗损伤的生理反应，以消除致病因素的作用以及造成的损伤。这一矛盾始终贯穿于疾病的整个过程，推动疾病发生发展。当机体抗损伤的生理作用强于致病因素作用时，机体损伤就会慢慢消失，并逐渐恢复正常生命活动，直至康复。但当机体抗损伤的生理作用弱于致病因素作用时，机体所受损伤就会越来越重，最终导致死亡。

4. 生产性能的降低是动物疾病的重要标志 动物患病时，导致自身适应能力差，内部的各种机能、代谢和形态结构发生障碍或遭受破坏，必然导致畜禽生产性能（如劳役、体膘、产蛋、产乳、产毛、繁殖力等）下降，这是畜禽发生疾病的标志。

二、疾病发生的原因

疾病发生的原因简称病因，概括起来可分为外界致病因素（外因）和内部致病因素（内因）两方面。任何疾病的发生都是有原因的，没有原因的疾病是不存在的。

（一）疾病发生的外因

是指外界环境中各种致病因素对机体的作用。按其性质可区分为生物性的、化学性的、物理性的和机械性的致病因素等几大类。

1. 生物性致病因素 是当前对动物危害最为严重也是最常见的一种致病因素，包括各种病原微生物和寄生虫。因此，它也是许多传染病暴发的根源。其致病作用主要有以下特点：

（1）有一定的潜伏期：病原微生物从侵入机体到出现症状都需经过一定的潜伏期。不同疾病的潜伏期长短不同，这与病原微生物在体内繁殖、蔓延、产生毒素的速度和机体的抵抗力有关。如猪瘟的潜伏期一般为2～4d；鸡新城疫为3～5d。

（2）对机体的作用有一定选择性：这类病原微生物对易感动物种属有一定选择性，比较严格的传染途径、侵入门户和作用部位等，例如，猪瘟病毒只感染猪；破伤风杆菌只能从破损的皮肤及黏膜入侵而使机体患病，从口中食入，机体则安然无恙。

（3）有一定的持续性和传染性：生物性病因侵入机体后，不仅破坏机体的防御机能对机体产生病理性损害，而且有些病原体可从动物体内排出而再次感染其他的动物个体。

（4）动物机体的抵抗力：病原微生物侵入机体是否引起疾病，与侵入宿主的病原体数量、毒力以及动物机体本身的抵抗力等有关。当机体抵抗力强大时，虽然体内带有致病微生物，但也不一定发病；相反，若机体抵抗力减弱时，即使平时没有致病作用或毒力不强的微生物也可引起发病。

（5）引起的疾病有一定特异性：有些疾病有较规律的病程，特殊的病理变化和临床症状，以及特异性免疫现象等。

2. 化学性致病因素 能够对动物机体产生致病作用的化学物质种类繁多，主要包括无机毒物（如强酸、强碱、重金属盐类等）；有机毒物（如有机农药、醇、氯仿、乙醚、氰化物等）；军用毒物（如氢氰酸、双光气、芥子气等）；生物毒物（如蛇毒、尸毒、斑蝥毒等）。此外，工业废气、废水、兽药使用不当（如用量过大时，引起中毒）、饲料加工不当（如闷煮白菜、萝卜等不当，引起亚硝酸盐中毒）、肾功能障碍时会引起尿毒症（内源性自体中毒）等。

化学性致病因素致病作用的特点是：常积蓄到一定量后才引起发病。除慢性中毒外，一般都有一短的潜伏期，发病较快；致病因素在整个中毒过程中都起作用，直至被解毒或排出体外；有些致病因素对机体的组织、器官的毒害作用有一定的选择性。如有机氯主要侵害肝脏，亚硝酸盐主要侵害血液，有机磷主要侵害神经系统等。

3. 物理性致病因素 有高温、低温、电流、光能、电离辐射、大气压、噪声等，只要它们达到一定的强度和作用时间，都可使机体发生物理性损伤。

（1）高温：作用于机体局部组织可引起烧伤，作用于全身可引起热射病、日射病。

（2）低温：作用于机体局部可引起冻伤，作用于全身可引起机体抵抗力降低，进而促使诱发某些疾病。如劳役后大出汗，受风寒或暴风雨的袭击，特别易引起感冒和肺炎。

（3）电流：对机体具有强烈的作用，能引起意识丧失，肌肉痉挛和呼吸麻痹而死亡。

（4）电离辐射：常见的有 X 射线、β 线、γ 射线、中子和质子等，致病作用主要是引起放射性烧伤及放射病。放射病发病机理是由于机体的水受到电离辐射之后，产生一系列生物学活性物质，这些物质使体内的酶系统受到破坏，导致细胞核皱缩、破碎以及溶解等现象。

（5）噪声：对畜禽体也会产生不良影响，尤其是 100～120dB 以上强度噪声持续作用，可使畜禽生理机能发生紊乱，引起动物惊恐不安，产生应激等。

4. 机械性致病因素 是指来自于体内外的各处机械力的作用。一定强度的外界机械力作用于机体时，可使机体发生损伤。如锐器或钝器的撞击，可引起机体创伤、挫伤、扭伤、骨折、脱臼等。此外，机体内部的肿瘤、结石、肿胀以及异物等，也可使组织器官发生机械性压迫或阻塞而引起发病。

机械性致病因素致病作用的特点是：对组织的作用无选择性；所引起的疾病无潜伏期及前驱期；造成外伤时，仅在疾病的发生上起作用，一般情况下，对疾病的发展不起作用；机械力的强度、性质、作用部位和作用范围决定着疾病的性质、强度和后果，而一般不取决于机体的反应特性。

5. 其他致病因素 包括畜禽的营养状态，饲养管理和应激状态等。蛋白质、脂肪、糖类、维生素、矿物质和微量元素等营养物质是动物机体生命活动必需的物质，供给不足或过多，都可引起相应疾病的发生。如维生素D缺乏引起的骨软病；蛋白质过多引起的痛风。此外，饲养管理不当，使役过度、饲料突变等也可成为一些疾病发生的诱因。

（二）疾病发生的内因

主要取决于机体对致病因素的防御适应能力（抵抗力）及对致病因素的感受性两个方面。感受性小，抵抗力强，则机体不易发病，发病时症状也轻；反之感受性大，抵抗力弱，则机体易发病，发病时症状重。

1. 机体防御及免疫功能降低 动物机体的防御能力、免疫功能是生物在进化过程中，为了适应外界条件而形成的一种保护能力。只有当机体的防御能力和免疫能力降低时，或致病因素致病力过强，而机体抵抗力相对不足时，才能引起发病。

（1）屏障结构的破坏及机能障碍：动物的皮肤、黏膜、皮下组织、肌肉、骨骼等具有保护内部重要器官免受外界物理、化学因素的损伤和阻止致病微生物侵入的功能，如果这些屏障结构和功能发生障碍时，则外界致病因素就容易侵入机体，而引起重要生命活动器官的损伤，引起疾病发生。此外，机体内部的血脑屏障能阻止某些致病微生物、毒素和大分子有害物质进入脑组织内，如果血脑屏障的结构受到破坏，脑易遭受到侵害。胎盘屏障能阻止某些致病微生物、毒物进入胎儿体内，当胎盘屏障的结构和机能破坏时，胎儿就容易受到致病因素的影响。

（2）吞噬和杀菌作用的机能障碍：机体的内部淋巴结可将进入体内的病原微生物及其他异物加以滞留，防止其扩散蔓延，如果淋巴结遭受损害，就会有利于致病微生物在体内的扩散蔓延。各种吞噬细胞及免疫细胞对进入机体的病原微生物有吞噬和杀灭作用等。因此，在吞噬细胞和免疫细胞数量减少或功能减弱时，就容易发生某些感染性疾病。

（3）解毒、排毒器官的机能障碍：肝脏是机体的主要解毒器官，能将摄入体内的各种毒物，通过生物转化过程进行分解、转化或结合成为无毒或低毒物质，从肾脏排出体外。另外，消化道可以通过呕吐、腹泻的方式将有害物质排出体外，呼吸道可以通过黏膜上皮的纤毛运动、咳嗽、喷嚏等将呼吸道内的有害物质排出体外等。当以上解毒、排毒器官的结构或功能发生破坏时，就会导致机体中毒和相应疾病发生。

（4）特异性免疫反应：机体的免疫反应在防止和对抗感染的过程中起着十分重要的作用。当细胞免疫机能降低时，容易发生病毒、霉菌和某些细胞内寄生细菌的感染，而且还较易发生恶性肿瘤。当体液免疫机能降低时，容易发生细菌特别是化脓性细菌的感染。

2. 机体感受性的改变 机体感受性是指机体对各种刺激（生理性和病理性的）能以一定方式发生反应的特性。感受性是动物在种系进化和个体发育过程中形成和发展起来的，每个动物机体对外界致病因素的抵抗力和感受性是不完全相同的。机体的感受性主要与以下因素有关：

（1）种属：不同种属的动物对同一病原的感受性往往不一样。如鸡不感染炭疽，牛不感染猪瘟等。这种现象是种属的免疫性，是一种先天性的免疫状态，同时也与病原体对它所处环境具有严格的选择性有关。

（2）年龄：不同年龄的动物，对同一致病因素感受性不一样。一般来说幼龄畜禽的抵抗力弱，中龄畜禽的抵抗力强，老龄畜禽的抵抗力则下降。这是由于神经体液调节能力不同以及防御屏障机构状况不同的缘故。例如：仔猪、犊牛、幼驹在出生后短期内，因肠黏膜的屏障机构发育不全，较易感染大肠杆菌而发生下痢。成年动物各方面机能发育已经成熟，故抵抗力较强。老年动物，由于各种机能减退，故抵抗力降低，易患病。

（3）性别：机体性别不同，某些器官组织结构不一样，内分泌也有不同的特点，对致病因素反应性也有差异。如雄性动物不会感染乳房炎。

（4）营养：不同的个体由于营养状态、机体抵抗力的不同，对同一致病因素的感受性也不一样；营养状态差、抵抗力差的机体，对致病因素的感受就敏感些，较易患病。

总之，疾病的发生既有内因也有外因，二者是紧密联系的。外因是发病的条件，内因是发病的根据，外因必须通过内因才能发挥其致病作用。

三、动物疾病发生发展的基本规律

各种疾病尽管病因不同，发展过程中各有自己的特殊性，但它们之间还存在着共同的发展规律。掌握疾病发生发展的客观规律，对于正确认识疾病、预防疾病、治疗和消灭疾病有重要意义。

（一）致病因子的蔓延途径

致病因子作用于机体，克服了机体的防御屏障机能，沿着一定的途径逐渐蔓延，从而引起疾病过程的发生、发展。蔓延途径有以下几种：

1. 组织蔓延 是指致病因素沿组织或组织间隙逐渐蔓延。

2. 体液蔓延 致病因素或组织分解产物被吸收进入体液内，随着体液的流动散布到全身。

3. 神经性蔓延 有两方面含义。一是致病因子沿着神经干蔓延，如狂犬病病毒与破伤风毒素在体内蔓延就是这种方式。二是致病因子作用于神经引起冲动，并传递至相应的神经中枢，使中枢机能发生改变，从而引起有关器官机能的改变，即是通过神经反射途径蔓延。

总之，上述3种蔓延方式，在疾病的过程中常常是交互进行或同时进行的。因为任何组织都含有组织液和其通道及神经装置。但是，各种因素、各种状态的不同，3种蔓延方式的主次不同。所以，我们在预防和治疗疾病时，除考虑对因治疗外，还应加强机体的屏障机能，及时防止有害刺激物的蔓延。

（二）疾病发生发展的基本机理

1. 疾病发生的一般规律

（1）直接作用：某些致病因素，可以直接作用于组织器官，引起相应组织器官的损伤，从而产生机能和形态的改变，称为直接作用。如机械性外伤、烧伤、冻伤等。

（2）神经机能的改变：某些致病因素或病理产物作用于神经系统，通过调节机能、反射活动的改变，引起机体器官组织变化。神经系统的功能改变可以是致病因素直接作用的结果，也可以通过神经反射活动而引起。例如：猪胃肠炎、饲料中毒时出现的呕吐、腹泻是通过神经反射而造成的；中枢神经的外伤、感染（如狂犬病病毒、马流行性脑脊髓炎病毒）、破伤风毒素中毒、缺氧等都可直接损伤中枢神经或导致神经调节机能的改变，而引起相应的病变。

（3）体液调节机能的改变：致病因素或病理产物通过改变体液成分的量或质，或引起内分泌腺机能改变，破坏机体内环境的稳定，导致器官组织损伤、机能障碍等病理变化。例如，严重腹泻时，引起机体脱水和酸中毒。蛋白质摄取不足或消耗过多时，常引起血浆胶体渗透压的下降，造成营养不良性水肿等。

上述三种作用，在不同的疾病过程中，或在同一疾病的不同阶段，可能同时存在或相继发生，各起不同的作用。所以对每个疾病，必须作具体分析，才能正确防控。

2. 疾病过程中的基本规律

（1）对立统一规律：疾病的发展过程就是损伤与抗损伤这一对矛盾的斗争过程。致病因子作用于机体后，一方面引起机体的机能、代谢和形态结构上的各种病理性的损伤，同时，机体也会产生各种抗损伤性的防御、代偿、适应和修复反应，双方的相互斗争和力量对比关系决定着疾病的发展方向和结局。当损伤占优势时，则病情恶化，甚至导致机体死亡。反之，当抗损伤占优势时，则疾病向有利于机体的方向发展，直至痊愈。如创伤性出血时，一方面引起组织损伤、血管破裂、血液丧失等一系列病理性损伤变化；另一方面又激起机体的各种抗损伤反应，如末梢小动脉的收缩、心跳加快和心收缩力加强，血库释放储血等。如果损伤较轻，失血量不大，则通过上述抗损伤反应和及时的治疗措施，机体便可恢复健康。反之，如果损伤过重，失血过多，抗损伤反应不足以抗衡损伤性变化，治疗又不及时恰当，就会导致严重缺氧，失血性休克，甚至死亡。损伤与抗损伤是一对矛盾的两个方面，在疾病过程中并不是绝对对立的关系，在一定条件下，它们可以互相转化。如急性肠炎时常出现腹泻，这有助于排出肠腔内的细菌和毒物，是机体的抗损伤反应。但是，剧烈的腹泻又可引起机体脱水和酸中毒，而转化为损伤性反应。因此，对疾病过程中发生的各种反应必须认真分析，采取积极的防治措施，减弱和消除致病因素对机体的损害，保护和增强机体的抗损伤反应，促进机体康复。

（2）因果转化规律：因果转化规律是疾病发生发展的基本规律之一。简单地说，也就是某种致病因素在一定的条件下作用于机体，引起某些病理变化，而这些病理变化，在一定条件下又成为病因，引起另一些新的病理变化。这种原因和结果相互变换、相互转化，就是疾病发生发展的主要形式。但是，这种交替转变，并不是一种简单的循环，而是呈螺旋式方向发展。如果是恶性的，疾病愈来愈重，最终导致死亡；如果是良性的，则慢慢康复。另外，在许多情况下，同一原因可以引起几种结果，也可以是几个原因引起同一结果。然而，在因果转化链上，不是所有的环节都起着同等作用，其中有些环节是主导环节（主要矛盾），即它能决定疾病的进程和影响疾病的全局；而有的则为次要矛盾，即次要环节。所以在临床实践中，要善于分析疾病过程中的因果关系，找出不同发展阶段的主要环节（主要矛盾）。及时采取相应的防治措施，切断主导环节，就能有效地阻止疾病向恶化的方向发展，并促使疾病向好的方向发展，从而使机体恢复健康。

（3）局部与整体的关系：动物机体是一个完整的统一体，任何疾病都是整体性的反应，局部病理变化是整体性疾病过程的一个组成部分，它受整体的影响，同时，又影响着整体，两者之间有着不可分割的关系。例如，发生皮下脓肿时，局部变化较为严重，应及时切开排脓；但同时也要考虑局部脓肿对全身的影响，如发热、菌血症和脓毒败血症等，不针对这些影响而采取相应措施，也是十分危险的。因此，在医疗实践中，应当辩证地看待局部与全身的相互关系，既要注意局部病理变化，也要考虑全身的病理反应，以及两者之间的互相影响和互相转化，那种孤立看待局部变化，头痛医头、脚痛医脚或只顾全身、不顾局部的观点和做法都是片面的。

四、动物疾病的经过与转归

从疾病的发生到疾病的结束，称为疾病经过，又称疾病过程。疾病的经过，有的有明显的阶段性，有的则没有（如机械性、物理性因素引起的疾病）。传染病的经过，有明显的阶段性，以它为例来说，可分为以下几个阶段：

（一）潜伏期

潜伏期又称隐蔽期，是指病因作用于机体时开始，至最早出现一般临床症状为止的期间。各种疾病潜伏期的长短是不一样的，这主要取决于病原的种类、数量、毒力、侵入部位及机体的抵抗力等。

（二）前驱期

从出现最初症状，到全部主要症状开始出现为止，称为前驱期。其经过为数小时或数日。这一期特点：临床上表现出一般症状（精神沉郁、食欲减退、体温升高、脉增数、呼吸加快等），如得到适当的护理、治疗，则可能痊愈，反之则疾病向前发展，转入下一个阶段。

（三）明显期

明显期又叫临床经过期，是指疾病的特征性症状充分暴露出来的时期。由于这些症状有一定的特征性，所以对疾病的诊断很有价值。

（四）转归期

转归期又叫终结期，是指疾病的结束阶段。在此阶段如果机体的抗损伤战胜了损伤过程则疾病好转，最后痊愈或不完全痊愈。但如果机体的抗损伤力量过弱，而病理性损伤加剧占绝对优势，则疾病恶化，甚至死亡。

1. 完全痊愈　是指病因作用停止和消失后，机体的机能和代谢障碍恢复正常，形态结构的损伤得到修复，机体内部各系统之间及机体与外界环境之间的协调关系得到完全恢复，动物的生产能力也恢复正常。

2. 不完全痊愈　是指疾病的主要症状已经消失，致病因素对机体的损害作用已经停止，但机体的机能、代谢和形态结构的损伤未完全恢复，还遗留有某些损伤残迹或持久性的变化。

3. 死亡　是指在疾病过程中，机体的调节机能破坏，适应能力耗尽，引起呼吸、心跳等生命活动停止，最后机体解体的现象。死亡也是一个发展过程，通常分为以下三个阶段：

（1）濒死期：经过时间约数小时到两三天，这时机体各系统的机能发生严重的障碍和失调，脑干以上的中枢神经系统处于深度抑制状态，表现为心跳微弱，呼吸不规则，时断时续，反射迟钝，感觉消失，括约肌松弛，粪尿失禁，体温下降等。处于此期的动物还有复活的可能，临床上应注意积极抢救。

（2）临床死亡期：此期主要标志为心跳和呼吸完全停止，反射消失，延脑处于深度抑制状态。但各组织器官的物质代谢还没完全停止，这种死亡仍是可逆的，如采取必要的措施也有复活的可能。

(3) 生物学死亡期：即发生了真正的死亡，此时，从大脑皮质开始到整个神经系统及各器官的新陈代谢相继停止，并出现不可逆的变化，整个机体已不可能再复活。最后，机体解体。

五、常见的局部病理变化

（一）充血

局部组织或器官的血管内，血液含量增多的现象，称为充血。一般来说，动脉内血液灌注量过多，静脉回流正常，导致组织或器官内含血量增多，称为动脉性充血，简称为充血。如动脉流入的血量保持正常，而静脉的血液回流受阻，导致血液淤积在静脉和毛细血管中，称为静脉性充血，也叫淤血。

（二）出血

血液流出血管或心脏外，称为出血。血液流出体外，称为外出血。血液流入组织间隙或体腔内（如胸腔、腹腔、心包腔），称为内出血。弥散性的组织内出血，称为溢血，如脑溢血。混有血液的尿液，称血尿。粪便里有血液称黑粪或血便。当动脉血管破裂出血时，由于血压高，血流及血量多，压迫周围组织形成血肿。毛细血管出血，多形成小出血点称淤点，形成出血斑称淤斑。体腔内出血称积血。

（三）局部贫血

机体局部组织、器官内含血量比正常减少，称为局部贫血，或局部缺血。贫血的组织器官，往往出现固有色，如皮肤、黏膜贫血呈现苍白色。如长时间贫血，可发生组织萎缩和坏死。

（四）梗死

活体内某种组织或器官由于动脉血液供应断绝而引起局部组织的坏死，称为梗死。常见的有：

1. 贫血性梗死 常发生在心、脾、肾等结构比较致密，侧支循环不丰富的器官，易导致局部组织缺血而坏死，坏死灶呈黄白色，故称贫血性梗死或白色梗死。梗死灶切面呈锥体状，尖端朝向器官阻塞处，底部位于器官表面，边缘有充血、出血带包围。

2. 出血性梗死 多发生于肺、肠等血管丰富并伴有淤血的器官。病区红色，故称出血性梗死，又称红色梗死，梗死灶紫黑色、硬固、肿大。

（五）萎缩

发育正常的器官、组织，由于物质代谢障碍而发生体积缩小和功能减退的过程，称为萎缩。常见有生理性萎缩和病理性萎缩两种类型。萎缩的器官基本保持原来的形状，而体积呈均等性缩小；重量减轻；器官边缘变锐利。

（六）变性

在细胞或细胞间质内出现各种异常物质或正常物质数量过多的形态学变化，称为变性。变性的器官体积肿大，边缘钝圆，被膜紧张、重量增加，切面突隆、边缘外翻，质脆易碎，无原来光泽，结构模糊不清。变性可概括为细胞水肿和脂肪变性两类。

（七）坏死

在活体内局部组织、细胞的死亡，称为坏死。皮肤或黏膜坏死脱落后，局部留下缺损，浅的缺损叫糜烂，深的称为溃疡。肺组织的坏死组织脱落后留下的较大空腔，称为空洞。坏死常见有以下三种类型：

1. 凝固性坏死 是指组织坏死后，失水变干，组织蛋白未发生崩解液化而发生凝固。眼观，坏死组织变为灰白或灰黄色，干燥而无光泽，坏死区周围有暗红色的充血和出血带与健康组织分界。

2. 液化性坏死 其特征是坏死组织迅速崩解液化，主要发生于富有蛋白分解酶（如胃肠道、胰腺）或含磷脂和水分多而蛋白质少的组织（如脑），以及有大量嗜中性粒细胞浸润的化脓性炎灶。

3. 坏疽 是组织坏死后受到外界环境的影响和不同程度的腐败菌感染引起的继发性变化。坏疽外观呈灰褐色或黑色。

（刘 云 魏 宁）

任务四 动物微生物及免疫学基础知识

一、微生物的形态与结构

微生物是一群形体微小、结构简单，必须借助于光学显微镜或电子显微镜才能看到的微小生物。自然界的微生物具有形体微小、结构简单、繁殖迅速、容易变异、种类多、数量大、分布广泛的特点。

（一）细菌的形态和结构

细菌是一类具有细胞壁、个体微小、形态简单、结构略有分化、以二分裂法繁殖的单细胞原核型微生物，测量单位为微米（μm）。

1. 细菌的形态 细菌的基本形态有球状、杆状和螺旋状三种，分别称为球菌、杆菌和螺旋菌。

（1）球菌：单个菌体呈球形或近似球形。根据球菌分裂的方向和分裂后的排列状况将其分为：双球菌、链球菌、葡萄球菌、单球菌、四联球菌和八叠球菌等。

（2）杆菌：杆菌一般呈正圆柱状，也有近似卵圆形的，其大小、粗细、长短都有显著差异。有球杆菌、棒状杆菌、分枝杆菌、单杆菌、双杆菌、链杆菌。

（3）螺旋菌：菌体呈弯曲状，两端圆或尖突。弧菌的菌体只有一个弯曲，呈弧状或逗点状，有两个或两个以上弯曲，捻转成螺旋状。

2. 细菌的结构 细菌的结构可分为基本结构和特殊结构两部分。

（1）细菌的基本结构：所有细菌都具有的结构称为细菌的基本结构，包括细胞壁、细胞膜、细胞浆、核质。

①细胞壁 细胞壁在细菌细胞的最外层，紧贴在细胞膜之外。主要功能是维持细菌的固有形态，保护菌体耐受低渗环境。细胞壁与革兰氏染色特性、细菌的分裂、致病性、抗原性以及对噬菌体和抗菌药物的敏感性有关。用革兰氏染色法染色，可将细菌分成革兰氏阳性菌和革兰氏阴性菌两大类。

②细胞膜 又称胞浆膜，是在细胞壁与胞浆之间的一层柔软、富有弹性的半透性生物薄膜。细胞膜对维持细胞内正常渗透压有很重要的作用，还与细胞壁、荚膜的合成有关，

是鞭毛的着生部位。

③细胞浆　是一种无色透明、均质的黏稠胶体，细胞浆中含有许多酶系统，是细菌进行新陈代谢的主要场所。

④核质　细菌是原核型微生物，没有核膜、核仁，只有核质，是共价闭合、环状双股DNA盘绕而成的大型DNA分子，含细菌的遗传基因，控制细菌几乎所有的遗传性状，与细菌的生长、繁殖、遗传变异等有密切关系。

（2）细菌的特殊结构：有荚膜、鞭毛、菌毛和芽胞等，这些结构有的与细菌的致病力有关，有的有助于细菌的鉴定。

（二）病毒的形态和结构

1. 病毒的形态　病毒是一类体积微小、结构简单、非细胞型的微生物，测量单位为纳米（nm）。病毒多为球形或近似球形，也有砖形、子弹形、蝌蚪形、杆形。

2. 病毒的结构　结构完整的病毒个体称为病毒颗粒或病毒子。成熟的病毒颗粒是由蛋白质衣壳包裹着核酸构成的。衣壳与核酸一起组成核衣壳。有些病毒在核衣壳外面还有一层外套称为囊膜。有的囊膜上还有纤突。

（1）核酸：核酸存在于病毒的中心部分，又称为芯髓。一种病毒只含有一种类型核酸，即DNA或RNA。

（2）衣壳：是包围在病毒核酸外面的一层外壳。化学成分为蛋白质，衣壳是病毒重要的抗原物质。

（3）囊膜：病毒核衣壳外面的一层由类脂、蛋白质和糖类构成的囊膜，囊膜对衣壳有保护作用，并与病毒吸附宿主细胞有关。

（三）其他微生物

1. 真菌　真菌是一类有细胞壁结构，没有根、茎、叶分化的异养型单细胞或多细胞的真核微生物。真菌种类多，数量大，分布极为广泛，主要有酵母菌和霉菌等。酵母菌为圆形、卵圆形、腊肠形、圆筒形的单细胞菌体，有典型的细胞结构，有细胞壁、细胞膜、细胞质、细胞核及其他内含物等。霉菌由菌丝和孢子构成，菌丝的细胞构造基本上类似酵母菌细胞。

2. 放线菌　放线菌是一类介于细菌和真菌之间的以孢子繁殖为主的丝状多细胞原核型微生物。其菌丝体常呈分枝状或放射状。

3. 支原体　支原体又称霉形体，是一类介于细菌和病毒之间、无细胞壁、能独立生活的最小的单细胞原核微生物。形态有球形、扁圆形、玫瑰花形、丝状乃至分枝状等。

4. 螺旋体　螺旋体是一类介于细菌和原虫之间，菌体细长、柔软、弯曲呈螺旋状，能活泼运动的单细胞原核微生物。螺旋体细胞呈螺旋状或波浪状圆柱形，有的螺旋体可通过细菌滤器。

5. 立克次体　立克次体是一类介于细菌和病毒之间的以节肢动物为传播媒介的专性细胞内寄生的单细胞原核型微生物。立克次体细胞多形，呈球杆形、球形、杆形等。

6. 衣原体　衣原体是一类介于立克次氏体与病毒之间、具有滤过性、严格细胞内寄生，并形成包涵体的革兰氏阴性原核细胞微生物。衣原体细胞呈圆球形。

二、微生物的增殖与人工培养

（一）细菌的繁殖

细菌生长繁殖的条件

（1）营养物质：包括水分、含碳化合物、含氮化合物、无机盐类和生长因子等。

（2）温度：根据细菌对温度的需求不同，可将细菌分为嗜冷菌、嗜温菌和嗜热菌三类，病原菌属于嗜温菌，在15～45℃都能生长，最适生长温度是37℃左右，所以实验室培养细菌常把温箱温度调至37℃。

（3）pH：大多数病原菌生长的最适pH值为7.2～7.6。

（4）渗透压：细菌细胞需在适宜的渗透压下才能生长繁殖。盐腌、糖渍之所以具有防腐作用，即因一般细菌和霉菌在高渗条件下不能生长繁殖之故。

（5）气体：与细菌生长繁殖有关的气体主要是氧和二氧化碳。

（二）细菌的人工培养

1. 常用培养基 把细菌生长繁殖所需要的各种营养物质合理地配合在一起，制成的营养基质称为培养基。培养基按其用途可分为基础培养基、营养培养基、鉴别培养基、选择培养基、厌氧培养基。

（1）基础培养基：可供大多数细菌人工培养用。常用的是肉汤培养基、普通琼脂培养基及蛋白胨水等。

（2）营养培养基：在基础培养基中加入葡萄糖、血液、血清、腹水、酵母浸膏及生长因子等，适合于营养要求较高的细菌，常用的营养培养基有鲜血琼脂培养基、血清琼脂培养基等。

（3）鉴别培养基：利用细菌对糖、蛋白质的分解能力及代谢产物不同，在培养基中加入某种特殊营养成分和指示剂，用以鉴别细菌。如伊红美蓝培养基、麦康凯培养基、三糖铁琼脂培养基等。

（4）选择培养基：在培养基中加入某些化学物质，以抑制某些细菌的生长而促进另一些致病菌的生长，达到选择分离的目的，如分离沙门氏菌、志贺氏菌等用的SS琼脂培养基。

（5）厌氧培养基：专性厌氧菌必须在无氧的环境中才能生长繁殖，如肝片肉汤培养基、疱肉培养基，应用时于液体表面加盖液体石蜡以隔绝空气。

根据培养基的物理状态，培养基还可分为：液体培养基、固体培养基和半固体培养基。

2. 制备培养基的基本要求

（1）营养丰富：制备的培养基应含有细菌生长繁殖所需的各种营养物质。

（2）适宜pH：培养基的pH应在细菌生长繁殖所需的范围内。

（3）均质透明：便于观察细菌生长性状及生命活动所产生的变化。

（4）不含抑菌物质和杂菌：制备培养基所用容器不应含有抑菌物质，最好不用铁制或铜制容器；培养基及装培养基的玻璃器皿必须彻底灭菌。

3. 制备培养基的基本程序 配料→溶化→测定及矫正pH→过滤→分装→灭菌→无菌检验→备用。

（三）病毒的增殖与人工培养

1. 病毒的增殖与复制

（1）病毒增殖的方式：病毒增殖的方式是复制。病毒的复制是由宿主细胞供应原料、能量、酶和生物合成场所，在病毒核酸遗传密码的控制下，于宿主细胞内复制出病毒的核酸和合成病毒的蛋白质，进一步装配成大量的子代病毒，并将它们释放到细胞外的过程。

（2）病毒的复制过程：病毒的复制过程大致可分为吸附、穿入、脱壳、生物合成、装配与释放六个主要阶段。有囊膜的DNA病毒，在核内装配成核衣壳，移至核膜上，以芽生方式进入胞浆中，获取宿主细胞核膜成分成为囊膜，并逐渐从胞浆中释放到细胞之外。另一部分能通过核膜裂隙进入胞浆，获取一部分胞浆膜而成为囊膜，沿核周围与内质网相通部位从细胞内逐渐释放。

2. 病毒的人工培养

（1）动物接种：动物接种分本动物接种和实验动物接种两种方法。实验用动物，应该是健康、对接种病毒有易感性、血清中无相应病毒的抗体，并符合其他要求。理想的实验动物是无菌（GF）动物或无特定病原（SPF）动物。

（2）禽胚培养：禽胚是正在孵育的禽胚胎，最好选择SPF胚。禽胚中最常用的是鸡胚，接种时，应根据不同的病毒采用不同的接种途径，选择相应日龄的鸡胚。如绒毛尿囊膜接种，主要用于痘病毒和疱疹病毒的分离和增殖，用10～12日龄鸡胚；尿囊腔接种，主要用于正黏病毒和副黏病毒的分离和增殖，用9～11日龄鸡胚；卵黄囊接种，主要用于虫媒披膜病毒及鹦鹉热衣原体和立克次氏体等的增殖，用6～8日龄鸡胚；羊膜腔接种，主要用于正黏病毒和副黏病毒的分离和增殖，此途径比尿囊腔接种更敏感，但操作较困难，且鸡胚易受伤致死，选用11～12日龄鸡胚。

（3）组织培养：组织细胞培养是用体外培养的组织块或单层细胞分离增殖病毒。组织培养即将器官或组织小块于体外细胞培养液中培养存活后，接种病毒，观察组织功能的变化。

细胞培养是用细胞分散剂将动物组织细胞消化成单个细胞的悬液，适当洗涤后加入营养液，使细胞贴壁生长成单层细胞。病毒感染细胞后，借助倒置显微镜即可观察到细胞变性，胞浆内出现颗粒化、核浓缩、核裂解等病毒的致细胞病变作用（简称CPE）。

三、环境因素对微生物的影响

（一）物理因素对微生物的影响

影响微生物的物理因素主要有温度、干燥、渗透压、射线和紫外线、超声波、过滤除菌等。

1. 温度

（1）高温对微生物的影响：高温是指比最高生长温度还要高的温度。高温使菌体蛋白变性或凝固，酶失去活性，导致微生物死亡。因此利用高温可以杀死微生物，高温消毒和灭菌方法有干热灭菌和湿热灭菌两大类。干热灭菌法又包括火焰灭菌法和热空气灭菌法；湿热灭菌法包括煮沸灭菌法、流通蒸汽灭菌法、巴氏消毒法和高压蒸汽灭菌法。

（2）低温对微生物的影响：当微生物处在最低生长温度以下时，其代谢活动降低到最低水平，生长繁殖停止，但仍可长时间保持活力，因此常用低温保存菌种、毒种、疫苗、血清、食品和某些药物等。一般细菌、酵母菌、霉菌的斜面培养物保存于0～4℃，有些细菌和病毒保存于－70～－20℃，最好在－196℃液氮中保存，可长期保持活力。

2. 干燥 在干燥的环境中，微生物的新陈代谢会发生障碍，还可引起微生物菌体内蛋白质变性和由于盐类浓度升高而逐渐导致死亡。

3. 渗透压 若环境中的渗透压与微生物细胞的渗透压相当时，细胞可保持原形，有利于微生物的生长繁殖。若环境中的渗透压发生突然或超过一定限度的变化时，则将抑制微生物的生长繁殖甚至导致其死亡。

4. 射线和紫外线 可见光线对微生物一般无多大影响，但长时间作用也能妨碍微生物新陈代谢与繁殖，故培养细菌等微生物、保存菌种应置于阴暗处。

X射线、γ射线和β射线常用于塑料制品、医疗设备、药品和食品的灭菌。

紫外线的作用仅限于照射物体的表面，常用于手术室、病房、无菌室、微生物实验室、种蛋室等的空气消毒，也可用于不耐高温或化学药品消毒的器械、物品表面。紫外线灯的消毒一般灯管离地面约2m，照射1～2h。紫外线对眼睛和皮肤有损伤作用，一般不能在紫外灯照射下工作。

5. 超声波 频率在20 000～200 000Hz的声波称为超声波，超声波可以用来灭菌保藏食品。

6. 过滤除菌 过滤除菌法是通过机械阻留作用将液体和空气中细菌等微生物除去的方法。主要用于一些不耐高温灭菌的血清、毒素、抗毒素、酶、维生素及药液等物质的除菌。

（二）化学因素对微生物的影响

有些化学药物用于抑制微生物生长繁殖称为防腐剂；用于杀灭动物体外病原微生物的化学制剂称为消毒剂；用于消灭宿主体内病原微生物的化学制剂称为化学治疗剂。在此重点介绍消毒剂。

1. 消毒剂的消毒原理 消毒剂通过使菌体蛋白质变性、凝固及水解，破坏菌体的酶系统，或改变菌体细胞壁或胞浆膜的通透性等达到杀菌目的。

2. 常用消毒剂的种类

（1）按杀菌能力分类：消毒剂按照其杀菌能力可分为高效消毒剂、中效消毒剂、低效消毒剂等三类。

①高效消毒剂 可杀灭各种细菌繁殖体、病毒、真菌及其孢子等，对细菌芽胞也有一定杀灭作用，达到高水平消毒要求，包括含氯消毒剂、臭氧、甲基乙内酰脲类化合物、双链季铵盐等。其中可使物品达到灭菌要求的高效消毒剂又称为灭菌剂，包括甲醛、戊二醛、环氧乙烷、过氧乙酸、过氧化氢、二氧化氯等。

②中效消毒剂 能杀灭细菌繁殖体、分枝杆菌、真菌、病毒等微生物，达到消毒要求，包括含碘消毒剂、醇类消毒剂、酚类消毒剂等。

③低效消毒剂 仅可杀灭部分细菌繁殖体、真菌和有囊膜病毒，不能杀死结核杆菌、细菌芽胞和较强的真菌和病毒，达到消毒剂要求，包括苯扎溴铵等季铵盐类消毒剂、氯已定（洗必泰）等双胍类消毒剂，汞、银、铜等金属离子类消毒剂及中草药消毒剂。

（2）按化学成分分类：常用的化学消毒剂按其化学性质不同可分为以下几类：

①卤素类消毒剂 这类消毒剂有含氯消毒剂类、含碘消毒剂类及卤化海因类消毒

剂等。

含氯消毒剂可分为有机氯消毒剂和无机氯消毒剂两类。目前常用的有二氯异氰尿酸钠及其复方消毒剂、氯化磷酸三钠、液氯、次氯酸钠、三氯异氰尿酸、氯胺 T、二氯异氰尿酸钾、二氯异氰尿酸等。含碘消毒剂可分为无机碘消毒剂和有机碘消毒剂，如碘伏、碘酊、碘甘油、PVP 碘、洗必泰碘等。碘伏对各种细菌繁殖体、真菌、病毒均有杀灭作用，受有机物影响大。

卤化海因类消毒剂为高效消毒剂，对细菌繁殖体及芽胞、病毒、真菌均有杀灭作用。目前国内外使用的这类消毒剂有三种：二氯海因（二氯二甲基乙内酰脲，DCDMH）、二溴海因（二溴二甲基乙内酰脲，DBDMH）、溴氯海因（溴氯二甲基乙内酰脲，BCDMH）。

②氧化剂类消毒剂 常用的有过氧乙酸、过氧化氢、臭氧、二氧化氯、酸性氧化电位水等。

③烷基化气体类消毒剂 这类化合物中主要有环氧乙烷、环氧丙烷和乙型丙内酯等，其中以环氧乙烷应用最为广泛，杀菌作用强大，灭菌效果可靠。

④醛类消毒剂 常用的有甲醛、戊二醛等。戊二醛是第三代化学消毒剂的代表，被称为冷灭菌剂，灭菌效果可靠，对物品腐蚀性小。

⑤酚类消毒剂 这是一类古老的中效消毒剂，常用的有苯酚、来苏尔、复合酚类（农福）等。由于酚消毒剂对环境有污染，目前有些国家限制使用酚消毒剂。这类消毒剂在我国的应用也趋向逐步减少，有被其他消毒剂取代的趋势。

⑥醇类消毒剂 主要用于皮肤术部消毒，如乙醇、异丙醇等消毒剂。这类消毒剂可以杀灭细菌繁殖体，但不能杀灭芽胞，属中效消毒剂。近来的研究发现，醇类消毒剂与戊二醛、碘伏等配伍，可以增强消毒效果。

⑦季铵盐类消毒剂 单链季铵盐类消毒剂是低效消毒剂，一般用于皮肤黏膜的消毒和环境表面消毒，如新洁尔灭、度灭芬等。双链季铵盐阳离子表面活性剂，不仅可以杀灭多种细菌繁殖体，而且对芽胞有一定杀灭作用，属于高效消毒剂。

⑧二胍类消毒剂 是一类低效消毒剂，不能杀灭细菌芽胞，但对细菌繁殖体的杀灭作用强大，一般用于皮肤黏膜的防腐，也可用于环境表面的消毒。如氯已定（洗必泰）等。

⑨酸碱类消毒剂 常用的酸类消毒剂有乳酸、醋酸、硼酸、水杨酸等；常用的碱类消毒剂有氢氧化钠（苛性钠）、氢氧化钾（苛性钾）、碳酸钠（石碱）、氧化钙（生石灰）等。

⑩重金属盐类消毒剂 主要用于皮肤黏膜的消毒防腐，有抑菌作用，但杀菌作用不强。常用的有红汞、硫柳汞、硝酸银等。

（3）按性状分类：消毒剂按性状可分为固体消毒剂、液体消毒剂和气体消毒剂三类。

（三）生物因素对微生物的影响

1. 抗生素 是某些微生物在代谢过程中产生的一类能抑制或杀死另一些微生物的物质。它们主要来源于放线菌（如链霉素），少数来源于某些真菌（如青霉素）和细菌（如多黏菌素）。抗生素的抗菌作用主要是干扰细菌的代谢过程，达到抑制其生长繁殖或直接杀灭的目的。

2. 细菌素 是某种细菌产生的一种具有杀菌作用的蛋白质，它只能作用于与它同种不同株的细菌以及与它亲缘关系相近的细菌。细菌素可分为三类：第一类是多肽细菌素；

第二类是蛋白质细菌素；第三类是颗粒细菌素。

3. 植物杀菌素 某些植物中存在有杀菌物质，这种杀菌物质一般称植物杀菌素。

4. 噬菌体 噬菌体是一些专门寄生于细菌、放线菌、真菌、支原体等细胞中的病毒，具有病毒的一般生物学特性。一些广谱噬菌体，可裂解多种细菌，但一种噬菌体只能感染一个种属的细菌，对大多数细菌不具有专业性吸附能力，这使噬菌体在消毒方面的应用受到很大限制。

四、病原微生物的致病作用

（一）致病性与毒力的概念

1. 致病性 又称病原性，是指一定种类的病原微生物，在一定条件下，引起动物机体发生疾病的能力，是病原微生物的共性和本质。

2. 毒力 指病原微生物不同菌株或毒株的不同致病能力，是病原微生物的个性特征。一种病原微生物根据毒力不同，可分为强毒株、弱毒株和无毒株。

（二）致病性的确定

著名的柯赫法则是确定某种病原菌是否具有致病性的主要依据，其要点是：第一，特殊的病原菌应在同一疾病中查到，在健康者不存在；第二，此病原菌能被分离培养而得到纯种；第三，此培养物接种易感动物，能导致同样病症；第四，自实验感染的动物体内能重新获得该病原菌的纯培养物。

（三）毒力大小的表示方法

毒力大小常用以下四种方法表示，其中最具实用的是半数致死量和半数感染量。

1. 最小致死量（MLD） 指能使特定实验动物于感染后一定时间内死亡所需活微生物或毒素的最小量。

2. 半数致死量（LD_{50}） 指能使半数实验动物于感染后一定时间内死亡所需的活微生物量或毒素量。

3. 最小感染量（MID） 指能引起试验对象（动物、鸡胚或细胞）发生感染的病原微生物的最小量。

4. 半数感染量（ID_{50}） 指能使半数试验对象（动物、鸡胚或细胞）发生感染的病原微生物的量。

以上四个表示病原菌毒力的量，其值越小，说明其毒力越大。

（四）改变毒力的方法

1. 毒力增强的方法 连续通过易感动物，可使病原微生物的毒力增强。

2. 毒力减弱的方法 将病原微生物连续通过非易感动物；在较高温度下培养；在含有特殊化学物质的培养基中培养。此外，在含有特殊抗血清、特异噬菌体或抗生素的培养基中培养，或长期进行一般的人工继代培养，都能使病原微生物的毒力减弱。

五、免疫学基础知识

（一）免疫概述

1. 免疫的概念 免疫是机体对自身与非自身物质的识别，并清除非自身的大分子物质，从而维持机体内外环境平衡的生理学反应。

2. 免疫的功能

（1）抵抗感染：指免疫具有抵抗病原微生物侵入引起传染的功能。

（2）自身稳定：又称免疫稳定，指免疫具有清除体内衰老或损伤的组织细胞，保证机体正常组织的生理活动，维持机体内环境稳定的功能。

（3）免疫监视：指免疫具有监视体内肿瘤细胞的出现，并在其尚未发展之前将其歼灭的功能。

3. 免疫系统　免疫系统包括各种免疫器官、免疫细胞和免疫效应物质。

（1）免疫器官：免疫器官根据其功能不同分为中枢免疫器官和外周免疫器官。中枢免疫器官又称初级免疫器官，是淋巴细胞形成、分化及成熟的场所，包括骨髓、胸腺和腔上囊；外周免疫器官又称次级免疫器官，是淋巴细胞定居、增殖以及对抗原的刺激产生免疫应答的场所，包括淋巴结、脾脏、哈德尔氏腺和黏膜相关淋巴组织。

（2）免疫细胞：凡参与免疫应答或与免疫应答相关的细胞统称为免疫细胞。包括免疫活性细胞、辅佐细胞和其他免疫细胞。免疫活性细胞主要指T细胞和B细胞，在免疫应答过程中起核心作用。免疫辅佐细胞简称A细胞，在免疫应答中能将抗原递呈给免疫活性细胞，因此称为抗原递呈细胞，主要包括单核巨噬细胞系统、树突状细胞。此外还有一些其他细胞，如K细胞、NK细胞、粒细胞、红细胞等，也参与了免疫应答中的某一特定环节。

（3）免疫效应物质：抗体作为体液免疫的效应分子，在体内可发挥多种免疫功能。在细胞免疫应答中最终发挥免疫效应的是效应性T细胞和细胞因子。效应T细胞主要包括细胞毒性T细胞和迟发型变态反应性T细胞，细胞因子是细胞免疫的效应因子，他们对细胞性抗原的清除作用较抗体明显。

（二）机体的免疫力

1. 非特异性免疫　非特异性免疫又称先天性免疫，是由多种结构和物质共同完成的，其中主要包括皮肤黏膜等组织的生理屏障、吞噬细胞的吞噬作用和体液的抗微生物作用，还包括炎症反应和机体的不感受性等。影响非特异性免疫的因素主要有：

（1）种属因素：不同种属或不同品种的动物，对病原微生物的易感性和免疫反应性有差异，这些差异决定于动物的遗传因素。

（2）年龄因素：不同年龄的动物对病原微生物的易感性和免疫反应性也不同。

（3）环境因素：环境因素如气候、温度、湿度的剧烈变化对机体免疫力有一定的影响。另外，剧痛、创伤、烧伤、缺氧、饥饿、疲劳等应激也能引起机体机能和代谢的改变，从而降低机体的免疫功能。

2. 特异性免疫　特异性免疫又称获得性免疫，是动物出生前经被动（特异性母源抗体）和出生后经主动或被动免疫方式而获得的。

（1）抗原与抗体

①抗原　凡是能刺激机体产生抗体和效应性淋巴细胞并能与之结合引起特异性免疫反应的物质称为抗原。抗原的性质包括免疫原性和反应原性。具有免疫原性，又具有反应原性的为完全抗原，只具有反应原性而没有免疫原性的为半抗原。

重要的微生物抗原包括：细菌抗原、毒素抗原、病毒抗原、真菌和寄生虫抗原、保护性抗原，其中细菌抗原主要有：菌体抗原（O抗原）、鞭毛抗原（H抗原）、菌毛抗原和荚膜抗原（K 抗原）。

②抗体　抗体是机体受到抗原物质刺激后，由 B 淋巴细胞转化为浆细胞产生的，能与相应抗原发生特异性结合反应的免疫球蛋白（Ig）。主要有：IgG、IgM、IgA、IgE、IgD 五类。其中：IgG 在人和动物血清中含量最高；IgM 在动物机体初次体液免疫应答中产生最早；分泌型的 IgA 是呼吸道和消化道黏膜的主要保护力；IgE 在抗寄生虫及某些真菌感染中起重要作用。

（2）免疫应答的过程及类型：免疫应答是动物机体免疫系统受抗原刺激后，免疫细胞对抗原分子的识别并产生一系列复杂的免疫连锁反应和表现出特定的生物学效应的过程。包括体液免疫和细胞免疫。免疫应答的过程分为以下三个阶段：

①致敏阶段　又称感应阶段，是抗原物质进入体内，抗原递呈细胞对其识别、捕获、加工处理和递呈以及 T 细胞和 B 细胞对抗原的识别阶段。

②反应阶段　又称增殖分化阶段，是 T 细胞和 B 细胞识别抗原后，进行活化、增殖与分化，以及产生效应性淋巴细胞和效应分子的过程。

③效应阶段　是效应淋巴细胞及其产生的效应物质清除异己的过程。

（3）特异性免疫获得途径：主要包括两大类型，即主动免疫和被动免疫。无论主动免疫还是被动免疫都可通过天然和人工两种方式获得（表 1－1）。主动免疫是指动物受到某种病原体抗原刺激后，由动物自身免疫系统产生的针对该抗原的特异性免疫力。它包括天然主动免疫和人工主动免疫。被动免疫是指从母体直接获得抗体或通过直接注射外源性抗体而获得的免疫保护。包括天然被动免疫和人工被动免疫。

表 1－1　特异性免疫的类型

类型	主动免疫	被动免疫
天然免疫	指动物在感染某种病原微生物耐过后产生的对该病原体再次侵入的不感染状态，即产生了抵抗力	初生幼畜（禽）通过母体胎盘、初乳或卵黄等获得母源抗体而形成的对某种病原体的特异性免疫力
人工免疫	指用人工接种的方法给动物注入疫苗或类毒素等抗原性生物制品，刺激机体免疫系统发生应答反应而产生的特异性免疫力	将免疫血清、自然发病后的康复动物的血清或高免卵黄抗体等抗体制剂人工输入动物体内，使其获得某种特异抵抗力

六、变态反应的基本概念及类型

变态反应是动物机体再次接受同种抗原刺激而发生的病理性免疫应答，常造成机体功能障碍甚至损伤。

变态反应可分为Ⅰ型、Ⅱ型、Ⅲ型和Ⅳ型共四个类型，即过敏反应型（Ⅰ型）、细胞毒型（Ⅱ型）、免疫复合物型（Ⅲ型）及迟发型（Ⅳ型）。其中，前三型均由抗体介导，共同特点是反应发生快，故称为速发型变态反应；Ⅳ型则是由细胞介导，反应较慢，至少 12h 以后发生，故称迟发型变态反应。

七、血清学试验

（一）概念

因抗体主要存在于血清中，所以将体外发生的抗原抗体结合反应称为血清学反应或血清学试验。

（二）常用血清学实验

1. 凝集试验 细菌、红细胞等颗粒性抗原，或吸附在红细胞、乳胶等颗粒性载体表面的可溶性抗原，与相应抗体结合后，在有适量电解质存在下，经过一定时间，复合物互相凝聚形成肉眼可见的凝集团块，称为凝集试验。

2. 沉淀试验 可溶性抗原或胶体性抗原与相应的抗体结合，在适量电解质存在下，经过一定时间，形成肉眼可见的白色沉淀，称为沉淀试验。

3. 补体结合试验 补体结合试验是应用可溶性抗原，如蛋白质、多糖、类脂、病毒等，与相应抗体结合后，其抗原—抗体复合物可以结合补体，但这一反应肉眼看不到，只有在加入一个指示系统即溶血系统的情况下，才能判定。补体结合试验有溶菌和溶血两大系统，含抗原、抗体、补体、溶血素和红细胞五种成分。补体没有特异性，能与任何一组抗原抗体复合物结合，如果与细菌及相应抗体形成的复合物结合，就会出现溶菌反应；而与红细胞及溶血素形成的致敏红细胞结合，就会出现溶血反应。不溶血为补体结合试验阳性，表示待检血清中有相应的抗体。溶血则为补体结合试验阴性，说明待检血清中无相应的抗体。

4. 中和试验 病毒或毒素与相应抗体结合后，抗体中和了病毒或毒素，使其失去了对易感动物的致病力或毒力的试验称为中和试验。

5. 免疫标记技术 根据抗原抗体结合的特异性和标记分子的敏感性建立的试验技术，称为免疫标记技术。主要有荧光抗体技术、酶标记抗体技术、放射免疫技术等。

八、兽用生物制品基本知识

（一）兽用生物制品的概念

利用微生物、寄生虫及其组织成分或代谢产物以及动物或人的血液与组织液等生物材料为原料，通过生物学、生物化学以及生物工程学的方法制成的，用于动物疫病的预防、诊断和治疗的生物制剂称为兽用生物制品。

（二）兽医临床常用的生物制品及应用

1. 疫苗 利用病原微生物、寄生虫及其组分或代谢产物制成的，用于人工主动免疫的生物制品称为疫苗。

（1）疫苗的种类

①灭活苗 又称死苗。一般灭活苗菌、毒种应是标准强毒或免疫原性优良的弱毒株，经人工大量培养后，用理化方法将其杀死（灭活）后制成灭活苗。灭活苗一般要加佐剂以提高其免疫力。

②活苗 又称弱毒苗。是通过人工诱变获得的弱毒株或者是筛选的自然减弱的天然弱毒株或者失去毒力的无毒株所制成的疫苗。活疫苗又可分为同源疫苗和异源疫苗。用所要预防的病原体本身或其弱毒或无毒变种所制成的疫苗称为同源疫苗或同种疫苗。利用具有类属保护性抗原的非同种微生物所制成的疫苗称为异源疫苗，如火鸡疱疹病毒疫苗用于预防鸡马立克氏病，鸽痘病毒疫苗用于预防鸡痘，麻疹疫苗用于预防犬和野生动物的犬瘟热等均属异源疫苗。异源疫苗仅占活疫苗的极少部分。

③类毒素 细菌产生的外毒素，用适当浓度（0.3%～0.4%）的甲醛溶液使之脱毒而

制成的生物制品，称为类毒素。能刺激机体产生特异性的中和其本身的抗体——抗毒素。类毒素经过盐析并加入适量的磷酸铝或氢氧化铝胶等，成为吸附精制毒素，注入机体后吸收较慢，可较久地刺激机体产生高滴度抗体以增强免疫效果。

④寄生虫疫苗　由于寄生虫大多有复杂的生活史，同时虫体抗原又极其复杂，且有高度多变性，迄今仍无理想的寄生虫疫苗。多数研究者认为，只有活的虫体才能诱使机体产生保护性免疫，而死虫体则无免疫保护作用。

⑤亚单位苗　利用微生物的一种或几种亚单位或亚结构制成的疫苗称为微生物亚单位苗或亚结构苗。亚单位苗可免除全微生物苗的一些副作用，保证了疫苗的安全性。

⑥生物技术疫苗　主要有基因工程苗、基因工程亚单位生物苗、合成肽苗和抗独特型菌等。

（2）疫苗使用的注意事项

①疫苗的质量　疫苗应购自国家批准的生物制品厂家。购买及使用前检查是否过期，并剔除破损、封口不严及物理性状（色泽、外观、透明度、有无异物等）与说明不符者。

②疫苗的保存和运输　疫苗运输中要防止高温、暴晒和冻融。活苗运输可用带冰块的保温瓶运送，运送过程中要避免高温和阳光直射。

③正确稀释、及时用完　冻干苗应用规定的稀释液进行稀释，稀释液及稀释用具不应含有抑菌和杀菌物质。不得用热的稀释液稀释疫苗，疫苗稀释时，应根据实际动物数量计算好用量，稀释后充分摇匀。稀释后的疫苗要及时用完，一般疫苗稀释后应在2～4h内用完，过期作废。

④选择适当的免疫途径　接种疫苗的方法有滴鼻、点眼、刺种、皮下注射或肌肉注射、饮水、气雾、滴肛或擦肛等，应根据疫苗的类型、疫病特点及免疫程序来选择每次的接种途径，一般应以疫苗使用说明为准。

⑤制定合理的免疫程序　根据实际情况，如当地疫病流行情况及规律、畜禽的种类和用途以及疫苗的特点等制定合理的免疫程序。

⑥注意合适的剂量和免疫次数　在一定限度内，疫苗用量与免疫效果成正相关。过低的剂量不能产生足够强烈的免疫反应；而疫苗用量超过了一定限度后，会引起免疫麻痹。因此疫苗的剂量应按照规定使用，不得任意增减。疫苗间隔一定时间重复免疫，可刺激机体产生较高水平的抗体和持久免疫力。所以生产中常进行2～3次的连续接种，时间间隔视疫苗种类而定，细菌或病毒疫苗免疫反应产生快，间隔7～10d或更长一些。类毒素是可溶性抗原，免疫反应产生较慢，时间间隔至少4～6周。

⑦注意疫苗与病原体的型别相同　对具有多血清型而又没有交叉免疫的病原微生物，要对型免疫或采用多价苗。

⑧注意药物的干扰　使用活菌苗前后10d不得使用抗生素及其他抗菌药，活菌苗和活病毒苗不能随意混合使用。

⑨防止不良反应的发生　免疫接种时，应注意被免疫动物的年龄、体质和特殊的生理时期（如怀孕和产蛋期）。幼龄动物应选用毒力弱的疫苗免疫，对体质弱或正患病的动物应暂缓接种；对怀孕动物用弱毒疫苗，可导致胎儿的发育障碍。免疫接种完毕，要注意观察动物的状态和反应。

2. 抗血清和抗毒素　动物经反复多次注射同一种病原微生物等抗原物质后，机体的体液中尤其血清中就产生大量抗此种抗原的抗体，采取此种动物的血液分离的血清，称为免疫血清、高免血清、抗血清或抗病血清，用于治疗或紧急预防。

3. 诊断制品 利用微生物、寄生虫及其代谢产物，或者含有特异性抗体的血清制成的，专供诊断动物传染病及寄生虫病或检测动物免疫状态及鉴定病原微生物的生物制品称为诊断液或诊断制剂。诊断液包括两大类：一类为诊断抗原，另一类为诊断抗体（血清）。

4. 血液生物制品 由动物血液分离提取各种组分，包括血浆、白蛋白、球蛋白、纤维蛋白原以及胎盘球蛋白等。此外，还包括非特异性免疫活性因子，如白细胞介素、干扰素、转移因子、胸腺因子以及其他免疫增强剂等。

5. 微生态制剂 利用非病原微生物，如乳杆菌、蜡样芽胞杆菌、地衣芽胞杆菌、双歧杆菌等活菌制剂，口服治疗畜禽因正常菌群失调引起的下痢。目前微生态制剂已在临床上应用和用作饲料添加剂。

（于 森 蔡丙严）

任务五 动物传染病学基础知识

一、动物传染病的基本概念

（一）传染病的概念

凡是由病原微生物引起，具有一定的潜伏期和临诊表现，并具有传染性的疾病，称为传染病。

（二）传染病的特征

1. 传染病是由病原微生物与动物机体相互作用所引起的 每一种传染病都有其特异的致病性微生物存在，如猪瘟是由猪瘟病毒引起的，没有猪瘟病毒就不会发生猪瘟。

2. 传染病具有传染性和流行性 传染性是指从患传染病的动物体内排出的病原微生物，侵入另一个有易感性的健康动物体内，并能引起同样症状的特性。流行性是指在一定适宜条件下，在一定时间内，某一地区易感动物群中可能有许多动物被感染，致使传染病蔓延散播而形成流行的特性。

3. 被感染的动物发生特异性反应 在感染发展过程中由于病原微生物的抗原刺激作用，机体发生免疫生物学的改变，产生特异性抗体和变态反应等。

4. 耐过动物能获得特异性免疫 动物耐过某种传染病后，在大多数情况下均能产生特异性免疫，使动物机体在一定时期内或终生不再感染该种传染病。

5. 具有特征性的临床表现 大多数传染病都具有该种病特征性的综合症状以及一定的潜伏期和病程经过。

（三）传染病发生的条件

1. 具备一定数量和足够毒力的病原微生物以及适宜的侵入门户 没有病原微生物，传染病就不可能发生。病原微生物的毒力弱或数量少，一般也不引起传染病。病原微生物侵入动物机体的部位（感染门户）不适宜，也不能引起传染病。

2. 具有对该传染病有易感性的动物 病原微生物只有侵入有易感性的动物机体才能引起传染病。

3. 具有可促使病原微生物侵入易感动物机体的外界环境 外界环境条件能影响病原微生物的生命力和毒力，能影响动物机体的易感性，能影响病原微生物接触和侵入易感动物的可能和程度。没有一定的外界环境条件，传染病也不能发生。

二、动物传染病的流行

（一）传染病的流行过程

1. 流行过程的概念 动物传染病的流行过程，就是从动物个体感染发病发展到动物群体发病的过程，也就是传染病在动物群中发生、发展和终止的过程。

2. 流行过程的三个基本环节

（1）传染源：是指某种传染病的病原体在其中寄居、生长、繁殖，并能排出体外的动物机体。具体说，传染源就是受感染的动物，包括患病动物和病原携带者，患病动物是主要的传染源，病原携带者是指外表无症状但携带并排出病原微生物的动物，因而是更危险的传染源。

（2）传播途径：病原体由传染源排出后，通过一定的方式再侵入其他易感动物所经的途径称为传播途径。传播途径可分为水平传播和垂直传播两大类。

①水平传播 传染病在群体或个体之间以水平形式横向传播称为水平传播。水平传播方式可分为直接接触传播和间接接触传播。直接接触传播是指病原体通过被感染的动物（传染源）与易感动物直接接触而引起的传播方式。如交配、舔咬、触嗅等。间接接触传播是指病原体通过传播媒介使易感动物发生传染的方式，大多数传染病都是通过这种方式传播的。间接接触传播一般通过污染的饲料、饮水和物体，空气（飞沫和尘埃），污染的土壤，生物媒介传播及人类等几种途径传播。

②垂直传播 经胎盘传播、经卵传播、经产道传播称为垂直传播。

（3）易感动物群：是指动物群体对某种传染病病原体感受性的大小。动物易感性的高低虽然与病原体的种类和毒力强弱有关，但主要还是由动物的遗传特征、特异免疫状态等因素决定的。

3. 流行过程的表现形式

（1）散发性：发病动物数量不多，并且在一个较长的时间内只有零星地散在发生的病例出现，疾病的发生无规律性，并且发病时间和地点没有明显的关系时，称为散发。

（2）地方流行性：在一定的地区和动物群中，发病动物数量较多，但传播范围常局限于一定地区并且是较小规模的流行，称为地方流行性。

（3）流行性：是指在一定时间内一定动物群发病率超过寻常，传播范围广的一种流行。流行性疾病传播范围广、发病率高，如不加强防制常可传播到几个乡、县甚至省。一般认为，某种传染病在一个动物群或一定地区范围内，在短期内（该病的最长潜伏期内）突然出现很多病例时，可称为暴发。

（4）大流行：是一种大规模的流行，流行范围可扩大至全国，甚至几个国家或整个大陆。

（二）影响流行过程的因素

1. 自然因素 主要包括气候、气温、湿度、阳光、雨量、植被、地形、地理环境等，它们对三个环节的作用错综复杂。如一定的地理条件（海、河、高山等）对传染源的转移产生一定的限制，成为天然的隔离条件。自然因素对传播媒介的影响更为明显，适宜的温度和湿度等环境条件，有利于节肢动物的繁殖和活动，因此也就增加了传播疾病的机会。自然因素对易感动物的影响主要是提高或降低机体的抵抗力，从而减少或增加传染病的发生和流行。

2. 社会因素 主要包括社会制度、生产力和人们的经济、文化、科学技术水平以及贯彻执行法令法规的情况等。严格执行兽医法规和采取相应的防制措施，这是控制和消灭传染病的重要保证。我们应根据已颁布的动物防疫法等兽医法规，制定防疫规划并严格贯彻执行。

三、动物传染病的防控措施

（一）动物传染病防控的基本原则

1. 建立和健全各级防疫机构 动物传染病的防制工作是一项与农业、商业、外贸、卫生、交通等部门和人们的经济活动都有密切关系的重要工作。只有在有关部门的密切配合下，从全局出发，大力合作，统一部署，全面安排，才能把防制工作做好。但防制工作的主体在于各级防制机构，特别是基层防制机构尤为重要，它是保证防制措施的贯彻和执行的关键所在。

2. 贯彻“预防为主”的方针 搞好饲养管理、防疫卫生、预防接种、检疫、隔离、消毒等综合性防制措施，提高动物的抗病能力和健康水平，控制和杜绝传染病的发生、传播和蔓延，降低发病率和死亡率。

3. 落实和执行有关法规 我国于1991年发布了《中华人民共和国进出境动植物检疫法》，对我国动物检疫的原则和办法作了详尽的规定。1998年施行的《中华人民共和国动物防疫法》已由中华人民共和国第十届全国人民代表大会常务委员会第二十九次会议于2007年8月30日修订通过，自2008年1月1日起施行。对我国动物防疫工作的方针政策和基本原则作了明确而具体的规定。动植物检疫法和动物防疫法是我国目前执行的主要兽医法规。

（二）动物传染病预防措施

1. 加强饲养管理，搞好环境卫生 加强饲养管理工作，建立健全合乎动物卫生的饲养管理制度，搞好环境卫生，增强机体的抵抗力，贯彻自繁自养的原则，防止传染源传入。建立健全动物卫生防疫制度，定期为健康动物群进行系统检查。

2. 消毒及消灭传播媒介

（1）消毒：消毒是指杀灭或清除外界环境中活的病原微生物，消毒的目的就是消灭被传染源散播在外界环境中的病原体，以切断传播途径，阻止传染病继续蔓延。

①根据消毒进行的时机分类

预防消毒 是结合平时的饲养管理对动物圈舍、场地、用具和饮水等进行定期消毒，以达到预防一般传染病发生的目的。

随时消毒 是为了及时消灭刚从患病动物体内排出的病原体而进行的不定期消毒，消毒的对象包括患病动物所在的厩舍、隔离场地、患病动物的分泌物、排泄物以及可能被污染的一切场所、用具和物品。

终末消毒 是在患病动物解除隔离、转移、痊愈或死亡后，或者在疫区解除封锁之前，为了消灭疫区内可能残留的病原体所进行的全面彻底的大消毒。

②根据消毒的方法分类

机械清除法　是指用清扫、洗刷、通风、过滤等机械方法清除病原微生物的方法，是最普通最常用的方法。

物理消毒法　是指用阳光、紫外线、干燥、高温等物理方法杀灭病原微生物。阳光是天然的消毒剂，其光谱中的紫外线有较强的杀菌能力，阳光的灼热和蒸发水分引起的干燥也有杀菌作用。阳光对于牧场、草地、畜栏、用具和物品等的消毒具有很大的现实意义，应该充分利用。实际工作中，很多场合用人工紫外线来进行空气消毒。利用高温可以杀死病原体，如火焰的烧灼和烘烤、煮沸消毒、高压蒸汽灭菌等。

化学消毒法　是指用化学药物杀灭病原微生物。用于杀灭病原微生物的药物叫消毒剂。

生物热消毒法　主要用于粪便、污水和其他废物的生物发酵处理等，利用粪便中的微生物发酵产热，可使温度高达70℃以上，可以杀死病毒、细菌（芽胞除外）、寄生虫卵等病原体而达到消毒的目的。

③影响消毒效果的因素　消毒的时间和剂量（消毒剂的浓度、热力消毒的强度、紫外线消毒的照射强度等）；病原微生物污染的程度；外界的温度和湿度；酸碱度和化学拮抗物；穿透条件和表面张力。

④消毒效果检查的主要考核内容　消毒是否及时；消毒对象和消毒方法的选择作用时间是否正确；消毒后的效果。消毒效果的指标是疫区内可能成为传播因素的物体，不应有该传染病的特异病原微生物存在。

（2）消灭传播媒介：主要是指消灭虻、蝇、蚊、蜱等节肢动物和鼠类。

杀虫可采用物理、药物和生物杀虫等方法。如：机械拍打捕捉，喷灯火焰烧杀，沸水或蒸汽热杀灭。化学杀虫剂包括有机磷杀虫剂（如敌百虫、敌敌畏、倍硫磷、马拉硫磷、双硫磷、辛硫磷等）、拟除虫菊酯类杀虫剂（胺菊酯）、昆虫生长调节剂（如保幼激素）、驱避剂（如邻苯二甲酸二甲酯、避蚊胺等）。或用昆虫的天敌或病菌及雄虫绝育技术等方法杀灭昆虫。

灭鼠可采用器械灭鼠和药物灭鼠。即利用各种工具以不同方式捕杀鼠类，如关、夹、压、扣、套、翻、堵、挖、灌等；也要利用磷化锌、杀鼠灵、安妥、敌鼠钠盐、氟乙酸钠、氯化苦（三氯硝基甲烷）和灭鼠烟剂等药物灭鼠。

（3）加强检疫工作：即用各种诊断方法，对动物及其产品进行某些规定传染病的检查，并采取相应的措施防止传染病的发生和传播。

（4）免疫接种和药物预防

①预防接种　在经常发生某些传染病的地区，或有某些传染病潜在的地区，或受到邻近地区某些传染病经常威胁的地区，平时有计划地给健康动物群进行的免疫接种，称为预防接种。预防接种通常使用疫苗、菌苗、类毒素等生物制剂作抗原激发免疫。根据所用生物制剂的品种不同，采用皮下、皮内、肌肉注射或皮肤刺种、点眼、滴鼻、喷雾、口服等不同的接种方法。接种后经一定时间（数天至三周），可获得数月至一年以上的免疫力。在实际预防接种工作中，应注意：要拟订每年的预防接种计划；制定合理的免疫程序；注意预防接种反应和疫苗的联合使用。

②药物预防 使用安全而廉价的化学药物或抗生素，加入饲料或饮水中进行群体预防。常用药物有磺胺类药物和抗生素等。但长期使用药物预防，容易产生耐药性菌株，影响防制效果，因此需要经常进行药物敏感实验，选择有高度敏感性的药物用于防制。

四、发生动物传染病时的扑灭措施

（一）疫情报告和疫病诊断

1. 疫情报告 任何饲养、生产、经营、屠宰、加工、运输动物及其产品的单位和个人，当发现动物传染病或疑似动物传染病时，必须立即报告当地动物防疫检疫机构。特别是可疑为口蹄疫、炭疽、狂犬病、牛瘟、猪瘟、鸡新城疫、牛流行热等重要传染病时，一定要迅速将发病动物种类、发病时间、地点、发病及死亡数、症状、剖检变化、怀疑病名及防疫措施情况，详细向上级有关部门报告，并通知邻近有关单位和部门注意预防工作。上级部门接到报告后，除及时派人到现场协助诊断和紧急处理外，应根据具体情况逐级上报。

当动物突然死亡或怀疑发生传染病时，应立即通知兽医人员。在兽医人员尚未到场或尚未做出诊断之前，应采取以下措施：将疑似传染病的动物进行隔离，派专人管理；对患病动物停留过的地方和污染的环境、用具等进行消毒；兽医人员未到达前，动物尸体应保留完整；未经兽医检查同意，不得随便宰杀，宰杀后的皮、肉、内脏未经兽医检验，不许食用。

2. 疫病诊断 及时而正确的诊断是防制工作的重要环节，它关系到能否有效地组织防制措施，以减少损失。诊断动物传染病的方法很多，应根据具体情况而定，如不能立即确诊时，应采取病料尽快送有关单位检验。在未得出诊断结果前，应根据初步诊断，采取相应紧急措施，防止疫病蔓延。现将各种诊断方法介绍如下：

（1）流行病学诊断：流行病学诊断是在流行病学调查（即疫情调查）的基础上进行的。流行病学诊断往往与临诊诊断联系在一起，某些动物传染病的临诊症状虽然基本上是一致的，但其流行的特点和规律却很不一致。

（2）临诊诊断：临诊诊断是最基本的诊断方法。它是利用人的感官或借助一些最简单的器械如体温表、听诊器等直接对患病动物进行检查。有时也包括血、粪、尿的常规检验。临诊诊断具有一定的局限性，特别是对发病初期尚未出现有诊断意义的特征症状的病例和非典型病例依靠临诊检查往往难于作出确诊。在很多情况下，临诊诊断只能提出可疑疫病的大致范围，必须结合其他诊断方法才能做出确诊。在进行临诊诊断时，应注意对整个发病动物群体所表现的综合症状加以分析判断，不要单凭个别或少数病例的症状轻易下结论，以免误诊。

（3）病理学诊断：是应用病理解剖学的方法，对患传染病死亡的动物尸体进行剖检，查看其病理变化。但最急性死亡和早期屠宰的病例，有时特征性的病变尚未出现，所以在病理剖检诊断时应尽可能多检查几例，并选择症状较典型的病例进行剖检。有些疫病除肉眼检查外，还需要作病理组织学检查。采取病料必须在死后立即进行，夏季不超过5～6h，冬季不超过24h。在短时间内能送到检验单位去，不必用化学药品保存，可加入10%福尔马林溶液或95%酒精溶液。

（4）微生物学诊断：是指应用兽医微生物学的方法检查传染病的病原微生物，是诊断动物传染病的重要方法之一。一般常用以下方法和步骤：

①病料的采集　病料力求新鲜，最好能在濒死时或死后数小时内采集，尽量减少杂菌污染，用具器皿应尽可能严格消毒。原则上要求采取病原微生物含量多、病变明显的部位，并易于采集、保存和运送。如果难于判断可能为何种病时，应该比较全面地采取，如血液、肝、脾、肺、肾、脑和淋巴结等，注意要带有病变部分。如怀疑为炭疽时，不准进行尸体剖检，只采取一块耳朵即可。

②病料涂片镜检　用有显著病变的不同组织器官的不同部位涂抹数片，进行染色镜检。

③分离培养和鉴定　用人工培养的方法将病原体从病料中分离出来，细菌、真菌、螺旋体等可选择适当的人工培养基，病毒等可选用禽胚以及各种动物或组织培养等方法分离培养。将分离得到的病原体应用形态学、培养特性、动物接种及免疫学试验等方法做出鉴定。

④动物接种试验　选择对该种传染病病原体最敏感的动物进行人工感染试验。将采取的病料用适当的方法对实验动物进行人工接种，然后根据对不同动物的致病力、症状和病理变化特点来帮助诊断。当实验动物死亡或经一定时间杀死后，进行剖检观察体内变化，并采取病料进行涂片检查和分离鉴定。

一般选用的实验小动物有家兔、小鼠、豚鼠、仓鼠、家禽、鸽子等。在实验小动物对该病原体无感受性时，可以选用有易感性的大动物进行试验，但费用较高，而且需要严格的隔离条件和消毒措施，因此只有在非常必要和条件许可时才能进行。

动物接种试验应注意两个问题：一方面从病料中分离出微生物，虽然是确诊的重要依据，但也应注意动物的“健康带菌”现象，其分离结果还需要与临诊、流行病学和病理变化等结合起来进行综合分析；另一方面有时即使没有发现病原体，也不能得出完全否定该种传染病的诊断。

（5）免疫学诊断：包括血清学试验和变态反应两类。

①血清学试验　是利用抗原和抗体特异性结合的免疫学反应进行诊断。可以用已知的抗原来测定被检动物血清中的特异性抗体；也可以用已知的抗体（免疫血清）来测定被检材料中的抗原。血清学试验有中和试验、凝集试验、沉淀试验、溶细胞试验、补体结合试验、免疫荧光试验、免疫酶技术等。

②变态反应　动物患某些传染病（主要是慢性传染病）时，可对该病病原体或其产物的再次进入产生强烈反应。能引起变态反应的物质称为变态原，如结核菌素、鼻疽菌素等，采用一定的方法将其注入患病动物时，可引起局部或全身反应。

（二）隔离与封锁

1. 隔离　将患病的和可疑感染的动物进行隔离是防制传染病的重要措施之一。其目的是为了控制传染源，便于管理消毒，阻断流行过程，防止健康动物继续受到传染，以便将疫情控制在最小范围内就地消灭。因此，在发生传染病时，应首先查明疫病的蔓延程度，逐头检查临诊症状，必要时进行血清学和变态反应检查，同时要注意检查工作不能成为散播传染的因素。根据检疫结果，将全部受检动物分为患病动物、可疑感染动物和假定健康动物三类，以便区别对待。

（1）患病动物：包括有典型症状或类似症状或其他特殊检查呈阳性的动物。它们是最主要的传染源，应选择不易散播病原体、消毒处理方便的场所进行隔离。应特别注意严密消毒，加强卫生和护理工作，须有专人看管和及时进行治疗。没有治疗价值的动物，由兽医人员根据国家有关规定进行严密处理。隔离场所禁止闲杂人和动物出入和接近。工作人员出入应遵守消毒制度。隔离区内的饲料、物品、粪便等，未经彻底消毒处理，不得运出。

（2）可疑感染动物：是指未发现任何症状，但与患病动物及其污染环境有过明显接触的动物，如同群、同圈、同槽、同牧，使用共同的水源、用具等。这类动物有可能处在潜伏期，并有排菌（毒）的危险，应在消毒后另选地方将其隔离、看管，限制其活动，详细观察，出现症状的则按患病动物处理。

（3）假定健康动物：是指无任何症状，也未与上述两类动物明显接触，而是在疫区内的易感动物。对这类动物应采取保护措施，严格与患病动物和可疑感染动物分开饲养管理，加强防疫消毒，立即进行紧急免疫接种和药物预防。必要时可根据实际情况分散喂养或转移至偏僻牧地。

2. 封锁 当发生某些重要传染病时，把疫源地封闭起来，防止疫病向安全区散播和健康动物误入疫区而被传染，以达到保护其他地区动物的安全和人民的健康，把疫病迅速控制在封锁区之内和集中力量就地扑灭的目的。

（1）封锁的对象和程序：根据《中华人民共和国动物防疫法》的规定，当确诊为牛瘟、口蹄疫、炭疽、猪水疱病、猪瘟、非洲猪瘟、牛肺疫、鸡瘟（禽流感）等一类传染病或当地新发现的动物传染病时，当地县级以上地方人民政府畜牧兽医行政管理部门应当立即派人到现场，划定疫区范围，及时报请同级人民政府发布疫区封锁令进行封锁，并将疫情等情况逐级上报有关畜牧兽医行政管理部门。

（2）执行封锁的原则和封锁区的划分：执行封锁时应掌握“早、快、严、小”的原则，即执行封锁应在流行早期，行动要果断迅速，封锁要严密，范围不宜过大。封锁区的划分，必须根据该病的流行规律特点，疫病流行的具体情况和当地的具体条件进行充分研究，确定疫点、疫区和受威胁区。

（3）封锁区内外应采取的措施

①封锁线应采取的措施 在封锁区的边缘设立明显标志，指明绕道路线，设置监督岗哨，禁止易感动物通过封锁线。在必要的交通路口设立检疫消毒站，对必须通过的车辆、人员和非易感动物进行消毒。

②疫点应采取的措施 要严禁人、动物、车辆出入和动物产品及可能污染的物品运出。在特殊情况下人员必须出入时，需经有关兽医人员许可，经严格消毒后出入。对病死动物及其同群动物，县级以上农牧部门有权采取捕杀、销毁或无害化处理等措施。疫点出入口必须有消毒设施，疫点内用具、圈舍、场地必须进行严格消毒，疫点内的动物粪便、垫草、受污染的草料必须在兽医人员监督指导下进行无害化处理。做好杀虫灭鼠工作。

③疫区应采取的措施 交通要道必须建立临时性检疫消毒哨卡，备有专人和消毒设备，监视动物及其产品移动，对出入人员、车辆进行消毒。停止集市贸易和疫区内动物及其产品的采购。禁止运出污染草料。未污染的动物产品必须运出疫区时，需经县级以上农牧部门批准，在兽医防疫人员监督指导下，经外包装消毒后运出。非疫点的易感动物，必须进行检疫或预防注射。农村、城镇饲养的动物必须圈养，牧区动物与放牧水禽必须在指

定牧场放牧，役用动物限制在疫区内使役。

④受威胁区应采取的措施　主要是采取预防措施，如易感动物及时进行免疫接种，以建立免疫带，易感动物不许进入疫区，不饮由疫区流过来的水，禁止从疫区购买动物、草料和动物产品。注意对从解除封锁后不久的地区买进的动物或其产品进行隔离观察，必要时对动物产品进行无害处理。对处于受威胁区内的屠宰场、加工厂、动物产品仓库进行动物卫生监督。

(4) 解除封锁的条件：疫区内（包括疫点）最后一头患病动物捕杀或痊愈后，经过该病一个潜伏期以上的检测、观察，未再出现患病动物时，经彻底消毒清扫，由县级以上畜牧兽医行政管理部门检查合格后，经原发布封锁令的政府发布解除封锁，并通报毗邻地区和有关部门。疫区解除封锁后，病愈动物需根据其带菌（毒）时间，控制在原疫区范围内活动，不能将它们调到安全区去。

（三）紧急免疫接种与治疗

1. 紧急免疫接种　在发生传染病时为了迅速控制和扑灭疫病的流行，对疫区和受威胁区尚未发病的动物进行应急性免疫接种。在疫区内使用某些疫（菌）苗进行紧急接种是切实可行的，必须对所有受到传染威胁的动物逐头进行详细观察和检查，仅能对正常无病的动物用疫苗进行紧急接种。对患病动物及可能已受感染的处于潜伏期的患病动物，必须在严格消毒的情况下立即隔离，不能再接种疫苗。

2. 治疗　一方面是为了挽救患病动物，减少损失，另一方面在某种情况下也是为了消除传染源，是综合性防制措施中的一个组成部分。目前虽然对各种动物传染病的治疗方法不断有所改进，但仍有一些传染病尚无有效的疗法。当认为患病动物无法治愈，或治疗需要很长时间且费用很高，或患病动物对周围的人畜有严重的传染威胁时，尤其是当某地传入过去没有发生过的危害性较大的新病时，为了防止疫病蔓延扩散，应在严密消毒的情况下将患病动物淘汰处理。

(1) 治疗的原则

①治疗和预防相结合　治疗必须在严密封锁或隔离条件下进行，务必使治疗的患病动物不至于成为散播病原的传染源。

②早期治疗和综合性治疗相结合　治疗必须及早进行，不能拖延时间，既要考虑针对病原体，消除其致病作用，又要增强动物机体的抗病能力和调整、恢复生理机能。

③用药要因地制宜，注意勤俭节约。

(2) 治疗的方法

①针对病原体的疗法　主要有特异性疗法、抗生素疗法和化学疗法。

特异性疗法：主要是采用针对某种传染病的高度免疫血清、痊愈血清（或全血）、卵黄抗体等特异性生物制品进行治疗，因为这些制品只对某种特定的传染病有疗效，而对其他种传染病无效，所以称为特异性疗法。血清治疗时，如果使用异种动物血清，应特别注意防止发生过敏反应。

抗生素疗法：抗生素为细菌性急性传染病的主要治疗药物，但要注意合理地应用抗生素，不能滥用。在使用抗生素时要注意掌握各抗生素的适应症，考虑抗生素的用量、疗程、给药途径、不良反应、经济价值等问题，另外，抗生素的联合应用要结合临诊经验控制使用。

化学疗法：常用的有磺胺类药物、抗菌增效剂、喹诺酮类药物等。抗病毒感染的药物在兽医临床上应用的还很少。

②针对动物机体的疗法　主要是对症疗法和加强护理。

对症疗法：使用退热止痛、止血、镇静、兴奋、强心、利尿、清泻、止泻、防止酸中毒和碱中毒、调节电解质平衡等药物以及某些急救手术和局部治疗等。

加强护理：要防寒防暑，隔离舍要光线充足，通风良好，应保持安静、干爽清洁，随时消毒。给予可口、新鲜、柔软、优质、易消化的饲料，饮水要充足。

③中兽医疗法　有些传染病用中药治疗或中西药结合治疗，较单纯用西药治疗效果好。

（四）现场处理

发生动物传染病后，对疫点和疫区除要进行随时消毒外，还要对传染病的动物尸体合理而及时地处理，合理处理尸体的方法有下列几种：

1. 化制　将某些传染病的动物尸体放在特设的加工厂中加工处理，既进行了消毒，而且又保留许多有利用价值的东西，如工业用油脂、骨粉、肉粉等。

2. 掩埋　方法简单易行，但不是彻底的处理方法。掩埋尸体时应选择干燥、平坦、距离住宅、道路、水井、牧场及河流较远的偏僻地点，深度在2m以上。

3. 焚烧　此种方法最为彻底。适用于特别危险的传染病尸体处理，如炭疽、气肿疽等。禁止地面焚烧，应在焚尸炉中进行。

4. 腐败　将尸体投入专用的直径3m、深6～9m的腐败坑井中，坑用不透水的材料砌成，有严密的盖子，内有通气管。此法较掩埋法方便合理，发酵分解达到消毒目的，取出可作肥料。但此法不适用于炭疽、气肿疽等芽胞菌所致传染病的尸体处理。

（于　森　蔡丙严）

任务六　动物寄生虫病学基础知识

一、寄生虫与宿主

（一）寄生生活

寄生生活是自然界中某些生物所采取的一种生活方式，两种生物长期或暂时地结合在一起生活，其中一方通过这种方式受益（获得食物与生存空间），同时给对方造成损害，这种生活方式就是寄生生活，简称寄生。受益的那种动物称为寄生虫，受到损害的动物称为宿主。

（二）寄生虫的类型

1. 体内寄生虫与体外寄生虫　根据寄生虫的寄生部位，将寄生虫分为体内寄生虫和体外寄生虫。寄生在宿主体内组织器官的寄生虫称为体内寄生虫，如吸虫、绦虫、线虫等；寄生在宿主体表或皮内的寄生虫称为体外寄生虫，如蜱、螨、虱等。

2. 永久性寄生虫与暂时性寄生虫　根据寄生虫的寄生时间，将寄生虫分为永久性寄生虫和暂时性寄生虫。寄生虫全部发育阶段均在宿主身上进行，一生都不能离开宿主的寄生虫称为永久性寄生虫，如旋毛虫等；只是在采食时才与宿主短暂接触的寄生虫称为暂时性寄生虫，如蚊子等。

3. 单宿主寄生虫与多宿主寄生虫 根据寄生虫的发育过程，将寄生虫分为单宿主寄生虫和多宿主寄生虫。发育过程中仅需要一个宿主的寄生虫称为单宿主寄生虫（亦称土源性寄生虫），如蛔虫、球虫等；发育过程中需要两个或两个以上宿主的寄生虫称为多宿主寄生虫（亦称生物源性寄生虫），如吸虫、绦虫等。

4. 专性寄生虫与兼性寄生虫 根据寄生虫对宿主的依赖性，将寄生虫分为专性寄生虫与兼性寄生虫。寄生虫在生活史中必须有寄生生活阶段，否则，生活史就不能完成的寄生虫称为专性寄生虫，如吸虫、绦虫等；既可营自由生活，又能营寄生生活的寄生虫称为兼性寄生虫，如类圆线虫、丽蝇等。

5. 专一宿主寄生虫与非专一宿主寄生虫 根据寄生虫寄生的宿主范围，将寄生虫分为专一宿主寄生虫与非专一宿主寄生虫。只寄生于一种特定的宿主，对宿主有严格选择性的寄生虫称为专一宿主寄生虫，如马尖尾线虫只寄生于马属动物，鸡球虫只感染鸡等；能寄生于多种宿主的寄生虫称为非专一宿主寄生虫，如旋毛虫可以寄生于猪、犬、猫等多种动物和人。

（三）宿主的类型

1. 终末宿主 寄生虫成虫（或原虫的有性生殖阶段）寄生的宿主称为终末宿主。

2. 中间宿主 寄生虫幼虫（或原虫的无性生殖阶段）寄生的宿主称为中间宿主。

3. 补充宿主 也称为第二中间宿主，指某些寄生虫在发育过程中前后需要两个中间宿主，第二个中间宿主称为补充宿主。

4. 贮藏宿主 寄生虫的虫卵或幼虫进入某种动物体内，在体内保持其生命力和感染力，但不能发育繁育，这种宿主称为贮藏宿主，亦称为转续宿主或转运宿主。

5. 保虫宿主 某些经常寄生于某种宿主的寄生虫，有时也可寄生于其他一些宿主，但不普遍且无明显危害，通常把这种不经常被寄生的宿主称为保虫宿主。

6. 带虫宿主 指体内有一定数量的虫体存在，但临床上无任何症状的动物，亦称带虫者。

7. 传播媒介 通常指在脊椎动物之间传播寄生虫病的低等动物，主要是指吸血的节肢动物。

二、寄生虫生活史

（一）寄生虫生活史的概念及类型

寄生虫完成一代生长、发育和繁殖的全过程称为生活史，亦称发育史。寄生虫的种类繁多，生活史也复杂多样。根据寄生虫在生活史中有无中间宿主，大体可分为两种类型：

1. 直接发育型 寄生虫完成生活史不需要中间宿主，虫卵或幼虫在外界发育到感染期后，再感染动物或人，此类寄生虫也称为土源性寄生虫，如蛔虫、牛羊消化道线虫等。

2. 间接发育型 寄生虫完成生活史需要中间宿主，幼虫在中间宿主体内发育到感染期后，再感染动物或人，此类寄生虫称为生物源性寄生虫，如血吸虫、猪带绦虫等。

（二）寄生虫完成生活史的条件

1. 适宜的宿主 适宜的甚至是特异性的宿主是寄生虫建立生活史的前提。

2. 具有感染性阶段的虫体 寄生虫并不是所有的阶段都对宿主具有感染能力，虫体必须发育到感染性阶段，并且获得与宿主接触的机会。

3. 适宜的感染途径 寄生虫需经过特定的途径感染宿主，进入宿主体后到达其寄生部位生长、发育和繁殖。

三、寄生虫病流行的基本环节

（一）感染来源

感染来源一般是指体内有某种寄生虫寄生的动物或人，包括终末宿主、中间宿主、补充宿主、贮藏宿主、保虫宿主、带虫宿主及生物传播媒介等。虫体、虫卵、幼虫等病原体通过这些宿主的粪、尿、痰、血液以及其他分泌物、排泄物排出体外，污染外界环境并发育到感染性阶段，经一定的方式或途径感染易感宿主。

（二）感染途径

1. 经口感染 易感动物食入被感染性虫卵或幼虫污染的饲料或饮水，经口腔进入体内。这是最常见的感染途径。

2. 经皮肤感染 有些寄生虫的感染性幼虫可钻过皮肤，侵入宿主体内，如分体吸虫、仰口线虫、皮蝇幼虫等。

3. 接触感染 寄生虫通过宿主之间直接接触或通过用具、人员和其他动物等的传递而间接接触传播，如蜱、螨和虱等。

4. 经胎盘感染 有些寄生虫可从母体通过胎盘进入胎儿体内而导致感染，如弓形虫等。

5. 交配感染 动物直接交配或经被病原体污染的人工授精器械而感染，如牛胎毛滴虫、马媾疫等。

6. 经生物媒介感染 有些寄生虫通过节肢动物的叮咬、吸血而传播给易感动物，主要是一些血液原虫和丝虫。

7. 自身感染 某些寄生虫产生的虫卵或幼虫不需要排出宿主体外，在原宿主体内使其再次遭受感染，如猪带绦虫患者感染猪囊尾蚴病。

（三）易感宿主

易感宿主是指对某种寄生虫缺乏免疫力的动物。寄生虫对宿主有专一性，即寄生虫一般只能在1种或若干种动物体内生存，并不是所有动物。易感动物方面有很多因素都会影响其对寄生虫的易感性，如营养状况、种类、品种、年龄、性别、饲养方式等。

四、动物寄生虫病防控

（一）控制和消除感染源

1. 驱虫

（1）目的和意义：驱虫是综合性防制措施的重要环节，一方面是治疗患病动物；另一方面是减少患病动物和带虫者向外界散播病原体，保护外界环境免受污染。根据驱虫目的不同，可分为治疗性驱虫和预防性驱虫。

治疗性驱虫是对患病动物采取的紧急措施，一旦发现动物出现症状，可及时用药驱除或杀灭寄生于动物体内外的寄生虫，使病畜恢复健康，它不受时间和季节的限制，但要做到早发现、早诊断、早治疗。

预防性驱虫是根据各种寄生虫病的流行规律及寄生虫的生长发育规律，选择适宜的时间，有计划地进行定期驱虫，不论动物发病与否。如：北方省区为防治绵羊蠕虫病，多采用一年2次驱虫的措施。春季驱虫在放牧前进行，目的是防止草地被污染；秋季驱虫在转入舍饲后进行，目的是将动物体内已感染的寄生虫驱除体外，防止发生寄生虫病。对于放牧的马、牛、羊等草食动物而言，秋季驱虫更为重要。

根据寄生虫在宿主体内的发育程度，预防性驱虫还要分为成虫期驱虫和成熟前期驱虫，针对某些蠕虫，成熟前期更具有重要的意义，即将动物体内未达到性成熟的虫体用药物驱除。既能减轻寄生虫对动物的损害，又能防止虫体性成熟后排出的虫卵或幼虫污染外界环境。

（2）驱虫药的选择：原则是选择安全、广谱、高效、低毒、方便和廉价的药物。广谱是指驱除寄生虫的种类多；高效是指对寄生虫的成虫和幼虫都有高度驱除效果；低毒是指治疗量不具有急性中毒、慢性中毒、致畸形和致突变作用；方便是指给药方法简便，适用于大群给药（如气雾、饲喂、饮水等）；廉价是指与其他同类药物相比价格低廉。治疗性驱虫应以药物高效为首选，兼顾其他；定期预防性驱虫则应以广谱药物为首选，但主要还是依据当地主要寄生虫病选择高效驱虫药。

（3）驱虫时的注意事项：驱虫应在专门的、有隔离条件的场所进行；选择好药物；进行大规模驱虫前，要先选择小批动物进行药效及药物安全试验；驱虫后排出的粪便和一切含有病原的物质，均应集中进行无害化处理。粪便要进行堆积发酵，利用生物热杀死其中的虫卵、幼虫、卵囊等，防止病原扩散；动物驱虫后要隔离一定的时间，直到驱除的虫体排完为止。

2. 加强卫生检验 某些寄生虫病可以通过被感染的动物性食品（肉、鱼、淡水虾和蟹等）传播给人类和动物，如猪带绦虫病、华枝睾吸虫病、旋毛虫病、弓形虫病、住肉孢子虫病和舌形虫病等；某些寄生虫病可通过吃入患病动物的肉和脏器在动物之间循环，如旋毛虫病、棘球蚴病、细颈囊尾蚴病等。因此，要加强卫生检验工作，对患病胴体和脏器以及含有寄生虫的鱼、虾、蟹等，按有关规定销毁或无害化处理，杜绝病原体的扩散。加强卫生检验在公共卫生上意义重大。

3. 外界环境除虫 寄生在消化道、呼吸道、肝脏、胰腺及肠系膜血管中的寄生虫，在繁殖过程中随粪便把大量的虫卵、幼虫或卵囊排到外界环境并发育到感染期。因此，外界环境除虫的主要内容是杀死粪便中的虫卵、幼虫或卵囊，有效的办法是粪便生物热发酵。因虫卵、幼虫或卵囊对化学消毒药物有强大的抵抗力，常用浓度的消毒药无杀灭作用，但对热敏感，在50～60℃温度下足可以被杀死。粪便集中发酵后，经10～20d后粪堆内温度可达到60～70℃，几乎完全可以杀死其中的病原体。另外，尽可能减少宿主与感染源接触的机会，如及时清除粪便、打扫圈舍和定期化学药物消毒等，避免粪便对饲料和饮水的污染。

（二）阻断传播途径

切断寄生虫的传播途经可减少或消除感染机会，任何消除感染源的措施均含有阻断传播途径的意义，另外还有以下两个方面：

1. 轮牧 轮牧是牧区草地除虫的最好措施，利用寄生虫的某些生物学特性设计轮牧方案。放牧时动物粪便污染草地，其中的寄生虫卵和幼虫在适宜的条件下开始发育，如果在它们还未发育到感染期时，即把动物转移到新的草地，可有效地避免动物感染。在原草地上的感染期虫卵和幼虫，经过一段时期未能感染动物则自行死亡，草地得到净化。不同种寄生虫在外界发育到感染期的时间不同，转换草地的时间也应不同。不同地区和季节对寄生虫发育到感染期的时间影响很大，在制定轮牧计划时均应予以考虑，如当地气温超过18～20℃时，最迟也必须在10d内转换草地。如某些绵羊线虫的幼虫在某地区夏季牧场上，需要7d发育到感染阶段，便可让羊群在6d时离开；如果那些绵羊线虫在当时的温度和湿度条件下，只能保持1.5个月的感染力，即可在1.5个月后，让羊群返回原牧场。

2. 消灭中间宿主和传播媒介　对生物源性寄生虫病，消灭中间宿主和传播媒介可以阻止寄生虫的发育，起到消灭感染源和阻断感染途径的双重作用。应消灭的中间宿主和传播媒介，是指那些经济意义较小的螺、蝲蛄、剑水蚤、蚂蚁、甲虫、蚯蚓、蝇、蜱及吸血昆虫等无脊椎动物。主要措施有：

（1）物理方法：主要是改造生态环境，使中间宿主和传播媒介失去必需的栖息场所，如排水、交替升降水位、疏通沟渠增加水的流速、清除隐蔽物等。

（2）化学方法：使用化学药物杀死中间宿主和传播媒介，在动物圈舍、河流、溪流、池塘、草地等喷洒杀虫剂。但要注意环境污染和对有益生物的危害，必须在严格控制下实施。

（3）生物方法：养殖捕食中间宿主和传播媒介的动物对其进行捕食，如养鸭及食螺鱼以灭螺，养殖捕食孑孓的柳条鱼、花鳉以灭蚊等；培育可杀死中间宿主和传播媒介的生物，如杀螺的毛腹虫和沼蝇；放养生存竞争者，如在吸虫病高发区，水池内放养繁殖快、经济效益大的非中间宿主螺，由于生存竞争可使其他螺降成小量残存的种群。还可以利用它们的习性，设法回避或加以控制，如羊莫尼茨绦虫的中间宿主是地螨，地螨惧强光、怕干燥，潮湿和草高而密的地带数量多，黎明和日暮时活跃，据此可采取避螨措施以减少绦虫的感染。

（4）生物工程方法：培育雄性不育节肢动物，使其与同种雌虫交配，产出不发育的卵，导致该种群数量减少。国外用该法成功地防治丽蝇、按蚊等。

（三）增强动物抗病力

1. 全价饲养　必须使动物的饲养达到标准化，提供全价营养，不但保证饲料日粮总量符合机体的需要，还要保证全价的营养成分，这样才能保证动物机体营养状态良好，抵抗力强，可防止寄生虫的侵入或阻止侵入后继续发育，甚至将其包埋或致死，使感染维持在最低水平，使机体与寄生虫之间处于暂时的相对平衡状态，制止寄生虫病的发生。

2. 饲养卫生　被寄生虫病原体污染的饲料、饮水和圈舍，常是动物感染的重要原因。禁止从低洼地、水池旁、潮湿地带刈割饲草，或将其存放3～6个月后再利用。禁止饮用不流动的和较浅的水。圈舍要建在地势较高和干燥的地方，保持舍内干燥、光线充足和通风良好，动物密度适宜，及时清除粪便和垃圾，粪便和垃圾要发酵处理。

3. 保护幼年动物　幼龄动物由于抵抗力弱而容易感染，而且发病严重，死亡率较高。因此，哺乳动物断奶后应立即分群，安置在经过除虫处理的圈舍。放牧时先放幼年动物，转移后再放成年动物。

4. 免疫预防　对动物进行疫苗接种，防止寄生虫的感染。目前寄生虫的免疫预防虽然尚不普遍，但国内外也比较成功地研制了牛羊肺线虫、血矛线虫、毛圆线虫、泰勒虫、犬钩虫、禽气管比翼线虫、弓形虫和鸡球虫的虫苗，正在研究猪蛔虫、牛巴贝斯虫、牛囊尾蚴、猪囊尾蚴、旋毛虫等虫苗。虫苗接种将成为防控寄生虫病的重要措施之一。

（于　森　蔡丙严）

任务七　兽医临床诊疗基础知识

一、兽医临床诊断基础知识

（一）诊断的概念

诊断是对患病动物的疾病本质做出的判断。就是将问诊、体格检查、实验室检查、特殊检查乃至病例剖检的结果，根据医学理论和临床经验，再通过分析、综合、推理，对疾病的本质作出的判断。也包括对动物及其群体的健康检查以及亚临床诊断，以判断动物是否健康。

（二）临诊检查的基本程序

临诊上应系统地按照一定程序和步骤对病畜进行临诊检查，以获得比较全面的症状和资料，避免某些症状被遗漏。临诊检查的基本程序是：病畜登记→问诊→现症检查（包括整体及一般状态检查、系统检查、实验室检查和特殊检查）→建立诊断→病历记录。

（三）临床检查的方法

1. 问诊　问诊就是向畜主、饲养管理人员询问有关疾病的情况，以帮助诊断疾病。问诊主要内容包括既往史、现病史、日常的饲养管理及环境条件、使役及利用情况、免疫接种情况等。一般在着手进行病畜禽体检前进行。

2. 视诊　通过肉眼或借助器械观察病畜禽的异常表现来诊断疾病的方法。一般先不要靠近病畜禽，也不宜进行保定，以免惊扰，应尽量使动物取自然的姿势。视诊主要检查精神状态、营养状况、姿态与步样、被毛和皮肤、反刍和呼吸、可视黏膜、排泄动作及排泄物等。

3. 触诊　用手（手指、手掌、手背或拳）或简单器械，对组织器官进行触压、感觉，以判定病变部位的大小、形状、硬度、温度、敏感性、移动性等。常用的方法有：按压触诊法、冲击触诊法、切入触诊法、掌抚触诊法。为了检查某些管道（如食管、瘘管等）的情况，还可以借助器械（胃管或探针）进行间接触诊（探诊）。

4. 叩诊　叩诊是根据叩击动物体表所产生音响的性质特点，以推断被叩组织和深在器官有无病理改变的一种检查方法。分直接叩诊和间接叩诊两种方法。叩诊音的强弱、高低和长短是由发音体振动幅度的大小、振动的频率以及振动持续的时间所决定的。叩诊音分为以下几种：

（1）清音：由于肺组织含气多，弹性好，振幅大，所以音响强，持续时间也长，但因频率低，音调也就低，这样的声音听之清晰；

（2）浊音：肌肉、肝脏等部位，不含气体且密度较大，弹性差，振幅小，音也就弱，持续时间也短，但频率高，音调也高，此音听起来钝浊，又称实音。

（3）鼓音：在盲肠基部、瘤胃的上部，由于含有少量气体，音响较强，持续时间较长，音如鼓响。

（4）半浊音：在肺的边缘部位，由于含气较少，清音不那么典型，再向周边叩击则呈浊音，它是介于清、浊音之间的过渡音。

叩诊可作为一种刺激，判断其被叩击部位的敏感性；叩诊时除注意叩诊音的变化外，还应注意锤下抵抗。

5. 听诊　听诊是听取机体发出的自然或病理性音响，根据音响的性质特点判断疾病。听诊可分为直接听诊法与间接听诊法。

6. 嗅诊　嗅诊是应用检查者嗅觉能力嗅闻呼出的气体，口腔的气味以及分泌物、排泄物和其他病理产物，根据气味的变化判断疾病。呼出的气体如有特殊腐败臭味，多提示呼吸道及肺脏的坏疽性病变。当消化道发生严重病变，如口腔炎、咽喉炎时，可有严重口臭；当胃肠道发生严重炎症时，其排泄物气味出现腐败臭味。

除上述基本检查方法外，还有穿刺法、实验室诊断、导管探诊、特殊仪器检查等特殊检查方法。

（四）建立诊断的步骤

疾病诊断的步骤主要包括调查、收集资料；分析综合、形成假设；验证诊断这 3 个基本步骤。

1. 收集资料　疾病资料主要从病史、临床检查、实验室或特殊检查等完整真实地收集症状和发病经过的资料中收集。

2. 分析综合，形成假设　将收集到的资料进行归纳比较、综合分析，结合兽医基础理论和临床经验，理清症状的主次地位，以主症为基础，形成假设，即初步诊断。初步诊断只能作为进一步诊断的前提或试验性治疗的方向。

3. 实施防治，验证并完善诊断　初步诊断结果正确与否，要通过防治实践检验。在临床实践中，对病情复杂的患畜，在提出初步诊断后，通过必要的实验室检查和特殊检查，以确定和验证诊断或排除诊断。严格地讲，只有疾病结束，诊断才能完结。

（五）建立诊断的方法

1. 诊断的种类　主要有症状诊断、病理解剖学诊断、机能性诊断、发病原理学诊断、病因学诊断等。

2. 建立诊断的方法

（1）论证诊断：疾病过程中实际具有的症状、资料，与所提出的疾病在理论上应具有的症状加以比较，如果全部或大部分主要症状条件相符合，并且这些症状、现象都可以用该病现象予以解释，就可确立诊断。一方面，论证诊断的基础是占有客观、丰富的症状资料，不能见到几个表面现象就假设一个疾病，然后再为此寻找证据，更不能排斥与假设疾病不相符的症状。另一方面，疾病是不断发展变化的，不同时期疾病的表现可能存在差异，个体差异也可使临床症状有一定的变化。因此，在具体诊断时应具体问题具体分析，不可断章取义，亦不可机械照搬书上条文。

（2）鉴别诊断：对不典型的或复杂的病例，或当缺乏足以提示明确诊断的症状时，可根据某一个或某几个主要症状，提出一组可能的、相近似的而有待区别的疾病。通过深入分析比较，采用排除诊断法，逐渐排除可能性较小的疾病，缩小考虑范围，最后集中到一个或几个可能性大的疾病，这就是鉴别诊断过程，也叫类症鉴别。这种诊断的基本思维方式是从认识事物的普遍性开始，到认识事物的特殊性结束，要把握一事物区别于其他事物最根本的不同点，认识事物的个性，这是认识事物的核心所在。

3. 疾病预后 疾病预后是对动物所患疾病发展趋势及结局的估计和推断。临床上一般将预后分为预后良好、预后不良、预后可疑等3种。

二、症状及症候学

症状是动物所表现的病理性异常现象。研究动物症状的发生原因、条件、机理、临诊表现、特征和检查方法的科学称为症状学；除这些内容外，兽医临诊实际中必须对这些症状的临诊意义予以论证、加以鉴别，即症候学。

（一）症状的分类

1. 示病症状与一般症状 某一疾病所特有的且不会在其他疾病中出现的症状称为该病的示病症状或特殊症状。一般症状指那些广泛出现于许多疾病过程中的症状，它不属于某一特定疾病所固有，甚至可出现于某一疾病的不同病理过程中。

2. 固定症状与偶然症状 固定症状指在某一疾病过程中必然出现的症状，又称固有症状。偶然症状是在特定条件下出现的症状，它是在疾病过程中某一阶段出现的症状。

3. 主要症状与次要症状 主要症状指对疾病诊断有着重要意义的症状，是疾病诊断的重要依据，又称基本症状。次要症状往往是疾病的附带症状，在很多疾病过程中都会或多或少、或轻或重地出现，对疾病的诊断意义不大，但对于疾病的程度和预后的判断意义较大。

4. 前驱症状与后遗症状 前驱症状指在疾病发生初始、主要症状出现之前出现的一类症状，又称先兆症状。后遗症状即后遗症，是在原发病治愈后留下的不正常现象，如疤痕、变形、截肢、神经功能缺失等。

5. 局部症状与全身症状 局部症状指在局部病变部位表现的症状，在病变以外的其他区域不存在或表现轻微。全身症状指机体针对病原或局部病变的全身反应，属于一般症状范畴。局部症状与全身症状有着互为因果的关系。局部症状可以发展成为全身症状，如脓肿可导致脓毒败血症；局部症状也可以是全身症状的局部反应，如狂犬病的眼球震颤等。

6. 原发症状与继发症状 原发症状指原发病所表现的症状，继发症状指继发病所表现的症状。

7. 综合症候群 某些相互关联的症状在疾病过程中同时或相继出现，这些症状总称为综合症候群或综合征。

（二）常见临床症状分析

1. 发热 发热是致热原直接作用于体温调节中枢，或体温调节中枢功能紊乱，或各种原因引起的机体产热过多和散热过少，导致动物体温超过正常范围的一种临诊症状。

（1）临诊表现：主要表现为体温升高，动物精神沉郁，低头耷耳，甚至呈昏睡状态。食欲减退或废绝，肠音减弱，粪干小，消化紊乱，反刍动物出现前胃弛缓，反刍减少或停止。呼吸和心跳频率增加。皮温增高，末梢冰凉，多汗，恶寒。尿量减少，有的出现蛋白尿。

（2）发热的分类：按发热的程度可将发热分为最高热（体温升高3.0℃以上）、高热（体温升高2.0～3.0℃）、中等热（体温升高1.0～2.0℃）和微热（体温升高1.0℃以内）；根据热型将发热分为稽留热、弛张热、间歇热、不规则热或不定型热、双相热等；按发热病程分为急性发热、慢性发热、一过性热或暂时性热。

（3）伴随症状：腹泻；呼吸系统症状；皮肤和黏膜病变；神经症状；黄疸、贫血和血尿；流产；淋巴结肿大；昏迷等。

（4）诊断思路：首先测温要准确，排除生理性因素引起的体温升高；分析是群发性发热还是散发性发热；考虑发热程度和持续时间；注意热型；注意发热时的伴随症状；观察退热效应。

2. 水肿　动物机体组织间隙内积聚过量积液，称为水肿。

（1）分类：根据水肿发生范围，可分为全身水肿和局部水肿；根据发生部位，可分为皮下水肿、脑水肿、肺水肿等；根据发生原因，可分为心性水肿、肾性水肿、肝性水肿、炎性水肿等；根据水肿发生的程度，可分为隐性水肿和显性水肿。

（2）临诊表现：隐性水肿除体重有所增加外，临诊表现不明显。而显性水肿临诊表现明显，例如局部肿胀、体积增大、重量增加、紧张度增加、弹性降低、局部温度降低、颜色变淡，甚至体腔积水等。

（3）病因病理类型：可分为心源性水肿、肾源性水肿、肝源性水肿、营养不良性水肿、激素性水肿、血管神经性水肿、炎性水肿、淤血性水肿等几种类型。

（4）伴随症状：水肿伴肝大者可为心源性、肝源性与营养不良性，而同时有颈静脉怒张者则为心源性；水肿伴重度蛋白尿，则常为肾源性，而轻度蛋白尿也可见于心源性；水肿伴呼吸困难与发绀者常提示由于心脏病、上腔静脉阻塞综合征等所致；水肿伴消瘦、体重减轻者，可见于营养不良。

（5）诊断思路：注意水肿的发生特点；根据肿胀特点与其他皮肤肿胀相区别。

3. 脱水　脱水是机体摄入水分不足或丢失过多，导致循环血量减少和组织脱水的综合病理过程，严重时会造成虚脱，甚至有生命危险，需要依靠输液补充体液。

（1）临诊表现：脱水的一般临诊表现为皮肤干燥而皱缩，皮肤弹性降低，眼球凹陷，黏膜潮红或发绀，尿量减少或无尿，体重迅速减轻，肌肉无力，食欲缺乏。严重脱水时心率超过100次/min，体温升高。

（2）脱水的类型及其区别：脱水分为高渗性、等渗性和低渗性脱水3种类型。低渗性脱水即细胞外液减少合并低血钠；高渗性脱水即细胞外液减少合并高血钠；等渗性脱水即细胞外液减少而血钠正常。

（3）脱水程度及脱水量判定：临诊上检查动物眼球凹陷和皮肤弹性是确定脱水的最好指标，一般根据体重减轻的百分率来评价机体脱水的程度，将脱水分为三度：轻度脱水失水量占体重的2%～3%或体重减轻5%，仅有一般的神经功能症状，如失神无力，皮肤弹性稍有降低；中度脱水失水量占体重的3%～6%或体重减轻5%～10%，脱水的体表症状已经明显，并开始出现循环功能不全的特征；重症脱水失水量占体重的6%以上或体重减轻10%以上，前述症状加重，甚至出现休克、昏迷。

（4）伴随症状：腹泻、呕吐、流涎、多尿等。

（5）诊断思路：鉴别脱水的类型和原因；评价脱水程度；判断脱水的预后。

4. 呼吸困难 呼吸困难是一种复杂的病理性呼吸障碍。表现为呼吸费力，辅助呼吸肌参与呼吸运动，并常伴有呼吸频率、类型、深度和节律的改变。高度的呼吸困难，称为气喘。

（1）发生原因：呼吸系统疾病、腹压增大性疾病、心血管系统疾病、中毒性疾病、血液疾病、中枢神经系统疾病、发热等均可以导致呼吸困难。

（2）分类：根据临诊表现形式，呼吸困难可分为吸气性呼吸困难、呼气性呼吸困难和混合性呼吸困难3种类型；根据病因和机理，呼吸困难可分为气道性呼吸困难、肺源性呼吸困难、心源性呼吸困难、血源性呼吸困难、中毒性呼吸困难、神经性呼吸困难、呼吸肌及胸腹活动障碍性呼吸困难7种类型。

（3）临诊表现

①吸气性呼吸困难 表现呼吸时吸气动作困难。特点是吸气延长，动物头颈伸直，鼻孔高度开张，甚至张口呼吸，并可听到明显的呼吸狭窄音，呼吸次数不增反减，见于上呼吸道狭窄或阻塞。

②呼气性呼吸困难 乃为肺泡内的气体呼出困难。特点是呼气时间延长，呼气动作吃力，腹部有明显的起伏现象，有时出现“二重呼吸”、“喘线”或“息劳沟”。多见于细支气管炎、细支气管痉挛、肺气肿、肺水肿等。

③混合性呼吸困难 指吸气和呼气同时发生困难，呼吸频率增加。见于肺脏疾病、贫血、心力衰竭、胃肠臌气、中毒、中枢神经系统疾病和急性感染性疾病等。

（4）伴随症状：咳嗽、发热、黏膜发绀、心率加快、昏迷、哮喘音、胸部压痛等。

（5）诊断思路

①基本思路 判断呼吸困难的类型和程度；注意呼吸频率、节律、深度和对称性的变化；除呼吸困难以外，不同的疾病还有相应的临诊特征；必要的实验室和辅助检查。

②类症鉴别 吸气性呼吸困难的类症鉴别；呼气性呼吸困难的类症鉴别；混合性呼吸困难的类症鉴别。

5. 咳嗽 咳嗽是由于呼吸道分泌物、病灶及外来因素刺激呼吸道和胸膜，通过神经反射，使咳嗽中枢发生兴奋而产生的一种强烈的呼气运动，以使呼吸道中的异物和分泌物（痰）咳出。

（1）原因及分类：咳嗽是由于呼吸系统炎性疾病，包括感染性和非感染性疾病所引起。非感染性咳嗽又包括异物性咳嗽、过敏性咳嗽和压迫性咳嗽。

（2）伴随症状：发热、呼吸困难、流鼻液、喘鸣音、胸痛。

（3）诊断思路：检查咳嗽时要注意其频率、性质、强度及疼痛等。根据咳嗽的频率了解疾病的性质；查明咳嗽的发生部位；注意咳嗽出现的时间；注意咳嗽的音色；结合病史、临诊检查综合分析；辅助检查。

6. 红尿 红尿指尿液的颜色呈红色、红棕色或黑棕色的一种病理现象。

（1）原因及分类：根据原因不同分为血尿、血红蛋白尿、肌红蛋白尿、卟啉尿和药物性红尿等。

（2）临诊表现：根据病因和发病部位不同，一般尿色呈鲜红色、暗红色、黄红色或红褐色。

①血尿 尿液呈红色、混浊，静置或离心后有红色沉淀，镜检可见红细胞，潜血试验

阳性。

②血红蛋白尿 尿液呈暗红色、酱油色或葡萄酒色。尿色均匀、不混浊，无红色沉淀，镜检无细胞或有极少量红细胞，潜血试验阳性。

③肌红蛋白尿 尿液呈暗红色、深褐乃至黑色，潜血试验阳性反应但其血浆颜色不发红，肌红蛋白尿定性试验阳性。另外，病畜表现肌肉病变和运动障碍等临诊症状。

④卟啉尿 尿液呈棕红色或葡萄酒色，镜检无红细胞，潜血试验阴性，尿液原样或经乙醚提取后，在紫外线照射下发红色荧光。

⑤药物性红尿 因药物色素而使尿液变红。药物性红尿，镜检无红细胞，潜血试验阴性，尿液酸化后红色消退。

(3) 伴随症状：疼痛、黏膜苍白、发热、尿频等。

(4) 诊断思路

①基本思路 根据尿色、透明度及临诊检查综合分析，确定红色尿的原因；如确定为血尿，则应判断出血部位及病变性质；血红蛋白尿的鉴别诊断。

②鉴别诊断 确定尿液中是否有红细胞，尿三杯试验，化学检测等。

7. 呕吐 呕吐指动物不由自主地将胃内或肠道内容物经食管从口、鼻腔排出体外的现象。呕吐是单胃动物，尤其是猫和犬的重要临诊症状。

(1) 分类及病因

①中枢性呕吐 神经系统病变；全身性疾病；药物及毒物；其他因素（如精神因素等)。

②末梢性呕吐 消化道疾病；腹膜及腹腔器官的疾病；大叶性肺炎、急性胸膜炎等疾病；突然更换饲料、摄食异物、吃食过快、过食、食物过敏和对某种特殊食物的不耐受以及采食刺激性食物等。

(2) 临诊表现：呕吐有其特殊的临诊表现，如站立或坐起、腹部挛缩、张口向下、头颈上下摆动；动物呕吐物的性状等同于胃内容物、肠内容物或二者的混合物，有时见有异物、血液、黏膜、虫体等。

(3) 伴随症状：腹痛、脱水、体温升高、神经症状等。

(4) 诊断思路

①一般诊断 病史调查；观察呕吐物的一般性状；区分真性呕吐和假性呕吐；判断呕吐的性质；理解呕吐与采食的时间关系；实施实验室检查和特殊检查。

②类症鉴别 注意消化系统疾病、神经系统疾病和其他系统疾病等的类症鉴别。

8. 流涎 流涎指由于唾液分泌过多或吞咽障碍，并不由自主地从动物口腔中流出的一种病症。唾液腺分泌亢进引起的流涎称为真性多涎。唾液吞咽受阻引起的流涎称为假性多涎。

(1) 病因：唾液分泌增多、唾液通过咽障碍、唾液通过食管障碍、疾病因素、神经或精神刺激。

(2) 临诊表现：口腔周围湿润、附有多量透明液体，有时呈泡沫状，或在唇垂下挂有长而黏的成串唾液。严重流涎时，唾液可黏附于胸前或前肢。患流涎犬、猫，由于病因不同，故在临诊上还呈现出不同疾病所特有的症状，如食道阻塞，犬、猫表现不断哽噎或呕吐症状。

（3）伴随症状：采食和咀嚼障碍、吞咽障碍、口腔黏膜损伤、体温升高、神经症状、腹泻等。

（4）诊断思路：要求鉴别引起流涎的口炎、咽炎、食道炎、食道梗阻、咽麻痹、狂犬病、伪狂犬病、破伤风、口蹄疫、中毒、晕车症、精神刺激、条件反射等。

9. 腹泻 腹泻指肠黏膜的分泌增多与吸收障碍、肠蠕动过快，引起排便次数增加，使含有多量水分的肠内容物被排出的病理现象。

（1）病因：按照发病的过程可分为急性腹泻和慢性腹泻。

引起急性腹泻的常见病因有急性肠道疾病、急性中毒、服用泻剂与药物、饲料及饲养管理不当；引起慢性腹泻的常见病因有消化道慢性疾病、肠道肿瘤、小肠吸收不良等。

（2）临诊表现：病初精神不振，常蹲于一角，食欲减退，粪便不成形乃至呈稀糊状或排粪水，并带有黏液，有的粪便带黑红色的血。如感染细菌，则粪便有臭味，并混有灰白色的脓状物。体温升高，呼吸急促，肛门、尾和四肢被粪便污染，消瘦，被毛无光泽、粗乱，结膜红紫，有黄污。

（3）伴随症状：脱水及电解质平衡失调、腹痛、体温升高、呕吐等。

（4）诊断思路

①一般诊断　了解病史；收集及分析临诊症状；实验室检查和特殊检查。

②鉴别诊断　注意区分引起腹泻的肠道疾病、中毒性疾病、饲料及饲养管理不当所引起的腹泻。

10. 便秘 便秘是由于某些因素致使肠蠕动机能障碍，肠内容物不能及时后送滞留于大肠内，其水分进一步被吸收，使得内容物变得干固的一种现象。便秘是动物的一种常见病，但犬、猫对便秘有较强的耐受性。

（1）病因：原发性因素，如饮食因素、排便动力不足、情绪紧张、水分损失；继发性因素，如器质性受阻、运动失常、药物影响、长期滥用泻药等。另外，还有神经系统障碍、内分泌紊乱、维生素缺乏等亦可引起便秘。

（2）分类：便秘一般分为器质性便秘和功能性便秘两类。临诊上还分有慢性顽固性便秘、原发性便秘、继发性便秘等。

（3）临诊表现：病畜常做排便动作，但无粪便排出。初期精神、食欲无明显变化，久之出现食欲不振，直至食欲废绝，这时病畜因腹痛而鸣叫、不安，有的甚至出现呕吐。直肠便秘时，肛门指检敏感，直肠内有干硬结燥的粪便，触诊腹部时可感觉到直肠内有长串的粪块，有的病畜可见腹围膨大、肠胀气。结肠便秘时，由于不完全阻塞，可发生积粪性腹泻，即呈褐色水样粪便绕过干固的粪团而出。

（4）伴随症状：腹胀腹疼、脱水、消瘦、痔疮或痔瘘、腹疝、呼吸困难、酸碱平衡失调、内热增加。

（5）诊断思路：根据排粪困难的病史和触诊摸到大肠内干硬的粪块，按压时有疼痛感的表现，容易作出诊断。如果通过 X 射线照片，可清晰见到肠管扩张状态及其中含有致密粪块或骨头等异物阴影。

11. 抽搐 抽搐是指一块肌肉或一组肌群阵挛性或强直性收缩，常伴有机体不适、感觉异常或意识障碍。

（1）病因：原发性抽搐，如真性癫痫；感染性疾病，如破伤风；中毒性疾病，如有机磷农药中毒；内分泌和代谢性疾病，如低血钙；其他疾病，如脑外伤、脑肿瘤等。

（2）临诊表现：精神兴奋，是中枢神经机能亢进的结果，机体对刺激的反应过强，高度的兴奋便成为狂躁状态，使动物自身遭受损害，或因骚扰破坏周围的物体，甚至出现危险；精神抑制，为中枢机能障碍的另一种表现形式，是大脑皮层和皮层下网状结构占优势的表现，根据程度不同可分为以下 3 种。

①精神沉郁　为最轻的抑制现象。病畜对周围事物注意力减弱，反应迟钝，离群呆立，头低耳耷，眼半闭或全闭，行动无力。但病畜对外界刺激有意识反应。

②昏睡　为中度抑制的现象。动物处于不自然的熟睡状态，对外界事物、轻度刺激无反应，给予强烈刺激仅可产生轻微的反应，但很快又陷入沉睡状态。

③昏迷　为高度抑制的现象。动物意识完全丧失，对外界刺激无任何反应，仅保留自主神经活动，心律不齐，呼吸不规则。

（3）诊断思路：首先应询问病史，了解发病时间、表现、可能诱因、病程、昏迷前有无药物接触史等。注意与原发性癫痫、颅内占位性疾病（CT 有助于诊断）、脑外伤、代谢性疾病（实验室检查有助于诊断）、中毒性抽搐（毒物检查）等鉴别。

12. 瘫痪　瘫痪也称麻痹，是指动物的骨骼肌对疼痛的应答反应和随意运动的能力减弱或消失。

（1）病因与发病机理：运动器官的器质性疾病；脑和脊髓损伤；营养代谢因素；外周神经受损；感染等。

（2）临诊表现：根据神经系统病变部位不同所发生的瘫痪，可分为中枢性瘫痪和外周性瘫痪；根据症状学分类，可分为瘫痪和轻瘫、单瘫、偏瘫、截瘫及短暂性瘫痪。

①中枢性瘫痪　脑、脊髓的上运动神经元的任何一部分病变所致，故又称为上运动神经元性瘫痪，由于瘫痪的肌肉紧张而带有痉挛性，故又称痉挛性瘫痪。瘫痪肌肉的紧张性增高；被动运动开始时阻力较大，继而突然降低；腱反射亢进；瘫痪的肌肉不萎缩或萎缩发展缓慢。

②外周性瘫痪　系下行运动神经元，包括脊髓腹角细胞、腹根及其分布肌肉的外周神经或脑干的各脑神经核及其纤维的病变所引起。其瘫痪肌肉紧张力降低，而且所支配的肌腱和皮肤反射降低甚至消失；肌肉迅速萎缩，故又称弛缓性瘫痪或萎缩性瘫痪。由于被损伤的神经和部位以及程度的不同，外周性瘫痪的临诊表现根据被损伤神经纤维的机能分为运动机能障碍、感觉机能障碍和肌肉萎缩。

③瘫痪和轻瘫　瘫痪又称完全瘫痪，指肌肉的收缩力完全丧失，运动和感觉消失。轻瘫又称不完全瘫痪，指肌肉的紧张性和收缩力比正常减弱，呈局限性，仍可进行不完善的运动。

④单瘫　指少数神经节支配的某一肌肉或肌群的瘫痪。如局部外伤、骨折、脱位、压迫、缺血等引起外周神经损害而导致单瘫。

⑤偏瘫　又称半身不遂，指一侧上下肢的瘫痪。是从一侧大脑半球所分出的运动神经径路受损害而引起的机体一侧性瘫痪。见于各种脑病。

⑥截瘫　指两侧对称部位的瘫痪。如两前肢、两后肢或颜面两侧的瘫痪。常见动物腰部损伤致发的背腰部、臀部、尾部及后肢的瘫痪。多起因于脊髓损伤。

⑦短暂性瘫痪　包括神经肌肉传导障碍性瘫痪、癫痫后瘫痪和短暂性脑缺血发作所呈

现的瘫痪。其特点是肌肉收缩力的渐退性和可恢复性。常见于牛生产瘫痪、母牛倒地不起综合征、动物低钾血症、马麻痹性肌红蛋白尿症等病的经过中。

(3) 伴随症状：粪尿失禁或潴留、意识障碍、骨折、低钙血症等。

(4) 诊断思路：要注意区分中枢性瘫痪和外周性瘫痪；对于中枢性瘫痪的病畜，要注意检查脑和脊髓的病变；注意类症鉴别；注意伴发症状。

（苏治国　李茂平）

任务八　动物检疫基本知识

一、动物检疫的概念

检疫起源于14世纪的欧洲，原意为隔离40d。当时意大利为阻止欧洲流行的黑死病、霍乱等传染病，规定对装运怀疑感染传染病的动物的外来抵港船只一律隔离检查，观察40d。如未发现疫病则允许离船登陆。可见检疫起初只是为了防止疫病传播，在国际港口执行卫生检查的一种强制性措施。

传统意义上的动物检疫是应用各种诊断方法（包括临床检查、实验室诊断和流行病学调查），对动物及其产品进行疫病检查，把有病的动物及其产品从假定健康群中鉴别出来，并剔出去，防止动物疫病的传播和流行。随着我国法制建设的发展，特别是《中华人民共和国进出境动植物检疫法》《中华人民共和国进出境动植物检疫法实施条例》《中华人民共和国动物防疫法》《中华人民共和国进境动物一、二类传染病、寄生虫病名录》和《中华人民共和国禁止携带、邮寄进境的动物、动物产品和其他检疫物名录》等的颁布与实施，动物检疫工作的性质、对象、范围、内容发生了深刻的变化。新的动物检疫的概念是为了预防、控制动物疫病，防止动物疫病传播、扩散和流行，保护养殖业发展和人体健康，由法定的机构和人员，依照法定的检疫项目、标准和方法，对法定的检疫物进行检查、定性和处理的一项带有强制性的技术行政措施，是政府的一项重要职能。就其内容和作用来看，动物检疫本身是行政管理制度的重要组成部分，属行政许可事项。动物检疫在依法对动物及其产品进行疫病检查、定性和处理的同时，也对动物及其产品的生产、经营者实行行政管理。检疫是一项技术行政措施，不同于一般的行政行为，实施检疫的全过程以科学技术、仪器设备为手段。其执行机构和人员所采用的方法与标准、检疫的对象和项目以及最后的处理方式和行政管理活动等都必须有法可依，有章可循。

二、动物检疫的特点

动物检疫不同于一般的动物疫病诊断和检查，它是政府行为，依法实施检疫。在各方面都有严格要求，有其固定的特点。

（一）强制性

动物检疫受法律保护，是行政行为，由国家行政力量支持，以国家强制力为后盾。动物检疫不是一项可做可不做，或愿做不愿做的工作，而是一项非做不可的工作。凡拒绝、阻挠、逃避、抗拒动物检疫的，都属违法行为，将受到法律制裁。《中华人民共和国动物防疫法》第四十一条规定："动物卫生监督机构依照本法和国务院兽医主管部门的规定对动物、动物产品实施检疫。”第四十三条规定：“屠宰、经营、运输以及参加展览、演出和比赛的动物，应当附有检疫证明；经营和运输的动物产品，应当附有检疫证明、检疫标志。”第四十六条规定：“跨省、自治区、直辖市引进乳用动物、种用动物及其精液、胚胎、种蛋的，应当向输入地省、自治区、直辖市动物卫生监督机构申请办理审批手续，并依照本法第四十二条的规定取得检疫证明。”第八十四条规定：“违反本法规定，构成犯罪的，依法追究刑事责任。违反本法规定，导致动物疫病传播、流行等，给他人人身、财产造成损害的，依法承担民事责任。”这些规定，充分体现了动物检疫工作的强制性。

（二）法定的机构和人员

动物检疫工作不是任何单位和任何人员都可以实施的，而是必须由法定的机构和法定的人员实施，才具有法律效力。

1. 法定的机构 法定的机构是指法律规定，在一定的行政区域或范围内行使动物检疫职权的单位，即县级以上动物卫生监督机构。动物卫生监督机构依照《中华人民共和国动物防疫法》和国务院兽医主管部门的规定对动物、动物产品实施检疫。

2. 法定的人员 法定的人员是依照《中华人民共和国动物防疫法》第四十一条规定，动物卫生监督机构的官方兽医具体实施动物、动物产品检疫。官方兽医应是指具备规定的资格条件并经兽医主管部门任命的，负责出具检疫等证明的国家兽医工作人员，其签发的检疫证明具有法律效力。

（三）法定的检疫项目和检疫对象

1. 法定的检疫项目 动物从饲养到运输、屠宰、加工乃至形成产品后又从运输到市场出售，经过了若干环节，其中每一环节除了具体的检疫或监督补检外，还包括索证、验证等方面的内容。

官方兽医实施检疫行为时所检查的若干事项，称为动物检疫项目。法定的检疫项目包括：

（1）对动物、动物产品按照规定采样、留验、抽检；

（2）对染疫或者疑似染疫的动物、动物产品及相关物品进行隔离、查封、扣押和处理；

（3）对依法应当检疫而未经检疫的动物实施补检；

（4）对依法应当检疫而未经检疫的动物产品，具备补检条件的实施补检，不具备补检条件的予以没收销毁；

（5）查验检疫证明、检疫标志和畜禽标识；

（6）进入有关场所调查取证，查阅、复制与动物防疫有关的资料。

规定的检疫项目必须全部进行检查，否则属于官方兽医违章操作，所出具的检疫证明也将失去法律效力。根据动物检疫各环节的不同特点和我国动物防疫工作的具体情况，以及为防止重复检疫，我国动物防疫法律、法规和检疫标准对检疫项目，分别作了不同规定，如《动物产地检疫规程》《动物屠宰检疫规程》《种畜禽调运检疫技术规范》（GB 16567—1996）、《猪瘟诊断技术》（GB/T 16551—2008）等。动物卫生监督机构及其官方兽医必须严格按规定的项目实施检疫。

2. 法定的检疫对象 动物检疫对象是指动物疫病（传染病和寄生虫病）。检疫工作的目的是通过检疫，发现和处理带有检疫对象的动物、动物产品。但是由于动物疫病目前发现的已达数百种之多，如果对每种动物的各类疫病从头至尾进行彻底检查，需花费大量的人力、物力和财力，这在实际工作中既不现实也不必要。因此，由国务院畜牧兽医行政管理部门根据各种疫病的危害程度、流行情况、分布区域以及被检动物、动物产品的用途，将某些重要的动物疫病规定为必检对象。凡国家法律、法规和畜牧兽医行政管理部门规定的必检对象，均为法定检疫对象。

另外，在检疫工作中，有些动物产品比较持殊，检疫起来比较困难，如毛、蹄、骨、角、皮、绒等。对这类产品，在检疫工作的实际操作中一般多采用消毒的方法加以处理。

总之，官方兽医在实施检疫行为的过程中，必须严格依照法定检疫项目和检疫对象进行操作，既不可随意减少，也不能任意增加，必须严格依法办事。

（四）法定的检疫标准和方法

动物检疫的科学性和依法管理的特点，决定其必须采用动物防疫法律、法规统一规定的检疫方法和判定标准。这样，其检疫结果才具有行政权威性。据此出具的检疫证明才具有法律效力。科学的检疫方法是做好检疫工作的前提。检疫方法以准确、迅速、特异、方便、先进等为前提。在若干检疫方法中进行选择，把最先进的方法作为法定的检疫方法，以确保动物检疫科学、快速、准确。动物检疫方法和判定标准一经法律规定，就相当于一把尺子，这把尺子在中华人民共和国领域内，统一衡量动物检疫工作，任何单位和个人均不得例外。这样，就避免了因方法、标准不同而造成检疫结果差异所引起的各类检疫行政纠纷。由此可以看出，采用法定的动物检疫方法和判定标准，具有十分重要的意义。

（五）法定的检疫证明

1. 法定检疫证明的内容

（1）书面证明：用于动物、动物产品。包括《动物检疫合格证明（动物 A)》《动物检疫合格证明（动物 B)》《动物检疫合格证明（产品 A)》和《动物检疫合格证明（产品 B)》等，详见“模块二、项目三、任务二、任务四、检疫证明的出具技术”。

（2）检疫印章：主要有检疫验讫章和检疫标记章，用于动物及动物胴体。

（3）检疫标志：用于小动物或分割肉类、内脏以及某些动物产品的外包装，详见“模块二、项目三、任务二、任务四、检疫证明的出具技术”。

2. 有效证明的构成要素 检疫证明具有法律效力，必须具备以下要素：

（1）必须是国务院畜牧兽医行政管理部门依照法律规定，统一设置、统一格式、统一监制、统一发放的。

（2）必须是由法定的检疫机构和官方兽医签发的。

（3）必须在有效期内。

（4）必须是按规定要求填写的。

（5）必须是证物相符的（检疫证明与其所证明的对象在数量、种类等方面相符合)。

凡不符合上述要素之一的，其检疫证明不具有法律效力。应按规定进行重检、补检，并依法实施行政处罚。

三、动物检疫的作用

动物检疫是动物卫生工作的一个重要组成部分，动物检疫最根本的任务和作用就是通过对动物和动物产品的检查和处理，达到防止动物疫病传播扩散，保护养殖业生产和消费者身体健康的目的，促进对外经济贸易的正常发展。具体体现在下列几个方面：

（一）监督作用

动物检疫不是单纯的技术检查，还包括监督检查执法的职能，官方兽医通过对动物、动物产品检疫，出具检疫证明，保证动物、动物产品生产经营，维护经营者的合法权益；同时按照规定，对管理相对人履行义务的情况进行监督检查。动物检疫可促使动物饲养者自觉开展免疫接种工作，提高动物免疫密度，从而达到以检促免的目的；促使动物、动物产品经营者主动报检，合法经营；促进产地检疫顺利进行，把不合格的动物、动物产品处理在进入流通环节之前。

（二）保护养殖业生产和人类健康

通过动物检疫，能及时发现动物疫病，及时采取措施，扑灭疫情，防止疫病传播蔓延，保护养殖业生产；保证上市肉类无害，让广大消费者吃上“放心肉”；控制人、畜共患病的发生，保护人类健康。

（三）净化疫源作用

现在仍有许多病，如绵羊痒病、结核病、鼻疽等慢性动物疫病无疫苗可防，极难治愈。但通过检疫，可发现染疫、患病的动物，进行隔离、捕杀和无害化处理，达到净化疫源、消灭疫病的目的。

（四）疫情监测作用

检疫能及时发现动物疫情，掌握疫情信息，全面地反映动物疫病的流行分布动态，为动物防疫工作决策和动物疫病防治规划制定提供可靠的科学依据。

（五）维护动物及动物产品的对外贸易

通过对进口动物、动物产品的检疫，发现有患病动物或染疫动物产品，可拒国门之外；或者依照双方协议进行索赔，使国家进口贸易免受损失。另外，通过对出口动物及其产品的检疫，保证其质量，维护贸易信誉。

四、动物检疫的范围与对象

动物检疫的范围是指动物检疫的责任界限。它是官方兽医在组织、实施动物检疫过程中必须明确的一项具体内容，只有严格按照所界定的范围开展工作，才能做好动物检疫工作。动物检疫的范围可以从检疫的实物类别和检疫的性质来分类。

（一）动物检疫的实物范围

按照动物检疫实物的类别，动物检疫的范围有以下三个方面。

1. 国内动物检疫的范围 国内动物检疫的范围包括动物和动物产品。动物是指家畜、家禽和人工饲养、合法捕获的其他动物。其中家畜、家禽主要是猪、牛、羊、马、驴、骡、兔、犬、鸡、鸭、鹅等；其他动物是指实验动物、观赏动物、演艺动物、家养野生动物、水产动物、蜜蜂、蚕等。动物产品是指动物的肉、生皮、原毛、绒、脏器、脂、血液、精液、卵、胚胎、骨、蹄、头、角、筋以及可能传播动物疫病的奶、蛋等。

2. 进出境动物检疫的范围 《中华人民共和国进出境动植物检疫法》规定：进出境动物检疫的范围主要是动物、动物产品和其他检疫物，还有装载动物、动物产品和其他检疫物的装载容器、包装物以及来自动物疫区的运输工具。动物是指饲养、野生的活动物，如畜、禽、兽、蛇、龟、虾、蟹、贝、蚕、蜂等。动物产品是指来源于动物未经加工或虽经加工但仍有可能传播疫病的产品，如生皮张、毛类、肉类、脏器、油脂、动物水产品、奶制品、蛋类、血液、精液、胚胎、骨、蹄、角等。其他检疫物是指动物疫苗、血清、诊断液、动物性废弃物。

3. 运载、饲养动物及其产品的工具 包括车、船、飞机、包装物、饲料和铺垫材料、饲养工具等。

（二）动物检疫的性质范围

按照动物检疫的性质，动物检疫的范围有以下五个方面。

1. 生产性动物检疫 包括农场、牧场、部队、集体、个人饲养的动物的检疫。

2. 贸易性动物检疫 包括进出境和国内市场交易、运输、屠宰的动物及其产品的检疫。

3. 非贸易性动物检疫 包括国际邮包、展品、援助、交换、赠送以及旅客携带的动物和动物产品的检疫。

4. 观赏性动物检疫 包括动物园及其他养殖场饲养的观赏性动物、艺术团体的演艺动物等的检疫。

5. 过境性动物检疫 包括通过国境的列车、汽车、飞机等运载的动物及动物产品的检疫。

（三）动物检疫对象

是指动物检疫中各国政府或世界动物卫生组织（OIE）规定的应检疫的动物疫病（传染病和寄生虫病）。动物疫病较多，动物检疫只是把其中的一部分疫病规定为动物检疫对象，而不是所有的动物疫病。《中华人民共和国动物防疫法》第四条规定，一类、二类、三类动物疫病具体病种名录由国务院兽医主管部门制定并公布。各省、自治区和直辖市的农牧部门可从本地区实际需要出发，根据国家规定的检疫对象适当增减，列入本地区检疫对象中。进出境动物检疫对象由国家进出境检验检疫局规定和公布，贸易双方国家签订有关协定或贸易合同也可以规定某种动物疫病为检疫对象。

1. 重点检疫对象 根据动物检疫的目的任务，动物检疫的重点有四个方面：一是人畜共患疫病，如结核病、布鲁氏菌病等；二是危害性大而目前预防控制有困难的动物疫病，如高致病性禽流感、痒病、牛海绵状脑病等；三是急性、烈性动物疫病，如猪瘟、鸡新城疫等；四是我国尚未发现的动物疫病，如非洲猪瘟、非洲马瘟等。

2. 全国动物检疫对象 根据动物检疫对养殖业和人体健康的危害程度，《中华人民共和国动物防疫法》把动物疫病分为三类，我国农业部发布第1125号公告，公布动物检疫对象共157种。其中一类动物疫病17种，二类动物疫病77种，三类动物疫病63种。《动物产地检疫规程》《动物屠宰检疫规程》对具体的动物检疫对象进行了删减和细化。详见附录五。

3. 进出境动物检疫对象 2007年版OIE《陆生动物卫生法典》规定，进出境动物检疫对象分九类，共计93种。其中多种动物共患病23种、牛病15种、羊病11种、猪病7种、马病13种、禽病14种、兔病2种、蜜蜂病6种、其他疾病2种。详见附录六、附录十四、附录十五。

五、动物检疫的分类

根据动物及其产品的动态和运转形式，我国动物检疫在总体上分为国内检疫和国境检疫两大类。

（一）国内检疫

为了防止疫病的侵入和蔓延，由各级动物卫生监督机构在畜禽生产、加工、流通等各个环节对动物及其产品进行检疫监督，动物饲养、经营的有关单位和个人，必须按照动物卫生监督机构的检疫部署，协助做好防疫检疫工作，严防动物疫病的发生和传播。动物卫生监督机构或其委托单位应按规定实施监督检查。对于没有检疫证明或检疫证明超过有效期的动物及其产品，应进行补检或重检，对合格者出具检疫证明。

国内检疫是指对国内动物及其产品进行的检疫，简称内检。又分为产地检疫、屠宰检疫。畜禽及其产品在离开饲养、生产地之前所进行的检疫称产地检疫；对待宰畜禽活体进行的检疫称宰前检疫；对屠宰畜禽与屠宰操作相对应，对同一畜禽的头、蹄、内脏、胴体等统一编号进行检疫，称为屠宰同步检疫，也称为屠后检疫。

（二）国境检疫

为了维护国家主权和国际信誉，保障我国农牧业安全生产，既不能允许国外动物疫病传入，也不允许将国内动物疫病传到国外，根据我国规定的进境动物检疫对象名录，按照贸易双方签订的协定或贸易合同中规定的检疫条款，对进出境的动物及其产品实施的检疫。为此，我国在国境各重要口岸设立出入境检验检疫机关，代表国家执行检疫。国境检疫又叫进出境检疫或口岸检疫，简称外检。外检包括进境检疫、出境检疫、过境检疫、携带或邮寄检疫及运输工具检疫等。

1. 进出境检疫　这是对贸易性的动物及其产品在进出国境口岸时进行的一种检疫。只有对动物及其产品检疫而未发现检疫对象（国家规定应检疫的传染病）时，方准进入或输出。如发现由国外运来的动物及其产品有检疫对象时，应根据疾病性质，按有关规定进行处理，必要时可封锁国境线的交通。我国规定：凡从国外输入畜禽及其产品，必须在签订进口合同前向对方提出检疫要求。运到国境时，由国家兽医检疫机关按规定进行检查，合格的方准输入。输出的畜禽及其产品，由检疫机构按规定进行检疫，合格的发给“检疫证明书”，方准输出。

2. 旅客携带动物检疫　这是对进入国境的旅客、交通员工携带的或托运的动物及其产品进行的现场检疫。未发现检疫对象的可以放行，发现检疫对象的进行消毒处理后放行，无有效方法处理的销毁。如现场不能得出检疫结果时可出具凭单截留检疫，并将处理结果通知货主。出境携带的动物及其产品，可视情况实施检疫和出具证明。

3. 国际邮包检疫　邮寄入境的动物产品经检疫如发现检疫对象时，进行消毒处理或销毁，并分别通知邮局或收寄人。

4. 过境检疫　载有畜禽的列车等通过我国国境时，对畜禽及其产品进行检疫和处理。动物的传染病很多，并不是所有动物传染病都列入检疫对象。例如从我国当前动物疫病的情况出发，国家规定的进口检疫对象分严重传染病和一般传染病两类。严重传染病主要是一些危害大而目前预防控制困难的动物疫病、人畜共患和畜禽共患的动物疫病以及我国尚未发现的外来病等，应作为检疫的重点对象。进口检疫时如发现患有严重传染病的动物及其同群动物，应全群退回或全群捕杀并销毁尸体。如发现患有一般传染病的动物，应退回或捕杀并销毁尸体，同群动物在动物检疫隔离场或指定地点隔离观察。除国家规定和公布的检疫对象外，两国签订的有关协定或贸易合同中也可以规定某种畜禽传染病作为检疫对象。省（市、区）农业部门则可从本地区实际需要出发，根据国家公布的检疫对象，补充规定某些传染病列入本地区的检疫对象在省际公布执行。

六、动物检疫的方式、方法

动物检疫具有工作量大、时间短的特点。如托运动物时，一般要求全部检疫过程要在6h内完成，这就要求检疫员必须具备较高的业务素质和熟练的操作技能，尽量在短时间内得出正确的判断。检疫方式主要有现场检疫和隔离检疫。

（一）现场检疫

现场检疫是指动物在交易、待宰、待运或运输前后，以及到达口岸时，在现场集中进行的检疫方式。这是内检、外检中常用的方式。如产地检疫、进境动物在口岸的检疫，常采用现场检疫的方式。现场检疫的一般内容是查证验物和三观一检。

1. 查证验物　产地检疫查证是查看有无免疫档案，屠宰检疫时查看有无检疫证书，检疫证书是否为法定检疫机构的出证，免疫是否在有效期内，检疫证书是否在有效期内，进出境动物及其产品有无贸易单据、合同以及其他应有的证明，产地检疫时还要查验免疫注射证明或有无免疫标志。验物就是核对被检动物的种类、品种、数量、产地等是否与上述证单相符合。

2. 三观一检　三观是指临诊检疫中群体检疫的静态、动态和饮食状态三方面的观察。一检是指临诊检疫中的个体检查。通过三观从群体中发现可疑病畜禽，再对可疑病畜禽个体进行详细的临诊检查，以便得出临床诊断结果。

当经过现场一般检疫后，若发现有可疑患病动物，并经过个体详细临诊检查后认为患有传染病和寄生虫病时，必须进行更详细的检疫内容。

（1）疫情调查：按照检疫方法中的流行病学调查内容进行流行病学调查，以便了解动物产地疫病情况，为进一步确诊提供诊断线索。

（2）病理剖检：当被检群体中有症状明显或病死动物时，官方兽医可进行病理剖检，并采取病料，为确诊提供诊断依据。

（3）实验室检查：一般的动物检疫机构都有现场检疫实验室或现场检疫箱，能够进行病料涂片、染色、镜检细菌、寄生虫及快速免疫学诊断，以便为疫病确诊提供重要诊断依据。

（4）消毒和病死动物处理：对动物运输工具、饲喂工具、包装和铺垫材料，以及动物停留过的场地，都必须在官方兽医监督下，由货主按照要求进行认真的消毒，对病、死动物按规定进行处理。

（二）隔离检疫

隔离检疫是指动物在隔离场进行的检疫，主要用于进出境动物、种畜禽调用前后及有可疑检疫对象发生时或建立健康畜群时的检疫。如调用种畜群一般在启用前15～30d在原种畜禽场或隔离场进行检疫，到场后可根据需要隔离15～30d。

隔离检疫的内容主要包括临诊检查和实验室检查。即在指定的隔离场内，在正常的饲养条件下，对动物进行经常性的临诊检查（群体检疫和个体检疫），发现异常情况，及时采集病料送检，有病死动物应及时检查、确诊。进出境检疫还必须按照贸易合同要求或两国政府签定的条款进行规定项目的实验室检查。

1. 临场检疫 临场检疫是通过问诊、视诊、触诊、叩诊、听诊和嗅诊等方法，对动物进行的一般检查，分辨出健康家畜和病畜，这是产地检疫和基层检疫工作中常用的方法。

2. 实验室检疫 实验室检疫是指利用实验手段对现场采集的病料进行检测，并可确定结果的检疫方法。实验室检疫的项目主要有病原学检查、免疫学检查、病理组织学检查等。主要用于患病动物临诊症状及病变不典型，现场检疫不能确诊或某些法定传染病必须通过实验室检查时采用。

七、动物检疫程序

（一）检疫审批

检疫审批分为国内异地引进种用动物及其精液、胚胎、种蛋的检疫审批、进境检疫审批、过境检疫审批和携带、邮寄检疫审批。进境检疫审批又分为一般检疫审批和特许检疫审批。一般检疫审批是指输入动物、动物产品等的审批，特许检疫审批是指因科学研究等特殊需要引进国家禁止进境物的审批。

（二）报检

检疫报检分为产地检疫报检、屠宰检疫报检、进境检疫报检、出境检疫报检、过境检疫报检和携带、邮寄检疫报检等。

（三）检疫

按不同的动物检疫种类的要求实施检疫，包括临诊检疫和按规定必须进行的实验室检疫。

（四）检疫结果的判定和出证

检疫结果的判定和出证是动物检疫的最终表现，是进行检疫处理和货主对外索赔的科学依据。这一点在进出境检疫中更加至关重要。可根据检疫结果，按检疫法规作出放行、截留、处理、退回等评定。

（五）检疫处理

检疫处理是整个检疫内容不可分割的重要组成部分，只有实现检疫处理才能达到动物检疫的目标。

八、动物检疫后的处理

动物检疫处理是指在动物检疫中根据检疫结果对被检动物、动物产品等依法作出的处理措施。动物检疫结果有合格和不合格两种情况，因此，动物检疫处理的基本原则有两条：一是对合格动物、动物产品发证放行；二是对不合格的动物、动物产品贯彻“预防为主”和就地处理的原则，不能就地处理的（如运输中发现）可以就近处理。及时而合理的动物检疫处理，可以防止疫病扩散，及时控制、扑灭疫情。这不仅是动物防疫工作的重要措施，而且也是人类卫生保健工作的重要措施。

（一）国内检疫处理

1. 合格动物、动物产品的处理 经检疫确定为无检疫对象的动物、动物产品属于合格的动物、动物产品由动物卫生监督机构出具证明，动物产品同时加盖验讫标志。

（1）合格动物：省境内进行交易的动物，出具《动物检疫合格证明（动物B）》；运出省境的动物，出具《动物检疫合格证明（动物A）》。

（2）合格动物产品：省境内进行交易的动物产品，出具《动物检疫合格证明（产品B）》；运出省境的动物产品，出具《动物检疫合格证明（产品A）》；剥皮肉类（如马肉、牛肉、骡肉、驴肉、羊肉、猪肉等），在其胴体或分割体上加盖方形针码检疫印章，带皮肉类加盖滚筒式验讫印章。白条鸡、鸭、鹅和剥皮兔等，在后腿上部加盖圆形针码检疫印章。

2. 不合格动物、动物产品的处理 经检疫确定患有检疫对象的动物、疑似病畜及染疫动物产品为不合格的动物、动物产品。对经检疫不合格的动物及其产品，应按相关规定实施处理。

（二）各类动物疫病的检疫处理

按照《中华人民共和国动物防疫法》规定的动物疫病控制和扑灭的相关规定处理。

1. 一类动物疫病的处理 当地县级以上地方人民政府兽医主管部门应当立即派人到现场，划定疫点、疫区、受威胁区，调查疫源，及时报请本级人民政府对疫区实行封锁。疫区范围涉及两个以上行政区域的，由有关行政区域共同的上一级人民政府对疫区实行封锁，或者由各有关行政区域的上一级人民政府共同对疫区实行封锁。必要时，上级人民政府可以责成下级人民政府对疫区实行封锁。同时应将疫情在24h之内快报至全国畜牧兽医总站。全国畜牧兽医总站应在12h内报国务院兽医主管部门。

县级以上地方人民政府应当立即组织有关部门和单位采取封锁、隔离、捕杀、销毁、消毒、无害化处理、紧急免疫接种等强制性措施，迅速扑灭疫病。

在封锁期间，禁止染疫、疑似染疫和易感染的动物、动物产品流出疫区，禁止非疫区的易感染动物进入疫区，并根据扑灭动物疫病的需要对出入疫区的人员、运输工具及有关物品采取消毒和其他限制性措施。

当疫点、疫区内的染疫、疑似染疫动物捕杀或死亡后，经过该疫病最长潜伏期的监测，再无新病例发生时，经县级以上人民政府兽医主管部门按照国务院兽医主管部门规定的标准和程序评估确认合格后，由原决定机关决定并宣布解除封锁。

2. 二类动物疫病的处理 当地县级以上地方人民政府兽医主管部门应当划定疫点、疫区、受威胁区。县级以上地方人民政府根据需要组织有关部门和单位采取隔离、捕杀、销毁、消毒、无害化处理、紧急免疫接种、限制易感染的动物和动物产品及有关物品出入等控制、扑灭措施。

3. 三类动物疫病的处理 当地县级、乡级人民政府应当按照国务院兽医主管部门的规定组织防治和净化。

4. 二三类疫病暴发流行时的处理 按照一类动物疫病处理。

5. 人畜共患疫病的处理 发生人畜共患传染病时，兽医主管部门与卫生主管部门及有关单位相互通报疫情，卫生主管部门应当组织对疫区易感染的人群进行监测，并采取相应的预防、控制措施。

（三）进境检疫处理

1. 合格动物、动物产品的处理　输入动物、动物产品和其他检疫物，经检疫合格的，由口岸动植物检疫机关签发单证或在报关单上加盖印章，准予入境。经现场检疫未发现异常，需调离海关监管区进行隔离场检疫的，由口岸动植物检疫机关签发《检疫调离通知单》。

2. 不合格动物、动物产品的处理

（1）不合格动物：由口岸动植物检疫机关签发《检疫处理通知书》，通知货主或其代理人做如下处理：

一类疫病，连同同群动物全部退回或全群捕杀，销毁尸体。二类疫病，退回或捕杀患病动物，同群其他动物在隔离场或在其他隔离地点隔离观察。

（2）不合格动物产品和其他检疫物：由口岸动植物检疫机关签发《检疫处理通知单》，通知货主或其代理人做除害、退回或销毁处理。经除害处理合格的，准予入境。

3. 禁止入境物品　动物病原体（包括菌种、毒种等）、害虫（对动物及其产品有害的活虫）及其他有害生物（如有危险性病虫的中间宿主、媒介等）；动物疫情流行国家和地区的有关动物、动物产品和其他检疫物；动物尸体等。

动物检疫处理是动物检疫工作的重要内容之一，必须严格执行相关规定和要求，保证检疫后处理的法定性和一致性。只有合理地进行动物检疫处理，才能防止疫病的扩散，保障防疫效果和人类健康，真正起到检疫的作用。只有做好检疫后的处理，才算真正完成动物检疫任务。

（王永立　陈礼朝）

任务九　动物源性食品卫生检验与市场监督检疫检验

一、动物源性食品卫生检验概念

（一）动物性食品卫生检验

又称为兽医卫生检验，是以兽医学和公共卫生学的理论和技术为基础，按照有关法规和卫生标准，对肉、乳、鱼、蛋等动物性食品及其副产品的生产、加工、贮存、运输、销售及其食用过程实施卫生监督和卫生检验，以保障食用者安全，防止人畜共患病和其他畜禽疫病传播的综合性应用学科。

动物性食品营养丰富，富含优质的蛋白质，是人类食品的重要组成部分。但不健康的畜禽及其产品常带有致病性微生物和寄生虫，因此，人们吃了不卫生和卫生处理不当的动物性食品，常会感染某种传染病或寄生虫病，或引起食物中毒。染疫畜禽及其产品，一旦进入流通领域，还会造成畜禽疫病的传播。尤其值得注意的是，随着工农业生产的发展，又带来农药、工业化学物质和放射性物质的污染；由于抗菌药物的滥用，饲料添加剂的不合理使用，以及外源性激素用于畜禽催肥增重，致使动物产品中抗生素和激素残留问题日趋严重。此外，霉菌及其毒素的危害成为又一新问题。动物性食品中存在的种种不安全因素，除引起食物传染和急性中毒之外，还会引起慢性中毒和致癌、致畸、致突变。因此，要杜绝食源性疾病的发生和畜禽疫病的传播，就必须严格实行食品卫生监督和检测，保证动物性食品的卫生质量。

（二）动物源性食品卫生检验的目的和任务

1. 防止动物疫病的传播 动物的传染病和寄生虫病约有200多种可以传染给人，其中通过肉用动物及其产品传染给人的有30多种。比较重要的有：炭疽、鼻疽、结核病、布鲁氏菌病、钩端螺旋体病、假性结核病、猪丹毒、口蹄疫、狂犬病、囊尾蚴病、旋毛虫病、弓形虫病等。而畜禽的一些传染病和寄生虫病，如猪瘟、梭菌病、传染性胸膜肺炎、鸡新城疫、鸡传染性喉气管炎、兔病毒性出血症、球虫病等，虽然不感染人，但可随着动物及其产品传播，影响养殖业的发展。动物性食品卫生检验的任务之一，就是要加强对动物及其产品的检验，防止人畜共患病和其他畜禽疫病的传播。

2. 防止食品污染和食物中毒 食用被微生物污染的动物性食品，往往引起食物中毒。常引起食物中毒的微生物有沙门氏菌、葡萄球菌、肉毒梭菌、副溶血弧菌、变形杆菌等，这些细菌有的在肉用动物活体内就存在，有的则是在加工、运输、贮存、销售过程中被污染的。此外，许多有毒化学物质可以通过不同的方式和途径污染动物性食品，长期摄食这些食品，可以引起慢性损害和“三致”作用。因此，防止动物性食品污染和食物中毒是动物性食品卫生检验工作的重要内容。

3. 维护动物性食品贸易的信誉 目前，我国动物性食品的生产，仍存在疫情多、质量差、掺杂使假，以及卫生监督手段跟不上形势发展等问题，在国际市场缺乏竞争力，阻碍了动物性食品的出口。因此，必须建立良好的动物卫生监督机制，不断提高检验技术水平，确保出口产品的卫生质量，以维护我国动物性食品贸易的信誉，加速我国的经济发展。

4. 完善、普及、执行食品卫生法规 目前我国已经颁布实施的《食品安全法》《动物防疫法》《生猪屠宰管理条例》等，是根据当前的国情和实际需要而制定的。随着社会的进步和科学的发展，将逐步建立和完善整个食品卫生法规体系。因此，在动物性食品的监督检验和卫生评价上，应严格执行国家和相关行业规定的标准，以确保动物性食品的卫生质量，保障消费者的健康。

二、各类动物源性食品的卫生检验

（一）肉的卫生检验

1. 肉新鲜度的卫生检验 肉新鲜度的检验只有采用包括感官检查和实验室检验在内的综合方法，才能比较客观地对其作出正确的判断。肉新鲜度的鉴定指标通常包括感官指标、理化指标和细菌指标。

（1）感官检查：肉新鲜度的感官检查，是借助人的嗅觉、视觉、触觉、味觉对肉的色泽、组织状态、黏度、气味和煮沸肉汤进行检查，以此来鉴定肉的卫生质量。各种鲜肉的感官指标见表1－2至表1－4。

表1－2 鲜猪肉感官指标

指标	一级鲜度	二级鲜度	变质肉
色泽	肌肉有光泽，红色均匀，脂肪洁白	肌肉色泽暗，脂肪缺乏光泽	肌肉无光泽，脂肪灰绿色

（续表）

指标	一级鲜度	二级鲜度	变质肉
黏度	外表微干或微湿润，不黏手	外表干燥或黏手，新切面湿润	外表极度干燥或黏手，新切面发黏
弹性	指压后凹陷立即恢复	指压后凹陷恢复慢，且不完全恢复	指压后凹陷不能恢复，留有明显痕迹
气味	具有新猪肉正常气味	稍有氨味或酸味	有臭味
肉汤	透明澄清，脂肪团聚于表面，有香味	稍有浑浊，脂肪呈小滴浮于表面，无鲜味	浑浊，有黄色絮状物，脂肪极少，有臭味

表1－3　鲜牛肉、羊肉、兔肉感官指标

指标	一级鲜度	二级鲜度	变质肉
色泽	肌肉有光泽，红色均匀，脂肪洁白或淡黄色	肌肉色泽暗，切面尚有光泽，脂肪缺乏光泽	肌肉色暗无光泽，脂肪发暗或呈黄绿色
黏度	外表微干或有风干膜，不黏手	外表干燥或黏手，新切面湿润	外表极度干燥或黏手，新切面发黏
弹性	指压后凹陷立即恢复	指压后凹陷恢复慢，且不能完全恢复	指压后凹陷不能恢复，留有明显痕迹
气味	具有鲜牛、羊、兔肉的正常气味	稍有氨味或酸味	有臭味
肉汤	透明澄清，脂肪团聚于表面，有香味	稍有浑浊，脂肪呈小滴浮于表面，香味差或无鲜味	浑浊，有灰白色或黄褐色絮状物，脂肪极少浮于表面，有臭味

表1－4　鲜禽肉感官指标

项目	指标
眼球	眼球饱满平坦或稍凹陷
色泽	皮肤有光泽，肌肉切面有光泽，并有该禽固有色泽
黏度	外表微干或微湿润、不黏手
弹性	有弹性，肌肉指压后的凹陷立即恢复
气味	具有该禽固有的气味
肉汤	透明澄清、脂肪团聚于表面，具固有香味

（2）理化检验：肉新鲜度理化定量检测的主要项目是挥发性盐基氮。目前认为挥发性盐基氮在肉的变质过程中能有规律地反映肉质量鲜度变化，并与感官变化一致，因此，挥发性盐基氮是评定肉品质量、鲜度变化的客观指标。此外，也可通过测定导电率、黏度、保水量、肌肉组织的结构状态、肉汁析出的容积等来评价肉质量鲜度。目前实际工作中常用的化学检查定性方法有：蛋白质沉淀反应、粗胺测定、过氧化物酶反应、pH 测定、硫化氢试验等，以其测得的指标，作为评价肉质量、鲜度的重要补充。在我国食品卫生标准规定鲜（冻）猪肉、牛肉、羊肉、兔肉、禽肉的挥发性盐基氮，一级新鲜度为≤15mg/100g，二级新鲜度为≤25mg/100g，变质肉为＞25mg/100g。新鲜肉 pH 值为5.8～6.2。

（3）细菌检验：肉的腐败变质是由于肉中的细菌大量生长繁殖，导致蛋白质分解的结果。故检验肉的细菌污染情况，不仅可以判定肉的新鲜度，也可反映肉在产、运、销等过程中的卫生状况。通常采用的方法是肉的触片镜检，也可测定肉中细菌菌落总数、大肠菌群最近似数等来反映肉的新鲜度。

2. 冷冻肉的卫生检验 为了保证冻肉的卫生质量，无论是在冷却、冻结、冻藏过程中，还是解冻及其解冻后，都必须进行卫生监督与管理。

（1）鲜肉入库时的卫生要求：鲜肉在入库前要检查冷却间、冷藏库的温度和湿度及其卫生状况。入库的鲜肉必须盖有检验合格印章。凡因有传染病可疑被扣留的胴体、内脏，应单独存放加锁。对加工不良和需要修整的胴体和分割肉，要退回返工。胴体在冷却间和冻结间要吊挂，胴体或冷冻盘之间要保持一定的距离，不能相互接触。不得与有异味的商品同库存放。

（2）冻肉接收和调出时的卫生监督与检验：首先检查运肉车辆的铅封和检验证明。然后，通常用木棒敲击冻肉，测胴体后腿最厚处中心温度以及观察冻肉有无异常现象等来全面了解冻肉的冷冻质量。凡敲击试验发音清脆，肉温低于 -8℃，外观无异常者，为冻结质量良好；如棒击发音低哑钝浊，肉温高于 -8℃的为冷冻不良。检查时要注意看印章是否清晰，冻肉中有无干枯、氧化、异物异味污染、加工不良、腐败变质和疾病病变等现象。对于冷冻不良的冻肉要立即进行复冻，并填写进库商品给冷通知单，对于卫生不符合要求的冻肉要提出处理意见，不准进入冷冻。

冻肉在调出时，卫检人员要检查冻肉的冷冻质量和卫生状况；检查专用运输车辆的清洁卫生情况；装货后，要关好车门，加以铅封；开具检验证明书后放行。

（3）冻肉在冷藏期间的卫生监督与检验：冻肉在冷藏期间，检验人员要经常检查库内温度、湿度是否恒定合格；检查冷库的卫生状况和冻肉质量，并做好记录。同时定期抽检肉温，查看有无软化变形、生霉、变色、异味、干枯、氧化等异常现象。已存冻肉的冻藏间，不应随意加装软化肉或鲜肉，以防止原有冻肉软化或结霜。发现冻肉有异常现象或临近安全期的冻肉要采样化验，测定挥发性盐基氮和其他项目，做好产品质量分析和预报工作。

兽医卫检人员在检查后，要按月填报冻肉质量情况月报表，以反映冻肉质量情况。各类冻肉的质量感官指标见表 1 -5 至表 1 -7。冻禽应解冻后观察，指标也应符合表 1 -4 要求。

表 1 -5　冻猪肉的感官指标（解冻后）

指标	一级鲜度	二级鲜度
色泽	肌肉有光泽，红色均匀，脂肪洁白无霉点	肌肉稍暗红，缺乏光泽，脂肪微黄或有少量霉点
组织状态	肉质紧密，有坚实感	肉质软化或松弛
黏度	外表及切面微湿润，不黏手	外表湿润、微黏手，切面有渗出液，不黏手
气味	无异味	稍有氨味或酸味

表 1 -6　冻牛肉的感官指标（解冻后）

指标	一级鲜度	二级鲜度
色泽	肌肉红色均匀、有光泽，脂肪洁白或微黄	肉色稍暗，肉与脂肪缺乏光泽，但切面尚有光泽
组织状态	肌肉结构紧密，有坚实感，肌纤维韧性强	肌肉组织松弛，肌纤维有韧性

（续表）

指标	一级鲜度	二级鲜度
黏度	肌肉外表微干，或有风干膜，或外表湿润，但不黏手	外表干燥或轻度黏手，切面湿润黏手
气味	具有牛肉的正常气味	稍有氨味或酸味
肉汤	透明澄清，脂肪团聚于表面，具有鲜牛肉汤固有的香味和鲜味	稍有浑浊，脂肪呈小滴浮于表面，香味、鲜味较差

表 1-7　冻羊肉的感官指标（解冻后）

指标	一级鲜度	二级鲜度
色泽	肉色鲜艳，有光泽，脂肪呈乳白色	肌肉稍暗红，缺乏光泽，脂肪微黄
组织状态	肌肉结构紧密，有坚实感，肌纤维韧性强	肌肉组织松弛，肌纤维有韧性
黏度	肌肉外表微干，或有风干膜，或湿润不黏手	外表干燥或轻度黏手，切面湿润黏手
气味	具有羊肉的正常气味	稍有氨味或酸味
肉汤	透明澄清，脂肪团聚于表面，具有鲜羊肉汤固有的香味和鲜味	稍有浑浊，脂肪呈小滴浮于表面，香味、鲜味较差

（二）乳的卫生检验

1. 生鲜乳的感官卫生检验　主要从色泽、滋味和气味、组织状态三个方面检验其是否符合卫生质量要求。对收购的生鲜乳还应注意是否有掺杂、使假现象。正常牛乳呈白色或微带黄色，不得含有肉眼可见的异物，不得有红色、绿色或其他异色。不能有苦味、咸味、涩味和饲料味、青贮味、霉味等异常味。

2. 生鲜乳的新鲜度检验　乳新鲜度检验除感官检验外，通常检测的项目有酸度（°T）、乙醇试验和煮沸试验。还可以通过测定乳的过氧化物酶来判定乳的新鲜度。

（1）酸度（°T）：乳的酸度是以酚酞为指示剂，中和 100ml 乳所需 0.100 0mol/L 氢氧化钠标准溶液的毫升数来表示。检验方法按 GB 5413.34—2010 规定操作。

（2）乙醇试验：于试管中加入等量乙醇与牛乳，振摇后出现絮片的为乙醇阳性乳，表明乳酸度较高。在收购牛乳时，当样品中加入 68%、70%、72% 乙醇不出现絮状物，乳的酸度分别相当于 20°T、19°T、18°T 以下。

（3）煮沸试验：取 10ml 乳于试管中，置沸水浴中 5min 或酒精灯上加热煮沸，观察有无絮片出现或发生凝固现象。如有絮片或凝固，表示乳不新鲜，酸度≥26°T。

3. 生鲜乳的常规理化检验　主要是乳的冰点、相对密度、蛋白质、脂肪、杂质度、非脂乳固体和酸度的测定，按 GB 19301—2010 规定进行测定。另外污染物限量应符合 GB 2762—2005 的规定。真菌毒素限量应符合 GB 2761—2011 的规定。农药残留量应符合 GB 2763—2005 及国家有关规定和公告。理化指标只有合格指标，不再分级。

4. 微生物检验　包括菌落总数测定和金黄色葡萄球菌、沙门菌、志贺菌等致病菌的检验，其检验方法按 GB 4789.18—2010 规定。生乳菌落总数≤200 万 CFU/ml。

（三）蛋的卫生检验

蛋新鲜度的检验方法一般有感官检查、灯光透视检查、密度测定、气室高度检查、蛋黄指数测定等，其中前两种方法应用最广泛。

1. 感官检查 主要凭借检查人员的感觉器官（视觉、听觉、触觉、嗅觉）来鉴别蛋的质量。此种方法对蛋的质量只能做出大概的鉴定。

（1）检查方法：先观察蛋的形状、大小、色泽、清洁度、有无霉菌污染，然后仔细检查蛋壳表间有无裂纹和破损；必要时将蛋放在手中，靠近耳边轻轻摇晃，或使其相互碰击，细听其声。还可用鼻嗅闻蛋的气味是否正常，有无异常气味。最后将蛋打破轻轻倒入平皿内，观察蛋清、蛋黄的状态。

（2）感官标准：新鲜蛋蛋壳表面有一层霜状粉末，蛋壳完整而清洁，色泽鲜明，呈粉红色或洁白色，无裂纹，无凹凸不平现象；手感发沉，轻碰时发声清脆而不发哑。陈蛋蛋表皮的粉霜脱落，皮色油亮或乌灰，轻碰时声音空洞，在手中掂动有轻飘感。劣质蛋其形状、色泽、清洁度、完整性等方面有一定的缺陷，如腐败蛋外壳常呈灰白色；受潮霉蛋外壳多污秽不洁，常有大理石样斑纹；曾孵化或漂洗的蛋外壳常光滑，气孔显露。

2. 光线透视检查 即用光照透视来检查蛋的内容物的状况，是禽蛋收购和加工上普遍采用的一种方法。在灯光下，新鲜正常的蛋气室小而固定（高度不超过7mm），蛋内完全透光，呈淡橘红色。蛋白浓厚、清亮，包于蛋黄周围。蛋黄位于中央偏钝端，呈朦胧暗影，中心色浓，边缘色淡；蛋内无斑点和斑块。

3. 哈夫单位测定 该法是以蛋的重量和蛋白的高度，按回归关系计算出的蛋白高度数据，以衡量蛋白质的优劣。蛋越新鲜，数值越高。其指标范围为30～100。

4. 卵黄指数测定 卵黄指数又称卵黄系数，是蛋黄高度除以蛋黄横径所得的商。蛋贮存时间越长，指数就越小。新鲜蛋的卵黄指数为0.36～0.44。

近年来，影响动物性食品安全的因素不断增加，例如，原有的畜禽疫病正逐渐发生变化，新的疫病仍将陆续出现，各种化学污染物在动物性食品中残留，花样繁多的掺杂使假等问题接踵而至。因此，我国的动物性食品卫生检验工作，既需要行之有效的感官检验方法及简便实用的快速检验技术，又需要许多新的检测方法，同时要借鉴国外行之有效的HACCP（危害分析关键控制点）系统管理方法，从食用动物的饲养到屠宰加工，以及产品加工、贮藏、运输和消费，全面控制污染。今后，应进一步完善食品卫生法规、加强不同层次专业人员培训，同时加大宣传力度，提高生产及经营者的认识，积极改进检验技术，建立适应市场经济体制的屠宰—检疫模式，尽快与国际接轨。

三、市场监督检疫检验

市场检疫监督是指对进入市场交易的动物、动物产品所进行的监督检查。其目的是及时发现并防止不合格的动物、动物产品进入市场流通，保护人体健康，促进贸易，防止疫病扩散。

（一）市场检疫监督的意义

市场是动物、动物产品集散地，集中时接触机会多，容易相互传播疫病，散离时又容易扩散疫病。同时市场又是一个多渠道经营的场所，货源复杂。搞好市场监督，能有效地防止未经检疫检验的动物、动物产品和染疫动物、病害肉尸的上市交易，形成良好的交易环境，使市场管理更加规范化、法制化。同时进一步促进产地检疫、屠宰检疫工作的开展和运输防疫监督工作的实施，使产地检疫、屠宰检疫、运输动物防疫监督和市场检疫监督环环相扣，保证消费者的肉食品卫生安全，促进畜牧业经济发展和市场经济贸易。

（二）市场检疫监督的程序和要求

1. 验证查物　进入市场的动物及其产品，畜（货）主必须持有相关《动物检疫合格证明》，官方兽医应仔细查验检疫证件是否合法有效。

然后检查动物、动物产品的种类、数量（重量）与检疫证明是否一致，核实证物是否相符。查验活动物是否佩戴有合格的免疫耳标；检查肉尸、内脏上有无验讫印章或验讫标志以及检验刀痕，加盖的印章是否规范有效，核实交易的动物、动物产品是否经过检疫合格。

2. 对实物实施检疫监督　以感官检查为主，力求快速准确，同时辅以实验室化验。

活畜禽结合疫情调查、查验免疫耳标、观察畜禽全身状态如体格、营养、精神、姿势和测体温，确定动物是否健康。

鲜肉产品以视检为主，重点检查病、死畜禽肉，必要时进行实验室检验。品质检查首先应判定肉尸放血程度，放血不良的肉类应警惕可能生前是患病动物，要进一步进行系统检查，综合判断。健康动物也可能出现技术性放血不良，影响肉的卫生质量和耐存性。

放血不良肉尸的特征是：静脉血管内滞留有血液，紫红色，清晰可见，胸腹膜及结缔组织中的血管也充盈血液；沿肋骨运行的血管也很清楚；脂肪组织中也可见到毛细血管，有时发生红染现象；肉尸暗红色，肌肉切面有暗红色区域，挤压可流出少量血液。这种放血不良如是病理性的，则在宰后第二天变得更为显著；如是技术性放血不良，则可在悬挂加工过程中，淤积的血液从肉尸中流出，第二天可使肉色变得鲜艳。

在检查放血程度的同时，观察肉尸表面和切面的色泽、硬度、组织状态、气味。市场销售的肉尸应清洁，不带毛污、血污、粪污，不带病变组织和其他污物，不带“三腺”。对污染严重或有变质可疑时，必须检查肉的新鲜度。

其他动物产品多数带有包装，注意观察外包装是否完整、有无霉变等现象。

3. 禁止上市动物、动物产品　来自于疫点、疫区内易感染的动物；染疫的动物、动物产品；病死、毒死或死因不明的动物及其产品；未经检疫或检疫不合格的动物、动物产品；腐败变质、霉变或污秽不洁、混有异物和其他感官性状不良等不符合国家动物防疫规定的动物产品。

4. 动物、动物产品交易环境　应在指定的地点进行，同时建立消毒制度以及病死动物无害化处理制度，防止疫情传入传出。在交易前、交易后要对交易场所进行清扫、消毒，保持清洁卫生。粪便、垫草、污物采取堆积发酵等方法处理，病死动物按国家有关规定进行无害化处理。

（三）市场检疫监督后的处理

1. 准许交易　对持有有效检疫合格证明、动物佩戴有合格免疫耳标和胴体、内脏上加盖（加封）有有效验讫印章或验讫标志，且动物、动物产品符合检疫要求的，准许交易。

2. 停止经营　发现有禁止经营的动物、动物产品的，责令停止经营，立即采取措施收回已售出的动物、动物产品，没收违法所得和未出售的动物、动物产品；对收回和未出售的动物、动物产品予以销毁。

3. 补检　发现经营没有检疫证明的动物、动物产品的，责令停止经营，没收违法所得；对未出售的动物、动物产品依法进行补检。对补检合格的准许交易。不合格的动物、动物产品进行隔离、封存，再根据具体情况，由货主在官方兽医的监督下进行消毒和无害化处理。补检的动物，必须按照农业部《动物产地检疫规程》和《动物检疫管理办法》规定的规程进行。

4. 重检 对证物不符、证明过期的，责令其停止经营，按有关规定进行重检，对重检合格的准许交易。不合格的动物、动物产品隔离、封存，在官方兽医的监督下由货主进行消毒和无害化处理。重检的动物，必须按照农业部《动物产地检疫规程》和《动物检疫管理办法》规定的规程进行。

5. 处罚

对违法屠宰、经营、运输下列动物和生产、经营、加工、贮藏、运输下列动物产品：封锁疫区内与所发生动物疫病有关的；疫区内易感染的；依法应当检疫而未经检疫或者检疫不合格的；染疫或者疑似染疫的；病死或者死因不明的；其他不符合国务院兽医主管部门有关动物防疫规定的，依照《动物防疫法》第七十六条的规定予以处罚。

对未经检疫，向无规定动物疫病区输入动物、动物产品的，依照《动物防疫法》第七十七条的规定予以处罚。

对屠宰、经营、运输的动物未附有检疫证明，经营和运输的动物产品未附有检疫证明、检疫标志的；参加展览、演出和比赛的动物未附有检疫证明的，依照《动物防疫法》第七十八条的规定予以处罚。

对转让、伪造或者变造检疫证明、检疫标志或者畜禽标识的，依照《动物防疫法》第七十九条的规定予以处罚。对藏匿、转移、盗掘已被依法隔离、封存、处理的动物和动物产品的，依照《动物防疫法》第八十条的规定予以处罚。

对从事动物饲养、屠宰、经营、隔离、运输，以及动物产品生产、经营、加工、贮藏等活动的单位和个人，不履行动物疫情报告义务，或不如实提供与动物防疫活动有关资料，或拒绝动物卫生监督机构进行监督检查，或拒绝动物疫病预防控制机构进行动物疫病监测、检测的，依照《动物防疫法》第八十三条的规定予以处罚。

（王永立　陈礼朝）

任务十　人兽共患疾病防范基础知识

一、人兽共患病的定义

人兽共患病是指在人类与脊椎动物之间自然传播的疾病和感染，即人类和脊椎动物由共同病原体引起的又在流行病学上有关联的疾病。目前已知的 200 多种动物传染病和 150 多种动物寄生虫病中，至少有 200 种以上可以传染人。由于很多可变因素影响宿主和媒介物的空间分布，影响传播媒介的作用，影响病原体在环境中的生存，因此人兽共患病的发病率及传播变化很大。

二、人兽共患病的类型

根据病原体种类、储存宿主性质或病原体的生活史等，人兽共患病可以有多种分类法。

（一）按病原体种类分类

病毒性人兽共患病（如狂犬病、口蹄疫等）、细菌性人兽共患病（如布鲁氏菌病、结核病等）、立克次氏体性人兽共患病（如Q热、猫抓病等）、衣原体性人兽共患病（如鹦鹉热等）、螺旋体性人兽共患病（如钩端螺旋体病等）、真菌性人兽共患病（如念珠菌病等）、寄生虫性人兽共患病（如旋毛虫病等）。

（二）按病原体储存宿主的性质分类

兽源性人兽共患病（如狂犬病、布鲁氏菌病、旋毛虫病等）、人源性人兽共患病（如人的结核病传给牛等）、互源性人兽共患病（如钩端螺旋体病、日本血吸虫病等）、真性人兽共患病（如人的猪肉绦虫病和牛肉绦虫病）。

（三）按病原体的生活史分类

直接传播性人兽共患疾病（如狂犬病、口蹄疫、布鲁氏菌病、结核病等）、循环传播性人兽共患病（如猪和人的猪囊虫病、棘球蚴病和旋毛虫病）、媒介传播性人兽共患疾病（如日本乙型脑炎、血吸虫病等）、腐物传播性人兽共患疾病（如肉毒梭菌中毒、曲霉菌病、球虫病和肝片形吸虫病等）。

这种分类方法的优点是有利于流行病学研究和制定防制措施。但也有一些重要的人兽共患病如各种出血热、土拉菌病、李氏杆菌病、类鼻疽等，可以有一种以上的传播方式，用这种分类法不便于分入上述各类中。

三、人兽共患病的共同特征

尽管各种人兽共患传染病的传播方式、感染途径以及宿主的病理变化很不一致，但是也有一些共同的特点：

（一）严重威胁公共卫生

很多人兽共患疾病既是严重危害动物的疾病，同时又是人类的烈性传染病，构成公共卫生的严重威胁，如炭疽、鼠疫等。

（二）病原体宿主谱广

在实验条件下甚至可以感染多种在分类系统上相距很远的动物。例如炭疽和狂犬病几乎可以感染各种哺乳动物和人类。鼠疫可以感染多种啮齿动物，由鼠蚤传给人和多种动物，包括骆驼、绵羊、山羊、狗、猫、驴、骡等。各型钩端螺旋体除各有其1～2种主要宿主外，还可能以多种啮齿动物、野兽、水禽为次要宿主，并能通过它们的排泄物污染水源和土壤而感染人类。

（三）多数是职业病

很多人兽共患病是职业病，直接危害劳动者的健康。如从事羊毛分级打包、制革、制毛刷的工人易患炭疽；稻田农民易患血吸虫病和钩端螺旋体病等。

（四）多数是食品源疾病

很多人兽共患病是食品源疾病。如人的猪肉绦虫、牛肉绦虫、猪囊虫和旋毛虫等都是由于食入含有这些虫蚴、未经煮熟的肉而感染的。肠炭疽、沙门氏菌病等多种食物中毒疾病也是食入或者与带菌（毒）的食物接触而感染的。

（五）研究人类传染病的良好动物模型

在医学研究中，使用自然的和人工感染的实验动物病例来研究疾病在人体的发病机理、症状、治疗和预防等是一种很重要的方法。

四、人兽共患病的防治原则

（一）影响人兽共患病传播的因素

1. 人群和动物群体在数量和密度方面的影响 随着人与动物相互接触的机会日益增多，人兽共患病病原体的传播机会正在呈指数增加。动物群密度的增加，使人兽共患病对人群的威胁程度增加，如结核病、布鲁氏菌病等。假如在畜舍附近有媒介者活动，则少量媒介者的存在就可能使大量人兽感染。宠物数量的增多带来特殊的问题，由于这类动物与人类亲密接触，极易传播人兽共患病。

2. 人和动物群体流动的影响 人类由于工作、开发土地、旅游、逃难或移民而造成大规模流动，使他们对人兽共患病病原体贮存宿主和媒介者、污染的食物和水源等有更多的接触机会。同样，动物的流动还可能将人兽共患病带到非疫区。

3. 动物产品贸易的影响 日益增长的动物产品贸易带来了与活畜贸易相类似的问题，从炭疽流行地区进口羊毛、生皮、肉品、骨粉的国家或地区很可能将炭疽引进到自己的国家或地区。沙门氏菌的很多血清型随着畜产品及饲料的贸易往来正在不同国家之间扩散。

4. 人类活动的影响 由于人类活动而导致的人兽共患病在人群和动物中的流行屡见不鲜。例如，随着采伐工作不断向林区深处推进，林业工人进入自然疫源地区，受到森林脑炎、丛林黄热病及其他虫媒病毒感染的威胁；由于在草原和干旱地区垦荒而暴露于炭疽和跳跃病等；由于进入甘蔗种植区或沼泽地而感染钩端螺旋体病等。灌溉系统和水库的修建为媒介昆虫（如蚊等）和宿主动物（如鸟类、啮齿动物等）的大量繁衍创造了有利条件，致使自然疫源地扩大，例如流行性乙型脑炎、黄热病等。都市化及农村居民的增加，吸引了玩赏鸟类、哺乳动物和其他媒介动物，致使某些人兽共患病得以传播流行，如沙门氏菌病、鹦鹉热等。在半农业地区无主犬数量的增加是狂犬病发生的重要原因。

5. 患病动物粪尿处理及人类文化生活习俗的影响 患人兽共患病动物的尸体、副产品和粪尿等废弃物处理不当，往往会导致人的直接感染或污染环境。此外，社会文化生活习俗往往制约疾病控制计划的实施与成功。例如有些地区由于宗教或经济原因，不支持宰杀病牛的措施，这就可能破坏布鲁氏菌病和牛结核病的防制规划；不开展灭鼠运动就可能影响防制鼠疫、拉沙热等的工作；不执行捕杀无主野犬等措施就可能使防制狂犬病的计划彻底失败。一些传统的牛羊奶食用和处理方法不利于控制牛结核病和布鲁氏菌病；在河塘洗浴的习惯不利于防制钩端螺旋体病。

（二）人兽共患病的防治原则

1. 定期检疫，及时发现动物中的人兽共患病。许多人兽共患病都是先在动物群中发生流行，然后再传染人类的。

2. 打击活畜和宠物的走私和非法运输，严格执行国际动物卫生法和其他一些国家法规。

3. 控制和消灭感染动物，对一些烈性人兽共患病的患病动物要立即捕杀，其他人兽共患病的患病动物应在严格隔离、消毒的条件下进行治疗。

4. 检查和治疗人群中的病例，对与动物接触密切的饲养人员、兽医人员等要定期检查，及时发现疾病并及时治疗。

5. 切断由动物传染至人的传播途径，进行杀虫、灭鼠和消毒工作，以消灭传播媒介。加强人兽粪便及废弃物的卫生管理，如对粪便进行生物热消毒，污水进行处理等。另外，加强肉食品卫生检验和管理，对于有病的、不符合食品卫生要求的食品坚决制止出售。

6. 养成良好文明生活习惯，不吃野味，以防病原越过种属屏障，危害人类健康。

7. 提高人和动物免疫力。有计划地作好现有人兽共患病的疫苗接种工作，对控制人兽共患病的流行起着重要的作用。同时，要加强兽医与人医的合作，提高全民的经济文化水平，对进一步消灭和控制人兽共患病具有重要意义。

8. 做好疫情监测及国际间的情报交流合作。动物感染的监测作为人类感染的预警非常重要，动物感染率曲线的升高，预示动物传播至人类的可能性增长。在很多人兽共患病的防制上，国际合作和互通情报也是很重要的。每个国家都应有一个世界兽疫流行情况的监测系统，当发现外国特别是邻国发生某种兽疫时，即应提高警惕，采取相应的措施，防止疫病的传入。尤其是在国际交往频繁，旅游事业发达的今日，更容易通过人、兽特别是媒介动物等传入本国前所未有的人兽共患病。

人兽共患病的防制是卫生、农牧、商业、外贸、交通、旅游、边防等许多部门的共同任务，任何一方面的疏忽都可能导致巨大的损失。虽然一些古典的人兽共患病已经通过有效的防治措施得到了控制，但是在近些年来，由于一些丛林地区的开发，一些野生动物特别是猿猴类的大量捕捉用作实验动物或玩赏动物，又发现了一些新的人兽共患病，如马尔堡热、恰萨诺尔森林病、拉沙热、南欧斑疹热（即纽扣热）等。此外，人和动物的轮状病毒、冠状病毒、弯曲菌等日益有互相传染散播的趋势。人兽共患病也和世界上一切其他事物一样，有着各自发生、发展和消亡的规律，人类可以通过人工的干预使某些人兽共患病消灭，但同样也可能由于自然力量或者人工干预，创造了新的生态条件，以致在人、兽之间又产生了新的共患疾病，人类对此必须有清醒的认识，才不致处于被动地位。

（王永立　蔡丙严）

任务十一　常用仪器器械的使用与维护基础知识

一、常用器械的使用与保管

医疗器械是兽医进行临床诊疗的重要工具，如果使用不当或保管不善，则易损坏，因此要求使用者既要了解正确的使用方法又要注意妥善保管医疗器械，以免造成浪费。

（一）常用器械的组成及使用

1. 注射器

（1）金属注射器：其前端为连接针头用的注射针座，外壳为一带长孔的金属套筒，内装适当的玻璃管，玻璃管与注射器头和套筒玻管固定螺丝的连接部各垫有一橡皮圈，当拧紧螺丝时，管两端即可密合，而不致在注射时漏出药液。活塞两端各由一个金属固定片夹定的数层橡皮圈组成，旋转活塞调节手柄可使橡皮圈套压紧或放松，从而调节活塞直径的大小，使之与玻璃管紧密贴合。活塞刻度杆上附有容量调节螺丝，将其旋转至所需注射量之刻度，即可限制注射液不致超过所需数量。夹持手柄系注射时手指固定注射器的部位。金属注射器主要用于动物皮下、肌肉注射。

金属注射器每次使用前或使用结束后均应进行消毒，并将各部元件拆开，尤其是要把玻璃管内的活塞退出，避免把玻璃管胀裂。使用金属注射器时，先将消毒后的针座、橡胶垫圈及玻璃管置金属套筒内，然后安装夹持手柄，再向玻璃管中插入活塞，拧紧套筒玻璃管固定螺丝，调节夹持手柄以适合操作者手的长短，旋转活塞调节手柄的松紧度以保证橡胶活塞与玻璃管结合严密又不至于无法滑动。用医用镊子夹取消毒后的针头的针头座，套上注射器针座，顺时针旋转半圈并略施向下压力，针头装上，反之，逆时针旋转半圈并略施向外拉力，针头卸下。安装针头后吸取药液，装量一般掌握在最大装量的50%左右，药液吸取完毕，针头朝上排空管内空气，最后按需要剂量调整计量螺栓至所需刻度，每注射一头动物调整一次。

（2）连续注射器：主要由支架、玻璃管、金属活塞及单向导流阀等组件组成。单向导流阀在进、出药口分别设有自动阀门，当活塞推进时，出口阀打开而进口阀关闭，药液由出口阀射出；当活塞后退时，出口阀关闭而进口阀打开，药液由进口吸入玻璃管。使用时调整所需剂量并用锁定螺栓锁定，将药剂导管插入药物容器内，同时容器瓶再插入一支进空气用的针头，使容器与外界相通，避免容器产生负压，最后针头朝上连续推动活塞，排出注射器内空气直至药剂充满玻璃管，即可开始注射动物。连续注射适用于家禽、小动物注射。特点是轻便、效率高，剂量一旦设定后可连续注射动物而保持剂量不变。注射过程要经常检查玻璃管内是否存在空气，有空气立即排空，否则影响注射剂量。连续注射器使用前将注射器吸满水，放入水中煮沸10min，打出注射器的存水，即可使用。连续注射器用完消毒后，用干净的热水反复吸入、打出，直至注射器内无残留药液和水，将注射器外表擦干净放入盒内，存放干燥处。

（3）玻璃注射器：玻璃注射器由针筒和活塞两部分组成。通常在针筒和活塞后端有数字号码，同一注射器针筒和活塞的号码相同。

使用玻璃注射器时，针筒前端连接针头的注射器头易折断，应小心使用；活塞部分要保持清洁，否则可使注射器活塞的推动困难，甚至损坏注射器。

2. 体温计 体温计是由球部、毛细套管、刻度板及顶部组成，在球部与毛细管之间有一窄道。温度升高时，球部水银体积膨胀，压力增大，这种压力足以克服窄道的摩擦力，迫使水银进入温度表的毛细管内；当温度降低时水银收缩的内聚力小于窄道的摩擦力，毛细管内的水银不能回到球部，窄道以上段水银柱顶端就保持着过去某段时间内感受到的最高温度。要使毛细管中水银柱降低时，应紧捏体温计身，球部向下甩动几下即可。

测量家畜体温时，对从远道而来的家畜或者气温较高时，应使家畜予适当休息后再测量其体温。测量体温通常用体温计在家畜的直肠内测量（禽在翼下测温），测量体温前应将体温计的水银柱甩至35℃以下，用酒精棉球消毒，涂以润滑剂，缓缓捻转插入直肠，保留3～5min，然后取出体温计，用酒精棉球擦净粪便或黏液，观察读数即可。测温完毕，应将水银柱甩下，用酒精棉彻底擦拭干净，放于盛有消毒液的瓶内，以备再用。

3. 听诊器 听诊器由听头、胶管和接耳端构成，听头有膜式和钟形两种。听诊时，接耳端要松紧适当，胶管不能交叉，听头要放稳，要与皮肤接触良好，避免产生杂音；听诊环境应保持安静，注意力要集中。

4. 手术刀

（1）手术刀的规格：常用的是一种可以装拆刀片的手术刀，是由刀柄和刀片两部分组成，主要用于切开和分离组织。用时将刀片装于刀柄上，刀片宜用血管钳（或持针钳）夹持安装，避免割伤手指。为了适应不同部位和性质的手术，刀片有许多不同大小和形状的型号，刀柄也有不同大小的多种规格。按刀刃的形状分为圆刀、弯刀、球头刀及三角刀。刀柄根据长短及大小分型，其末端刻有号码，一把刀柄可以安装几种不同型号的刀片（图1－1）。

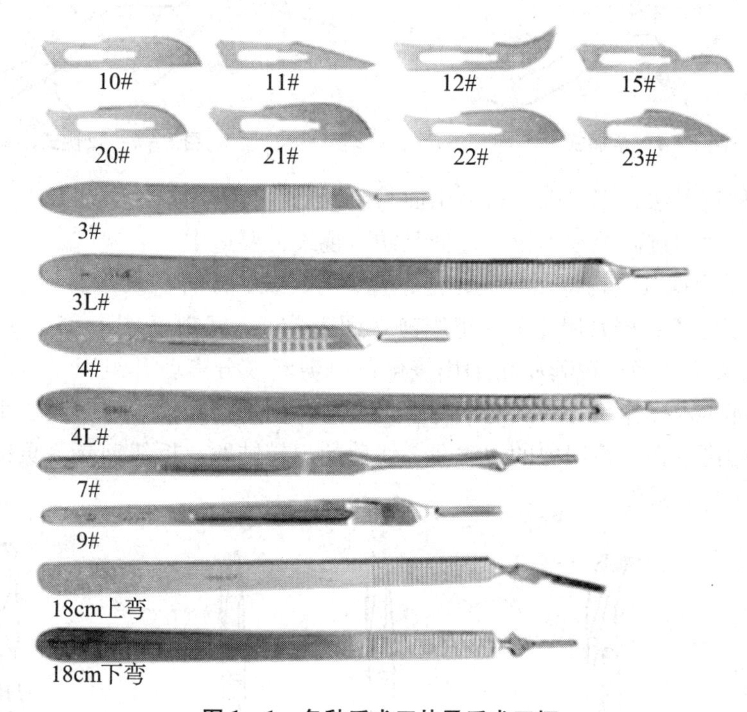

图1－1　各种手术刀片及手术刀柄

（2）手术刀使用方法

①指压式　为常用的一种执刀法（图1－2）。以手指按刀背后1/3处，用腕与手指力量切割。适用于切开皮肤、腹膜及切断钳夹组织等。

②执笔式　如同执钢笔姿势（图1－3）。力量主要在手指，为短距离精细操作，用于分离血管、神经、腹膜切开和短小切口等。

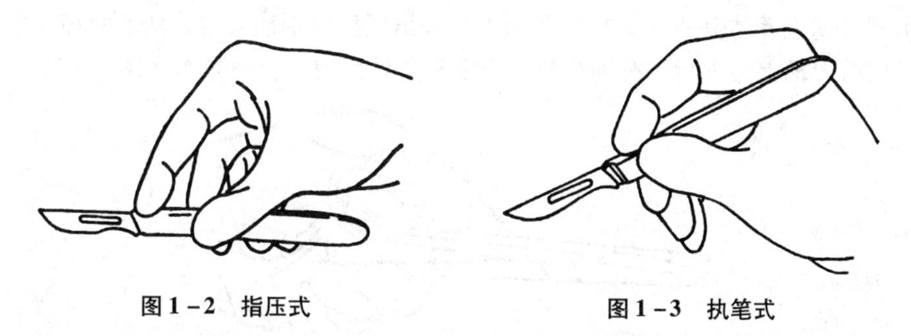

图1－2　指压式　　**图1－3　执笔式**

③全握式　用手全握住刀柄（图1－4）。用于切割范围广、用力较大的切开，如切开较长的皮肤、筋膜、慢性增生组织等。

④反挑式　刀刃向上，用于由组织内部向外面挑开（图1－5），以免损伤深部组织，如腹膜、脓肿切开。

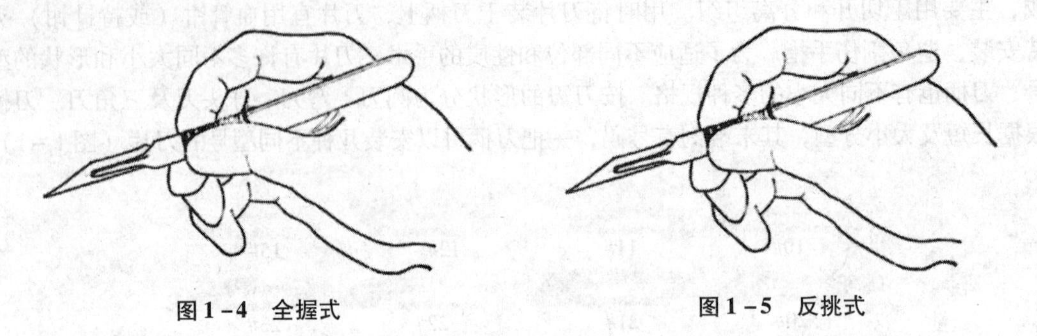

图1－4　全握式　　　　图1－5　反挑式

无论哪一种持刀法，都应以刀刃突出面与组织呈垂直方向，逐层切开组织，不要以刀尖部用力操作，执刀过高控制不稳，过低又妨碍视线，要适中。

5. 手术剪　根据其结构特点有尖、钝，直、弯，长、短各型。

（1）手术剪分类：据其用途分为组织剪（图1－6）、线剪（图1－7）及拆线剪（图1－8）。组织剪多为弯剪，锐利而精细用来解剖、剪断或分离剪开组织。通常浅部手术操作用直剪，深部手术操作用弯剪。剪线剪多为直剪，用来剪断缝线、敷料、引流物等。剪线剪与组织剪的区别在于组织剪的刃锐薄，线剪的刃较钝厚。拆线剪是一页钝凹，一页直尖的直剪，用于拆除缝线。

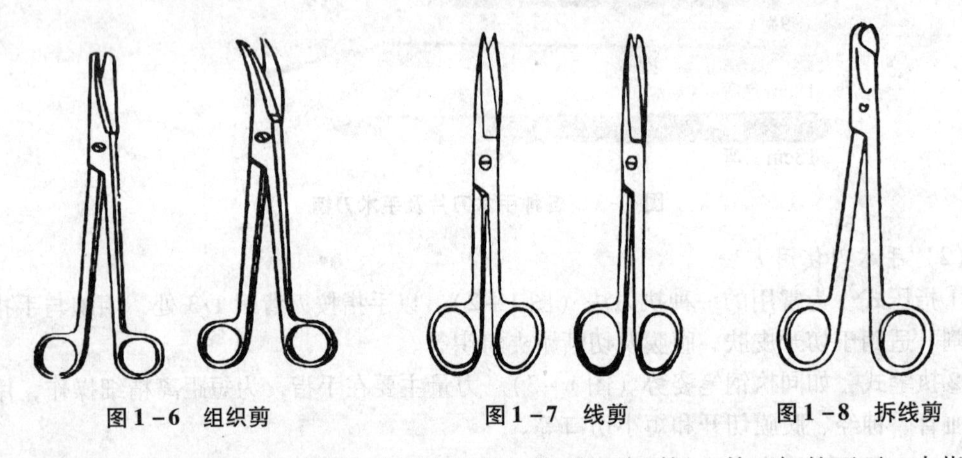

图1－6　组织剪　　　　图1－7　线剪　　　　图1－8　拆线剪

（2）手术剪使用方法：正确持剪法为拇指和第四指分别插入剪刀柄的两环，中指放在第四指环的剪刀柄上，食指压在轴节处起稳定和向导作用，有利操作（图1－9）。

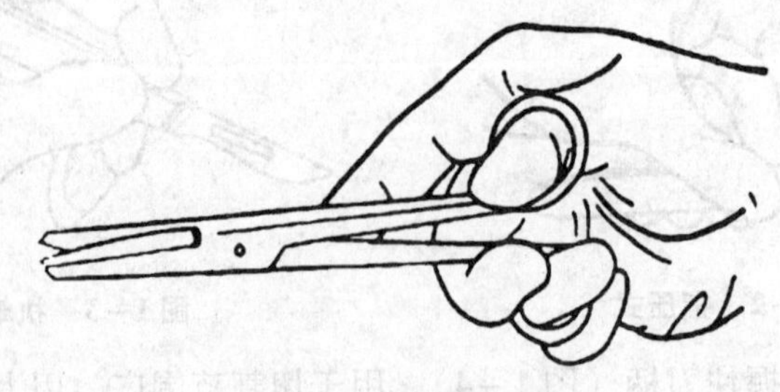

图1－9　正确持剪姿势

6. 手术镊　用于夹持、稳定或提起组织以利切开及缝合，也可夹持缝针及敷料等。手术镊又分为有齿及无齿（平镊）、尖头与钝头、不同长度多种规格，可按需要选择。

有齿镊损伤性大，用于夹持坚硬组织。无齿镊损伤性小，用于夹持脆弱的组织、脏器及敷料。精细的尖头平镊对组织损伤较轻，用于血管、神经、黏膜手术。执镊方法是用拇指对食指与中指，执二镊脚中、上部，持夹力量应适中（图1－10）。

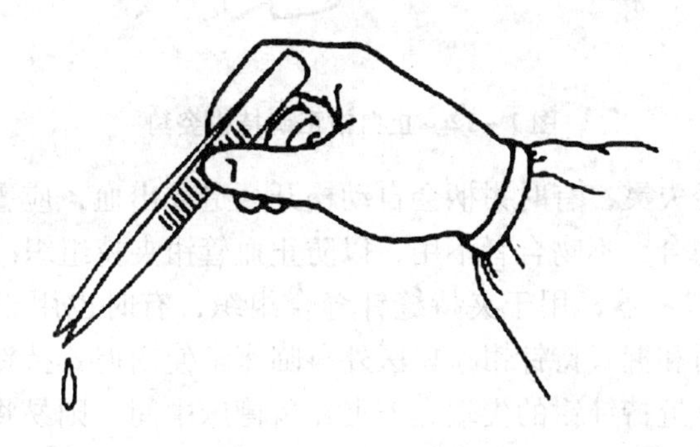

图1－10　正确持镊姿势

7. 止血钳　又叫血管钳，主要用于夹住出血部位的血管或出血点，以达到直接钳夹止血，有时也用于分离组织、牵引缝线。止血钳一般有弯、直两种，并分大、中、小等多种规格（图1－11）。

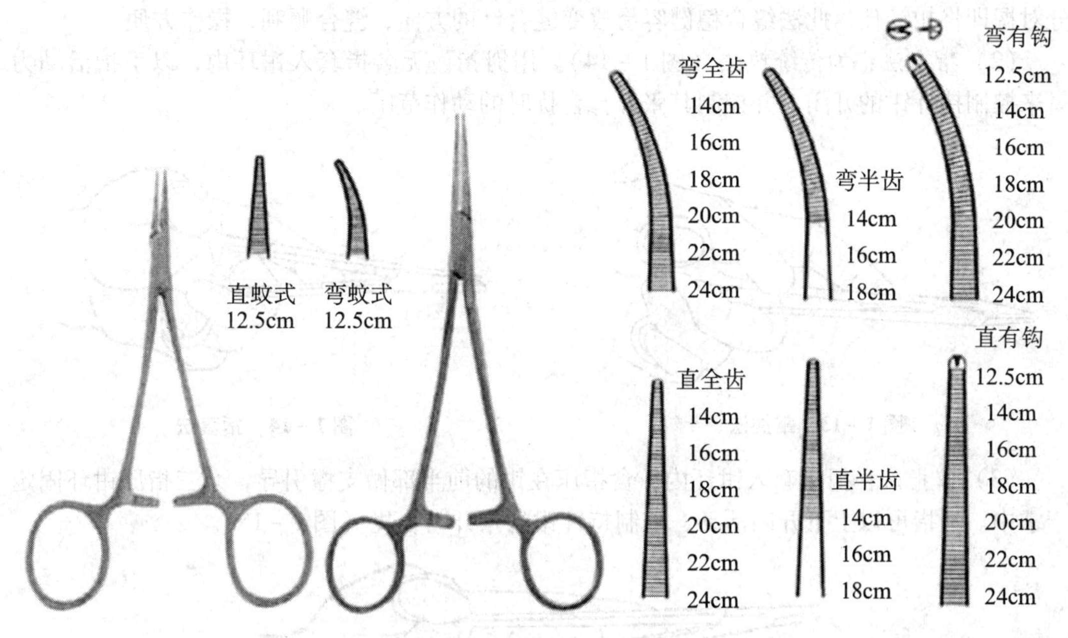

图1－11　各种止血钳

直钳用于浅表组织和皮下止血；弯钳用于深部止血；最小的一种蚊式止血钳，用于眼科及精细组织的止血。执拿止血钳的方式与手术剪相同。但松钳时拇指及食指持一柄环，中指和无名指顶住另一柄环，二者相对用力，即可松开（图1－12）。

使用时应注意：血管钳不得夹持皮肤、肠管等，以免组织坏死。止血时只扣上一二齿

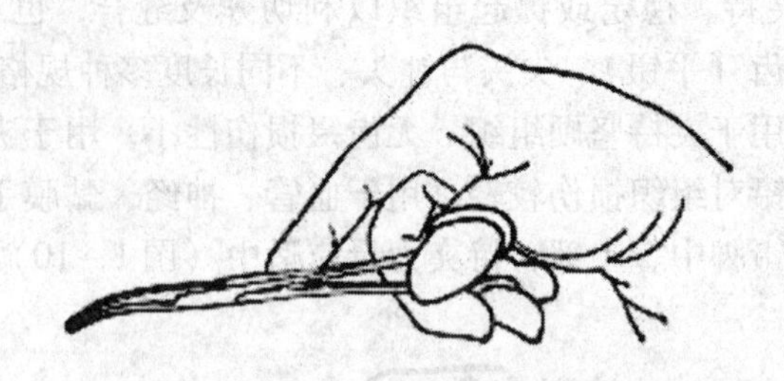

图1-12　止血钳正确持钳姿势

即可，要检查扣锁是否失灵，有时钳柄会自动松开，造成出血，应警惕。使用前应检查前端横形齿槽两页是否吻合，不吻合者不用，以防止血管钳夹持组织滑脱。

8. 持针钳　或叫持针器，用于夹持缝针缝合组织，有时也用于器械打结。普通有两种型号，即捏式持针钳和握式持针钳，兽医外科临床常使用握式持针钳。使用持针钳夹持缝针时，缝针应夹在靠近持针钳的尖端，若夹在齿槽床中间，则易将针折断。一般应夹在缝针的中、后1/3处，以便操作。常用持针钳方法有：

（1）掌握法：也叫一把抓或满把握，即用手掌握拿持针钳（图1-13）。钳环紧贴大鱼际肌上，拇指、中指、无名指和小指分别压在钳柄上，后三指并拢起固定作用，食指压在持针钳前部近轴节处。利用拇指及大鱼际肌和掌指关节活动推展，张开持针钳柄环上的齿扣，松开齿扣及控制持针钳的张口大小来持针。合拢时，拇指及大鱼际肌与其余掌指部分对握即将扣锁住。此法缝合稳健容易改变缝合针的方向，缝合顺利，操作方便。

（2）指套法：为传统执法（图1-14）。用拇指、无名指套入钳环内，以手指活动力量来控制持针钳的开闭，并控制其张开与合拢时的动作范围。

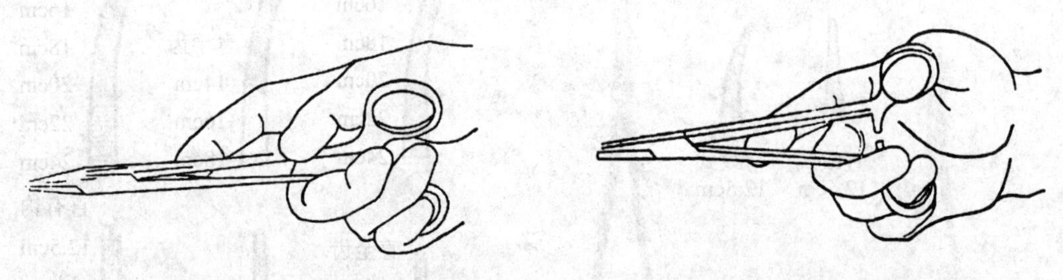

图1-13　掌握法　　**图1-14　指套法**

（3）掌指法：拇指套入钳环内，食指压在钳的前半部做支撑引导，余三指压钳环固定于掌中。拇指可以上下开闭活动，控制持针钳的张开与合拢（图1-15）。

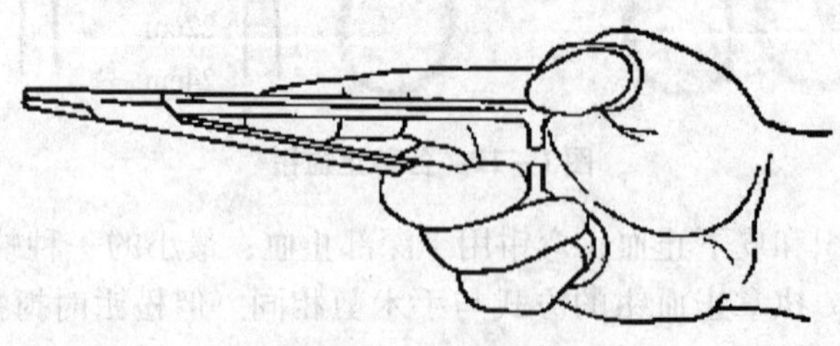

图1-15　掌指法

9. 牵引钩 牵引钩也叫拉钩或牵开器，是显露手术野必需的器械。常用的有以下几种拉钩：

（1）皮肤拉钩：为耙状牵开器，用于浅部手术的皮肤拉开。

（2）甲状腺拉钩：为平钩状，常用于甲状腺部位的牵拉暴露，也常用于腹部手术作腹壁切开时的皮肤、肌肉牵拉。

（3）阑尾拉钩：亦为钩状牵开器，用于阑尾、疝等手术，用于腹壁牵拉。

（4）腹腔平头拉钩：为较宽大的平滑钩状，用于腹腔较大的手术。

（5）S状拉钩：是一种如"S"状腹腔深部拉钩。使用拉钩时，应以纱垫将拉钩与组织隔开，拉力应均匀，不应突然用力或用力过大，以免损伤组织，正确持拉钩的方法是掌心向上。

（6）自动拉钩：为自行固定牵开器，腹腔、盆腔、胸腔手术均可应用。

10. 缝合针 简称缝针，主要用于各种组织缝合的器械。分直针、半弯针、弯针、圆针和三棱针等。直针一般较长，可用手直接操作，动作较快，但需要较大的空间以便操作，适用于表面组织的缝合。弯针有一定的弧度，不需太大的空间，适用于深部组织的缝合，需用持针器操作，费时较长。圆针尖端为圆锥形，尖部细，体部渐粗，穿过组织时可将附近血管或组织纤维推向一旁，损伤较轻，留下的孔道较小，适合大多数软组织如肠壁、血管、神经的缝合。三棱针前半部为三棱形，较锋利，用于缝合皮肤、软骨、韧带等坚韧组织，损伤较大。

目前发达国家多采用针线一体的缝合针（无针眼），这种针线对组织所造成的损伤小（针和线的粗细一致），可防止缝线在缝合时脱针与免去引线的麻烦。无损伤缝针属于针线一体类，可用于血管神经的吻合等。根据针尖与针眼两点间有无弧度可分直针和弯针。

11. 缝线 用于闭合组织和结扎血管。分为可吸收和不吸收两大类。

（1）可吸收缝线：主要为羊肠线即肠线，一般是用化学药品浸泡灭菌，储存于无菌玻璃或塑料管内。

（2）不吸收缝线：有非金属和金属线两种。非金属线有丝线、棉线、尼龙线等，常用者为丝线。金属线也有多种，最常用者为不锈钢丝，此外尚有钽丝、银丝，但较少用。

12. 敷料 一般为纱布及布类制品，种类很多，常见敷料如下：

（1）纱布块：用于消毒皮肤，擦拭手术中渗血、脓液及分泌物，术后覆盖缝合切口，进入腹腔用温湿纱布，以垂直角度在积液处轻压蘸除积液，不可揩摸，横擦，以免损伤组织。

（2）小纱布剥离球：将纱布卷紧成直径0.5～1cm的圆球，用组织钳或长血管钳夹持作钝性剥离组织之用。

（3）大纱布垫：用于遮盖皮肤、腹膜，湿盐水纱布垫可作腹腔脏器的保护用，也可以用来擦血。为防止遗留腹腔，常在一角附有带子，又称有尾巾。

13. 产科绳 是矫正和拉出胎儿必需的用品之一。常用的是棉绳和尼龙绳，质地柔软结实。产科绳直径约0.5～0.8cm，长2～3m，绳的一端要留有圈套，也可做结代替，常用的结是单滑结或双套结。使用时，可把绳结套在中间三个手指上带入产道，借手指的移动，把绳结拴缚胎儿肢体的预定部位，然后用力拉出胎儿。但在套绳时，不可隔着胎膜缚住胎儿，以免拉的时候滑脱。

14. 绳导 是用来带动产科绳或线锯条的器械。在使用绳圈套住胎儿某部有困难时，需用绳导作为穿引器械，将产科绳或线锯条带入产道，套在胎儿的某一部位。常用的有长柄绳导及环状绳导两种。

（1）长柄绳导：用于大家畜，形为一半弯曲铁杆，直径10～20mm，长约25cm，两端各有一个耳环。产科绳或线锯拴在环的一端上。

（2）环状绳导：形为一椭圆形铁环，直径8～10cm，长14～16cm，宽4cm左右。

15. 产科钩 在矫正拉出胎儿时，用手或绳不行时，使用产科钩往往效果很好。产科钩有单钩与复钩两种，而单钩又有长柄和短柄、锐钩和钝钩之分。钝钩用于矫正拉出活的胎儿，锐钩用于死胎。使用时可钩住眼眶、下颌骨体、后鼻孔、耻骨联合或其他坚固组织。长柄钩用于能够沿直线达到的部位，非常方便得力。短柄钩在子宫内可随意转动，能够用于不能沿直线达到的地方，使用时柄端圈套内系以绳索，便于滑脱时寻找。用时用手握住钩尖将其带入产道内，下钩时要使钩尖内向胎儿，绝不可露出钩尖。拉动时要求和助手密切配合，并时刻注意钩尖有否滑脱的可能。在紧急情况下，也可用铁条或家庭中火钩代替。

16. 产科梃 母畜难产，由于子宫的收缩，胎儿往往楔入骨盆腔内，为了矫正胎儿反常部分，需要将胎儿由骨盆腔内推送入腹腔内，然后再矫正胎儿。难产助产时除术者用手推送外，利用产科梃推送不但力大而且推送的距离远。有时还利用梃端左、右、前、后旋转推拉帮助矫正，故产科梃是难产助产的必备器械。常见的有：

（1）产科长柄梃：直径为1～1.5cm、长80cm的圆铁杆，其前端分叉，呈半圆形的两叉，后端有把柄，有的在叉中间有一尖端，可以插入胎儿组织内，推动时不易滑脱。用此推进胎儿，术者握住产科梃的两叉端，带入产道或子宫，顶在胎儿一定的部位上（正生时是梃叉横顶在胎儿胸前或竖顶在颈基和一侧肩端之间。倒生时是梃叉横顶在尾根和坐骨弓之间或竖顶在坐骨弓上），用手固定，严防滑脱。趁母畜努责的间隙用力推回胎儿，在推进一定距离后，空间已扩大，矫正时，助手顶住胎儿，术者即可放手进行整复。

（2）双孔梃：在梃叉两端各有一环，在环内穿入一根产科绳，使用时在一叉环上缚住一绳，将绳的游离端利用导绳器带入产道内。当套住胎儿某一肢体后，将绳端拉出产道外并穿过另一叉环，再慢慢将双孔梃带入产道安放在需要推拉的地方，令助手拉紧绳索缚住胎儿，并将绳的游离端缠在梃柄上，这时即可进行推拉矫正。

17. 隐刃刀 是刀刃能自由出入刀鞘，把它带入子宫或由子宫拿出时，不会损伤产道。刃身有直、弯或钩等型号规格，刀柄后端有一圆孔，可穿绳子缚在手腕上，以免滑掉。此刀多用于碎胎术。

18. 产科线锯 在严重难产时，需将死胎躯体分割6～8块取出。线锯是碎胎的极好工具。常用的线锯由双筒线锯管、线锯芯、线锯条及线锯柄四部分构成。两锯管之间由一金属环相连。金属环可上下活动并用螺钉旋钮固定于任何部位。线锯芯前端有一小孔钩用来将锯条从管端穿过锯管拉出管外，最后根据需要在适当的地方装上锯柄即可来回锯动。产科线锯，用于锯断死亡胎儿肢体，用于碎胎助产。产科线锯的使用有两种方法：一是套上，例如在截除姿势正常的前腿时，先把锯条在加上卡子的两锯管内穿好，将锯条的圈套和锯管一起从蹄尖推入子宫，套到要锯断的部位上，然后锯割。二是绕上，例如在胎儿头颈侧弯时，先将锯条由后向前穿过一个锯管，拴上绳导。右手将绳导带入子宫，左手将此锯管紧跟绳导向前推进。把绳导由上向下插入颈部和躯干之间，然后再从下面找到它，并拉出阴门之外。这时去掉绳导，用通条把锯条由前向后穿过另一锯管，并将此锯管顺着锯条伸入子宫，抵达颈部，和前一锯管并齐。然后把卡子由后向前套在两锯管上，并推至一定距离。最后在锯条的两端加上把柄，这时术者把两锯管的前端用力固定住，助手即可拉动锯条。

19. 胎儿绞断器　绞断器是由绞盘、钢管、抬杠、大小摇把和钢绞绳所组成。可绞断胎儿的任何部分，而且较线锯快。但骨质断端不整齐，取出胎儿时容易损伤产道。因此，除了从关节处绞断外，对骨质断端需用大块绞布保护。使用方法与线锯基本相同，先将绞绳的一端带入子宫，绕过胎儿准备绞断的部分，然后拉出产道。将钢绞绳的两端对齐，穿过钢管，固定在绞盘上。术者将钢管送入子宫，顶在预定要绞断的部位上，用手加以固定，以防位置改变。两名助手抬起绞盘，另一名助手先用小摇把绞，当钢绞绳已紧时，再用大摇把用力慢绞。如果摇把已松，说明胎儿已经被绞断。

（二）器械保管

医疗器械应按照器械性质用途分类保管，器械柜内不应当放置具有腐蚀性的化学药品，利用率比较低的器械保管时最好涂搽保护剂。要了解和熟悉器械的性能、用途、使用范围、使用方法和注意事项，以免损害器械。

1. 金属器械保管　金属的器械应分类整齐地排列在器械柜内，器械柜内应保持清洁、干燥，防止器械生锈。使用后，应及时清点，然后将用过的器械放入冷水或消毒液中浸泡。利刃器械和精密器械要与普通器械分开存放，以免相互碰撞而损伤；能拆卸的器械最好拆开，接着进行洗刷；使用和洗刷器械不可用力过猛或投掷；在洗刷时用指刷或纱布块仔细擦净污迹，特别要注意洗刷止血钳、持针钳的齿槽，外科手术刀的柄槽和剪、钳的活动轴。清洗后的器械应及时使其干燥。可用干布擦干，也可用吹风机吹干或放在干燥箱中烘干。被脓汁、化脓创等严重污染的器械，应先用消毒液浸泡消毒，然后再进行清洗。不经常使用的器械在清洁干燥后，可涂上凡士林或液体石蜡保存，并定期检查涂油。金属器械，在非紧急情况下，禁止用火焰烧灼灭菌。

2. 玻璃器皿保管　根据用途分类存放，小心存取、避免碰撞，使用后应及时清洗、灭菌。

3. 橡胶制品保管　清洗后存放在阴凉、干燥处，避免压挤、折叠、暴晒或沾染松节油、碘等化学药品。保存橡胶手套时，还必须在其内外撒布滑石粉。橡胶制品使用后应及时清洗、消毒，再按上述方法保管。

4. 其他诊疗器材保管　应妥善保管，节约使用。注射器使用后及时冲洗针筒、针头，然后消毒，保存备用；缝合针应清洗、消毒、干燥后分类贮存于容器内或插在纱布上备用；耳夹子、牛鼻钳、叩诊板、叩诊锤、体温计、听诊器、药勺、保定绳等均应分类存放，设立明显标识。

二、常用仪器的使用和维护

（一）显微镜的使用与维护

普通光学显微镜是根据光学原理和利用各种透镜而制成，由于它是利用普通光线为光源，因此称其为普通光学显微镜。

1. 显微镜的构造

(1) 机械部分：由镜座、镜臂、镜筒、物镜转换器、粗（微）调焦旋钮、载物台、移动尺、移动尺 XY 向调节旋钮、压夹、聚光器升降螺旋、光栏（虹彩光圈）调节手柄等组成。

(2) 光学部分：由接目镜（5×、10×、16×）、接物镜（4×、10×、20×、40×、60×、100×）、集光器和光源（或反光镜）等组成。

2. 显微镜的使用与维护

(1) 准备：从镜箱中取出显微镜时，以右手执镜臂，左手托镜座，将显微镜水平取出置于平稳的桌子上个人位置的左前方。然后用纱布擦拭镜身金属部分，如果接目镜、接物镜、反光镜等光学部分有灰尘，需用清洁的绸布或擦镜纸擦拭，不能用手指、普通卫生纸或布擦拭。

(2) 调节光源：使全视野内为均匀的明亮度。检查染色标本时光线应强；检查未染色标本时光线宜弱。

(3) 观察：两眼睁开同时观察，左眼观察，右眼绘图或记录。先用低倍镜观察，因为低倍镜视野较大，易发现目标和确定位置。找到目的物后，将其移至视野中心，顺时针转换高倍镜，用微调节器调节清晰后观察。用油镜观察时，将载物台下降，转换成油镜头。在玻片的镜检部位滴上一滴香柏油，然后将载物台小心升起，使油镜头表面浸入香柏油中，几乎与标本上盖玻片相接，但绝不能压在盖玻片上，否则不仅会压碎玻片，也会损坏镜头。而后用微调调节载物台缓慢下降，直至视野出现物像，再用细调节器校正焦距。如油镜已离开油面仍未见物像，必须再将载物台上升，重复操作至物像看清为止。

(4) 收藏：观察完毕，下旋载物台，移去标本片。先用擦镜纸拭去镜头上的油，然后蘸取少许二甲苯擦去镜头上残留的油迹，最后用干净的擦镜纸擦净镜头，将显微镜各部分还原。将显微镜放入镜箱，置阴凉干燥处保管。

(二) 电冰箱的使用与维护

1. 使用

(1) 电冰箱应放在干燥通风处，四周应留有 10cm 左右的空隙，以利冷凝器散热。不要放在受阳光直射或靠近热源的地方。

(2) 电冰箱要放置平稳，以防产生振动和噪音，放置电冰箱的环境不能有可燃气体。

(3) 必须使用单独的三孔插座并配置适当的电度表及保险丝，三孔插座的接地端应有可靠的接地线。

(4) 使用时将温度调节旋钮旋至所需温度刻度；电冰箱门应尽量少开；箱内物品不可放置过多过密，以免影响空气流动；箱内不可放置腐蚀性物品；菌种和病理标本等污染物品，应包装严密，单独隔离存放；高于室温的物品，必须冷却后才能放入。

2. 维护

(1) 电冰箱要保持清洁，定期应用吸尘器、软毛刷清除冷凝器翅片上的灰尘等，以保持良好的散热条件。

(2) 要经常除霜。当蒸发器上结霜过厚（达 10mm）时，就会影响制冷剂吸收冷藏室内热量，这时就应停机一段时间，使霜自行溶化。除霜时切勿用金属刃器刮削，也不能用热水洗刷。

（3）清洗冷冻箱内壳或外壳时，应使用无腐蚀性的中性洗涤剂，不可用有机溶剂。清洗后，用干布擦干净。

（4）发现冰箱有异常音响或电动机频繁起动，应停机检查故障原因。

（5）冷冻箱长期停用时，应将内壳清洗、擦净、充分干燥。

（6）搬运时，应避免碰撞或剧烈振动；箱体与垂直线的倾斜角不得大于45°，以免损坏制冷系统。

（三）恒温培养箱的使用与维护

1. 使用

（1）隔水式恒温培养箱在通电前应先加蒸馏水到达规定指示处，同时应经常检查水位，及时添加温水。电热式恒温培养箱在使用时，应将风顶适当旋开以利调节箱内温度；应在箱内放一个盛水的容器，以保持一定的湿度；箱内底板因接近电炉丝，不宜放置培养物。

（2）为了便于热空气对流，箱内培养物不宜放置过挤。无论放入或取出培养物，都应随手关闭箱门，以免影响箱内温度。

（3）应经常注意箱上温度计所指示的温度是否与所需要温度相符。

（4）使用完毕，应及时切断电源并将旋钮转至零位，确保安全。

（5）必须使用单独的三孔插座并配置适当的电度表及保险丝，三孔插座的接地端应有可靠的接地线。

2. 维护

（1）应放置在平整坚实的台面上，要放置平稳。

（2）应放置在干燥、通风处，并保持清洁。

（3）电源线不可缠绕在金属物上或放置在潮湿的地方；必须防止橡胶老化以致漏电。

（4）若不经常使用或使用完毕后，感温探头头部要用保护帽套住。

（四）电热干燥箱的使用与维护

1. 使用

（1）主要用于玻璃器皿和金属制品等的干热灭菌和干燥用。灭菌时，装好待灭菌物品，关闭箱门，接通电源，开始加热，应开启箱顶上的活塞通气孔，将冷空气排出，待温度升至60℃时，将活塞关闭。灭菌时，可使温度升至160℃，维持1～2h。若仅需达到干燥目的，可一直开启活塞通气孔，温度只需60℃左右即可。

（2）必须使用单独的三孔插座并配置适当的电度表及保险丝，三孔插座的接地端必须有可靠的接地线。

（3）物品在箱内放置不宜过挤，使空气流动畅通，保证灭菌效果；干燥箱底板因接近电热器，故不可放置物品。

2. 维护

（1）在通电使用时，切忌用手触及箱左侧空间内的电器部分或用湿布揩抹及用水冲洗。

（2）每次使用完后，须将电源切断，为避免玻璃器皿炸裂，待箱内温度降到60℃以下时，方可打开箱门，取出物品。

（3）工作时应有专人监测箱内温度，温度不能超过170℃，以免棉塞或包扎纸被烤焦。

（五）离心机的使用与维护

1. 使用

（1）离心机要放置在平整而坚实的台面上，其底部的三个橡胶吸脚能够把离心机牢牢地固定在台面上。

（2）离心机必须使用单独的三孔安全插座，并配置适当的电度表及保险丝，三孔插座接地端必须有可靠的接地线。

（3）放置试样时，应将试样小心地放置于离心套管内，注意对称的离心套管内必须放入同样重量的试样，避免由于重量偏差而产生严重晃动。

（4）每根套管的底部均有一个橡皮衬垫，在开机前应对每根套管检查一下，如一管内无，而另一管内有1个或2个等情况，将产生偏差，而使转盘晃动。

（5）接通电源前，应盖上机盖并保证转速旋钮处在“0”的位置。

（6）接通电源，顺时针转动转速旋钮，旋至所需的转速位置，转头开始旋转，离心机开始工作。

（7）工作一段时间后，当需要停止离心机工作时，将转速旋钮逆时针转回“0”的位置，转头开始减速，等到转头完全停止转动后方可打开机盖取出试样。必须让转头自行减速，切勿用外力强行制动，以免发生危险。

（8）离心机使用完毕后，切断电源，将其置于干燥、通风、阴凉处，并保持其清洁。

2. 维护

（1）离心机应定期检修，至少每年一次。转轴上应常加润滑油。启动后如有不正常声音或剧烈震动，马上关闭电源检查故障原因。

（2）使用过程中应注意避免碰到强酸强碱而产生腐蚀。

（3）对称放置的离心管，必须重量相等并且密度一致，所有的离心管都一样重更好，避免开机后剧烈震动，损坏仪器。

（4）离心机启动时，应由低速逐渐转入高速，停止时也应由高速逐渐转入低速，不要变化太快，以免产生剧烈震动。停止时应让离心机自然停转，在未停妥之前切勿用外力强行制动。

（5）离心管中液体不要装得太满。如果试管口加有棉塞，必须将棉塞上端翻转在管外，用橡皮圈扎紧，以免高速转动时落入管底。

（六）高压蒸汽灭菌器的使用与维护

1. 使用

（1）加水：在主体内加入适量清水，水位一定要超过电热管，连续使用时，必须在每次灭菌前补足上述水量，以免干热使电热管烧坏。

（2）放置待灭菌的物品：将待灭菌的物品予以妥善包扎，放入灭菌桶容器内，各包之间应留有间隙，按顺序堆放在灭菌桶的筛板上，这样可有利于蒸汽的穿透，提高灭菌效果。

（3）密封：将放置好物品的灭菌桶放在主体内，然后把盖上的放气软管插入灭菌桶内侧的半圆槽内，对正盖与主体的螺栓槽，顺序、对称地将相应方位的翼形螺母予以均匀旋紧，使盖与主体密合。

（4）加热：将灭菌器接上与铭牌标志电压一致的电源，在加热开始时打开排气阀，使冷空气随着加热由桶内逸去，待有较急的蒸汽喷出时关闭排气阀。此时压力表指针会随着加热逐渐上升，指示出灭菌器内的压力。

（5）灭菌：当压力到达 103.4kPa、温度达到 121.3℃时，开始计算灭菌所需时间，并使之维持 15～20min。

（6）取物：灭菌时间终到时，停止加热，待灭菌器内压力降至零时才能开盖取物。

（7）干燥：对于在灭菌后需要迅速干燥的物品，可在灭菌终了时将灭菌器内的蒸汽通过放气阀予以迅速排出，待压力表指针回复至“0”位，再稍待 1～2min，然后将盖打开继续加热 10～15min，使物品上残留的水蒸气得到蒸发，随后将电源开关拨到“关”，停止加热。

（8）冷却：在对液体灭菌时，当灭菌时间终了时，切勿立即将灭菌器内的蒸汽予以排出，否则，由于液体的温度未能迅速下降，而压力蒸汽突然释放，会使液体剧烈沸腾造成溢出或容器爆裂等危险事故，所以在灭菌终了时必须将电源开关拨至“关”，停止加热，待其冷却直至压力指针回复至“0”位，再待数分钟后，打开放气阀，排去余气后，才能将盖开启。

2. 维护

（1）高压蒸汽灭菌器属于压力容器，应定期检测。

（2）压力表使用日久后，压力表指示不正常或者不能恢复零位时，应及时予以检修，平时应定期与标准压力表相对照，若不正常，应换上新表。

（3）橡胶密封垫圈使用日久会老化，应定期更换。

3. 注意事项

（1）在开始加热时，打开排气阀，使桶内的冷空气随着加热逸出，否则达不到预期的灭菌效果。

（2）对不同类型、不同灭菌要求的物品，切勿放在一起灭菌。

（3）螺旋必须均匀旋紧，使盖紧闭，以免漏气，达不到灭菌效果。

（4）放入器内待灭菌物品，不可排压过紧，以免影响蒸汽流通，影响灭菌效果。

（5）为了保证灭菌效果，灭菌时间和压力必须准确，操作人员不得擅自离开。

（6）灭菌终了时，若压力表指针已恢复零位，而盖不易开启时，打开排气阀，使外界空气进入灭菌器内，真空消除后盖即可开启。

（七）电子天平的使用与维护

1. 使用

（1）接通电源：打开电源开关和天平开关，预热至少 30min 以上。也可于上班时预热至下班前关断电源，使天平处于稳定的预热状态。

（2）参数选择：预热完毕后，轻轻按一下天平面控制上的开关键，天平即开启，并显示 0.000 0；按下开关键不松手，直至出现 Int-x-后立即松开，并立即轻轻按一下即可选择积分时间，选择积分时间，选择挡为 1、2、3，一般选“2”挡；选好后，再按住开关不松开直到出现 Asd-x-后立即松开，并立即轻轻按动即可选择稳定度，选择挡为 1、2、off 三挡，一般选“2”挡。以上两参数选好后，如无必要可不再改变，每次开启后即执行选定参数。

（3）天平自检：电子天平设有自检功能，进行自检时，天平显示“CAL……”稍待片刻，闪显“100”，此时应将天平自身配备的100g标准砝码轻缓推入，天平即开始自校，片刻后显示100.000 0，继后显“0”，此时应将100g标准砝码拉回，片刻后天平显示00.000 0；天平自检完毕，即可称量。

（4）放入被称物：将被称物预先放置使与天平室的温度一致（过冷、过热物品均不能放在天平内称量），必要时先用台式天平称出被称物大约重量。开启天平侧门，将被称物置于天平载物盘中央；放入被称物时应戴手套或用带橡皮套的镊子镊取，不应直接用手接触。并且必须轻拿轻放。

（5）读数：天平自动显示被测物质的重量，等稳定后（显示屏左侧亮点消失）即可读数并记录。

（6）关闭：天平关闭后应进行使用登记。

2. 维护

（1）使用前应检查天平是否置于稳定的工作台上，避免震动、气流及阳光照射。

（2）电子天平在使用前应按说明书的要求进行预热。

（3）经常保持天平内部清洁，必要时用软毛刷或绸布抹净或用无水乙醇擦净。

（4）称量易挥发和具有腐蚀性的物品时，要盛放在密闭的容器中，以免腐蚀和损坏电子天平。

（5）称量不得超过天平的最大载荷。

（6）经常对电子天平进行自校或定期外校，保证其处于最佳状态，并有专人保管，负责维护保养。

（7）天平内应放置干燥剂，常用变色硅胶，应定期更换。

3. 注意事项

（1）电子天平在使用前通常需要预热。一般来说，天平的准确度等级越高，所需预热时间就越长，可根据天平使用说明书中的要求进行预热，必要时可延长预热时间（通常环境温度越低，预热时间越长）。实际上，许多使用者在使用天平时都是即开即用，这样是不能保证天平的计量性能的。因此，电子天平预热是关系到准确度的重点。

（2）电子天平不要放置在空调器下的边台上。搬动过的电子天平必须重新校正好水平，并对天平的计量性能作全面检查无误后才可使用。

（3）称取吸湿性、挥发性或腐蚀性物品时，应用称量瓶盖紧后称量，且尽量快速，注意不要将被称物（特别是腐蚀性物品）撒落在称盘或底板上；称量完毕，被称物及时带离天平，并搞好称量室的卫生。

（4）同一个实验应使用同一台天平进行称量，以免因称量而产生误差。

（5）如果电子天平出现故障应及时检修，不可带“病”工作。

（八）酸度计的使用与维护

酸度计简称pH计，由电极和电计两部分组成。是测量pH值的精密仪器。

1. 使用

（1）将“pH-mv”开关拨到pH位置，打开电源开关指示灯亮，预热30min。

（2）取下放纯化水的小烧杯，并用滤纸轻轻吸去玻璃电极上的多余水珠。在小烧杯内加入选择好的，已知pH的标准缓冲溶液。将电极浸入。注意使玻璃电极端部小球和甘汞电极的毛细孔浸在溶液中。轻轻摇动小烧杯使电极所接触的溶液均匀。

（3）根据标准缓冲液的pH，将量程开关拧到0～7或7～14处；调节控温钮，使旋钮指示的温度与室温同；调节零点，使指针指在pH值为7处。

（4）轻轻按下或稍许转动读数开关使开关卡住。调节定位旋钮，使指针恰好指在标准缓冲液的pH数值处。放开读数开关，重复操作，直至数值稳定为止。

（5）校整后，切勿再旋动定位旋钮，否则需重新校整。取下标准液小烧杯，用纯化水冲洗电极。

（6）将电极上多余的水珠吸干或用被测溶液冲洗二次，然后将电极浸入被测溶液中，并轻轻转动或摇动小烧杯，使溶液均匀接触电极。

（7）被测溶液的温度应与标准缓冲溶液的温度相同。

（8）校整零位，按下读数开关，指针所指的数值即是待测液的pH。若在量程pH值为0～7范围内测量时指针读数超过刻度，则应将量程开关置于pH值为7～14处再测量。

（9）测量完毕，放开读数开关后，指针必须指在pH值为7处，否则重新调整。

（10）关闭电源，冲洗电极，并按照维护方法浸泡。

2. 维护

（1）电源的电压与频率必须符合仪器铭牌上所指明的数据。

（2）仪器配有玻璃电极和甘汞电极。玻璃电极在初次使用前，必须在纯化水中浸泡24h以上。平常不用时也应浸泡在纯化水中。甘汞电极在初次使用前，应浸泡在饱和氯化钾溶液内，不要与玻璃电极同泡在纯化水中。不使用时也浸泡在饱和氯化钾溶液中或用橡胶帽套住甘汞电极的下端毛细孔。

（3）标准缓冲液的配制及其保存

pH标准物质应保存在干燥的地方，如混合磷酸盐pH标准物质在空气湿度较大时就会发生潮解，一旦出现潮解，pH标准物质即不可使用；配制pH标准溶液应使用二次纯化水或者是去离子水，如果是用于0.1级pH计测量，则可以用普通纯化水；配制pH标准溶液应使用较小的烧杯来稀释，以减少沾在烧杯壁上的pH标准液。存放pH标准物质的塑料袋或其他容器，除了应倒干净以外，还应用纯化水多次冲洗，然后将其倒入配制的pH标准溶液中，以保证配制的pH标准溶液准确无误；配制好的标准缓冲溶液一般可保存2～3个月，如发现有浑浊、发霉或沉淀等现象时，不能继续使用；碱性标准溶液应装在聚乙烯瓶中密闭保存，防止二氧化碳进入标准溶液后形成碳酸，降低其pH值。

3. 注意事项

（1）防止仪器与潮湿气体接触。潮气的浸入会降低仪器的绝缘性，使其灵敏度、精确度、稳定性都降低。

（2）玻璃电极小球的玻璃膜极薄，容易破损。切忌与硬物接触。

（3）玻璃电极的玻璃膜不要沾上油污，如不慎沾有油污可先用四氯化碳或乙醚冲洗，再用酒精冲洗，最后用纯化水洗净。

（4）甘汞电极的氯化钾溶液中不允许有气泡存在，其中有极少结晶，以保持饱和状态。如结晶过多，毛细孔堵塞，最好重新灌入新的饱和氯化钾溶液。

（5）如酸度计指针抖动严重，应更换玻璃电极。

（6）电极不能用于强酸、强碱或其他腐蚀性溶液。

（7）测量浓度较大的溶液时，尽量缩短测量时间，用后仔细清洗，防止被测液黏附在电极上而污染电极。

（九）移液器的使用与维护

1. 使用

首先按照实际吸取液体的体积，选择合适量程的微量移液器和吸头。一个完整的移液循环，包括吸头安装→容量设定→预湿吸头→吸液→放液→卸去吸头六个步骤。

（1）吸头安装：将移液器垂直插入合适吸头中，稍微用力左右微微转动即可使其紧密结合。如果是多道（如8道或12道）移液枪，则可以将移液枪的第一道对准第一个枪头，然后倾斜地插入，往前后方向摇动即可卡紧。枪头卡紧的标志是略为超过O形环，并可以看到连接部分形成清晰的密封圈。选择吸头放在移液器套筒上，稍加压力使之与套筒之间无空气间隙。切忌用力过猛，更不能采取剁吸头的方法来进行安装，以免移液器造成不必要的损伤。

（2）容量设定：用拇指和食指转动移液器的调节旋钮，逆时针方向转动旋钮，可提高设定取液量。顺时针方向转动旋钮，可降低取液量。如果要从大体积调为小体积，则按照正常的调节方法，顺时针旋转旋钮到刚好即可；但如果要从小体积调为大体积时，则可先逆时针旋转旋钮1/3圈后再顺时针回调至设定体积，这样可以保证量取的最高精确度。在该过程中，千万不要将按钮旋出量程，否则会卡住内部机械装置而损坏移液枪。在调整旋钮时，不要用力过猛，切勿使移液量设定值超出规定的量程范围。

（3）预湿吸头：安装了新的吸头或增大了容量值以后，应该把需要转移的液体吸取、排放2~3次，这样做是为了让吸头内壁形成一道同质液膜，确保移液工作的精度和准度。

（4）吸液：先将移液器排放按钮按至第一停点（图1－16A），垂直握持加样器，使吸头浸入液面下2~3mm处，然后缓慢平稳地松开按钮，吸入液体（图1－16B），等1s（黏性大的溶液可加长停留时间），然后提离液面，贴壁停留2~3s，使吸头外侧的液体滑落，切忌过快。

（5）放液：将吸头口紧贴容器内壁底部并保持倾斜，平稳地把排放按钮按至第一停点（图1－16C），略作停顿以后，再把按钮压到第二停点以排出剩余液体（图1－16D）。压住按钮，同时提起加样器，使吸头贴容器壁擦过（图1－16D）。松开按钮（图1－16E）。

以上（4）、（5）步骤是前进移液法。另外用于转移高黏液体、生物活性液体、易起泡液体或极微量的液体时，最好采用反向移液法，就是先吸入多于设置量程的液体，转移液体的时候不用吹出残余的液体。先按下按钮至第二停点，慢慢松开按钮至原点。接着将按钮按至第一停点排出设置好量程的液体，继续保持按住按钮位于第一停点（千万别再往下按），取下有残留液体的枪头，弃之。

（6）卸去吸头：按吸头弹射器除去吸头，将卸掉的吸头放置至污物筒中，不可和新吸头混放，以免产生交叉污染。

2. 维护和注意事项

（1）选择合适量程范围的移液器，禁止用大量程的移液器移取小体积样品，注意所设量程在移液器量程范围内。

（2）选择与移液器匹配的吸头，装配吸头时，用力不可过猛。

（3）使用移液器前应检查是否有漏液现象。吸液后在液体中停1~3s观察吸头内液面是否下降，如果液面下降首先检查吸头是否有问题，如有问题更换吸头。更换吸头后液面

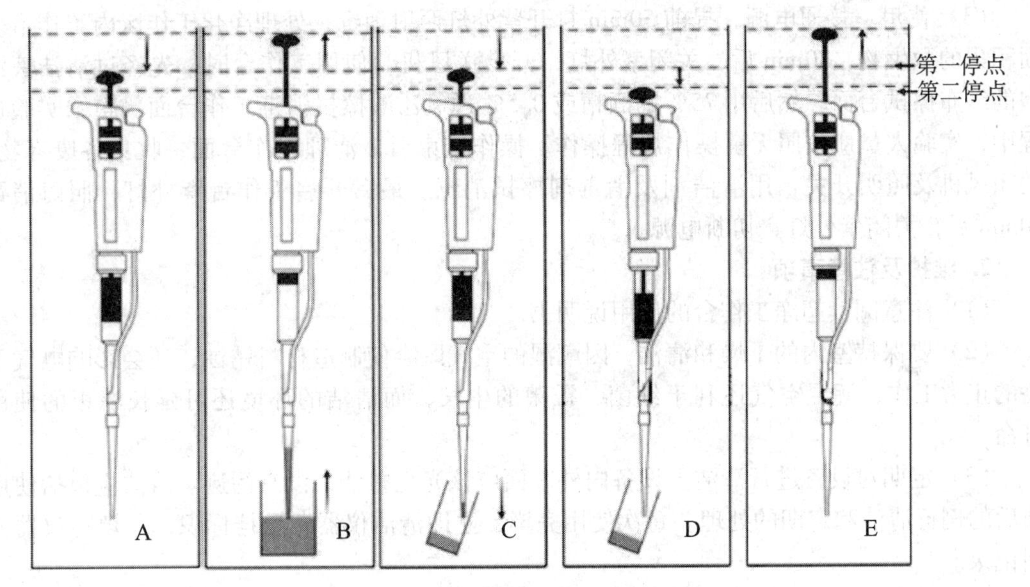

图 1-16 移液器使用示意图

仍下降说明活塞组件有问题，应找专业维修人员修理。

(4) 吸液时移液器应垂直吸液，慢吸慢放以防移液不准确。除使用反向移液法及连续加样外，不可直接按到第二挡吸液。

(5) 使用完毕，将其在移液器架上竖直挂稳，当移液器吸头里有液体时，切勿将移液器水平放置或倒置，以免液体倒流腐蚀活塞弹簧。

(6) 严禁使用移液器吸取有强挥发性、强腐蚀性的液体（如浓酸、浓碱、有机物等）。

(7) 需要高温消毒的移液器应首先查阅所使用的移液器是否适合高温消毒后再行处理。

(8) 如不使用，要把移液器的量程调至最大值的刻度，使弹簧处于松弛状态以保护弹簧。避免放在温度较高处以防变形致漏液或不准。

(9) 每天清除移液器外表的灰尘及污迹，禁止使用丙酮或强腐蚀性液体清洗移液器。可以用肥皂水或70%的酒精，再用纯化水清洗，自然晾干。如每天使用，应每3个月检查一次。

(十) 超净工作台的使用与维护

1. 使用

(1) 安放点的选择：应安放于卫生条件较好的地方，便于清洁，门窗能够密封以避免外界的污染空气对室内的影响。安放位置应远离有震动及噪音大的地方。严禁安放在产生大尘粒及气流大的地方，以保证操作区空气的正常流动。

(2) 使用前的检查：接通超净工作台的电源。旋开风机开关，使风机开始正常运转，这时应检查高效过滤器出风面是否有风送出。检查照明及紫外设备能否正常运行，如不能正常运行则应通知检修。工作前必须对工作台周围环境及空气进行超净处理，认真进行清洁工作，并采用紫外线灭菌法进行灭菌处理。

（3）使用：接通电源，提前50min打开紫外灯照射消毒，处理净化工作区内工作台表面积累的微生物，30min后，关闭紫外灯，开启送风机。使用工作台时，先经过清洁液浸泡的纱布擦拭台面，然后用75%的酒精或0.5%过氧乙酸擦拭消毒工作台面。整个实验过程中，实验人员应按照无菌操作规程操作。操作结束后，清理工作台面，收集各废弃物，关闭风机及照明开关，用清洁剂及消毒剂擦拭消毒。最后开启工作台紫外灯，照射消毒30min后，关闭紫外灯，切断电源。

2. 维护及注意事项

（1）注意阅读超净工作台的使用说明书。

（2）要保持室内的干燥和清洁。因潮湿的空气既会使制造材料锈蚀，还会影响电气电路的正常工作，潮湿空气还利于细菌、霉菌的生长，而清洁的环境还可延长滤板的使用寿命。

（3）定期对设备进行清洁。设备内外表面应该光亮整洁，没有污迹。清洁应包括使用前后的例行清洁和定期的处理。每次使用完毕，立即清洁仪器，悬挂标识，并填写仪器使用记录。

（4）净化工作区内严禁存放不必要的物品，以保持洁净气流活动不受干扰。

（5）按期更换超净工作台的初效、高效空气过滤器滤板和紫外杀菌灯。要经常用纱布蘸上酒精将紫外线杀菌灯表面擦干净，保持表面清洁，否则会影响杀菌能力。

（6）每月进行一次维护检查，并填写维护记录。每两月用风速计测量一次工作区平均风速，使工作台处于最佳状态。如遇机组发生故障，应立即通知专业人员，检修合格后方可继续使用。

（刘　云　陈广仁）

任务十二　动物饲养管理卫生基础知识

建设完善的动物卫生防疫设施，加强日常饲养管理，是养殖场减少和避免疾病发生的重要措施。

一、场址选择

场址直接影响到养殖场和畜禽舍的小气候环境、养殖场和畜禽舍的清洁卫生、畜禽群的健康和生产，也影响养殖场和畜禽舍的消毒管理及养殖场与周边环境的污染和安全。场址的选择应注意如下方面：

（一）总体要求

选择场址应符合本地区农牧业生产发展总体规划、土地利用发展规划、城乡建设发展规划和环境保护规划的要求。不应在规定的自然保护区、水源保护区、风景旅游区或受洪水或山洪威胁及泥石流、滑坡等自然灾害多发地带及自然环境污染严重的地区建场。分期建设时，选址应按总体规划需要一次完成，土地随用随征，预留远期工程建设用地。场址应水源充足，排水畅通，供电可靠，交通便利，地质条件能满足工程建设要求。选址时可按表1－8的推荐值估算所需占地面积。

表 1-8　畜禽场场区占地面积估算表

场　别	饲养规模	占地面积（m^2/头）	备　注
奶牛场	100～400 头成年乳牛	160～180	按成年奶牛计
肉牛场	年出栏育肥牛 1 万头	16～20	按年出栏量计
种猪场	200～600 头基础母猪	60～80	按基础母猪计
商品猪场	600～3 000 头基础母猪	50～60	按基础母猪计
绵羊场	200～500 只母羊	10～15	按成年种羊计
奶山羊场	200 只母羊	15～20	按成年母羊计
种鸡场	1 万～5 万只种鸡	0.6～1.0	按种鸡计
蛋鸡场	10 万～20 万只产蛋鸡	0.5～0.8	按种鸡计
肉鸡场	年出栏肉鸡 100 万只	0.2～0.3	按年出栏量计

（二）地势、地形与地质要求

饲养场要选择地势较高、平坦、干燥，水源充足、水质良好、排水方便、无污染，供电可靠，交通便利，地质条件能满足工程建设要求的地方。场地地形要开阔，有利于通风换气，维持场区良好的空气环境。山区建场应选在稍平缓坡上，坡面向阳，总坡度不超过25%，建筑区坡度应在2.5%以内，以便于场内运输和管理。山区建场还要注意地质构造，避开断层、滑坡、塌方的地段，也要避开坡底和谷地以及风口，以免受山洪和暴风雪的袭击。场地要不被有机物和病原微生物污染，没有地质化学环境性地方病，地下水位低和非沼泽性土壤。在不被污染的前提下，选择沙壤土建场较理想。如土壤条件差，可通过加强对畜禽舍的设计、施工、使用和管理，弥补当地土壤的缺陷。

（三）环境要求

动物饲养场周围环境，空气质量应符合《畜禽场环境质量标准》（NY/T 388—1999）。周围应具备就地无害化处理粪尿、污水的足够场地和排污条件，并通过畜禽场建设环境影响评价。同时应满足卫生防疫要求，场区距铁路、高速公路、交通干线不小于1 000m；距一般道路不小于500m；距其他畜牧场、兽医机构、畜禽屠宰厂不小于2 000m；距居民区不小于3 000m，并且应位于居民区及公共建筑群常年主导风向的下风向处。小型养殖场及养殖户要避开居民污水排放口，远离化工厂、制革厂、屠宰场、畜产品加工场等易造成环境污染的企业和垃圾场；距离村镇、居民点、河流、工厂、学校以及其他畜禽场有500m以上，距离公路100～300m。如果周围能够设1 000～2 000m的空白安全带会更好。

（四）水源要求

养殖场的水源要充足，水质良好，并且便于防护，不受周围污染，使水质经常处于良好状态。自备井应建在畜禽场粪便堆放场等污染源的上方和地下水位的上游，水量丰富，水质良好，取水方便，避免在低洼沼泽或容易积水的地方打井。水井附近30m范围内，不得建有渗水的厕所、渗水坑、粪坑及垃圾堆等污染源。

二、建筑规划布局

1. 动物饲养场四周要建筑围墙或屏障，防止闲杂人员和其他动物进入场内。围墙距一般建筑物的间距不应小于3.5m；围墙距畜禽舍的间距不应小于6m。

2. 建筑布局应分区规划，设置生活管理区、辅助生产区、生产区、隔离区（病死动物和粪便污水处理区）。各区应当分开，相距一定距离并有隔离带或墙，特别是生活区和生产区要严格分开。生活管理区和辅助生产区应位于场区常年主导风向的上风和地势较高处，隔离区位于场区常年主导风向的下风处和地势较低处，距离生产区50m以上（图1－17）。

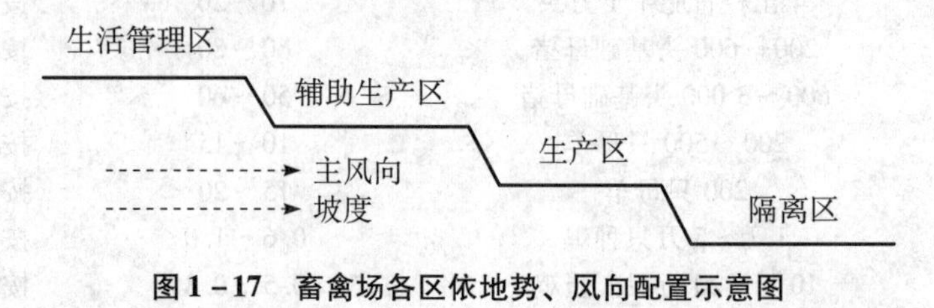

图1－17　畜禽场各区依地势、风向配置示意图

3. 畜禽场的生活管理区主要布置管理人员办公用房、技术人员业务用房、职工生活用房、人员和车辆消毒设施及门卫、大门和场区围墙。生活管理区一般应位于场区全年主导风向的上风处或侧风处，并且应在紧邻场区大门内侧集中布置。畜禽场的辅助生产区主要布置供水、供电、供热、设备维修、物资仓库、饲料贮存等设施，这些设施应靠近生产区的负荷中心布置。生产区主要布置各种畜禽舍和相应的挤奶厅、孵化厅、蛋库、剪毛间、药浴池、人工授精室、胚胎移植室、装车台等。生产区与其他区之间应用围墙或绿化隔离带严格分开，在生产区入口处设置第二次人员更衣消毒室和车辆消毒设施。这些设施都应设置两个出入口，分别与生活管理区和生产区相通。隔离区主要布置兽医室、隔离舍和养殖场废弃物的处理设施，该区应处于场区全年主导风向的下风向处和场区地势最低处，与生产区的间距应满足动物卫生防疫要求。离绿化隔离带、隔离区内部的粪便污水处理设施及其他设施也需有适当的卫生防疫间距。隔离区与生产区有专用道路相通，与场外有专用大门相通。

4. 畜禽场大门应位于场区主干道与场外道路连接处，设施布置应使外来人员或车辆经过强制性消毒，并经门卫放行才能进场。动物饲养场生产区入口处要建车辆消毒通道，其宽度大于入口、长于汽车轮一周半、深度不低于20cm的水泥结构的消毒池；值班室严格管理出入人员；更衣、淋浴、消毒室，该室应单一流向，出、入口分开，人行消毒池的消毒液深度不低于15cm、长度不小于2m；道路建筑应污道和净道分设，互不交叉。

5. 生产区畜禽舍朝向一般应以其长轴南向，或南偏东或偏西40°以内为宜。每相邻两栋长轴平行的畜禽舍间距，无舍外运动场时，两平行侧墙的间距控制在8～15m为宜；有舍外运动场时，相邻运动场栏杆的间距控制在5～8m为宜。每相邻两栋畜禽舍端墙之间的距离不小于15m为宜。适宜的畜舍间距应根据采光、通风、防疫和消防几点综合考虑，畜禽舍间距应不小于南面畜禽舍檐高的3～5倍。

6. 有条件的饲养场要自建深水井或水塔，用管道将水直接送至畜禽舍或使用自动饮水装置。

7. 建立贮料库。贮料库要建在紧靠围墙处，外门朝向生产区外，便于卸料；内门朝向生产区，用场内运料车将料运送至畜禽舍。若使用自动送料设备更好。贮料库要有良好的防鼠、防鸟设施，具备熏蒸消毒条件。

三、建筑要求

1. 畜禽舍要隔热、保温、通风良好，要有良好的防鸟、防鼠设施；墙面要平整、光滑、不渗透、不脱落、耐酸碱。

2. 畜禽舍内地面标高应高于舍外地面标高0.2～0.4m，并与场区道路标高相协调。场区道路设计标高应略高于场外路面标高。场区地面标高除应防止场地被淹外，还应与场外标高相协调。地面要坚实、平整、不积水、不渗透、耐酸碱。

3. 道路要坚硬、不渗透、平坦、不积水，要求在各种气候条件下能保证通车，防止扬尘。应分别有人员行走和运送饲料的清洁道、供运输粪污和病死畜禽的污物道及供畜禽产品装车外运的专用通道。清洁道也作为场区的主干道，宜用水泥混凝土路面，也可用平整石块或条石路面。宽度一般为3.5～6.0m，路面横坡1.0%～1.5%，纵坡0.3%～8.0%为宜。污物道路面可同清洁道，也可用碎石或砾石路面，石灰渣土路面。宽度一般为2.0～3.5m，路面横坡为2.0%～4.0%，纵坡0.3%～8.0%为宜。场内道路一般与建筑物长轴平行或垂直布置，清洁道与污物道不宜交叉。道路与建筑物外墙最小距离，当无出入口时1.5m为宜；有出入口时3.0m为宜。畜舍周围2m以内应硬化，便于消毒。

4. 场区实行雨污分流的原则，对场区自然降水可采用有组织的排水。对场区污水应采用暗管排放，集中处理，符合GB 18596—2001的规定。

5. 场区绿化应选择适合当地生长，对人畜无害的花草树木进行场区绿化，绿化率不低于30%，以达到净化场区空气、消除畜禽致病因素的目的。树木与建筑物外墙、围墙、道路边缘及排水明沟边缘的距离应不小于1m。场界的西侧和北侧，种植混合林带宽度应在10m以上，以起到防风阻沙的作用。场区设置总宽度为3～5m的隔离林带，运动场应设1～2行遮阳林。

四、饲料及饲养卫生

1. 根据饲养动物种类、品种、用途、生长发育阶段等动物的营养需要，饲喂全价配合饲料，满足动物生长、发育、繁殖、生产的需要。饲料质量应符合“饲料卫生标准”。禁止饲喂发霉、变质、污染的饲料。

2. 饲料从场外运至贮料库，要进行薰蒸消毒后，方可使用。饲料库要通风、防潮，防止饲料原料及饲料发霉和变质；饲料加工、贮存场所要做好防鸟、杀虫、灭鼠工作，防止在饲料加工、运输、贮存过程中被鸟、鼠的粪便等污染。

3. 饲养用具、料槽要定期洗刷、消毒；饲养员要保持清洁卫生，防止污染饲料。

五、环境卫生

1. 生产区必须保持清洁卫生，划分责任区，固定责任人，定期进行清扫、消毒；场内禁止饲养其他动物和场外动物进入；场内食堂不得在外面随意购买动物产品；净道、污道必须严格区分使用；污物、污水、病死动物等必须进行无害化处理。

2. 必须建立畜禽舍卫生、消毒制度并认真贯彻执行。饲养人员要坚守岗位，不得串栋；畜禽舍内用具要有标记，固定本舍使用，不得串用；每天清扫畜禽舍的走道、工作间、用具、设备、地面等；做好畜禽舍防鸟、杀虫、灭鼠工作，定期进行消毒；坚持“全进全出”饲养管理制度。出栏后，畜禽舍必须认真清扫、冲洗，彻底消毒，并空舍一定时间，方可再饲养动物。

六、用具车辆消毒

生产区内、外车辆、用具必须严格分开使用。生产区外车辆、用具必须进入生产区时，需经主管领导批准，经认真消毒后方可进入。

七、人员卫生

生产人员必须定期进行健康检查，患有人畜共患传染病者不得直接从事生产工作；生产区人员家中不得饲养同本场相同的动物；进入畜禽舍要脚踏消毒池（或消毒盆）和用消毒水洗手后方可进入；维修工或其他工作人员需要由一栋转移到另一栋时，要重新经消毒，更换消毒过的工作服、鞋、帽等方可转移；凡进入生产区的人员（包括生产区人员外出重返工作岗位时），必须经淋浴、消毒、更换消毒过的工作服、鞋、帽等方可进入（工作服、鞋、帽要定期消毒）；谢绝外来人员进入生产区，必须进入时，需经主管领导批准，并经淋浴、消毒、更换消毒工作衣、鞋、帽，在场内人员陪同下，方可进入。

（苏治国　梅存玉）

项目二　生物安全知识

任务一　生物危害

一、生物危害的概念

生物危害是指由生物因子对环境及生物体的健康所造成的直接或潜在的危害。当在实验室中处理致病微生物时，或处理基因重组过程中产生的可能具有潜在生物危害的新未知基因时，或在处理致病因子的产物时，这些病原体有可能对实验室的工作人员造成危害。当实验室硬件条件缺失、管理制度不完善以及不规范的操作程序，导致实验室致病因子泄漏和逃逸，则可能造成灾难性的后果。

二、生物危害的评估

根据生物因子对个体和群体的危害程度对其进行评估分为以下4级：

（一）危害等级Ⅰ（低个体危害，低群体危害）

不会导致健康工作者和动物致病的细菌、真菌、病毒和寄生虫等生物因子。

（二）危害等级Ⅱ（中等个体危害，有限群体危害）

能引起人或动物发病，但一般情况下对健康工作者、群体、家畜或环境不会引起严重危害的病原体。实验室感染不导致严重疾病，具备有效治疗和预防措施，并且传播风险有限。

（三）危害等级Ⅲ（高个体危害，低群体危害）

能引起人或动物严重疾病，或造成严重经济损失，但通常不能因偶然接触而在个体间传播，或能用抗生素、抗寄生虫药治疗的病原体。

（四）危害等级Ⅳ（高个体危害，高群体危害）

能引起人或动物非常严重的疾病，一般不能治愈，容易直接、间接或因偶然接触在人与人，或动物与人，或人与动物，或动物与动物之间传播的病原体。

（陈广仁　王　涛）

任务二　生物安全

一、生物安全的概念

生物安全是指现代生物技术的研究、开发、应用以及转基因生物的跨国越境转移可能会对生物多样性、生态环境和人体健康产生潜在的不利影响，特别是各类转基因活生物体释放到环境中可能对生物多样性构成潜在风险与威胁。

二、生物安全实验室

通过防护屏障和配套管理措施，达到生物安全要求的生物实验室和动物实验室。

三、实验室生物安全基本措施

当实验室工作人员所处理的实验对象含有致病微生物及其毒素时，通过在实验室设计建造、安全设备的配置、个体防护装备使用、严格遵循标准化操作规程和执行实验室管理等方面采取综合措施，避免微生物和医学/生物实验室中有害的或有潜在危害的生物因子对人、环境和社会造成的危害和潜在危害。具体包括一级屏障（主要包括安全设备和个体防护）、二级屏障（包括实验室的建筑、结构和装修、电气和自控、通风和净化、给水排水与气体供应、消防、消毒和灭菌等）两个方面。

四、生物安全实验室的分级及其适用范围

根据所用病原微生物的危害程度、对人和动物的易感性、气溶胶传播的可能性、预防和治疗的可行性等因素，其实验室生物安全水平各分为四级，一级最低，四级最高。

（一）生物安全水平分级

1. 一级生物安全水平（BSL-1） 能够安全操作，对实验室工作人员和动物无明显致病性的，对环境危害程度微小的，特性清楚的病原微生物的生物安全水平。

2. 二级生物安全水平（BSL-2） 能够安全操作，对实验室工作人员和动物致病性低的，对环境有轻微危害的病原微生物的生物安全水平。

3. 三级生物安全水平（BSL-3） 能够安全地从事国内和国外的，可能通过呼吸道感染，引起严重或致死性疾病的病原微生物工作的生物安全水平。与上述相近的或有抗原关系的，但尚未完全认知的病原体，也应在此种水平条件下进行操作，直到取得足够的数据后，才能决定是继续在此种安全水平下工作还是在其他等级生物安全水平下工作。

4. 四级生物安全水平（BSL-4） 能够安全地从事国内和国外的，能通过气溶胶传播，实验室感染高度危险，严重危害人和动物生命和环境的，没有特效预防和治疗方法的微生物工作的生物安全水平。与上述相近的或有抗原关系的，但尚未完全认知的病原体也应在此种水平条件下进行操作，直到取得足够的数据后，才能决定是继续在此种安全水平下工作还是在低一级安全水平下工作。

（二）动物实验生物安全水平（ABSL）

1. 一级动物实验生物安全水平（ABSL-1） 能够安全地进行没有发现肯定能引起健康成人发病的，对实验室工作人员、动物和环境危害微小的、特性清楚的病原微生物感染动物工作的生物安全水平。

2. 二级动物实验生物安全水平（ABSL-2） 能够安全地进行对工作人员、动物和环境有轻微危害的病原微生物感染动物工作的生物安全水平。这些病原微生物通过消化道和皮肤、黏膜暴露而产生危害。

3. 三级动物实验生物安全水平（ABSL-3） 能够安全地从事国内和国外的，可能通过呼吸道感染、引起严重或致死性疾病的病原微生物感染动物工作的生物安全水平。与上

述相近的或有抗原关系的，但尚未完全认知的病原体感染，也应在此种水平条件下进行操作，直到取得足够的数据后，才能决定是继续在此种安全水平下工作还是在低一级安全水平下工作。

4. 四级动物实验生物安全水平（ABSL-4）　能够安全地从事国内和国外的，能通过气溶胶传播，实验室感染高度危险、严重危害人和动物生命和环境的，没有特效预防和治疗方法的微生物感染动物工作的生物安全水平。与上述相近的或有抗原关系的，但尚未完全认知的病原体动物试验也应在此种水平条件下进行操作，直到取得足够的数据后，才能决定是继续在此种安全水平下工作还是在低一级安全水平下工作。

（陈广仁　王　涛）

任务三　生物危害标志及使用

一、生物危害标志

生物危害标志是一位退休的环境健康工程师查尔斯·鲍德温（Charles Baldwin）在1966年通过各种测试后选出的最不易忘记、最有警示性的标志（图1－18）。

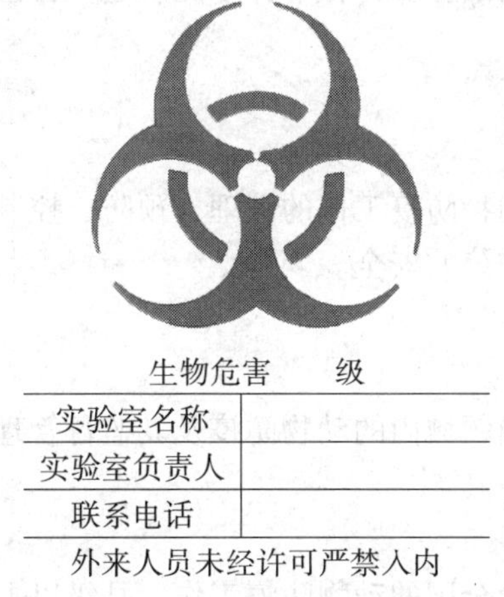

图1－18　生物危害标志（标志为红色，文字为黑色）

二、生物危害标志的使用

1. 在BSL-2/ABSL-2级兽医生物安全实验室入口的明显位置必须粘贴标有危害级别的生物危害标志。

2. 在BSL-3/ABSL-3级及以上级别兽医生物安全实验室所在的建筑物入口、实验室入口及操作间均必须粘贴标有危害级别的生物危害标志，同时应标明正在操作的病原微生物种类。

3. 凡是盛装生物危害物质的容器、运输工具、进行生物危害物质操作的仪器和专用设备等都必须粘贴标有相应危害级别的生物危害标志。

（陈广仁　王　涛）

项目三　相关法律、法规知识

任务一　《中华人民共和国动物防疫法》知识

1997 年 7 月 3 日，《中华人民共和国动物防疫法》（以下简称《动物防疫法》）经第八届全国人民代表大会常务委员会第 26 次会议通过，自 1998 年 1 月 1 日起施行；2007 年 8 月 30 日经第十届全国人民代表大会常务委员会第 29 次会议修订，于 2008 年 1 月 1 日起正式施行。《动物防疫法》是我国动物防疫工作的第一部法律，为动物防疫工作提供了法律保障。它对动物疫病的预防、动物疫病的控制和扑灭、动物和动物产品的检疫、动物防疫监督及其违反本法应当承担的法律责任作了详尽的规定。兽医工作者应当认真学习、宣传和贯彻执行。

一、立法目的

立法目的是为了加强对动物防疫工作的管理，预防、控制和扑灭动物疫病，促进养殖业发展，保护人体健康，维护公共安全。

二、适用范围

适用于在中华人民共和国领域内的动物防疫及其监督管理活动。

三、主管机关

国务院兽医主管部门主管全国的动物防疫工作。县级以上地方人民政府兽医主管部门主管本行政区域内的动物防疫工作。县级以上人民政府其他部门在各自的职责范围内做好动物防疫工作。军队和武装警察部队动物卫生监督职能部门分别负责军队和武装警察部队现役动物及饲养自用动物的防疫工作。

四、主要内容

本法针对现实生活中的突出问题，总结实践经验，按照预防为主、从严管理，促进养殖业生产、保护人体健康的精神，规定了一系列相应的制度和措施，主要内容：

（一）动物防疫工作的方针

国家对动物防疫工作实行预防为主的方针。各级人民政府应当加强对动物防疫工作的领导。

（二）动物疫病的预防措施

1. 实行动物疫病风险评估制度　国务院兽医主管部门对动物疫病状况进行风险评估，根据评估结果制定相应的动物疫病预防控制措施。这对提高我国动物疫病预防控制各项措施的科学性具有十分重要的意义。

2. 完善了强制免疫制度　对严重危害养殖业生产和人体健康的动物疫病实行计划免疫制度，实施强制免疫。饲养动物的单位和个人应当履行动物疫病强制免疫制度。实施强制免疫的动物疫病病种名录由国务院畜牧兽医行政管理部门规定并公布。

3. 健全了动物疫情的监测和预警　建立疫情预警制度，明确规定县级以上人民政府建立健全动物疫情监测网络，兽医技术机构对动物疫病的发生、流行情况进行监测；省级以上兽医主管部门根据预测及时发出动物疫情预警；接到预警的地方各级人民政府要采取相应的预防控制措施。

4. 动物防疫中有关方面的规定　建立无规定动物疫病区制度。

兴办动物饲养场（养殖小区）和隔离场所，动物屠宰加工场所，以及动物和动物产品无害化处理场所，应当向县级以上地方人民政府兽医主管部门提出申请，并附具相关材料，且必须符合规定的防疫条件要求。

采集、保存、运输动物病料或者病原微生物以及从事病原微生物研究、教学、检测、诊断等活动，应当遵守国家有关病原微生物实验室管理的规定。

动物、动物产品的运输及运载工具、垫料、包装物应当符合动物防疫条件。禁止经营封锁疫区内与所发生动物疫病有关的、疫区内易感染的、依法应当检疫而未经检疫或者检疫不合格的、染疫的、病死或者死因不明的、其他不符合国家有关动物防疫规定的动物、动物产品。

（三）动物疫病的控制和扑灭措施

1. 疫情报告

（1）疫情报告主体：从事动物疫情监测、检验检疫、疫病研究与诊疗以及动物饲养、屠宰、经营、隔离、运输等活动的单位和个人，发现动物染疫或者疑似染疫的，应当立即向当地兽医主管部门、动物卫生监督机构或者动物疫病预防控制机构报告，并采取隔离等控制措施，防止动物疫情扩散。

（2）动物疫情的认定：规定动物疫情由县级以上兽医主管部门认定；其中重大动物疫情要经省级以上兽医主管部门认定，必要时报农业部认定。

（3）动物疫情的通报：农业部应当及时向有关部门及省级兽医主管部门通报重大动物疫情的发生和处理情况；发生人畜共患传染病的，县级以上人民政府兽医主管部门与同级卫生主管部门应当及时相互通报。农业部应当依照我国缔结或者参加的条约、协定，及时向有关国际组织或者贸易方通报重大动物疫情的发生和处理情况。

（4）动物疫情的公布：农业部负责向社会公布动物疫情，也可以根据需要授权省级兽医主管部门公布本行政区域内的动物疫情。其他单位和个人不得发布动物疫情。

2. 各类疫病的控制、扑灭措施　规定了发生一类、二类、三类动物疫病时采取的措施。

发生一类疫病时，当地县级以上畜牧兽医行政管理部门应当立即组织动物防疫监督机构的有关人员到现场，采集病料，划定疫点、疫区、受威胁区，调查疫源，实行封锁，并以最快的方式将动物疫情等情况及时逐级上报农业部；采取隔离、扑灭、销毁、消毒、紧急免疫接种等强制性控制、扑灭措施，迅速扑灭疫病。二三类动物疫病呈暴发流行时，按照一类动物疫病处理。

（四）动物和动物产品的检疫规定

明确规定了由官方兽医具体实施动物、动物产品产地检疫和屠宰检疫，包括动物、动物产品在其饲养、生产、屠宰、加工、贮藏、运输、销售及参加展览、演出和比赛各个环节所进行的检疫。货主应当按照规定向当地动物卫生监督机构申报检疫。动物卫生监督机构指派官方兽医对动物、动物产品实施现场检疫；检疫合格的，出具检疫证明、加施检疫标志。实施现场检疫的官方兽医应当在检疫证明、检疫标志上签字或者盖章，并对检疫结论负责。

（五）动物诊疗制度

实施行政许可制度，并规定了从事动物诊疗活动的条件；实行职业兽医资格考试制度，经注册的职业兽医，方可从事动物诊疗、开具医药处方等活动。

此外，防疫法还对动物防疫的保障措施、动物防疫监督管理及法律责任均作了明确规定。

具体内容详见附录四《中华人民共和国动物防疫法》。

（苏治国　李茂平）

任务二　《动物疫情报告管理办法》知识

根据《中华人民共和国动物防疫法》及有关规定，农业部 1999 年 10 月 19 日印发了《动物疫情报告管理办法》（农牧发［1999］18 号文件），从公布之日起实施。

一、主管部门

国务院畜牧兽医行政管理部门主管全国动物疫情报告工作，县级以上地方人民政府畜牧兽医行政管理部门主管本行政区域内的动物疫情报告工作。

二、疫情公布

国务院畜牧兽医行政管理部门统一公布动物疫情。未经授权，其他任何单位和个人不得以任何方式公布动物疫情。

三、报告主体

从事动物饲养、经营及动物产品生产、经营和从事动物防疫科研、教学、诊疗及进出境动物检疫等单位和个人，应当建立本单位疫情统计、登记制度，并定期向当地动物防疫监督机构报告。

各级动物防疫监督机构实施辖区内动物疫情报告工作。

四、报告程序

动物疫情实行逐级报告制度。

县（市、区）、地（市）、省动物防疫监督机构、全国畜牧兽医总站建立四级疫情报告系统。

从事动物饲养、经营及动物产品生产、经营和从事动物防疫科研、教学、诊疗及进出境动物检疫等单位和个人发现患有疫病动物或疑似疫病动物，都应当及时向当地动物防疫监督机构报告，动物防疫监督机构接到疫情报告后应按规定时间逐级上报。

五、报告分类

动物疫情报告实行快报、月报和年报制度。

（一）快报

有下列情形之一的必须快报：发生一类或者疑似一类动物疫病；二类、三类或者其他动物疫病呈暴发性流行；新发现的动物疫病；已经消灭又发生的动物疫病。

县级动物防疫监督机构和国家动物疫情测报点发现上述动物疫情后，应在24h内快报至全国畜牧兽医总站。

（二）月报

县级动物防疫监督机构对辖区内当月发生的动物疫情，于下一个月5日前将疫情报告地（市）级动物防疫监督机构；地（市）级动物防疫监督机构每月10日前，报告省级动物防疫监督机构；省级动物防疫监督机构于每月15日前报全国畜牧兽医总站；全国畜牧兽医总站将汇总分析结果于每月20日前报国务院畜牧兽医行政管理部门。

（三）年报

县级动物防疫监督机构每年应将辖区内上一年的动物疫情于下一年1月10日前报告地（市）级动物防疫监督机构；地（市）动物防疫监督机构于1月20日前报省级动物防疫监督机构；省级动物防疫监督机构于1月30日前报全国畜牧兽医总站；全国畜牧兽医总站将汇总分析结果于2月10日前报国务院畜牧兽医行政管理部门。

六、报告形式

疫情报告以报表形式上报。需要文字说明的，要同时报告文字材料。按全国畜牧兽医总站制定的动物疫情快报、月报、年报报表报送。

七、奖惩

（一）奖励

对在动物疫情报告中作出显著成绩的单位和个人，由畜牧兽医行政管理部门给予表彰或奖励。

（二）惩处

违反本办法规定，瞒报、慌报或者阻碍他人报告动物疫情的，按《中华人民共和国动物防疫法》及有关规定给予处罚，对负有直接责任的主管人员和其他直接责任人员，依法给予行政处分。

违反本办法规定，引起重大动物疫情，造成重大经济损失，构成犯罪的，移交司法机关处理。

具体内容详见附录七《动物疫情报告管理办法》。

（苏治国　李茂平）

任务三　《畜禽标识和养殖档案管理办法》知识

2006年6月16日，《畜禽标识和养殖档案管理办法》（以下简称《办法》）经农业部第14次常务会议审议通过，自2006年7月1日起施行。《办法》对畜禽繁育、饲养、屠宰、加工、流通等环节涉及的有关标识和档案管理做了全面规定，对促进畜牧业持续健康发展具有重要意义。

一、立法目的

规范畜牧业生产经营行为，加强畜禽标识和养殖档案管理，建立畜禽及畜禽产品可追溯制度，有效防控重大动物疫病，保障畜禽产品质量安全。

二、适用范围

在中华人民共和国境内从事畜禽及畜禽产品生产、经营、运输等活动，应当遵守本办法。

三、主管部门

农业部负责全国畜禽标识和养殖档案的监督管理工作。县级以上地方人民政府畜牧兽医行政主管部门负责本行政区域内畜禽标识和养殖档案的监督管理工作。

四、主要内容

（一）畜禽标识管理

明确规定畜禽标识实行一畜一标。省级畜牧兽医行政主管部门应当建立畜禽标识及所需配套设备的采购、保管、发放、使用、登记、回收、销毁等制度。畜禽养殖者应当向当地县级动物疫病预防控制机构申领畜禽标识。动物卫生监督机构实施检疫时，应当查验畜禽标识，在检疫合格后，应当在畜禽产品检疫标志中注明畜禽标识编码。畜禽屠宰经营者应当在畜禽屠宰时回收畜禽标识，畜禽标识不得重复使用。

（二）养殖档案管理

明确规定了畜禽养殖场、县级动物疫病预防控制机构各自应当建立的养殖档案内容。畜禽养殖场养殖档案及种畜个体养殖档案格式由农业部统一制定。养殖档案和防疫档案保存时间：商品猪、禽为2年，牛为20年，羊为10年，种畜禽长期保存。

（三）信息管理

省级人民政府畜牧兽医行政主管部门建立本行政区域畜禽标识信息数据库，并成为国家畜禽标识信息中央数据库的子数据库。县级以上人民政府畜牧兽医行政主管部门根据数据采集要求，组织畜禽养殖相关信息的录入、上传和更新工作。

（四）监督管理

1. 县级以上地方人民政府畜牧兽医行政主管部门所属动物卫生监督机构具体承担本行政区域内畜禽标识的监督管理工作。

2. 对畜禽、畜禽产品实施追溯。县级以上畜牧兽医行政主管部门应当根据畜禽标识、养殖档案等信息对畜禽及畜禽产品实施追溯和处理。国外引进的畜禽在国内发生重大动物疫情，由农业部会同有关部门进行追溯。

具体内容详见附录九《畜禽标识和养殖档案管理办法》。

（苏治国　李茂平）

任务四　《兽药管理条例》知识

2004年3月24日，《兽药管理条例》（以下简称《条例》）经国务院第45次常务会议通过，自2004年11月1日起施行。《条例》对新兽药的研制、生产、经营、进出口、使用、监督管理及法律责任作出明确规定。

一、立法目的

加强兽药管理，保证兽药质量，防治动物疾病，促进养殖业的发展，维护人体健康。

二、适用范围

在中华人民共和国境内从事兽药的研制、生产、经营、进出口、使用和监督管理，应当遵守本条例。

三、主管部门

国务院兽医行政管理部门负责全国的兽药监督管理工作。县级以上地方人民政府兽医行政管理部门负责本行政区域内的兽药监督管理工作。

四、主要内容

《条例》分别为总则、新兽药研制、兽药生产、兽药经营、兽药进出口、兽药使用、兽药监督管理、法律责任、附则九章共分七十五条。

（一）实行兽用处方药和非处方药分类管理制度

兽用处方药和非处方药分类管理的办法和具体实施步骤，由国务院兽医行政管理部门规定。

（二）实行兽药储备制度

发生重大动物疫情、灾情或者其他突发事件时，国务院兽医行政管理部门可以紧急调用国家储备的兽药；必要时，也可以调用国家储备以外的兽药。

（三）建立了新兽药研制管理制度

为尽量减少新兽药可能给人类、动物和环境带来的危害和风险，《条例》规定，研制新兽药，应当具有与研制相适应的场所、仪器设备、专业技术人员、安全管理规范和措施，还应当进行安全性评价。并在临床试验前经省级以上人民政府兽医行政管理部门批准。临床试验完成后，研制者应当向农业部提交新兽药样品和相关资料，经评审和复核检验合格的，方可取得新兽药注册证书。根据保证动物产品质量安全和人体健康的需要，农业部可以在新兽药投产后，对其设定不超过5年的监测期，监测期内不批准其他企业生产或者进口该新兽药。

（四）规定了兽药生产、经营质量管理规范制度

要求兽药生产、经营企业严格按照兽药质量管理规范组织生产和经营。兽药生产企业所需的原料、辅料和兽药的包装应当符合国家标准或者兽药质量要求；兽药出厂应当经质量检验合格，并附具内容完整的标签或说明书；兽药经营企业应当建立购销记录，购进兽药应当做到兽药产品与标签或说明书、产品质量合格证核对无误，销售兽药应当向购买者说明兽药的功能主治、用法、用量和注意事项。

（五）规范了兽药进出口管理程序

规定首次向中国出口的兽药，出口方必须通过其在中国境内的办事机构、代理机构向农业部申请注册，并提交兽药样品、对照品、标准品和环境影响报告等书面材料，经审查和复核检验合格，取得农业部颁发的进口兽药注册证书后，方可向中国出口，取消了原来省级畜牧兽医行政管理部门可以颁发进口兽药登记许可证的规定。

（六）建立安全监测制度

建立用药记录制度、休药期制度和兽药不良反应报告制度。《条例》要求兽药使用单位遵守兽药安全使用规定并建立用药记录，不得使用假、劣兽药以及农业部规定的禁用药品和其他化合物，不得在饲料和动物饮用水中添加激素类药品和其他禁用药品；有休药期规定的兽药用于食用动物时，饲养者应当向购买者或者屠宰者提供准确、真实的用药记录，购买者或者屠宰者应当确保动物及其产品在用药期、休药期内不用于食品消费；禁止销售含有违禁药物或者兽药残留量超标的食用动物产品。兽药生产、经营企业，兽药使用单位和开具处方的兽医人员发现可能与兽药使用有关的严重不良反应时，应当立即向当地人民政府畜牧兽医行政管理部门报告。

根据防治动物疫病的需要，加强对兽用生物制品的管理。研制、生产、经营、进出口属于生物制品的兽药，都要遵守比普通兽药更加严格的管理制度。例如，每批兽用生物制品在出厂前都应当由农业部指定的检验机构审查核对，并在必要时进行抽查检验；普通兽药的经营许可证由市、县兽医行政管理部门核发，兽用生物制品的经营许可证由省级兽医行政管理部门核发；普通兽药的进口凭进口兽药注册证书即可办理通关手续，兽用生物制品的进口还需要向农业部申请允许进口兽用生物制品文件。

进一步细化了动物及动物产品残留监控制度，明确县级以上人民政府兽医行政管理部门负责组织对动物产品中兽药残留量的检测，检测结果由农业部或者省级人民政府兽医行政管理部门公布。

（七）强化监督措施，规范执法程序

《条例》规定县级以上人民政府兽医行政管理部门行使兽药监督管理权。对行政强制措施的决定和解除程序、假兽药和劣兽药的认定标准等问题作了更加切实可行的规定。

具体内容详见附录十二《兽药管理条例》。

（苏治国　李茂平）

任务五　《重大动物疫情应急条例》知识

2005年11月16日，经国务院第113次常务会议通过，《重大动物疫情应急条例》（以下简称《条例》）于2005年11月18日公布并自公布之日起施行。《条例》的公布实施，构架起我国应对重大动物疫情的快速反应机制，标志着我国预防和控制、扑灭高致病性禽流感等重大动物疫情工作进入了一个新的阶段。

一、立法目的

迅速控制、扑灭重大动物疫情，保障养殖业生产安全，保护公众身体健康与生命安全，维护正常的社会秩序。

二、主管部门

重大动物疫情应急工作按照属地管理的原则，实行政府统一领导、部门分工负责，逐级建立责任制。

三、主要内容

（一）明确了重大动物疫情的概念

《条例》第二条规定，重大动物疫情，是指高致病性禽流感等发病率或者死亡率高的动物疫病突然发生，迅速传播，给养殖业生产安全造成严重威胁、危害，以及可能对公众身体健康与生命安全造成危害的情形，包括特别重大动物疫情。

《条例》区分了动物疫病和动物疫情的基本概念，动物疫情是动物疫病经过迅速传播、危害畜牧业和人民健康的社会状态，而动物疫病仅是一个传染病概念，是动物疫情的一部分。国家掌握动物疫情控制的基本手段，即进行疫情监测，分析疫病流行规律，实现早发现、快速反应的要求。为此国家建设了动物疫情测报体系，农业部下发了《国家动物疫情测报体系管理规范》，而《条例》则规定了动物疫情监测的强制性和行政处罚，为动物防疫监督机构的疫情监测提供法律依据。

（二）明确规定了重大动物疫情应急工作的组织

依据《条例》第四条，进行重大动物疫情应急的组织工作。重大动物疫情应急工作按照属地管理的原则，实行政府统一领导、部门分工负责，逐级建立责任制。县级以上人民政府兽医主管部门具体负责组织重大动物疫情的监测、调查、控制、扑灭等应急工作；县级以上人民政府林业主管部门、兽医主管部门按照职责分工，加强对陆生野生动物疫源疫病的监测；县级以上人民政府其他有关部门在各自的职责范围内，做好重大动物疫情的应急工作；出入境检验检疫机关应当及时收集境外重大动物疫情信息，加强进出境动物及其产品的检验检疫工作，防止动物疫病传入和传出。兽医主管部门要及时向出入境检验检疫机关通报国内重大动物疫情。

《条例》规范了人民政府、应急指挥部、兽医主管部门、动物防疫监督机构及有关部门等五个主体的应急职责。其中，人民政府及其指挥部是两个管理主体，而兽医主管部门、有关部门、动物防疫监督机构是三个实施主体。两个管理主体中，人民政府负责决策，指挥部具体负责指挥，如人民政府决定疫点、疫区、受威胁区、发布封锁令，而指挥部决定对疫情现场采取处置措施；三个实施主体中兽医主管部门负责组织实施，动物防疫监督机构负责现场实施，如现场疫情调查核实、临时隔离疫点、采集病料、疫情确诊和报告、组建预备队、疫源追踪、流行病学调查、疫情监测、处置后验收、行政处罚等，有关部门如财政、计划、公安、工商、卫生等配合实施。两个管理主体、三个实施主体，按照职责分工各司其职，完成《条例》第三章（监测、报告和公布）、第四章（应急处理）的规定。

（三）明确规定了制定重大动物疫情应急预案的部门

国务院兽医主管部门制定全国重大动物疫情应急预案，报国务院批准，并按照不同动物疫病病种及其流行特点和危害程度，分别制定实施方案，报国务院备案。

县级以上地方人民政府根据本地区的实际情况，制定本行政区域的重大动物疫情应急预案，报上一级人民政府兽医主管部门备案。县级以上地方人民政府兽医主管部门，应当按照不同动物疫病病种及其流行特点和危害程度，分别制定实施方案。

（四）明确规定了重大动物疫情预案的主要内容

《条例》第十条规定重大动物疫情应急预案的主要内容包括：应急指挥部的职责、组成以及成员单位的分工；重大动物疫情的监测、信息收集、报告和通报；动物疫病的确认、重大动物疫情的分级和相应的应急处理工作方案；重大动物疫情疫源的追踪和流行病学调查分析；预防、控制、扑灭重大动物疫情所需资金的来源、物资和技术的储备与调度；重大动物疫情应急处理设施和专业队伍建设。

（五）明确规定了重大动物疫情应急工作的组织实施

《条例》第十一条规定，国务院有关部门和县级以上地方人民政府及其有关部门，应当按照应急预案的要求，做好疫苗、药品、设施设备和防护用品等物资的储备。

建立应急预备队制度。应急预备队是控制和扑灭重大动物疫情的重要力量，《条例》第十三条规定，县级以上地方人民政府根据重大动物疫情应急需要，成立应急预备队，在重大动物疫情应急指挥部的指挥下，具体承担疫情的控制和扑灭任务。应急预备队由当地兽医行政管理人员、动物防疫工作人员、有关专家、执业兽医等组成；必要时，可以组织动员社会上有一定专业知识的人员参加。公安机关、中国人民武装警察部队应当依法协助其执行任务。应急预备队应当定期进行技术培训和应急演练。

（六）明确规定了重大动物疫情监测负责机构

《条例》第十五条规定，国家建立突发重大动物疫情监测、报告网络体系，由动物防疫监督机构负责重大动物疫情的监测，饲养、经营动物和生产、经营动物产品的单位和个人应当配合，不得拒绝和阻碍。从事动物隔离、疫情监测、疫病研究与诊疗、检验检疫以及动物饲养、屠宰加工、运输、经营等活动的有关单位和个人，发现动物出现群体发病或者死亡的，应当立即向所在地的县（市）动物防疫监督机构报告。

（七）明确规定了疫情报告的时间

《条例》第十七条规定，县（市）动物防疫监督机构接到有关单位和个人的报告后，应当立即赶赴现场调查核实。初步认为属于重大动物疫情的，应当在2h内将情况逐级报省、自治区、直辖市动物防疫监督机构，并同时报所在地人民政府兽医主管部门；兽医主管部门应当及时通报同级卫生主管部门。省、自治区、直辖市动物防疫监督机构应当在接到报告后1h内，向省、自治区、直辖市人民政府兽医主管部门和国务院兽医主管部门所属的动物防疫监督机构报告。省、自治区、直辖市人民政府兽医主管部门应当在接到报告后1h内报本级人民政府和国务院兽医主管部门。重大动物疫情发生后，省、自治区、直辖市人民政府和国务院兽医主管部门应当在4h内向国务院报告。从县（市）级动物防疫监督机构接到报告后8h内国务院要知道。

（八）明确规定了疫情报告的具体内容

《条例》第十八条规定了重大动物疫情报告的内容包括：疫情发生的时间、地点；染疫、疑似染疫动物种类和数量、同群动物数量、免疫情况、死亡数量、临床症状、病理变化、诊断情况；流行病学和疫源追踪情况；已采取的控制措施；疫情报告的单位、负责人、报告人及联系方式。

（九）明确规定了重大动物疫情公布的部门

由于事关重大，条例第二十条规定：重大动物疫情由国务院兽医主管部门按照国家规定的程序，及时准确公布；其他任何单位和个人不得公布。即重大动物疫情只能由农业部公布。这样规定，从程序上保证了疫情公布的及时性和准确性。同时规定，重大动物疫病病料采集机构、从事重大动物疫病病原分离的规定、重大动物疫情通报制度等。

（十）明确规定了重大动物疫情应急处理制度

重大动物疫情的应急处理，关系到控制、扑灭重大动物疫情目标的实现，《条例》对此规定了四项制度：建立应急指挥系统制度、应急预案的启动制度、政府和群众性自治组织的协助和配合制度、单位和个人的配合制度。

（十一）明确规定了重大动物疫情应急处理措施

《条例》第二十七条规定重大动物疫情发生后，县级以上地方人民政府兽医主管部门应当立即划定疫点、疫区和受威胁区，调查疫源，向本级人民政府提出启动重大动物疫情应急指挥系统、应急预案和对疫区实行封锁的建议，有关人民政府应当立即作出决定。疫点、疫区和受威胁区的范围应当按照不同动物疫病病种及其流行特点和危害程度划定，具体划定标准由国务院兽医主管部门制定。

《条例》第二十九条规定了对疫点应当采取以下措施：捕杀并销毁染疫动物和易感染的动物及其产品；对病死的动物、动物排泄物、被污染饲料、垫料、污水进行无害化处理；对被污染的物品、用具、动物圈舍、场地进行严格消毒。

《条例》第三十条规定了对疫区应当采取的措施：在疫区周围设置警示标志，在出入疫区的交通路口设置临时动物检疫消毒站，对出入的人员和车辆进行消毒；捕杀并销毁染疫和疑似染疫动物及其同群动物，销毁染疫和疑似染疫的动物产品，对其他易感染的动物实行圈养或者在指定地点放养，役用动物限制在疫区内使役；对易感染的动物进行监测，并按照国务院兽医主管部门的规定实施紧急免疫接种，必要时对易感染的动物进行捕杀；关闭动物及动物产品交易市场，禁止动物进出疫区和动物产品运出疫区；对动物圈舍、动物排泄物、垫料、污水和其他可能受污染的物品、场地，进行消毒或者无害化处理。

《条例》第三十一条规定对受威胁区采取下列措施：对易感染的动物进行监测；对易感染的动物根据需要实施紧急免疫接种。

重大动物疫情应急处理中设置临时动物检疫消毒站以及采取隔离、捕杀、销毁、消毒、紧急免疫接种等控制、扑灭措施的，由有关重大动物疫情应急指挥部决定，有关单位和个人必须服从；拒不服从的，由公安机关协助执行。

《条例》还规定，重大动物疫情应急指挥部根据应急处理需要，有权紧急调集人员、物资、运输工具以及相关设施、设备。单位和个人的物资、运输工具以及相关设施、设备被征集使用的，有关人民政府应当及时归还并给予合理补偿。国家对疫区、受威胁区内易感染的动物免费实施紧急免疫接种；对因采取捕杀、销毁等措施给当事人造成的已经证实的损失，给予合理补偿。紧急免疫接种和补偿所需费用，由中央财政和地方财政分担。

（十二）明确规定了相关的法律责任

瞒报谎报迟报重大动物疫情等六类行为将受到严惩，这六类行为是：

不履行疫情报告职责，瞒报、谎报、迟报或者授意他人瞒报、谎报、迟报，阻碍他人报告重大动物疫情的；在重大动物疫情报告期间，不采取临时隔离控制措施，导致动物疫情扩散的；不及时划定疫点、疫区和受威胁区，不及时向本级人民政府提出应急处理建议，或者不按照规定对疫点、疫区和受威胁区采取预防、控制、扑灭措施的；不向本级人民政府提出启动应急指挥系统、应急预案和对疫区的封锁建议的；对动物捕杀、销毁不进行技术指导或者指导不力，或者不组织实施检验检疫、消毒、无害化处理和紧急免疫接种的；其他不履行本条例规定的职责，导致动物疫病传播、流行，或者对养殖业生产安全和公众身体健康与生命安全造成严重危害的。

兽医主管部门及其所属的动物防疫监督机构有上述行为之一的，由本级人民政府或者上级人民政府有关部门责令立即改正、通报批评、给予警告；对主要负责人、负有责任的主管人员和其他责任人员，依法给予记大过、降级、撤职直至开除的行政处分；构成犯罪的，依法追究刑事责任。

条例还规定：拒绝、阻碍动物防疫监督机构进行重大动物疫情监测，或者发现动物出现群体发病或者死亡，不向当地动物防疫监督机构报告的，由动物防疫监督机构给予警告，并处2 000元以上5 000元以下的罚款；构成犯罪的，依法追究刑事责任；擅自采集重大动物疫病病料，或者在重大动物疫病病原分离时不遵守国家有关生物安全管理规定的，由动物防疫监督机构给予警告，并处5 000元以下的罚款；构成犯罪的，依法追究刑事责任。

具体内容详见附录十一《重大动物疫情应急条例》。

（苏治国　李茂平）

任务六　《中华人民共和国食品安全法》知识

1995年10月30日起施行的《中华人民共和国食品卫生法》对保证食品安全、预防和控制食源性疾病、保障人民群众身体健康都发挥了积极的作用，也使我国的食品安全总体状况不断改善。但是，近年来危害人民生命和健康的食品安全事件频频发生，食品安全事件的数量和危害程度呈日益上升的趋势。为了从制度上解决这些问题，对现行的食品卫生制度加以修改、补充和完善，2009 年 2 月 28 日，跨越两届人大、历经四次审议的《中华人民共和国食品安全法》（以下简称《食品安全法》）经十一届全国人大常委会第七次会议审议通过，这部共计 10 章 104 条的法律于 2009 年 6 月 1 日起正式实施。从食品卫生到食品安全，仅一个词的改变，折射出食品安全所面临的安全危机，以及解决食品安全问题的紧迫要求，表明我国食品安全从立法观念到监管模式的全方位巨大转变。《食品安全法》体现了预防为主、科学监督、严格责任、综合治理的指导思想。全方位构筑了食品安全法律屏障，对规范食品生产、经营活动，防范食品安全事故的发生，增强食品安全监管工作的规范性、科学性和有效性，对提高我国食品安全整体水平，切实保证食品安全，保障公众身体健康和生命安全，具有重要意义。

一、立法目的

《食品安全法》立法的直接目的就是要遏制目前食品安全事故频发的趋势，预防、控制和制裁危害食品安全的行为，保证食品安全；其根本目的就是为了保障人民群众的生命健康权。该法在防止、控制和消除食品污染，消除食品中有害因素对人体的危害，预防和减少食源性疾病的发生，保证食品安全，保障人民群众生命安全和身体健康方面有着重大意义。

二、适用范围和对象

《食品安全法》依据属地原则，明确规定了适用的地域范围为中华人民共和国境内，不适用于香港和澳门两个特别行政区。

《食品安全法》的适用对象包括：食品生产和加工，食品流通和餐饮服务；食品添加剂的生产经营行为；食品相关产品的生产经营行为；食品生产经营者使用食品添加剂和食品相关产品的行为；对食品、食品添加剂和食品相关产品的安全管理行为五个方面。

三、主要内容

（一）食品安全风险监测和评估制度

食品安全风险监测是对食品的食用安全性展开的评价、预警和监测，主要是对食源性疾病、食品污染和食品中的有害因素进行监测，食品安全风险监测信息是食品安全风险评估的依据。《食品安全法》规定：国务院卫生行政部门会同国务院其他有关部门制定、实施国家食品安全风险监测计划。省、自治区、直辖市人民政府卫生行政部门根据国家食品安全风险监测计划，结合本行政区域的具体情况，组织制定、实施本行政区域的食品安全风险监测方案。

食品安全风险评估是对食品和食品添加剂中生物性、化学性和物理性危害对人体健康可能造成的不良影响所进行的科学评估。《食品安全法》规定：国务院卫生行政部门负责组织食品安全风险评估工作，成立由医学、农业、食品、营养等方面的专家组成的食品安全风险评估委员会进行食品安全风险评估。为了保证食品安全风险评估的结果得到利用，《食品安全法》还规定：食品安全风险评估结果是制定、修订食品安全标准和对食品安全实施监督管理的科学依据。

（二）统一制定食品安全国家标准制度

从制度上确保了食品安全标准的统一，即由一个部门制定一套统一的食品安全国家标准。《食品安全法》规定：国务院卫生行政部门应当对现行的食用农产品质量安全标准、食品卫生标准、食品质量标准和有关食品的行业标准中强制执行的标准予以整合，统一公布为食品安全国家标准。除食品安全标准外，不得制定其他的食品强制性标准。《食品安全法》还明确规定了食品安全国家标准的制定原则，应以保障公众身体健康为宗旨，做到科学合理、安全可靠；明确了食品安全标准为强制执行的标准；明确了食品安全标准应当公布，公众可以免费查阅。

（三）食品生产经营管理制度

为了强化食品生产经营者作为保证食品安全第一责任人的社会责任，食品安全法确立了以下制度：

1. 生产、流通、餐饮服务许可制度

《食品安全法》规定：国家对食品生产经营实行许可制度。

2. 索票索证制度

《食品安全法》规定：食品生产者采购食品原料、食品添加剂、食品相关产品，应当查验供货者的许可证和产品合格证明文件；食品经营者采购食品，应当查验供货者的许可证和食品合格的证明文件。食品生产经营企业应当建立并执行进货查验记录制度以及出厂检验记录制度等台账制度。

3. 企业食品安全管理制度

《食品安全法》规定：食品生产经营企业应当建立健全本单位的食品安全管理制度，加强对职工食品安全知识的培训，配备专职或者兼职食品安全管理人员，做好对所生产经营食品的检验工作，依法从事食品生产经营活动。

4. 食品召回制度

《食品安全法》从生产和经营两个方面确立了不安全食品的召回制度，即食品生产者发现其生产的食品不符合标准应当停止生产，并召回已上市销售的食品；食品经营者发现其经营的食品不符合标准，应当停止销售，通知相关生产经营者和消费者。同时强调政府的责任，明确规定了在企业不主动召回的情况下，有关监管部门可以责令企业召回或停止经营不合格食品。

5. 食品添加剂管理制度

《食品安全法》规定：对食品添加剂的生产实行许可制度；食品添加剂应当在技术上确保经过风险评估证明安全可靠，方可列入允许使用的范围；食品生产者应当依照食品安全标准关于食品添加剂的品种、使用范围、用量的规定使用食品添加剂；不得在食品生产中使用食品添加剂以外的化学物质和其他可能危害人体健康的物质。

6. 食品广告管理制度

《食品安全法》规定：食品广告的内容应当真实合法，不得含有虚假、夸大的内容，不得涉及疾病预防、治疗功能。食品安全监督管理部门或者承担食品检验职责的机构、食品行业协会、消费者协会不得以广告或者其他形式向消费者推荐食品。社会团体或者其他组织、个人在虚假广告中向消费者推荐食品，使消费者的合法权益受到损害的，与食品生产经营者承担连带责任。

7. 保健食品管理制度

《食品安全法》将具有特定保健功能的食品纳入监管范围，针对企业擅自生产保健食品、进行虚假宣传、夸大功能、误导公众的行为实行严格监管。《食品安全法》规定：国家对声称具有特定保健功能的食品实行严格监管。有关监督管理部门应当依法履职，承担责任。声称具有特定保健功能的食品不得对人体产生急性、亚急性或者慢性危害，其标签、说明书不得涉及疾病预防、治疗功能，内容必须真实，应当载明适宜人群、不适宜人群、功效成分或者标志性成分及其含量等；产品的功能和成分必须与标签、说明书相一致。

（四）食品检验制度

《食品安全法》分别从食品检验机构、食品检验要求、食品检验报告以及监管部门和食品生产经营企业开展食品检验等方面的制度做出了严格规定。《食品安全法》规定：食品检验机构按照国家有关认证认可的规定取得资质认定后，方可从事食品检验活动。本法施行前经国务院有关主管部门批准设立或者经依法认定的食品检验机构，可以依照本法继续从事食品检验活动。食品检验机构和检验人应当依照有关法律、法规的规定，并依照食品安全标准和检验规范对食品进行检验，尊重科学，恪守职业道德，保证出具的检验数据和结论客观、公正，不得出具虚假的检验报告。食品检验机构和检验人对出具的食品检验报告负责。食品检验机构和检验人员违反上述规定，出具虚假的检验报告的，应依法承担相应的法律责任。

（五）食品进出口管理制度

《食品安全法》规定：进口的食品、食品添加剂以及食品相关产品应当符合我国食品安全国家标准。进口的食品应当经出入境检验检疫机构检验合格后方可进口。境外发生的食品安全事件可能对我国境内造成影响，或者在进口食品中发现严重食品安全问题的，国家出入境检验检疫部门应当及时采取风险预警或者控制措施。向我国境内出口食品的出口商或者代理商应当向国家出入境检验检疫部门备案和注册。出口的食品由出入境检验检疫机构进行监督、抽检。出口食品生产企业和出口食品原料种植、养殖场应当向国家出入境检验检疫部门备案。

（六）食品安全事故处置制度

《食品安全法》将食品安全事故的处置进一步制度化，主要内容包括：

1. 报告制度

监管部门在日常监督管理中发现食品安全事故，或者接到有关食品安全事故的举报，应当立即向卫生行政部门通报。发生重大食品安全事故的，接到报告的县级卫生行政部门应当按照规定向本级人民政府和上级人民政府卫生行政部门报告。任何单位或者个人不得对食品安全事故隐瞒、谎报、缓报，不得毁灭有关证据。

2. 事故处置

卫生行政部门接到食品安全事故的报告后，应当立即会同有关部门进行调查处理，并采取应急救援、封存可能导致食品安全事故的食品及其原料和食品用工具等并进行检验、对有问题的食品予以召回并销毁、做好信息发布工作、依法对食品安全事故及其处理情况进行发布、并对可能产生的危害加以解释和说明等措施。发生重大食品安全事故的，县级以上人民政府应当立即成立食品安全事故处置指挥机构，启动应急预案进行处置。

3. 责任追究

发生重大食品安全事故，设区的市级以上人民政府卫生行政部门应当立即会同有关部门进行事故责任调查，督促有关部门履行职责，向本级人民政府提出事故责任调查处理报告。重大食品安全事故涉及两个以上省、自治区、直辖市的，由国务院卫生行政部门组织事故责任调查。

（七）食品安全信息统一公布制度

为确保食品安全信息的规范性、统一性和科学性，并全面、科学地反映我国的食品安全状况，《食品安全法》规定了国家建立食品安全信息统一公布制度。主要内容有：重要信息由国务院卫生行政部门统一公布；日常监管信息由各部门依据各自职责公布。公布信息应当做到准确、及时、客观。另外，《食品安全法》还规定了食品安全信息的报告及通报制度。

（八）进一步明确了食品安全的监管体制

《食品安全法》进一步明确规定了有关部门对食品安全实施分段监管的体制，国务院设立食品安全委员会作为高层的议事协调机构，对食品安全监管工作进行协调和指导。即国务院卫生行政部门承担食品安全综合协调职责，负责食品安全风险评估、食品安全标准制定、食品安全信息公布、食品检验机构的资质认定条件和检验规范的制定，组织查处食品安全重大事故。国务院质量监督、工商行政管理和国家食品药品监督管理部门分别对食品生产、食品流通、餐饮服务活动实施监督管理。

为进一步加强地方政府及有关部门的监管责任，《食品安全法》规定：县级以上地方人民政府统一负责、领导、组织、协调本行政区域的食品安全监督管理工作，建立健全食品安全全程监督管理的工作机制；统一领导、指挥食品安全突发事件应对工作；完善、落实食品安全监督管理责任制，对食品安全监督管理部门进行评议、考核。县级以上地方人民政府依照食品安全法和国务院的规定确定本级卫生行政、农业行政、质量监督、工商行政管理、食品药品监督管理部门的食品安全监督管理职责。有关部门在各自职责范围内负责本行政区域的食品安全监督管理工作。

（九）加大对违法食品生产经营行为的处罚力度

为了切实保障人民群众的生命安全和身体健康，《食品安全法》加大了对违法食品生产经营行为的处罚力度，对使用非食品原料生产食品或在食品中添加食品添加剂以外的化学物质和其他可能危害人体健康的物质、生产经营营养成分不符合食品安全标准的专供婴幼儿和其他特定人群的主辅食品等严重违法行为，规定了较为严厉的处罚措施，即构成犯罪的，依法追究刑事责任。尚不构成犯罪的，依法没收违法所得、违法生产经营的食品和用于违法生产经营的工具、设备、原料等物品，处以最高十倍的罚款，吊销许可证。被吊销食品生产、流通或餐饮服务许可证的单位，其直接负责的主管人员自处罚决定做出之日起五年内不得从事食品生产经营管理工作。违法的食品生产经营者给消费者造成损害的，依法承担民事赔偿责任，并明确规定了民事赔偿优先的原则，使受到损害的消费者能优先得到赔偿。

具体内容详见附录十三《中华人民共和食品安全法》。

（苏治国　李茂平）

模块二

职业岗位典型工作任务

项目一　消毒技术

为了你能出色地完成本项目各项典型工作任务，你应具备以下知识：

1. 消毒的定义、目的与意义
2. 消毒的种类、原理和方法
3. 配制消毒药物的稀释计算方法
4. 常用消毒药物的抗菌活性、使用范围及方法
5. 新消毒药的作用机理和使用注意事项
6. 喷雾器的使用方法
7. 畜禽舍、诊疗工作及诊疗场所的消毒步骤
8. 国家对疫点的划分原则
9. 微生物检测方法

任务一　畜禽舍卫生消毒

一、消毒药液的配制

（一）器械、药品与防护用品准备

称量器具（天平、台秤或杆秤）、称量纸、药勺、丈量器具（直尺或卷尺）、量筒、盛药容器（盆、桶或缸等耐腐蚀制品）、温度计等器械；药品（依据消毒对象的性质和病原微生物特性选择合适的消毒剂）；工作服、乳胶手套、胶靴、口罩、护目镜、毛巾、肥皂等防护用品。

（二）消毒液配制

1. 计算消毒液用量　丈量消毒对象（如场地、动物舍内地面、墙壁的面积和空间大小等），根据消毒面积或体积计算消毒液用量。喷洒消毒时，消毒液的用量一般为1ml/m^2，泥土地面、运动场可适当增加。各种消毒对象消毒液参考用量见表2－1。

表2－1　不同消毒对象消毒液参考用量

物体种类	消毒液用量（ml/m^2）
表面光滑的木头	350～450
原木	500～700
砖墙	500～800
土墙	900～1 000
水泥地、混凝土表面	400～800
泥地、运动场	1 000～2 000

2. 计算消毒剂用量 根据消毒液浓度和消毒液用量计算消毒剂用量。

3. 配制消毒液 先称量出所需消毒剂和溶剂（通常为水），然后将溶剂倒入盛药容器中，再将消毒剂倒入溶剂中，完全溶解混匀即成所需消毒液。

使用浓度以“稀释倍数”表示时，表示1份的消毒剂以若干份水稀释而成，如配制稀释倍数为1 000倍时，即在每1 000ml水中加1ml消毒剂。

使用浓度以“比例”表示时，表示溶质（消毒剂）1份相当于溶液的份数，如配制比例为1:1 000时，即1份溶质（消毒剂）加溶剂配成1 000份。

使用浓度以“%（W/W）”表示时，表示在100g溶液中所含溶质的克数；“%（V/V）”表示时，表示在100ml溶液中所含溶质的毫升数；“%（W/V）”表示时，表示在100ml溶液中所含溶质的克数；“%（V/W）”表示时，表示在100g溶液中所含溶质的毫升数。

由高浓度溶液配制成低浓度溶液时，稀释配制计算公式为：$C_1 \cdot V_1 = C_2 \cdot V_2$（$C_1$为稀释前溶液浓度，$C_2$为稀释后溶液浓度，$V_1$为稀释前溶液体积，$V_2$为稀释后溶液体积）。

4. 常用消毒液的配制

（1）75%（V/V）酒精溶液的配制：量取95%（V/V）医用酒精789.5ml，加纯化水稀释至1 000ml，即为75%（V/V）酒精，配制完成后密闭保存。

（2）2%碘酊的配制：称取碘化钾15g于量杯内，加纯化水20ml溶解后，再加入碘片20g及95%（V/V）医用酒精500ml，搅拌使其充分溶解，再加入纯化水至1 000ml，搅匀，滤过，即为2%碘酊。

（3）0.1%高锰酸钾的配制：称取1g高锰酸钾，装入容器内，加水1 000ml，使其充分溶解即成。

（4）3%来苏尔的配制：取来苏尔3份，放入容器内，加清水97份，混合均匀即成。

（5）2%氢氧化钠的配制：称取20g氢氧化钠，装入容器内，加入适量常水中（最好用60～70℃热水），搅拌使其溶解，再加水至1 000ml，即得。

（6）碘甘油的配制：称取碘化钾10g，加入10ml纯化水溶解后，再加碘10g，搅拌使其充分溶解后，加入甘油至1 000ml，搅匀即得。

（7）熟石灰的配制：称取生石灰（氧化钙）1kg，装入容器内，加水350ml，生成粉末状即为熟石灰，用于阴湿地面、污水池、粪地周围等处撒布消毒。

（8）20%石灰乳的配制：先称取1kg生石灰，装入容器内，将350ml水缓慢加入生石灰内，稍停，使石灰变为粉状的熟石灰时，再加入余下的4 650ml水，搅匀即成20%石灰乳。亦可称取1kg熟石灰，加入5kg水，搅拌混匀即成。配制时最好用陶瓷缸或木桶等。

（9）30%草木灰水的配制：用新鲜干燥、筛过的草木灰30kg，加水100kg，煮沸20～60min（边煮边搅拌），去渣即可。

（10）漂白粉乳剂及澄清液的配制：先将漂白粉用少量水制成糊状，再按所需浓度加入全部水。称取漂白粉（含有效氯25%）200g置于容器中，加入水1 000ml，混匀所得悬液即为20%漂白粉乳剂；将配制的20%漂白粉乳剂静置一段时间，上清液即为20%漂白粉澄清液，使用时稀释成所需浓度。

（三）注意事项

1. 使用前应认真阅读说明书，搞清消毒剂的有效成分及含量，看清标签上的标示浓度及稀释倍数。消毒剂均以含有效成分的量表示，如含氯消毒剂以有效氯含量表示，60%二氯异氰尿酸钠为原粉中含60%有效氯、20%过氧乙酸指原液中含20%的过氧乙酸、5%新洁尔灭指原液中含5%的新洁尔灭。对这类消毒剂稀释时不能将其当成100%计算使用浓度，而应按其实际含量计算。

2. 配制消毒液的容器必须刷洗干净，选择的量器大小要适宜，以免造成误差。

3. 根据消毒对象和消毒目的选择有效而安全的浓度，不可随意加大或减少药物的浓度。浓度越大，不仅提高消毒成本，而且对机体、器具和环境的损伤或破坏作用也越大。

4. 某些消毒剂（如生石灰）遇水会产热，应在耐热容器中配制。

5. 消毒药应现配现用，不要长时间放置，以免降低效力或失效。

6. 做好个人防护，穿工作服，戴乳胶手套，严禁用手直接接触，以免灼伤。

二、机械消毒

（一）器具与防护用品准备

扫帚、铁锨、长柄刷子、污物筒（车）、水管、喷壶或喷雾器、高筒胶靴、工作服、口罩、乳胶手套、毛巾、肥皂等。

（二）穿戴防护用品

（三）清扫

首先对要清扫的场所喷洒清水或消毒液，避免病原微生物随尘土飞扬，然后用清扫工具清除畜禽舍、场地、环境、道路等的粪便、垫料、剩余饲料、尘土、各种废弃物等污物。

（四）洗净

用清水或消毒溶液对地面、墙壁、饲槽、水槽、用具或动物体表等清扫对象进行洗刷，或用高压水龙头冲洗。

（五）通风

可采用开启门窗、天窗或启动排风换气扇等方法进行通风，换以清新的空气。一般室内外温差越大，换气速度越快。提高室内温度，可加大通风换气量、提高换气速度。通风对预防经空气传播的传染病有一定的意义。

（六）过滤

在畜禽舍的门窗、通风口处安置粉尘、微生物过滤网，阻止粉尘、病原微生物进入动物舍内，防止动物感染疫病。

（七）注意事项

1. 清扫、洗净时，应按“先里后外，先上后下（棚顶、墙壁、地面）”的顺序进行。清扫、洗净要全面彻底，不留死角。

2. 清扫的污物，应进行堆积发酵、掩埋、焚烧，或其他方法进行无害化处理。

3. 圈舍应当纵向或正压、过滤通风，避免圈舍排出的污秽气体、尘埃危害相邻的圈舍。

三、地面消毒

（一）器具、药品与防护用品准备

称量器具（天平、台秤或杆秤）、称量纸、药勺、丈量器具（直尺或卷尺）、量筒、盛药容器（盆、桶或缸等耐腐蚀制品）、喷壶或喷雾器、消毒剂、扫帚、铁锨、长柄刷子、污物筒（车）、水管、高筒胶靴、工作服、口罩、乳胶手套、毛巾、抹布、肥皂等。

（二）检查喷雾器或喷壶

喷雾器使用前，应先对喷雾器各部位进行仔细检查，尤其应注意橡胶垫圈是否完好、严密，喷头有无堵塞等。

（三）清扫消毒对象

应先用水或消毒液喷洒，避免病原微生物随尘土飞扬，然后对畜禽舍进行清扫，清除粪便、垫料、剩余饲料、墙壁和顶棚上的蜘蛛网、尘土等。清除的污物集中进行烧毁或生物热发酵。污物清除后，如是水泥地面的场舍，还应再用清水进行洗刷。

（四）计算消毒对象的面积

（五）计算消毒液用量

喷洒消毒时，消毒液的用量一般为1ml/m^2，各种消毒对象消毒液参考用量见表2-1。

（六）配制消毒液

根据消毒对象的面积、消毒液用量和消毒液浓度，配制消毒液。

（七）实施消毒

一般以“先里后外、先上后下”的顺序喷洒，即先对畜禽舍的最里面、最上面（顶棚或天花板）喷洒，然后再对墙壁、设备和地面仔细喷洒，边喷边退；从里到外逐渐退至门口。

（八）清洗用具

消毒结束后，将胶鞋和工作服换下，置容器内带出消毒场地。将喷雾器用清水冲洗干净，擦干内外，保存于通风干燥处。

（九）注意事项

1. 消毒时，应将畜禽场舍附近及饲养用具等同时进行消毒。

2. 保证消毒液与消毒对象有足够的作用时间，然后打开门窗通风换气，再用清水冲洗饲槽、地面等，将残余的消毒剂清除干净。

3. 喷洒消毒液量应视消毒对象结构和性质适当掌握。

四、空气消毒

（一）紫外线照射消毒

1. 消毒前准备 一般要求每6~15m^{3}安装30W石英紫外线灯1支，灯管距地面1.5~2m为宜。一般，紫外线对细菌致死的照射剂量为0.05~50mW·s/cm^2。

2. 接通电源 将电源线正确接入电源，合上开关。

3. 照射 时间应不少于30~60min。否则杀菌效果不佳或无效，达不到消毒的目的。

4. 关闭 操作人员进入消毒区域时应提前10min关闭紫外灯。

5. 注意事项

（1）紫外线灯于室内温度10~15℃，相对湿度60%以下的环境中使用杀菌效果最佳。适用于小范围室内空间的消毒，畜禽舍内空气消毒使用较少。

（2）应根据被照面积、距离等因素安装紫外线灯，有效消毒范围为灯管周围1.5~2m

处。辐射强度在距离1m处不得低于70W/cm^2，在杀灭的微生物种类不明时，照射剂量不得小于100mW·s/cm^2。紫外线灯的杀菌强度会随着使用时间逐渐衰减，一般紫外线灯使用1 400h后应及时更换。

（3）紫外线对人、畜禽具有一定的副作用，使用时应加以注意。

（4）紫外线灯架上不应附加灯罩，以扩大照射范围。灯管应保持清洁，可使用毛巾蘸取无水乙醇擦拭灯管，并不得用手直接接触灯管表面。

（二）喷雾消毒

1. 器械、药品与防护用品准备 喷雾器械（手动式或机动式）、称量器具（天平、台秤或杆秤）、量筒、容器、消毒剂、高筒胶靴、防护服、口罩、护目镜、乳胶手套、毛巾、抹布、肥皂等。

2. 配制消毒液 根据消毒剂的性质，进行消毒液的配制，将配制的消毒液装入喷雾器中，装量以喷雾器容积的80%为宜。

3. 打气 感觉有一定抵抗力时即可喷洒。

4. 实施消毒 喷嘴向上以画圆圈方式先内后外逐步喷洒，消毒液用量以地面、墙壁、天花板均匀湿润和畜禽体表微湿的程度为宜，一般15ml/m^{3}左右。喷雾粒子直径以80～100μm、喷雾距离1～2m为最好。

5. 喷雾器清理 消毒工作完成后，当喷雾器内压力很强时，应先放完气，再打开桶盖，倒出剩余的药液，用清水将喷雾器部件冲洗干净，晾干或擦干后放在通风、阴凉、干燥处保存，切忌阳光暴晒。

6. 注意事项

（1）用前必须熟悉喷雾器的构造和性能，并按使用说明书操作。装药时，注意防止不溶性杂质和沉渣进入喷雾器，药物不能装得太满，以八成为宜。

（2）喷雾时，房舍应密闭，关闭门、窗和通风口，减少空气流动。

（3）控制好喷雾粒子，直径不要小于50μm。

（三）熏蒸消毒

1. 药品、器械与防护用品准备 消毒剂（福尔马林、高锰酸钾或生石灰、过氧乙酸、乳酸、醋酸、环氧乙烷等）、温度计、湿度计、加热器、称量器具（量筒、天平、台秤或杆秤）、容器、防护服、口罩、乳胶手套、护目镜、报纸或塑料薄膜、浆糊或胶水、订书针或图钉、扫帚、铁锹、长柄刷子、污物筒（车）、喷壶、水管等。

2. 清理消毒场所 先将需要熏蒸消毒的场所（畜禽舍、孵化器等）彻底清扫、冲洗干净。

3. 丈量消毒对象体积

4. 计算消毒剂用量 甲醛气体熏蒸消毒时，福尔马林25ml/m^3、高锰酸钾或生石灰25g/m^3、水12.5ml/m^3。过氧乙酸熏蒸，1～3g/m^3（5～15ml/m^3）。环氧乙烷熏蒸，300～700g/m^3。乳酸熏蒸，10mg/m^3。醋酸熏蒸，3～10ml/m^3。

5. 称量消毒剂

6. 分配消毒容器 将盛装消毒剂的容器均匀的摆放在要消毒的场所内。如圈舍较大，应尽可能多设消毒点，以利气体均匀。所使用的容器必须是耐燃烧的，通常用陶瓷或搪瓷制品。甲醛熏蒸消毒时，使用的容器容积应比甲醛溶液大10倍。

7. 检查消毒对象的密闭性 除进出口处暂不封闭外，关闭所有门窗、排气孔，用报纸或塑料薄膜封闭。

8. 实施熏蒸 根据消毒空间大小，计算消毒剂用量，进行熏蒸。

(1) 甲醛气体熏蒸消毒：先将福尔马林和水放入容器中，再倒入高锰酸钾，用木棒轻轻搅拌，经几秒钟即可见有浅蓝色刺激眼鼻的甲醛气体蒸发出来。此时应迅速离开畜禽舍，将门关闭，经12~24h后打开门窗通风。消毒时保持室温在15~18℃，室内相对湿度60%~80%。

(2) 过氧乙酸熏蒸消毒：用3%~5%浓度溶液加热蒸发，密闭1~2h。消毒时保持室内相对湿度应在60%~80%为宜。

(3) 环氧乙烷熏蒸消毒：保持消毒空间相对湿度在30%~50%，温度40~54℃为宜，不能低于18℃，消毒时间通常为6~24h，时间越长越好。

(4) 乳酸熏蒸消毒：在称量好的乳酸中加等量水，放在器皿中加热蒸发。消毒时应保证门窗密闭，相对湿度在60%~80%，乳酸蒸气保持30~90min。

(5) 醋酸熏蒸消毒：将称量好的醋酸用1~2倍水稀释，加热蒸发。

9. 注意事项

(1) 注意个人防护。在消毒时，消毒人员要戴好口罩、护目镜，穿好防护服，防止消毒液损伤皮肤和黏膜，刺激眼睛。

(2) 保持室内适宜的温度和相对湿度。

(3) 消毒时应将畜禽舍内用具、饲槽、水槽、垫料等物品适当摆开，以利气体穿透。

(4) 消毒结束后通风换气。如急需使用畜禽舍时，用氯化铵（或碳酸氢铵）$5g/m^3$、生石灰 $10g/m^3$、75℃水 $7.5ml/m^3$，混合后盛于桶内放入畜禽舍内，或用25%氨水 $12.5ml/m^3$ 进行中和，中和20~30min后，打开畜禽舍门窗，再通风20~30min。

(5) 过氧乙酸性质不稳定，容易自然分解，高浓度时易爆炸，稀释后使用，现用现配。

五、粪便污物消毒

（一）生物热消毒法

1. 发酵池法 适用于饲养大量畜禽的场所，多用于稀薄粪便（牛、猪粪）的发酵。

(1) 选址：距离饲养场所200~250m以外，远离居民、河流、水井等。

(2) 修建发酵池：挖筑两个或两个以上的发酵池（池的大小、数量视处理粪便的多少），可以是圆形或方形。池的边缘与底部用砖砌后并用水泥抹上，使其不透水。如土质干固，地下水位又较低时，亦可不必用砖和水泥。

(3) 积粪：使用时先在池底倒一层干粪，然后将每天清除出的粪便、垫草、污物等倒入池内。

(4) 封盖：快满时，在粪表面铺一层干粪或杂草，上面盖一层泥土封好，或用木盖将其盖好，以利于发酵和保持卫生。

(5) 清池：经1~3个月发酵即可出粪清池。在此期间每天清除的粪便污物可倒入另一个发酵池，轮换使用。

2. 堆粪法 适用于干固粪便（马、鸡、羊粪等）的处理。

（1）选址：距畜禽饲养场200～250m以外，远离居民区、河流、水井等。

（2）修建堆粪场：挖一个宽1.5～2.5m、两侧深度各20cm的坑，由坑底两侧至中央有不大的倾斜度，长度视粪便量的多少而定。

（3）堆粪：先将坑底放一层25cm厚的无传染病污染的粪便或干草，其上堆放欲消毒的粪便、垫草、污物等。

（4）密封发酵：粪堆高达1～1.5m时，在粪堆外面再堆上10cm厚的非传染性粪便或谷草，并抹上10cm厚的泥土。如此密封发酵2～4个月。

（5）清坑：夏季1～2个月，冬季3～4个月，即可出粪清坑。

3. 注意事项

（1）选址应注意远离动物饲养和屠宰场所、学校、公共场所、居民住宅区、村庄、饮用水源地、河流等。

（2）修建发酵池时要求坚固，防止渗漏。

（3）采用堆肥法时，堆料内不能只堆放粪便，还应堆放垫料、稻草等有机质丰富的材料，以保证微生物活动所需营养。堆料应疏松，以保证微生物活动所需氧气。堆料应有一定湿度，含水量以50%～70%为宜。

（二）掩埋法

1. 消毒前准备 漂白粉或新鲜的生石灰、高筒胶靴、防护服、口罩、乳胶手套、铁锨等。

2. 掩埋 将粪便与漂白粉或新鲜的生石灰混合均匀，然后深埋于地下，一般埋的深度在2m左右。

3. 注意事项

（1）掩埋地点应远离学校、公共场所、居民住宅区、村庄、饮用水源地、河流等。

（2）应选择地势高燥，地下水位较低的地方。

（3）此种方法简单易行，但病原微生物有经地下水散布的危险，且损失大量的肥料，故很少采用。

（三）焚烧法

1. 消毒前准备 燃料、高筒胶靴、防护服、口罩、乳胶手套、铁锨，铁梁等。

2. 挖坑 在地上挖一个宽75～100cm、深75cm的焚烧坑，在距坑底40～50cm处加一层铁炉底（炉底孔以不使粪便漏下为度）。

3. 焚烧 坑内放置木材等燃料，炉底上放置欲消毒的粪便。如果粪便太潮湿，可混合一些干草，以利燃烧。

4. 注意事项

（1）注意防止焚烧时的烟尘、恶臭等对周围大气环境的污染。

（2）注意安全，防止火灾。

（3）大量焚烧粪便显然是不合适的，只用于消毒患烈性传染病畜禽的粪便。可用焚烧炉，如无焚烧炉，可以挖掘焚烧坑。

（四）化学药品消毒法

适用于粪便消毒的化学消毒剂有漂白粉或10%～20%漂白粉液、0.5%～1%的过氧乙酸、5%～10%硫酸苯酚合剂、20%石灰乳等。使用时应细心搅拌，使消毒剂浸透混匀。由于粪便中的有机物含量较高，不宜使用凝固蛋白质性能强的消毒剂，以免影响消毒效果。这种方法操作麻烦，且难以达到彻底消毒的目的，故实际工作中也不常用。

六、污水消毒

（一）物理处理法

物理处理法也称机械处理法，是污水的预处理（初级处理或一级处理），物理处理主要是去除可沉淀或上浮的固体物，从而减轻二级处理的负荷。最常用的处理手段是滤过、沉淀等机械处理方法。

1. 滤过 根据滤过池砂粒的粒径和沙层的厚薄以及滤过速度有缓速滤过法和急速滤过法之分。缓速滤过法其滤池沙层较厚，达 110～165cm。上层为粒径 0.3～0.5mm 的细沙，一般厚 60～90cm。原水以每日 3～5m 的速度通过。急速滤过法其滤池沙层较缓速法薄，厚度约 80～130cm，最上层的砂粒也较粗，粒径约 0.5～0.8mm，厚度达 55～70cm，原水以每日 120～180m 的速度通过。滤过池滤过后，可除去原水中大部分固形成分和部分细菌。

2. 沉淀 沉淀法有普通沉淀和药物沉淀两种。

（1）普通沉淀：原水在 30cm/min 以下的流速或静止状态下 8～12h，能滞留原水中的浮游物质自然沉降。通常浊度能下降 60%，细菌数减少 80%。

（2）药物沉淀：应用凝集剂的胶状沉淀吸附水中微细物质沉降下来，从而得到比较清洁的水。常用的药物是明矾或硫酸铝。明矾或硫酸铝本身无杀菌能力，但进入水中后与水中的碳酸盐作用后水解出氢氧化铝胶状沉淀，胶状沉淀吸附水中的悬浮物质及细菌，同时沉降下来。

经过滤过处理的污水，再经过沉淀池进行沉淀，然后进入生物处理或化学处理阶段。

（二）生物处理法

生物处理法是利用自然界的大量微生物（主要是细菌）氧化分解有机物的能力，除去废水中呈胶体状态的有机污染物质，使其转化为稳定、无害的低分子水溶性物质、低分子气体和无机盐。根据微生物作用的不同，生物处理法又分为好氧生物处理法和厌氧生物处理法。

1. 好氧生物处理法 在有氧的条件下，借助于好氧菌和兼性厌氧菌的作用来净化废水的方法。大部分污水的生物处理都属于好氧处理，如活性污泥法、生物过滤法、生物转盘法。

2. 厌氧生物处理法 在无氧条件下，借助于厌氧菌的作用来净化废水的方法，如厌氧消化法。

（三）化学处理法

经过生物处理后的污水一般还含有大量的菌类，特别是屠宰污水含有大量的病原菌，需经消毒药物处理后，方可排出。常用的方法是氯化消毒。

1. 氯化消毒法 通常采用液氯通过加氯机定量投入或采用次氯酸钠消毒。其他氯制剂还有漂白粉等，漂白粉用量为 6～10g/m^3，由于漂白粉使用后产生沉渣，且漂白粉消毒费用较高，因此使用较少。

2. 二氧化氯消毒 杀菌力强，消毒作用不受水质 pH 的影响，且具有脱色、除味效果。

3. 臭氧消毒 杀菌快速、脱色、除臭，但受有机物影响大，消毒前必须进行预处理，且运行费用高，目前在我国污水处理中还无法普及。

（王 涛 陈广仁）

任务二 器具消毒

一、饲养用具消毒

（一）药品、器械与防护用品准备

消毒剂（根据消毒对象不同选择）、称量器具（量筒、天平、台秤或杆秤）、容器、防护服、乳胶手套、刷子、喷雾器械、水管等。

（二）洗净

先对饲养用具进行清扫，清理饲槽、料盘、料车的剩料，清除粪板上的粪便，然后用清水进行清洗。

（三）配制消毒液

根据消毒对象和消毒方法，选择合适的消毒剂进行消毒液配制。

（四）消毒

根据饲养用具的不同，可分别采用浸泡、喷洒、熏蒸等方法进行消毒。

（五）注意事项

1. 注意选择消毒方法和消毒药 饲养器具用途不同，应选择不同的消毒药，如笼舍消毒可选用福尔马林进行熏蒸，而饲槽、料盘、料车或饮水器一般选用过氧乙酸、高锰酸钾等进行浸泡或喷洒消毒，粪板可采用来苏尔或氢氧化钠溶液进行浸泡或喷洒消毒。金属器具也可选用火焰消毒。

2. 保证消毒时间 注意不同消毒药的有效消毒时间，保证足够的作用时间。

二、运载工具消毒

（一）药品、器械与防护用品准备

消毒剂（根据消毒对象不同选择）、称量器具（量筒、天平、台秤或杆秤）、容器、防护服、乳胶手套、扫帚、铁锨、长柄刷子、污物筒（车）、喷雾器械、水管等。

（二）清扫（清洗）运输工具

对运输工具进行机械清扫，去除污染物，如粪便、尿液、撒落的饲料等，必要时应进行清洗。

（三）实施消毒

根据消毒对象和消毒目的，选择适宜的消毒方法进行消毒，如喷雾消毒或火焰消毒。

1. 运输前的消毒 在装运畜禽或其产品前，首先对运载工具进行全面的清扫和洗刷，然后选用2%～5%漂白粉澄清液、2%～4%氢氧化钠溶液、4%福尔马林溶液、0.5%过氧乙酸、60mg/L次氯酸钠、1∶200的碘伏或优氯净（抗毒威）、20%石灰乳等进行消毒，用量为500～1 000ml/m²。金属笼具也可使用火焰喷灯来烧灼消毒。

2. 运输途中的消毒 使用火车、汽车、轮船、飞机等长途运送畜禽及其产品时，应经常保持运载工具内的清洁卫生，条件许可时，每天打扫1～2次，清扫的粪便、垃圾等集中在一角，到达规定地点后，将其卸下集中消毒处理。途中可在运载工具内撒布一些漂白粉或生石灰进行消毒。如运输途中发生疫病时，应立即停止运输，并与当地畜禽防检机构取得联系，妥善处理病畜禽，根据疫病的性质对运载工具进行彻底的消毒。发生一般传染病时，可选用2%～4%的氢氧化钠热溶液、3%～5%来苏尔溶液喷洒，清除的粪便、垫料等垃圾，集中堆积发酵处理；发生烈性传染病时，应先用消毒药液进行喷洒消毒，然后彻底清扫，清扫的粪便、垫料等垃圾堆积烧毁，清扫后的运载工具再选用10%漂白粉澄清液、4%福尔马林液、0.5%过氧乙酸、4%氢氧化钠溶液进行消毒，消毒液用量为1 000ml/m²，消毒30min后用70℃热水喷洗运载工具内外，然后再使用消毒液进行一次消毒。

3. 运输后的消毒 运输途中未发生疫病时，运输后先将运载工具进行清扫，然后可按运输前的消毒方法进行消毒，或用70℃的热水洗刷。运输途中发生过疫病的，运输后运载工具的消毒可参照前述方法进行。

（四）注意事项

1. 运载工具消毒时，应注意根据不同的运载工具选用不同的消毒方法和消毒药液，同时应注意防止消毒药液玷污运载工具的仪表零件，以免腐蚀生锈，消毒后应用清水洗刷一次，然后用抹布仔细擦干净。

2. 进出疫区的运输工具要按照动物卫生防疫法要求进行消毒处理。

3. 畜禽及其产品运出县境时，运载工具消毒后还应由畜禽防检机构出具消毒证明。

三、诊疗器具消毒

（一）药品、器械与防护用品准备

消毒剂（根据消毒对象不同选择）、称量器具（量筒、天平、台秤或杆秤）、容器、电炉或电磁灶、不锈钢锅、高压蒸汽灭菌器、贮槽、针盒、纱布、抹布、超声波清洗器、刷子、去污剂、乳胶手套、防护服、污物筒（车）、喷雾器械、水管等。

（二）消毒对象的准备

1. 清洗 将消毒对象用去污剂清洗干净后再用清水冲洗干净。如为污染器具，应消毒后洗涤，然后再进行消毒。针头、缝针清洗前应剔除不合格的，如带钩、弯曲的等。

2. 包装 将玻璃注射器针管与针芯分开，用纱布包好；如为金属注射器，拧松调节螺丝，抽出活塞，取出玻璃管，用纱布包好。针头、缝针装入针盒或成排插在多层纱布的夹层中，亦可以插在乳胶管上。镊子、剪刀用纱布包好。

（三）实施消毒

根据器械及用品的种类和使用范围不同，其消毒的方法和要求也不一样，一般对进入畜禽体内或与黏膜接触的诊疗器械，如手术器械、注射器及针头、胃导管、导尿管等，必须经过严格的消毒灭菌；对不进入动物组织内，也不与黏膜接触的器具，一般要求去除细菌的繁殖体及有囊膜（亲脂）病毒。

将待清洗的器械放入消毒液内浸泡消毒、喷雾消毒或清洗干净包装好后，放入消毒器内灭菌。煮沸消毒时，水沸后保持15～30min。灭菌后，放入无菌带盖搪瓷盘内备用。使用高压蒸汽灭菌器灭菌时，蒸汽压力为103.4kPa，温度121.3℃，维持15～20min。消毒的器械应尽快使用，不要长久放置。超过保存期或打开后，需重新消毒后，方能使用。各种诊疗器具及用品的消毒参见表2-2。

表2-2 各种诊疗器具及用品的消毒方法

类别	消毒对象	消毒药物与方法步骤	备注
玻璃类	体温表	先用1%过氧乙酸溶液浸泡5min作第一道处理，然后再放入另一1%过氧乙酸溶液中浸泡30min作第二道处理	
	注射器	针筒用0.2%过氧乙酸溶液浸泡30min后再清洗，经煮沸或高压消毒后备用	1. 针头用皂水煮沸消毒15min后，洗净，消毒后备用。2. 煮沸时间从水沸腾时算起，消毒物应全部浸入水内
	各种玻璃接管	1. 将接管分类浸入0.2%过氧乙酸溶液中，浸泡30min后用清水冲清。2. 再将接管用皂水刷洗，清水冲净，烘干后，分类装入盛器，经高压消毒后备用	有积污的玻璃管，需用清洁液浸泡，2h后洗净，再消毒处理
搪瓷类	药杯、换药碗	1. 将药杯用清水冲去残留药液后在1∶1 000新洁尔灭溶液中浸泡1h。2. 将换药碗用皂水煮沸消毒15min。3. 再将药杯与换药碗分别用清水刷洗冲净后，煮沸消毒15min或高压消毒后备用（如药杯系玻璃类或塑料类的可用0.2%过氧乙酸浸泡两次，每次30min后，清洗烘干、备用）	1. 药杯与换药碗不能放在同一容器内煮沸或浸泡。2. 若用后的药碗染有各种药液颜色的，应煮沸消毒后用去污粉擦净，洗清，揩干后再浸泡。3. 冲洗药杯内残留药液下来的水须经处理后再弃去，处理方法同器械类备注2
	托盘、方盘、弯盘	1. 将其分别浸泡在1%漂白粉澄清液中1h。2. 再用皂水刷洗，清水洗净后备用	漂白粉澄清液每两周更换一次，夏季每周更换一次
	污物敷料桶	1. 将桶内污物倒去后，用0.2%过氧乙酸溶液喷雾消毒，放置30min。2. 用碱或皂水将桶刷洗干净，清水洗净后备用	1. 污物敷料桶每周消毒一次。2. 桶内倒出的污敷料需消毒处理后回收或焚毁后弃去
器械类	污染的镊子、钳子等	1. 放入1%皂水煮沸消毒15min。2. 再用清水将其冲净后，煮沸15min或高压消毒备用	1. 被脓、血污染的镊子、钳子或锐利器械应先用超声波清洗干净，再行消毒。2. 刷洗下的脓、血水按每1 000ml加过氧乙酸原液10ml计算，消毒30min后，才能倒弃。3. 器械盒每周消毒一次。4. 器械使用前应用生理盐水淋洗
	锐利器械	1. 将器械浸泡在2%中性戊二醛溶液中1h。2. 再用皂水将器械用超声波清洗，清水冲净，揩干后，浸泡于第二道2%中性戊二醛溶液中2h。3. 将经过第一、第二道消毒后的器械取出后用清水冲洗后浸泡于1∶1 000新洁尔灭溶液的消毒盒内备用	
	开口器	1. 将开口器浸入1%过氧乙酸溶液中，30min后用清水冲洗。2. 再用皂水刷洗，清水冲净，揩干后，煮沸或高压蒸汽消毒备用	浸泡时开口器应全部浸入消毒液中

（续表）

类别	消毒对象	消毒药物与方法步骤	备注
橡胶类	硅胶管	1. 将硅胶管拆去针头，浸泡在0.2%过氧乙酸溶液中，30min后用清水冲洗。2. 再用皂水冲洗硅胶管管腔后，用清水冲净、揩干	拆下的针头按注射器针头消毒处理（见玻璃类注射器项）
	手套	1. 将手套浸泡在0.2%过氧乙酸溶液中，30min后用清水冲洗。2. 再将手套用皂水清洗，清水漂净后晾干。3. 将晾干后的手套，用高压蒸汽消毒或环氧乙烷熏蒸消毒后备用	手套应浸没于过氧乙酸溶液中，不能浮于液面上
	橡皮管、投药瓶	1. 用浸有0.2%过氧乙酸的揩布擦洗物件表面。2. 再用皂水将其刷洗、清水洗净后备用	
	导尿管、肛管、胃导管等	1. 将物件分类浸入1%过氧乙酸溶液中、浸泡30min后用清水冲洗。2. 再将物件用皂水刷洗、清水洗净后，分类煮沸15min或高压消毒后备用	物件上胶布痕迹可用乙醚擦除
	输液输血皮条	1. 将皮条针上头拆去后，用清水冲净皮条中残留液体，再浸泡在清水中。2. 再将皮条用皂水反复揉搓，清水冲净，揩干后，高压消毒备用	拆下的针头按注射器针头消毒处理（见玻璃类注射器项）
其他	手术衣、帽、口罩等	1. 将其分别浸泡在0.2%过氧乙酸溶液中30min，用清水冲洗。2. 再用皂水搓洗，清水洗净、晒干高压灭菌备用	口罩应与其他物件分开洗涤
	创巾、敷料等	1. 污染血液的，先放在冷水或5%氨水内浸泡数小时，然后在皂水中搓洗，最后在清水中漂净。2. 污染碘酊的，用2%硫代硫酸钠溶液浸泡1h，清水漂洗、拧干，浸于0.5%氨水中，再用清水漂净。3. 经清洗后的创巾、敷料装入贮槽高压蒸汽灭菌备用	被传染性物质污染时，应先消毒后洗涤，再灭菌
	推车	1. 每月定期用去污粉或皂粉将推车擦洗一次。2. 污染的推车应及时用0.2%过氧乙酸溶液擦拭，30min后再用清水揩净	推车应经常保持整洁。清洁与污染物品的推车应分开

（王　涛　陈广仁）

任务三　诊疗检疫场所消毒

一、诊疗检疫场地的消毒

（一）药品、器械与防护用品准备

消毒剂（根据消毒对象不同选择）、称量器具（天平、台秤或杆秤）、量筒、容器、防护服、乳胶手套、扫帚、铁锹、长柄刷子、污物筒（车）、喷雾器械、水管等。

（二）消毒对象的准备

首先对要清扫的场所喷洒清水或消毒液，避免病原微生物随尘土飞扬，然后用清扫工具清除粪便、垫料及各种废弃物等污物。必要时用清水或消毒溶液对地面、墙壁等清扫对象进行洗刷，或用高压水龙头冲洗。

（三）实施消毒

1. 动物医院的消毒　每次诊疗结束后，应及时清除诊疗场地的污物，每天用3%~5%来苏尔溶液等对污染的诊疗场地、墙壁等进行消毒。室内尤其是手术室内空气，可用紫外线在术前或手术间歇时间进行照射，也可使用1%漂白粉澄清液或0.2%过氧乙酸作空气喷雾，有时也用乳酸等加热熏蒸，有条件时采用空气调节装置，以防空气中的微生物降落于创口或器械的表面，引起创口感染。诊疗过程中的废弃物如棉球、棉拭、污物、污水等，应集中进行焚烧或生物热发酵处理，不可到处乱倒乱抛。被病原体污染的诊疗场所，在诊疗结束后应进行彻底的消毒，推车可用3%漂白粉澄清液、5%来苏尔液或0.2%过氧乙酸擦洗或喷洒。室内空气用福尔马林熏蒸，同时打开紫外线灯照射，2h后打开门窗通风换气。

2. 检疫场地的消毒　参照动物医院消毒方法进行。

二、诊疗化验室的消毒

（一）药品、器械与防护用品准备

消毒剂（根据消毒对象不同选择）、称量器具（天平、台秤或杆秤）、量筒、容器、防护服、乳胶手套、电炉或电磁灶、不锈钢锅、高压灭菌器、喷雾器械等。

（二）诊疗检验室的消毒

根据消毒对象的性质采取适宜的消毒方法。

1. 无菌室消毒　使用紫外线照射0.5~1h，或福尔马林熏蒸4h以上或过夜。

2. 台面和地面的消毒　用0.1%的新洁尔灭或0.2%过氧乙酸擦拭消毒或喷雾。

3. 手的消毒　无菌操作前，应先用肥皂水洗刷双手，进行无菌室操作前用75%酒精棉球擦手；检验操作结束后，用0.1%新洁尔灭或0.1%过氧乙酸洗手数分钟。

4. 培养基灭菌　常用方法有高压蒸汽灭菌及流动蒸汽灭菌两种。高压蒸汽灭菌法是最可靠的灭菌方法，一般基础培养基通常在121.3℃灭菌15~20min，含糖培养基常采用115℃灭菌10~15min。流动蒸汽灭菌主要用于间歇灭菌，一般鸡蛋培养基、血清培养基及其他不耐热的培养基，可采用这种方法灭菌，通常在80~100℃温度下，灭菌30min，每天一次，连续3d即可达到无菌的目的。

5. 玻璃器皿的消毒处理　检验室内新添置的玻璃器皿，可将器皿用水冲洗后，放入3%的盐酸溶液内洗刷，再移到5%的碱液内中和，最后用水冲洗干净，烘干即可。污染细菌、病毒的玻璃器皿及检验用过的培养皿（基）、试管、采样管（瓶）等均应置于高压灭菌器内，经121.3℃灭菌20~30min。吸管、毛细管和玻片等，用后直接投入3%~5%来苏尔溶液或0.1%~0.3%新洁尔灭溶液内浸泡消毒4h以上，然后再进行洗涤。

6. 刀剪等器械的处理　诊疗中用的刀剪等器械，可放在纯化水中煮沸15~20min，或在0.1%的新洁尔灭溶液中浸泡30min以上，然后用无菌纯化水冲洗后再使用，亦可将器械浸在95%酒精内，使用时取出经过火焰，待器械上的酒精燃烧完毕即可使用，若反复烧灼2次以上，则可确保无菌。如器械上带有动物组织碎屑，应先在5%苯酚中洗去碎屑，然后蘸取95%酒精燃烧。刀剪等器械消毒洗净后，应立即擦干后保存，防止生锈。

7. 有机玻璃板及塑料板的消毒 血清学反应使用过的有机玻璃板及塑料板，可浸泡在1%盐酸或2%~3%的次氯酸钠溶液内处理2h以上或过夜。

8. 工作服、帽、口罩及包装纸、棉塞、橡皮塞的消毒 工作服、帽、口罩及包装纸、棉花塞等放入高压蒸汽灭菌器，121.3℃灭菌20min即可。橡皮塞煮沸消毒15min。

9. 使用过的鸡胚、实验动物及其排泄物、送检材料的消毒 检验结束后，鸡胚应煮沸消毒30min以上；实验动物尸体焚烧处理。小白鼠排泄物及鼠肛内垃圾121.3℃20min高压消毒或焚烧；家兔、豚鼠排泄物按一份加漂白粉五份，充分搅拌后消毒处理2h；剩余送检病料及标本高压灭菌或焚烧处理。

10. 意外事件的处理 检验室内如有传染性细菌散布在桌上或地上，应立即用5%苯酚或5%来苏尔，倒在被污染处，10min以后，用布或棉花拭净。盛标本、病毒的试管、培养管等破碎片或标本、病毒泼洒在工作台或地面时，应用该病毒敏感的消毒药剂覆盖，处理30min以上。当病原体或标本沾染手时，应用该病原体敏感的消毒剂浸泡洗刷，再用75%酒精擦拭，最后用肥皂水洗净。工作服等沾有病原体时，须经121.3℃20min高压蒸汽处理。试管架等沾有病原体时，浸泡在敏感的消毒液内30min。

三、诊疗对象及操作者的消毒

（一）诊疗对象的消毒

1. 药品、器械与防护用品准备 根据消毒对象不同选择消毒剂，常用于皮肤的消毒药有2%~5%碘酊、75%酒精、0.1%新洁尔灭、0.5%洗必泰、0.1%度米芬等溶液；口腔、直肠、阴道等处黏膜消毒时，常用2%红汞、0.1%雷夫奴尔溶液；眼结膜消毒时，常用2%~4%的硼酸溶液；蹄部消毒，常用2%~3%来苏尔溶液。医用脱脂棉、医用脱脂纱布、敷料镊、棉球缸、工作服等。

2. 术部消毒 术部消毒方法有碘酊消毒法及新洁尔灭消毒法两种。

（1）碘酊消毒：先用75%酒精对术部脱脂，然后用5%碘酊涂擦，3~5min后用75%酒精脱碘，脱碘后用5%碘酊再涂擦一次，最后用75%酒精脱碘。

（2）新洁尔灭消毒：首先用0.5%新洁尔灭溶液对术部清洗3次，每次2min；然后用浸有0.5%新洁尔灭的纱布覆盖术部5min。

3. 注射、穿刺部位消毒 先用75%酒精脱脂，然后用5%碘酊涂擦，再用75%酒精脱碘，脱碘后即可进行注射或穿刺。

4. 注意事项 手术部位消毒时，应从手术区中心开始向四周涂擦消毒液，但对感染或肛门等处进行消毒时，则应从清洁的周围开始向内涂擦。

（二）操作者的消毒

兽医及检疫工作者与病畜禽接触应更衣，根据需要穿戴已消毒的工作服、手术衣、帽、口罩、胶靴等，并应修剪指甲、清洗手臂，然后进行彻底消毒。

1. 药品、器械与防护用品准备　消毒剂（根据消毒对象和消毒方法不同选择）、医用脱脂棉、医用脱脂纱布、敷料镊、棉球缸、指刷、指甲钳、毛巾、肥皂或洗涤剂、泡手桶、口罩、帽子、工作服或手术衣、胶鞋或鞋套等。

2. 清洗手臂　手术时术者手臂应按一定顺序彻底无遗漏地洗刷3遍共约10min，再进行消毒。

3. 手臂消毒　手臂消毒的方法有以下三种。

（1）*酒精浸泡法*：双手及上臂中1/3伸入70%~75%酒精桶中浸泡，同时用小毛巾轻轻擦洗皮肤5min。擦洗过程中，不可接触到桶口。浸泡结束后，用小毛巾擦去手臂上的酒精、晾干。双手在胸前保持半伸位状态，进入手术室后穿上手术衣。

（2）*新洁尔灭（或洗必泰）浸泡法*：将手臂分别在两桶0.1%新洁尔灭溶液桶中依次浸泡5min，水温为40℃，同时用小毛巾擦洗，浸泡后擦干，再用2%碘酊涂擦指甲缝和手的皱纹处，最后用75%酒精脱碘，在手术室内穿上手术衣。

（3）*氨水浸泡法*：手臂分别在两桶0.5%氨水溶液中依次浸泡擦洗5min，水温40℃，浸泡后擦干，再用2%碘酊涂擦指甲缝及皮肤皱纹处，最后用75%酒精脱碘。

4. 注意事项　经过消毒后的手臂，不可接触未消毒的物品，如误触未消毒物品，应重新进行洗刷消毒。

（王　涛　陈广仁）

任务四　疫源地消毒

一、疫源地消毒的原则

（一）实施消毒的时间

疫源地实施消毒的时间越早越好。一般，县级动物卫生防疫监督机构在接收到快报动物疫情报告后，应在6~12h内实施消毒，其他动物疫病在12~48h内实施消毒。消毒持续时间应根据动物疫病流行情况及病原体监测结果确定。

（二）实施消毒的范围

消毒的范围应为可能被传染病动物排出病原体污染的范围或根据疫情监测的结果确定。

（三）消毒方法的选择

应根据消毒剂的性能、消毒对象及病原体种类而定。尽量避免破坏消毒对象和造成环境污染。

（四）疑似及不明原因动物疫病疫源地的消毒处理

对疑似疫病疫源地按疑似的疫病疫源地进行消毒处理。不明原因的，应根据流行病学特征确定消毒对象和范围，采取严格的消毒方法进行处理。

（五）疫源地消毒中的杀虫、灭鼠

疫区内的吸血昆虫、老鼠在疫病传播上具有重要作用，在对疫源地实施消毒的同时，应做好疫源地的杀虫、灭鼠工作。

二、疫源地消毒的程序

1. 消毒人员在接收到疫源地消毒通知后，应立即检查所需消毒工具、消毒剂和防护用品，做好一切准备工作，并迅速赶赴疫点实施消毒工作。

2. 消毒人员到达疫点了解动物发病及活动场所情况，禁止无关人员进入消毒区域。

3. 更换工作服（隔离服）、胶鞋，戴上口罩、帽子，必要时戴上防护眼镜。

4. 丈量消毒面积或体积，配制消毒药。

5. 消毒时，先消毒有关通道，然后再对疫点进行消毒。消毒时应先上后下，先左后右，从里到外，按一定顺序进行。

6. 消毒完毕后，及时将衣物脱下，将脏的一面卷在里面，连同胶鞋一起放入消毒液桶内，进行彻底消毒。

三、疫源地消毒对象和方法的选择

（一）疫源地消毒的对象

包括病畜禽所在的圈舍、隔离场地、病畜禽尸体、排泄物、分泌物及被病原体污染和可能被污染的一切场所、用具和物品等。疫源地消毒对象的选择，应根据所发生传染病的传播方式及病原体排出途径的不同而有所侧重，在实施消毒的过程中，应抓住重点，保证疫源地消毒的实际效果。如肠道传染病，消毒对象主要是病畜禽排出的粪便，以及被其污染的物品、场所等；呼吸道传染病，则主要是消毒空气、分泌物及污染的物品等。

（二）疫源地消毒方法的选择

应当根据病原体的种类及消毒对象的具体情况进行选择，在消毒时应注意以下问题：

1. 消毒对象的性质　消毒排泄物、分泌物、垃圾等废弃物时，只需考虑消毒效果。而消毒那些有价值的物品时，则应注意既不损坏被消毒物品，又要保证确实的消毒效果，如金属笼具等不能使用具有腐蚀性的消毒剂等；对饲槽、饮水器等的消毒，不宜使用有毒的化学消毒剂；对含有大量有机物的环境及污物消毒时，不但消耗消毒剂，而且由于蛋白质的凝固而对微生物起保护作用，故不宜用凝固蛋白质性能强的消毒剂。垂直光滑的表面，喷洒药物不易滞留，应用消毒液冲洗或擦拭；粗糙的表面，易于滞留药物，可进行消毒液喷雾处理。

2. 消毒现场的特点　疫源地按其范围大小可分为疫点和疫区两种。疫点或疫区的环境条件，如消毒现场的水源、畜禽舍的密闭性能、畜禽舍内有无畜禽等，对选择消毒方法及消毒效果有很大影响。在水源丰富地区的疫源地，可采用消毒液喷洒；缺水地区，则应用粉剂消毒剂撒布。畜禽舍密闭性好时，可用熏蒸法；密闭性差时，可用消毒液喷洒。畜禽舍内有动物时，则应选择毒性及刺激性较小的消毒剂等。

（三）疫源地各种消毒对象的消毒方法

1. 排泄物和分泌物的消毒　患病畜禽的排泄物（粪、尿、呕吐物等）和分泌物（脓汁、鼻液、唾液等）中含有大量的病原体及有机物，必须及时、彻底地进行消毒。消毒排泄物和分泌物时，常按其量的多少用倍量的10%～20%漂白粉乳液或1/5量的漂白粉干粉与其作用2～6h，也可使用0.5%～1%的过氧乙酸或3%～6%的来苏尔作用1h。

2. 饲槽、水槽、饮水器等用具的消毒　使用化学药物消毒时，宜选用含氯制剂或过氧乙酸，以免因消毒剂的气味，而影响畜禽采食或饮水。消毒时，通常是将其浸于1%～2%漂白粉澄清液或0.5%的过氧乙酸中作用30～60min，或将其浸于1%～4%的氢氧化钠溶液中6～12h。消毒后应用清水将饲槽、水槽、饮水器等冲洗干净。对饲槽、水槽中剩余的饲料、饮水等也应进行消毒。

3. 畜禽舍、运动场的消毒 密闭性能好的畜禽舍，可使用熏蒸法消毒；密闭性能差的畜禽舍以及运动场所，可使用消毒液喷洒消毒。在消毒墙壁、地面时，必须保证所有地方都喷湿。在严重污染的地方应反复喷洒2～3次，或掘地30cm，将表层土拌以漂白粉，埋入后盖以干净泥土压实。

4. 病死畜禽尸体的处理 合理安全地处理尸体，在防制畜禽传染病和维护公共卫生上都有重大意义。病死畜禽尸体处理的方法有掩埋、焚烧、化制和发酵四种。

疫源地内各种污染物的消毒方法及消毒剂参考剂量参见表2－3。

表2－3 疫源地污染物的消毒方法及消毒剂参考剂量

污染物	消毒方法及消毒剂参考剂量	
	细菌性传染病	病毒和真菌性传染病
空气	甲醛熏蒸，福尔马林12.5～25ml/m³，作用12h（加热法）；2%过氧乙酸熏蒸，1g（5ml）/m³，作用1h（20℃）；0.2%～0.5%过氧乙酸，或3%来苏尔喷雾，30ml/m³，作用30～60min；紫外线60mW·s/cm²	甲醛熏蒸，福尔马林25ml/m³，作用12h（加热法）；过氧乙酸熏蒸，3g（15ml）/m³，作用1.5h（20℃）；0.5%过氧乙酸或5%漂白粉澄清液喷雾，作用1～2h；乳酸熏蒸，10mg/m³，加水1～2倍，作用0.5～1.5h；紫外线100mW·s/cm²
排泄物（粪、尿、呕吐物等）	成形便加2倍量的10%～20%漂白粉乳液，作用2～4h；稀便，直接加粪便量1/5的漂白粉，充分搅拌，作用2～4h	成形便加2倍量的10%～20%漂白粉乳液，充分搅拌，作用6h；稀便，直接加粪便1/5的漂白粉，充分搅拌，作用6h；尿液每1 000ml加漂白粉3g或次氯酸钙2g，充分搅拌，作用2h
分泌物（鼻涕、唾液、脓汁、乳汁、穿刺液等）	加等量10%漂白粉或1/5量干粉作用1h；加等量0.5%过氧乙酸作用0.5～1h；加等量3%～6%来苏尔作用1h	加等量10%～20%漂白粉乳液（或1/5量的干粉），作用2～4h；加等量的0.5%～1%过氧乙酸或二氯异氰尿酸钠，作用0.5～1h
饲槽、水槽、饮水器等	0.5%过氧乙酸浸泡0.5～1h；1%～2%漂白粉澄清液浸泡0.5～1h；0.5%季铵盐类消毒浸泡0.5～1h；1%～2%的氢氧化钠热溶液浸泡6～12h	0.5%过氧乙酸浸泡0.5～1h；3%～5%漂白粉澄清液浸泡0.5～1h；2%～4%的氢氧化钠热溶液浸泡6～12h
工作服、被单等织物	高压蒸汽灭菌，121℃ 15～20min；煮沸15min（加0.5%肥皂）；甲醛25ml/m³，作用12h；环氧乙烷熏蒸，800mg/L，作用4～6h（20℃）；过氧乙酸熏蒸，1g（5ml）/m³，作用1h（20℃）；2%漂白粉澄清液或0.3%过氧乙酸或3%来苏尔浸泡0.5～1h；0.02%碘伏浸泡10min	高压蒸汽灭菌，121℃，30～60min；煮沸15～20min（加0.5%肥皂）；甲醛25ml/m³，作用12h；环氧乙烷熏蒸，800mg/L，作用4～6h（20℃）；过氧乙酸熏蒸，3g（15ml）/m³，作用1.5h（20℃）；2%漂白粉澄清溶液浸泡1～2h；0.3%过氧乙酸浸泡0.5～1h；0.03%碘伏浸泡15min
书籍、文件纸张等	环氧乙烷熏蒸，800mg/L，作用4～6h（20℃）；甲醛熏蒸，福尔马林用量25ml/m³，作用12h	同左

（续表）

污染物	消毒方法及消毒剂参考剂量	
	细菌性传染病	病毒和真菌性传染病
用具	高压蒸汽灭菌；煮沸 15min；环氧乙烷熏蒸，800mg/L，作用 4～6h（20℃）；甲醛熏蒸，福尔马林 50ml/m³，作用 1h（消毒间）；0.2%～0.3%过氧乙酸，1%～2%漂白粉澄清液，3%来苏尔、0.5%季铵盐类消毒剂浸泡或擦拭，作用 0.5～1h；0.01%碘伏浸泡 5min	高压蒸汽灭菌；煮沸 30min；环氧乙烷熏蒸，800mg/L，作用 4～6h（20℃）；甲醛熏蒸，福尔马林 125ml/m³，作用 3h（消毒间）；0.5%过氧乙酸或 5%漂白粉澄清液浸泡或擦拭，作用 0.5～1h；5%来苏尔浸泡或擦拭，作用 1～2h；0.05%碘伏浸泡 10min
畜禽舍、运动场及舍内用具	污染草料与畜粪集中焚烧；畜圈四壁用 2%漂白粉澄清液喷雾（200ml/m²），作用 1～2h；畜圈与野外地面，喷洒漂白粉 20～40g/m²，作用 2～4h（30℃）；1%～2%氢氧化钠溶液、5%来苏尔溶液喷洒，1 000ml/m²，作用 6～12h；甲醛熏蒸，福尔马林 12.5～25ml/m³，作用 12h（加热法）；2%过氧乙酸熏蒸，1g（5ml）/m³，作用 1h（20℃）；0.2%～0.5%过氧乙酸，3%来苏尔喷雾或擦拭，作用 1～2h	污染草料与畜粪集中焚烧；畜圈四壁用 5%～10%漂白粉澄清液喷雾（200ml/m²），作用 1～2h；畜圈与野外地面，喷洒漂白粉 20～40g/m²，作用 2～4h（30℃）；2%～4%氢氧化钠溶液、5%来苏尔溶液喷洒，1 000ml/m²，作用 12h；甲醛熏蒸，福尔马林 25ml/m³，作用 12h（加热法）；过氧乙酸熏蒸，3g（15ml）/m³，作用 1.5h（20℃）；0.5%过氧乙酸或 5%漂白粉澄清液喷雾或擦拭，作用 2～4h；5%来苏尔喷雾或擦拭，作用 1～2h
运输工具	1%～2%漂白粉澄清液或 0.2%～0.3%过氧乙酸，喷雾或擦拭 0.5～1h；3%来苏尔或 0.5%季铵盐类消毒剂喷雾或擦试 0.5～1h；1%～2%氢氧化钠溶液喷洒或擦拭，作用 1～2h	5%～10%漂白粉澄清液或 0.5%～1%过氧乙酸，喷雾或擦拭 0.5～1h；5%来苏尔喷雾或擦拭，作用 1～2h；2%～4%氢氧化钠溶液喷洒或擦拭，作用 2～4h
医疗器械、玻璃金属制品	过氧乙酸 1%浸泡 30min；碘伏 0.01%浸泡 30min，纯化水冲洗	同左
手	0.02%碘伏洗手 2min，清水冲洗；0.2%过氧乙酸 2min；70%～75%乙醇、50%～70%异丙醇洗手 5min；0.05%洗必泰、0.1%新洁尔灭 5min	0.5%过氧乙酸洗手，清水冲洗；0.05%碘伏作用 2min，清水冲洗

（四）注意事项

进行疫源地消毒时，工作人员应注意防止疫情扩散及自身感染，消毒操作时应穿工作服，不得吸烟、饮食。所有的消毒工具均需用消毒液浸泡或擦拭，然后清洗擦干，最后工作人员应洗手消毒。

（王　涛　陈广仁）

任务五 消毒效果监测

一、物体表面和工作人员手的消毒效果监测

（一）药品、器械与防护用品准备

普通琼脂培养基、灭菌生理盐水、灭菌棉拭子、规板（5cm×5cm）、无菌平皿（Φ90mm）、灭菌试管（15mm×100mm）、剪刀、灭菌刻度吸管（1ml、10ml）、涡旋振荡器、空气微生物采样器、酒精灯、试管架、洗耳球或助吸器、放大镜、电热恒温水浴箱、电热恒温培养箱、超净工作台、工作服等。

（二）操作步骤

1. 物体表面采样时，将内径为5cm×5cm的灭菌规板放在被检物体表面。

2. 在装有4～5ml灭菌生理盐水的试管中浸湿灭菌的棉拭子（棉棒），在试管壁上压挤去多余的盐水，然后在规板范围内滚动棉棒涂抹取样。

3. 剪去（或折去）棉棒的手持端，使棉棒落入生理盐水试管内，塞紧试管塞，带回实验室检验。

4. 以同样方法，在同一物体上的不同处采样4～5个。

5. 工作人员用手采样时，按上述方法在右手每个手指掌面取样。

6. 利用提拉棉棒或敲打采样管的方法将棉棒的细菌全部洗入生理盐水中。

7. 用灭菌吸管从采样管中吸取1ml菌悬液转入另一支装有9ml灭菌生理盐水的试管中，作10倍递增稀释。

8. 根据物体表面污染程度，选择3个稀释度，每个稀释度，分别取1ml放入灭菌平皿内，用普通琼脂作倾注培养。每个稀释度作平行样品2个。置37℃温箱中，培养24h，观察并计数平板上的菌落数（活菌计数方法见饲料细菌监测）。

9. 计算菌落数：菌落数/cm^2 =（平均菌落数×稀释倍数×采样管液体毫升数）/采样面积（cm^2）

二、空气消毒效果监测

（一）药品、器械与防护用品准备

普通琼脂培养基、灭菌生理盐水、灭菌棉拭子、规板（5cm×5cm）、无菌平皿（Φ90mm）、灭菌试管（15mm×100mm）、剪刀、灭菌刻度吸管（1ml、10ml）、涡旋振荡器、空气微生物采样器、酒精灯、试管架、洗耳球（或助吸器）、放大镜、电热恒温水浴箱、电热恒温培养箱、超净工作台、工作服等。

（二）操作步骤

空气消毒效果监测有两种方法，即空气采样器法和平板暴露法。

1. 空气采样器法

（1）用空气微生物采样器，在畜禽舍内四周和中央采样，采样1min或2min；

（2）将琼脂平板置37℃温箱培养24h，观察并计数平板的菌落数，求出5个采样点的

平均菌落数；

（3）计算菌落数：菌落数/m^3 = 平均菌落数/［每分钟采气量（L）×采样时间（min）］×1 000

2. 平板暴露法

（1）将普通琼脂平皿或血液琼脂平皿，水平地放在畜禽舍内四角和中央各 1 个，将平皿盖打开，扣放在平皿底的底边，根据鸡舍内的污染程度，暴露 10～20min；

（2）盖好平皿，将平皿放在 37℃温箱中培养 24h，观察并计数平板上的菌落数，求出 5 个平板中的平均菌落数；

（3）计算菌落数：据测试，5min 内在 100cm^2 面积上降落的细菌数，相当于 10L 空气中所含的细菌数，因此，菌落数/m^3 = N×100/A×5/T×100 = 50 000N/AT

A = 平板面积（cm^2）

T = 平板暴露于空气中的时间（min）

N = 平均菌落数

三、注意事项

1. 必须特别注意样品的代表性和避免采样时的污染；
2. 采样工具及盛放容器应做好灭菌工作；
3. 采样应尽快检验，整个操作过程应注意无菌操作。

（王　涛　陈广仁）

项目二　免疫接种技术

为了你能出色地完成本项目各项典型工作任务，你应具备以下知识：

1. 疫苗运输与保存的知识
2. 预防接种的目的与意义
3. 免疫接种的类型
4. 免疫接种的基本方法
5. 环境温度对疫苗的影响
6. 残余苗液和废弃疫苗瓶处理知识
7. 免疫不良反应的预防和急救知识
8. 动物免疫失败的原因

任务一　疫苗的运输、保存与用前检查

一、疫苗的运输、保存

（一）包装

运输疫苗时，要逐瓶妥善包装，衬以厚纸等包装材料后装箱，防止运输过程中损坏瓶子和散播活的弱毒病原体。

（二）保温

不论使用何种运输工具，运送途中均应注意避免高温、暴晒和反复冻融，并尽快送到保存地点或预防接种的场所。凡须低温保存的活疫苗，应按制品要求的温度进行包装运输。

1. 弱毒冻干疫苗　应冷藏运输。

2. 灭活疫苗、诊断液及血清　应在 2～8℃温度下运输。夏季要采取降温措施，冬季要采取防冻措施，避免冻结。

3. 细胞结合型疫苗　必须用液氮罐冷冻运输。运输过程中，要随时检查温度，尽快运达目的地。

（三）疫苗运输

少量运送时，将制品装入盛有冰块的保温瓶或保温箱内运输；大量运送时，应用冷藏运输车运输。

（四）疫苗保存

各种生物制品应保存在低温、阴暗及干燥的场所，避免光照直射。兽医生物制品厂应

设置相应的冷库，防疫部门也应根据条件设置冷库或冷藏箱。

1. 阅读疫苗的使用说明书　应掌握疫苗的保存要求，严格按照疫苗说明书规定的要求存放在相应的设备中。

2. 选择保存条件　根据疫苗品种的保存要求，设置相应的保存设备（如电冰箱、低温冰柜、冷藏柜、液氮罐、冷库等）和保存温度。弱毒冻干疫苗在－15℃条件下保存，温度越低，保存时间越长，如猪瘟兔化弱毒冻干苗，在－15℃可保存一年以上，在0～8℃只能保存6个月，若放在25℃左右，至多10d即失去效力；灭活疫苗在2～8℃条件下保存，不能低于0℃，更不能冻结，如口蹄疫灭活疫苗、禽流感灭活疫苗等；细胞结合型疫苗在液氮中（－196℃）保存，如马立克氏病二价活疫苗等。

3. 分类存放　按疫苗的品种和有效期分类、分批存放，并标以明显标志。不要将不同种类、不同批次的疫苗混存，以免用错和过期失效造成浪费。超过有效期的疫苗，必须及时清除并销毁。

4. 建管理台账　详细记录出入疫苗品种、批准文号、生产批号、规格、生产厂家、有效日期、数量、经办（领用）人等。

二、疫苗的用前检查

（一）检查瓶签

包括疫苗名称、批准文号、生产批号、出厂日期、有效期、生产厂家等。疫苗批准文号的编制格式为：疫苗类别名称＋年号＋企业所在地省份（自治区、直辖市）序号＋企业序号＋疫苗品种编号。没有瓶签、瓶签不完整或瓶签模糊不清、没有批准文号的一律不得使用。

（二）检查有效期

有有效期和失效期两种表示形式。疫苗的有效期是指在规定的贮藏条件下能够保持质量的期限。疫苗的有效期按年月顺序标注，年份为四位数，月份为两位数。计算有效期是从疫苗的生产日期（生产批号）算起。如某批疫苗的生产批号是20110430，有效期2年，即该批疫苗的有效期到2013年4月30日止。如具体标明有效期到2013年05月，表示该批疫苗在2013年4月30日之前有效。疫苗的失效期是指疫苗超过安全有效范围的日期。如标明失效期为2011年7月1日，表示该批疫苗可使用到2011年6月30日，即7月1日起失效。疫苗的有效期和失效期虽然在表示方法上有些不同，计算上有差别，但在判定时应注意保存温度，任何疫苗超过有效期或达到失效期者，均不能再销售和使用。

（三）检查物理性状

疫苗物理性状与说明书不符者，如色泽改变、发生沉淀、破乳或超过规定量的分层、制剂内有异物或不溶凝块、发霉和异味等不可使用。

（四）检查包装

疫苗瓶破裂、瓶盖或瓶塞密封不严或松动、失真空的不可使用。

（五）检查保存方法

没有按规定方法保存的不可使用，如加氢氧化铝的死菌苗经过冻结后，其免疫力可降低。

经过检查，确实不能使用的疫苗，应立即废弃，不能与可用的疫苗混放在一起，决定废弃的弱毒疫苗应煮沸消毒或予以深埋。

（王　涛　陈广仁）

任务二　免疫接种工作的组织

一、编制免疫接种动物登记表册

根据畜禽疫病免疫接种计划，统计接种对象、数目、疫苗种类，确定接种途径、方法和接种日期（应在疫病流行季节前进行接种），编制登记册或卡片，安排及组织接种和保定畜禽的人员，按免疫程序有计划的进行免疫接种。

二、免疫接种前的准备

（一）器械、药品、疫苗等准备

根据不同方法，准备所需要的材料。金属注射器（10ml、20ml、50ml 等规格）、连续注射器（1ml、5ml 等规格）、玻璃注射器（1ml、2ml、5ml 等规格）、金属皮内注射器（螺口）、针头（兽用12～14 号、人用6～9 号、螺口皮内19～25 号）、皮肤刺种针、点眼器、胶头滴管、饮水器、气雾发生器或喷雾器、空气压缩机；带盖搪瓷盘、镊子、剪毛剪、体温计、听诊器、保定动物用具、煮沸消毒锅或高压蒸汽灭菌器、2%～5%碘酊、75%酒精、来苏尔或新洁尔灭等消毒剂、脱脂棉、纱布、棉球缸；疫苗或免疫血清、稀释液或生理盐水、量筒、水桶、稀释瓶、疫苗冷藏箱、冰块、脸盆、毛巾、肥皂、工作服、工作帽、护目镜、口罩、胶靴、乳胶手套；急救药品（0.1%盐酸肾上腺素、地塞米松磷酸钠、盐酸异丙嗪、5%葡萄糖注射液等）；免疫接种登记表或卡片、免疫证、免疫耳标、耳标钳等。

（二）器械清洗消毒

1. 器械清洗　将注射器、点眼滴管、刺种针、饮水器等接种用具先用清水冲洗干净。喷雾免疫前，应先用清洁卫生的水将喷雾器内桶、喷头和输液管清洗干净，不能有任何消毒剂、洗涤剂、铁锈和其他污物等残留；剪刀、镊子用清水洗净。

2. 器械调试　检查针头是否有倒钩、弯曲、堵塞等现象；喷雾器或气雾发生器用定量清水进行试喷，确定喷雾器的流量和雾滴大小，以便掌握喷雾免疫时来回走动的速度。

3. 器械消毒　参照“诊疗器具消毒”的方法进行，待冷却后放入灭菌带盖搪瓷盘中备用。

（三）人员消毒和防护

免疫接种人员剪短手指甲，用肥皂、消毒液（来苏尔或新洁尔灭溶液等）洗手，再用75%酒精消毒手指；穿工作服、胶靴，戴乳胶手套、口罩、帽等，在进行气雾免疫时应戴护目镜。

（四）检查免疫对象健康状况

为保证免疫接种的安全和效果，接种前应对预定接种的动物进行了解及临诊观察，必要时进行体温检查。凡体质过于瘦弱的动物，妊娠后期的母畜，未断奶的幼畜，体温升高者或疑似病畜，均不应接种疫苗。对不宜接种或暂缓接种的动物进行登记，以便以后补种。

（五）做好宣传教育工作

免疫接种前，对饲养人员进行一般的兽医知识宣传教育，包括免疫接种的重要性和基本原理、接种后饲养管理及观察等，以便与群众合作。

（王　涛　陈广仁）

任务三　疫苗稀释

一、仔细阅读使用说明书

疫苗稀释前应仔细阅读疫苗使用说明书，了解疫苗的用途、用法、用量和注意事项等。

二、预温疫苗

疫苗使用前，将疫苗从冰箱等贮藏容器中取出，置于室温（15～25℃左右），平衡疫苗温度；液氮保存的活疫苗（如鸡马立克氏病细胞结合型活疫苗）应从液氮罐中取出后，迅速放入27～35℃温水中速融（不能超过10s）后稀释。

三、稀释疫苗

1. 先除去稀释液和疫苗瓶封口铝盖的中心部位或封口的火漆、石蜡。
2. 用酒精棉球消毒瓶塞。
3. 按疫苗使用说明书注明的头（只、羽）份，按规定的稀释倍数和稀释方法用稀释液稀释疫苗。稀释液无特殊规定时，用注射用水或生理盐水稀释，有特殊规定的应用规定的专用稀释液稀释。
4. 用注射器吸取适量稀释液注入疫苗瓶中，轻轻振荡，使其完全溶解。
5. 消毒已消毒的稀释瓶的瓶盖。
6. 将溶解的疫苗移入稀释瓶内。
7. 再吸取适量稀释液注入疫苗瓶内，洗涤疫苗瓶3～4次。
8. 将每次洗涤的液体移入稀释瓶内，补充稀释液至规定量。

四、吸取疫苗

1. 轻轻振摇稀释瓶，使疫苗混合均匀。
2. 排净注射器、针头内水分。
3. 用75%酒精棉球消毒稀释瓶瓶塞。
4. 将注射器针头刺入稀释瓶疫苗液面下，吸取疫苗。
5. 针筒排气溢出的药液，吸积于酒精棉花上，并将其收集于专用瓶内集中烧毁。

（王　涛　陈广仁）

任务四　免疫接种

一、皮下注射免疫

（一）禽类皮下注射免疫

1. 选择注射部位　在颈背部下1/3处，用大拇指和食指捏住颈中线的皮肤并向上提起，使其形成一囊。亦可在胸部、大腿内侧进行。

2. 保定　左手握住幼禽。

3. 注射　针头从颈部下1/3处与皮肤呈45°角从前向后方向刺入皮下0.5～1cm，推动注射器活塞，缓缓注入疫苗，注射完后，快速拔出针头。

4. 注意事项　捏皮肤时，不能只捏住羽毛，一定要捏住皮肤；确保针头刺入皮下，注射速度不可过快；注射过程中要经常检查注射器是否正常。

（二）大、中动物皮下注射免疫

1. 选择注射部位　选择皮薄、毛少、皮肤松弛、皮下血管少的地方。牛、马等大家畜在颈侧中部上1/3处，猪在耳根后方。

2. 保定　大家畜用鼻钳保定，猪徒手保定。

3. 消毒注射部位　用2%～5%碘酊棉球由内向外螺旋式消毒接种部位，然后用75%酒精棉球脱碘。

4. 注射　左手食指与拇指将皮肤提起呈三角形，右手持注射器，沿三角形基部刺入皮下约2cm；左手放开皮肤（如果针头刺入皮下，则可较自由地拨动），回抽针芯，如无回血，再徐徐注入疫苗。注射后，用消毒干棉球按住注射部，将针头拔出，最后涂以2%～5%碘酊消毒。

5. 注意事项　保定好动物，注意人员安全防护；接种活疫苗时不能用碘酊消毒接种部位，应用75%酒精消毒，待干后再接种；避免将疫苗注入血管；疫苗应随配随用，随吸随注，稀释好的疫苗应在规定的时间内用完。一般气温15～25℃，6h时内用完，25℃以上，4h内用完，马立克氏疫苗应在1h内用完。

二、肌肉注射免疫

（一）大、中、小动物肌肉注射免疫

1. 选择注射部位　选择肌肉丰满，血管少，远离神经干的部位。大家畜（马、牛、骆驼等）在臀部或颈部；猪在耳后、臀部、颈部；羊、犬、兔在颈部。

2. 保定　参照上述内容选择适当的保定方法。

3. 消毒注射部位　参照上述方法。

4. 注射　左手固定注射部位皮肤，右手持注射器垂直刺入肌肉后，回抽针芯，如无回血，即可慢慢注入疫苗。注射完毕，拔出注射针头，涂以2%～5%碘酊消毒。

5. 注意事项　应根据动物大小和肌肉丰满程度掌握刺入深度，以免伤及骨膜、血管、神经，或将疫苗注入脂肪；根据注射剂量，选择适宜的注射器；严格按照规定的剂量注入，禁止打“飞针”；每次注射均需更换针头，至少同群动物使用一个针头，严禁一个针

头连续注射到底。

（二）禽类肌肉注射免疫

1. 选择免疫部位 在翅膀根部、胸肌或腿肌注射。

2. 保定 参照上述方法。

3. 注射 注射器方向与胸骨成平行，针头与胸肌成30°～45°角，在胸部中1/3处向背部方向刺入胸部肌肉。亦可在腿部肌肉注射。

4. 注意事项 针头与胸肌的角度不要超过45°角，以免伤及内脏；注射过程中，要经常摇动疫苗瓶，使其混匀，注射速度不要太快；使用连续注射器，每注射500只禽，要校对一次注射剂量，确保注射剂量准确。

三、皮内注射免疫

（一）选择注射部位

选择皮肤致密、被毛少的部位。马在颈侧、尾根、肩胛中央、眼睑部位；牛、羊在颈侧、尾根、肩胛中央部；猪在耳根后；鸡在肉髯部。

（二）保定

参照上述内容选择适当的保定方法。

（三）消毒注射部位

参照上述方法进行。

（四）注射

用左手将皮肤挟起一皱褶或以左手绷紧固定皮肤，右手持注射器，将针头在皱褶上或皮肤上斜着使针头几乎与皮面平行，轻轻刺入皮内约0.5cm左右，放松左手；左手在针头和针筒交接处固定针头，右手持注射器，徐徐注入疫苗。皮内注射时感觉有较大的阻力，同时注射处形成一个圆丘，突起于皮肤表面。注射完毕，拔出针头，用消毒干棉球轻压针孔，以避免药液外溢，最后涂以2%～5%碘酊消毒。

（五）注意事项

皮内注射仅适用于羊痘疫苗等个别疫苗接种。一般使用皮内注射器或蓝心注射器注射，不要注入皮下。严格保定动物，注意人员安全。

四、刺种免疫

（一）选择接种部位

禽翅内侧无毛无血管处。

（二）保定

参照上述方法保定。

（三）刺种

左手抓住鸡的一只翅膀，右手持刺种针蘸取稀释的疫苗，在翅膀内侧无毛无血管处刺针。拔出刺种针，稍停片刻，待疫苗被吸收后，再刺种一次。

（四）注意事项

每次刺种都要保证刺种针上蘸有足量的疫苗。注意不要损伤血管和骨骼。应经常摇动疫苗瓶，使疫苗混匀。一般刺种部位 7～14d 后会出现轻微红肿、结痂，14～21d 痂块脱落，俗称“发”，这是正常的疫苗反应。无此反应，则说明免疫失败，应重新补刺。

五、点眼、滴鼻免疫

（一）选择免疫部位

雏禽眼结膜囊内、鼻孔内。

（二）保定

左手握住雏禽，食指和拇指固定住头部，将雏禽眼或一侧鼻孔向上。

（三）免疫接种

将稀释好的疫苗装入滴瓶内，装上滴头，将滴头向下拿在手中，或用点眼滴管吸取疫苗，握于手中并控制好胶头。滴头与眼或鼻保持 1cm 左右距离，轻捏滴管，滴 1～2 滴疫苗于雏禽眼或鼻中，稍等片刻，待疫苗完全吸收后再放开。

（四）注意事项

事先应校正接种工具，根据每毫升的滴数和疫苗装量计算稀释倍数。点眼、滴鼻免疫时要注意保证疫苗被充分吸入。

六、饮水免疫

（一）停水

鸡群停水 1～4h，当 70%～80% 的鸡找水喝时，即可进行饮水免疫。

（二）稀释疫苗

饮水免疫时，饮水量为平时日耗水量的 40%。一般 4 周龄以内的鸡 12L/1 000 羽，4～8 周龄的鸡 20L/1 000 羽，8 周龄以上的鸡 40L/1 000 羽。计算好疫苗和稀释液用量后，在稀释液中加入 0.1%～0.3% 脱脂奶粉，搅匀，疫苗先用少量稀释液溶解稀释后再加入其余溶液于大容器中，一起搅匀，立即使用。

（三）免疫

将配制好的疫苗水加入饮水器，给鸡饮用，并于 1～1.5h 内饮完。

（四）注意事项

免疫前应将饮水器具用净水或开水洗刷干净。饮水器应充足并分布均匀，确保每只鸡都能饮到足够的疫苗水。饮水器应避免阳光暴露，不要使用金属容器。稀释液（饮用水）应清洁卫生、不含消毒药和抗生素（一般用中性纯化水、凉温开水或深井水）。停水时间应根据气温和免疫对象确定，一般冬季停水时间长些，夏季短些，蛋鸡停水时间长些，肉鸡短些。夏季宜安排在早晨进行饮水免疫。

七、气雾免疫

（一）羊气雾免疫接种

1. 计算疫苗用量　免疫时，疫苗用量主要根据圈舍（免疫室）的大小而定，可按下式计算：疫苗用量 =（D × A）/（T × V），式中 D 为计划免疫剂量；A 为免疫室容积（L）；T 为免疫时间（min）；V 为呼吸常数，即动物每分钟吸入的空气量（L），羊通常为

3～6。

2. 配制疫苗 疫苗用量计算好后，用生理盐水或纯化水将其稀释，配制好的疫苗装入雾化器瓶中。

3. 免疫接种 将动物赶入圈舍，关闭门窗，操作者把喷头由门窗缝伸入室内，使喷头与动物头部同高，向室内四面均匀喷雾。喷雾完毕后，让动物在室内停留20～30min即可放出。

（二）鸡群气雾免疫接种

1. 计算疫苗用量 一般1日龄雏鸡喷雾量为0.15～0.2ml/羽；平养鸡0.25～0.5ml/羽；笼养鸡为0.25ml/羽。

2. 配制疫苗 疫苗用量计算好后，用生理盐水或纯化水将其稀释，配制好的疫苗装入雾化器瓶中。

3. 免疫接种 将雏鸡装在纸箱中，排成一排，喷雾器在距雏鸡30～40cm处向鸡喷雾，边走边喷，使气雾全面覆盖鸡群，以鸡群在气雾后头背部羽毛略有潮湿感觉为宜。喷完后将纸箱叠起，使雏鸡在纸箱中停留30min。平养鸡应在清晨或晚上进行喷雾，当鸡舍暗至刚能看清鸡只时，将鸡轻轻赶至较长的一面墙根，在距鸡50cm处时进行喷雾，成年笼养鸡喷雾方法与平养鸡基本相似。

（三）气雾免疫注意事项

1. 雾粒大小要适中。雾粒过大，在空气中停留时间短，进入呼吸道的机会少或进入呼吸道后被滞留；雾粒过小，则吸入后往往因呼吸道绒毛运动而被排出。一般粒子大小在1～10μm为有效粒子，气雾发生器的有效粒子在70%以上者为合格。每次使用气雾发生器前或新使用的气雾发生器，都须进行粒子大小的测定，合格后方可使用。

2. 气雾免疫房舍应密闭，关闭排气扇或通风系统，减少空气流动，并应避免直射阳光，保证舍内有适宜的温度与湿度。夜间气雾免疫最好，此时鸡群密集而安静，喷雾20～30min后打开排气扇或通风系统。

3. 气雾免疫应选择安全性高、效果好的疫苗，而且通常应使用加倍的剂量。稀释疫苗应该用生理盐水或纯化水，最好加入0.1%的脱脂奶粉。

4. 注意个人安全防护。操作者应穿工作衣裤和胶靴，戴大而厚的口罩，如出现症状，应及时就医。

八、其他免疫方法

（一）穴位注射免疫

主要适用于猪。

1. 选择注射部位 通常选择后海穴或风池穴。后海穴位于肛门和尾根之间的凹陷处；风池穴位于寰枕椎前缘直上部的凹陷中，左右各一穴。

2. 保定 参照上述保定方法进行。

3. 注射 后海穴注射时，将尾巴向上提起，局部消毒后，手持注射器于后海穴向前上方进针，刺入0.5～4cm；风池穴注射时，局部剪毛、消毒后，手持注射器垂直刺入1～1.5cm。注入疫苗，拔出针头，消毒。

4. 注意事项 进针深度应根据猪只大小、肥瘦程度掌握。

（二）静脉注射免疫

免疫血清除了皮下或肌肉注射免疫外，亦可采用静脉注射，疫苗一般不作静脉注射。

1. 选择注射部位　马、牛、羊在颈静脉，猪在耳静脉或前腔静脉，犬在隐静脉或臂头静脉，禽在翼下静脉。

2. 保定　参照上述保定方法进行。

3. 注射　局部剪毛消毒后，看清静脉，用左手指按压注射部位稍下后方，使静脉显露，右手持注射器或注射针头，迅速准确刺入血管，见有血液流出时，放开左手，将针头顺着血管向里略微送深入，固定好针头，连接注射器或输液管，检查有回血后，缓慢注入免疫血清。注射完毕后，用消毒干棉球紧压针孔，右手迅速拔出针头。为防止血肿，继续紧压针孔局部片刻，最后涂布2%～5%碘酊消毒。

4. 注意事项　如所应用的血清为异种动物者，可能引起过敏反应（血清病）。

（三）毛囊涂擦法

先将家禽腿部内侧拔去3～5根羽毛，然后用棉签蘸取疫苗逆向涂擦毛囊，此法目前较少应用。

（四）泄殖腔接种法

将家禽的肛门向上，翻出肛门黏膜，然后滴上疫苗或用棉签蘸取疫苗在肛门黏膜上涂擦3～5次。

（王　涛　陈广仁）

任务五　免疫接种后的护理观察与免疫反应的处置

一、免疫接种后的护理与观察

动物免疫接种后，必须经过一段时间才能产生免疫力，有时还可发生暂时性的抵抗力降低现象。因此，应有较好的护理和管理条件，注意控制动物的使役，以避免过分劳累而产生不良后果。免疫接种后，在免疫反应时间内，要仔细观察免疫动物的饮食、精神状况等，并抽查检测体温，观察期限一般为7～10d。对有异常表现的动物应予登记，严重时应及时救治。动物免疫接种后的反应类型主要有以下三种：

（一）正常反应

疫苗注射后出现的短时间精神不好或食欲稍减等症状，一般可自行消退。

（二）严重反应

反应程度较严重或反应动物超过正常反应的比例。如震颤、流涎、流产、瘙痒、皮肤丘疹、注射部位出现肿块、糜烂等，最为严重的可引起免疫动物的急性死亡。

（三）合并症

个别动物发生的综合症状，反应比较严重，需要及时救治。

1. 血清病　一次大剂量注射动物血清制品后，注射部位出现红肿、体温升高、荨麻疹、关节痛等，需精心护理和注射肾上腺素等。

2. 过敏性休克　个别动物于注射疫苗后30min内出现不安、呼吸困难、四肢发冷、出汗、大小便失禁等，需立即救治。

3. 全身感染 活疫苗接种后因机体防御机能较差或遭到破坏时发生的全身感染和诱发潜伏感染，或因免疫器具消毒不彻底致使注射部位或全身感染。

二、免疫反应的处置

（一）免疫接种不良反应动物的处理

产生严重不良反应时，应采取抗休克、抗过敏、抗炎症、抗感染、强心补液、镇静解痉等急救措施；局部出现炎症反应时，应采取消炎、消肿、止痒等处理措施；对神经、肌肉、血管损伤的病例，应采取理疗、药疗和手术等处理方法；合并感染的病例采取抗生素治疗措施。

（二）不良免疫反应的预防

加强饲养管理，保持圈舍温度、湿度、光照适宜，通风良好，做好日常消毒工作；免疫接种前对动物进行健康检查，掌握动物健康状况。凡发病的，精神、食欲、体温不正常，体质瘦弱、幼小、年老及怀孕后期的动物均不予接种或暂缓接种；制定科学的免疫程序，选用适宜的毒力或毒株的疫苗，认真做好疫苗用前检查，严格按照疫苗的使用说明进行免疫接种，注射部位要准确，接种操作方法要规范，接种剂量要适当；免疫接种前后3～5d在饮水中添加速溶多维，或维生素C、维生素E等以降低应激反应，供给营养丰富、均衡的优质饲料，提高机体非特异性免疫力。

（陈广仁　王　涛）

任务六　免疫标识与免疫档案建立

一、免疫标识

2006年6月16日经农业部第14次常务会议审议通过的《畜禽标识和养殖档案管理办法》于2006年7月1日起施行（农业部令第67号）。2002年5月24日农业部发布的《动物免疫标识管理办法》（农业部令第13号）同时废止，原动物免疫标识由畜禽标识取代。畜禽标识是指经农业部批准使用的耳标、电子标签、脚环以及其他承载畜禽信息的标识物。畜禽标识实行一畜一标，编码应当具有唯一性。

（一）耳标样式

1. 耳标组成及结构 耳标由主标和辅标两部分组成。主标由主标耳标面、耳标颈、耳标头组成。辅标由辅标耳标面和耳标锁扣组成。

2. 耳标形状及颜色 猪耳标主标耳标面和辅标耳标面均为圆形，颜色为肉色；牛耳标主标耳标面为圆形，辅标耳标面为铲形，颜色为浅黄色；羊耳标主标耳标面为圆形，辅标耳标面为带半圆弧的长方形，为橘黄色。

3. 耳标编码 畜禽标识编码由畜禽种类代码、县级行政区域代码、标识顺序号共15位数字及专用条码组成。猪、牛、羊的畜禽种类代码分别为1、2、3。编码形式为：×（种类代码）－××××××（县级行政区域代码）－××××××××（标识顺序号），参见图2－1。

耳标编码由激光刻制，猪耳标刻制在主标耳标面正面，排布为相邻直角两排，上排为主编码，右排为副编码。牛、羊耳标刻制在辅标耳标面正面，编码分上、下两排，上排为主编码，下排为副编码。专用条码由激光刻制在主、副编码中央，为农业部规定的二维码。

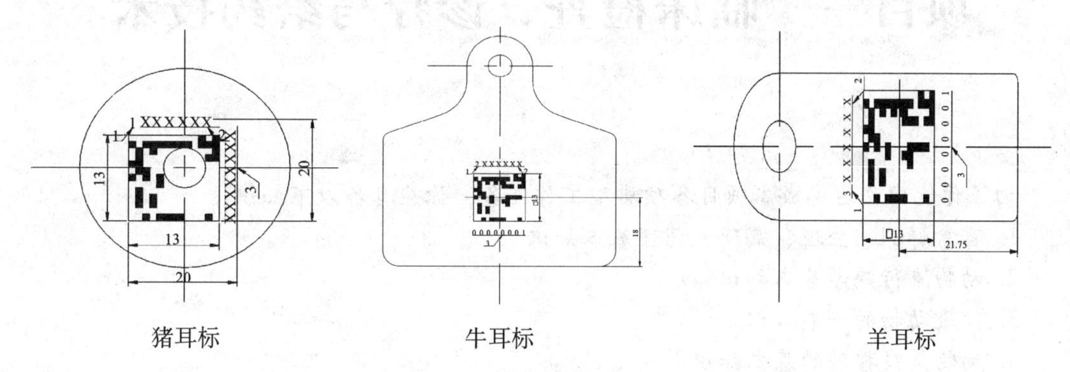

图 2－1　耳标编码示意图

1. 畜禽种类代码；2. 县级行政区域代码；3. 标识顺序号（动物个体连续码）

（二）耳标的佩带

1. 佩带时间　新出生家畜，在出生后 30d 内加施家畜耳标；30d 内离开饲养地的，在离开饲养地前加施；从国外引进的家畜，在到达目的地 10d 内加施。家畜耳标严重磨损、破损、脱落后，应当及时重新加施，并在养殖档案中记录新耳标编码。

2. 佩带位置　首次在左耳中部加施，需要再次加施的，在右耳中部加施。

3. 佩带工具　耳标佩带工具使用耳标钳，耳标钳由家畜耳标生产企业提供，并与本企业提供的家畜耳标规格相配备。

4. 佩带方法　佩带家畜耳标之前，应对耳标、耳标钳、动物佩戴部位进行严格的消毒。用耳标钳将主耳标头穿透动物耳部，插入辅标锁扣内，固定牢固，耳标颈长度和穿透的耳部厚度适宜。主耳标佩带于生猪耳朵的外侧，辅耳标佩带于生猪耳朵的内侧。

二、免疫档案建立

防疫员在进行免疫接种后，要及时、准确地对动物所佩带的耳标信息进行登记造册，填写免疫档案。免疫档案载明以下内容：

（一）畜禽养殖场

名称、地址、畜禽种类、数量、免疫日期、疫苗名称、疫苗生产厂、批号（有效期）、免疫方法、免疫剂量、畜禽养殖代码、畜禽标识顺序号、免疫人员、用药记录以及备注（记录本次免疫中未免疫动物的耳标号）等。

（二）畜禽散养户

户主姓名、地址、畜禽种类、数量、免疫日期、疫苗名称、疫苗生产厂、批号（有效期）、免疫方法、免疫剂量、畜禽标识顺序号、免疫人员、用药记录以及备注（记录本次免疫中未免疫动物的耳标号）等。

免疫档案保存时间：商品猪、禽为 2 年，牛为 20 年，羊为 10 年，种畜禽长期保存。

（陈广仁　王　涛）

项目三　临床检查、诊疗与给药技术

为了你能出色地完成本项目各项典型工作任务，你应具备以下知识：

1. 畜禽解剖、生理、病理、药理基本知识
2. 动物流行病学基本知识
3. 健康动物的一般知识
4. 动物免疫接种的基本知识
5. 临床检查的基本方法与程序
6. 一般检查的基本内容
7. 畜禽主要疾病的临床表现
8. 畜禽常见寄生虫的生活史和寄生部位
9. 病畜禽护理的基本知识
10. 临床常用的注射方法
11. 投药的基本知识
12. 药物注射的注意事宜
13. 药物副反应的常见症状
14. 药物预防和休药期的意义
15. 驱虫时间、投药方法及驱虫药物配制的基本知识
16. 药浴基本知识
17. 听诊器、体温计等诊疗器械的使用方法

任务一　流行病学资料收集与整理

一、流行病学资料收集

（一）器材准备

各种调查表格、实验室检查仪器设备、剖检工具、采样工具、计算器、防护用品（工作服、乳胶手套、口罩、工作帽、长筒胶靴）等。

（二）收集方法

1. 询问调查　这是流行病学调查中一个最主要的方法，询问对象主要是饲养员、防疫员、兽医等有关知情人员。通过询问、座谈等方式，查明疾病传染来源、传播媒介自然情况、动物群体资料、发病和死亡情况等，并将调查收集到的资料分别记入流行病学的调查表格中。

2. 现场调查　仔细观察疫区的卫生状况、地理、地形和气候条件等，以便进一步了解流行发生的经过和原因。进行现场观察时，可根据不同种类的疾病进行重点项目调查，例如在发生肠道传染病时，应特别注意饲料的来源和质量、水源的卫生条件、粪便和尸体处理等相关情况。

3. 实验室检查　实验室检查的目的是为了进一步诊断，对患病动物或可疑动物应用病原学、血清学、病理组织学和尸体剖检等各种诊断方法进行检查。通过检查，可以发现隐性传染源，证实传染途径，掌握动物免疫水平和有关病因等。为了解外界环境因素在流行病学上的作用，可对有污染嫌疑的各种物体和传播媒介进行微生物学和理化性质分析，以确定可能的传播媒介或传染源。

4. 生物统计学方法　在调查时可应用生物统计学方法统计疫情。必须对所有发病动物数、死亡动物数、屠宰数以及预防接种数等加以统计、登记和分析整理。

（三）收集内容

1. 发病养殖场（户）的全称及所处地址

2. 发病场（户）的一般特征　地理情况，地形特点，气候（季节、天气、雨量等），发病场（户）技术水平和管理水平，饲养家畜种类、数量、品种、发病、死亡数量等。

3. 发病场（户）流行病学情况

（1）发病场（户）补充牲畜的情况、检疫情况。

（2）免疫接种情况（免疫程序、疫苗名称、生产厂家、供应商、批号、接种方法、剂量等）。

（3）药品使用情况（日期、药品名称、生产厂家、供应商、批号、使用方法、计量等）。

（4）发病场（户）家畜既往患病史情况，防治情况。

（5）饲料的质量、来源地，保存、调配和饲喂的方法。

（6）饮水类型（水井、水池、小河、自来水等）和饮水方式等情况。

4. 发病场（户）周边环境动物卫生情况

（1）有无蚊、蝇、蜱等媒介昆虫存在。

（2）粪便的清理及其贮存场所的位置和状况。

（3）污水处理及排出情况。

（4）尸体的处理、利用和销毁的情况。

（5）临近场（户）有无类似疫病发生及流行情况。

二、流行病学资料整理

流行病学资料的整理是应用流行病学调查材料来揭示传染病流行过程的本质和相关因素。把调查的材料，经过去粗取精、去伪存真进行加工整理，综合分析，得出流行过程的客观规律，并对有效措施做出正确的评价。在收集的流行病学资料中涉及许多数量资料，要找出其特征，进一步进行统计、分析和整理。

（一）明确数、率、比的概念

1. 数　指绝对数，如某畜禽群因某病发病畜禽数、死亡数等。

2. 率　两个相关的数在一定条件下的比值。通常用百分率、千分率表示，说明总体与局部的关系。

3. 比 指构成比。如某畜禽中患病动物与未患病动物数之比为1∶30或1/30，比的分子不包含在分母中。

（二）描述疫病分布常用的率

1. 发病率 表示动物中在一定时期内某病的新病例发生的频率。

发病率 = 某期间内某病的新病例数/同一期间该动物的平均数 ×100。

2. 感染率 指用各种诊断方法检查出来的所有感染的动物的头数占被检查动物总头数的百分比。

感染率（%）= 感染某传染病的动物头数/检查总头数 ×100

3. 患病率 指在某一指定的时间动物群中存在某病病例数的比率。

患病率（%）= 在某一指定的时间动物群中存在某病病例数/在同一指定的时间动物群中动物总数 ×100

4. 死亡率 指某病例死亡数占某种动物总数的百分比。

死亡率（%）= 因某病死亡头数/同时期某种动物总头数 ×100

5. 致死率 指因某种病死亡的动物头数占该患病动物头数的百分比。

致死率（%）= 因某病致死头数/患该病动物总数 ×100

三、注意事项

（一）资料全面

流行病学调查时，要深入现场观察，全面搜集资料，采取个别访问或开调查会的方式进行调查。

（二）综合分析

在调查中，要客观地听取各种意见，然后加以综合分析，特别是在发生疑似中毒的情况下，调查时更应细致与谨慎。

（三）注意确诊

实验室检查时要认真细致，对可疑患病动物进行确诊。

（谭 菊 刘 莉）

任务二 临床检查技术

一、动物保定技术

（一）器材准备

鼻捻子、耳夹子、保定绳、二柱栏、四柱栏、六柱栏、牛鼻钳、嘴套（绷带或布条）等。

（二）操作方法

1. 猪的保定

（1）站立保定法：在保定绳的一端打个活结，一人抓住猪的两耳并向上提，在猪嚎叫时，把绳的活结立即套入猪的上颌并抽紧，然后把绳头扣在圈栏或木柱上，此时猪常后退，当猪退至被绳拉紧时，便站住不动（图2-2）。此法适用于一般检查和肌肉注射。

（2）提起保定：有正提保定和倒提保定两种方法。

正提保定是保定者在正面用两手分别握住猪的两耳，向上提起猪头部，使猪的前肢悬空（图2-3左）。适用于仔猪的耳根部、颈部作肌肉注射等。

倒提保定是保定者用两手紧握猪的两后肢胫部，用力提举，使其腹部向前，同时用两腿夹住猪的背部，以防止猪摆动（图2-3右）。适用于仔猪的腹腔注射。

图2-2　猪站立保定法

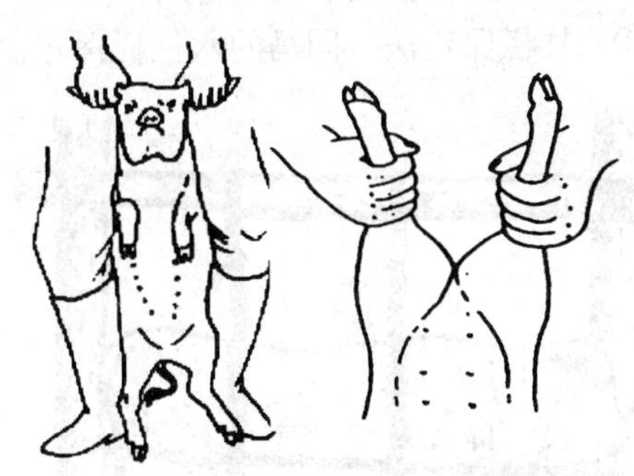

图2-3　猪的正提（左）、倒提（右）保定法

（3）倒卧保定：有侧卧保定和仰卧保定两种方法。

侧卧保定是一人抓住一后肢，另一人抓住耳朵，使猪失去平衡，侧卧倒下，固定头部，根据需要固定四肢。适用于猪的注射、去势等。

仰卧保定是将猪放倒，使猪保持仰卧的姿势，固定四肢。适用于前腔静脉采血、灌药等。

2. 牛的保定

（1）徒手保定：操作者面对牛头一侧站立，先用一手抓住牛角，然后拉提鼻绳、鼻环或用一手的拇指与食指、中指捏住牛的鼻中隔加以固定即可（图2-4）。此法适用于一般检查、灌药、颈部肌肉注射及颈静脉注射。

（2）牛鼻钳保定：将鼻钳两钳嘴抵住两鼻孔，并迅速夹紧鼻中隔，用一手或双手握持，亦可用绳系紧钳柄将其固定（图2-5）。适用于一般检查、灌药、颈部肌肉注射及颈静脉注射、检疫。

（3）两后肢保定法：用绳子的一端扣住一后肢跗关节上方跟腱部，另一端则转向对侧肢相应部作“8”字形缠绕，最后收绳抽紧使两后肢靠拢，绳头由一人牵住，准备随时松开（图2-6）。此法可用于牛的直肠、乳腺及后肢的检查。

图2-4　牛徒手保定法

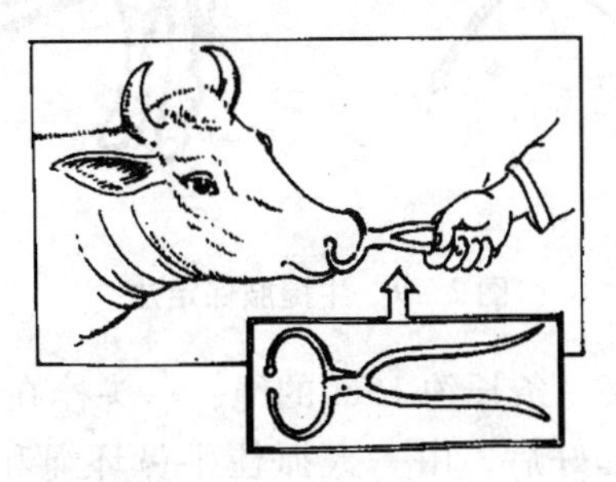

图2-5　牛鼻钳保定法

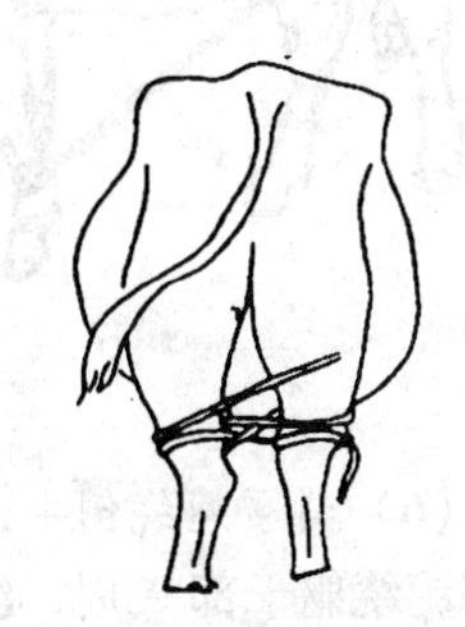

图2-6　牛两后肢保定法

（4）柱栏保定：有二柱栏、四柱栏及六柱栏保定法等几种方法。

①二柱栏保定法　将牛牵至柱栏内，鼻绳系于头前柱子上，然后缠绕围绳在肩关节水平位置，在肘后、膝前上好吊挂胸、腹绳带即可（图2－7）。此法可用于临床检查，各种注射及颈、腹、蹄部疾病的治疗。

②四柱栏保定法　保定时，先将前柱横杆安好，然后牵牛由后方进入柱栏内，头绳系于横栏前部的铁环上，最后装上后柱间的横杆及挂胸、腹绳（图2－8）。本法适用于临床一般检查或治疗时保定。

③六柱栏保定法　同马的六柱栏保定。但牛的六柱栏规格比马的要大。

图2－7　牛二柱栏保定法

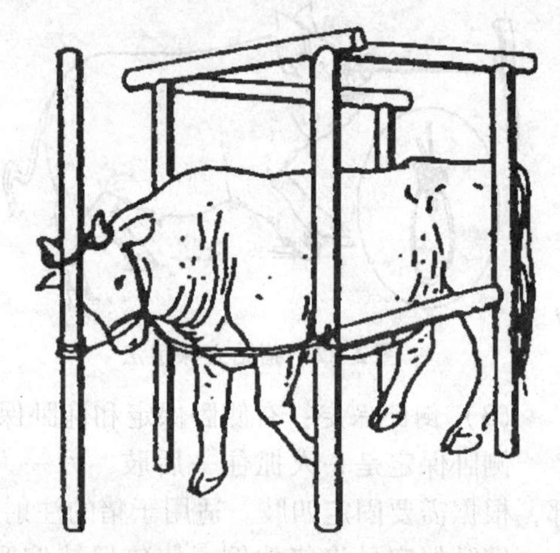

图2－8　牛四柱栏保定法

（5）提肢倒牛法：取约10m长绳子，折成一长一短，于折转处做一套结，套于倒卧前肢系部，将短端从胸下过对侧绕上肩部返回同侧，由一人拉住，长端向上从臀部绕住两后肢，交助手牵引。畜主牵牛向前，当牛的倒卧侧前肢抬起时，保定者拉紧短绳并下压，同时助手将臀部的绳下移，紧缚两后肢并用力向后拉，前后合力，即可倒卧。按住牛头，并将前后肢缚在一起即可（图2－9）。适用于去势及其他外科手术等。

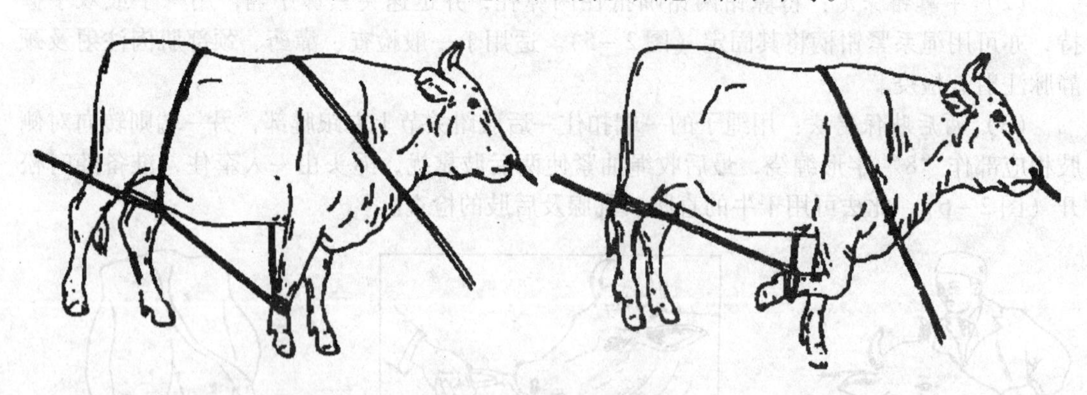

图2－9　牛提肢保定法

（6）背腰缠绕倒牛法：取一条长约15m的绳，一头拴在牛的两角根处，另一端在胸腹部缠绕躯干部一周，绳子套好后，由一人抓住牛鼻环绳和牛角，向倒卧侧按压牛头，2～3人用力向后牵拉圆绳，后肢屈曲而自行倒卧后，捆缚四肢保定（图2－10）。适用于去势及其他外科手术等。

图 2-10 背腰缠绕倒牛法

3. 马的保定

（1）鼻捻棒保定：操作者将鼻捻子的绳套套于左手上并夹于指间，右手抓住笼头，持有绳套的手自鼻梁向下轻轻抚摸至上唇时，迅速有力地抓住马的上唇，此时右手离开笼头，将绳套套于唇上，并迅速向一方捻转把柄，直至拧紧为止（图 2-11）。适用于一般检查、治疗和颈部肌肉注射等。

（2）耳夹子保定：先将一手放于马的耳后颈侧，然后迅速抓住马耳，持夹子的另一只手迅即将夹子放于耳根部并用力夹紧，此时应握紧耳夹，以免因马匹骚动、挣扎而使夹子脱手甩出，甚至伤人等（图 2-12）。适用于一般检查、治疗和颈部肌肉注射等。

图 2-11 马鼻捻子保定法

图 2-12 马耳夹子保定法

（3）两后肢保定：用一条长约 8m 的绳子，绳中段对折打一颈套，套于马颈基部，两端通过两前肢和两后肢之间，再分别向左右两侧返回交叉，使绳套落于系部，将绳端引回至颈套，系结固定之（图 2-13）。适用于直肠检查、阴道检查、臀部肌肉注射等。

（4）柱栏保定：有二柱栏保定、四柱栏及六柱栏保定几种方法。适用于临床检查、检蹄、装蹄及臀部肌肉注射等。

马的二柱栏、四柱栏保定方法与牛相同。

六柱栏保定法 先将前带装好，马由后方牵入，装上尾带并把缰绳栓在门柱上，为防止马跳起或卧下，可分别在马的鬐甲部上和腹下用扁绳拴在横梁上作背带和腹带（图 2-14）。

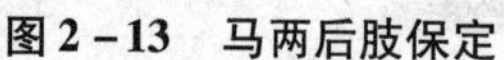
图 2－13　马两后肢保定

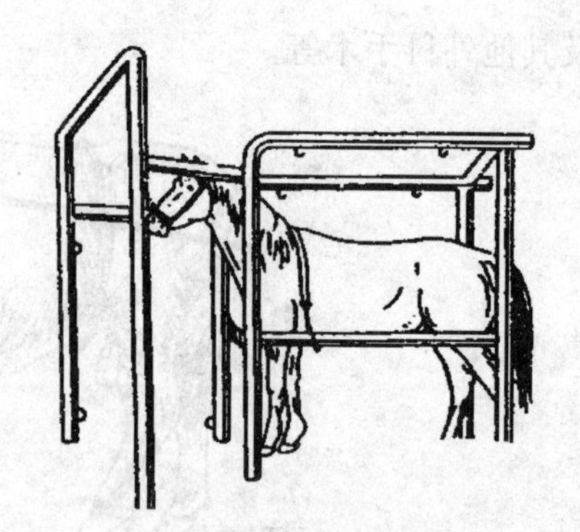
图 2－14　马六柱栏保定法

4. 羊的保定

（1）站立保定：保定者可骑跨在羊背上，将羊颈夹在两腿之间，用手抓住并固定羊的头部（图 2－15）。此法适用于一般检查和注射、灌药和注射疫苗等。

（2）倒立式保定法：保定者骑跨在羊颈部，面向后，两腿夹紧羊体，弯腰将两后肢提起（图 2－16）。此法可适用于阉割、后躯检查等。

（3）横卧保定法：保定者俯身从对侧一手抓住两前肢系部或抓一前肢臂部，另一手抓住腹肋部膝前皱襞处扳倒羊体，然后改抓两后肢系部，前后一起按住即可（图 2－17）。适用于治疗、简单手术和注射疫苗等。

图 2－15　羊站立保定

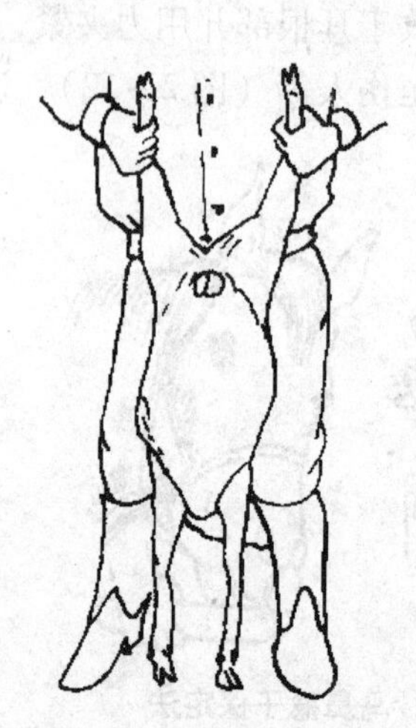
图 2－16　羊倒立式保定

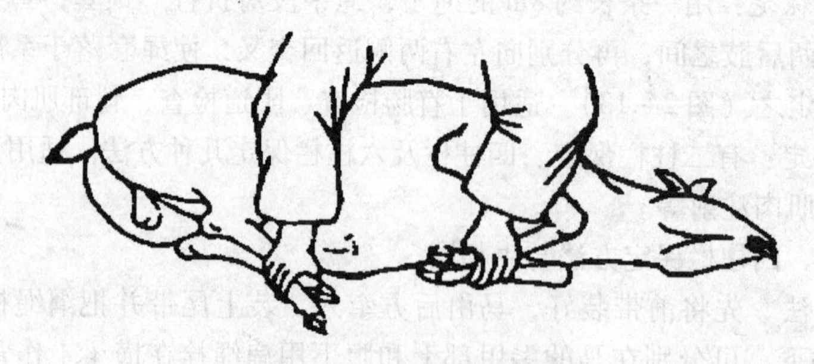
图 2－17　羊横卧保定

（4）坐式保定法：此法适用于羔羊。保定者坐着抱住羔羊，使羊背朝向保定者，头向下，臀部向上，两手分别握住羊的前后肢。

5. 犬的保定

（1）嘴套保定法：嘴套有皮革制品和铁丝制品两种，有不同型号。选择大小适宜的嘴套给犬带在嘴上，将其附带结于两耳后方颈部，防止脱落（图2－18）。或用各个部位都可调节大小的革带做成的嘴套，用时根据犬头大小、嘴粗细，调节合适后，给犬带上，更为方便。适用于一般检查和注射疫苗等。

（2）扎口保定：用长1m左右的绷带或布条，做成一活结圈套，将圈套从鼻端套至鼻背中部，然后拉紧圈套，绷带二端在两侧耳后打结固定，此法较嘴套保定法简单且牢靠（图2－19）。适用于一般检查、注射疫苗等。

（3）颈钳保定法：颈钳柄由90～100cm铁杆制成，钳端是二个20～25cm半圆形钳嘴，大小恰能套入犬的颈部，合拢钳嘴后，即可将犬固定（图2－20）。适用于捕捉或医疗凶猛咬人的犬。

（4）犬横卧保定法：先将犬作扎口保定，然后两手分别握住犬两前肢的腕部和两后肢的跖部，将犬提起横卧在平台上，以右臂压住犬的颈部，即可保定。适用于临床检查、治疗、注射疫苗等。

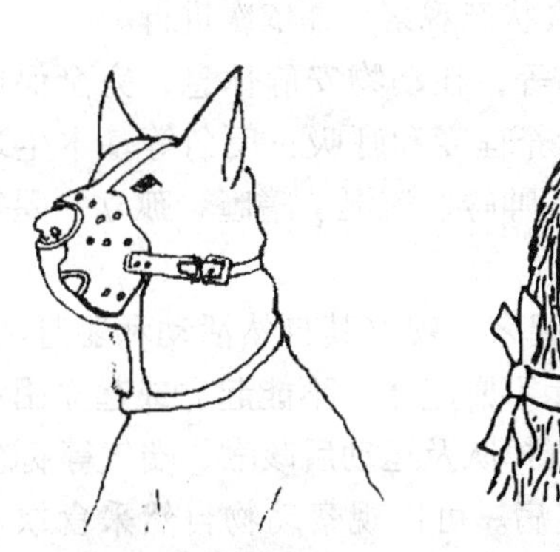

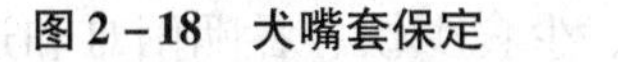
图2－18　犬嘴套保定

图2－19　犬扎口保定

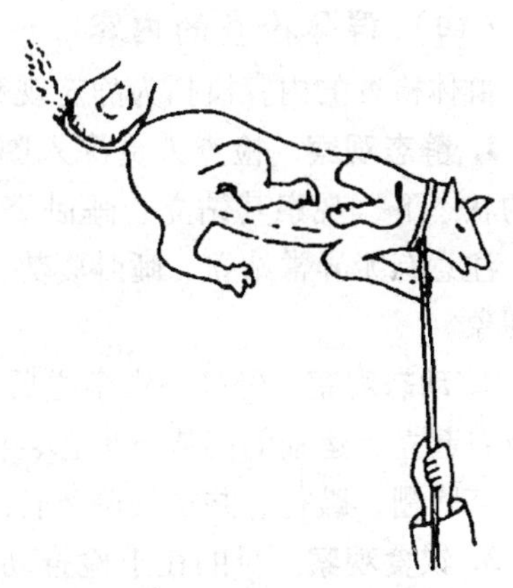

图2－20　犬颈钳保定法

（三）动物保定注意事项

进行动物保定时，应注意人员和动物的安全，并应注意以下事项：

1. 要了解动物的习性、有无恶癖，并应在畜主的协助下完成。

2. 对待动物应有爱心，不要粗暴对待动物。

3. 保定动物时应根据动物大小选择适宜场地，地面平整，没有碎石、瓦砾等，以防动物损伤。

4. 保定时应根据实际情况选择适宜的保定方法，做到可靠和简便易行。

5. 保定动物时所选用具如绳索等应结实，粗细适宜，而且所有绳结应为活结，以便在危急时刻可迅速解开。

6. 无论是接近单个动物或畜群，都应适当限制参与人数，切忌一哄而上，以防惊吓动物。

7. 应注意个人安全防护。

二、群体检查技术

群体检查是指对待检动物群体进行的现场临诊观察。通过检查，可对群体动物的健康状况作出初步评价，并把检出的病态动物从大群动物中挑出来，隔离后进一步诊断处理。

（一）群体划分

群体检查以群为单位。根据检查场所的不同，将同场、同圈（舍）畜禽划为一群，或将同一产地来源的畜禽划为一群，或把同车、同船、同机运输的畜禽划为一群。畜群过大时，要适当分群，以利于检查。

（二）检查顺序

群体检查时先大群，后小群；先幼年畜群，后成年畜群；先种用畜群，后其他用途的畜群；先健康畜群，后染病畜群。

（三）群体检查的方法

群体检查以视诊为主，即用肉眼对动物进行整体状态（体格大小、发育程度、营养状况、精神状态、姿势与体态、行为与运动等）的观察。必要时群体动物测体温，如进境动物在进入隔离场的第一周内及隔离期满前一周内，每日逐个测温。

（四）群体检查的内容

群体检查的内容概括为静态观察、动态观察和饮食状态观察，并依次进行。

1. 静态观察　检查人员深入圈舍、车、船、仓库等，在动物安静休息，完全保持自然的状态下，观察其站立、睡卧姿势、精神状态、营养程度和呼吸、反刍等基本生理活动。注意有无异常站立、睡卧姿势，有无咳嗽、喘息、呻吟、流涎、嗜睡、孤立一隅等反常现象。

2. 动态观察　经静态观察之后，将被检动物驱赶起来，观察其自然活动和驱赶活动。重点看起立、运动的姿势与步态、精神状态。注意有无不愿起立，不能起立或起立困难以及步态蹒跚、跛行、共济失调、转圈、曲背弓腰、离群掉队及运动后咳嗽、喘气等病态。

3. 饮食观察　目的在于检查动物的食欲和口腔疾病。可以观察动物自然采食饮水动作，亦可有意少给食物看其抢食行为。从中发现不食不饮、少食少饮、吞咽困难和退槽、呕吐、流涎等可疑患病动物。动物进食后有排便尿的习惯，借此机会再仔细检查其排便时姿势，粪尿的硬度、颜色、含混物、气味等是否正常。

以上各环节发现的病态动物，作好标记并单独隔离，以进一步检查处理。

三、个体检查技术

个体检查是指对群体检查中检出的可疑病态动物进行系统的个体临床检查。其目的在于初步诊断动物是否患病、是否为检疫对象。一般群体检疫无病的也要抽检5%～20%作个体检疫，若个体检疫发现患病动物，应再抽检10%，必要时可全群复检。个体检疫的方法内容，一般有视诊、触诊、听诊等。

（一）检查方法

1. 视诊

（1）*视诊方法*：视诊时一般先不要靠近动物，也不宜进行保定，以免惊扰，应尽量使动物采取自然的姿态。检查者应先站在离动物适当距离处（一般为2～3m），首先观察其全貌，然后由前往后、从左到右、边走边看，观察动物的头、颈、腹、脊柱、四肢。当至正后方时，应注意尾、肛门及会阴部，并对照观察两侧胸、腹部是否有异常。最后再接近动物，进行细部检查。站立视诊过后，必要时进行运步视诊。

（2）视诊内容：检查精神状态、检查营养状况、检查姿态与步样、检查被毛和皮肤、检查反刍和呼吸、检查可视黏膜、检查排泄动作及排泄物等内容。

2. 触诊

（1）触诊方法：用一手或两手的手指、手掌或拳头捏、摸、按压动物体表各部位，感知皮肤、皮下组织、肌肉甚至内脏器官病变。

检查体表的温度、湿度时，应以手掌或手背接触皮肤进行感知。

检查局部与肿物的硬度，应以手指进行加压或揉捏，根据感觉及压后的现象去判断。

以刺激为目的而判断动物的敏感性时，应在触诊的同时注意动物的反应及头部、肢体的动作，如动物表现回视、躲闪或反抗，常是敏感、疼痛的表现。

（2）触诊内容

触诊耳朵、角根。初步确定体温变化情况。

触摸皮肤弹性。健康动物皮肤柔软，富有弹性。弹性降低，见于营养不良或脱水性疾病。

触诊胸廓、腹部敏感性。

触诊体表淋巴结。触诊检查其大小、形状、硬度、活动性、敏感性等，必要时可穿刺检查。如马腺疫病马颌下淋巴结肿胀、化脓、有波动感，牛梨形虫病则呈现肩前淋巴结急性肿胀的特征。

触诊嗉囊，检查鸡是否有软嗉、硬嗉、空嗉。鸡软嗉时触之柔软并有波动，说明嗉囊内容物是液状或半液状，若挤压嗉囊，能从口、鼻流出酸臭液体，可疑新城疫、鸡球虫病及嗉囊卡他。硬嗉以嗉囊膨胀坚硬为特征，是饲料长期不能消化所致，亦有异物阻塞。空嗉表明嗉囊空虚，是重病期食欲废绝和某些慢性疾病的象征；也与饲料适口性不好有关。

3. 听诊

（1）听诊方法

①直接听诊法：先于动物体表上放一听诊布，然后用耳直接贴于动物体表的欲检部位进行听诊。检查者可根据检查的目的采取适宜的姿势。

②间接听诊法：即借助听诊器在欲检器官的体表相应部位进行听诊。

（2）听诊内容

①听叫声：判别动物异常声音，如呻吟、嘶鸣、喘息。如牛呻吟见于疼痛或病重期。

②听咳嗽声：判别动物呼吸器官病变。干咳见于上呼吸道炎症，如咽喉炎、慢性支气管炎；湿咳见于支气管和肺部炎症，如牛肺疫、牛肺结核、猪肺疫、猪肺丝虫病等。鸡新城疫时发出“咯咯”声，肺部炎症表现为湿咳。

③听心、肺、胃肠音：判别有无异常。在马属动物和猪、牛、羊，常借助听诊器听心音、呼吸音和胃肠音，以判定心、肺、胃肠运动有无异常。

（二）一般检查

一般检查主要利用视诊和触诊方法进行。检查的内容通常包括：观察病畜的全身状态；测定体温、脉搏及呼吸次数；检查被毛及皮肤、眼结合膜及体表淋巴结等。

1. 整体状态的观察

（1）精神状态检查方法：精神状态是畜（禽）中枢神经系统机能活动的反映，根据动物对外界刺激的反应能力及行为表现而判定。通过视诊观察病畜的神态，注意其耳的活动，眼和面部的表情及各种反应、举动而判定。

（2）营养状况检查方法：根据肌肉的丰满度，皮下脂肪的蓄积量及被毛情况而判定。确切测定应称量体重。

（3）姿势与体态检查方法：姿势与步态是指动物在相对静止或运动过程中的空间位置和呈现的姿态。主要观察病畜表现的姿态特征。

（4）运动、行为（步态检查）检查方法：主要是对能走动的病畜进行牵遛运动，观察其步样活动有无异常。

2. 被毛和皮肤的检查

（1）检查方法：通过视诊、触诊检查作出判定。

（2）检查内容：主要有鼻盘、鼻镜及鸡冠的检查；被毛检查；皮肤检查（颜色、湿度、温度、弹性及疹疱等）；皮下组织的检查（肿胀部位的大小、形状，并触诊判定其内容物性状、硬度、温度、移动性及敏感性等）。

3. 眼结膜的检查

（1）检查方法：采用视诊、触诊方法进行检查。首先观察眼睑有无肿胀、外伤及眼分泌物的数量、性质。然后再打开眼睑进行检查。

（2）马眼结膜检查：检查者站立于马头一侧，一手持缰绳，另一手食指第一指节置于上眼睑中央的边缘处，拇指放在下眼睑，其余三指屈曲并放于眼眶上面作为支点。食指向眼窝略加压力，拇指则同时拨开下眼睑，即可使结膜露出而检查。

（3）牛眼结膜检查：主要观察其巩膜的颜色及其血管情况，检查时可一手握牛角，另一手握住其鼻中膈并用力扭转其头部，即可使巩膜露出，也可用两手握牛角并向一侧扭转，使牛头偏向侧方；检查牛结膜时，可用大拇指将下眼睑拨开观察。

（4）羊、猪、犬等中小动物眼结膜检查：用两只手的拇指打开上、下眼睑进行检查。

（5）注意事项：检查眼结膜时最好在自然光线下进行，因为红光下对黄色不易识别，检查时动作要快，且不宜反复进行，以免引起充血。应对两侧眼结膜进行对照检查。

4. 浅表淋巴结的检查

（1）检查方法：采用视诊、触诊方法进行检查。

（2）操作方法：检查浅表淋巴结时应注意其大小、形状、硬度、敏感性及在皮下的可移动性。

马常检查下颌淋巴结，位于下颌间隙，正常时为扁平分叶状，较小，不坚实，可向周围滑动。检查时，一手持笼头，另一手伸于下颌间隙揉捏或擦压；牛常检查颌下、肩前、膝襞、乳房上淋巴结等；猪可检查腹股沟淋巴结；犬、猫可检查颌下、耳下、肩前、腹股沟淋巴结等。

5. 体温、脉搏、呼吸数的检查

（1）体温测定

①器材准备：体温计、酒精棉球、消毒药、消毒器具及一般保定用具等。

②操作方法：首先甩动体温计使水银柱降至35℃以下；用酒精棉球擦拭消毒并涂以润滑剂后再行使用。被检动物应适当地保定。测温时，检查者站在动物的左后方（检查牛时站在正后方），以左手提起其尾根部并稍推向对侧，右手持体温计经肛门慢慢捻转插入直肠中；再将带线绳的夹子夹于尾毛上，经3～5min后取出，用酒精棉球擦除粪便或黏附物后读取度数。用后再甩下水银柱并放入消毒瓶内备用。

③注意事项：一般健康动物的体温昼夜变动，晨温较低，午后略高，同时受年龄、性别、品种、营养、外界气候、使役、妊娠等影响，出现一定的波动，波动范围在0.5～1℃之间。在排除生理因素影响后，体温的增减变化均属病态。被检出体温显著升高的动物，视为可疑患病动物。

（2）脉搏测定

①器材准备：秒表、听诊器及一般保定用具等。

②操作方法：测定每一分钟脉搏的次数，以次/分表示。

马属动物可检颌外动脉。检查者站在马头一侧；一手握住笼头，另一手拇指置于下颌骨外侧，食指、中指伸入下颌支内侧，在下颌支的血管切迹处，前后滑动，发现动脉管后，用手指轻压即可感知。

牛通常检查尾动脉，检查者站在牛的正后方。左手抬起牛尾，右手拇指放在尾根部的背面，用食指、中指在距尾根10cm左右处尾的腹面检查。

小动物可在后肢股内侧的股动脉处检查。

③注意事项：检查脉搏时，应待动物安静后再测定。一般应检测一分钟；当脉搏过弱而不感于手时，可用心跳次数代替。

（3）呼吸测定

①器材准备：秒表、听诊器及一般保定用具等。

②操作方法：根据胸腹部起伏动作而测定，检查者站在动物的侧方，观察其腹胁部的起伏，一起一伏为一次呼吸。在寒冷季节也可观察呼出气流来测定。鸡的呼吸灵敏，可观察肛门下部的羽毛起伏动作来测定。

③注意事项：测定呼吸数时，应在动物休息、安静时检测。一般应检测一分钟。观察动物鼻翼的活动或将手放在鼻前感知气流的测定方法不够准确，必要时可用听诊肺部呼吸音的次数来代替。各种动物正常体温、脉搏、呼吸数参见表2－4。

表2－4　各种动物正常体温、脉搏、呼吸数

动物种类	体温（℃）	脉搏（次／min）	呼吸数（次／min）
猪	38.0～39.5	60～80	10～30
乳牛	37.5～39.5	60～80	10～30
黄牛	37.5～39.5	40～80	10～25
水牛	36.5～38.5	30～50	10～50
牦牛	37.6～38.5	33～55	10～24
绵羊	38.0～40.0	60～80	12～30
山羊	38.5～40.5	70～80	12～30
马	37.5～38.5	26～42	8～16
骡	38.0～39.0	26～42	8～16
驴	37.0～38.0	42～54	8～16

（续表）

动物种类	体温（℃）	脉搏（次/min）	呼吸数（次/min）
骆驼	36.0～38.5	30～60	6～15
鹿	38.0～39.0	36～78	15～25
兔	38.0～39.5	120～140	50～60
犬	37.5～39.0	70～120	10～30
猫	38.5～39.5	110～130	10～30
银狐	38.7～40.7	80～140	14～30
貂	38.1～40.2	70～146	23～43
水貂	39.5～40.5	90～180	40～70
鸡	40.0～42.0	120～200	15～30
鸭	41.0～43.0	120～200	16～30
鹅	40.0～41.0	120～200	12～20

（三）心血管系统检查

1. 心脏的检查

（1）器材准备：听诊器、秒表、扣诊用具、一般保定用具等。

（2）保定：站立保定，左前肢向前半步即可。

（3）心搏动检查：动物取站立姿势，左前肢向前伸出半步，以充分露出心区。检查者站在动物左侧方，视诊，仔细观察左侧肘后心区被毛及胸壁的振动情况；触诊，检查者一手（右手）放在动物的鬐甲部，用另一手（左手）的手掌，紧贴在动物的左侧肘后心区，注意感知胸壁的振动，主要判定其频率及强度。

（4）心脏的叩诊：按前面的方法保定，对大动物，应用锤板叩诊法；小动物可用指指叩诊法。按常规叩诊方法，沿肩胛骨后角向下的垂线进行叩诊，直至心区，同时标记由清音转变为浊音的一点；再沿与前一垂线呈45°左右的斜线，由心区向后上方叩诊，并标记由浊音变为清音的一点；连接两点所形成的弧线，即为心脏浊音区的后上界。

马在左侧呈近似的不等边三角形，其顶点相当于第三肋间距肩关节水平线向下3～4cm处；由该点向后下方引一弧线并止于第六肋骨下端，为其后上界。在心区反复地用较强和较弱的叩诊进行检查，根据产生的浊音的区域，可判定马的心脏绝对浊音区及相对浊音区。相对浊音区在绝对浊音区的后上方，呈带状，宽3～4cm。牛则仅在左侧第三、第四肋间呈相对浊音区，且其范围较小。

（5）心音的听诊：用听诊器进行间接听诊。需要辨别瓣膜口音的变化时，按表2－5确定其最佳听取点。

听诊心音时，主要区别判断心音的频率、强度、性质及是否出现分裂、杂音或节律不齐。当心音过弱而听不清时，可使动物做短暂的运动，并在运动后听诊。

表2－5　几种家畜的心音最佳听取点

动物	第一心音		第二心音	
	二尖瓣口	三尖瓣口	主动脉瓣口	肺动脉瓣口
马	左侧第5肋间，胸廓下1/3的中央水平线上	右侧第4肋间，胸廓下1/3的中央水平线上	左侧第4肋间，肩关节线下方1～2指处	左侧第3肋间，胸廓下1/3的中央水平线下方

（续表）

动物	第一心音		第二心音	
	二尖瓣口	三尖瓣口	主动脉瓣口	肺动脉瓣口
牛、羊	左侧第 4 肋间，主动脉瓣口的远下方	右侧第 3 肋间，胸廓下 1/3 的中央水平线上	左侧第 4 肋间，肩关节线下方 1 ~ 2 指处	左侧第 3 肋间，胸廓下 1/3 的中央水平线下方
犬	左侧第 4 肋间，主动脉瓣口的远下方	右侧第 4 肋间，肋骨与肋软骨结合部稍下方	左侧第 4 肋间，肩关节水平线上直下	左侧第 3 肋间，接近胸骨处
猪	左侧第 4 肋间，主动脉瓣口的远下方	右侧第 3 肋间，胸廓下 1/3 的中央水平线上	左侧第 4 肋间，肩关节线下方 1 ~ 2 指处	左侧第 3 肋间，胸廓下 1/3 的中央水平线下方

2. 动脉脉搏的检查

（1）器材准备：秒表、一般保定用具等。

（2）保定：站立保定即可。

（3）操作方法：大动物（马属动物、牛等）多检查颌外动脉或尾动脉；中、小动物（猪、羊等）则以股动脉为宜。详见脉搏数的测定。

（4）注意事项：检查时，除注意计算脉搏的频率外，还应判定其脉搏的性质（主要是搏动的大小、强度、软硬及充盈状态等）及有无节律的变化。

3. 浅表静脉的检查

（1）器材准备：秒表、一般保定用具等。

（2）保定：站立保定即可。

（3）操作方法：主要观察浅表静脉（如马的颈静脉、胸外静脉、牛的颈静脉和乳房静脉等）的充盈状态及颈静脉的波动。

（4）注意事项：由于颈动脉的过强搏动可引起颈静脉处发生类似的波动，称伪（假）阳性颈静脉波动。用手指按压其中部时，近心与远心端的波动均不消失并可感知颈动脉的过强搏动是其特征。

（四）呼吸系统检查

1. 呼吸运动的检查

家畜呼吸时，胸廓、腹壁、鼻翼有节奏的协调运动，称为呼吸运动。检查呼吸运动，应计测呼吸次数（频率），注意呼吸类型及呼吸节律的改变，判定有无呼吸困难等。

（1）呼吸类型的检查方法：检查者立于病畜的后侧方，检查时，注意观察呼吸过程中胸、腹壁的起伏动作的协调和强度，以判定呼吸型。

（2）呼吸节律的检查方法：检查者应仔细观察病畜鼻翼的扇动情况及胸、腹壁的起伏和肛门的抽动现象，注意头颈、鼻区和四肢的状态和姿势，并听取呼吸音。动物正常的每次呼吸之间，间隔的时间相等，这样有规律进行的呼吸，叫呼吸节律。

2. 上呼吸道检查

（1）呼出气检查内容：主要检查呼出气流、呼出气体温度、呼出气体气味等。

（2）鼻液检查内容：首先观察动物有无鼻液，对鼻液应注意其数量、颜色、性状、混有物及一侧性或两侧性。

（3）咳嗽检查内容：询问有无咳嗽，并注意听取其自发咳嗽、辨别是经常性还是阵发性，干咳或湿咳，有无疼痛、鼻液等伴随症状。必要时可作人工诱咳，以判定咳嗽的性质。

①马的人工诱咳　检查者站在病畜的左前方，左手执笼头，右手以拇指和中指捏压第一、第二气管软骨环或勺状软骨，可引起一二声咳嗽。但反应迟钝的马则难于引起咳嗽。

②牛的人工诱咳　用多层湿润的毛巾掩盖或闭塞鼻孔一定时间后迅速放开，使之深呼吸则可出现咳嗽。

③小动物诱咳　短时间闭塞鼻孔或捏压喉部、叩击胸壁均能引起咳嗽。犬在咳嗽时有时引起呕吐，应注意以免重视了呕吐而忽视了咳嗽。

在怀疑牛患有严重的肺气肿、肺炎、胸膜炎合并心机能紊乱者慎用。

（4）鼻及副鼻窦的检查法

①材料准备：开鼻器、叩诊锤、手电筒、一般保定用具等。

②保定：徒手保定。

③外部检查：视诊鼻面部是否肿胀、膨隆和变形，触诊注意敏感性、温度和硬度，叩诊健康家畜的窦区是否有空盒音。正常状态触诊和叩诊副鼻窦部无敏感反应及叩诊为空盒音。

④鼻黏膜检查

单手开鼻法：一手托住下颌并适当高举马头，另手以拇指和中指捏住鼻翼软骨，略向上翻，同时用食指挑起外侧鼻翼，鼻黏膜即可显露。

双手开鼻法：以双手拇、中二指分别捏住鼻翼软骨和外鼻翼，并向上向外拉，则鼻孔可扩开。

其他家畜鼻黏膜的检查法：将病畜头抬起，使鼻孔对着阳光或人工光源，即可观察鼻黏膜。在小动物可用开鼻器。

⑤注意事项：检查时应注意作适当保定；注意防护，以防感染；使鼻孔对光检查，重点注意其颜色、有无肿胀、溃疡、结节、瘢痕等。马鼻黏膜为淡红色，深部呈淡蓝红色，湿润而有光泽。其他家畜的鼻黏膜为淡红色，但有些牛鼻孔周围的鼻黏膜有色素沉着。检查时，应注意鼻黏膜的颜色、有无肿胀、结节、溃疡或瘢痕。

3. 喉、喉囊和气管的检查

（1）马的喉和喉囊的检查方法：检查者可站于动物的头颈部侧方，分别以两手自喉部两侧同时轻轻加压并向周围滑动，以感知局部的温度、硬度和敏感度，注意有无肿胀。

（2）牛、羊的喉部检查方法：外部触诊法与马相同。

（3）猪和禽类、肉食兽喉部检查方法：可开口直接对喉腔及其黏膜进行视诊。

（4）气管的检查方法：主要用外部触诊法。应注意有无变形、弯曲及周围组织肿胀等。也可用听诊法。

4. 胸（肺）部的检查

（1）胸廓及胸壁的视诊和触诊方法：观察动物胸廓的外形，并由正前方或后方对比观察两侧的对称性。触诊胸壁的目的在于判断其敏感性，胸壁或胸下有无浮肿、气肿和胸壁震颤，并注意肋骨有无变形或骨折。

（2）肺部的叩诊方法：大动物宜用锤板叩诊法、中小动物可用指指叩诊法。叩诊的目的主要在于发现叩诊音的改变，并明确叩诊区域的变化，同时注意对叩诊的敏感反应。健康动物的肺区，叩诊呈清音。正常的肺叩诊清音区，多呈近似的三角形。在两侧肺区均应由前到后、自上而下地每隔3～4cm（或沿每个肋间）做一叩诊点，每个叩诊点叩击2～3次，依次进行普遍的叩诊检查（图2－21）。叩诊时除应遵循叩诊的一般注意事项外，对消瘦的动物，叩诊板（或用做叩诊板的手指）宜沿肋间放置；叩诊的强度应依不同区域的胸壁厚度及叩诊的不同目的为转移，肺区的前上方宜行强叩诊，后下方应轻叩诊，发现深部病变应行强叩诊。

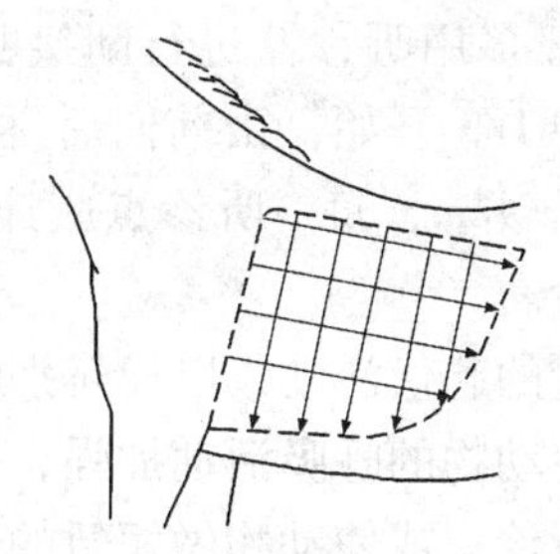

图2－21　马的肺区叩诊示意图

对病区与周围健区，在左右两侧的相应区域，应进行比较叩诊，以确切地判定其病理变化。

①牛、羊的肺叩诊区　叩诊区的上界为一条距背中线约一掌宽（10cm左右）、与脊柱相平行的直线；前界为自肩胛骨后角并沿肘肌群后缘向下划出的一条近似“S”形的曲线，止于第4肋间；后下界是一条由第12肋骨与背界的交点处起，向下、向前，经髋结节水平线与第11肋间的交点及肩关节水平线（肩端线）与第8肋间交点的连线，其下端终于第4肋间。此外，在瘦牛的肩前1～3肋间，尚有一狭小的肩前叩诊区（图2－22）上部宽6～8cm，下部宽2～3cm。羊的叩诊区与牛略同，但无肩前叩诊区。

②马肺脏叩诊区　确定方法是引三条水平线，第一条是髋结节水平线；第二条是坐骨结节水平线；第三条是肩关节水平线。叩诊区的后下界为由髋结节水平线与第16肋骨的交点、坐骨结节水平线与第14肋骨的交点及肩关节水平线与第10肋骨交点的连接所成的弧线，其下端终于第5肋骨；叩诊区的前界，为肩胛骨后角向下引的垂线，其下端终于肘头上方；叩诊区的上界，为肩胛骨后角引向髋结节内角的直线（图2－23）。

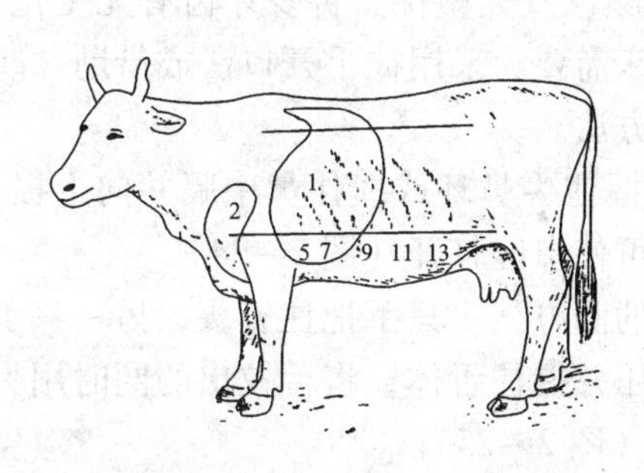

图2－22　牛的肺脏叩诊区

1. 胸侧肺脏叩诊区　2. 肩前肺脏叩诊区

5、7、9、11、13分别为相应肋骨数

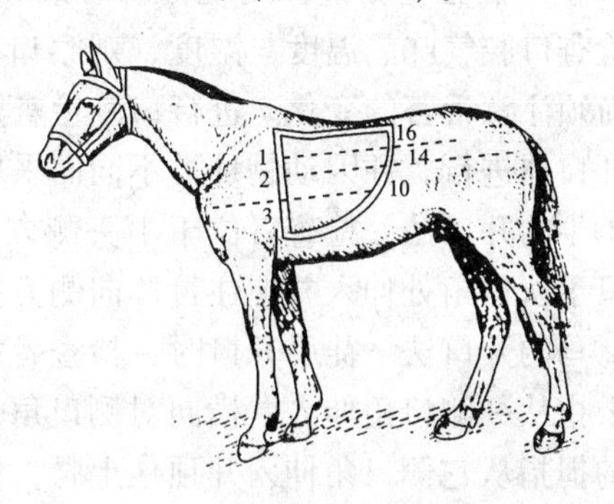

图2－23　马的正常肺脏叩诊区

1. 髋结节水平线　2. 坐骨结节水平线

3. 肩关节水平线　10、14、16分别为肋骨数

③猪肺叩诊区　上界距背中线4～5指宽，后界由第11肋骨开始，向下、向前经坐骨结节线与第9肋间之交点，肩关节水平线与第7肋间之交点而止于第4肋间。肥猪的肺叩诊区不明显，且其上界下移，前界后移，叩诊音也不如其他动物明显。

④犬肺叩诊区　前界自肩胛骨后角并沿其后缘所引垂线，下止于第6肋间之下部；上界自肩胛骨后角所画之水平线，距背中线2～3指宽；后界自第12肋骨与上界交点开始，向下、向前经髋结节线与第11肋间之交点，坐骨结节线与第10肋间之交点，肩关节线与第8肋间之交点而达第6肋间之下部与前界相交。

（3）胸肺部的听诊方法：一般多用听诊器进行间接听诊，肺听诊区和叩诊区基本一致。听诊时，首先从肺叩诊区的中1/3开始，由前向后逐渐听取，其次为上1/3，最后听诊下1/3，每一听诊点的距离为3～4cm，每一听诊点应连续听诊3～4次呼吸周期，对动物的两侧肺区，应普遍地进行听诊。

听诊时，应密切注视动物胸壁的起伏活动，以便辨别吸气与呼气阶段。如呼吸活动微弱、呼吸音听不清时，可人为地使动物的呼吸活动加强，以便于辨认。为此，可短时地捂住动物的鼻孔并于放开之后立即听诊；或使动物做短暂的运动后听诊。

应对病变区域与周围健区以及左右两侧的相应区域进行比较听诊，以确切地判断病理变化。

（五）消化系统检查

1. 饮食动作、反刍及呕吐的检查

（1）饮食与吞咽状态的检查方法与内容：首先通过问诊了解动物采食与饮水状态；现场对动物仔细观察采食和饮水活动与表现，必要时可进行试验性的饲喂或饮水。主要根据采食和饮水的方式，食量多少，采食持续时间的长短、咀嚼状态（力量和速度）、吞咽活动，还可参考腹围大小等综合条件判定动物的食欲和饮欲状态。检查时应注意饲料的种类及质量、饲料配制、饲养制度、饲喂方式、环境条件及动物的劳役和饥饿程度等因素。

（2）反刍、嗳气及呕吐检查方法：对反刍动物注意观察其反刍的开始出现时间、每次持续时间、昼夜间反刍的次数、每次食团的再咀嚼情况和嗳气的情况等。检查呕吐时应注意呕吐发生的时间、频率及呕吐物的数量、性质、气味及混杂物。

2. 口腔、咽及食管的检查

（1）口腔检查方法：用视诊、触诊和嗅诊等方法进行。注意观察口唇状态和流涎情况，检查口腔气味、温度与湿度，观察口腔黏膜的颜色及完整性、舌及牙齿有无变化等，另外尚须注意舌苔的变化。进行口腔检查，根据临床需要，采用徒手开口法或借助一些特制的开口器进行，并因动物种类不同而采取不同的方法。

①牛的开口法　检查者位于牛头侧方，一只手握住牛鼻环或捏住鼻中膈并向上提举，另一只手从口角处伸入并握住舌体向侧方拉出，即可使口腔打开（图2－24）。

②马的开口法　徒手开口时，检查者站于马头的侧方，一只手把住笼头，另一只手食指和中指从一侧口角伸入并横向对侧口角；手指下压并握住舌体；将舌拉出的同时用另一只手的拇指从它侧口角伸入并顶住上腭，使口张开（图2－25）。

开口器开口时，一般可使用单手开口器，一只手把住笼头，另一只手持开口器自口角处伸入，随动物张口而逐渐将开口器的螺旋形部分伸入上、下臼齿之间，而使口腔张开；检查完一侧后，再以同样方法检查另一侧（图2－26）。必要时可应用重型开口器，首先

应妥善地进行动物的头部保定，检查者取开口器并将其齿嵌入上、下门齿之间，同时保持固定；由另一只手迅速转动螺旋柄，渐渐随上、下齿板的离开而打开口腔（图2－27）。

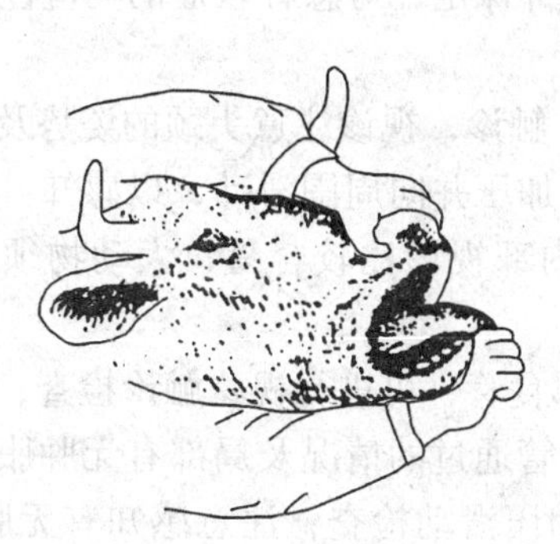

图2－24 牛的徒手开口法

图2－25 马的徒手开口法

图2－26 马的单手开口器及其应用

图2－27 马的重型开口器及其应用

③猪的开口法 由助手握住猪的两耳进行保定；检查者持猪开口器，将其平直伸入口内，到达口角后，将把柄用力下压，即可打开口腔进行检查或处置（图2－28）。

图2－28 猪的开口器及应用

④犬的开口法 性情温顺的犬可用徒手开口法，检查者一只手拇指与中指由颊部捏住上颌，另一手的拇指与中指由左、右口角处握住下颌，分别将其上下唇向内压迫在臼齿面上，以食指抵住犬齿，同时用力上下稍拉开，即可开口，但应注意防止被咬伤手指。烈性犬需用特制的开口器进行，方法同猪。

⑤猫的开口法 徒手开口时，以一只手的小指抵在颈部作支点，用拇指和食指捏紧上

颌，并将猫的头部向上抬起，即可开口。

⑥注意事项　徒手开口时，应注意防止咬伤手指。拉出舌时，不要用力过大，以免造成舌系带的损伤。使用开口器时应注意动物的头部保定；对患骨软症的马应注意防止开口过大，造成颌骨骨折。

（2）咽的检查方法：通过进行咽的外部视、触诊，视诊注意头颈的姿势及咽周围有否肿胀；触诊时，可用两手同时自咽喉部左右两侧加压并向周围滑动，以感知其温度、敏感反应及肿胀的硬度和特点。小动物及禽类的咽内部视诊比较容易，大动物须借助于喉镜检查。

（3）食管及嗉囊的检查方法：大动物的颈部食管，可进行视、触诊检查；必要时可应用食管探诊。视诊时，注意吞咽过程中食物沿食管通过的情况及局部有无肿胀；触诊时检查者用两手分别由两侧沿颈部食管沟自上而下加压滑动检查，注意感知有无肿胀、异物，以及内容物硬度，有无波动感及敏感反应。鸡的嗉囊主要用触诊检查，注意内容物的多少、软硬度等情况。

3. 反刍兽（牛）的腹部及胃肠检查

（1）腹部的检查方法：主要用视诊和触诊进行，注意观察腹围的大小、形状，尤其是膁窝充盈程度；触诊腹壁的敏感性及紧张度。

（2）瘤胃的检查方法：反刍动物的瘤胃占据左侧腹腔的绝大部分位置，与腹壁紧贴（图2－29）。主要用视诊、叩诊、触诊及听诊检查。

①视诊法　注意观察瘤胃的充盈度。

②叩诊法　用手指或叩诊器在膁部进行直接叩诊，以判定其内容物性状。

③触诊法　检查者位于动物的左腹侧，左手放于动物背部，检手（右手）可握拳、屈曲手指或以手掌放于左膁部，先用力反复触压瘤胃，以感知内容物性状，后静静放置以感知其蠕动力量并计算蠕动强度、频率；听诊时，多以听诊器行间接听诊，以判定瘤胃蠕动音的频率、强度、性质及持续时间。

（3）网胃（蜂窝胃）的检查方法：网胃位于胸骨后缘、腹腔的左前下方剑状软骨突起的后方，相当于第6～8肋间，前缘紧贴膈肌（图2－29）。

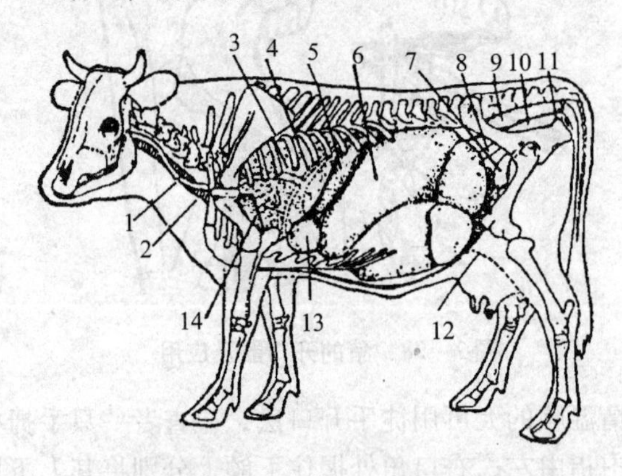

图2－29　母牛内脏器官（左侧）

1. 食道　2. 气管　3. 肺　4. 横膈圆顶轮廓　5. 脾（其前缘以虚线表示）　6. 瘤胃　7. 膀胱　8. 左子宫角　9. 直肠　10. 阴道　11. 阴道前庭　12. 空肠　13. 网胃　14. 心脏

①叩诊法　可于左侧心区后方的网胃区内，进行强叩诊或用拳轻击，以观察动物反应。

②触压法　检查者面向动物蹲于其左胸侧，屈曲右膝于动物腹下，将右肘支于右膝上；右手握拳并抵在动物的剑状突起部，然后用力抬腿并以拳顶压网胃区；或由二人分别站于动物胸部两侧，各伸一只手于剑突下相互握紧，各将其另一只手放于动物的鬐甲部，二人同时用力上抬紧握的手，并用放于鬐甲部的手紧捏其背部皮肤，以观察动物的反应；或先用一木棒横放于动物的剑突下，由二人分别自两侧同时用力上抬，迅速下放并逐渐后移压迫网胃区；或由助手握住牛鼻中膈并向上提举，使牛的额线与背线相平，检查者用手强力捏压鬐甲部等方法进行检查，以观察动物反应。

③视诊法　牵着牛由陡峭的坡路向下行走，或急转弯等运动，观察其反应。

（4）瓣胃的检查方法：主要采用听诊和触诊的方法进行，牛的瓣胃检查部位在右侧第7～9肋间沿肩关节水平线上下3～5cm的范围内（图2－30）。进行听诊时，是听取瓣胃蠕动音。在右侧瓣胃区进行强力触诊或以拳轻击，以观察动物是否有疼痛反应。

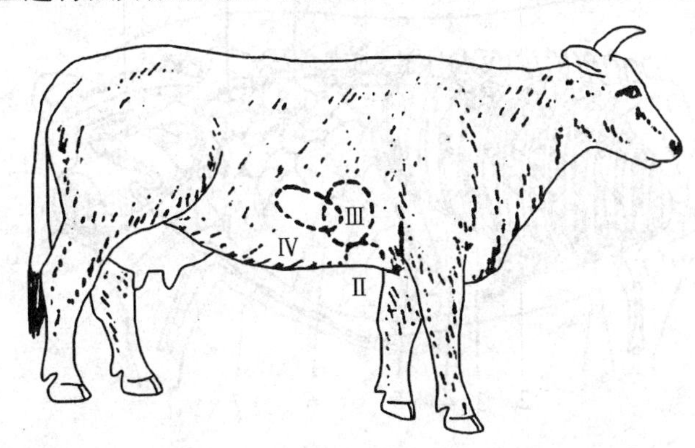

图2－30　牛网胃（Ⅱ）、瓣胃（Ⅲ）、真胃（Ⅳ）位置

（5）真胃及肠的检查方法：真胃及肠管在体表的投影位置如图2－31。

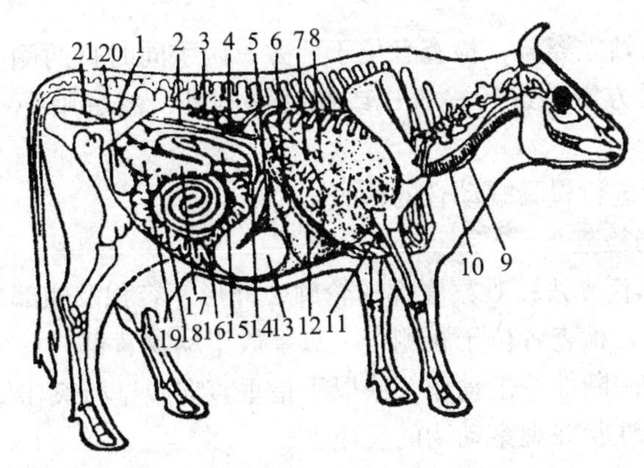

图2－31　母牛内脏器官（右侧）

1. 直肠　2. 腹主动脉　3. 左肾　4. 右肾　5. 肝脏　6. 胆囊　7. 横膈圆顶轮廓线　8. 肺　9. 食管　10. 气管　11. 心脏　12. 横膈膜沿肋骨附着线　13. 真胃　14. 十二指肠　15. 胰腺　16. 空肠　17. 结肠　18. 回肠　19. 盲肠　20. 膀胱　21. 阴道

①真胃的视诊与触诊　于牛右侧第9～11肋间、沿肋弓下，进行视诊和深触诊；对羊、犊牛则使呈左侧卧姿势，检手插入右肋下行深触诊。

②真胃的听诊　在真胃区可听到蠕动音，类似肠音，呈流水声或含漱音。

③肠蠕动音的听诊　于右腹侧后部可听诊短而稀少的肠蠕动音，小肠蠕动音类似含漱音、流水音；大肠蠕动音类似鸠鸣音。

4. 猪的腹部及胃肠检查

(1) 腹部检查方法：主要通过视诊观察腹围大小及外形有无变化。

(2) 胃肠检查方法：猪的胃肠检查常因猪皮下脂肪太厚以及检查时的尖叫抗拒，所以效果不佳。猪胃的容积较大，位于剑状软骨上方的左季肋部，其大弯可达剑状软骨后方的腹底部。小肠位于腹腔右侧及左侧下部，结肠呈圆锥状位于腹腔左侧，盲肠大部分在右侧(图2－32)。主要靠触诊和听诊进行检查。

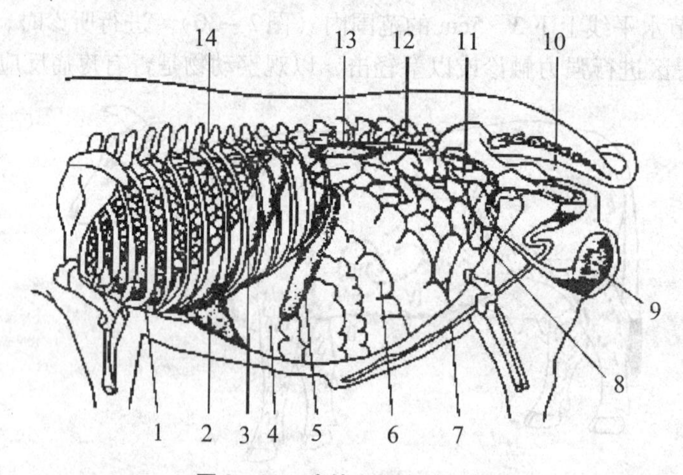

图2－32　猪的左侧内脏位置

1. 心脏　2. 肝脏　3. 膈的肋线　4. 胃　5. 脾脏　6. 结肠　7. 阴茎　8. 膀胱　9. 睾丸　10. 直肠　11. 小肠　12. 输尿管　13. 肾脏　14. 肺脏

①触诊　使动物取站立姿势，检查者位于后方，两手同时自两侧肋弓后开始，在加压触摸的同时逐渐向上后方滑动进行检查；或使动物侧卧，然后用手掌或并拢、屈曲的手指，进行深部触诊。

②听诊　用听诊器进行胃肠蠕动音的检查。

5. 马的腹部及胃肠检查

(1) 腹部的视、触诊方法：观察腹部的轮廓、外形、容积及肷部的充满程度，应做左右侧对比观察。触诊时，检查者位于腹侧，一只手放于动物背部，检手以手掌平放于腹侧壁或下侧方，用腕力作间断性冲击动作，或以手指垂直向腹壁行突击式触诊，以感知腹肌的紧张度、腹内容物的性状并观察动物的反应。

(2) 胃、肠的检查方法：主要进行听诊，以判定肠蠕动音的频率、性质、强度和持续时间。听诊时，应对两侧各部进行普遍检查，并于每一听诊点听诊不少于半分钟；小肠主要在左肷部，盲肠在右肷部，右大结肠沿右侧肋弓下方，左侧大结肠则在左腹部下1/3处听诊。必要时可配合进行叩诊或直肠检查。

6. 犬、猫的胃肠检查

（1）腹围及胃的检查方法：主要用视诊、触诊、叩诊等方法进行检查，还可以根据需要作胃镜检查、胃液检查、X 线检查等。视诊时，主要注意观察腹围变化；触诊时，通常将犬、猫放在桌子上令其自然站立，也可横卧或提举前肢，两手置于两侧肋骨弓的后方，用拇指于肋骨内侧向前上方触压，以感知胃内容物的性状及胃壁的敏感性；叩诊时，一般将犬、猫取仰卧姿势，对胃部进行指指叩诊，当空腹时从剑状软骨后直到脐部呈鼓音，当采食后则呈浊音。

（2）肠管检查方法：主要用触诊及听诊等方法进行检查。

①触诊　将两手置于两侧肋弓后方，逐渐向后上方移动，让肠管等内脏器官滑过各指端进行触诊；也可将两拇指置于腰部，其余指头伸直放于腹壁两侧，逐渐用力压迫，直至两手指端相互接触为止，以感知腹壁、肠管及可触摸的内脏器官的状态。如将犬或猫的前后躯轮流抬高，几乎可以触及全部腹腔的脏器。

②听诊　用听诊器在左右两侧腹壁进行听诊。犬正常的肠音 4～6 次/min，猫为 3～5 次/min，其声音似一种断续的“咕噜”音，其声响和音调变异较大，如小型犬的音响比大、中型犬弱。

7. 排粪动作及粪便的感官检查

（1）排粪动作的检查方法：观察动物排粪时的动作和姿势，动物排粪次数。正常时，各种动物均采取固有的排粪姿势。

（2）粪便的感官检查方法：检查粪便的臭味、数量、形状、颜色及混有物。各种动物的排粪量和粪便性状，受饲料的数量特别是质量的影响极大。

①马　每昼夜排粪为 8～11 次，粪量 15～20kg；呈球形，落地后部分碎开；多为黄绿色。

②牛　每昼夜排粪便 12～18 次，粪量 15～35kg；较软，落地形成迭层状粪盘；但水牛的粪便多较稀；乳牛采食大量青饲料时则粪便亦甚稀薄。

③羊　其粪多呈极小的干球状。

④猪　依饲料的性质、组成不同而异。

8. 肝脏及脾脏的检查

（1）肝脏的检查方法：主要用触诊及叩诊方法进行检查。

①触诊　触诊肝区以观察动物反应，或有时可感知肿大的肝脏边缘。检查牛时在右侧肋弓下进行深部触诊（图 2－33）；检查猪时，将猪左侧卧保定，检查者用手掌或并拢屈曲的手指沿右季肋下部进行深触诊；马在右侧肋弓下行强压诊或以并拢且呈屈曲的手指进行深触诊（对消瘦的马）。行犬、猫肝脏触诊时，首先可行站立位置，从左右侧用两手的手指于肋弓下向前上方进行触压，可触及肝脏，为了避免腹肌的收缩，应逐渐加压触诊，然后再以侧卧或背位进行触诊，当右侧卧时，由于肝脏紧靠腹壁，则容易在肋下感知肝脏的右缘。

②叩诊　大动物用锤板叩诊法，中小动物可用指指叩诊法，于右侧肝区行强叩诊，以确定肝浊音区。

（2）脾脏的检查方法：马的脾脏位于左侧腹部紧接肺叩诊区的后方，其后缘大致接近左侧最后肋骨。可依叩诊法，确定其浊音区；在该区触诊或可感知其肿大边缘。必要时，

图2-33　牛的正常肝浊音区（Ⅰ）及肝浊音区扩大（Ⅱ）10、11、12示肋数

可通过直肠检查，进行马的脾脏触诊。

犬的脾脏位于左季肋部，主要行外部触诊，使犬右侧卧，左手托右腹部，右手在左侧肋下向深部压迫，借以触知脾脏的大小、形状、硬度和疼痛反应。

9. 直肠检查　直肠检查主要应用于大家畜（马、骡、牛等）。将手伸入直肠内，隔着肠壁间接地对后部腹腔器官（胃、肠、肾、脾等）及盆腔器官（子宫、卵巢、腹股沟环、骨盆骨骼、大血管等）进行触诊。中、小家畜在必要时可用手指检查。直肠检查不仅对这些部位的疾病诊断具有一定的价值，而且对某些疾病具有重要的治疗作用（如隔肠破结等）。现以马的直肠检查为主要内容，简述如下。

（1）器材、药物及检查人员准备工作：保定绳、0.1%新洁尔灭、毛巾、面盆、肥皂、灌肠器、润滑油等。检查人员指甲剪短、磨光指甲，露出手臂并涂以润滑油类，必要时用胶手套。

（2）动物保定：以六柱栏保定，为方便去掉臀革，将被检马左、右后肢分别进行保定，以防后踢；为防卧下及跳跃，要加腹带及肩部的压绳，且应吊起尾巴。若在野外，可于车辕内（使病马倒向，臀部向外）保定；根据情况和需要，也可横卧保定。牛的保定可钳住鼻中膈，或用绳套住两后肢。

对腹围膨大病畜应先行盲肠穿刺术或瘤胃穿刺术排气，否则腹压过高，不宜检查，特别是横卧保定时，甚至有造成窒息的危险。

对心脏衰弱的病畜，可先给予强心剂；对腹痛剧烈的病马应先行镇静（可静脉注射5%水合氯醛酒精液100～300ml）等，以便于检查。

（3）操作方法：先应进行灌肠，然后再行直肠检查。

①术者的手将拇指放于掌心，其余四指并拢集聚呈圆锥状，稍旋转前伸即可通过肛门进入直肠，当肠内蓄积粪便时应将其取出，如膀胱内贮有大量尿液，应按摩、压迫膀胱排空。

②术者的手沿肠腔方向徐徐伸入，当被检动物频频努责时，术者的手可暂停前进或随之后退；肠壁极度收缩时，则暂时停止前进，并可有部分肠管套于手臂上；待肠壁弛缓时再徐徐伸入，一般术者的手伸到直肠狭窄部后，即可进行各部及器官的触诊。若被检动物努责过甚，可用1%普鲁卡因10～30ml进行尾骶穴封闭，使直肠及肛门括约肌弛缓而便于直肠检查。

③术者的手在肠管内不许随意搔抓或以手指锥刺；前进、后退时宜徐缓小心，切忌粗

暴。并应按一定顺序进行检查。

(4) 检查顺序

①肛门及直肠状态　检查肛门的紧张程度及其附近有无寄生虫、黏液、血液、肿瘤等，并要注意直肠内容物的多少与性状以及黏膜的温度和状态等。

②骨盆腔内部检查　术者的手稍向前下方检查可摸到膀胱、子宫等。膀胱位于骨盆腔底部。膀胱无尿时，可感触到如梨子状大的物体，当膀胱有尿液过度充满时，感觉似一球形囊状物、有弹性波动感。并可触诊骨盆壁是否光滑，有无脏器充塞或粘连现象。如被检马、牛有后肢运动障碍时，须检查有无盆骨骨折。

③腹腔内部检查

马的腹腔内部检查：术者手指到达直肠狭窄部时常遇到肠管收缩，找不到肠腔孔，有的初学者就忙于向前去触摸腹腔脏器，往往易牵引、撕裂直肠狭窄部肠管（尤其老龄瘦弱及幼龄马）。因此，术者手在肠管收缩时，要暂停前进，待部分肠管套于手上，肠管弛缓时，再细心地用指腹沿肠管壁上下左右寻找肠腔孔，把并拢的手指慢慢地通过直肠狭窄部（在多数情况下，手掌是不能通过直肠狭窄部的）以便于检查。

小结肠　术者手再向前伸套入直肠狭窄部后，由于小结肠游离性较大，便于检查。顺而首先可摸到小结肠内有成串的鸡蛋大小的粪球。

腹膜及腹股沟管内口　先触摸腹壁内面（按上方、侧方、下方的顺序）状态，正常时，表面光滑。然后再检查腹股沟管内口（位于耻骨前下方 3～4cm，于体中线左右两侧，距腹白线 11～14cm 处），正常时可插入 1～2 指。检查时宜注意腹股沟管内口内径大小，有无疼痛，有无软体物阻塞等。

左侧结肠　左侧结肠位于腹腔的左侧，耻骨水平面的下方。其骨盆弯曲部在骨盆前口的直前方。其下层结肠内外各具有一条纵带和许多囊状隆起，以上各点在左侧结肠便秘或蓄满积粪时方容易摸到。

左肾　术者手掌向上在脊柱下，可感知腹主动脉的搏动，沿腹主动脉前伸，到第 2～3 腰椎左侧横突下，可感到一半圆形较硬的器官，即是左肾的后半部。

脾　检手由左肾下面向左腹壁滑动，到最后肋骨部可触知脾脏的后缘，脾脏后缘呈镰刀状。脾后缘一般不超过最后肋骨；但有些马，尤其骡，有时可超过最后肋骨。

胃　检手从左肾的前下方前伸，当小体型马患急性胃扩张时，在此处可触知膨大的胃后壁，并伴随呼吸而前后移动。

盲肠　在右肷部，触诊盲肠底及盲肠体，呈膨大的囊状，并可摸到由后上方走向前下方的盲肠后纵带。

胃状膨大部　在盲肠底的前下方，当该部便秘时，可感到有坚实内容物的半球形物体，随呼吸而前后移动。

前肠系膜根　沿腹主动脉向前探索，指尖可感到呈扇形的柔软而有弹力的条索状物，并可感知搏动的脉管。

十二指肠　沿前肠系膜根后方，向下距腹主动脉 10～15cm 下方，当十二指肠便秘时，可触到由右而左呈弯形横走的圆柱状体，移动性较小，即是积食的十二指肠。

牛的腹腔内部检查

瘤胃　其上半部完全占据腹腔左半部，下部一部分延及腹腔右半部。触诊瘤胃时，感觉呈捏粉样硬度。瘤胃积食时，触摸瘤胃内容物较坚硬。

肠　全位于腹腔右半部。盲肠在骨盆口前方，其尖端的一部分达骨盆腔内；结肠圆盘在右肷部上方。空肠及回肠位于结肠圆盘及盲肠的下方。正常时各部肠管不易区别。

肾　左肾悬垂于腹腔内，其位置决定于瘤胃的充满程度，可左可右，可由第 2～3 腰椎延伸到 5～6 腰椎。可以用手托起来，或使之移动，检查较为方便。右肾因位置较前，其后缘在第 2～3 腰椎横突腹侧，较难触摸。检查肾脏时应注意其的大小、形状、表面性状、硬度等。当患急、慢性肾盂肾炎时，肾脏体积增大，肾小叶外部界线不明显，靠近肾门部位有波动感。

腹壁　触诊右肷部的腹壁，注意检查有无结节。

（5）注意事项：必须将直肠检查结果和临床检查的结果加以综合分析，才能提出合理的诊断意见。

（六）泌尿生殖器官的临床检查技术

1. 排尿动作的检查方法　观察动物在排尿过程中的行动与姿势、尿量与排尿频率。

2. 尿液的感官检查方法　动物排尿时或导尿时搜集尿液，注意检查尿的气味、透明度、颜色及混有物，并估计其数量。

3. 肾、膀胱及尿道的检查

（1）肾脏的临床检查方法：动物的肾脏一般用视诊、触诊和叩诊的方法进行，必要时应配合尿液的实验室检查。

①视诊　注意观察动物肾区背腰状态、运步状态。此外，应特别注意眼睑、腹下、阴囊及四肢下部是否水肿。

②触诊和叩诊　大动物可行外部触诊、叩诊和直肠触诊，外部触诊或叩诊时，检查者先将左手掌平放于肾区腰背部上，然后用右手握拳，轻轻在左手背上叩击，同时观察动物的反应；直肠检查肾脏时，体格小的大动物可触及左肾的全部、右肾的后半部，检查时应注意肾脏的大小、形状、硬度、敏感性、活动性、表面是否光滑等；小动物则只能进行外部触诊，动物取站立姿势，检查者用两手拇指压于腰区，其余手指向下压于髋结节之前、最后肋骨之后的腹壁上，然后两手手指由左右挤压并前后移动，即可触及肾脏。

牛肾呈椭圆形，具有分叶结构。右肾呈长椭圆形，位于第 12 肋间及第 2～3 腰椎横突的下面。左肾位于第 3～5 腰椎横突的下面，不紧靠腰下部，略垂于腹腔中，当瘤胃充满时，可完全移向右侧。

羊肾表面光滑，不分叶。右肾位于第 1～3 腰椎横突的下面，左肾位于第 4～6 腰椎横突下。

马肾右肾类似心形，位于最后 2～3 胸椎及第 1 腰椎横突的下面；左肾呈蚕豆形，位于最后胸椎及第 2、第 3 腰椎横突的下方。

猪肾左右两肾几乎在相对位置，均位于第 1～4 腰椎横突的下面。

肉食动物的右肾位于第 1～3 腰椎横突的下面，左肾位于第 2～4 腰椎横突的下面。

（2）膀胱的检查方法：大动物只能进行直肠触诊；中、小动物可将手指伸入直肠内进行触诊，或在腹腔入口前沿下方或侧方进行触诊。主要注意检查膀胱的位置、大小、充盈度、膀胱壁的厚度以及有无压痛等。

（3）尿道探诊及导尿方法：主要用于怀疑尿道阻塞，以探查尿路是否畅通；或当膀胱充满而又不能排尿时，以导出尿液排空膀胱，必要时可用消毒药进行膀胱冲洗以做治疗；也可用于采集尿液以供检验。通常应用与动物尿道内径相适应的橡皮导尿管；对母畜也可用特制的金属导尿管进行。

①检查准备工作　所用导尿管应先用消毒药液浸泡消毒；术者的手臂及被检动物的外生殖器亦应清洗、消毒。通常应使动物站立保定，特别应保定其后肢，以防踢人。

②公马的探诊及导尿法　动物保定、清洗其包皮囊的污垢后，一般先用右手抓住其阴茎的龟头并慢慢拉出；再用左手固定其阴茎，以右手用消毒药液（2% 硼酸液或 0.1% 高锰酸钾液等）清洗其龟头及尿道口；之后，取消毒的导尿管，自尿道口处徐徐插入；当导尿管尖端达坐骨弓处时，则有一定阻力而难于继续插入，此时，可由助手在该部稍加压迫，以使导管前端弯向前方，术者再稍稍用力插入，即可进入骨盆腔而达膀胱，尿液则自行流出（图 2－34）。

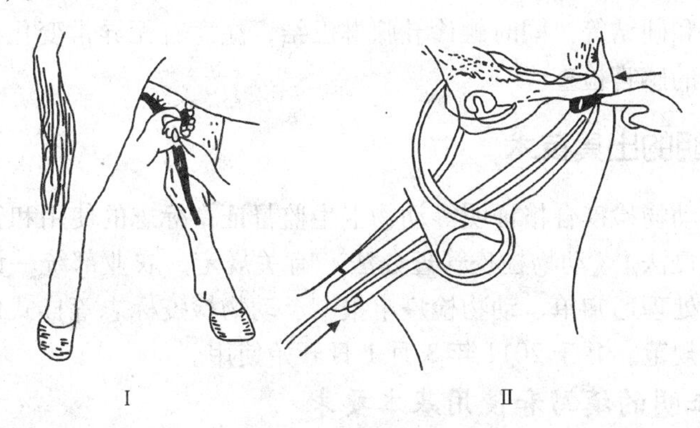

图 2－34　公马的尿道探诊及导尿法

Ⅰ. 插入导尿管　Ⅱ. 当导管前端达坐骨弓时，由助手在外部稍加压迫

如以采尿为目的，应以清洁、无菌、干燥的容器采集并送往实验室供检。

公牛及公猪因尿道有 S 状弯曲，一般尿道探查及导尿较为困难。

③母马的导尿法　先将外阴部用 0.1% 高锰酸钾液洗净；术者右手清洗、消毒后伸入阴道内，在前庭处下方触摸外尿道开口；以左手送入导尿管直至尿道开口部；用右手食指将导管头引入尿道口，再继续送入 10cm 左右深度，即达膀胱。必要时，可用阴道扩开器打开阴道而进行（图 2－35）。

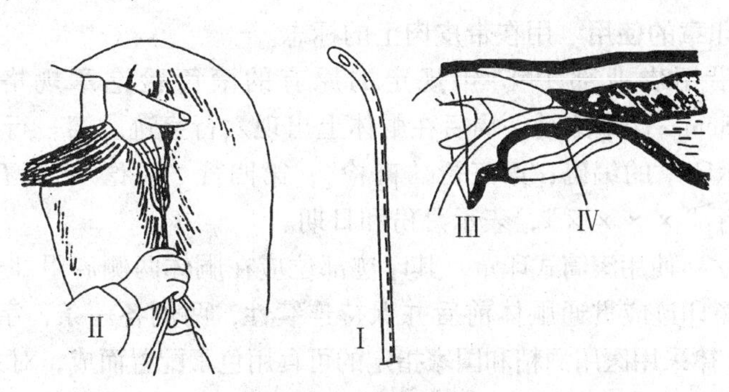

图 2－35　母畜的导尿

Ⅰ. 金属导尿管　Ⅱ. 母马的导尿管插入法　Ⅲ. 母牛导尿时用左手食指尖端将导尿管引入尿道口　Ⅳ. 憩室

④母牛及母猪的导尿法　基本同上。

⑤注意事项：所用导尿管应事先消毒并涂以润滑油，且在导尿管插入或拉出时，动作应轻柔，防止粗暴，以免损伤尿道黏膜。

4. 外生殖器及乳房的检查

（1）公畜的外生殖器检查方法：观察动物的阴囊、阴筒、阴茎有无变化，且应配合触诊进行检查。

（2）母畜的外生殖器及乳房的检查方法

①外生殖器检查：注意观察外阴部的分泌物及其外部有无病变；打开阴道检视阴道黏膜的颜色及有无疱疹、溃疡等病变；必要时可用开膣器进行深部检查，并注意子宫颈口的状态。

②乳房的检查：观察乳房、乳头的外部状态，注意有无疱疹；触诊判定其温热度、敏感度及乳腺的肿胀和硬结等；同时触诊乳腺淋巴结，注意有无异常变化；必要时可挤取少量乳汁，进行乳汁的感官检查。

四、检疫证明的出具技术

为进一步规范动物检疫合格证明等动物卫生监督证章标志的使用和管理，根据《中华人民共和国动物防疫法》《动物检疫管理办法》有关规定，农业部统一设计制定了动物检疫合格证明、检疫处理通知单、动物检疫申报书、动物检疫标志等样式以及动物卫生监督证章标志填写应用规范，并于2011年3月1日开始使用。

（一）检疫证明的填写和使用基本要求

1. 动物卫生监督证章标志的出具机构及人员必须是依法享有出证职权者，并经签字盖章方为有效。

2. 严格按适用范围出具动物卫生证章标志，混用无效。

3. 动物卫生监督证章标志涂改无效。

4. 动物卫生监督证章标志所列项目要逐一填写，内容简明准确，字迹清晰。

5. 不得将动物卫生监督证章标志填写不规范的责任转嫁给合法持证人。

6. 动物卫生监督证章标志用蓝色或黑色钢笔、签字笔或打印填写。

（二）动物检疫标志分类及使用

1. 检疫滚筒印章的使用　用在带皮肉上的标志。

（1）样式：沿用农业部1997年规定的原有的滚筒验讫章规格样式。该章长约15.5cm，宽约6.8cm。印章滚动一周后在胴体上出现六行字迹。第一行“省份”；第二行“M×××”，表示印章的编码；第三行“肉检”；第四行“验讫”；第五行“20××年”，表示年份；第六行“××××”，表示月份和日期。

（2）使用方法：使用滚筒式印章，其印迹部位应在胴体两侧肩甲部至臀部，距背中线10cm处为宜。印章印迹应贯通胴体前后并保持连续性，两侧各一条，字迹清楚，不模糊、不流印油。印记一律采用医用酒精和国家指定的可食用色素配置而成，对人体健康无害。

（3）注意事项：印章上的日期应每天更换。每天用后应及时清洗，去除猪毛及油污。

2. 检疫粘贴标志的使用

（1）大标签的使用：用在动物产品包装箱上（图2－36）。外圆规格为长64mm，高

44mm 漏白边的椭圆形，内圆规格为长 60mm，高 40mm 的椭圆形，外周边缘蓝色线宽 2mm，白边 2mm，标签字体黑色，边缘靛蓝色。上沿文字为“动物产品检疫合格”，字体为黑体，字号为 19 号，“检疫合格”字中有微缩的“JYHG”大写字母，中间插入动物卫生监督标志图案；下沿为喷码各省简写字开头后加 6 位行政区域代码，字体为黑体四号；喷码下沿印制各省动物卫生监督所监制，字体为黑体，字号为 9 号，背景为把“××省动物卫生监督所”放入多层团花中制作的防伪版纹。

（2）小标签的使用：用在动物产品包装袋上（图 2－37）。外圆规格为长 43mm，高 27mm 漏白边的椭圆形，内圆规格为长 41mm，高 25mm 的椭圆形，外周边缘蓝色线宽 1mm，白边 1mm，标签字体黑色，边缘靛蓝色。上沿文字为“动物产品检疫合格”，字体为黑体，字号为 12 号，“检疫合格”字中有微缩的“JYHG”大写字母，中间插入动物卫生监督标志图案；下沿为喷码各省简写字开头后加 6 位行政区域代码，字体为黑体小五号；喷码下沿印制各省动物卫生监督所监制，字体为黑体，字号为 8 号，背景把“××省动物卫生监督所”放入多层团花中制作的防伪版纹。

图 2－36　检疫粘贴标志（大标签）

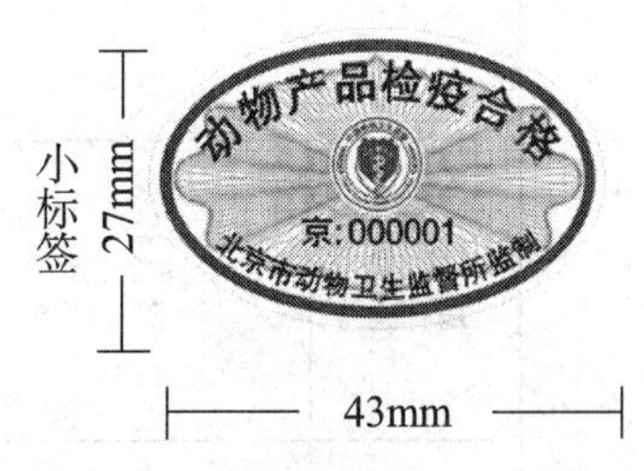

图 2－37　检疫粘贴标志（小标签）

（三）《动物检疫合格证明》（动物 A）的出具

1. 适用范围　用于跨省境出售或者运输动物。样式见图 2－38。

2. 项目填写方法

（1）货主：货主为个人的，填写个人姓名；货主为单位的，填写单位名称。联系电话填写移动电话，无移动电话的，填写固定电话。

（2）动物种类：填写动物的名称，如猪、牛、羊、马、骡、驴、鸭、鸡、鹅、兔等。

（3）数量及单位：数量和单位连写，不留空格。数量及单位以汉字填写，如叁头、肆只、陆匹、壹佰羽。

（4）启运地点：饲养场（养殖小区）、交易市场的动物填写生产地的省、市、县名和饲养场（养殖小区）、交易市场名称；散养动物填写生产地的省、市、县、乡、村名。

（5）到达地点：填写到达地的省、市、县名，以及饲养场（养殖小区）、屠宰场、交易市场或乡镇、村名。

（6）用途：视情况填写，如饲养、屠宰、种用、乳用、役用、宠用、试验、参展、演出、比赛等。

（7）承运人：填写动物承运者的名称或姓名；公路运输的，填写车辆行驶证上法定车主名称或名字。联系电话填写承运人的移动电话或固定电话。

（8）运载方式：根据不同的运载方式，在相应的“□”内划“√”。

动物检疫合格证明（动物A）

编号：

货主		联系电话	
动物种类		数量及单位	
启运地点	省 市（州） 县（市、区） 乡（镇） 村（养殖场、交易市场）		
到达地点	省 市（州） 县（市、区） 乡（镇） 村（养殖场、屠宰场、交易市场）		
用途	承运人	联系电话	
运载方式	□公路 □铁路 □水路 □航空	运载工具牌号	
运载工具消毒情况	装运前经______消毒		
本批动物经检疫合格，应于______日内到达有效。 官方兽医签字：______ 签发日期： 年 月 日 （动物卫生监督所检疫专用章）			
牲畜耳标号			
动物卫生监督检查站签章			
备注			

第　联　共　联

注：1. 本证书一式两联，第一联由动物卫生监督所留存，第二联随货同行。
2. 跨省调运动物到达目的地后，货主或承运人应在24 h内向输入地动物卫生监督机构报告。
3. 牲畜耳标号只需填写后3位，可另附纸填写，需注明本检疫证明编号，同时加盖动物卫生监督机构检疫专用章。
4. 动物卫生监督所联系电话。

图2-38 动物检疫合格证明（动物A）样式

（9）运载工具牌号：填写车辆牌照号及船舶、飞机的编号。

（10）运载工具消毒情况：写明消毒药名称。

（11）到达时效：视运抵到达地点所需时间填写，最长不得超过5d，用汉字填写。

（12）牲畜耳标号：由货主在申报检疫时提供，官方兽医实施现场检疫时进行核查。牲畜耳标号只需填写顺序号的后3位，可另附纸填写，并注明本检疫证明编号，同时加盖动物卫生监督所检疫专用章。

（13）动物卫生监督检查站签章：由途经的每个动物卫生监督检查站签章，并签署日期。

（14）签发日期：用简写汉字填写。如二〇一二年四月十六日。

（15）备注：有需要说明的其他情况可在此栏填写。

（四）《动物检疫合格证明》（动物B）的出具

1. 适用范围　用于省内出售或者运输动物。样式见图2－39。

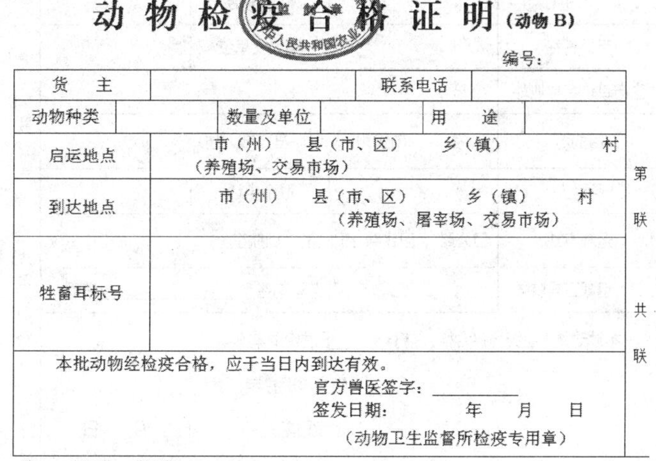

动物检疫合格证明（动物B）

编号：

货　主			联系电话		
动物种类		数量及单位		用　途	
启运地点	市（州）　县（市、区）　乡（镇）　村（养殖场、交易市场）				
到达地点	市（州）　县（市、区）　乡（镇）　村（养殖场、屠宰场、交易市场）				
牲畜耳标号					
本批动物经检疫合格，应于当日内到达有效。 官方兽医签字：＿＿＿＿ 签发日期：　年　月　日 （动物卫生监督所检疫专用章）					

第　联　共　联

注：1. 本证书一式两联，第一联由动物卫生监督所留存，第二联随货同行。
2. 本证书限省境内使用。
3. 牲畜耳标号只需填写后3位，可另附纸填写，并注明本检疫证明编号，同时加盖动物卫生监督所检疫专用章。

图2－39　动物检疫合格证明（动物B）样式

2. 项目填写方法

（1）货主：货主为个人的，填写个人姓名；货主为单位的，填写单位名称。联系电话填写移动电话，无移动电话的，填写固定电话。

（2）动物种类：填写动物的名称，如猪、牛、羊、马、骡、驴、鸭、鸡、鹅、兔等。

（3）数量及单位：数量和单位连写，不留空格。数量及单位以汉字填写，如叁头、肆只、陆匹、壹佰羽。

（4）用途：视情况填写，如饲养、屠宰、种用、乳用、役用、宠用、试验、参展、演出、比赛等。

（5）启运地点：饲养场（养殖小区）、交易市场的动物填写生产地的市、县名和饲养场（养殖小区）、交易市场名称；散养动物填写生产地的市、县、乡、村名。

（6）到达地点：填写到达地的市、县名，以及饲养场（养殖小区）、屠宰场、交易市场或乡镇、村名。

（7）牲畜耳标号：由货主在申报检疫时提供，官方兽医实施现场检疫时进行核查。牲畜耳标号只需填写顺序号的后3位，可另附纸填写，并注明本检疫证明编号，同时加盖动物卫生监督所检疫专用章。

（8）签发日期：用简写汉字填写。如二〇一二年四月十六日。

（五）《动物检疫合格证明》（产品A）的出具

1. 适用范围　用于跨省境出售或运输动物产品。样式见图2－40。

2. 项目填写方法

（1）货主：货主为个人的，填写个人姓名；货主为单位的，填写单位名称。联系电话填写移动电话，无移动电话的，填写固定电话。

动物检疫合格证明（产品A）

编号：

货主		联系电话	
产品名称		数量及单位	
生产单位名称地址			
目的地	省 市（州） 县（市、区）		
承运人		联系电话	
运载方式	□公路 □铁路 □水路 □航空		
运载工具牌号		装运前经______消毒	
本批动物产品经检疫合格，应于______日内到达有效。 官方兽医签字：________ 签发日期： 年 月 日 （动物卫生监督所检疫专用章）			
动物卫生监督检查站签章			
备注			

第一联 共二联

注：1. 本证书一式两联，第一联由动物卫生监督所留存，第二联随货同行。
2. 动物卫生监督所联系电话：

图2－40 动物检疫合格证明（产品A）样式

（2）产品名称：填写动物产品的名称，如“猪肉”“牛皮”、“羊毛”等，不得只填写为“肉”、“皮”、“毛”。

（3）数量及单位：数量和单位连写，不留空格。数量及单位以汉字填写，如叁拾公斤、伍拾张、陆佰枚。

（4）生产单位名称地址：填写生产单位全称及生产场所详细地址。

（5）目的地：填写到达地的省、市、县名。

（6）承运人：填写动物承运者的名称或姓名；公路运输的，填写车辆行驶证上法定车主名称或名字。联系电话填写承运人的移动电话或固定电话。

（7）运载方式：根据不同的运载方式，在相应的“□”内划“√”。

（8）运载工具牌号：填写车辆牌照号及船舶、飞机的编号。

（9）运载工具消毒情况：写明消毒药名称。

（10）到达时效：视运抵到达地点所需时间填写，最长不得超过7d，用汉字填写。

（11）动物卫生监督检查站签章：由途经的每个动物卫生监督检查站签章，并签署日期。

（12）签发日期：用简写汉字填写。如二〇一二年四月十六日。

（13）备注：有需要说明的其他情况可在此栏填写，如作为分销换证用，应在此注明原检疫证明号码及必要的基本信息。

（六）《动物检疫合格证明》（产品B）的出具

1. 适用范围　用于省内出售或运输动物产品。样式见图2－41。

动物检疫合格证明（产品B）

编号：

货　　主		产品名称	
数量及单位		产　　地	
生产单位名称地址			
目的地			
检疫标志号			
备　　注			

本批动物产品经检疫合格，应于当日到达有效。
官方兽医签字：________
签发日期：　　年　　月　　日
（动物卫生监督所检疫专用章）

第　联　共二联

注：1. 本证书一式两联，第一联由动物卫生监督所留存，第二联随货同行。
2. 本证书限省境内使用。

图2－41　动物检疫合格证明（产品B）样式

2. 项目填写方法

（1）货主：货主为个人的，填写个人姓名；货主为单位的，填写单位名称。

（2）产品名称：填写动物产品的名称，如“猪肉”“牛皮”、“羊毛”等，不得只填写为“肉”、“皮”、“毛”。

（3）数量及单位：数量和单位连写，不留空格。数量及单位以汉字填写，如叁拾公斤、伍拾张、陆佰枚。

（4）生产单位名称地址：填写生产单位全称及生产场所详细地址。

（5）目的地：填写到达地的市、县名。

（6）检疫标志号：对于“带皮猪肉产品”，填写检疫滚筒印章号码；其他动物产品按农业部有关后续规定执行。

（7）备注：有需要说明的其他情况可在此栏填写，如作为分销换证用，应在此注明原检疫证明号码及必要的基本信息。

（七）检疫处理通知单的出具

1. 适用范围　用于产地检疫、屠宰检疫发现不合格动物和动物产品的处理。样式见图2－42。

2. 项目填写方法　编号为年号＋6位数字顺序号，以县为单位自行编制；检疫处理通知单应载明货主的姓名或单位；检疫处理通知单应载明动物和动物产品种类、名称、数量，数量应大写；引用国家有关法律法规应当具体到条、款、项。写明无害化处理方法。

（八）检疫申报单的出具

1. 适用范围　用于动物、动物产品的产地检疫、屠宰检疫申报。样式见图2－43。

检疫处理通知单

编号：________

________：

按照《中华人民共和国动物防疫法》和《动物检疫管理办法》有关规定，你（单位）的________________________________
________经检疫不合格，根据________________________
____
之规定，决定进行如下处理：

一、________________________________

二、________________________________

三、________________________________

四、________________________________

动物卫生监督所（公章）

年　月　日

官方兽医（签名）：

当事人签收：

备注：1.本通知单一式两份，一份交当事人，一份动物卫生监督所留存。
2.动物卫生监督所联系电话。
3.当事人联系电话。

图 2-42　检疫处理通知单样式

检疫申报单

（货主填写）

编号：
货主：
联系电话：
动物/动物产品种类：
数量及单位：
来 源：
用途：
启运地点：
启运时间：
到达地点：
依照《动物检疫管理办法》规定，现申报检疫。
货主签字（盖章）：
申报时间：____年____月____日

注：本申报单规格为 210mm×70mm，其中左联长 110mm，右联长 100mm。

申报处理结果

（动物卫生监督机构填写）

□ 受理。拟派员于____年____月____日到________实施检疫。
□ 不受理。
理由：________

经 办 人：
年 月 日

（动物卫生监督机构留存）

检疫申报受理单

（动物卫生监督机构填写）

No.

处理意见：
□ 受理：本所拟于____年____月____日派员到________实施检疫。
□ 不受理。理由：________________

经办人：　　　联系电话：

动物检疫专用章
年　月　日

（交货主）

图 2-43　检疫申报单样式

2. 项目填写方法

（1）货主：货主为个人的，填写个人姓名；货主为单位的，填写单位名称。

(2) 联系电话：填写移动电话，无移动电话的，填写固定电话。

(3) 动物和动物产品种类：写明动物和动物产品的名称，如“猪”、“牛”、“羊”等，“猪皮”、“羊毛”等。

(4) 数量及单位：数量及单位应以汉字填写，如叁头、肆只、陆匹、壹佰羽、贰佰张、伍仟公斤。

(5) 来源：填写生产经营单位或生产地乡镇名称。

(6) 启运地点：饲养场（养殖小区）、交易市场的动物填写生产地的省、市、县名和饲养场（养殖小区）、交易市场名称；散养动物填写生产地的省、市、县、乡、村名。

(7) 启运时间：动物和动物产品离开经营单位或生产地的时间。

(8) 到达地点：填写到达地的省、市、县名，以及饲养场（养殖小区）、屠宰场、交易市场或乡镇名。

（谭　菊　刘　莉）

任务三　动物护理技术

一、患病动物的护理

（一）一般患病动物的护理方法

给患病动物提供安静的场所，让其能得到充分休息；对胃肠炎患畜，要喂饲易消化吸收的饲料，减轻胃肠负担；对严重腹泻病畜应多给饮水；对长期卧地的病畜要辅助翻身或用腹带吊起，以免形成褥疮。另外，还需注意做好防寒保暖及驱除蚊蝇等工作。

（二）危重病畜的护理方法

1. 将病畜置于宽敞、通风良好、空气新鲜、温度适宜、安静舒适的厩舍内。如为传染病病畜，则应隔离饲养。

2. 对病畜要每天至少上、下午两次或早、中、晚多次测量病畜体温、呼吸、脉搏次数，及时掌握病畜病情。

3. 饮食欲废绝的重危病畜，要设法增强病畜的饮、食欲，尽可能创造条件，使病畜吃食、喝水，以增强抵抗疾病的能力。必要时要人工维持营养，如静脉注射补液、胃肠道补液或腹腔补液。对于经过抢救治疗或病情好转，具有一定消化能力并能自行摄取少量草料的病畜，可喂给柔软易消化的草料，如青草、青干草、麦麸粥等，但量不要过多，次数不宜过频，逐渐恢复正常饲养，以免增加胃肠负担，造成不良后果。

4. 注意病畜安全，防止发生意外。对于卧地不起，但能勉强站立的病畜，可以吊带辅助站立。不能站立的要厚垫褥草，勤翻畜体，防止发生褥疮。对于腹痛剧烈的病畜，防止卧地剧烈滚转，以免造成肠扭转。对于精神兴奋或卧地不起而试图起立的病畜，要严加守护，必要时可应用镇定剂，以免摔伤造成脑震荡、脑挫伤及脊髓挫伤，甚至发生骨折等。

5. 排尿困难的病畜，要适时导尿，或直肠内按压膀胱，促进排尿。

6. 认真观察病情，掌握病情变化，发现异常，及时进行必要的处置。

7. 凡是重危病畜，均须作一较为详细的护理记录。

（三）发热病畜的护理方法

1. 每天上、下午或早、中、晚测量体温，检查脉搏数和呼吸数，并作记录。

2. 将病畜置于通风良好、空气新鲜的阴凉处所，避免日光直射。

3. 多饮清凉饮水。

4. 必要时可注射30%安乃近注射液或安痛定等。

（四）患病部位的护理方法

患病部位的护理主要包括创伤部位的护理，手术后术部的护理及治疗疾病所用的各种导管的护理（胸导管、尿导管、尿袋、胃导管等）。

（五）创伤部位的护理方法

各种原因引起的创伤、烧伤、咬伤等部位的护理主要是每日定期检查，定期换药，定期换包扎，防止污染、抓挠等。

（六）手术后护理方法

1. 术后喂饮 应根据手术性质、手术部位而采取相应护理措施。一般较大的手术，如剖腹术、肠管手术等，术后不宜立即喂饲。应在伤口基本愈合及肠音基本恢复并开始排便后，方可第一次喂饲。饲料应选择柔软易消化的青饲料，初次应少给，随肠音的逐渐恢复而逐日增加供给量，待肠音完全恢复正常后才可正常饲喂。然而对一般手术，则可不限制喂饲。一般术后动物即可饮水，但要少量多次，并要水温适当，不宜太凉；对施行全身麻醉的动物，在手术后4~6d之内，不应给水，防止因其吞咽机能尚未完全恢复，导致误咽。

2. 手术部位的护理 手术后的创伤需要保持清洁，防止污染，防止动物舔咬。护理主要是定期查看有否渗出、出血，缝线有否脱落，创口有否裂开等。

3. 术后管理 施行全身麻醉的病畜，在麻醉尚未完全苏醒时应设专人看管，避免因摔倒造成缝线扯断和创口污染的后果。因此，术后应将病畜吊置于保定栏内，站立保定。全身麻醉动物，其体温在一定时间内往往偏低，应注意保温，防止感冒；冬季在北方寒冷地区，还应注意避免伤口冻伤；夏季应注意防蝇；厩舍内应经常保持卫生，随时清除粪尿及污物等。术后运动是一个有助于病畜康复的积极措施。一般术后2~3d即可牵遛运动。早期运动的时间宜短，速度宜慢，每次20~30min，以后逐渐增加运动时间和强度。

二、哺乳动物的护理方法

新生仔畜的体温调节中枢尚未发育完全，加之外界环境的温度又比母体内低得多，所以在冬季及早春应尽可能设法使室内温度保持在20℃左右，以免因受凉而发生疾病。尤其要观察新生仔畜的精神、吮乳、呼吸等，如发现异常，应及时诊治。

一般应在出生后1d内，肌注精制破伤风抗霉素5 000~10 000IU。新出生的幼畜应正确断脐，每日涂擦碘酊1~2次，促进其早日干燥脱落，防止感染。

三、注意事项

给病畜禽提供良好的护理，可提高病畜的抵抗力，有利于病畜禽康复，否则，可能会使病情恶化。病畜禽的护理应当遵循如下原则：

（一）有利于恢复生理功能

如胃肠功能失调的疾病，要限制采食或给予易消化吸收的饲料；便秘的病畜可以灌肠和牵遛促进通便；排尿障碍的疾病，可以通过导尿帮助排尿；呼吸道感染的疾病，既要保持畜舍内空气清新，又要避免冷空气直接吹袭对呼吸道造成强刺激；过度兴奋的病畜，应当饲养在光线较暗的安静环境中让其充分休息。

（二）防止继发疾病

如长期卧地的病畜易患褥疮，应帮助其改变体位或用吊带吊起；要防止局部感染转化为菌血症、毒血症、败血症等；做好防寒保暖、防暑降温，预防感冒或中暑。

（谭　菊　刘　莉）

任务四　给药治疗技术

一、药物配制

（一）器材准备

天平、量筒、量杯、烧杯、分液漏斗、滤纸、漏斗架、下口瓶、玻棒、大腹瓶、纱布、研钵、纯化水、碘片、碘化钾、95%乙醇、氨溶液、亚麻仁油、樟脑、松节油、70%乙醇、凡士林、磺胺嘧啶、硫酸钠、碳酸氢钠、氯化钠、硫酸钾软膏板、软膏刀、药筛、药匙、滴管、包药纸等。

（二）操作方法

1. 溶液剂配制

（1）反比例法：C1∶C2＝V2∶V1

C1、V1，C2、V2分别为高浓度溶液的浓度和体积、低浓度溶液的浓度和体积。如将95%乙醇用纯化水稀释成75%乙醇100ml，按照公式计算：95∶75＝100∶X

X＝78.9（ml）

结果是取95%乙醇78.9ml，加纯化水稀释至100ml，即为75%的乙醇。

（2）交叉法

```
X       Z-Y
   \   /
     Z
   /   \
Y       X-Z
```

X、Y分别为已知高浓度和低浓度；Z为需配的中间浓度；Z－Y、X－Z分别为已知高浓度和低浓度溶液的体积。如用95%乙醇和40%乙醇稀释成75%乙醇，按公式计算：

```
95       35
   \   /
    75
   /   \
40       20
```

结果为取95%乙醇35ml和40%乙醇20ml混合均匀，即为75%乙醇。

2. 酊剂配制

（1）溶解法：将某种药物加入规定浓度的乙醇中溶解，过滤即得，如碘酊。

（2）稀释法：将浓酊剂，用规定浓度的乙醇稀释至所需浓度，静置24h，过滤即得。

3. 擦剂配制 擦剂为一种或数种药物溶解在脂肪油或挥发油、乙醇内制成油状、乳状或含乙醇的液体剂型。固体药物，应先研磨成粉后逐渐加入。

（1）氨擦剂的配制：亚麻仁油 30ml 至量杯中，再取 10ml 氨水边加边搅拌，至呈乳白色无油滴即可。

（2）樟脑擦剂的配制：取樟脑 10g 置量杯中，加 70% 乙醇至 100ml，搅拌溶解即得。

四三一擦剂的配制：取氨擦剂 30ml 倒入细口瓶内，加入 10ml 松节油，充分振荡，再分次加入樟脑擦剂 40ml，用力振摇即得。

4. 软膏剂配制 指用凡士林、羊毛脂、脂肪油等作基质，与主药研合均匀的一种半固体外用剂。配制的软膏剂要求均匀，有适当的黏稠度、无酸败、异味和变色等现象。

（1）研合法：用软膏板和软膏刀研合，适于少量的软膏配制。

（2）溶合法：以适当容器先将基质置水浴锅中溶化，放至半冷，边搅拌边加入已研细的主药，直至冷却即得。挥发性药物加入软膏中，基质温度不可高于 20℃。

磺胺嘧啶软膏的配制：取凡士林 10g 至软膏板上，以软膏刀刮成薄层，取磺胺嘧啶 10g 置研钵中研细，过五号药筛，然后将磺胺嘧啶粉倒入凡士林，用软膏刀来回反复翻研。充分研匀后，再分次加入剩余的凡士林 80g，每次加入均应研磨均匀，至眼观主药分布均匀无聚集即可。

5. 散剂配制

人工盐的配制方法：分别称取干燥硫酸钠 44g、碳酸氢钠 36g、氯化钠 18g、硫酸钾 2g。先将药物分别研磨粉碎，过筛，再将小量的氯化钠与硫酸钾充分混合，之后与较大量的碳酸氢钠充分混合，最后与最大量的硫酸钠充分混匀即得。最后进行包装。

二、药物副作用的处理与配伍禁忌

药物副作用是指治疗剂量的药物所产生的一些与防治无关的作用。副作用是由于药物的选择性低造成的，可以预知，治疗时一般无需停药，若影响大，则可同其他药物一起用药。如水牛水合氯醛麻醉时，可用阿托品，减少支气管腺的分泌。药物的配伍禁忌是两种药物配合应用时发生物理或化学性的变化，从而使药物失去作用。

（一）器材准备

麻油（或松节油）、纯化水、液体石蜡、樟脑酒精、20% 磺胺嘧啶钠、5% 碳酸氢钠、10% 葡萄糖、维生素 B_1、葡萄糖酸钙、稀盐酸、结晶碳酸钠、0.1% 肾上腺素、3% 亚硝酸钠、高锰酸钾、天平、刻度吸管、量筒、试管、研钵、试管架等。

（二）分离实验

取试管一支，分别加入液体石蜡和水各 3ml，充分振荡，使试管内两种液体互相充分混合后，放在试管架上进行观察。

（三）沉淀试验

1. 取试管一支，分别加入 20% 磺胺嘧啶钠和 5% 碳酸氢钠各 3ml，放在试管架上观察现象。

2. 取试管一支，分别加入 20% 磺胺嘧啶钠 2ml 和 10% 葡萄糖 2ml，充分混合，放在试管架上观察现象。

3. 取试管一支，分别加入20%磺胺嘧啶钠2ml和维生素B_1 2ml，充分混合，观察现象。

4. 取试管一支，分别加入5%碳酸氢钠2ml和葡萄糖酸钙2ml，充分混合，观察现象。

（四）中和试验

取试管一支，先加入5ml稀盐酸，再加入碳酸氢钠2g，观察现象，同时用pH试纸测定两药混合前后的pH值。

（五）变色试验

（1）取试管一支，分别加入0.1%肾上腺素和3%亚硝酸钠各1ml，充分混合，观察现象。

（2）取试管一支，分别加入0.1%高锰酸钾和维生素C各2ml，充分混合，观察现象。

（3）取试管一支，分别加入5%碘酊2ml和2%氢氧化钠1ml，充分混合，观察现象。

（六）爆炸或燃烧试验

强氧化剂与强还原剂配伍时引起。激烈的氧化—还原反应能产生热，引起燃烧或爆炸。称取高锰酸钾1g，放入乳钵内，再滴加一滴甘油，然后研磨，观察现象。

三、拌料给药

（一）拌料给药方法

拌料给药是现代集约化养殖业中最常用的一种给药途径。即将药物均匀地拌入料中，让畜禽采食时，同时吃进药物。该法简便易行，节省人力，减少应激，效果可靠，主要适用于预防性用药，尤其适用于长期给药。但对于病重的畜禽，当其食欲下降时，不宜应用。

（二）注意事项

1. 准确掌握药物拌料的比例 按照拌料给药标准，准确、认真计算所用药物剂量，若按畜禽每千克体重给药，应严格按照个体体重，计算出畜禽群体体重，再按照要求把药物拌进料内。应特别注意拌料用标准与饲喂次数相一致，以免造成药量过小起不到作用或药量过大引起畜禽中毒的现象发生。

2. 确保用药混合均匀 在药物与饲料混合时，必须搅拌均匀，尤其是一些安全范围较小的药物，以及用量较少的药物，如呋喃酮、喹乙醇等，一定要均匀混合。为了保证药物混合均匀，通常采用分级混合法，即把全部用量的药物加到少量饲料中，充分混合后，加到一定量饲料中，再充分混匀，然后再拌入到计算所需的全部饲料中。大批量饲料拌药更需要多次逐步分级扩充，以达到充分混匀的目的。切记把全部药量一次加入到所需饲料中，简单混合法会造成部分畜禽药物中毒而大部分畜禽吃不到药物，达不到防止疾病的目的或贻误病情。

3. 密切注意不良反应 有些药物混入饲料后，可与饲料中的某些成分发生拮抗作用。这时应密切注意不良反应，尽量减少拌药后不良反应的发生，如饲料中长期混合磺胺药物，就容易引起鸡维生素B或维生素K缺乏。这时就应适当补充这些维生素。

四、饮水给药

（一）饮水给药方法

饮水给药也是比较常用的给药方法之一，它是指将药物溶解到畜禽的饮水中，让畜禽在饮水时饮入药物，发挥药理效应，这种方法常用于预防和治疗疾病。尤其在畜禽发病，食欲降低而仍能饮水的情况下更为适用。

（二）注意事项

1. 药前停饮、保证药效 对于一些在水中不容易被破坏的药物，可以加入到饮水中，让畜禽长时间自由饮用；而对于一些容易被破坏或失效的药物，应要求畜禽在一定时间内饮入定量的药物，以保证药效。为达到目的，多在用药前，让畜（禽）群停止饮水一段时间。一般寒冷季节停饮 3～4h，气温较高季节停饮 1～2h，然后换上加有药物的饮水，让畜禽在一定时间内充分喝到药水。

2. 准备认真、按量给水 为了保证全群内绝大部分个体在一定时间内都能喝到一定量的药水，不至由于剩水过多，造成吸入个体内药物剂量不够，或加水不够，饮水不均，某些个体缺水，而有些个体饮水过多，就应该严格掌握畜禽一次饮水量，再计算全群饮水量，用一定系数加权重，确定全群给水量，然后按照药物浓度，准确计算用药剂量，把所需药物加到饮水中以保证药饮效果。因饮水量大小与畜禽的品种，畜禽舍内温度、湿度，饲料性质，饲养方法等因素密切相关，所有畜禽群体不同时期饮水量不尽相同。

3. 合理施用、加强效果 一般来说，饮水给药主要适用于容易溶解在水中的药物，对于一些不易溶解的药物可以采用适当的加热、加助溶剂或及时搅拌的方法，促进药物溶解，以达到饮水给药的目的。

五、灌服给药

治疗畜禽疾病的一些药物需要经口投服。如病畜尚有食欲、药量少且无特殊气味，可将其混入饲料或饮水中使之自然采食。但是药物大多味苦，且有特殊气味，病畜常不自愿采食，尤其是危重病畜，饮、食欲废绝，所以可以采用灌服方法给药。灌服方法给药是将药物用水溶解或调成稀粥样或中草药的煎剂等装入灌角或药瓶等灌药器内经口投服，各种动物均可应用。

（一）器材准备

灌角、竹筒、橡皮瓶或长颈瓶、洗耳球、烧杯、盛药盆等。

（二）牛的灌药法

多用橡皮瓶、长颈酒瓶或以竹筒代替。

1. 一人牵住牛绳、抬高牛头、紧拉鼻环或握住鼻中膈使牛头抬起，要求口角和眼角连线与地面平行，必要时使用鼻钳进行保定。

2. 术者左手从牛的一侧口角插入，打开口腔并轻压舌头；右手持盛满药液的药瓶自另侧口角伸入送向舌背部；抬高药瓶后部轻轻振抖，边摇边缓慢注入药液，防止药物沉积，待药物灌完后再加入清水灌至牛的口腔内。

（三）马的灌药法

1. 马行站立保定，用吊绳系在笼头上或绕经上腭（上腭切齿后方），而绳的另一端经过柱的横木后，使其拉紧，将马头吊起。

2. 术者一手持药盆，一手持灌药器并盛满药液，自一侧口角通过门、臼齿的空隙而插入口中并送向舌根，反转并抬高灌药器将药液灌入，取出灌药器，待其咽下。

3. 咽下后再灌下一口，直至灌完。注意不要连续灌注，以免误咽。

（四）猪的灌药法

较小的猪灌服少量药液可用药匙（汤匙）或注射器（不接针头）。较大的猪，若药量大可用胃管投入，亦很方便、安全。

1. 灌药时让一人将猪的两耳抓住，把猪头略向上提，使猪的口角与眼角连线近水平，并用两腿夹住猪背腰部。

2. 另一人用左手持木棒把猪嘴撬开，右手用汤匙或其他灌药器，从舌侧面靠颊部倒入药液，待其咽下后，再灌第二匙；如含药不咽，可摇动口里的木棒，刺激其咽下。

（五）犬、猫灌药法

站立保定，助手或主人抓住犬、猫上下颌，将其上下分开，术者持投药器将药液倒入口腔深部或舌根上，慢慢松开手，让其自行咽下，直到灌完所有药液。

（六）注意事项

1. 每次灌药，药量不宜太多，速度不可过快，否则容易将药物误入气管内。

2. 灌药过程中，病畜发生强烈咳嗽时应暂停灌服并使其头部低下，使药液咳出。

3. 猪在鸣叫时喉门开放，应暂停灌服，待安静后再灌服。

4. 头部吊起的高度，以口角与眼角的连接线略呈水平为宜。若过高，易将药液灌入气管或肺中，轻者引起肺炎，重者可造成死亡。

5. 当动物咀嚼、吞咽时，如有药液流出，应以药盆接之，以减少流失。

六、胃管给药

用胃管经鼻腔或口腔插入食道，将大量的水溶性药液、可溶于水的流质药液或有异味的或刺激性药物投到患病动物食道（或胃）内的给药方法，适用于各种动物。

（一）器材准备

不同类型的胃导管、导尿管、漏斗、液体石蜡、凡士林、洗耳球、各种类型的开口器、药物、动物保定用具、面盆、烧杯、清水、打气筒等。

（二）马、骡胃管投药法

将病马在柱栏内妥善保定，畜主站在马头左侧握住笼头，固定马头不要过度前伸。术者站于马头稍右前方，用左手无名指与小指伸入左侧上鼻翼的副鼻腔，中指、食指伸入鼻腔，与鼻腔外侧的拇指固定内侧的鼻翼。用胃导管测量鼻端到胃的距离后，做好记号。用润滑剂涂布胃导管前端，右手持胃管将前端通过左手拇指与食指之间沿鼻中隔徐徐插入鼻腔，同时左手食指、中指与拇指将胃管固定在鼻翼边缘，以防病畜骚动时胃管滑出。当胃管前端抵达咽部后，随病畜咽下动作将胃管插入食道。有时病畜拒绝下咽，推送困难，此时不要勉强推送，应稍停或轻轻抽动胃管，或在咽喉外部进行按摩，诱发吞咽动作，随动物吞咽将胃管插入食道。要注意不要误插入气管内，为了检查胃管是否正确进入食道内，可做鉴别。鉴别要点见表 2 - 6。再将胃管前端推送到颈部下 1/3 处，在胃管另端连接漏斗，即可投药，投药完毕，再灌以少量清水，冲净胃管内残留药液，然后右手将胃管折曲一段，徐徐抽出。胃管用毕洗净后，放在 2% 煤酚皂溶液中浸泡消毒备用。

表 2-6　胃管插入食道或气管的鉴别

鉴别方法	插入食道内	插入气管内
手感	推动胃管稍有阻力感	无阻力
观察食道	胃管前端在食管沟内呈明显的波动式蠕动下行	无
触摸	手摸食管沟区感到有一硬的管状物	无
听诊	将胃管后端放在耳边，可听到不规则的咕噜或水泡音	随呼吸动作听到有节奏的呼出气流冲击耳边
嗅诊	胃管外端有胃内容物的酸臭味	无味道
捏扁洗耳球接于胃管外端	不鼓起	迅速鼓起
胃管外端插入水	无气泡	随呼吸动作水内出现气泡

（三）牛胃管投药法

保定栏内站立保定，安装牛鼻钳，或一手握住角根，另一手捏住鼻中膈，使牛头稍抬高固定，然后安装横木开口器，并用绳系在两角根后部。术者取胃管，测量鼻端到胃的距离后，做好记号。用润滑剂涂布胃导管前端，从开口器的中间孔插入，前端抵达咽部时，轻轻来回抽动以刺激吞咽动作，随动物吞咽时将胃管插入食道中，以后的操作方法与马的相同。最后取下开口器，解除保定。

（四）猪、羊胃管投药法

助手抓住动物的两耳（或羊角），将前躯夹于两腿之间，如果是大猪可用鼻端固定器固定，并装上横木开口器（或特制开口器）固定于两耳后。术者取胃管，测量鼻端到胃的距离后，做好记号。用润滑剂涂布胃导管前端，从开口器的中间孔插入食道内，以后的操作要领与成年马相同，但胃管应细，一般使用大动物导尿管即可。

（五）犬胃管投药法

此法适用于投入大量水剂、油剂或可溶于水的流质药液。方法简单，安全可靠，不浪费药液。投药时对犬施以坐姿保定。打开口腔，选择大小适合的胃导管，用胃导管测量犬鼻端到第 8 肋骨的距离后，做好记号。用润滑剂涂布胃导管前端，插入口腔从舌面上缓缓地向咽部推进，在犬出现吞咽动作时，顺势将胃导管推入食管直至胃内。判定插入胃内的标志是，从胃管末端吸气呈负压，犬无咳嗽表现。然后连接漏斗，将药液灌入。灌药完毕，除去漏斗，压扁导管末端，缓缓抽出胃导管。

（六）注意事项

1. 胃管投药前应根据动物的种类和大小选择相应的开口器、口径及长度和软硬适宜的橡胶管。

2. 插入或抽动胃管时要小心、缓慢，不得粗暴。

3. 当病畜呼吸极度困难或有鼻炎、咽炎、喉炎、高温时，忌用胃管投药。

4. 牛插入胃管后，遇有气体排出，应鉴别是来自胃内还是呼吸道。来自胃内气体有酸臭味，气味的发出与呼吸动作不一致。

5. 牛经鼻投药，胃管进入咽部或上部食道时，如发生呕吐，则应放低牛头，以防呕吐物误咽入气管。如呕吐物很多，则应抽出胃管，待吐完后再投。牛的食道较马短而宽，故胃管通过食道的阻力较小。

6. 当证实胃管插入食道深部后进行灌药。如灌药后引起咳嗽、气喘，应立即停灌。如灌药中因动物骚动使胃管移动脱出时，亦应停止灌药，待重新插入判断无误后再继续灌药。

7. 经鼻插入胃管，常因操作粗暴、反复投送、强烈抽动或管壁干燥，刺激鼻黏膜肿胀发炎，有时血管破裂引起鼻出血。在少量出血时，可将动物头部适当高抬或吊起，冷敷额部，并不断淋浇冷水。如出血过多冷敷无效时，可用1%鞣酸棉球塞于鼻腔中，或者皮下注射0.1%盐酸肾上腺素5ml或1%硫酸阿托品1~2ml，必要时可注射止血药。

8. 胃管投药时，必须正确判断是否插入食道，否则会将药液误灌入气管和肺内引起异物性肺炎。

9. 药物误投入呼吸道后，动物立即表现不安，频繁咳嗽，呼吸急促，鼻翼开张或张口呼吸；继则可见肌肉震颤，出汗，黏膜发绀，心跳加快，心音增强，音界扩大；数小时后体温升高，肺部出现明显广泛的啰音，并进一步呈现异物性肺炎的症状。如灌入大量药液时，可造成动物的窒息或迅速死亡。

10. 在灌药过程中，应密切注意病畜表现，一旦发现异常，应立即停止并使动物低头，促进咳嗽，呛出药物。其次应用强心剂或给以少量阿托品兴奋呼吸系统，同时应大量注射抗生素制剂，直至恢复。严重者，可按异物性肺炎的疗法进行抢救。

七、口腔投药

应用片、丸状或粉末状的药物以及中药的饮片或粉末，尤其对苦味健胃药剂，常用面粉、糠麸等赋形药制成糊剂或舔剂，经口投服以加强健胃的效果。

（一）器材准备

药品、光滑的木板、小木棒、竹片、丸剂投药器、保定用具、长手术镊等。

（二）操作方法

1. 动物一般站立保定。

2. 对牛、马，术者用一手从一侧口角伸入打开口腔，对猪则用木棍撬开口腔；另一手持药片、药丸或用竹片刮取舔剂自另侧口角送入其舌背部。

3. 取出木棒，口腔自然闭合，药物即可咽下。

4. 如有丸剂投药器，则事先将药丸装入投药器内；术者持投药器自动物一侧口角伸入并送向舌根部，迅即将药丸打（推）出；抽出投药器，待其自行咽下。

5. 必要时投药后灌饮少量的水。

（三）注意事项

1. 动物一定要保定确实，保证人畜安全。

2. 给药时不宜过快，防止家畜误咽。灌药过程中，病畜发生强烈咳嗽时应暂停灌服并使其头部低下，使药液咳出。

八、腹腔注射给药

由于腹膜腔能容纳大量药液并有吸收能力，故可做大量补液，常用于猪、狗及猫。

（一）器材准备

药品、针头、注射器、输液管、剪毛剪、酒精棉球、碘酊棉球、手术镊、保定栏等。

（二）操作方法

1. 部位 牛在右侧肷窝部；马在左侧肷窝部；较小的猪则宜在两侧后腹部。

2. 方法

（1）将猪两后肢提起，做倒立保定；局部剪毛、消毒。

（2）术者一手把握猪的腹侧壁；另一手持连接针头的注射器（或仅取注射针头）于距耻骨前缘3～5cm处的中线旁，垂直刺入2～3cm。

（3）注入药液后，拔出针头，局部消毒处理。

（三）注意事项

1. 腹腔注射宜用无刺激性的药液；如药液量大时，则宜用等渗溶液，并将药液加温至近似体温的程度。

2. 动物一定要保定确实，保证人畜安全。

3. 术者应遵守无菌操作规程，对所有注射用具、注射局部，均应严格消毒。

4. 术前对使用的针头认真检查，检查它的质量，以免刺针时动物骚动发生折断。

九、直肠给药

直肠给药是向直肠内注入大量的药液、营养物或温水，直接作用于肠黏膜，使药液、营养得到吸收或促进宿粪排除以及除去肠内分解产物与炎性渗出物，达到治疗疾病的目的，避免了口腔给药的麻烦和药物经机体吸收排出带来的副作用。

（一）器材准备

六柱保定栏、小动物手术台、电炉、灌肠器、污物桶、脸盆、肥皂、温水、油剂、0.1%新洁尔灭、0.1%高锰酸钾、治疗用的药品。

（二）操作方法

1. 动物保定 大动物牵在柱栏内保定，安装好胸绳、臀绳、压颈绳。为防止卧下，应安装胸吊带、腹吊带。头用鼻钳子固定，尾巴吊起。中小动物于手术台上侧卧保定。

2. 清洗消毒 用来苏尔或高锰酸钾液刷洗会阴部周围，毛长粘有粪球的要剪掉。保持肛门周围清洁，将污物桶准备好，然后用1%～2%盐酸普鲁卡因溶液10～20ml，在尾根下凹窝内（后海穴）与脊椎平行刺入10cm进行注射，使肛门、直肠弛缓，以便导入灌肠器。

3. 导入灌肠器 术者将灌肠器插入直肠端先涂油，保证润滑以免损伤直肠黏膜。术者戴上长臂手套，缓缓的将灌肠器前端导入直肠内，并握住导入部分。固定好动物，防止其左右、上下移动，以免灌肠器将直肠刺破。

4. 灌肠 术者将灌肠器前端导入后，另一端可接上漏斗向内灌入溶液，或用吊桶灌注，如果深部灌肠可用压力唧筒向内加压，使溶液进入到深部直肠。一次注入量不要太多，适量为止。然后术者将导入端拉出，刺激动物的肛门，使其努责排出直肠内容物及粪便。为使直肠内污物排净，可重复进行直到洗出液清净为止。

5. 给药 通过灌肠器将药品注入，然后取出灌肠器，控制药物排出。也可用大注射器代替灌肠器进行给药。

（三）注意事项

1. 动物要保定确实，以避免在导入灌肠器或冲洗时造成直肠的破裂。

2. 灌肠器导入前要对前端涂油。

3. 术者要将手指甲剪短磨平，戴口罩，戴上长臂手套，穿靴子。

4. 冲洗直肠时要彻底，深部给药时要加压。

5. 向直肠灌注药液应避免过冷或过热，以免损伤直肠黏膜。

十、乳腺内注射给药

将药液通过乳管注入乳池内，主要用于奶牛、奶山羊的乳房炎治疗。

（一）器材准备

乳导管、50～100ml 注射器、注射药物、酒精棉球、碘酊棉球、手术镊、毛巾、洗手盆、保定栏及保定用具等。

（二）操作方法

1. 动物站立保定，挤净乳汁，乳房外部洗净、拭干，用75%酒精消毒乳头。

2. 以左手将乳头握于掌内轻轻下拉，右手持乳导管自乳头开口徐徐导入。

3. 再以左手把握乳头及导管，右手持注射器，使与导管结合之（或将注入瓶之胶管与导管连接），徐徐注入药液。

4. 注毕，拔出乳导管；以左手拇指与食指紧捏乳头开口，防止药液流出；并用右手进行乳房的按摩，使药液散开。

（三）注意事项

1. 如无特制导管，所用针头的尖端一定要磨平、光滑，以免损伤乳管黏膜。

2. 注射前挤净乳汁，注后要充分按摩，注药期间不要挤乳。

3. 根据病情（如奶牛乳热的治疗），有时可用乳房送风器注入滤过的空气。

十一、静脉放血疗法

静脉放血疗法（血针疗法）是用三棱针或宽针在病畜体表静脉上放出血液，以治疗疾病的方法。

（一）器材准备

三棱针或宽针、保定栏等。

（二）操作方法

1. 取穴　体表所有血针穴位均可选用。

2. 操作　看准部位，动作要迅速敏捷，否则因血管滑动不易刺中；并应控制针刺深度，施针时，可用拇指、食指紧握针头，掌握好深度，速刺进针，一次穿透皮肤及血管壁；使用宽针刺颈脉、胸堂、肾堂、蹄头等穴时，为便于操作，可把宽针固定在特制的针槌上施术。

（三）注意事项

1. 刺针前为使血管怒张，便于刺中，可将血管弹击数下或压迫血管阻止回流。

2. 用宽针时，针刃的方向必须与血管平行，以免切断血管造成血流不止。

3. 放血量应根据病畜体质强弱、疾病性质及季节而定。体强多放，体弱少放；夏季多放，冬季少放。

4. 放血后大多能自行止血。如出血不止者，应采取止血措施。一般用按压法，按压3～5min即可；如果无效时，可用药物止血。

十二、瘤胃穿刺给药

（一）器材准备

保定栏、注射器、套管针、酒精棉球、碘酊棉球、手术刀、手术镊、保定用具、制酵剂等。

（二）操作方法

1. 术前准备 首先对动物进行保定，确定穿刺部位。穿刺点在髋骨外角与最后肋骨中点连线的中央，也可选在瘤胃隆起最高点穿刺。对穿刺部位剪毛、刮毛。然后先用2%碘酊棉球涂擦，再用75%酒精棉球脱碘。有的部位穿刺要用手术刀切一小口，以便穿刺器具顺利刺入。

2. 手术方法 术者以左手将局部皮肤稍向前移，右手持套管针向对侧肘头方向刺入（必要时可先用外科刀在术部皮肤做一小切口，易于使套管针刺入）。然后固定套管，拔出针芯，使瘤胃内的气体继续地、缓慢排出。如遇针孔阻塞，可用针芯通透，切忌拔出套管针。为了防止臌气继续发展，造成重复穿刺，套管应继续固定，并留置经一定的时间后才可拔出。必要时亦可从套管向瘤胃内注入某些制酵剂。拔出套管时应先插回针芯，同时压定针孔周围的皮肤，再拔出套管针，然后消毒处理。

（三）注意事项

1. 放气速度不宜过快，以防急性脑贫血，造成虚脱。同时注意观察患病动物的表现。

2. 根据病情，为防止臌气继续发展，避免重复穿刺，可将套管针固定，留置一定时间后再拔出。

3. 穿刺和放气时，应注意防止针孔局部感染。因放气后期往往伴有泡沫样内容物流出，污染套管口周围并易流进腹腔而继发腹膜炎。

4. 经套管注入药液时，注药前一定要确切断定套管仍在瘤胃内后，方能注入。

十三、马盲肠穿刺给药

盲肠穿刺给药是马属动物生产中治疗一些疾病常采用的一项操作技术。是用特别的穿刺器具刺入盲肠内，排除内容物或气体，或注入药物以达治疗目的。但是穿刺术在实施中有损伤组织，并引起局部甚至全身感染的可能。因此应用穿刺术时应严格遵守无菌操作和安全措施，穿刺器具均应严格消毒，操作准确、慎重。

（一）器材准备

保定栏、注射器、套管针、酒精棉球、碘酊棉球、手术刀、手术镊、保定用具等。

（二）操作方法

1. 部位 穿刺点在右侧肷窝中心，即距腰椎横突约一掌处。或选在肷窝最明显的突起点。在特殊情况下，当左侧大结肠臌气极其明显时，也可在相应的部位进行穿刺排气，但应使用较细套管针或针头，以防穿刺后有肠内容物由针孔流入腹腔，造成继发性腹膜炎。

2. 方法 操作要领同瘤胃穿刺。马、骡施行站立保定，术部剪毛、消毒，必要时穿刺点先用外科刀切一小口，右手持套管针或16号针头向对侧肘头方向刺入6～10cm，左手立刻固定套管，右手将针芯拔出，让气体缓慢或持续地排出。必要时，可从套管向盲肠内注入制酵剂，当排气治疗结束时，即可插回针芯，同时压紧针孔周围皮肤，拔出套管针。术后局部消毒。

（三）注意事项

1. 放气时应注意病畜的表现，放气速度不宜过快，以防止发生急性脑贫血。
2. 整个过程均应注意防止发生针孔局部感染和继发腹膜炎。
3. 须经套管注入药液时，注药前一定要确切地判定套管是否在盲肠内。

十四、静脉注射给药

牛多在颈静脉实施，个别情况也可利用耳静脉注射；羊多用颈静脉；猪常用耳静脉或前腔静脉；马多在静脉实施，特殊情况下可在胸外静脉进行；犬猫多在前肢皮下静脉即前臂头静脉或是后肢外侧小隐静脉实施。

（一）器材准备

注射药物、输液瓶（500ml）、一次性输液管、注射器及针头、剪毛剪、手术镊、酒精棉球、碘酊棉球、胶带、输液架、保定用具等。

（二）操作方法

1. 牛、羊静脉注射 局部剪毛、消毒。左手拇指压迫颈静脉的下方，使颈静脉怒张。明确刺入部位，右手持针头瞄准该部位后，以腕力使针头近似垂直地迅速刺入皮肤及血管，见有血液流出后，将针头顺入血管1～2cm。连接注射器或输液胶管，注入药液。

2. 猪的静脉注射

（1）耳静脉注射法：将猪站立或横卧保定，耳静脉局部按常规消毒处理。一人用手指捏压耳根部静脉处或用胶带于耳根部结扎，使静脉充盈、怒张（或用酒精棉反复于局部涂擦以引起其充血）。术者用左手把持猪耳，将其托平并使注射部位稍高，右手持连接针头的注射器，沿耳静脉管使针头与皮肤呈30°～45°角，刺入皮肤及血管内，轻轻抽活塞手柄如见回血即为已刺入血管，再将注射器放平并沿血管稍向前伸入。解除结扎胶带或撤去压迫静脉的手指，术者用左手拇指压住注射针头针座部位，另一手徐徐推进药液。注药完毕，一手拿酒精棉球紧压针孔，另一手迅速拔出针头。为了防止血肿，继续紧压局部片刻，最后涂布5%碘酊。

（2）前腔静脉注射法：用于大量的补液或采血。注射部位在第1肋骨与胸骨柄结合处的直前。由于左侧靠近隔神经而易损伤，故多于右侧进行注射。针头刺入方向呈近似垂直并稍向中央及胸腔方向，刺入深度依猪体大小而定，一般在2～6cm，依此而选用适宜的16～20号针头。注射时，猪可取仰卧保定或站立保定。

站立保定时，针头刺入部位在右侧耳根至胸骨柄的连线上，距胸骨端约1～3cm；稍斜向中央并刺向第一肋骨间胸腔入口处，边刺边回抽活塞观察是否有回血，见有回血即表明已刺入，可注入药液。

猪取仰卧保定时，可见其胸骨柄向前突出并于两侧第一肋骨与胸骨接合处的直前、侧方各见一个明显的凹陷窝，用手指沿胸骨柄两侧触诊时更感明显，多在右侧凹陷处进行穿刺注射。局部消毒后，术者持接有针头的注射器，由右侧沿第一肋骨与胸骨结合部前侧方的凹陷处刺入，并稍偏斜刺向中央胸腔方向，边刺边回抽，当见回血后即可徐徐注入药液。注完后拔出针头，局部按常规处理。

3. 马的静脉注射 柱栏保定后，使马颈部前伸并稍偏向对侧。局部进行剪毛、消毒。术者用左手拇指（或食指与中指）在注射部位稍下方（近心端）压迫静脉管，使之充盈、怒张。右手持注射针头，沿颈静脉使与皮肤成45°角，迅速刺入皮肤及血管内，见有血液流出后，证明已刺入。使针头后端靠近皮肤，以减小其间的角度，近似平行地将针头再伸入血管内1～2cm。松开压迫静脉的左手，排除注射器或输液胶管内的气泡后与针头相连接，并用夹子将胶管近端固定于颈部毛皮上，徐徐注入药液。注完后，以酒精棉球压迫局部并拔出针头，再以5%碘酊局部消毒。

4. 犬、猫静脉注射

（1）前肢头静脉注射法：此静脉比后肢小隐静脉还粗一些，而且比较容易固定，因此一般静脉注射或取血时常用此静脉。由助手将犬侧卧保定，局部剪毛、消毒。用胶管结扎后肢股部或由助手用手紧握，此时静脉血回流受阻而使静脉管充盈、怒张。右手持连有胶管的针头，将针头向血管旁的皮下先刺入，而后与血管平行刺入静脉，接上注射器回抽。如见回血，将针尖顺血管腔再刺进少许，撤去静脉近心端的压迫，然后注射者一手固定针头，一手徐徐将药液注入静脉。

（2）后肢外侧面小隐静脉注射法：此静脉在后肢胫部下1/3的外侧浅表皮下。注射方法同前述的前肢头静脉注射法。

（三）注意事项

1. 应严格遵守无菌操作规程，对所有注射用具、注射局部，均应严格消毒。
2. 要看清注射局部的脉管，明确注射部位，防止乱扎，以免局部血肿。
3. 要注意检查针头是否通顺，当反复穿刺时，针头常被血凝块堵塞，应随时更换。
4. 针头刺入静脉后，要再顺入1～2cm，并使之固定。
5. 注入药液前应排净注射器或输液胶管中的气泡。
6. 要注意检查药品的质量，防止有杂质、沉淀；混合注入多种药液时注意配伍禁忌；油剂不能做静脉注射。
7. 静脉注射量大时，速度不宜过快；药液温度，要接近于体温；药液的浓度以接近等渗为宜；注意心脏功能，尤其是在注射含钾、钙等药液时，更要当心。
8. 静脉注射过程中，要注意动物表现，如有骚动不安、出汗、气喘、肌肉战栗等现象时应及时停止；当发现注射局部明显肿胀时，应检查是否有回血，如针头已滑出血管外，则应整顺或重新刺入。
9. 若静脉注射时药液外漏，可根据不同的药液，采取相应的措施处理。立即用注射器抽出外漏的药液，如为等渗溶液，不需处理；如为高渗盐溶液，则应向肿胀局部及其周围注入适量的灭菌纯化水，以稀释之；如为刺激性强或有腐蚀性的药液，则应向其周围组织内，注入生理盐水；如为氯化钙溶液可注入10%硫酸钠溶液或10%硫代硫酸钠溶液10～

20ml，使氯化钙变为无刺激性的硫酸钙和氯化钠。

10. 局部可用5%~10%硫酸镁溶液进行温敷，以缓解疼痛。

11. 如大量药液外漏，应作早期切开，并用高渗硫酸镁溶液引流。

十五、肌肉注射技术

注射部位一般为肌肉层厚且应避开大血管及神经干的部位。大动物多在颈侧、臀部，猪在耳后、臀部或股内侧，禽类在胸肌部。

（一）器材准备

注射药物、注射器及针头、剪毛剪、手术镊、酒精棉球、碘酊棉球、保定用具等。

（二）操作方法

选择适当的保定方法保定好动物。局部按常规消毒处理。术者左手固定于注射局部，右手如执笔式持连接针头的注射器，与皮肤呈垂直的角度，迅速刺入肌肉，一般刺入深度可至2~4cm；改用左手拇、食指把住针头结合部，以食指指节顶在皮上，再用右手抽动针筒活塞，确认无回血时，即可注入药液；注射完毕，用左手持酒精棉球压迫针孔部，迅速拔出针头。

为安全起见，对大动物也可先以右手持注射针头，直接刺入局部，然后以左手把住针头，右手连接注射器，回抽针芯，如无回血，随即注入药液。

（三）注意事项

1. 为防止针头折断，刺入时应与皮肤呈垂直的角度并且用力的方向应与针头方向一致；注意不可将针头的全长完全刺入肌肉中，一般只刺入全长的2/3即可，以防折断时难以拔出。

2. 要根据注射剂量，选择大小适宜的注射器。注射器过大，注射剂量不易准确；注射器过小，操作麻烦。

3. 对强刺激性药物不宜采用肌肉注射。

4. 注射剂量应严格按照规定的剂量注入，禁止打“飞针”，造成注射剂量不足和注射部位不准。

5. 注射针头如接触神经时，动物骚动不安，应变换方向，再注药液。

十六、瓣胃注射给药

（一）器材准备

15cm长的针头、100ml注射器、注射药品、酒精棉球、碘酊棉球、液体石蜡、25%硫酸镁、生理盐水、植物油、保定用具等。

（二）操作方法

1. 部位 瓣胃位于右侧7~10肋间，肩关节水平线上下2cm处。注射部位选在右侧第9肋间和肩关节水平线交点处。

2. 方法步骤

局部剪毛、消毒。术者左手稍移动注射部位的皮肤，右手持针头从注射部位垂直刺入皮肤后通过肋间隙进入腹腔，使针头朝向对侧（左侧）肘头方向，刺入深度为8~10cm

(羊稍浅)，先有阻力感，刺入瓣胃内则阻力减小，并有沙沙感。此时注入50~100ml生理盐水，再迅速回抽，如混有草渣，即可确定刺入瓣胃内，可开始注入所需药物（如25%硫酸镁、生理盐水、液体石蜡等）。注射完毕，迅速拔出针头，术部擦涂碘酊，也可用碘防火棉胶封闭针孔。

(三) 注意事项

注射部位要准确，并且剪毛、消毒；在注射药物前要确实判定针头是否在瓣胃内；在针头刺入瓣胃后，回抽注射器如有血液或胆汁，是误刺入肝脏或胆囊，说明刺入的位置过高或偏向上方；治疗注射一次无效，可每天注射一次，连续2~3次。

十七、气管注射给药

(一) 器材准备

保定栏、保定用具、药品、注射器、针头、酒精棉球、碘酊棉球、剪毛剪等。

(二) 操作方法

1. 动物保定 动物仰卧、侧卧或站立保定，使前躯稍高于后躯。

2. 术部定位 根据动物种类及注射目的而不同。一般在颈上部，腹侧面正中，两个气管软骨环之间注射。

3. 术部消毒 注射部剪毛后消毒。

4. 注射 术者一手持连接针头的注射器，另一手握住气管，于两个气管软骨环之间，垂直刺入气管内（图2-44），此时摆动针头，感觉针前端空虚、无阻力，再缓缓注入药液，注射完毕拔出针头，涂擦碘酊消毒。注射过程中要妥善保定好动物头部，以防动物头颈部活动而使针头脱出或折断针头。

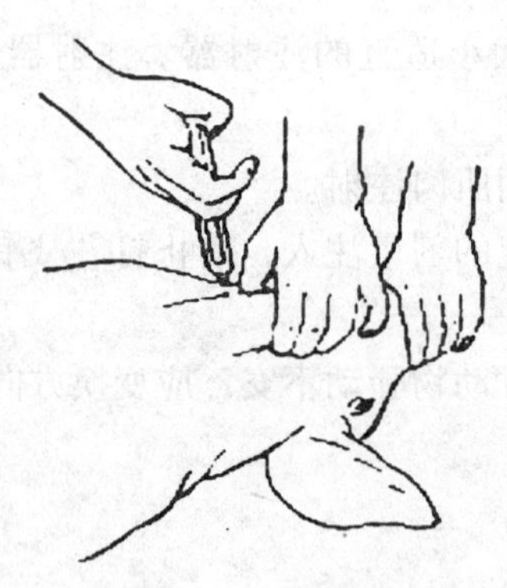

图2-44 猪气管注射

(三) 注意事项

1. 注射前宜将药液加温至38℃，以减轻刺激。

2. 注射过程如遇动物咳嗽时，则应暂停注射，待安静后再行注入。如病畜咳嗽剧烈，或为了防止注射诱发咳嗽，可先注2%盐酸普鲁卡因溶液2~5ml（大动物），降低气管的敏感反应，再注入药液。

3. 注射速度不宜过快，最好一滴一滴地注入，以每分钟15~20ml为宜，以免刺激气管黏膜，咳出药液。

4. 刺激性强的药物禁忌作气管内注射。常用的药物有青霉素、链霉素、薄荷脑石蜡油等。

5. 注射药液量不宜过多，猪、羊、犬一般为3～5ml，牛、马为20～30ml。量过大时，易发生气管阻塞而引起呼吸困难。

十八、胸腔注射给药

（一）器材准备

保定栏、保定用具、药品、注射器、酒精棉球、碘酊棉球、剪毛剪、注射器材（大动物用20号长针头，小动物用6～8号针头，并分别连接于相应的针管上。为排除胸腔内的积液或洗涤胸腔，通常要使用套管针，或在注射针的针座上接带有盐水夹的灭菌胶管。一般根据动物的大小或治疗目的来选用器材）。

（二）操作方法

1. 动物保定　动物采用站立保定。

2. 术部定位　牛、羊在右侧第5～6肋间，左侧第6肋间；马在右侧第6～7肋间，左侧第7～8肋间；猪在右侧第5～6肋间，左侧第6肋间；犬、猫在右侧第6肋间或左侧第7肋间。各种动物都是在与肩关节水平线相交点下方2～3cm处，即胸外静脉上方沿肋骨前缘刺入。大动物取站立姿势，小动物以犬坐姿势为宜。

3. 术部消毒　术部剪毛后消毒。

4. 注射　术者左手将穿刺部位皮肤稍向前方移动1～2cm，右手持连接针头的注射器，沿肋骨前缘垂直刺入，深度为3～5cm，可依据动物个体大小及营养程度确定。刺入注射针时，一定注意不要损伤胸腔内的脏器，注入的药液温度应与体温相近。在排除胸腔积液、注入药液或气体时，必须缓慢进行，并且要密切注意病畜的反应。注入药液后，拔出针头，使局部皮肤复位，并进行消毒处理。

（三）注意事项

1. 排出积液和注入药液时应缓慢进行，同时观察病畜有无异常表现。

2. 穿刺时应注意防止损伤肋间神经与血管；刺入时，用手指控制套管针深度，以防刺入过深损伤心肺。

3. 注射针尖要接于注射器或带有盐水夹的胶管上，不能单独用针尖直接刺入胸腔，以防人为导致气胸。

（谭　菊　刘　莉）

任务五　驱虫技术

一、预防性驱虫

（一）器材准备

各种给药用具、称重或估重用具、粪便检查用具、常用各种驱虫药、各种记录表格、驱虫对象等。

（二）操作方法

全群预防性驱虫。不要在寄生虫造成危害后才进行治疗性驱虫，要按程序进行全群驱虫，避免寄生虫的重复感染。寄生虫种类很多，要联合用药，综合防控，搞好环境卫生，减少感染机会。要合理控制群体大小和饲养密度，增强畜禽体质，提高抗病能力。秋冬季（9～10 月份）驱虫，有利于家畜安全越冬，3～4 月份驱虫，有利于复膘。转群前驱虫，可防止寄生虫交叉感染。分娩前驱虫，可避免产后 4～8 周发生粪便蠕虫卵数升高，减少因分娩应激导致寄生虫趁机感染。用药剂量要准确。产前 15～20d，产后 21～28d 各驱虫一次。配种前驱虫，有利于怀胎，防止由于寄生虫引起的流产。幼畜断奶前后 20d 各驱虫一次。种公畜于 4 月、6 月、8 月、10 月份共驱虫 4 次。

（三）注意事项

1. 药品质量要可靠，用药剂量要准确，要严格按药物使用说明书给药。

2. 给药途径要正确，保证药物全部进入体内。

3. 用药前要停食或早晨空腹投药。用药时饮水中加入速溶多维，可减少应激。对病畜可暂不驱虫，康复后再驱虫。驱虫后 5d 内的粪便要堆积发酵灭虫卵。

4. 出现中毒时要及时解救（洗胃、补液、解毒、强心）。有轻微中毒表现的家畜，如食欲不振、拉稀、轻微腹痛等症状，一般不需治疗。

5. 调药用具不能用金属制品，用水应是凉开水，现配现用，不能提前配制，投药后 3h 方可饮水和放牧。

二、治疗性驱虫

（一）器材准备

各种给药用具、称重或估重用具、粪便检查用具、常用各种驱虫药、各种记录表格、驱虫对象等。

（二）操作方法

1. 驱虫药的选择 总的原则是选择广谱、高效、低毒、方便和廉价的药物。广谱指驱除寄生虫的种类多；高效指对寄生虫的成虫和幼虫都有高度驱除效果；低毒指治疗量不具有急性中毒、慢性中毒、致畸形和致突变作用；方便指给药方法简便，适于大群驱虫给药的技术（如饲喂、饮水等）；廉价指与其他同类药物相比价格低廉。但最主要是依据当地存在的主要寄生虫病选择高效驱虫药。

2. 驱虫药的配制 根据所选药物的要求进行配制。但多数驱虫药不溶于水，需配成混悬液给药，其方法是先把淀粉、面粉或细玉米面加入少量水中，搅匀后再加入药粉，继续搅匀，最后加足量水即成悬浮液。使用时边用边搅拌，以防上清下稠，影响驱虫的效果与安全。

3. 给药方法 多为个体给药，根据所选药物的要求，选定相应的投药方法，具体投药技术与临床常用给药法相同。鸟禽多为群体给药（饮水或喂饲），如用喂饲法给药时，先按群体体重计算好总药量，将总量驱虫药混于少量半湿料中，然后均匀地与日粮混合，撒于饲槽中饲喂。治疗性驱虫为个体给药，经口投药或注射，犬的嗅觉灵敏，可将片剂、粉剂药物包在肉中口服。不论哪种给药方法，均要预先测量动物体重，精确计算药量。

4. 驱虫工作的组织及注意事项

(1) 驱虫前应注意选择驱虫药、拟定剂量、剂型、给药的方法和疗程，同时对药品的制造单位、批号等加以记载。

(2) 驱虫时将驱虫动物的来源、健康状况、年龄、性别等逐头编号登记。为使驱虫药用量准确，要预先称重。

(3) 给药前后 1 ~ 2d 应观察整个群体（特别是驱虫后 3 ~ 5h），注意给药后的变化，发现中毒立即急救。

(4) 给药期间，加强饲养管理。

(5) 投药后一周内，使动物圈养，将粪便集中用生物热发酵处理。

(6) 驱虫时要进行驱虫效果评定，必要时进行第二次驱虫。

5. 驱虫效果评定　驱虫效果主要通过驱虫前后下述各方面的情况对比来确定。

(1) 发病与死亡：对比驱虫前后的发病率与死亡率；

(2) 营养状况：对比驱虫前后动物营养状况的改善情况；

(3) 临诊表现：观察驱虫后临诊病状减轻与消失的情况；

(4) 寄生虫情况：一般可通过虫卵减少率和虫卵转阴率确定，必要时通过剖检计算出粗计和精计驱虫效果。

$$\text{虫卵减少率（\%）} = \frac{\text{投药前 1g 粪便内含某种蠕虫虫卵数} - \text{投药后数}}{\text{投药前 1g 粪便内含某种蠕虫虫卵数}} \times 100$$

$$\text{虫卵转阴率（\%）} = \frac{\text{投药前某种蠕虫感染率} - \text{投药后该蠕虫感染率}}{\text{投药前某种蠕虫感染率}} \times 100$$

为了比较准确的评定驱虫效果，驱虫前后粪便检查所有的器具、粪样数量以及操作方法要完全一致，同时驱虫后粪便检查时间不宜过早（一般为 10 ~ 15d），以避免出现人为的误差。通常应在驱虫前后各检 3 次。

$$\text{粗计驱虫率（\%）} = \frac{\text{投药前动物感染头数} - \text{投药后动物感染头数}}{\text{投药前动物感染头数}} \times 100$$

$$\text{精计驱虫数（\%）} = \frac{\text{对照动物体内平均虫数} - \text{试验动物体内平均虫数}}{\text{对照动物体内平均虫数}} \times 100$$

为准确评定药效，在投药前应进行粪便检查，根据粪便检查结果（感染强度大小）搭配分组，使对照组与试验组的感染强度相接近。

（谭　菊　蔡丙严）

任务六　尸体剖检技术

一、尸体剖检的准备

（一）器械准备

常用的剖检器械包括剥皮刀、解剖刀、外科剪、镊子、骨钳、骨剪、板锯、斧头等，若没有以上器械，也可用一般的刀剪代替。如需进行微生物检查，需准备载玻片、灭菌培养皿、灭菌试管、培养基、接种棒、酒精灯等。做病理学检查时，要准备标本缸。如有条件，剖检人员还应准备工作服、手套、胶鞋等。

（二）药品准备

1%~3%来苏尔溶液或克辽林（臭药水）、10%石灰水，用于剖检场地和尸体消毒；0.1%新洁尔灭、0.05%洗必泰等可用作器械消毒；10%福尔马林或95%酒精用作组织固定液；3%碘酊、2%硼酸、75%酒精等备作剖检人员的消毒用具等。

（三）剖检前检查

剖检前仔细检查尸体体表特征（卧位、尸僵情况、腹围大小）及天然孔有无异常，以排除炭疽病。患炭疽病的动物及其尸体，禁止剖解。若怀疑动物死于炭疽，先采取耳尖血液涂片镜检，排除炭疽后方可解剖。

（四）剖检时间

针对动物尸体，剖检进行的越早越好，尸体久放，容易腐败分解，失去诊断价值。所以，夏季在动物死后不超过2h，冬季不超过20h。对术者来讲，最好在白天进行剖解，在灯光下，病变的颜色会受到干扰。

（五）剖检地点

有条件的在病理解剖室进行。在野外或其他检疫现场剖检时，应选地势高燥并远离居民区、畜舍及交通要道的地方进行。剖检前挖一深达2m以上的坑，或利用枯井、废旧土坑。坑底撒上生石灰，坑旁铺垫席，在垫席上进行操作。剖解完成后，将动物尸体连同垫席及周围污染的土层，一起投入坑内，撒上生石灰或其他消毒液掩埋，并对周围环境进行消毒。

（六）剖检数量

在畜群发生群体死亡现象时，要剖检一定数量的病死动物。家禽至少剖检5只；大中动物至少剖检3头。只有找到共同的特征性病变，才有诊断意义。

（七）剖检术式

动物尸体的剖检，从卧位、剥皮到体内各器官的检查，按一定的术式和程序进行。牛采取左侧卧位，马采取右侧卧位，猪、羊等中小动物和家禽取背卧位。

（八）注意事项

1. 剖检时，如果怀疑待检的畜禽已感染的疾病可能对人有接触传染时，必须采取严格的卫生预防措施。

2. 剖检人员在剖检前换上工作服、胶靴、佩戴优质的橡胶手套、帽子、口罩等，在条件许可下最好戴上细粒面具，以防吸入病畜禽的组织或粪便形成的尘埃等。

3. 在进行剖检时应注意所剖检的病（死）畜禽应在禽群中具有代表性。如果病畜禽已死亡则应立即剖检，应尽可能对所有死亡动物进行剖检。

4. 剖检前应当用消毒药液将病畜禽的尸体和剖检的台面完全浸湿。

5. 剖检过程应遵循从无菌到有菌的程序，对未经仔细检查且粘连的组织，不可随意切断，更不可在腹腔内的管状器官（如肠道）切断，造成其他器官的污染，给病原分离带来困难。

6. 剖检人员应认真地检查病变，切忌草率行事。如需进一步检查病原和病理变化，应取病料送检。

7. 剖检后，所用的工作服、剖检的用具要清洗干净，消毒后保存。剖检人员应用肥皂或洗衣粉洗手，洗脸，并用75%的酒精消毒手部，再用清水洗净。

二、家禽尸体剖检

（一）器材准备

剪刀、镊子、骨剪、肠剪、手术刀、酒精灯、火柴、搪瓷盆、搪瓷盘、标本缸、广口瓶、0.1%新洁尔灭溶液或3%来苏尔溶液、4%氢氧化钠溶液、5%碘酊、75%酒精、消毒注射器、针头、工作服、胶靴、一次性医用手套或橡胶手套、脸盆或塑料小水桶、消毒剂、肥皂、毛巾等。

（二）操作方法

1. 濒死家禽的致死 常用断颈法（即一手提起双翅，另一手掐住头部，将头部急剧向垂直位置的同时，快速用力向前拉扯）致死。

2. 剖检术式

（1）外部检查：外部检查完毕后，用清水或消毒药液浸湿羽毛，防止剖检时羽毛飞扬，扩大传染且影响操作。

（2）尸体固定：尸体取仰卧位于搪瓷盘内，将股内侧连于股部的皮肤切离后将两侧股骨向外压迫，使股关节脱臼。

（3）切开皮肤：自喙尖沿体中线经嗉囊至胸骨前方切开皮肤，再将胸腹部皮肤切开剥离，作皮下一般视诊。

（4）胸、腹腔剖开：用剪刀从后腹部（胸骨末端与肛门之间）作一横切线切开腹壁，切至腹的两侧，再从腹壁两侧沿肋骨关节向前方剪开肋骨、胸肌、乌喙骨和锁骨。最后，将整个胸骨翻向头部，这时整个腹腔器官都清楚显露出来。

（5）器官采出：在食管末端剪断，取出整个胃肠，包括腺胃、肌胃、胰腺、小肠和大肠（包括盲肠）。肝和脾可同时采出。

禽类的肺陷于肋间间隙，肾呈分叶状紧嵌在腰荐骨凹下部，一般可在原处观察。如需作详细检查，可用外科手术刀柄仔细分离后采出。卵巢、输卵管亦可在原位进行检查。

（6）禽类口腔的检查：先将尸体位置倒转（头向术者），剪开嘴的上下联合，用剪伸进口腔顺喙角将下颌骨、食道及嗉囊剪开，检查整个上部消化道，观察其黏膜变化和嗉囊内容物的性状。再从喉头剪开气管和支气管进行视检。

（7）脑的采出：通常可沿顶骨缝将头切成两半，再用刀柄分别将脑的两半球取出。

三、猪、羊尸体剖检

（一）器材准备

剪刀、镊子、骨剪、肠剪、手术刀、酒精灯、火柴、搪瓷盆、标本缸、广口瓶、解剖刀、斧子、锯子、0.1%新洁尔灭溶液或3%来苏尔溶液、4%氢氧化钠溶液、5%碘酊、75%酒精等。

（二）操作方法

猪的剖检一般不剥皮，通常采取背卧（仰卧）式。

1. 外部检查 对尸体营养状况、皮肤、被毛、天然孔、可视黏膜及尸体变化等进行详细的外部检查，对白皮猪，特别要注意皮肤上有无出血点或是出血斑。

2. 打开腹腔及摘出脏器 第一刀自剑状软骨后方沿腹壁正中线向后直切至耻骨联合的前缘；第二、第三刀分别从剑状软骨沿左右肋软骨弓后缘至腰椎横突，作弧形切线，两线均切透，至此，腹腔即打开，腹腔脏器全部暴露。打开腹腔后，首先检查腹腔脏器位置、腹水量、颜色等，接着在横膈膜处双重结扎并切断食管、血管；在骨盆腔处双重结扎并切断直肠，这样就能将整个腹腔脏器一并取出，边取边切断脊椎下的肠系膜韧带；然后，分离并作双重结扎，分别取下胃、十二指肠、回肠、空肠、盲肠和结肠、肝脏等；再于腰部脊柱下取出肾脏。观察骨盆腔脏器的位置及有无异常变化。锯开耻骨和坐骨，一并取出骨盆腔脏器、肛门和公畜阴茎。

3. 打开胸腔及摘出胸腔脏器 先切除胸廓两侧的肌肉，用刀或剪沿左右两侧肋软骨和肋骨结合处切断或剪断，切断胸肌和胸膜，然后切断肋骨与胸椎的连接，胸腔即打开。切开下颌皮肤和皮下脂肪，向后剥离颌下及颈下部诸肌肉组织，暴露出支气管、食管，切断胸腔内韧带，并切断舌骨，即可将舌、咽、喉、气管等连同心、肺一起取出。

4. 内脏器官的检查 脏器检查的方法是由表及里用眼观、手触及刀子切割等方法，有系统地、重点进行检查。观察各脏器及附近的淋巴结的大小、形状、色泽、硬度。分段全面观察胃、肠、膀胱有无病理变化。寄生虫检查材料应在检查脏器时收集。

四、牛尸体剖检

（一）器材准备

剥皮刀、解剖刀、外科刀、镊子、斧子、锯子、0.1%新洁尔灭溶液或3%来苏尔溶液、4%氢氧化钠溶液、5%碘酊、75%酒精等。

（二）操作方法

1. 剥皮 为了检查皮下的病理变化，在剖开体腔之前应先进行剥皮。对腹部严重膨气的尸体，可先用放气针穿刺放气后再开始剥皮。某些传染病尸体，为了防止病原扩散，可不进行剥皮。

使尸体仰卧，第一道切线从下唇正中沿颌间正中线，经颈、胸部，沿腹壁白线向后至尾根部切开皮肤。切至脐部、阴茎或乳房、肛门和母畜阴户部时分为两线绕开，各作环形切线。四肢的切线从肢内侧面的正中切开皮肤，与上述正中线垂直，在球关节部作一环形切线。头部的剥皮可将上述的第一道切线从颌间向两侧翻转，将上下唇、鼻镜、眼睑和外耳部连在皮上一起剥离。再从上述切线剥下全身皮肤。在尾根部皮肤剥离后，从椎间软骨处切断尾部，使尾与皮肤相连（图2-45）。

剥皮过程中，注意观察血管的充盈度，皮下有无出血、水肿、炎症、脓肿和寄生虫等病变。检查体表淋巴结性状，皮下脂肪的含量和性状，注意肌肉的丰瘦程度、色彩和性状、血液凝固状态等变化情况。

2. 切离前后肢 牛取左侧卧位，将右前肢或后肢向背侧牵引，切断肢内侧肌肉，关节囊，血管，神经和结缔组织，再切离其外、前、后三方面肌肉即可取下，以便于内脏检查（图2-46）。

3. 切开腹腔 先将母畜乳房或公畜外生殖器从腹壁外切除。然后从肷窝沿肋弓切开腹壁至剑状软骨，再从肷窝沿髂骨体至耻骨前缘切开腹壁。注意不要碰破肠管，以防粪水

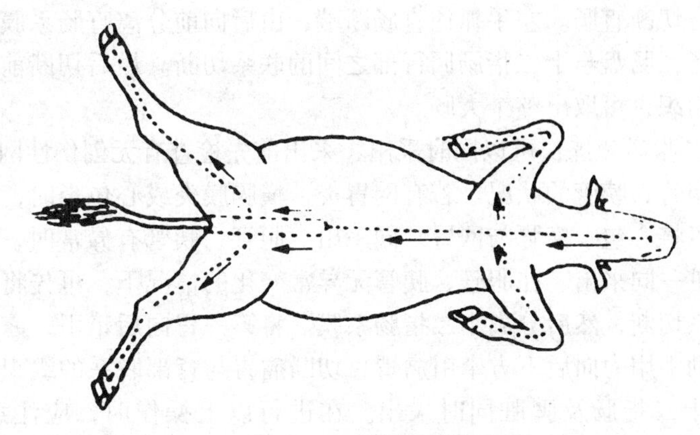

图 2－45　剥皮顺序

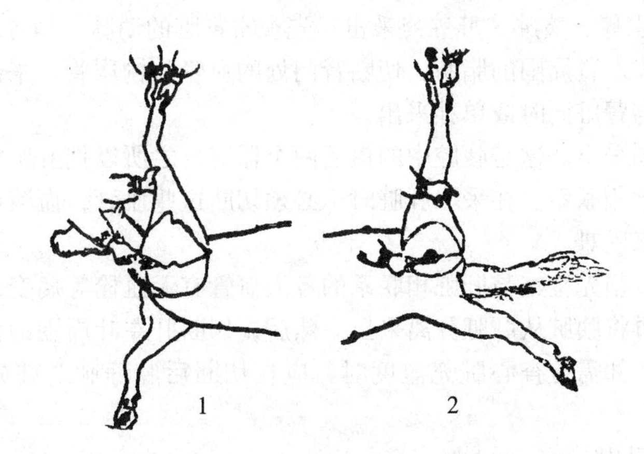

图 2－46　1. 切离前肢　2. 切离后肢

漏入腹腔而影响检查。也可用肠剪按上述走向剪开腹壁。

被切离的腹壁呈三角形翻开即暴露腹腔。需采集细菌学检查的病料时，此时应立即采取，以免污染。

切开腹腔后，应检查腹水的数量与性状，注意腹膜是否光滑、有无充血、淤血、出血、破裂、粘连、脓肿、肿瘤及寄生虫等，腹腔内脏器官位置是否正常，肠管、肠系膜和浆膜外观有无异常等。

4. 腹腔器官采出　为了采出牛的腹腔器官，应先将网膜切除，并依次采出小肠，大肠，胃和其他器官。

（1）切除牛网膜：以左手牵引网膜，右手持刀，将大网膜与十二指肠 S 状弯曲部，皱胃大弯，瘤胃左右沟等处切离取下，此时小肠和肠盘均可露出。

（2）取出小肠：提起牛盲肠的盲端，沿盲肠体向前，在三角形的回盲韧带处分离一段回肠，在距盲肠约 15cm 处，作双重结扎后从中间切断。术者以左手抓住回肠端向身前牵引使肠系膜呈紧张状，右手执刀在接近小肠部切断肠系膜。由回肠向前分离至十二指肠空肠曲，再作双重结扎，于两结扎间切断，即可取出牛的全部小肠。采出小肠的同时，要边切边检查肠系膜和淋巴结等变化。

（3）采出大肠：可先在骨盆口找出直肠，将直肠内粪便向前挤压并在直肠末端作一结扎，于结扎部后方切断直肠。左手抓住直肠断端，由后向前分离直肠系膜至前肠系膜动脉根部。再把横结肠，肠盘与十二指肠回行部之间的联系切断。最后切断前肠系膜根部的血管，神经和结缔组织，可取出整个大肠。

(4) 胃、十二指肠和脾：可以同时采出，采出前先检查有无创伤性网胃炎、横膈膜炎或心包炎，检查胆管、胰管的状况。若有网胃炎、横膈膜炎或心包炎时，则应立即进行详细检查，必要时可将心包、横膈与网胃一同采出。胆管、胰管有异常时，则应将胃、十二指肠与胰脏、肝脏一同采出。在胆管、胰管无异常变化的情况下，可先将胆管、胰管与十二指肠之间的联系切断，然后分离十二指肠系膜。将第一胃向后牵引，露出食管，并在末端结扎切断。由助手用力向后下方牵引瘤胃，切断瘤胃与背部联系的组织，切断脾膈中韧带，即可将胃、十二指肠及脾脏同时采出。在进行以上操作时，应注意各联系间有无病变。

(5) 肾脏、肾上腺、胰脏、肝脏的采出：先观察肾脏的动脉、静脉，输尿管等有无变化。然后沿腰肌剥离左肾周围的脂肪，切断肾门处的血管与输尿管，采出肾脏。右肾用同法采出。肾上腺可与肾脏同时或单独采出。

肝脏和胰脏一同采出。这是腹腔中的最后两个器官，之所以把肝脏放在最后采出，因其与门脉及后腔静脉相联系。在采取肝脏时，必须切断这些血管，血液可将腹腔及其他器官污染而给剖检带来困难。

在采取肝脏时，须先检查与肝脏相联系的各大血管有无血栓等病变，检查胰脏与肝之间的膜孔的情况，再将胰脏从肝脏分离采出。然后，切断肝左叶周围的韧带、门脉和肝动脉，便可取出肝脏。如需检查心脏充盈度时，应在切断后腔静脉之前先结扎，以免血液流失。

5. 胸腔脏器的采出

(1) 锯开胸腔：应先检查肋骨的高低及肋骨与肋软骨结合部的状态。然后将膈肌的左半部从季肋部切下，用锯把左侧肋骨的上下两端锯断，只留第一肋骨，胸腔即可暴露（图2-47）。此时应检查胸腔液的性质和数量，注意胸膜的色彩及有无出血、充血、粘连等病变。

(2) 心脏的采出：首先在心包左侧中央部作十字形切口（勿切及心肌），将手洗净后用食指和中指插入心包腔并提起，检查心包液的数量和性状（图2-48）。然后，沿心脏的左纵沟左右各1cm处切开左右心室，检查心腔内的血液量及其性状，再用左手的拇指和食指伸入心室的切口，轻轻牵引心脏，切断心基部的血管，取出心脏。

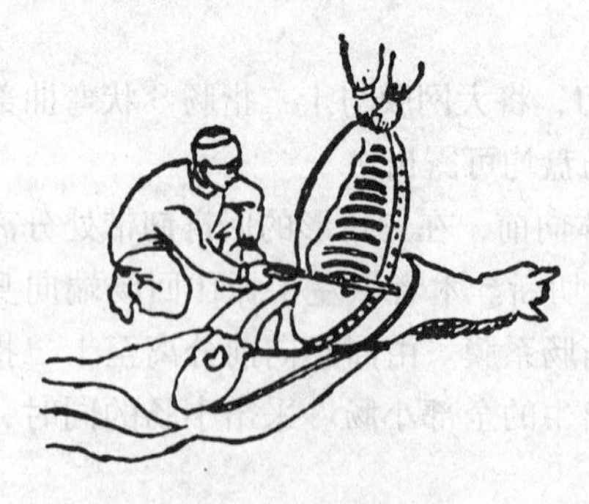

图2-47 胸腔锯开

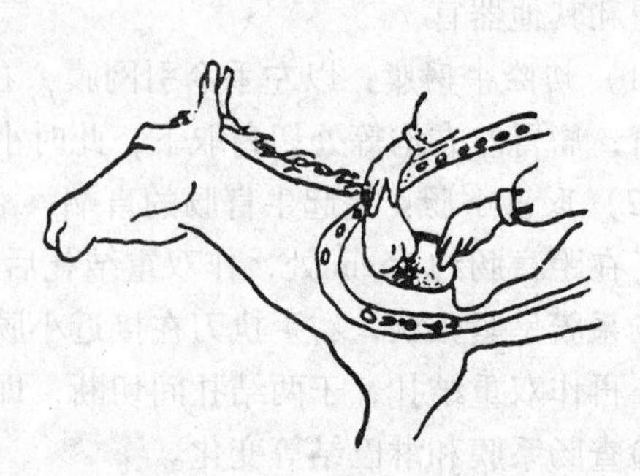

图2-48 心包液检查

(3) 肺脏的采出：先切断纵膈背侧部，检查胸腔液的数量和性状，再切断纵膈后部。在胸腔入口处切断气管、食管、血管和纵膈。在气管轮上作一切口，将左手食指和中指伸入切口，牵引气管和肺脏，将肺脏采出（图2－49）。

6. 腔动脉的采出　从前腔动脉至后腔动脉的最后分支处，沿胸椎、腰椎的下面切断肋间动脉，可将腔动脉和肠系膜一并采出。

7. 骨盆腔器官的采出　先锯开髂骨体，然后锯断耻骨和坐骨髋臼处（图2－50）。切断直肠与盆腔上壁的结缔组织，母畜还应切断子宫和卵巢。再由骨盆腔下壁切离膀胱颈，阴道及生殖腺等，最后切断附着于直肠的肌肉，将肛门、阴门作一圆形切离，即可取出盆腔器官。也可用长刀伸入骨盆腔，将骨盆腔中各器官自其周壁切离后一同取出。

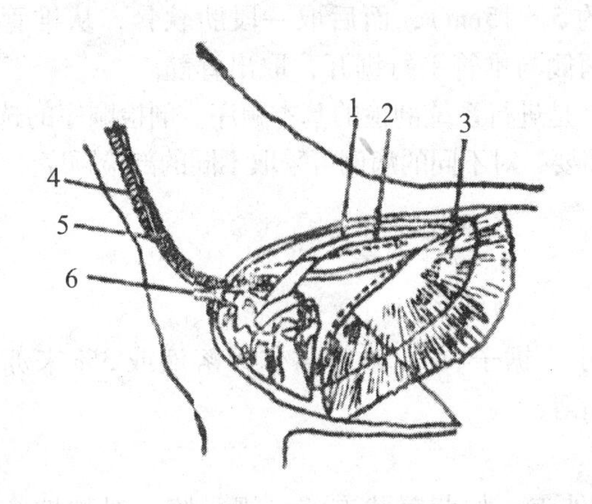

图2－49　肺脏采出

1. 前腔动脉　2. 纵膈的背侧部　3. 膈　4. 食管　5. 气管　6. 纵膈的前部

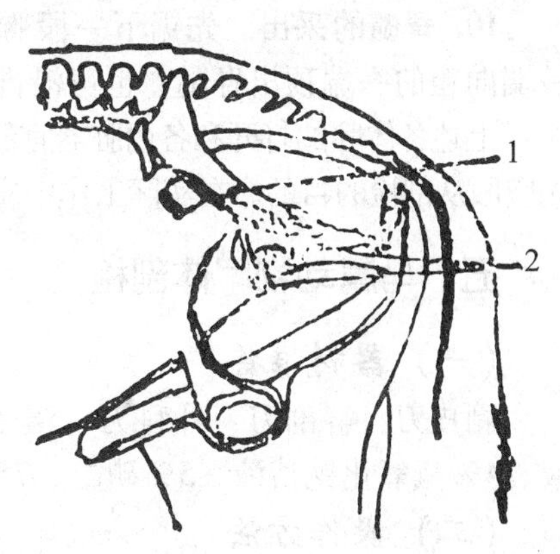

图2－50　骨盆腔锯开

1. 髂骨体　2. 耻骨

8. 口腔及颈部器官的采出　用刀由口角向耳根，沿下丘齿间切断颊部肌肉，在第一臼齿的前方锯断下颌支。然后，将刀尖伸入颌间，把附着于下颌支内面的肌肉及冠状突周围的肌肉与下颌关节的囊状韧带切断，用力提举下颌骨，即可将颌骨取下（图2－51）。此时，口腔显露，术者以左手牵引舌头，切断与其联系的所有软组织。切断舌骨支，将喉、气管和食管周围组织切离至胸腔入口处，即可采出口腔及颈部器官（图2－52）。

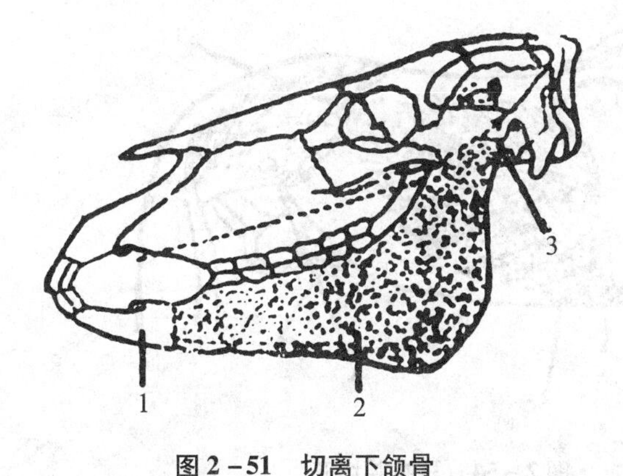

图2－51　切离下颌骨

1. 下颌骨前体　2. 下颌骨支　3. 下颌关节

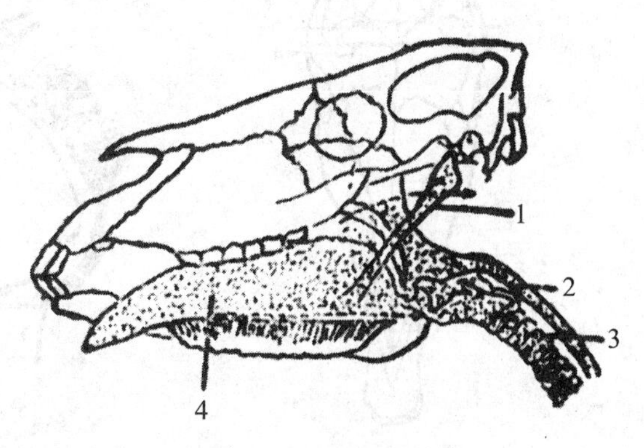

图2－52　采出口腔器官

1. 舌骨　2. 喉　3. 气管　4. 舌

9. 颅腔的打开与脑的采出

(1) 切开头部：沿枕寰关节横断颈部，使头与颈分离。去除下颌骨体及右侧下颌骨支，切除颅顶部的肌肉。

(2) 取脑：把头骨放平，沿两颞窝前缘横锯额骨；从颞骨窝前缘连线的中点至两髑弓上缘各锯一线，然后，由髑骨弓至枕骨大孔，左右各锯一线。再沿两角的中间锯一正中线，然后双手握住左右角，用力向外分开并除去，揭开颅骨，脑即露出。用手术刀切离硬脑膜，切断脑底部的神经，细心地取出大脑、小脑、延髓和垂体（图2-53）。

(3) 鼻腔的锯开：沿两眼的前缘横行锯断，在第一臼齿前缘锯断上颌骨。最后，纵行锯断鼻骨和硬腭，打开鼻腔，取出鼻中隔。

10. 脊髓的采出 先锯下一段胸椎（约5~15cm），而后取一段肋软骨，从椎管细的一端向粗的一端顶出脊髓；也可沿椎弓的两侧与椎管平行锯开，取出脊髓。

上述各体腔的打开和各内脏器官的采出，是进行系统剖检的基本顺序。剖检顺序的选择首先应服从剖检的目的。在实际工作中应按照需要，对不同的病例可采取不同的剖检顺序。

五、马属动物尸体剖检

(一) 器材准备

剥皮刀、解剖刀、外科刀、镊子、斧子、锯子、0.1%新洁尔灭溶液或3%来苏尔溶液、4%氢氧化钠溶液、5%碘酊、75%酒精等。

(二) 操作方法

1. 外部检查 在剥皮以前检查尸体的外表，如营养状态、可视黏膜、对称性、尸体有无膨胀现象等。

2. 剥皮和皮下检查 马属动物剖检时，为便于脏器采出，通常取右侧卧位。剥皮、断肢等与牛的剖检相同。

3. 取出腹腔脏器 腹腔打开与牛的基本相同（图2-54）。脏器采取与检查可同时进行，也可先后进行。如脏器的病变不受采出而改变或破坏时，通常用先采出后检查的办法。

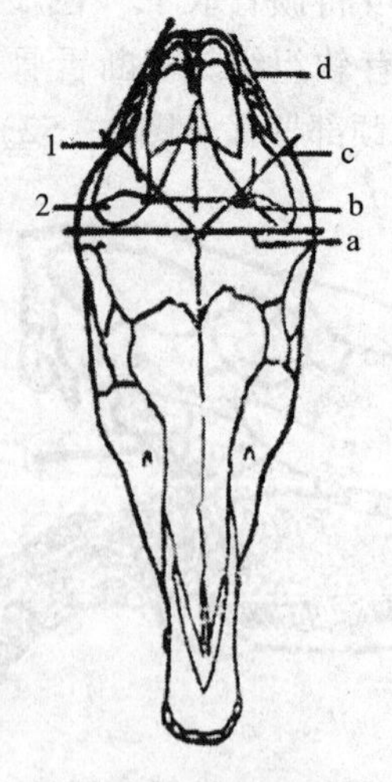

图2-53 牛颅腔打开

1. 髑弓 2. 颞窝

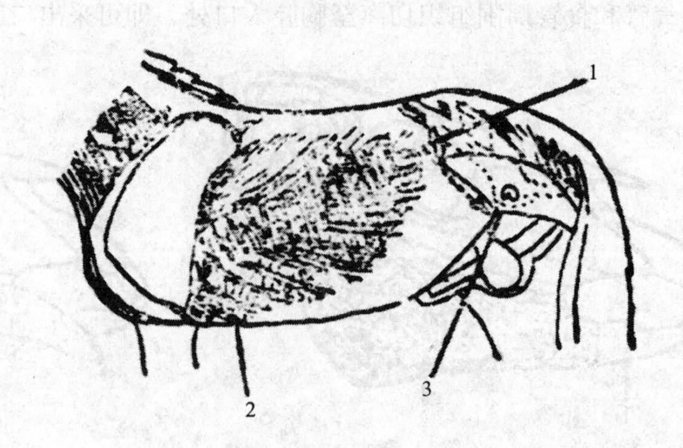

图2-54 马腹腔切开

1. 肷窝 2. 剑状软骨 3. 耻骨前缘

（1）肠管的采出：手握大结肠骨盆曲部，向腹腔外前方牵引大结肠，并将小结肠全部拉出，置于腹腔外的背侧，在十二指肠与空肠之间作两道结扎并从中间切断。左手握空肠断端，向自己身前牵引，切断肠系膜，由空肠分离至回肠末端，在距盲肠约15cm处作双重结扎，从中间切断，小肠即可取出（图2－55）。

将小结肠纳回腹腔内，将直肠内粪便向前挤压，在直肠末端作一次结扎，并在结扎后方切断直肠，由直肠断端向前分离后肠系膜至小结肠前端，在胃状膨大部作二重结扎，从中切断后取出小结肠和直肠。用同样方法取出大结肠和盲肠（图2－56）。

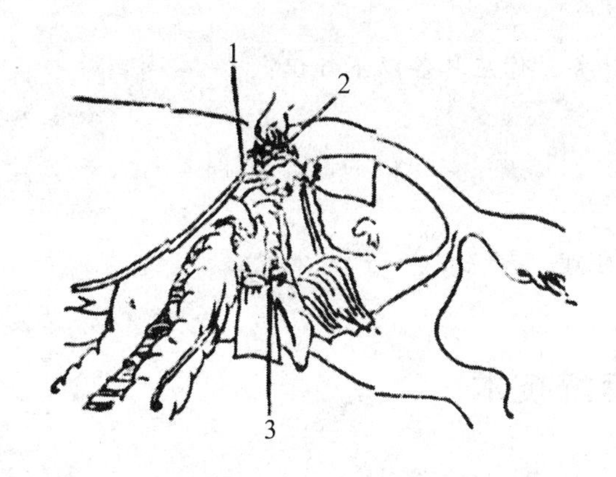

图2－55　小肠采出

1. 盲肠底　2. 盲肠大结肠动脉　3. 小结肠

图2－56　盲肠和大结肠采出

（2）脾、胃、十二指肠的采出：抓住脾头向外牵引，切断各部韧带，将脾同大网膜一起拿出。采出胃和十二指肠时，先从横膈的食管孔切开膈肌，用力牵引食管并将其切断，再将胃和十二指肠周围的韧带切断，即可将其取出。

（3）胰、肝、肾和肾上腺的采出：胰脏可由左叶开始逐渐切下，也可和肝脏一同取出。采取肝脏时，先切断左叶周围韧带及后腔静脉，后切右叶周围韧带、门静脉、肝动脉，便可采出。肾和肾上腺的采出，与牛的相同。

4. 取出胸腔脏器　胸腔剖开及胸腔脏器取出与牛的相同。也可用骨剪剪断近胸骨处的肋软骨，用刀切断肋间肌肉，分别将肋骨向背侧扭转，逐一扭断肋骨小头周围的关节韧带，最后可露出左侧胸腔。分别采出心脏、肺脏、腔动脉等。

5. 打开颅腔　和牛一样，需作各个纵、横锯线，不须作正中锯线。锯时注意不要伤及脑组织。对未全锯断的骨组织，可用锤凿使之断裂。将骨凿伸入锯口内，用力撬去颅顶骨，颅腔即露出。

（谭　菊　梅存玉）

项目四　麻醉与动物阉割技术

为了你能出色地完成本项目各项典型工作任务，你应具备以下知识：

1. 接近和保定动物的基本方法
2. 鸡、猪的生殖器官解剖结构
3. 外科学的基本知识
4. 全身麻醉药物的作用机理及其过敏反应处理

任务一　麻醉技术

一、局部麻醉

（一）表面麻醉

1. 器材准备　麻醉药物（丁卡因、利多卡因）、生理盐水、无菌棉球、无菌注射器、药物喷雾器等。

2. 操作方法　将麻醉药滴入术部或填塞、喷雾于术部。

3. 注意事项　眼结膜及角膜用0.5%丁卡因或2%利多卡因；鼻、口、直肠黏膜用1%～2%丁卡因或2%～4%利多卡因，一般每隔5min用药一次，共用2～3次。

（二）局部浸润麻醉

1. 器材准备　麻醉药物（普鲁卡因、利多卡因等）、生理盐水、无菌注射器、酒精棉球、碘酊棉球等。

2. 操作方法

（1）直线麻醉：根据切口长度，在切口一端将针头刺入皮下，然后将针头沿切口方向向前刺入所需部位，边退针边注入药液，拔出针头，再以同法由切口另端进行注射，用药量根据切口长度而定。适用于体表手术或切开皮肤时（图2－57）。

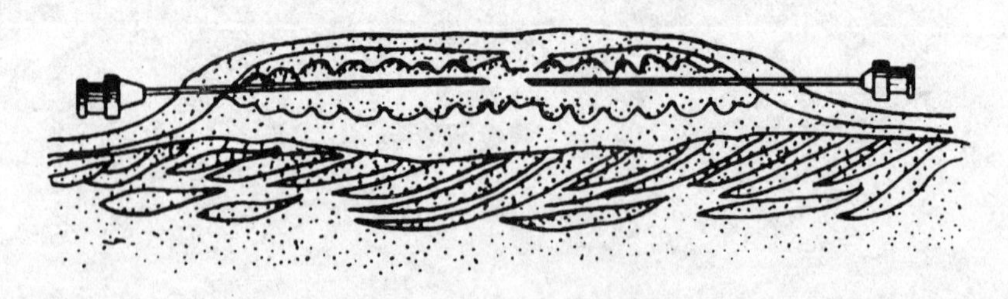

图2－57　直线浸润麻醉法

（2）菱形麻醉法：先在切口两侧的中间各确定一个刺针点A、B，然后确定切口两端C、D，便构成一个菱形区。麻醉时先由A点刺入至C点，边退针边注入药液。针头拔至皮下后，再刺向D点，边退针边注药液。然后再以同样的方法由B点刺入针头至C点，注入药液后再刺向D点注入药液（图2－58）。用于术野较小的手术，如圆锯术、食道切开术等。

（3）扇形麻醉：在切口两侧各选一刺点，针头刺向切口一端，边退针边注入药液，针头拔至皮下转变角度刺入创口边缘，再边退针边注入药液，如此进行完毕，再以同法麻醉另侧。麻醉针数以切口长度而定，一般需4～6针不等（图2－59）。用于术野较大、切口较长的手术，如开腹术等。

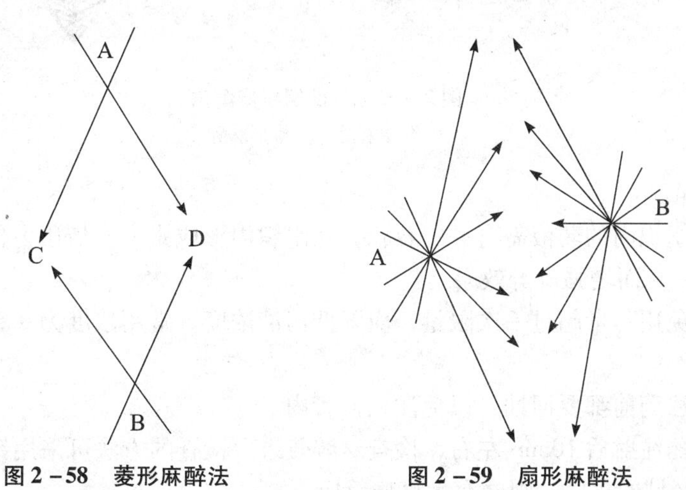

图2－58　菱形麻醉法　　　图2－59　扇形麻醉法

（4）多角形麻醉法：在病灶周围选择数个刺针点，使针头刺入后能达病灶基部，然后以扇形麻醉的方法进行注射，将药液按上述方法注入切口周围皮下组织内（图2－60）。适用于横径较宽的术野。

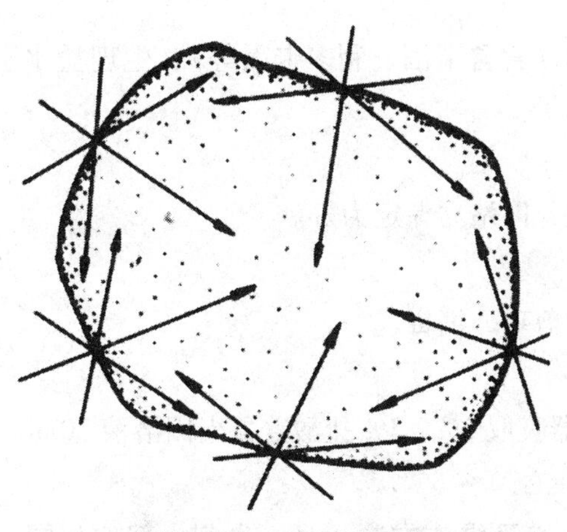

图2－60　多角形麻醉法

（5）深部组织麻醉法：操作方法按（图2－61）进行。深部组织施行手术时，如创伤、弹片伤、开腹术等，需要使皮下、肌肉、筋膜及其间的结缔组织达到麻醉，可采取锥形或分层将药液注入各层组织之间。

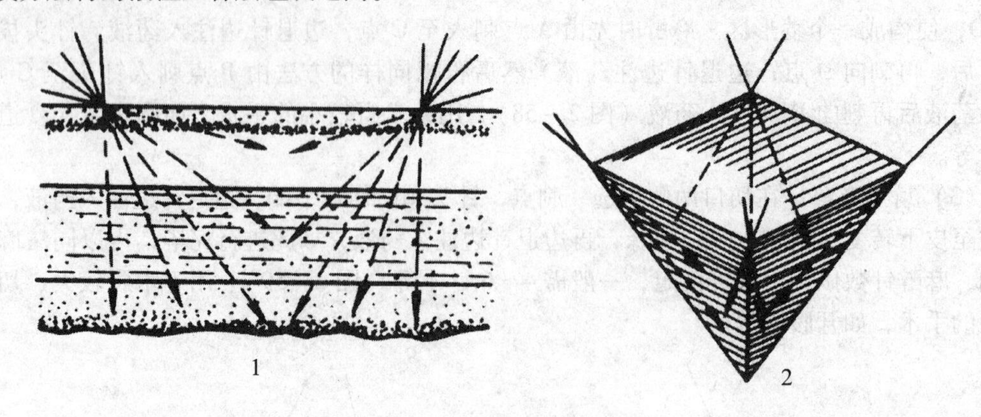

图 2－61　深部组织麻醉法

1. 分层麻醉　2. 锥形麻醉

3. 注意事项

（1）注入组织内的药液需有一定容积，在组织内形成张力，借压力作用使药液与神经末梢广泛接触，从而增强麻醉效果。

（2）为避免用药量超过一次限量，应降低药液浓度。常用浓度为0.5%～1%盐酸普鲁卡因。

（3）每次注药前都要回抽，以免注入血管内。

（4）麻醉药注射后10min左右，检查麻醉效果。检查的方法可采用针刺、刀尖刺、止血钳钳夹麻醉区域的皮肤，观察有无疼痛反应。

（5）药液中含肾上腺素浓度2.5～5μg/ml，可减缓局麻药的吸收，延长作用时间。

二、传导麻醉

（一）器材准备

保定用具、麻醉药物（普鲁卡因、利多卡因等）、生理盐水、无菌金属注射器、剪毛剪、酒精棉球、碘酊棉球等。

（二）动物保定

首先将动物适当保定，以站立保定为好。

（三）术部消毒

对麻醉刺入部位进行剪毛、消毒。

（四）麻醉药准备

用20毫升金属注射器吸取2%～3%盐酸普鲁卡因溶液20ml。

（五）麻醉给药

1. 最后肋间神经刺入点及操作方法　马、牛刺入部位相同。先用手触摸第一腰椎横突游离端的前角（最后肋骨后缘2～3cm，距脊柱中线12cm左右），垂直皮肤刺入针头，深达腰椎横突游离端前角的骨面，然后将针提离骨面稍向前移，沿骨缘再刺0.5～1cm，注入盐酸普鲁卡因溶液10ml。注射时应略向左右摆动针头，再使针退至皮下，再注射

10ml，以麻醉最后肋间神经的浅支。用棉球压注针孔，拔出针头。

2. 髂腹下神经刺入点及操作方法　马、牛的刺入部位相同。先用手触摸寻找第二腰椎横突游离端后角，垂直皮肤刺入针头，直达横突游离端后角骨面止，然后将针稍向后移，沿骨缘再下刺0.5～1cm，注盐酸普鲁卡因溶液10ml，最后将针退至皮下再注射10ml，以麻醉第一腰神经的浅支。拔出针头。

3. 髂腹股沟神经刺入点及操作方法　刺入部位马、牛有所不同。马是在第三腰椎横突游离端后角进针。其操作方法及注射药量同髂腹下神经麻醉法。牛是在第四腰椎横突游离端前角进针，其操作方法及注射药量同最后肋间神经麻醉法。

（六）注意事项

1. 麻醉时注射器、针头及麻醉部位，应严格消毒，以免引起感染。

2. 注射部位要准确无误，否则影响麻醉效果。

3. 三条神经传导麻醉后，经10～15min开始进入麻醉状态，可维持1～2h。适用于剖腹术。

三、全身麻醉

（一）吸入麻醉

1. 器材准备　乙醚、氟烷、甲氧氟烷、安氟醚（恩氟烷）、异氟醚、氧化亚氮（笑气）等麻醉药物；苯甲酸钠咖啡因、樟脑磺酸钠或苏醒灵等；气管插管、麻醉口罩、麻醉瓶或麻醉呼吸机、棉球、医用纱布等。

2. 麻醉给药　可用鼻腔吸入或气管插管的方法，使药物经呼吸由肺泡毛细血管进入血液循环，并到达神经中枢，使中枢神经系统抑制而产生全身麻醉效应。

（二）非吸入麻醉

1. 器材准备　隆朋（麻保静、2，6-二甲苯胺噻嗪）、静松灵（2，4-二甲苯胺噻唑）、氯胺酮、水合氯醛、速眠新合剂（846合剂）及巴比妥类麻醉药（硫贲妥钠、戊巴比妥钠、异戊巴比妥钠、环已丙烯硫巴比妥钠）等麻醉药物；苯甲酸钠咖啡因、樟脑磺酸钠或苏醒灵等；无菌注射器、酒精棉球、碘酊棉球等。

2. 麻醉给药　可通过静脉内注射、皮下注射、肌肉注射、腹腔内注射、口服及直肠内灌注等给药。

（三）注意事项

1. 麻醉前，应进行健康检查，了解整体状态，以便选择适宜的麻醉方法。全身麻醉前要停止饲喂，牛应禁食24～36h，停止饮水12h，以防止麻醉后发生瘤胃臌气；小动物要禁食12h，停止饮水4～8h，以防止腹压过大，甚至食物返流或呕吐。

2. 麻醉操作要正确，严格控制剂量。麻醉过程中注意观察动物的状态，特别要监测动物呼吸、循环、反射功能及脉搏、体温变化，发现不良反应，要立即停药，以防中毒。

3. 麻醉过程中，药量过大，出现呼吸、循环系统机能紊乱，如呼吸浅表、间歇，脉搏细弱而节律不齐，瞳孔散大等症状时，要及时抢救。可注射苯甲酸钠咖啡因、樟脑磺酸钠或苏醒灵等中枢兴奋剂。

4. 麻醉后，要注意护理。动物开始苏醒时，其头部常先抬起，护理员应注意保护，以防摔伤或致脑震荡。开始挣扎站立时，应及时扶持头颈并提尾抬起后躯，至自行保持站立为止，以免发生骨折等损伤。寒冷季节，当麻醉伴有出汗或体温下降时，应注意保温，防止动物发生感冒。

（黄东璋　王　健）

任务二　阉割技术

一、仔猪的阉割

（一）器材准备

酒精棉球、碘酊棉球、缝针、缝线、镊子、阉割刀或手术刀等。

（二）操作方法

1. 仔猪保定　左侧倒卧保定，术者右手提右后肢跖部，左手捏住右侧膝襞部将猪左侧卧于地面，背向术者，随即用左脚踩住猪颈部，右脚踩住猪的尾根。

2. 消毒　术部常规消毒。

3. 固定睾丸　术者左手腕部及手掌外缘将猪的右后肢压向前方紧贴腹壁，中指屈曲压在阴囊颈前部，同时用拇指及食指将睾丸固定在阴囊内，使阴囊皮肤紧张，将睾丸纵轴与阴囊纵缝平行固定。

4. 切开阴囊及总鞘膜　术者右手执刀，沿阴囊缝际的外侧 1～1.5cm 处（亦可沿缝际）平行切开阴囊皮肤及总鞘膜 2～3cm 显露并挤出睾丸。

5. 摘除睾丸　术者以左手握住睾丸，食指和拇指捏住阴囊韧带与睾丸连接部，剪断或用手撕断附睾韧带，并将韧带和总鞘膜推向腹壁，充分显露精索后，在睾丸上方 1～2cm 处捋断精索（亦可先捻转后捋断）并去除睾丸。然后再在阴囊缝际的另一侧重新切口（亦可在原切口内用刀尖切开阴囊中隔显露对侧睾丸）以同样方法摘除睾丸。阴囊创口涂碘酊消毒，切口可以不缝合。

（三）注意事项

1. 保定要确实、可靠，手脚配合好。
2. 切口部位要准确，止血要彻底。
3. 捋断精索时，要固定住精索的近心端，以防过度拉拽导致肠管脱出。

二、公鸡的去势

（一）器材准备

保定杆或木棍、扩创器、去势工具、缝针、缝线、镊子、酒精棉球、碘酊棉球等。

（二）操作方法

1. 保定　将公鸡的两翅交叉，两腿绑在保定杆或木棍上，左侧卧位，背向术者。

2. 术部定位　从髋关节向前引一水平线，与最后二肋之间的相交处，是切口中点。

3. 术部处理　去除切口及附近的羽毛，用冷水湿透周围羽毛，消毒切口。

4. 切开术部　用左手拇指按准切口，右手持刀沿左手拇指前缘与肋骨平行作长 2～

3cm 的切口。

5. 扩张切口　用扩创器扩开切口，调节扩创器到适当宽度。

6. 切开腹膜　用睾丸套尖锐的一端朝腹膜向上挑紧，用刀划破腹膜，同时分离腹部气囊壁。

7. 寻找与游离睾丸　左手执睾丸勺，将肠管向下向后拨开，即可看到右侧睾丸。用睾丸套尖端撕破被膜，使睾丸完全暴露于被膜之外。继之左手持睾丸勺将右侧睾丸附近的肠管向后拨开，即可见到与左侧睾丸相隔的二层薄膜。右手用镊子避开血管将薄膜捏紧，适当向上拉，左手用睾丸勺的尖端撕破薄膜，放下镊子，将左手的睾丸勺移交给右手，用睾丸勺将左侧睾丸向上翻起。

8. 摘除睾丸　左手持睾丸勺上棕丝的游离端，右手持勺端，自怀中向外转，绕过睾丸游离端的下面，套住睾丸根部；然后左右手交叉，上下均匀拉动棕丝，锯断睾丸。睾丸脱落后用托睾勺取出。

9. 切口处理　摘除睾丸后，取出扩创器，切口一般不缝，如果切口较长，用线缝 2～3 针。松开交扭的翅膀，解除保定，让其安静休息。

（三）注意事项

1. 切口部位必须准确。若切口过前，会切破肺脏，造成死亡；而切口偏后，可能伤及大腿肌肉，影响鸡的行走。

2. 摘除睾丸的动作要稳准、轻巧，以防引起大出血致死，同时避免将睾丸弄碎，如有残留或睾丸掉入腹腔未取出，都达不到阉割的目的。

3. 在伤口愈合前要勤加检查，如发现皮下有鼓气现象，用针刺破放气，如果伤口感染，要尽快处理创口，使其很快愈合。

三、成年母畜阉割

（一）器材准备

保定绳、阉割刀、酒精棉球、碘酊棉球、缝针、缝线等。

（二）操作方法

1. 保定　一般采用猪左侧卧，背向术者，术者用一只脚踩住颈部，助手拉住两后肢并用力牵伸上面的一只后腿。对体型较大的猪，可以将两前肢与下后肢用绳捆扎在一起，上后肢由助手向后牵引拉直并固定。

2. 术部定位　在右侧髋结节前下方 5～10cm 处，相当于肷部三角区中央，指压抵抗小的部位为好。

3. 手术方法　术部常规消毒，左手捏起膝前皱褶，使术部皮肤紧张，右手持刀将皮肤切开 3～5cm 的半月形切口，用左手食指垂直戳破腹壁肌肉及腹膜，若手指不易刺破时，可用刀柄与左手食指一起伸入切口，用刀柄先刺透腹壁后，再用食指将破孔扩大，并伸入腹腔，沿腹壁向背侧向前向后探查卵巢或子宫角。当食指端触及卵巢后，用食指指端置于卵巢与子宫角的卵巢固有韧带上，将此韧带压迫在腹壁上，并将卵巢移动至切口处，右手用大挑刀刀柄插入切口内，与左手食指协同钩取卵巢固有韧带，将卵巢牵拉出切口外，术者左手食指再次伸入切口内，中指、无名指屈曲下压腹壁，食指越过直肠下方进入对侧髋结节附近探查另一卵巢，同法取出对侧卵巢，两侧卵巢都导出切口后，用缝线结扎卵巢悬吊韧带后除去卵巢。腹壁创口用结节缝合法将皮肤、肌肉、腹膜全层一次缝合。体大的母猪可先缝合腹膜后，再将肌肉、皮肤一次结节缝合。创口涂碘酊消毒。

（三）注意事项

1. 缝合时不要损伤肠管，腹壁缝合要严密。

2. 当猪体较大，食指无法探查到对侧卵巢时，可由助手伸到猪体腹壁下面，将腹壁垫高，让对侧卵巢上移，与此同时，术者食指在腹腔内向切口处划动，卵巢和系膜随划动而移至指端，术者可趁机捕捉卵巢和系膜。

3. 两侧卵巢摘除后，术者应检查切口内肠管、网膜等脏器的情况，方可缝合切口。

四、成年公畜去势

（一）成年公猪去势

1. 器材准备 保定绳、木棍等保定工具；1%～2%来苏尔液、抗生素、75%酒精棉球、5%碘酊棉球、缝针、缝线、阉割刀或手术刀等。

2. 保定 地面或手术台上侧卧保定（多为右侧卧），用木棍压住猪的颈部，四蹄用短绳捆缚。

3. 消毒 用1%～2%来苏尔液擦洗阴囊后涂擦5%的碘酊，再用75%酒精脱碘。

4. 切开阴囊除去睾丸 用手握住阴囊颈部或用纱布条系住阴囊颈部固定睾丸，在阴囊底部缝际旁1～2cm处平行于缝际切开阴囊皮肤及总鞘膜露出睾丸，剪断鞘膜韧带并分离，露出精索，在睾丸上方2～3cm处结扎精索后，切断精索除去睾丸。以同样方法除去另一侧睾丸。精索断端涂擦碘酊，阴囊内撒入适量抗生素。切口较大的，缝合阴囊皮肤。

（二）成年公牛去势

1. 器材准备 保定工具、3%普鲁卡因溶液、1%～2%来苏尔液、抗生素、75%酒精棉球、5%碘酊棉球、缝针、缝线、去势钳或手术刀、注射器等。

2. 保定 常以右侧卧保定，站立保定也可，但要确实固定其两后肢及尾部。

3. 麻醉 用3%普鲁卡因溶液精索内神经传导麻醉。

4. 手术方法 常用有血阉割法和无血阉割法两种方法。

（1）有血阉割法

①切开阴囊　常用的方法是纵切法，其方法是术者左手紧握阴囊颈部，将睾丸挤向阴囊底部，右手持手术刀在阴囊中缝两侧，距中缝约2cm处由上而下与中缝平行切开两侧阴囊皮肤及总鞘膜，切口的下端应切至阴囊最底部。

②摘除睾丸　切开阴囊壁后，挤出睾丸，剪断鞘膜韧带后，结扎并切断精索，去除睾丸。阴囊创口内撒入适当抗生素，并对阴囊创口涂碘消毒。切口较大的，缝合阴囊皮肤。

（2）无血阉割法：由助手于阴囊颈部将一侧精索挤到阴囊的一侧固定，术者用无血去势钳在阴囊颈部夹住精索并迅速用力关闭钳柄，听到类似腱被切断的声音，继续钳压1min，再缓慢张开钳嘴。为确保精索被彻底挫断，可于第一次钳夹处下方2cm处再钳夹一次。按同法钳夹另一侧精索。最后术部皮肤涂布碘酊。

（三）成年公羊去势

1. 器材准备 3%普鲁卡因溶液、1%～2%来苏尔液、抗生素、75%酒精棉球、5%碘酊棉球、缝针、缝线、细胶管或橡皮筋、去势钳或手术刀、注射器等。

2. 保定　可用倒提法保定或侧卧保定法。

3. 手术方法　基本与成年公牛去势方法相同。有血阉割法，可用结扎法、挫切法及刮挦法。无血阉割法，除钳夹法外，常用细胶管紧扎阴囊颈部，以此阻断血流，达到睾丸自行脱落的目的。

（四）注意事项

1. 阴囊切口位置选择要适当，应使皮肤切口与总鞘膜切口一致，且阴囊切口处于最低位置，这样便于创液排出。

2. 对精索的结扎一定要切实，必要时可采取贯穿结扎。

3. 对切口较大的，要做适当缝合，以免感染。

（黄东璋　王　健）

项目五　实验室检验技术

为了你能出色地完成本项目各项典型工作任务，你应具备以下知识：

1. 常用器材的性能、用途、洗涤、干燥、包装和灭菌方法
2. 常用仪器设备的工作原理、使用方法和注意事项
3. 常用药品、试剂的性状、用途、配制方法和保存要求
4. 诊断用生物制品和易燃、易爆、腐蚀性、放射性物品和剧毒药品的性状、用途、保存要求
5. 检验样品采取的原则、方法、要求和样品处理方法
6. 检验样品包装、运送的知识及送检单的填写要求与注意事项
7. 实验室诊断检验报告管理制度
8. 细菌培养基的主要成分、制作方法和用途
9. 细菌的生长要求、培养方法、培养特性、形态特征
10. 细菌染色特性，染料的种类、性质和细菌涂片标本制作方法
11. 药敏试验原理、方法、注意事项、结果判定标准
12. 鸡胚构造及生理知识
13. 病毒鸡胚接种、孵育、培养方法和病变的特点
14. 常用血清学试验的原理、影响因素、用途、操作方法和结果判定标准
15. 畜禽解剖学知识和解剖检查方法
16. 健康动物血、粪、尿的性状和生理常数
17. 血、粪、尿常规检验原理和方法
18. 寄生虫在宿主寄生的部位和生活史
19. 寄生虫虫卵、幼虫、成虫的形态结构特征和检查方法

任务一　样品采集技术

一、血样采集

（一）采样前的准备工作

1. 器具及防护用品的准备　保定工具、保温箱或保温瓶、75%酒精棉球、5%碘酒棉球、无菌采血器或注射器、针头、无菌胶头吸管、离心管、自封袋、记号笔、标签纸、平皿、胶布、封口膜、封条、冰袋、口罩、乳胶手套、防护服、防护帽、胶靴等。

2. 器具的消毒　器皿用水洗净后，放于水中煮沸 10～15min，晾干备用。注射器和针

头置于水中煮沸30min。一般要求使用“一次性”采血器或注射器。

（二）采血

根据检验项目及采血量的多少，以及动物的特点，可以选用末梢采血、静脉采血和心脏采血等方法。

1. 末梢采血　适用于采血量少、血液不加抗凝剂而且直接在现场检验的项目。如血涂片、血红蛋白测定、血细胞计数等。

（1）采血部位：马、牛可在耳尖部；猪、羊、兔等在耳背边缘小静脉；鸡在冠或肉髯。

（2）操作步骤：先保定好动物，局部剪毛，用酒精消毒，充分干燥后，用消毒针头刺入约0.5cm或刺破小静脉，让血液自然流出。擦去第一滴血（因其混有组织液影响计数），用吸管直接吸取第二滴血做检验，但在血液寄生虫检查时，第一滴血的检出率较高。穿刺后，如血流停止，应重新穿刺，不可用力挤压。鸡血比其他家畜血更易凝固，吸血时操作要快速、敏捷。

2. 静脉采血　适用于采血量较多，或在现场不便检查的项目。如血沉测定、红细胞压积容量测定及全面的血常规检查等。除制备血清外，静脉血均应置于盛有抗凝剂的容器中，混匀后以备检查。

（1）采血部位：马、牛、羊在颈静脉采血；猪在耳静脉或前腔静脉采血；兔在耳静脉采血；禽在翅内静脉采血；犬、猫及肉食兽在四肢的静脉采血。

（2）颈静脉采血：保定动物，使其头部稍前伸并稍偏向对侧。在进针部位（颈静脉沟上1/3与中1/3交界处）剪毛消毒。采血者用左手拇指（或食指与中指）在采血部位稍下方（近心端）压迫静脉血管，使之充盈、怒张。右手持采血针头，沿颈静脉沟与皮肤呈45°角，迅速刺入皮肤及血管内，如见回血，即证明已刺入；使针头后端靠近皮肤，以减小其间的角度，近似平行地将针头再伸入血管内1～2cm。放开压迫脉管的左手，沿采血管壁导入血液，如需抗凝血，则用加有抗凝剂的容器收集血液，并轻轻晃动，以防血液凝固。采完后，以干棉球压迫局部并拔出针头，再以5%碘酊进行局部消毒。

（3）耳静脉采血：将动物站立或横卧保定，或用保定器具保定。耳静脉局部按常规消毒处理。助手用手指捏压耳根部静脉血管处，使静脉充盈、怒张（或用酒精棉反复局部涂擦以引起其充血）。术者用左手把持耳朵，将其托平并使采血部位稍高。右手持连接针头的采血器，沿静脉管使针头与皮肤呈30°～45°角，刺入皮肤及血管内，轻轻回抽针芯，如有回血即证明已刺入血管，再将针管放平并沿血管稍向前伸入，抽取血液。

（4）猪前腔静脉采血：使猪仰卧保定，把两前肢向后方拉直，同时将头向下压，使头颈伸展，充分暴露胸前窝。选取胸骨端与耳基部的连线上胸骨端旁开2cm的凹陷处，常规消毒。手执注射器刺入消毒部位，针尖斜向对侧后内方与地面呈60°角，向右侧或左侧胸前窝刺入2～4cm，当进入约2cm时可一边刺入一边回抽针管内芯，刺入血管时即可见血进入管内。采血完毕，拔出注射器，局部消毒。

（5）翅静脉采血：侧卧保定，展开翅膀，露出腋窝部，拔掉羽毛。翅静脉处常规消毒。拇指压迫近心端，待血管怒张后，用装有细针头的采血器或注射器，远心方向平行刺入静脉，放松对近心端的按压，缓慢抽取血液。采血完毕后用干棉球压迫采血处止血。

（6）注意事项：采血完毕后应做好止血工作，即用干棉球压迫采血部位止血，防止血流过多。使用酒精棉球压迫前要挤净酒精，防止酒精刺激引起流血过多。牛、水牛的皮肤较厚，颈静脉采血刺入时应用力并瞬时刺入，见有血液流出后，将针头送入采血管中即可。

3. 心脏采血 适用于家兔、家禽等个体较小的小动物。

（1）家禽心脏采血

①侧卧保定采血 助手抓住两翅及两腿，右侧卧保定，在胸骨脊前端至背部下凹处连线1/2处消毒，垂直刺入2～3cm，回血时，即可采血。

②仰卧保定采血 胸骨朝上，用手指压离嗉囊，露出胸前口，将针头沿其锁骨俯角刺入，顺着体中线方向水平穿行，直到刺入心脏。

③注意事项 切忌将针头刺入肺脏；顺着心脏跳动频率抽取，切忌抽血过快。

（2）家兔心脏采血：仰卧保定，用左手后4个手指按紧兔的右侧胸壁，拇指感触兔左侧胸壁心脏搏动最强处（剑状软骨左侧约在胸前由下向上数第三与第四肋骨间），局部剪毛消毒。右手持采血器由剑状软骨左侧呈30°～45°刺入心脏，当家兔略有颤动时，表明针头已穿入心脏，然后轻轻地抽取，如有回血即可抽血，如无回血，可将针头退回一些，重新插入，若有回血，则顺心脏压力缓慢抽取所需血量。

二、分泌物和渗出物的采集

（一）各种拭子的采集

1. 器材准备 无菌采样拭子、灭菌1.5ml离心管、记号笔、灭菌剪刀、生理盐水或保存液、采样手套等。

2. 家禽喉拭子和泄殖腔拭子采集 取无菌采样拭子，插入鸡喉头内或泄殖腔转动3圈，取出，插入上述离心管内，剪去露出部分，盖紧瓶盖，作好标记。24h内能及时检测的样品可冷藏保存，不能及时检测的样品应-20℃保存。

3. 鼻腔拭子、咽拭子采集 每个灭菌离心管中加入1ml样品保存液；用无菌采样拭子在鼻腔或咽喉转动至少3圈，采集鼻腔、咽喉的分泌物；蘸取分泌物后，立即将拭子浸入保存液中，剪去露出部分，盖紧离心管盖，作好标记，密封低温保存。

4. 阴道拭子、肛拭子采集 采集方法同鼻腔拭子、咽拭子采集方法。

5. 注意事项 采集样品时要注意人员的安全，动物保定要牢靠。

（二）粪便样品的采集

1. 器材准备 无菌采样拭子、灭菌试管、pH值为7.4的磷酸缓冲液、生理盐水、记号笔、乳胶手套、压舌板、采样手套等。

2. 用于病毒检验的粪便样品采集 少量采集时，以无菌采样拭子从直肠深处或泄殖腔黏膜上蘸取粪便，并立即投入灭菌的试管内密封，或在试管内加入少量磷酸缓冲液后密封；采集较多量的粪便时，可将动物肛门周围消毒后，用器械或用带上胶手套的手伸入直肠内取粪便，也可用压舌板插入直肠，轻轻用力下压，刺激排粪，收集粪便。所收集的粪便装入灭菌的容器内，经密封并贴上标签。样品采集后立即冷藏或冷冻保存。

3. 用于细菌检验的粪便样品采集 采样方法与供病毒检验的方法相同。但采集的样品最好是在动物使用抗菌药物之前的，从直肠或泄殖腔内采集新鲜粪便。粪便样品较少时，可投入生理盐水中；较多量的粪便则可装入灭菌容器内，贴上标签后冷藏保存。

4. 用于寄生虫检验的粪便样品采集 采样方法与供病毒检验的方法相同。应选新鲜的粪便或直接从直肠内采得，以保持虫体或虫体节片及虫卵的固有形态。一般寄生虫检验所用粪便量较多，需采取适量新鲜粪便，并应从粪便的内外各层采取。粪便样品以冷藏不冻结状态保存。

（三）脓汁及渗出液的采集

1. 器材准备 无菌采样拭子、灭菌注射器、记号笔、灭菌离心管、灭菌剪刀、采样手套等。

2. 采样 进行病原菌检验的样品，应在未用药物治疗前采取。采集已破口脓灶脓汁，宜用无菌采样拭子蘸取，置入灭菌离心管中，剪去露出部分，盖紧离心管盖，作好标记。密封低温保存。未破口脓灶，用灭菌注射器抽取脓汁，密封低温保存。

（四）乳汁的采集

1. 器材准备 新洁尔灭、毛巾、灭菌离心管（试管）、记号笔、采样手套等。

2. 消毒 将乳房和挤乳者的手用新洁尔灭等消毒，同时把乳房附近的毛刷湿。

3. 采样 先弃去最初所挤的3～4股乳汁，再采集10ml左右的乳汁于灭菌离心管（试管）。用作细菌检查的样品内不要混入消毒液，以免影响结果。

（五）水泡液、水泡皮样品的采集

1. 器材准备 50%甘油磷酸盐缓冲液、灭菌离心管（试管）、灭菌小瓶、灭菌剪刀、冷藏箱、冰袋、记号笔、采样手套等。

2. 水泡液样品采集 水泡部位可用清水清洗，切忌使用酒精、碘酒等消毒剂消毒、擦拭。用灭菌注射器采集水泡中的水泡液至少1ml，装入灭菌小瓶中（可加适量抗菌素），加盖密封；尽快冷冻保存。

3. 水泡皮样品的采集 用灭菌剪刀剪取新鲜水泡皮3～5g放入灭菌小瓶中，加2倍体积的50%甘油磷酸盐缓冲液（pH7.4），加盖密封；尽快冷冻保存。

三、组织脏器的采集

（一）器材准备

灭菌剪刀、30%甘油磷酸盐缓冲液、50%甘油磷酸盐缓冲液、10%饱和盐水溶液、10%福尔马林溶液、5%苯酚溶液或0.1%升汞溶液、灭菌试管或平皿、纱布等。

（二）皮肤的采集

病料直接采自病变部位，如病变皮肤的碎屑、未破裂水泡的水泡液、水泡皮等。取大小约10cm×10cm的皮肤一块，保存于30%甘油缓冲液、10%饱和盐水溶液或10%福尔马林溶液中。

（三）内脏的采集

将肺、肝、脾、肾等有病变的部位各采取1～2cm^{3}的小方块，分别置于灭菌试管或平皿中。

（四）骨的采集

需要完整的骨头标本时，应将附着的肌肉和韧带全部除去，表面撒上食盐，然后包于浸过5%苯酚溶液或0.1%升汞溶液的纱布或麻布中，装箱送检。

（张素丽　李茂平）

任务二　样品保存、包装与送检技术

一、样品保存

病料应保存在新鲜状态，以免病料送达实验室时已失去原来状态，影响正确诊断。

（一）常用的保存液

1. 病毒检验材料　一般用灭菌的50%甘油磷酸盐缓冲液或鸡蛋生理盐水。

2. 细菌检验材料　一般用灭菌的液体石蜡、30%甘油磷酸盐缓冲液或饱和氯化钠溶液。

3. 血清学检验材料　固体材料（小块肠、耳、脾、肝、肾及皮肤等）可用硼酸或食盐处理。液体材料如血清等可在每毫升中加入3%～5%苯酚溶液1～2滴。

4. 病理组织材料　用10%福尔马林液或95%～100%酒精等浸泡组织，其用量必须大于组织体积的16倍。如用10%福尔马林固定组织，经过24h应该重换新鲜液1次。

（二）几种保存液的配制法

1. 30%甘油磷酸盐缓冲液

纯中性甘油	30.0ml
氯化钠	0.5g
碱性磷酸钠	10g
0.02%酚红	1.5ml
中性纯化水加至	100.0ml

混合后置高压灭菌器中灭菌30min。

2. 50%甘油磷酸盐缓冲液

纯中性甘油	150.0ml
氯化钠	2.5g
酸性磷酸钠	0.46g
碱性磷酸钠	10.74g
中性纯化水加至	150.0ml

混合后分装，在高压灭菌器内灭菌30min。

3. 饱和食盐溶液

取一定量的纯化水加入纯氯化钠，不断搅拌至不能溶解为止（一般为38%～39%），然后用滤纸过滤。

4. 鸡蛋生理盐水溶液

先将新鲜鸡蛋的表面用碘酊消毒，然后打开将内容物倾入灭菌的三角瓶中，加灭菌生理盐水（占总量的10%）摇匀后，用灭菌纱布过滤，然后加热至56～58℃历时30min，第2d及第3d按上述方法再加热一次，即可使用。

（三）样品的贮存和保管

1. 应有适宜的样品贮存场所存放样品。微生物样品宜存放在阴凉干燥处，需要冷藏的样品应置冰箱中保存，并严格监护、记录存放的环境温、湿度。

2. 样品在传递、检验过程中应妥善保管，避免损坏和丢失，如有意外或丢失，应予以说明和追查责任。

3. 注意按留样管理规定和微生物稳定要求做好留样保管和环境监控记录。检测后的病料样品应保存六个月以上。

二、样品包装

所有样品都要贴上详细标签，采用双重容器包装，避免样品泄漏。盛装病料的容器装完病料后加盖并密封，在容器外壁贴上标签，注明病料的名称、采取日期。装在试管或广口瓶中的病料密封后装在冰瓶中运送，注意防止试管和容器倾倒。如需寄送，则用带螺口的瓶子装样品，并用胶带或石蜡封口。将装样品的并有识别标志的瓶子放到更大的具有坚实外壳的容器内，并垫上足够的缓冲材料。

制成的涂片、触片、玻片上注明号码，并另附说明。玻片两端用细木条分隔开，层层叠加，底层和最上一片，涂面向内，用细线包扎，再用纸包好，在保证不被压碎的条件下运送。

三、样品送检

（一）样品送检记录

送往实验室的样品的容器上要编号，并详细记录，认真填写送检单（表2－7）。送检单一式三份，一份存查，两份寄往检验单位，检验完备后退回一份。

表2－7　动物病料送检单

<table>
<tr><td>畜　主</td><td></td><td>地　址</td><td></td><td rowspan="2">检验单位</td><td rowspan="2"></td><td rowspan="2">材料收到日期</td><td rowspan="2"></td></tr>
<tr><td>病畜种类</td><td></td><td>发病日期</td><td></td></tr>
<tr><td>死亡时间</td><td></td><td>取材时间</td><td></td><td>检 验 人</td><td></td><td>结果通知日期</td><td></td></tr>
<tr><td>取 材 人</td><td></td><td>送检时间</td><td></td><td rowspan="3">微生物学检验</td><td rowspan="3" colspan="3"></td></tr>
<tr><td>免疫情况</td><td></td><td>送检单位</td><td></td></tr>
<tr><td>疫病流行简况</td><td colspan="3"></td></tr>
<tr><td>主要临床症状</td><td colspan="3"></td><td rowspan="2">血清学检验</td><td rowspan="2" colspan="3"></td></tr>
<tr><td>主要病理剖检变化</td><td colspan="3"></td></tr>
<tr><td>取材病例曾经何种治疗</td><td colspan="3"></td><td rowspan="2">病理组织学检验</td><td rowspan="2" colspan="3"></td></tr>
<tr><td>送检材料序号名称</td><td></td><td>处理方法或添加材料</td><td></td></tr>
<tr><td>送检目的</td><td colspan="3"></td><td>诊断和处理意见</td><td colspan="3"></td></tr>
</table>

（二）样品的送检

样品以最快最直接的途径安全、稳妥送往实验室。微生物检验用病料尽可能专人送检。如果样品能在采集后 24h 内送抵实验室，则可放在 4℃左右的容器中运送。只有在 24h 内不能将样品送往实验室并不致影响检验结果的情况下，才可把样品冷冻，并以此状态运送。根据试验需要决定送往实验室的样品是否放在保存液中运送。对于危险材料，怕热或怕冻的材料，应分别采取措施。一般微生物检验材料怕热，病理检验材料怕冻。

（张素丽　李茂平）

任务三　样品处理技术

一、样品检验前的处理

1. 实验准备时，脱去样品外包装，用适宜防水笔将样品唯一性标识转移到样品的最小包装或容器上，以防止检验过程中发生混淆。

2. 样品送入无菌室前，应用适宜消毒溶液对其外表面进行消毒处理、在物流中经紫外线照射 30min 后进入无菌室。

3. 检验中注意及时将样品的唯一性编号传递到每一步骤的容器上，保证实验结果的唯一性和正确性。

二、病理学检验样品的处理

作病理组织学检验的组织样品必须保证新鲜，采集包括病灶及临近正常组织的组织块，立即放入 10 倍于组织块体积的 95% 酒精或 10% 中性甲醛缓冲固定液内固定（40% 甲醛溶液 100ml，无水磷酸氢二钠 6.5g，磷酸二氢钾 4.0g，纯化水加至 1 000ml）。组织块厚度不超过 0.5cm，切成 1 ~ 2cm^2（检查狂犬病则需要较大的组织块）。组织块切忌挤压、刮摸和用水洗。如作冷冻切片用，则将组织块放在容器中，密封后加标签即可送实验室。若实验室不能在短期内检验，或不能在 2d 内送出，经 24h 固定后，最好更换一次固定液以保持固定效果。

三、细菌学检验样品的处理

（一）血液样品

不能及时检验的可置 4℃冰箱内作暂时保存，但时间不宜过久，以免溶血。

（二）组织样品

样品应新鲜，尽可能的减少污染。样品应立即冷藏送实验室，必要时也可以作暂时冻结送实验室，但冻结时间不宜过长。细菌分离的样品，首先以烧红的刀片烫烙脏器表面，在烧烙部位刺一孔，用灭菌后的铂耳伸入孔内，取少量组织或液体，作涂片镜检或划线接种于适宜的培养基上。

（三）粪便样品

在动物使用抗生素前采集新鲜的粪便。较少的粪便样品可投入无菌缓冲盐水或肉汤试管内；较多的粪便则可装入灭菌的容器内，贴上标签后冷藏送实验室。

四、病毒学检验样品的处理

（一）血液样品

必须是脱纤血或是抗凝血。抗凝剂可选择肝素或 EDTA，枸橼酸钠对病毒有微毒性，一般不宜采用。采得的血液经密封后贴上标签，以冷藏状态立即送实验室。必要时，可在血中按每毫升加入青霉素和链霉素各 500～1 000IU，以抑制血源性或采血中污染的细菌。

（二）组织样品

必须以无菌技术采集后立即密封，贴上标签，放入冷藏容器立即送实验室。如果途中时间较长，可作冻结状态运送。也可用50%的甘油磷酸盐缓冲液（pH 值为 7.2 的 Hank's 平衡盐溶液或 PBS 配制，每毫升含青霉素、链霉素各 1 000IU）保存。绝大多数病毒是不稳定的，样品一经采集要尽快冷藏。现场采集样品要尽快用冷藏瓶（加干冰或水冰）将样品送到实验室检验或置低温冰箱保存。如使用干冰应特别注意将样品严密封好，以防二氧化碳窜入样品，因为有的病毒对酸很敏感（如口蹄疫病毒）。如无法获得干冰或水冰，可用冷水加氯化铵按 3∶1 的比率倒入冷藏瓶中，溶解后将密封好的样品放入其中。不能得到及时检验的样品，一般要保存于 -70℃以下。一般忌放 -20℃（该温度对有些病毒活力有影响）。

（三）其他样品

粪便样品直接放入灭菌的容器内，经密封并贴上标签，立即冷藏或冷冻送实验室。

喉、鼻咽或直肠拭子放入灭菌管中，加入 2ml Hank's 平衡盐溶液（pH7.2），其中含蛋白稳定剂（0.5%的明胶或牛血清白蛋白）和青霉素、链霉素。

五、寄生虫学检验样品的处理

根据各种血液寄生虫的特点，取相应时机及部位的血制成血涂片，送实验室。采得的粪便以冷藏不冻结状态送实验室。

粪便样品应新鲜而未被污染。将采取的粪便装入清洁的容器内（采集用品最好一次性使用），尽快检查，若不能马上检查（超过 2h），应放在冷暗处或冰箱中保存（4℃），以便抑制虫卵的发育。当地不能检查而需送检时，或保存时间较长时，可将粪便浸入加温至 50～60℃的 5%～10%福尔马林液中，使粪便中的虫卵失去生活能力，起固定作用，又不改变形态，还可以防止微生物的繁殖。对含有血吸虫虫卵的粪便最好用福尔马林液或 70%～75%乙醇固定以防孵化。若需用 PCR 检测，要将粪便保存在 70%～75%乙醇中，而不能用福尔马林固定。

六、血清学检验样品的处理

用作血清学检验的血液不加抗凝剂或脱纤处理。空腹采血较好。采得的血贴上标签，室温静置待凝固后送实验室，并尽快将自然析出的血清或经离心分离出的血清吸出，按需要分装若干小瓶密封，再贴上标签冷藏保存备检或冷藏送检。在采血、运送、分离血清过程中，应避免溶血，以免影响检验结果。数天内检验的可在 4℃左右保存。

较长时间才能检验的，应冻结保存，但不能反复冻融，否则抗体效价下降。加入防腐剂时，不宜加入过量的液态量，以免血清被稀释。加入防腐剂的血清可置4℃下保存，但存放时间过长亦宜冻结保存。采集双份血清检测比较抗体效价变化的，第一份血清采于病的初期并作冻结保存，第二份血清采于第一份血清后3～4周，双份血清同时送实验室。

（张素丽　李茂平）

任务四　细菌检验技术

一、细菌的分离培养、移植及培养性状观察

（一）器材准备

电热恒温培养箱、CO_2培养箱培养、电热恒温水浴锅、试管架、接种环、酒精灯、灭菌刻度吸管、灭菌平皿、焦性没食子酸、连二亚硫酸钠、碳酸氢钠、10%氢氧化钠或氢氧化钾、凡士林、磨口标本缸或干燥器、蜡烛、0.5%溴麝香草酚蓝溶液、纯化水、生理盐水、普通肉汤、普通琼脂平板或鲜血琼脂平板、普通琼脂斜面或鲜血琼脂斜面、半固体培养基、肝片肉汤培养基、病料及细菌培养物、标签纸或记号笔等。

（二）细菌分离培养

1. 平板划线分离法　将病料或细菌培养物在琼脂平板上连续划线，以期获得独立的单个菌落，便于进行菌落性状的观察，对分离的细菌做出初步的鉴定。本法适用于含菌较多的样品，如粪便、脓汁等。具体操作步骤如下：

（1）接种前灭菌：右手持接种环于酒精灯上烧灼灭菌，待冷。

（2）取样：无菌操作取病料。若为液体病料，可直接用灭菌的接种环取病料一环；若为粪便，则取新鲜粪便的中心部分，用灭菌生理盐水稀释后，取其上清液一环；若为病变组织，可用烧红的刀片在病料表面烧烙灭菌并切开一小口，然后用灭菌接种环从切口部位伸到组织中取内部病料。

（3）打开培养皿：左手持平皿，用拇指、食指及中指将平皿盖打开，开口对着酒精灯火焰，打开角度大小以能顺利划线为宜，但以角度小为佳，以免空气中细菌污染培养基。

（4）接种：接种环伸入平皿，将取得的材料涂于培养基边缘，为防止出现菌苔，接种环上多余的材料可在火焰上烧掉。然后自涂抹处成30°～40°角，在平板表面按图2－62所示进行分区划线或连续划线。

（5）接种后灭菌：划线完毕，烧灼接种环，将培养皿盖好，倒置。

（6）标识：用记号笔在培养皿底部注明被检材料、接种人及接种日期。

（7）培养观察：倒置37℃恒温箱中培养18～24h后观察结果。

（8）注意事项：在整个操作过程中应严格执行无菌操作。划线时应注意防止划破培养基，划线中不宜过多地重复旧线，以免形成菌苔。

2. 倾注分离法　将液体被检材料或稀释后的被检材料与冷却至50℃左右的琼脂培养基直接混合，培养后观察细菌的生长情况。本法适用于检查病畜血液、尿液、牛奶及饮水

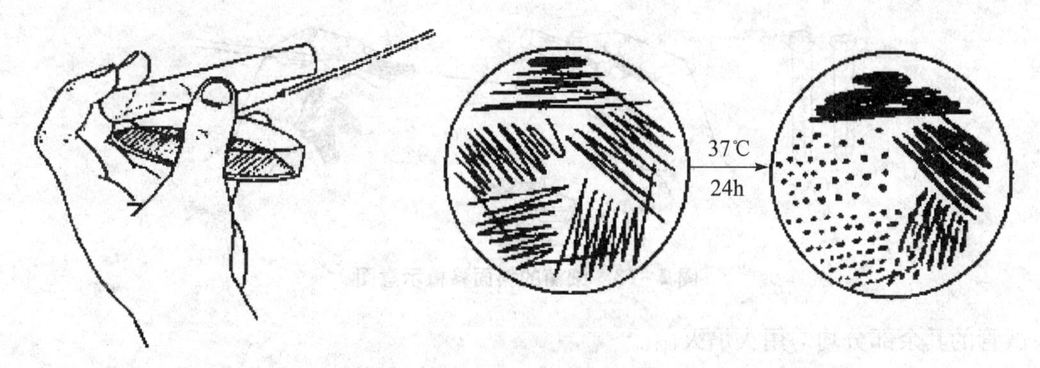

图2－62　平板划线分离法操作及结果

中的活菌数。

（1）样品稀释：称取样品10g，放入90ml生理盐水（或普通肉汤培养基）中，振荡15～20min使细菌分散，即成10－1的悬液。另取盛有9ml无菌生理盐水的试管，用无菌吸管吸取10－1悬液1ml，加入试管中，吹吸三次，使之混合均匀，即成10－2悬液。同法依次分别稀释成10－3、10－4、10－5等一系列稀释度的菌悬液。

（2）样品接种：根据样品中菌数的多少，选择三个稀释度，分别用灭菌的吸管吸取各稀释度的检样1ml加入到无菌平皿中，并编上对应的号码，每个稀释度接种两个无菌平皿。

（3）平板制作：取充分溶化后冷却至50℃左右的琼脂培养基分别倾入各平皿内，摇匀，平放，待其凝固后倒置。

（4）培养观察：将制好的平板倒置37℃恒温箱中培养，18～24h后观察细菌的生长情况，统计培养基上生长的菌落数，乘以稀释倍数，即为每毫升待检材料中的活菌数。

3. 细菌的增菌分离培养　本法适用于含菌较少的病料。当被检病料中含菌很少时，为增加分离培养成功的机会，先进行增菌培养，然后取培养液做划线分离培养。方法是用灭菌的接种环钩取病料接种于普通肉汤中，置37℃恒温箱中培养24～48h，观察培养结果。

4. 细菌的纯培养　钩取平板培养基上孤立生长的一个菌落或菌种管中的菌苔，移种到另一培养基中，长出的细菌为纯种。本法适用于纯化细菌和移种纯菌，使其增殖后进行鉴定或保存菌种。

（三）细菌的移植

1. 斜面移植　是用灭菌的接种环从已生长好的斜面上挑取少量的菌种移置于另一支新鲜培养基斜面上的一种接种方法（图2－63）。

（1）标识：接种前在斜面试管上贴上标签，注明菌名、接种日期、接种人姓名等。标签应贴在试管培养基斜面正上方，离管口约3～4cm处。

（2）点燃酒精灯：把酒精灯点燃。

（3）手持试管：将菌种和待接种斜面的两支试管用大拇指和其他四指握在左手中（菌种管在前），使中指位于两试管之间部位。斜面向上，并使它们位于水平位置。

（4）松塞：先用右手将棉塞旋松，便于接种时拔出。

（5）接种环灭菌：右手如执笔姿势拿着接种环，先将环端在火焰上烧灼灭菌，再将进

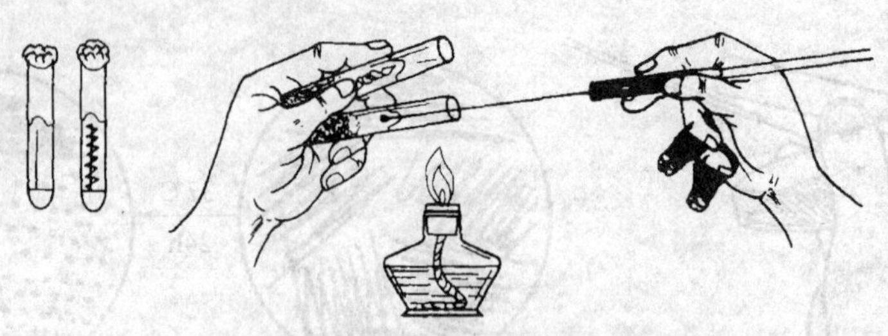

图2-63　细菌的斜面移植示意图

入试管的其余部分均匀用火焰灭菌。

（6）拔塞：用右手的无名指、小指和手掌边先后拔出菌种管和待接种管的棉塞。

（7）管口灭菌：拔出棉塞后将试管口通过酒精灯火焰灭菌。

（8）取菌种：将灭菌的接种环伸入菌种管，先使接种环接触培养基无菌部分使其冷却，待接种环冷却后轻轻钓取少量细菌。

（9）接种：将从菌种管取出的细菌迅速移入到另一支待接试管斜面上。从斜面培养基的底部向上部作“Z”形连续划线。也可以在斜面培养基的中央划一条直线作斜面接种，以便观察菌种的生长特点。

（10）灭菌：取出接种环，将接种环和试管口在酒精灯火焰上烧灼灭菌。

（11）塞棉塞：在火焰旁将棉塞塞上。

（12）培养观察：将接种管置试管架上放在37℃下培养18～24h后观察生长性状。

2. 液体接种技术　多用于普通肉汤、蛋白胨水、糖发酵管等液体培养基的接种。

用灭菌的接种环挑取菌落（或菌液），倾斜液体培养基管，先在液面与管壁交界处摩擦接种物（以试管直立后液体能淹没接种物为准），然后再在液体中摆动2～3次接种环，塞好棉塞后轻轻混合即可（图2-64）。

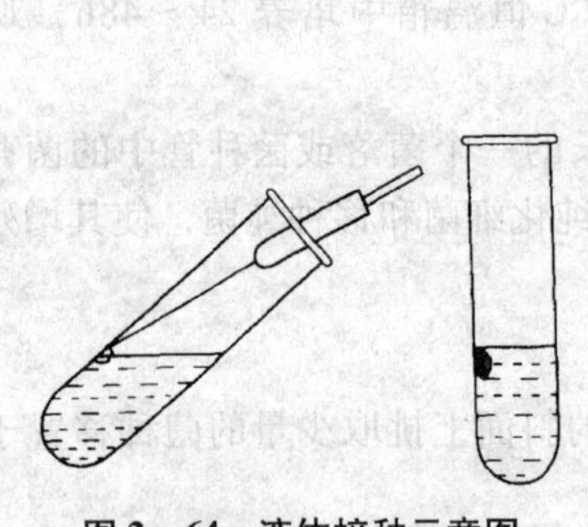

图2-64　液体接种示意图

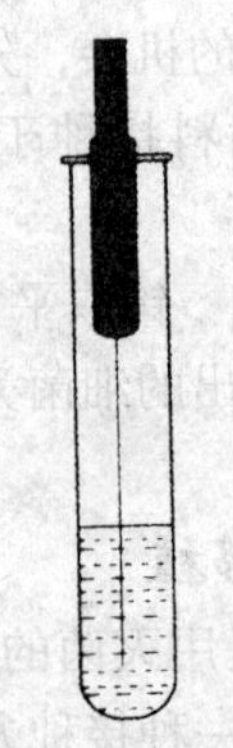

图2-65　穿刺接种示意图

3. 穿刺接种技术　多用于半固体、双糖、明胶等具有高层的培养基进行接种。可用以暂时保存菌种、观察细菌运动力及某些生化反应特性。

方法是用灭菌的接种针挑取菌落或培养物后，由培养基中央垂直刺入至距管底约0.3～0.5cm处，然后沿穿刺线退出接种针（图2-65），塞上棉塞，再将接种针灼烧灭菌。如为双糖等含高层斜面的培养基则只穿刺高层部分，退出接种针后直接划曲线接种斜面部分。穿刺时要做到手稳，动作小、轻巧而迅速。

（四）厌氧菌培养

1. 肝片肉汤培养基培养法

（1）培养前将肝片肉汤培养基煮沸10min，迅速放入冷水中冷却以排除其中的空气。

（2）倾斜肝片肉汤培养基试管，使表面的液体石蜡与管壁分离，然后用灭菌的接种环钩取菌落从石蜡缝隙插入培养基中，接种完毕后直立试管，在其表面徐徐加入一层灭菌的液体石蜡，以杜绝空气进入。置恒温箱中培养。

2. 焦性没食子酸培养法　取大试管或磨口瓶一个，在底部先垫上玻璃珠或铁丝弹簧圈，然后按每升容积加入焦性没食子酸1g和10%氢氧化钠或氢氧化钾溶液10ml，再盖上有孔隔板，将已接种的培养基放入其内，用凡士林或石蜡封口（图2-66），置于恒温箱中培养48h后观察结果。

3. 厌氧罐培养法　取磨口玻璃缸一个，计算体积，在磨口边缘涂上凡士林，按每升容积加入连二亚硫酸钠和无水碳酸钠各4g计算，向缸底加入两种研细并混匀的药品，其上用棉花覆盖，然后将已接种的培养基置于棉垫上，密封缸口后置于恒温箱中培养（图2-67）。

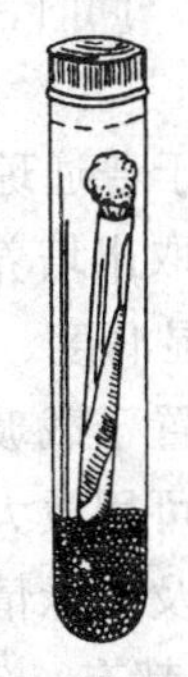

图2-66　焦性没食子酸厌氧培养法

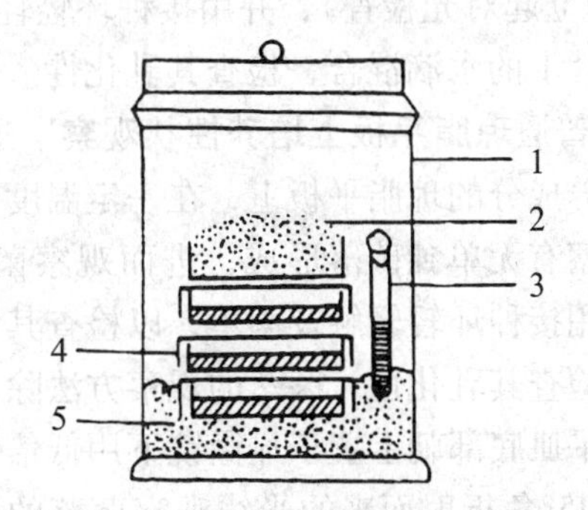

图2-67　连二亚硫酸钠厌氧培养法

1. 培养缸　2. 连二亚硫酸钠和碳酸钠混合物　3. 指示剂管　4. 接种培养基　5. 棉花垫

（五）二氧化碳培养

有些细菌如鸡嗜血杆菌、弯曲杆菌、牛布氏杆菌等需在含5%～10% CO_2 的气体条件下才能生长，尤其是初次分离培养要求更加严格。

1. CO_2 培养箱培养　将已经接种的培养基直接放入 CO_2 培养箱内培养，按需要调节箱内的 CO_2 浓度。

2. 烛缸法　将已经接种的培养基放置于容量为2 000ml的磨口标本缸或干燥器内，并点燃一支蜡烛直立于缸中，烛火需距缸口10cm左右，缸盖和缸口涂以凡士林，密封缸盖。蜡烛燃烧消耗缸中氧气，当缸中氧气减少，蜡烛自行熄灭时，缸内约含 CO_2 5%～10%，随后连同容器一并置37℃的温箱中培养（图2-68）。

3. 化学法　根据培养细菌用容器的大小，按每0.84g $NaHCO_3$ 与10ml 3.3% H_2SO_4 混合后，可产生224ml CO_2 的比例将化学药品置入容器内反应，使培养缸内 CO_2 的浓度达10%。为测定缸内 CO_2 的含量，在硫酸与碳酸氢钠混合之前，缸内放一支盛有1ml指示剂（$NaHCO_3$ 0.1g，0.5%溴麝香草酚蓝溶液2ml，纯化水100ml）的小试管，在 CO_2 产生后1h左右观察结果。缸内无 CO_2 时为蓝色，5% CO_2 时为蓝绿色，10% CO_2 时为绿色，15% CO_2

图 2－68　二氧化碳培养法—烛缸法

时为黄绿色，20% CO_2 时为黄色。

（六）细菌培养性状观察

将细菌的纯培养物接种在一系列培养基上，病原性细菌放于37℃温箱中，培养24～48h或更长一些时间，观察纯培养细菌在各种培养基上的生长表现。

观察菌落时，先用肉眼观察单个菌落形状、大小（用尺在平皿底部测量）、颜色、湿润度、隆起度（稍揭开平皿盖，将平皿放于同观察者视线平行的前方观察）及透明度（将平皿立起对光检查），并用接种环轻轻触及菌落，以检查其质度。同时，挑取少量菌落与载玻片上的水滴混合，检查其乳化性。

1. 普通琼脂平板上培养性状观察　通常将纯培养物划线接种于普通琼脂平板或含有特殊营养成分的琼脂平板上，在一定温度下，经一定时间培养后，取出培养物检查，先以肉眼观察有无单独菌落形成，进而观察菌落的形状大小、颜色、湿润度、隆起度及透明度，并用接种环轻轻触及菌落，以检查其质度。挑出培养物少许，置于载玻片上的水滴中研涂，检查其乳化性。菌落的观察方法除了直接用肉眼观察外，也可用放大镜观察，必要时可将平皿底部朝上置于显微镜下用低倍镜观察菌落的表面、构造及边缘情况，同时用以光源成45°角折射而来的光线观察菌落的荧光性。不同细菌的菌落都有一定的形态特征，据此可在一定程度上鉴别细菌（图2－69）。

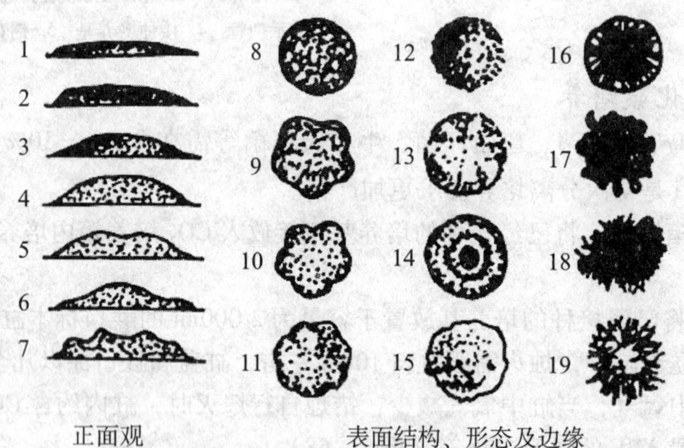

图 2－69　细菌菌落特征

正面观察：1. 扁平　2. 隆起　3. 低凸起　4. 高凸起　5. 脐状　6. 草帽状　7. 乳头状

上面观察：8. 圆形、边缘完整　9. 不规则、边缘波浪状　10. 不规则、颗粒状、边缘叶状　11. 规则、放射状、边缘叶状　12. 规则、边缘扇边形　13. 规则、边缘齿状　14. 规则、有同心环、边缘完整　15. 不规则、毛毯状　16. 规则、菌丝状　17. 不规则、卷发状、边缘波状　18. 不规则、呈丝状　19. 不规则、根状

2. 鲜血琼脂平板上培养性状观察　将纯培养菌划线接种在鲜血琼脂平板表面，经培养24~48h后，用肉眼进行观察，主要观察细菌有无溶血现象及菌落性状。

（1）溶血现象观察：如果在菌落周围有1~2mm宽的绿色不完全溶血环，镜下可见溶血环内有未溶解的红细胞，称为α型溶血或甲型溶血、绿色溶血；如果在菌落周围有2~4mm宽的完全透明溶血环，则称为β型溶血或乙型溶血、完全溶血；不溶血者称为γ型溶血或丙型溶血。描述结果时，应注明制造培养基使用的何种动物的血液。

（2）菌落特征观察：同琼脂平板表面上菌落特征检查法。

3. 液体培养基中培养性状观察　将纯培养菌接种于普通或含有特殊营养物质的肉汤或其他液体培养基中，37℃温箱中培养24h，用肉眼观察细菌的生长量、培养物的混浊度、表面生长情况、沉淀物有无等（图2-70）。然后，用手指轻轻弹动或拨动试管底部，使沉淀物缓缓浮起，以检查沉淀物的性状，拔去试管棉塞，置管口于鼻孔近处，闻其有无气味。主要观察内容如下：

（1）生长量：无生长、贫瘠、中等、丰盛。

（2）混浊度：一般有不混浊、轻度混浊、中等混浊和高度混浊等，混浊情况有全管均匀混浊、颗粒状混浊和絮状混浊等。

（3）沉淀：观察沉淀的有无、多少，沉淀物的性状（粉末状、颗粒状、絮状、膜样或黏液状），振摇后是否散开。另外，液体培养基中的细菌如放置时间过长，由于重力的作用也会下沉，出现点状沉淀物，应与细菌的沉淀生长现象相区别。

（4）表面情况：有无菌膜、菌环，菌膜的厚度（薄膜、厚膜），菌膜的表面情况（光滑、粗糙或颗粒状）。菌膜多见于需氧菌，因细菌生长时需要氧气，而集中生长在液体培养基的表面，形成肉眼可见的膜状物。

（5）颜色和气味：有或无。

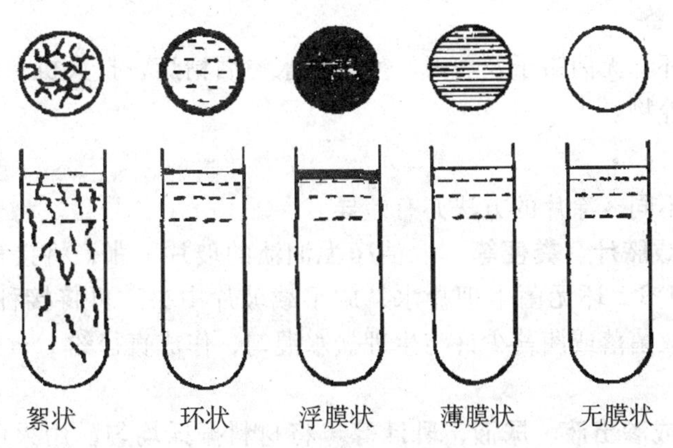

图2-70　细菌在液体培养基中的培养性状

4. 疱肉液体培养基中培养性状观察　只适于厌氧菌，将厌氧菌接种于疱肉培养基中。给予一定的条件，培养一定的时间后，肉眼观察培养物的混浊度、管底沉淀物、疱肉碎块的颜色及疱肉碎块被消化情况等变化。

5. 琼脂斜面上的培养性状观察　将纯培养菌划线接种在琼脂斜面上，37℃培养24~48h，观察其生长表现。斜面上细菌常因接种量大而形成菌苔，主要观察菌苔的厚薄、湿润度、边缘形状、生长好坏、色泽等。生长量描述：生长茂盛、贫瘠、不良等。

6. 半固体培养基中的培养性状观察 将纯培养菌垂直穿刺接种于半固体培养基，37℃培养24h观察。有鞭毛能运动的细菌可沿穿刺线向四周生长，穿刺线周围培养基变混浊。不运动的细菌则沿穿刺线生长。

7. 明胶穿刺培养基中的培养性状观察 以接种针挑取纯培养菌，于明胶培养基表面的中心垂直地穿刺到培养基的底部，在20℃以下温度中培养，逐日观察有无细菌生长（一般观察7d），如有生长，是上下一致生长，还是上部或下部生长好，生长物是线状、串珠状或分枝状，培养基是否由固体变为液体状态，如果液化，应注意液化的形状及液化作用开始发生的时间（图2-71）。可参考以下术语描述：杯状、漏斗状、囊状、萝卜状、层状等。

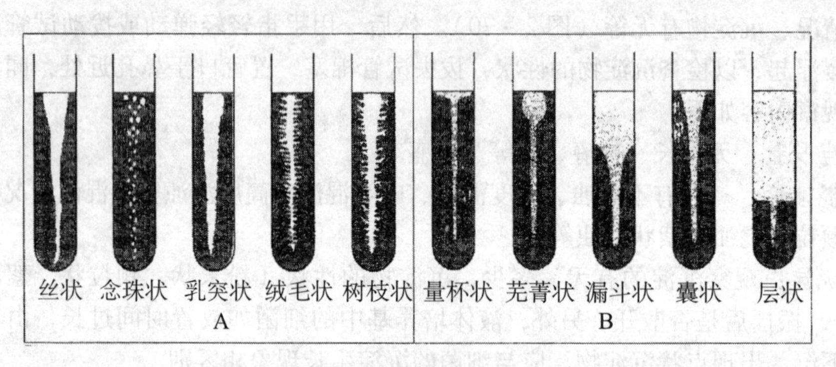

图2-71 明胶穿刺培养性状

A. 明胶穿刺生长形状 B. 明胶液化形状

二、细菌标本片制作

（一）器材准备

载玻片、接种环、无菌镊子及剪刀、生理盐水、酒精灯、打火机、记号笔、病料、细菌的液体及固体培养物。

（二）涂片

根据所用材料不同，涂片的方法亦有差异。

1. 固体培养物或脓汁、粪便等 取洁净无油渍的玻片一张，将接种环在酒精灯火焰上烧灼灭菌后，取1～2环无菌生理盐水，放于载玻片中央，再将接种环灭菌、冷却后，从固体培养基上钩取菌落或菌苔少许与生理盐水混匀，作成直径约1cm的涂面。接种环用后需灭菌才能放下。

2. 液体培养物或渗出液、尿液、乳汁等 将材料振摇均匀，用灭菌接种环蘸取材料1～2环，在玻片的中央作直径约1cm的涂面。

3. 组织脏器 无菌操作取被检组织一小块，用无菌刀片或无菌剪子切一新鲜切面，在玻片上做数个压印或涂抹成适当大小的一薄层。

（三）干燥

将抹片置于空气中自然干燥，必要时用电吹风机吹干。

（四）固定

固定的主要目的是使菌体蛋白质凝固，形态固定，易于着色，并且经固定的菌体牢固黏附在玻片上，水洗时不易冲掉。通过固定也能杀死部分细菌。常用的方法有火焰固定和化学固定两种。

1. 火焰固定　将干燥好的涂片涂面向上，在火焰上以钟摆的速度来回通过3～4次，以手背触及玻片微烫手为宜。如采用火焰固定，可与干燥一起进行。

2. 化学固定　在涂片上滴加甲醇使其作用2～3min后自然挥发干燥，或将干燥好的玻片浸入甲醇中固定2～3min后取出晾干。

（五）注意事项

1. 严格注意无菌操作。

2. 制作的细菌涂片应薄而匀，不能太厚，要求制好的涂片干燥后放在书上能看到下面的文字，否则不利于染色和观察。

3. 火焰固定时切勿紧靠火焰，以免温度过高造成菌体结构破坏。

4. 标本片固定必须确实，以免水洗过程中菌膜被冲掉。

三、细菌标本片染色与镜检

细菌个体微小，用显微镜直接进行观察通常显示不清。为了更好的显示细菌的形态排列和结构组成等特点，常先将细菌标本制片后进行染色，以便用普通光学显微镜能清楚地看到细菌形态。

（一）器材准备

普通光学显微镜、染色缸（架）、塑料洗瓶、美蓝染色液、草酸铵结晶紫染色液、革兰氏碘液、95%乙醇、沙黄或苯酚染色液、生理盐水、瑞氏染色液、姬姆萨染色液、吸水纸、香柏油、二甲苯、擦镜纸、打火机。

（二）染色

常用的细菌染色方法包括单染色法和复染色法。单染色法即用一种染色液使菌体着色，如美蓝染色法或复红染色法。复染色法就是用两种或两种以上的染色液先后染色，染色后除可显示细菌的形态学特征外，还可将不同种类的细菌或同一细菌的不同结构呈现不同的颜色，以便于观察鉴别，故又称为鉴别染色法，如革兰氏染色法、抗酸染色法等。此外，还有细菌特殊结构的染色法，如荚膜染色法、鞭毛染色法、芽胞染色法等。

1. 美蓝染色法

（1）染色：在已固定好的涂片上滴加适量的美蓝染色液，覆盖细菌涂面，染色1～2min。

（2）水洗：用塑料洗瓶将染料洗去，至洗下的水没有颜色为止。注意不要使水流直接冲至涂面处。

（3）干燥：在空气中自然干燥；或将标本压于两层吸水纸中间充分吸干，但不可摩擦；也可用电吹风机干燥。

（4）镜检：滴加香柏油，用油镜检查。

（5）结果：细菌呈蓝色。

2. 革兰氏染色

（1）初染：在固定好的涂片上滴加草酸铵结晶紫染色液，染色1～2min，水洗。

（2）媒染：滴加革兰氏碘液染于涂片上，媒（助）染1～2min，水洗。

（3）脱色：在95%乙醇脱色缸内脱色0.5～1min或滴加95%乙醇2～3滴于涂片上，频频摇晃3～5s后，倾去酒精，再滴加酒精，如此反复2～5次，直至流下的酒精无色或稍呈浅紫色为止。脱色时间的长短，与涂片厚薄有关。水洗。

（4）复染：用苯酚复红液或沙黄染液复染0.5min，水洗。

（5）干燥：在空气中自然干燥；或将标本压于两层吸水纸中间充分吸干，但不可摩擦；也可用电吹风机干燥。

（6）镜检：滴加香柏油，用油镜检查。

（7）结果：染成蓝色或蓝紫色的细菌为革兰氏阳性菌；染成红色的细菌为革兰氏阴性菌。

3. 瑞氏染色法　因瑞氏染色液中含有甲醇，细菌涂片自然干燥后不需另行固定，可直接染色。

在干燥的涂片上滴加瑞氏染色液，经1～3min后，再滴加与染色液等量的磷酸缓冲液或中性纯化水于玻片上，轻轻摇晃或用口吹气使其与染色液混和均匀，经3～5min，待表面显金属光泽，水洗，干燥后镜检。结果菌体呈蓝色，组织细胞的胞浆呈红色，细胞核呈蓝色。

4. 姬姆萨染色法　涂片经甲醇固定3～5min并自然干燥后，滴加足量的姬姆萨染色或将涂片浸入盛有染色液的染色缸中，染色30min，或者数小时至24h，水洗，干燥后镜检。结果细菌呈蓝青色，组织细胞浆呈红色，细胞核呈蓝色。

四、细菌药敏试验

各种病原菌对抗菌药物的敏感性不同，细菌的药物敏感性试验用于测定细菌对不同抗菌药物的敏感程度，或测定某种药物的抑菌或杀菌浓度，为临床用药或新的抗菌药物的筛选提供依据。药物敏感试验的方法很多，普遍使用的是纸片扩散法。将含药纸片置于接种待检菌的固体培养基上，抗菌药物通过向培养基内的扩散，抑制敏感细菌的生长，从而出现抑菌环。由于药物扩散的距离越远，达到该距离的药物浓度越低，由此可根据抑菌环的大小，判定细菌对药物的敏感度。目前常用抗生素药敏试纸片均有现成的商品出售，可选购使用。

（一）器材准备

电热恒温培养箱、眼科镊子、无菌棉拭子、硫酸钡标准管（取1%～1.5%氯化钡0.5ml，加1%硫酸溶液99.5ml，充分混匀即成，用前充分振荡）、酒精灯、生理盐水、肉汤培养基、普通琼脂平板或鲜血琼脂平板、常用抗生素药敏试纸片、卡尺等。

（二）操作方法

1. 制备接种菌液　应用临床标本中分离的细菌做药敏试验时，应挑取已分离纯化的菌落4～5个制备菌悬液。其方法是挑选琼脂平板上形态相同的菌落移种于水解酪蛋白液体培养基中，置37℃水浴箱中孵育4h，校正浊度。以有黑字的白纸为背景，调整浊度与比浊管相同。用此法来制备接种菌液适用于任何细菌。

2. 接种平板　制备好的接种菌液必须在15min内使用。用灭菌的棉拭子蘸取菌液，在管壁上旋转挤压几次，以去掉过多的菌液。然后用拭子涂布整个培养基表面，反复几次，每次将平板旋转60°，最后沿平皿周边绕两圈，保证涂布均匀。

3. 贴药敏试纸片　待平板上的水分被琼脂完全吸收后开始贴纸片。用镊子夹取纸片一张，贴在琼脂平板表面，轻压，使其贴平。纸片一旦贴上就不能再拿起，因为纸片中的药物已扩散到琼脂中。纸片间距离不小于24mm，纸片中心距平皿边缘不小于15mm。直径为90mm的平板最好贴6张。贴好纸片后，须在15min内置37℃培养箱内培养。

4. 培养　平板需在37℃培养箱内单独摆放，堆叠放置时不应超过两个，否则中间的平板达不到培养箱温度而产生预扩散作用。平板培养16～18h后，读取结果。

5. 结果判定　培养后取出平板，测量抑菌圈的直径。按抑菌圈直径判断细菌的敏感性，根据表2－8提供的解释标准，报告结果必须明确中介的含义，以示区别。

表2－8　抑菌环解释标准及相应的MIC

抗生素	纸片含量（μg/片）	抑菌环直径解释标准（mm）耐药	中介	敏感	相应MIC（μg/ml）耐药	敏感
β-内酰胺/β-内酰胺酶抑制剂复合抗生素						
阿莫西林/克拉维酸						
葡萄球菌	20/10	≤19	—	≥20	≥8/4	≤4/2
其他菌	20/10	≤13	14～17	≥18	≥16/8	≤8/4
氨苄西林/舒巴坦						
肠杆菌科，葡萄球菌	10/10	≤11	12～14	≥15	≥32/16	≤64/4
哌拉西林/他唑巴坦						
假单胞菌属	100/10	≤17	—	≥18	≥128/4	≤64/4
其他革兰阴性杆菌	100/10	≤17	18～20	≥21	≥128/4	≤64/4
葡萄球菌	100/10	≤17	—	≥18	≥16/2	≤8/2
替卡西林/克拉维酸						
单假胞菌属	75/10	≤14	—	≥15	≥128/2	≤64/2
其他革兰阴性杆菌	75/10	≤14	15～19	≥20	≥128/2	≤64/2
葡萄球菌	75/10	≤22	—	≥23	≥16/2	≤8/2
头孢菌素类及其他头孢类						
头孢克罗	30	≤14	15～17	≥18	≥32	≤8
头孢孟多	30	≤14	15～17	≥18	≥32	≤8
头孢唑啉	30	≤14	15～17	≥18	≥32	≤8
头孢匹罗	30	≤14	15～17	≥18	≥32	≤8
头孢他美	10	≤14	15～17	≥18	≥16	≤4
头孢克肟	5	≤15	16～18	≥19	≥4	≤1
头孢美唑	30	≤12	13～15	≥16	≥64	≤16
头孢羟苄磺胺	30	≤14	15～17	≥18	≥32	≤8
头孢哌酮	75	≤15	16～20	≥21	≥64	≤16
头孢替坦	30	≤12	13～15	≥16	≥64	≤16
头孢西丁	30	≤14	15～17	≥18	≥32	≤8
头孢泊肟丙酰氧乙酯	10	≤17	18～20	≥21	≥8	≤2
头孢泊肟	30	≤14	15～17	≥18	≥32	≤8
头孢他啶	30	≤14	15～17	≥18	≥32	≤8
头孢布坦	30	≤17	18～20	≥21	≥32	≤8
头孢唑肟	30	≤14	15～19	≥20	≥32	≤8
头孢曲松	30	≤13	14～20	≥21	≥64	≤8
头孢呋辛酯	30	≤14	15～22	≥23	≥32	≤4

（续表）

抗生素	纸片含量（μg/片）	抑菌环直径解释标准（mm）			相应 MIC（μg/ml）	
		耐药	中介	敏感	耐药	敏感
头孢呋辛	30	≤14	15～17	≥18	≥32	≤8
头抱噻吩	30	≤14	15～17	≥18	≥32	≤8
其他 β-内酰胺类						
亚胺硫霉素	10	≤13	14～15	≥16	≥16	≤4
氨曲南	35	≤15	16～21	≥22	≥32	≤8
多肽类						
替考拉宁	30	≤10	11～13	≥14	≥32	≤4
万古霉素						
肠球菌	30	≤14	15～16	≥17	≥32	≤8
其他革兰阳性杆菌	30	≤9	10～11	≥12	≥32	≤4
青霉素类						
氨苄西林						
肠杆菌	10	≤13	14～16	≥17	≥32	≤8
葡萄球菌	10	≤28	—	≥29		≤0.25
肠球菌	10	≤16	—	≥17	≥16	—
链球菌（除肺炎链球菌外）	10	≤21	22～29	≥30	≥4	≤0.12
产单核细胞李氏杆菌	10	≤19	—	≥20	≥4	≤2
阿洛西林						
假单胞菌属	75	≤17	—	≥18	≥128	≤64
羧苄西林						
假单胞菌属	100	≤13	14～16	≥17	≥512	≤128
其他革兰阴性杆菌	100	≤19	20～22	≥23	≥64	≤16
甲氨西林						
葡萄球菌	5	≤9	10～13	≥14	≥16	≤8
美洛西林						
假单胞菌属	75	≤15	—	≥16	≥128	≤64
其他革兰阴性杆菌	75	≤17	18～20	≥21	≥128	≤15
苯唑西林/萘夫西林						
葡萄球菌	1	≤10	11～12	≥13	≥4	≤2
青霉素 G						
葡萄球菌	10IU	≤28	—	≥29		≤0.1
肠球菌	10IU	≤14	—	≥15	≥16	—
链球菌（肺炎链球菌除外）	10IU	≤19	20～27	≥28	≥4	≤0.12
李氏杆菌	10IU	≤19	—	≥20	≥4	≤2
哌拉西林						
假单胞菌属	100	≤17	—	≥18	≥128	≤64
其他革兰阴性杆菌	100	≤17	18～20	≥21	≥128	≤16
氨基糖苷类						
阿米卡星	30	≤14	15～16	≥17	≥32	≤16
庆大霉素						
肠球菌（高剂量）	120	≤15	7～9	≥10	≥500	≤500
其他革兰阳性杆菌	10	≤12	13～14	≥15	≥8	≤4

（续表）

抗生素	纸片含量（μg/片）	抑菌环直径解释标准（mm）			相应 MIC（μg/ml）	
		耐药	中介	敏感	耐药	敏感
卡那霉素	30	≤13	14～17	≥18	≥25	≤6
奈替米星	30	≤12	13～14	≥15	≥32	≤12
链霉素	10	≤11	12～14	≥15	—	—
肠球菌（高剂量）	300	≤6	7～9	≥10	—	—
大环内酯类						
阿齐霉素	15	≤13	14～17	≥18	≥8	≤2
克拉霉素	15	≤13	14～17	≥18	≥8	≤2
红霉素	15	≤13	14～22	≥23	≥8	≤0.5
四环素类						
强力霉素	30	≤12	13～15	≥16	≥16	≤4
米诺环素	30	≤14	15～18	≥19	≥16	≤4
四环素	30	≤14	15～18	≥19	≥16	≤4
喹诺酮类						
塞诺沙星	100	≤14	15～18	≥19	≥64	≤16
环丙沙星	5	≤15	16～20	≥21	≥4	≤1
依诺沙星	10	≤14	15～17	≥18	≥8	≤2
氟氯沙星	5	≤15	16～18	≥19	≥8	≤2
洛美沙星	10	≤18	19～21	≥22	≥8	≤2
萘啶酸	30	≤13	14～18	≥19	≥32	≤8
诺氟沙星	10	≤12	13～16	≥17	≥16	≤4
氧氟沙星	5	≤12	13～15	≥16	≥8	≤2
其他类						
克林霉素	2	≤14	15～20	≥21	≥4	≤0.5
呋喃妥因	300	≤14	15～16	≥17	≥128	≤32
利福平	5	≤16	17～19	≥20	≥4	≤1
磺胺嘧啶	250	≤12	13～16	≥17	≥350	≤100
甲氧苄氨嘧啶	2	≤10	11～15	≥16	≥16	≤4
甲氧苄氨嘧啶/磺胺甲基异噁唑	1.25/23.75	≤10	11～15	≥16	≥8/152	≤2/38

（三）注意事项

1. 接种菌液的浓度须标准化，一般以细菌在琼脂平板上生长一定时间后呈融合状态为标准。如菌液浓度过大，会使抑菌环减小；浓度过小，会使抑菌环增大。

2. 贴好含药纸片的培养基培养时间一般为16～18h，结果判定不宜过早，但培养过久，细菌可能恢复生长，使抑菌环缩小。

3. 因蛋白胨可使磺胺类药物失去作用，故磺胺类药物应采用无胨琼脂平板培养。

附：无胨琼脂的配制方法

牛肉膏或酵母浸膏5.0g，氯化钠5.0g，琼脂25g，水1 000ml。将牛肉膏或酵母浸膏、氯化钠和水混合后加热溶解，测定并矫正pH值为7.2～7.4，过滤后加入琼脂，煮沸使琼脂充分溶化，121.3℃高压蒸汽灭菌15min，分装平皿，静置冷却即成无胨琼脂平板。

（张素丽　蔡丙严）

任务五　病毒检验技术

鸡胚是正在发育的活的机体，组织分化程度低，细胞代谢旺盛，适于许多人类和动物病毒（如流感病毒、新城疫病毒、传染性支气管炎病毒等）的细菌增殖。在兽医研究中最常用于禽源病毒的分离、培养、生物学特性鉴定、疫苗制备和药物筛选等工作。鸡胚培养的优点是，来源充足，价格低廉，操作简单，无需特殊设备或条件，易感病毒谱较广，对接种的病毒不产生抗体等。常用的鸡胚接种途径有绒毛尿囊膜接种、尿囊腔接种、羊膜腔接种及卵黄囊接种。

一、鸡胚绒毛尿囊膜接种

（一）器材准备

超净工作台、孵化器、检卵器、卵架、铅笔、打孔器（钝头锥子）、乳胶皮头、酒精灯、无菌眼科镊子和剪刀、无菌玻璃吸管、注射器、平皿、石蜡或胶布、青霉素、链霉素、生理盐水、烧杯、研磨器、75%酒精棉球、5%碘酊棉球、SPF鸡胚或ND非免疫鸡胚、疑似含NDV的鸡内脏组织病料（脾、肾、肺、肝等）、NDV阳性血清、3.8%柠檬酸钠、1%鸡红细胞悬液、96孔V形微量反应板、微型振荡器、5～50μl微量可调移液器及吸头等。

（二）操作方法

1. 病料的处理　材料应采自早期病例，病程较长的不适宜于分离病毒。病鸡捕杀后无菌采取脾、脑和肺组织；生前可采取呼吸道分泌物。将材料制成1：5～1：10的乳剂，并且加入青霉素、链霉素各1 000IU/ml，以抑制可能污染的细菌，置4℃冰箱2～4h后离心，取其上清液作为接种材料。同时，应对接种材料做无菌检查。取接种材料少许接种于肉汤、血琼脂斜面及厌氧肉肝汤各一管，置37℃培养观察2～6d，应无细菌生长。如有细菌生长，应将原始材料再做除菌处理，如有可能最好再次取材料。

2. 照蛋　用铅笔标出气室位置，并在气室底边胚胎附近无大血管处标出接种部位。

3. 消毒　先后用5%碘酊和75%酒精棉球消毒准备接种部位的蛋壳表面。

4. 打孔　将9～13日龄鸡胚横放在蛋架上。在鸡胚的中上部标记接种部位用钝头锥子或磨平了尖端的螺丝钉轻轻钻开一个小孔，使蛋壳和壳膜破裂，但不可伤及绒毛尿囊膜。用针头挑去一小块蛋壳，同时在气室中央钻一小孔。将蛋横卧于蛋架。用乳胶皮头紧按气室小孔，向外吸气，使绒毛尿囊膜与壳膜分离，形成人工气室。（图2－72A）。另外可在气室边缘将蛋壳开一半径3mm的小窗，左手持鸡胚，使小窗口朝向操作者，右手持注射器，用针头将气室边缘挑起一孔，缓缓注入接种物，使其渗入壳膜与绒毛尿囊膜之间，用消毒胶布封口，直立放置温箱孵育（图2－72B）。

5. 接种　用注射器接种病料悬液0.2ml在人工气室中。

6. 封孔　用石蜡封住人工气室和天然气室小孔。

7. 孵化　将人工气室向上横卧于35～37℃孵育箱内，暂不能翻动。

8. 接种后的检查　每日照蛋检查1～2次。弃去接种后24h内死亡的鸡胚。

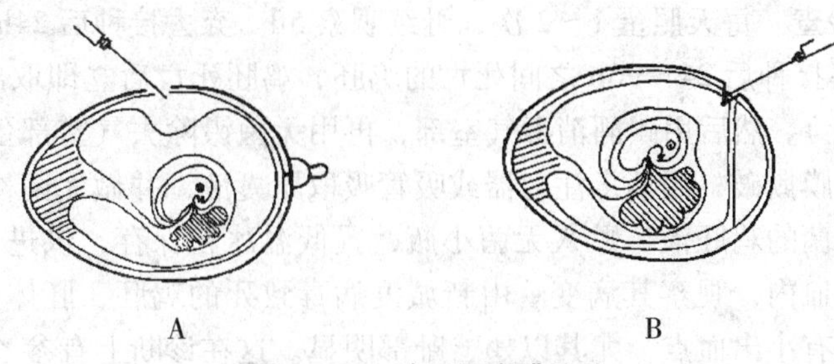

图2－72　鸡胚尿囊膜接种

9. 收获　一般于接种后48～96h鸡胚死亡。用碘酒将所开窗口周围消毒，用无菌镊子夹去窗口周围蛋壳，用另一无菌镊子轻轻夹起绒毛尿囊膜，观察病变。用无菌小剪将气室部的绒毛尿囊膜剪下，收获，然后将鸡胚及卵黄倒入平皿，剪断卵带，再将贴附在蛋壳上的绒毛尿囊膜撕下，收获保存。

10. 病毒鉴定　对分离的可疑病毒材料可用血凝试验（HA）和血凝抑制试验（HI）等方法加以鉴定。方法参见血清学检验部分。

二、鸡胚尿囊腔接种

（一）器材准备

参照鸡胚绒毛尿囊膜接种准备。

（二）操作方法

1. 病料的处理　参照鸡胚绒毛尿囊膜接种。

2. 照蛋　用铅笔标出气室位置，并在气室底边胚胎附近无大血管处标出接种部位。

3. 消毒　先后用5%碘酊和75%酒精棉球消毒准备接种部位的蛋壳表面。

4. 打孔　将9～11日龄鸡胚置蛋架上，在接种部位钻一小孔，再在气室端钻一小孔，供排气用（图2－73A）。

5. 接种　将针头与蛋壳成30度角刺入注射孔3～5mm，注入上述处理过的材料0.1～0.2ml于尿囊腔内。亦可在气室部距气室边缘0.3～0.5cm处的蛋壳上穿一小孔，针头垂直刺入约1～1.5cm（估计已透过绒毛尿囊膜），即可注入接种材料（图2－73B）。

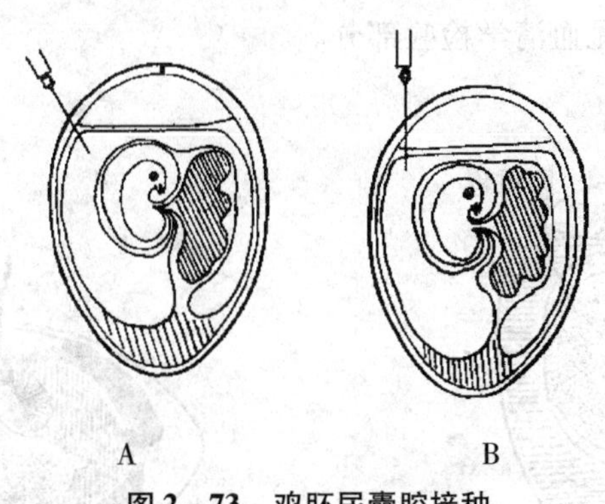

图2－73　鸡胚尿囊腔接种

6. 封孔　接种后用石蜡封口。

7. 孵化　气室向上，继续置35～37℃孵育箱中孵化。

8. 接种后的检查 每天照蛋1～2次，继续观察5d。弃去接种后24h内死亡的鸡胚。

9. 收获 收集接种后24～96h之间死亡的鸡胚，鸡胚死亡后立即取出置4℃冰箱冷却4h以上（气室向上）。然后用碘酒消毒气室部，再用无菌镊除去气室部蛋壳及壳膜，另换无菌镊将绒毛尿囊膜撕破，用消毒注射器或吸管吸取尿囊液，并做无菌检查，浑浊的鸡胚液应废弃。留下无菌的鸡胚液，贮入无菌小瓶，置低温冰箱保存，供进一步鉴定。同时，可将鸡胚倾入一平皿内，观察其病变。由新城疫病毒致死的鸡胚，胚体全身充血，在头、胸、背、翅和趾部有小出血点，尤其以翅、趾部明显。这在诊断上有参考价值。

10. 病毒鉴定 对分离的可疑病毒材料可用血凝试验（HA）和血凝抑制试验（HI）等方法加以鉴定。方法参见血清学检验部分。

三、鸡胚卵黄囊接种

（一）器材准备

参照上述方法准备。

（二）操作方法

1. 病料的处理 参照上述。

2. 照蛋 用铅笔标出气室位置，并在气室底边胚胎附近无大血管处标出接种部位。

3. 消毒 先后用5%碘酊和75%酒精棉球消毒准备接种部位的蛋壳表面。

4. 打孔 将6～8日龄鸡胚垂直放置蛋架上，在气室的中央打一小孔（图2－74）。

5. 接种 针头沿小孔垂直刺入约3cm，向卵黄囊内注入0.1～0.5ml受检材料。

6. 封孔 接种后用石蜡封口。

7. 孵化 气室向上，置35～37℃孵育箱中继续孵化3～7d。

8. 接种后的检查 孵化期间，每晚照蛋，观察胚胎存活情况。弃去接种后24h内死亡的鸡胚。

9. 收获 将濒死或死亡鸡胚气室部用碘酊及酒精棉球消毒，直立于卵架上，无菌操作轻轻敲打并揭去气室顶部蛋壳。用另一无菌镊子撕开绒毛尿囊膜，夹起鸡胚，切断卵黄带，置于无菌平皿内。收获的卵黄囊，经无菌检验后，放置－25℃冰箱冷冻保存。

10. 病毒鉴定 对分离的可疑病毒材料可用血凝试验（HA）和血凝抑制试验（HI）等方法加以鉴定。方法参见血清学检验部分。

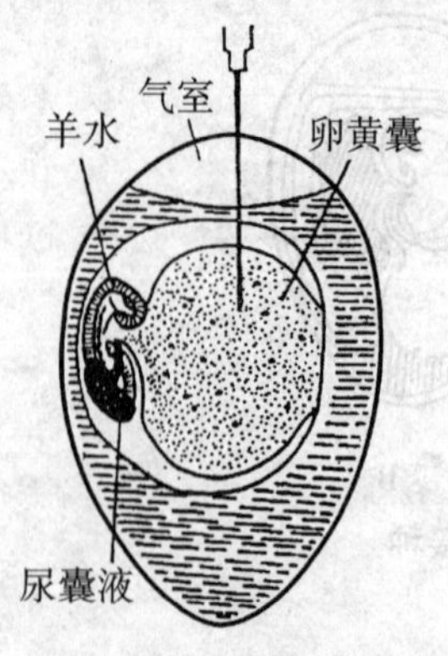

图2－74 卵黄囊接种

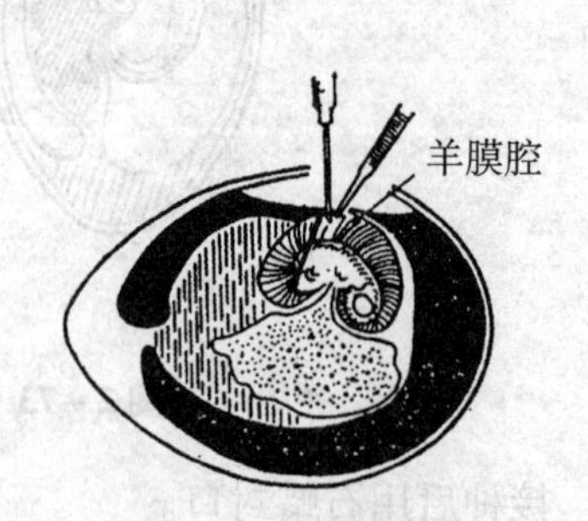

图2－75 羊膜腔接种

四、鸡胚羊膜腔接种

（一）器材准备

参照上述方法准备。

（二）操作方法

1. 病料的处理　参照上述。

2. 照蛋　用铅笔标出气室位置，并在气室底边胚胎附近无大血管处标出接种部位。

3. 消毒　先后用5%碘酊和75%酒精棉球消毒准备接种部位的蛋壳表面。

4. 打孔　选10～12日龄鸡胚，按绒毛尿囊膜接种法造成人工气室，撕去卵壳膜，用无菌镊子夹起绒毛尿囊膜，在无大血管处切一0.5cm左右的小口（图2－75）。

5. 接种　用灭菌无齿弯头镊子夹起羊膜，针头刺破羊膜进入羊膜腔，注入受检材料0.1～0.2ml。

6. 封孔　用透明胶纸封住卵窗，或用玻璃纸盖于卵窗上，周围用石蜡封固，同时封气室端小孔。

7. 孵化　横卧孵化，不许翻动。置35～37℃孵育箱中继续孵化3～5d。

8. 接种后的检查　孵化期间，每日检查发育情况，24h内死亡者弃去。

9. 收获　用碘酊消毒卵窗周围，用无菌镊子扩大卵窗至绒毛尿囊膜下陷的边缘，除去卵壳、壳膜及绒毛尿囊膜，倾去尿囊液。夹起羊膜，用尖头毛细吸管或注射器穿入羊膜，吸取羊水，装入小瓶中冷藏。每卵约可收获0.5～1ml。

10. 病毒鉴定　对分离的可疑病毒材料可用血凝试验（HA）和血凝抑制试验（HI）等方法加以鉴定。方法参见血清学检验部分。

（张素丽　蔡丙严）

任务六　血清学检验技术

一、平板凝集试验

（一）虎红平板凝集试验

1. 器材准备　布鲁氏杆菌虎红平板凝集标准抗原、布鲁氏杆菌标准阳性血清、布鲁氏杆菌标准阴性血清、受检血清、洁净玻璃板（其上划分成$4cm^2$的方格）、0.03ml加样器、牙签或火柴杆等。

2. 操作方法

（1）标准阴、阳性血清对照试验：分别吸取阳性血清和阴性血清各0.03ml，分别滴于玻璃板上，在阳、阴性血清旁各滴加0.03ml抗原，用牙签搅动血清和抗原，使之充分混合，4min时判断结果，阳性血清有凝集现象；阴性血清无凝集现象，呈均匀粉红色。

（2）检测样品：将玻璃板上各格标记受检血清号；然后分别吸取相应受检血清0.03ml滴于玻璃板上；在受检血清旁加滴0.03ml抗原，用牙签搅动血清和抗原，使之充分混合。

（3）结果判定方法和依据：每次试验应设阴、阳性血清对照。在阴、阳性血清对照成立的条件下，方可对被检血清进行判定；受检血清4min内出现肉眼可见凝集现象者判为阳性（+），无凝集现象，呈均匀粉红色者判为阴性（-）。

（二）鸡白痢全血平板凝集试验

1. 器材准备 鸡白痢禽伤寒多价有色平板凝集抗原、鸡白痢阴性血清、鸡白痢阳性血清、白瓷板（洁净无油脂）、酒精灯、酒精棉、无菌采血针、0.05ml加样器、消毒盘等。试验操作所用的器材必须清洁无污染，并进行高压灭菌消毒。

2. 操作方法

（1）标准阴、阳性血清对照试验：分别吸取阳性血清和阴性血清各0.05ml，分别滴于洁净白瓷板上；在阳、阴性血清旁各滴加0.05ml抗原，分别用灭菌的加样器混匀、涂开；2min时判断结果，阳性血清有凝集现象，阴性血清无凝集现象。

（2）检测样品：试验前将抗原充分摇匀，用灭菌的加样器吸取抗原0.05ml垂直滴于洁净白瓷板上；用针头刺破鸡冠或翅静脉，用灭菌的加样器吸取血液0.05ml，置于抗原滴上；用灭菌的加样器混匀、涂开，使其直径约2cm，并不断晃动玻板，注意观察结果。

（3）结果判定方法和依据：本试验应在20～25℃的室温下进行；每次试验均应设阴、阳性血清对照；阴、阳性对照成立，结果才能判定；血液与抗原混合后，在2min内出现片状或较明显的颗粒凝集，判为阳性“+”；血液与抗原混合后，在2min内不出现明显的凝集现象，或仅呈现均匀一致的微细颗粒状凝集，或在液体边缘处由于临干前显絮状等现象，均判为阴性“-”（图2-76）；有别于上述反应，不易判为阴性“-”或阳性“+”反应的，可判为可疑反应，重复实验一次。若结果仍为可疑，则结合鸡群以前的沙门氏菌试验记录进行判定。如果鸡群以前为阳性“+”群，那么，可疑结果就判为阳性“+”，否则，判为阴性“-”。

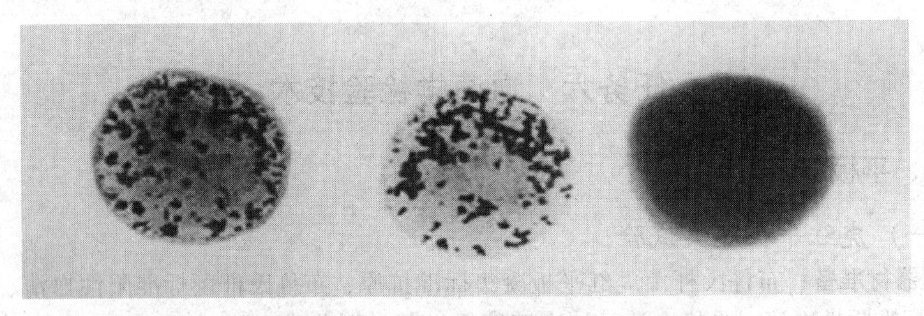

图2-76 鸡白痢全血平板凝集试验结果

（左：受检样品 中：阳性对照 右：阴性对照）

二、试管凝集试验

（一）器材准备

稀释液（0.5%苯酚生理盐水，检验羊血清时用含0.5%苯酚的10%盐溶液，如果血清稀释用含0.5%苯酚的10%盐溶液，抗原的稀释亦用含0.5%苯酚的10%的盐溶液）、布鲁氏杆菌试管凝集标准抗原、布鲁氏杆菌标准阳性血清、布鲁氏杆菌标准阴性血清、受检血清、凝集试验管、试管架、刻度吸管、电热恒温培养箱等。

（二）操作方法

1. 受检血清的处理：按常规方法采血分离血清；运送和保存血清样品时防止冻结和受热，以免影响凝集价。若3d内不能送到实验室，按每9ml血清加1ml5%苯酚生理盐水防腐，也可用冷藏方法运送血清。

2. 受检血清的稀释：取7支小试管置于试管架上，4支用于被检血清，3支作对照。如检多份血清，可只作一份对照。以羊和猪为例，按表2-9术式操作。

（1）在第1管标记检验编码后加1.15ml稀释液；

（2）在第2～4管各加入0.5ml稀释液；

（3）用1ml刻度吸管取受检血清0.1ml加入第1管内；

（4）用刻度吸管沿试管壁反复吹吸3～4次，充分混匀后以该吸管吸混合液0.25ml弃去；

（5）用刻度吸管取0.5ml混合液加入第2管，用该吸管如前述方法混合；

（6）再用刻度吸管吸第2管混合液0.5ml至第3管，如此倍比稀释至第4管，从第4管弃去混匀液0.5ml；

（7）稀释完毕，从第1至第4管的血清稀释度分别为1∶12.5、1∶25、1∶50和1∶100。

牛、马、鹿和骆驼血清稀释法与上述基本一致，差异是第1管加1.2ml稀释液和0.05ml受检血清。

将1∶20稀释的抗原加入已稀释好的各血清管中，每管0.5ml，并振摇均匀，羊和猪的血清稀释则依次变为1∶25、1∶50、1∶100和1∶200，牛、马、鹿和骆驼的血清稀释度则依次变为1∶50、1∶100、1∶200和1∶400。

表2-9　布鲁氏杆菌试管凝集试验术式操作

管号	1	2	3	4	5	6	7
血清稀释度	1∶25	1∶50	1∶100	1∶200	阴性血清对照（1∶25）	阳性血清对照（1∶25）	抗原对照
0.5%苯酚生理盐水/ml	1.15	0.5	0.5	0.5	—	—	0.5
受检血清/ml	0.1	0.5	0.5	0.5	阴性血清0.5	阳性血清0.5	
抗原（1∶20）/ml	0.5	0.5	0.5	0.5	0.5	0.5	0.5
	弃0.25				弃0.5		

大规模检疫时也可只用2个稀释度，即牛、马、鹿、骆驼用1∶50和1∶100，猪、山羊、绵羊和狗用1∶25和1∶50。

3. 设置对照试验：每次试验均应设阳性血清、阴性血清和抗原对照各一份。阴性血清的稀释和加抗原的方法与受检血清同；阳性血清需稀释到原有滴度，加抗原的方法与受检血清同；1∶20稀释抗原液0.5ml再加0.5ml稀释液为抗原对照，观察抗原是否有自凝现象。

4. 反应：置37～40℃温箱24h，取出检查并记录结果。

（三）结果判定

1. 比浊管配制 每次试验必须取本次试验用的抗原稀释液（即抗原原液20倍稀释液）5～10ml加入等量的0.5%苯酚生理盐水（如果血清用0.5%苯酚，10%盐水溶液稀释则加入0.5%苯酚，10%盐水溶液）作对倍稀释，配制比浊管（表2－10）作为判定清亮程度（凝集反应程度）的依据。

表2－10 比浊管配制

管号	1∶40稀释抗原液（ml）	稀释液（ml）	清亮度（%）	记录标记
1	0.0	1.0	100	＋＋＋＋
2	0.25	0.75	75	＋＋＋
3	0.50	0.50	50	＋＋
4	0.75	0.25	25	＋
5	1.0	0.0	0	－

2. 凝集反应程度判定 参照比浊管，按各试管上层液体清亮度判读。

（1）完全凝集：菌体100%下沉，上层液体100%清亮，记录为“＋＋＋＋”；

（2）75%凝集：菌体几乎完全凝集，上层液体75%清亮，记录为“＋＋＋”；

（3）50%凝集：菌体凝集显著，液体50%清亮，记录为“＋＋”；

（4）25%凝集：凝集物有沉淀，液体25%清亮，记录为“＋”；

（5）完全不凝集：凝集物无沉淀，液体均匀混浊，记录为“－”。

3. 结果判定

（1）阳性结果：牛、马、鹿和骆驼1∶100血清稀释，猪、山羊、绵羊和狗1∶50血清稀释，出现“＋＋”以上凝集现象时，受检血清判定为阳性。

（2）阴性结果：牛、马、鹿、骆驼1∶50血清稀释，猪、山羊、绵羊、狗1∶25血清稀释，出现“＋＋”凝集现象时，受检血清判定为可疑反应。

（3）可疑结果处理：可疑反应家畜经3～4周后重检，如果仍为可疑，该牛、羊判为阳性。猪和马经重检仍保持可疑水平，而农场的牲畜没有临床症状和大批阳性患畜出现，该畜被判为阴性。猪血清偶有非特异性反应，须结合流行病学调查判定，必要时应配合补体结合试验和鉴别诊断，排除耶森氏菌交叉凝集反应。

三、环状沉淀试验

（一）器材准备

电热恒温培养箱、普通电冰箱、高压灭菌器、电热恒温水浴锅、漏斗、15mm×150mm试管、沉淀反应管（Φ3～4mm）、移液管、带胶乳头的毛细吸管（或血清加样器）、乳钵、中性石棉、5ml注射器、镊子、酒精灯、普通营养肉汤、生理盐水、苯酚、炭疽沉淀素血清、阴性血清、标准炭疽杆菌抗原、疑为炭疽动物病料标本（血液、脾、皮革和兽毛）等。

（二）沉淀原制备

1. 热浸出法 取受检材料（如各种实质脏器、血液、渗出液等）1～3g，在乳钵内研碎，然后加5～10倍生理盐水混合，用移液管吸至试管内，置于水浴锅中煮沸15～30min，用中性石棉滤过，获得的透明滤液即为被检的沉淀原。亦可取装有待鉴定的普通营养肉汤培养物的试管，置水浴锅中煮沸15～30min，取出冷却后，用中性石棉滤过，获得的透明液即为待检沉淀原。如果滤过液浑浊不透明，可再过滤一次。

2. 冷浸出法 用以检查怀疑为炭疽病畜的皮革和兽毛等材料。操作前，将样皮革放入高压蒸汽灭菌器内，103.41kPa，灭菌30min。干皮与湿皮应分别消毒，如一次灭菌，干皮放上边，湿皮放下边。湿皮、鲜皮和冻皮，于灭菌前应在37～38℃恒温箱中放置48h，或放室温3～4d，令其干燥后，再进行消毒灭菌。然后取被检材料1～2g，浸于10倍的0.5%苯酚生理盐水中，在10～20℃室温的条件下，浸泡16～25h，也可在8～14℃水浴中浸泡14～20h。用中性石棉过滤，澄清透明的滤过液即为沉淀原。

（三）操作方法

1. 对照试验 本试验须在15～20℃以上的室温下进行。实施本试验前须按下列要求，做对照试验。

（1）阳性对照：炭疽沉淀素血清对1∶5 000倍标准炭疽菌粉抗原，在1min内应呈标准阳性反应。对已知阳性皮革抗原经15min，应呈阳性反应。

（2）阴性对照：阴性血清对1∶5 000倍标准炭疽菌粉抗原和已知阳性抗原经15min，应呈阴性反应。

（3）抗原对照：炭疽沉淀素血清，对已知阴性抗原和0.5%苯酚生理盐水作用15min，应呈阴性反应。

2. 检测样品

（1）加炭疽沉淀素血清：用毛细吸管吸取0.1～0.2ml炭疽沉淀素血清，沿管壁徐徐注入沉淀反应管内（或加到沉淀管的1/3高处）。

（2）加受检抗原：用另一支毛细吸管吸取等量制备的沉淀原，沿管壁缓慢注入使之重叠于炭疽沉淀素血清上面（或加到沉淀管的2/3高处）。炭疽沉淀素血清与受检抗原的接触面，界限清晰，明显可见，界限不清者应重做。

（3）反应：将沉淀管直立静置在15～20℃以上的环境中待判定。

3. 结果判定 左手持沉淀管，放于眼睛平行位置，右手持黑色板衬于沉淀管的后面，在光线充足处进行观察与判定。

（1）阳性：抗原与血清接触后，经15min在两液接触面处，出现致密、清晰明显的白环为阳性反应，记录为“+”。

（2）可疑：白环模糊，不明显者为疑似反应，记录为“±”。

（3）阴性：两液接触面清晰，无白环者为阴性反应，记录为“－”。

（4）无结果：两液接触面界限不清，或其他原因不能判定者为无结果，记录为“0”

对可疑和无结果者，需重做一次。

（四）注意事项

1. 炭疽杆菌是人畜共患的病原微生物，在操作中，应按检验炭疽病的防疫要求，避免散布病原及造成人员感染，不得污染周围环境和物品，用后的器械物品应及时消毒处理。

2. 如为盐皮抗原，应在炭疽沉淀素血清中加入4%化学纯氯化钠后，方能做血清反应。

四、琼脂扩散试验

（一）器材准备

pH 值为 7.4 的 0.01mol/L 磷酸盐缓冲液、1% 硫柳汞溶液、生理盐水、三角瓶、琼脂糖、氯化钠、电热恒温水浴锅、灭菌平皿、打孔器、打孔图样、针头、刻度吸管、酒精灯、微量移液器或毛细吸管、微量移液器吸咀、马立克氏病标准抗原、马立克氏病标准阳性血清、受检样品（抗原、血清）等。

（二）操作方法

1. 琼脂板的制备 在 250ml 容量的三角瓶中分别加入 pH 值为 7.4 的 0.01mol/L 磷酸盐缓冲液 100ml、琼脂糖 1.0g、氯化钠 8g，将三角瓶在水浴中煮沸使琼脂糖充分融化，再加入 1% 硫柳汞 1ml，混合均匀，冷却至 45～50℃。将洁净干热灭菌的直径为 90mm 的平皿置于平台上。每个平皿加入 18～20ml，加盖待凝固后，把平皿倒置以防水分蒸发。放普通冰箱 4℃ 中冷藏保存备用（时间不超过 2 周）。

2. 马立克氏病病毒抗原检测

（1）打孔：在已制备的琼脂板上，用直径 4mm 或 3mm 直径的打孔器按六角形图案打孔，或用梅花形打孔器打孔。中心孔与外周孔距离为 3mm。将孔中的琼脂用 8 号针头斜面向上从右侧边缘插入，轻轻向左侧方向挑出，勿损坏孔的边缘，避免琼脂层脱离平皿底部。

（2）封底：用酒精灯火焰轻烤平皿底部至琼脂轻微溶化为止，封闭孔的底部，以防样品溶液侧漏。

（3）加样：用微量移液器吸取用灭菌生理盐水稀释的标准阳性血清（按产品使用说明书的要求稀释）滴入中央孔，标准阳性抗原悬液分别加入外周的第 1、第 4 孔中。在第 2、第 3、第 5、第 6 孔中加入受检的羽髓浸出液，每孔均以加满不溢出为度，每加一个样品应换一个吸头；或在外周的第 2、第 3、第 5、第 6 孔处（不打孔）按顺序分别插入被检鸡的羽毛髓质端（长度约 0.5cm）。

（4）感作：加样完毕后，静置 5～10min，将平皿轻轻倒置，放入湿盒内，置 37℃ 温箱中反应，分别在 24h 和 48h 观察结果。

3. 马立克氏病抗体检测

操作方法同“马立克氏病病毒抗原检测”，加样如下：用微量移液器吸取用灭菌生理盐水稀释的标准抗原液（按产品使用说明书的要求稀释）滴入中央孔，标准阳性血清分别加入外周的第 1、第 4 孔中，受检血清按顺序分别加入外周的第 2、第 3、第 5、第 6 孔中。每孔均以加满不溢出为度，每加一个样品应换一个吸头。

（三）结果判定及判定标准

1. 将琼脂板置日光灯或侧强光下进行观察，当标准阳性血清与标准抗原孔间有明显沉淀线，而受检血清与标准抗原孔间或受检抗原与标准阳性血清孔之间有明显沉淀线，且此沉淀线与标准抗原和标准血清孔间的沉淀线末端相融合，则受检样品为阳性（图 2－77）。

2. 当标准阳性血清与标准抗原孔的沉淀线的末端在毗邻的受检血清孔或受检抗原孔处的末端向中央孔方向弯曲时，受检样品为弱阳性。

3. 当标准阳性血清与标准抗原孔间有明显沉淀线，而受检血清与标准抗原孔或受检抗原与标准阳性血清孔之间无沉淀线，或标准阳性血清与抗原孔间的沉淀线末端向毗邻的受检血清孔或受检抗原孔直伸或向外侧偏弯曲时，该受检血清或为受检抗原阴性。

4. 介于阴、阳性之间为可疑。可疑应重检，仍为可疑判为阳性。

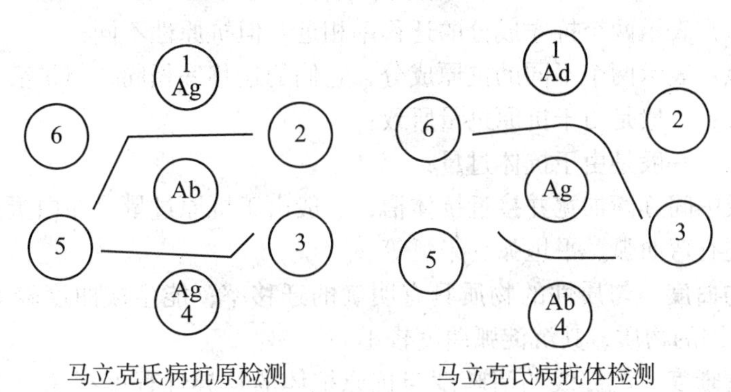

图 2－77　MD 琼脂扩散试验结果判定示意图

抗原检测：2、5 受检抗原阴性；3 受检抗原弱阳性；6 受检抗原阳性

抗体检测：2 受检抗体阳性；3、6 受检抗体阴性；5 受检抗体弱阳性

（四）注意事项

1. 溶化的琼脂倒入平皿时，注意使整个平板厚薄均匀一致，不要产生气泡。在冷却过程中，不要移动平板，以免造成琼脂表面不平坦。

2. 制备的琼脂板放在 4℃冰箱冷却后，打孔效果为佳。

3. 加样后的琼脂板，切勿马上倒置以免液体流出，待孔中液体吸收一半后再倒置于湿盒中。

五、免疫电泳试验

（一）器材准备

电泳槽、小刀、玻璃板、玻棒（Φ2～3mm）、琼脂糖、0.05mol/LpH8.6 巴比妥缓冲液、0.05% 氨基黑染色液、1mol/L 冰醋酸、血清、抗血清等。

（二）操作方法

1. 在玻璃板的中央放置一小玻棒（Φ2～3mm），然后用 0.05mol/LpH8.6 巴比妥缓冲液配制 1% 琼脂，制成琼脂板，板厚 2mm。

2. 在玻棒的两侧，板中央或 1/3 处，距玻棒 4～8mm 各打直径 3～6mm 的孔。

3. 在孔内加满血清。

4. 将玻璃板置电泳槽上进行电泳。电流为 2～3mA/cm（或电压 3～6V/cm），电泳时间 4～6h。

5. 停止电泳，用小刀片在玻璃板两侧切开，取出玻璃棒，加抗血清样品。

6. 于湿盒内 37℃（或常温）扩散 24h，取出观察。

7. 于生理盐水中浸泡 24h，中间换液数次，取出后，加 0.05% 氨基黑染色 5～10min，然后以 1mol/L 冰醋酸脱色至背景无色为止。

8. 制膜、观察、保存标本。

（三）免疫电泳结果分析

1. 常见的沉淀弧 由于经电泳已分离的各抗原成分在琼脂中呈放射状扩散，而相应的抗体呈直线扩散，因此生成的沉淀一般多呈弧形，常见的弧形如下：

（1）交叉弧：表示两个抗原成分的迁移率相近，但抗原性不同；

（2）平行弧：表示两个不同的抗原成分，它们的迁移率相同，但扩散率不同；

（3）加宽弧：一般是由于抗原过量所致；

（4）分枝弧：一般是由于抗体过量；

（5）沉淀线中间逐渐加宽并接近抗体槽，一般由于抗原过量，在白蛋白位置处形成；

（6）其他还有弯曲弧、平坦弧、半弧等。

2. 沉淀弧的曲度 匀质性的物质具有明确的迁移率，能生成曲度较大的沉淀弧。反之有较宽迁移范围的物质，其沉淀弧曲度较小。

3. 沉淀的清晰度 沉淀线的清晰度与抗原抗体的特异性程度有关，也与抗体的来源有关。抗血清多来源于兔、羊、马。兔抗体的特点是形成沉淀线宽而淡，抗体过量对沉淀线影响较小，而抗原过量，沉淀线发生部分溶解。马抗血清所形成的沉淀线致密、清晰，抗原或抗体过量时，复合物沉淀溶解、消失，而且产生继发性的非特异性沉淀。因此使用抗原抗体时，一定要找好适当的比例。

4. 沉淀弧的位置 高分子量的物质扩散慢，所形成的沉淀线离抗原孔较近；而分子量较小的物质，扩散速度快，沉淀弧离抗体槽近一些。抗原浓度高，沉淀弧偏近抗体槽，反之，抗体浓度过高，沉淀弧偏近抗原孔。

（四）注意事项

1. 免疫电泳分析法的成功与否，主要取决于抗血清的质量。抗血清中必须含有足够的抗体，才能同被检样品中所有抗原物质生成沉淀反应。

2. 抗血清虽然含有对所有抗原物质的相应抗体，但抗体效价有高有低，因此要适当考虑抗原孔径的大小和抗体槽的距离。

3. 免疫电泳要求分析的物质一方为抗原，另一方为沉淀反应性抗体。因此没有抗原性的物质或抗原性差的物质、非沉淀反应性抗体，均不能用免疫电泳进行分析。

六、间接凝集试验

（一）间接红细胞凝集试验

将抗原（或抗体）吸附在比其体积大千万倍的红细胞表面，只需少量的抗体（或抗原）就可使这种致敏的红细胞通过抗原和抗体的结合而出现肉眼清晰可见的凝集现象。这种试验能大大提高反应的敏感性。用抗体致敏红细胞检测相应的抗原，称为反向间接血凝试验，反之，称为正向间接血凝试验。

1. 器材准备 猪口蹄疫（O 型）正向间接血凝标准致敏红细胞、标准阳性血清、标准阴性血清、稀释液、96 孔 V 形微量血凝板、微量移液器、微量移液器吸咀、受检血清等。

2. 操作方法

（1）将受检血清置 60℃水浴中灭活 30min。

（2）用微量移液器对血凝板上的每孔加入 25μl 稀释液。

（3）取 25μL 待检血清加到第 1 孔，用移液器以吹吸 3～4 次混合，移取 25μL 到第 2 孔混匀，依次到第 9 孔，取出 25μL 弃掉。血清稀释度从第 1 至第 9 孔分别为 1∶2、1∶4、1∶8、1∶16、1∶32、1∶64、1∶128、1∶256、1∶512（第 10～12 孔设阳性血清对照、阴性血清对照和抗原对照）。

（4）每孔加入 25μL 致敏红细胞，振荡 1～2min，置 37℃温箱或室温下反应 1～2h 或更长时间，然后判定检测结果。

3. 判定标准

（1）凝集反应程度判定

①完全不凝集 红细胞沉底，呈圆点状，无凝集现象，记录为“－”。

②25%凝集 红细胞大部分集中于中央，周围只有少数凝集，记录为“＋”。

③50%凝集 红细胞呈薄层凝集，中心致密，边缘松散，记录为“＋＋”。

④75%凝集 红细胞凝集程度较上有所增加，记录为“＋＋＋”。

⑤完全凝集 红细胞呈薄层凝集，布满整个孔底或边缘，卷曲呈荷包蛋边状，为 100%凝集，记录为“＋＋＋＋”。

（2）结果判定：以出现 50%凝集（＋＋）的血清最高稀释度为该血清的间接血凝价。

（二）乳胶凝集试验

1. 器材准备 伪狂犬病病毒致敏乳胶抗原、伪狂犬病标准阳性血清、伪狂犬病标准阴性血清、稀释液、玻片、吸头、微量反应板或小试管、牙签、受检材料（血清、全血或乳汁，乳汁通常采初乳，经 3 000r/min 离心 10min，取上清液作受检样品）。

2. 操作方法

（1）定性试验：取受检样品（血清、全血或乳汁）、伪狂犬病标准阳性血清、伪狂犬病标准阴性血清、稀释液各 1 滴，分置于玻片上，各加伪狂犬病病毒致敏乳胶抗原 1 滴，用牙签混匀，搅拌并摇动 1～2min，于 3～5min 内观察结果。

（2）定量试验：先将受检样品在微量反应板或小试管内作连续倍比稀释，各取 1 滴依次滴加于乳胶凝集反应板上，另设对照（同定性试验），随后各加伪狂犬病病毒致敏乳胶抗原 1 滴。用牙签混匀，搅拌并摇动 1～2min，于 3～5min 内观察结果。

3. 结果判定

（1）对照组结果观察：在出现伪狂犬病标准阳性血清加伪狂犬病病毒致敏乳胶抗原呈“＋＋＋＋”、伪狂犬病标准阴性血清加伪狂犬病病毒致敏抗原呈“－”、伪狂犬病病毒致敏抗原加稀释液呈“－”正确结果时，本试验结果才能成立。

（2）判定标准

“＋＋＋＋” 全部乳胶凝集，颗粒聚于液滴边缘，液体完全透明。

“＋＋＋” 大部分乳胶凝集，颗粒明显，液体稍混浊。

“＋＋” 约 50%乳胶凝集，但颗粒较细，液体较混浊。

“＋” 仅有少许凝集，液体混浊。

“－” 液滴呈原有的均匀乳状。

以出现“＋＋”以上凝集者，判为阳性凝集。

4. 注意事项

（1）试剂应置 4℃保存，严禁冻结，用时摇匀。

（2）所有试验器材和反应板均应洗净干燥。

（3）若阴性对照出现凝集，则表示免疫胶乳试剂有质量问题，不能使用。

七、血凝和血凝抑制试验

（一）器材准备

普通托盘天平、普通离心机、微型振荡器、微量移液器、微量移液器吸咀、微量移液器吸盒、板式微量移液器架、96 孔 V 形血凝反应板、烧杯、采血器或注射器、具盖塑料离心管、指形离心管、敷料镊、试管架、多功能开瓶器、75% 酒精棉球、干棉球、污物筒、记号笔、标签纸、pH 值为 7.2 磷酸盐缓冲液或生理盐水、3.8% 柠檬酸钠溶液、新城疫标准抗原、新城疫标准阳性血清、新城疫标准阴性血清、受检材料（病毒或血清）、SPF 公鸡或非免疫公鸡等。试验环境室温 20～25℃。

（二）操作方法

1. 1% 鸡红细胞悬液（RBC）制备　先用无菌采血器注射器吸取 3.8% 枸橼酸钠溶液（其量为所需血量的 1/5），从鸡翅静脉或心脏采集至少 3 只 SPF 公鸡或无禽流感和新城疫抗体的非免疫鸡的血液，置灭菌离心管内，加入 3～4 倍体积的 PBS 混匀，以 2 000r/min 离心 5～10min，去掉血浆和白细胞层，再加 PBS 悬浮血球，同上法离心沉淀，反复洗涤三次（洗净血浆和白细胞），最后吸取压积红细胞用 PBS 配成体积分数比为 1% 的悬液，于 4℃保存备用。

2. 病毒的血凝试验（HA 试验）

（1）取 96 孔 V 形血凝反应板，用微量移液器在 1～12 孔各加 PBS 25μL。

（2）吸取 25μL 新城疫标准抗原加入第 1 孔，更换吸咀，吹打 3～5 次充分混匀。

（3）从第 1 孔吸取 25μL 混匀后的抗原液加到第 2 孔，混匀后吸取 25μL 加入到第 3 孔，依次进行系列倍比稀释到第 11 孔，最后从第 11 孔吸取 25μL 弃之，设第 12 孔为 PBS 对照。

（4）在每孔各加 PBS 25μL，注意不可触及 PBS。

（5）在每孔加入 1%（V/V）的鸡红细胞悬液 25μL。

（6）用微量振荡器混匀反应混合液，室温 20～25℃下静置 40min 后观察结果，若周围环境温度太高，放 4℃静置 60min（表 2－11）。

表 2－11　病毒血凝试验操作术式（单位：滴，1 滴＝25μL）

孔　号	1	2	3	4	5	6	7	8	9	10	11	12
稀释度	2	4	8	16	32	64	128	256	512	1 024	2 048	PBS 对照
PBS	1	1	1	1	1	1	1	1	1	1	1	2
新城疫标准抗原	1	1	1	1	1	1	1	1	1	1	弃 1	
PBS	1	1	1	1	1	1	1	1	1	1	1	1
1% 红细胞悬液	1	1	1	1	1	1	1	1	1	1	1	1
感　作	振荡 1min，20～25℃静置，每 5min 观察 1 次，观察 40min											
结果举例	#	#	#	#	#	#	#	#	－	－	－	－

（7）结果判定：PBS 对照孔的 RBC 呈明显纽扣状沉到孔底时判定结果。在 PBS 对照孔出现正确结果的情况下，将反应板倾斜，观察 RBC 有无呈泪珠样流淌，以完全凝集（RBC 无泪珠样流淌）的新城疫标准抗原最高稀释倍数为该抗原的血凝滴度。完全凝集的病毒的最高稀释倍数为 1 个血凝单位（HAU）。表 2－11 结果举例血凝滴度为 1∶256。

3. 4HAU 病毒液制备　根据 HA 试验测定的新城疫标准抗原的血凝效价，判定 4 个血凝单位（4HAU）的稀释倍数。假设抗原的血凝滴度为 1∶256，则 4HAU 病毒液的稀释倍数应是 1∶64（256/4），稀释时将 1ml 抗原加入 63ml PBS 中混匀即为 4HAU 病毒。

4. 病毒的微量血凝抑制试验（HI 试验）

（1）取 96 孔 V 形微量反应板，用微量移液器在第 1 行 1～11 孔各加入 PBS 25μL，第 12 孔加入 50μL；第 2 行为新城疫标准阴性血清对照、第 3 行为新城疫标准阳性血清对照。

（2）受检血清：在第 1 行第 1 孔加 0.025ml 受检血清（注意不可触及 PBS），更换吸咀，吹打 3～5 次充分混匀后移出 25μL 至第 2 孔，依此类推，倍比稀释至第 10 孔，第 10 孔弃去 25μL，第 11 孔为病毒对照，第 12 孔为 PBS 对照。

（3）阴性血清对照：操作同受检血清。

（4）阳性血清对照：操作同受检血清。

（5）更换吸咀，在第 1、第 2、第 3 行第 1～11 孔各加入 25μL4 HAU 病毒液（注意不可触及 PBS），轻叩反应板，使反应物混合均匀，室温下（约 20～25℃）静置不少于 30min，4℃不少于 60min。

（6）更换吸咀，在第 1、第 2、第 3 行每孔加入 1%（V/V）鸡红细胞悬液 25μL（注意不可触及 PBS），轻晃混匀，室温（约 20～25℃）静置约 40min，如环境温度太高，放 4℃静置 60min（表 2－12）。

（7）结果判定：当 PBS 对照孔红细胞呈明显纽扣状沉淀到孔底时判定结果。在 PBS 对照孔出现正确结果的情况下，将反应板倾斜，从背侧观察，观察 RBC 有无呈泪珠样流淌。抗体滴度是指产生完全不凝集（RBC 完全流下）的受检血清的最高稀释倍数。只有当阴性血清与标准对照的 HI 滴度不大于 2log2，阳性血清与标准抗原对照的 HI 滴度相差 1 个稀释度范围内，并且所用阴、阳性血清都不发生自凝的情况下，HI 试验结果方判定有效。通常用 2 为底的对数来表示。表 2－12 结果举例抗体滴度为 7log2。

表 2－12　病毒血凝抑制试验操作术式（单位：滴，1 滴＝25μL）

孔　　号	1	2	3	4	5	6	7	8	9	10	11	12
稀释度	2	4	8	16	32	64	128	256	512	1 024	2 048	PBS 对照
PBS	1	1	1	1	1	1	1	1	1	1	1	2
被检血清	1↘	1↘	1↘	1↘	1↘	1↘	1↘	1↘	1↘	1↘	弃 1	
4 HAU	1	1	1	1	1	1	1	1	1	1	1	1
感　　作	轻叩反应板，使反应物混合均匀，20～25℃静置 30min											
1%红细胞悬液	1	1	1	1	1	1	1	1	1	1	1	1
感　　作	轻晃混匀，20～25℃静置，观察 30min											
结果举例	－	－	－	－	－	－	－	#	#	#	#	－

八、补体结合试验

（一）器材准备

离心机、水浴箱、灭菌试管、试管架、灭菌培养皿、灭菌刻度吸管、灭菌玻璃珠、标签纸或记号笔、马鼻疽标准阴性血清、马鼻疽标准阳性血清、马鼻疽标准抗原、溶血素、受检血清、豚鼠、绵羊、生理盐水等。

（二）操作方法

1. 预备试验（溶血素、补体、抗原等效价测定）

（1）补体制备：采取3～4个以上健康豚鼠血清混合。

（2）2.5%绵羊红细胞制备：绵羊颈静脉采血，脱纤防止血液凝固；置离心机以1 500～2 000r/min离心15min，弃去上清液；加入3～4倍的生理盐水轻轻混合后再进行离心，方法同前，如此反复离心3次，以清洗红细胞；将洗涤后的红细胞制成1∶40倍溶液，即为2.5%绵羊红细胞。

（3）溶血素效价测定：每一月左右测价一次，按表2－13进行。

表2－13　溶血素效价测定（单位：ml）

溶血素稀释	1∶100	1∶500	1∶1 000	1∶1 500	1∶2 000	1∶2 500	1∶3 000	1∶3 500	1∶4 000	1∶5 000	对照		
溶血素	0.5	0.5	0.5	0.5	0.5	0.5	0.5	0.5	0.5	0.5	–	0.5	–
1∶20补体	0.5	0.5	0.5	0.5	0.5	0.5	0.5	0.5	0.5	0.5	0.5	0.5	–
2.5%红细胞	0.5	0.5	0.5	0.5	0.5	0.5	0.5	0.5	0.5	0.5	0.5	0.5	0.5
生理盐水	1.0	1.0	1.0	1.0	1.0	1.0	1.0	1.0	1.0	1.0	1.5	1.5	2.0

将稀释成1∶100～1∶5 000不同倍数的溶血素血清各0.5ml分别置于试管中。

在上述试管中加入1∶20补体及2.5%绵羊红细胞各0.5ml。

设置缺少补体、缺少溶血素的对照管，并补充等量生理盐水。

每管分别添加生理盐水1ml，置于37～38℃水浴箱中15min。

溶血素效价确定：能完全溶血的最少量溶血素，即为溶血素的效价，也称为1单位（对照管均不应溶血），当补体滴定和正式试验时，则应用2单位（或称为工作量）即减少1倍稀释。

（4）补体效价测定：每次进行补体结合反应试验，应于当日测定补体效价。先用生理盐水，将补体做1∶20稀释，然后按表2－14进行操作。

补体效价是指在2单位溶血素存在的情况下，阳性血清加抗原的试管完全不溶血，而在阳性血清未加抗原及阴性血清不论有无抗原的试管发生完全溶血所需最少补体量，就是所测得补体效价，如表2－13中第7管20倍稀释的补体0.28ml即为工作量补体。按下列计算，原补体在使用时应稀释的倍数：补体稀释倍数/测得效价×使用时每管加入量＝原补体稀释倍数。

上列按公式计算为：20/0.28×0.5＝35.7

即此批补体应作1∶35.7倍稀释，每管加0.5ml为一个补体单位。考虑到补体性质极不稳定，在操作过程中效价会降低，故使用浓度比原效价高10%左右。因此，本批补体应作1∶35稀释使用，每管加0.5ml。

表2－14　补体效价测定（单位：ml）

管号	1	2	3	4	5	6	7	8	9	10	对照管		
											11	12	13
1∶20补体	0.10	0.13	0.16	0.19	0.22	0.25	0.28	0.31	0.34	0.37	0.5		
生理盐水	0.40	0.37	0.34	0.31	0.28	0.25	0.22	0.19	0.16	0.13	1.5		
抗原（工作量）（不加抗原管加生理盐水）	0.5	0.5	0.5	0.5	0.5	0.5	0.5	0.5	0.5	0.5	1.5		
10倍稀释阳性血清或10倍稀释阴性血清	0.5	0.5	0.5	0.5	0.5	0.5	0.5	0.5	0.5	0.5	2.0		
振荡均匀后置37～38℃水浴20min													
二单位溶血素	0.5	0.5	0.5	0.5	0.5	0.5	0.5	0.5	0.5	0.5	/	0.5	
2.5%红细胞悬液	0.5	0.5	0.5	0.5	0.5	0.5	0.5	0.5	0.5	0.5	0.5	0.5	0.5
振荡均匀后置37～38℃水浴20min													
阳性血清加抗原	#	#	#	#	#	#	#	#	#	+++	#		
阳性血清未加抗原	#	#	#	+++	+	+	－	－	－	－	#		
阴性血清加抗原	#	#	#	+++	++	+	－	－	－	－	#		
阴性血清未加抗原	#	#	#	+++	++	+	－	－	－	－			

（5）抗原效价测定：最少每半年测定一次，具体操作方法参照表2－15。

将抗原原液稀释为1∶10至1∶500，各以0.5ml置于试管中，共作成12列。

在第1列不同浓度的抗原稀释液中，加入1∶10的阴性马血清0.5ml；在第2列不同浓度的抗原稀释液中，加入生理盐水0.5ml；在第3列到第7列不同浓度的抗原稀释液中，分别加入1∶10、1∶25、1∶50、1∶75及1∶100的强阳性马血清0.5ml。

于前述各不同行列试管中，各加入工作量补体0.5ml然后置37～38℃水浴箱中20min。

加温后，各溶液中再加入2.5%红细胞0.5ml及2单位溶血素0.5ml，再置37～38℃水浴箱中20min。

选择在不同程度的阳性血清中，产生最明显的抑制溶血现象的，在阴性血清及无血清之抗原对照中产生完全溶血现象的抗原最大稀释量为抗原的工作量。

表 2－15　抗原效价测定（单位：ml）

抗原稀释		1∶10	1∶50	1∶75	1∶100	1∶150	1∶200	1∶300	1∶400	1∶500
抗原		0.5	0.5	0.5	0.5	0.5	0.5	0.5	0.5	0.5
阴（阳性）血清		0.5	0.5	0.5	0.5	0.5	0.5	0.5	0.5	0.5
补体（工作量）		0.5	0.5	0.5	0.5	0.5	0.5	0.5	0.5	0.5
置 37～38℃水浴箱中 20min										
2.5%红细胞		0.5	0.5	0.5	0.5	0.5	0.5	0.5	0.5	0.5
溶血素（工作量）		0.5	0.5	0.5	0.5	0.5	0.5	0.5	0.5	0.5
置 37～38℃水浴箱中 20min										
抗原效价测定结果观察举例										
血清稀释	1∶10	#	#	#	#	#	#	+++	+++	++
	1∶25	#	#	#	#	#	#	+++	++	+
	1∶50	+++	#	#	#	#	+++	++	+	－
	1∶75	+++	++	+++	+++	+++	++	+	－	－
	1∶100	++	++	+++	+++	+++	+	－	－	－

根据以上举例的结果，抗原的效价为 1∶150 的稀释量。

2. 正式试验　在上述预备试验基础上，进行正式试验，操作方法参照表 2－16 进行。

（1）受检血清试验：先在排列试管加入 1∶10 稀释受检血清，总量为 0.5ml，此管准备加抗原；另一管总量为 1ml，不加抗原作为对照。加温 30min（马血清在 58～59℃加温，骡、驴血清在 63～64℃加温）后加入马鼻疽标准抗原（工作量）和补体（工作量）各 0.5ml；置 37～38℃水浴箱中加温 20min 后各试管中再加入 2.5%红细胞悬液 0.5ml 及 2 单位溶血素 0.5ml；再置 37～38℃水浴箱中 20min。

（2）对照试验：为证实上述操作过程中是否正确，应同时设置健康马血清、阳性马血清、抗原（工作量）、溶血素（工作量）对照试验。

表 2－16　正式试验操作术式（单位：ml）

正式试验			对照					
			阴性血清		阳性血清		抗原	溶血素
生理盐水	0.45	0.9	0.45	0.9	0.45	0.9	－	1.0
被检血清	0.05	0.1	0.05	0.1	0.05	0.1	－	－
58～59℃（马）或 63～64℃（骡、驴）水浴箱中 30min								
抗原（工作量）	0.5	－	0.5	－	0.5	－	1.0	－
补体（工作量）	0.5	0.5	0.5	0.5	0.5	0.5	0.5	0.5
37～38℃水浴箱中 20min								
2.5%红细胞	0.5	0.5	0.5	0.5	0.5	0.5	0.5	0.5
溶血素（工作量）	0.5	0.5	0.5	0.5	0.5	0.5	0.5	0.5
37～38℃水浴箱中 20min								
结果判定（举例）	#	－	－	－	#	－	－	—

（3）结果观察：加温完毕后，立即做第一次观察。阳性血清对照管须完全抑制溶血，其他对照管完全溶血，证明试验正确。静置室温 12h 后，再做第二次观察，详细记录两次观察结果。

（4）标准比色管配置：为正确判定反应结果，按表 2－17 制成标准比色管，0.5% 溶解红细胞液和 0.5% 红细胞悬液，摇匀后，静置室温下，次日待用，以判定溶血程度。配制标准比色管时，应于正式试验的同时实施，所用反应管的管径大小和管壁厚薄，以及各种要素都应与正式试验时使用的相同。

0.5% 溶解红细胞液的配制：取红细胞液 2.5ml 加于 47.5ml 纯化水内，使红细胞完全溶解后，再加 1.7% 盐水 50ml，制成 2.5% 溶解红细胞液，然后再用生理盐水稀释 5 倍，即 0.5% 溶解红细胞液。

0.5% 红细胞悬液的配制：于 2.5ml 的 2.5% 红细胞悬液内加 10ml 生理盐水即成。

表 2－17　标准比色管的配制（单位：ml）

溶血程度（%）	0	10	20	30	40	50	60	70	80	90
0.5% 溶解红细胞液	0	0.25	0.5	0.75	1.0	1.25	1.5	1.75	2.0	2.25
0.5% 红细胞悬液	2.5	2.25	2.0	1.75	1.5	1.25	1.0	0.75	0.5	0.25
总　量	2.5	2.5	2.5	2.5	2.5	2.5	2.5	2.5	2.5	2.5

（5）判定标准

①阳性反应：红细胞溶血 0%～10% 者为#；红细胞溶血 11%～40% 者为＋＋＋；红细胞溶血 41%～50% 者为＋＋。

②疑似反应：红细胞溶血 51%～70% 者为＋；红细胞溶血 71%～90% 者为±。

③阴性反应：红细胞溶血 91%～100% 者为－。

九、酶联免疫吸附试验

（一）器材准备

电热恒温培养箱、冰箱、酶标仪、保湿盒、96 孔酶标反应板、微量移液器、PRRS 病毒抗原、正常细胞对照抗原、酶标抗体（兔抗猪 IgG 辣根过氧化物酶结合物）、PRRS 病毒标准阳性血清、PRRS 病毒标准阴性血清、受检血清、抗原稀释液、血清稀释液、洗涤液、封闭液、底物溶液、终止液等。

（二）操作方法

1. 受检血清处理　实验前将受检血清统一编号，并用血清稀释液作 20 倍稀释。

2. 包被抗原　取 96 孔酶标反应板，于 1、3、5、7、9、11 孔依次加入 100μL 工作浓度的 PRRS 病毒抗原，2、4、6、8、10、12 孔依次加入 100μL 工作浓度的正常细胞抗原（图 2－78），封板，置湿盒内放 37℃恒温箱中感作 60min，再移置 4℃冰箱内过夜。

3. 洗板　弃去板中包被液，加洗涤液洗板，每孔 100μL，洗涤 3 次，每次 1min。在吸水纸上轻轻拍干。

4. 封闭　每孔加入封闭液 100μL，封板后置保湿盒内于 37℃恒温箱中感作 60min。

5. 洗涤　方法同 3。

	1	2	3	4	5	6	7	8	9	10	11	12
A	P	P	S3	S3								
B	P	P	S3	S3								
C	N	N	S4	S4								
D	N	N	S4	S4								
E	S1	S1	S5	S5								
F	S1	S1	S5	S5								
G	S2	S2	S6	S6								
H	S2	S2	S6	S6								
	V	C	V	C	V	C	V	C	V	C	V	C

图 2－78　PRRS 间接 ELISA 试验加样示意图

V：PRRS 病毒抗原包被列；C：正常细胞抗原包被列；P：标准阳性血清对照孔；
N：标准阴性血清对照孔；S1、S2、S3 等：受检血清编号

6. 加受检血清　反应板按图 2－78 编号后，对号加入已作稀释的受检血清、标准阳性血清和标准阴性血清。每份血清各加 2 个病毒抗原孔和 2 个对照抗原孔，孔位相邻。每孔加样量均为 100μL。封板，置保湿盒内于 37℃恒温箱中感作 30min。

7. 洗板　方法同 3。

8. 加酶标抗体　每孔加工作浓度的酶标抗体 100μL，封板，放保湿盒内置 37℃恒温箱中感作 30min。

9. 洗板　方法同 3。

10. 加底物　每孔加入新配制的底物溶液 100μL，封板，在 37℃恒温箱中感作 15min。

11. 加终止液　每孔添加终止液 100μL 终止反应。

12. 光密度（OD）值测定　在酶标测定仪上用 650nm 波长读取反应板各孔溶液的 OD 值，记入专用表格。

13. OD 值计算　按下式分别计算标准阳性血清、标准阴性血清和受检血清与 2 个平行抗原孔反应的 OD 值的平均值。

标准阳性血清（P）与病毒抗原（V）反应的均值 $P \cdot V\ (OD_{650}) = [A1\ (OD_{650}) + B1\ (OD_{650})]/2$

标准阳性血清（P）与对照抗原（C）反应的均值 $P \cdot C\ (OD_{650}) = [A2\ (OD_{650}) + B2\ (OD_{650})]/2$

标准阴性血清（N）与病毒抗原（V）反应的均值 $N \cdot V\ (OD_{650}) = [C1\ (OD_{650}) + D1\ (OD_{650})]/2$

受检血清（S）与病毒抗原（V）反应的均值 $S \cdot V\ (OD_{650}) = [E1\ (OD_{650}) + F1\ (OD_{650})]/2$（以 S1 血清为例）

受检血清（S）与对照抗原（C）反应的均值 $S \cdot C\ (OD_{650}) = [E2\ (OD_{650}) + F2\ (OD_{650})]/2$（以 S1 血清为例）

计算受检血清 OD 值与标准阳性血清 OD 值的比值 $S/P = [S \cdot V\ (OD_{650}) - S \cdot C\ (OD_{650})]/[P \cdot V\ (OD_{650}) - P \cdot C\ (OD_{650})]$

（三）结果的判定与解释

1. 有效性判定　$P \cdot V\ (OD_{650})$ 与 $N \cdot V\ (OD_{650})$ 的差值必须大于或等于 0.150 时，

才可进行结果判定。否则，本次试验无效。

2. 判定标准与解释

（1）S/P <0.3，判定为 PRRS 病毒抗体阴性，记作间接 ELISA（－）。

（2）0.4 >S/P≥0.3，判定为疑似，记作间接 ELISA（±）。

（3）S/P≥0.4，判定为 PRRS 病毒抗体阳性，记作间接 ELISA（＋）。

间接 ELISA（＋）者表明受检猪血清中含有 PRRS 病毒抗体。

十、荧光抗体检查

（一）器材准备

荧光显微镜、冰冻切片机、低温冰箱、荧光显微镜、载玻片、盖玻片、丙酮、PBS（0.01mol/L pH 值为 7.2）、碳酸盐缓冲甘油（0.5mol/L pH9.0～9.5）、猪瘟荧光抗体、受检样品（猪瘟病猪扁桃体、肾脏、脾脏、淋巴结、肝脏和肺等，或病毒分离时待检的细胞玻片）。

（二）操作方法

1. 组织片的制作　取新鲜的扁桃体与肾脏组织块，将样品组织块修切出 1cm×1cm 的面，用冰冻切片机制成 5～7μm 厚的冰冻组织切片，粘于厚度为 0.8～1.0mm 的清洁的载玻片上，空气中自然干燥，立刻在室温下放入冷丙酮内固定 15min，取出用 PBS 液轻轻漂洗数次，自然干燥或用电扇吹干后尽快用荧光抗体染色。如不能及时染色，可用塑料纸包好，放入低温冰箱中保存。

此外，也可做组织触片。将小块组织用滤纸将创面血液吸干，然后用玻片轻压创面，使之黏上 1～2 层细胞，自然干燥或用电扇吹干，固定后染色。

2. 荧光抗体染色（以猪瘟直接荧光抗体染色为例）

（1）用 PBS 液将猪瘟荧光抗体稀释至工作浓度。

（2）滴加荧光抗体于固定的组织切片上，以覆盖为度，放入湿盒中，37℃ 感作 30min。

（3）将切片取出，用 PBS 液进行 3 次 3min 浸洗（浸洗 3 次，换液 3 次，每次 3min），然后置室温中，待半干时以 pH9.0～9.5 的 0.5mol/L 碳酸盐缓冲甘油封片，立即置荧光显微镜下观察。

（4）设立猪瘟抗血清作抑制染色试验，以鉴定荧光的特异性。将组织切片固定后，滴加猪瘟高免血清，37℃感作 30min，3 次 3min 浸洗后，以猪瘟荧光抗体染色，以下操作同前。结果应为阴性。

（5）将染色后的组织切片置激发光为蓝紫光或紫外光的荧光显微镜下观察，判定结果。

3. 结果判定　在荧光显微镜下，见切片扁桃体隐窝上皮或肾曲小管上皮细胞的胞浆内呈明亮的翠绿色荧光，细胞形态清晰，并由抑制试验证明为特异的荧光，判为猪瘟阳性；无荧光或荧光微弱，细胞形态不清晰，判为猪瘟阴性。

（三）注意事项

1. 可疑急性猪瘟病例，活体采取扁桃体效果最佳。

2. 被检脏器必须新鲜，如不能及时检查，最好作冰冻切片保存。

3. 试验中所用载玻片应为无自发荧光的石英玻璃或普通优质玻璃，用前应浸泡于无水乙醇和乙醚等量混合液中，用时取出用绸布擦净。

4. 观察标本片，需在较暗的室内进行。当高压汞灯点燃 3～5min 后再开始检查。

5. 一般标本在高压汞灯下照射超过 3min 即有荧光减弱现象。标本片染完后应当天观察。

6. 荧光显微镜每次观察时间以 1～2h 为宜。超过 1.5h 灯泡发光强度下降，荧光强度随之减弱。

十一、变态反应

（一）器材准备

卡尺、酒精棉球、纱布、皮内注射器、皮内注射针头、注射器、煮沸消毒器、镊子、剪毛剪、消毒盘、鼻钳、记录表、工作服、带胶塞的灭菌小瓶、牛型提纯结核菌素、禽型提纯结核菌素、灭菌生理盐水、受检动物等。

（二）操作方法

1. 牛的牛型结核分枝杆菌 PPD 皮内变态反应试验 出生后 20d 的牛即可用本试验进行检疫。

（1）注射部位及术部处理：将牛只编号后在颈侧中部上 1/3 处剪毛（或提前一天剃毛），3 个月以内的犊牛，也可在肩胛部进行，直径约 10cm，注意术部应无明显的病变。用卡尺测量术部中央皮皱厚度，作好记录。

（2）注射剂量：不论大小牛只，一律皮内注射 0.1ml（含 2 000IU）。即将牛型结核分枝杆菌 PPD 稀释成每毫升含 2 万 IU 后，皮内注射 0.1ml。冻干 PPD 稀释后当天用完。

（3）注射方法：先以 75% 酒精消毒术部，然后皮内注射定量的牛型结核分枝杆菌 PPD，注射后局部应出现小疱，如对注射有疑问时，应另选 15cm 以外的部位或对侧重作。

（4）注射次数和观察反应：皮内注射后经 72h 判定，仔细观察局部有无热痛、肿胀等炎性反应，并以卡尺测量皮皱厚度，作好详细记录。对疑似反应牛应立即在另一侧以同一批 PPD 同一剂量进行第二回皮内注射，再经 72h 观察反应结果。

对阴性牛和疑似反应牛，于注射后 96h 和 120h 再分别观察一次，以防个别牛出现较晚的迟发型变态反应。

（5）结果判定

①阳性反应　局部有明显的炎性反应，皮厚差≥4.0mm。

②疑似反应　局部炎性反应不明显，4.0mm＞皮厚差≥2.0mm。

③阴性反应　无炎性反应，皮厚差＜2.0mm。

凡判定为疑似反应的牛只，于第一次检疫 60d 后进行复检，其结果仍为疑似反应时，经 60d 再复检，如仍为疑似反应，应判为阳性。

2. 其他动物牛型结核分枝杆菌 PPD 皮内变态反应试验 参照牛的牛型结核分枝杆菌 PPD 皮内变态反应试验进行。

3. 禽的禽型结核分枝杆菌 PPD 皮内变态反应试验

（1）操作方法：用 10mm×0.5mm 针头肉垂皮内注射 0.1ml（含 2 500IU）禽型结核分枝杆菌 PPD，48h 后观察。

（2）结果判定：阳性反应为接种部位肿胀，从5.0mm直径的小硬结到扩展至其他肉垂与颈部的广泛性水肿。

4. 牛的禽型结核分枝杆菌PPD皮内变态反应试验

（1）操作方法：与牛型结核分枝杆菌PPD皮内变态反应试验相同，只是禽型结核分枝杆菌PPD的剂量为每头0.1ml含2 500IU。即将禽型结核分枝杆菌PPD稀释成每毫升含2.5万IU后，皮内注射0.1ml。

（2）结果判定

①对牛型结核分枝杆菌PPD的反应为阳性（局部有明显的炎性反应，皮厚差≥4.0mm），并且对牛型结核分枝杆菌PPD的反应大于对禽型结核分枝杆菌PPD的反应，二者皮差在2.0mm以上，判为牛型结核分枝杆菌PPD皮内变态反应试验阳性。

②对已经定性为牛型结核分枝杆菌感染的牛群。其中即使少数牛的皮差在2.0mm以下，甚至对牛型结核分枝杆菌PPD的反应略小于对禽型结核分枝杆菌PPD的反应（反应差≤2.0mm），只要对牛型结核分枝杆菌PPD的反应在2.0mm以上，也应判定为牛型结核分枝杆菌PPD皮内变态反应试验阳性牛。

③对禽型结核分枝杆菌PPD的反应大于对牛型结核分枝杆菌PPD的反应，两者的皮差在2.0mm以上，判为禽型结核分枝杆菌PPD皮内变态反应试验阳性。

④对已经定性为副结核分枝杆菌或禽型结核分枝杆菌感染的牛群。其中即使少数牛的皮差在2.0mm以下，甚至对禽型结核分枝杆菌PPD的反应略小于对牛型结核分枝杆菌PPD的反应（不超过2.0mm），只要对禽型结核分枝杆菌PPD的反应在2.0mm以上，也应判为禽型结核分枝杆菌PPD皮内变态反应试验阳性牛。

（王　涛　张素丽）

任务七　寄生虫检查技术

一、蠕虫粪便检查

（一）器材准备

普通光学显微镜、普通离心机、载玻片、盖玻片、镊子、烧杯、离心管、试管、胶头吸管、玻璃棒、粪筛、浮聚瓶（平底管或青霉素小瓶）、生理盐水、甘油、饱和食盐水、火柴棒或牙签、特制铁丝圈、天平、受检样品等。

（二）操作方法

1. 直接涂片法

（1）用吸管吸取1～2滴生理盐水或1滴甘油与水的等量混合液，滴在洁净的载玻片上；

（2）用火柴棒或牙签挑取绿豆大小的粪便，从水滴的中心开始向外做圆形均匀涂抹（图2－79）；

（3）用镊子去掉较大的粪渣；

（4）将粪液涂成薄膜，薄膜的厚度以透过涂片隐约可见书上的字迹为宜（图2－80）；

（5）加盖玻片，置于低倍镜下检查。

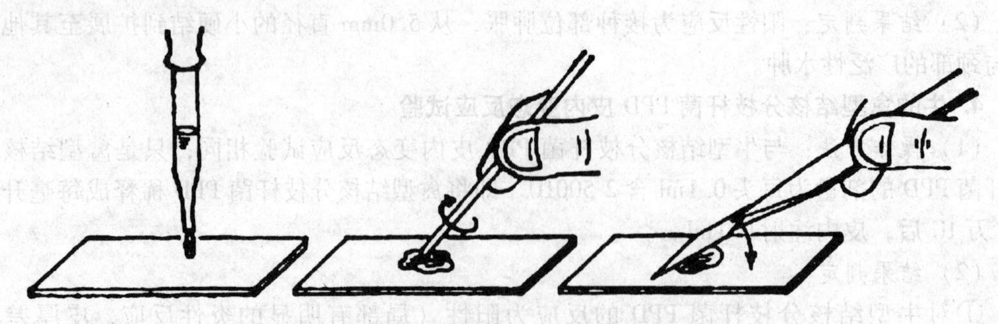

图 2-79　直接涂片法操作示意图

图 2-80　制成的受检样品涂片

（6）注意事项：该法简便、易行、快速、适合于虫卵量大的粪便检查，但对虫卵含量低的粪便检出率低，故此法每个样品必须检查 3～5 片；检查虫卵时，先用低倍镜顺序观察盖玻片下所有部分，发现疑似虫卵物时，再用高倍镜仔细观察。因一般虫卵（特别是线虫卵）色彩较淡，镜检时视野宜稍暗一些（聚光器下移）；应注意虫卵与粪便中的异物鉴别。

2. 自然沉淀法（彻底洗净法）

（1）称取粪便 5～10g，置于烧杯中（图 2-81）；

图 2-81　自然沉淀法操作示意图

（2）加 10～20 倍清水，用玻璃棒搅匀，制成混悬液；

（3）用粪筛（40～60 目）过滤到另一烧杯中，静置 20～30min；

（4）倾去上层液，保留沉渣，再加水混匀，静置 20～30min；

（5）如此反复操作 3～4 次，直至上层液体透明，最后倾去上层液；

（6）吸取沉渣作涂片，加盖玻片镜检。

（7）注意事项：自然沉淀法主要用于某些比重大于水的蠕虫卵可自然沉于容器底部进行检查；本法所需时间较长，但更适合没有离心机的场合使用。

3. 离心沉淀法

（1）称取粪便3g，置于烧杯中；

（2）加10～15倍清水，用玻璃棒搅匀，制成混悬液；

（3）用粪筛（40～60目）过滤到另一烧杯中；

（4）将粪液分装至离心管并用天平配置平衡；

（5）置离心机上，以2 000～2 500r/min离心1～2min；

（6）取出离心管倾去管内上层液体，加入清水搅匀，用同样转速与时间进行离心；

（7）如此反复操作2～3次，直到上层液体透明，最后倾去大部分上层液，留约为沉淀物1/2的溶液量，用胶头吸管吹吸混匀；

（8）吸取粪液1～2滴置载玻片上，加盖玻片镜检。沉渣作涂片检查。

（9）注意事项：离心沉淀法主要用于检查密度较大的蠕虫卵如吸虫卵等；本法所用粪量较少，为提高检出率，一次粪检最好多看几片。

4. 漂浮法

（1）烧杯法　操作流程如图2－82。

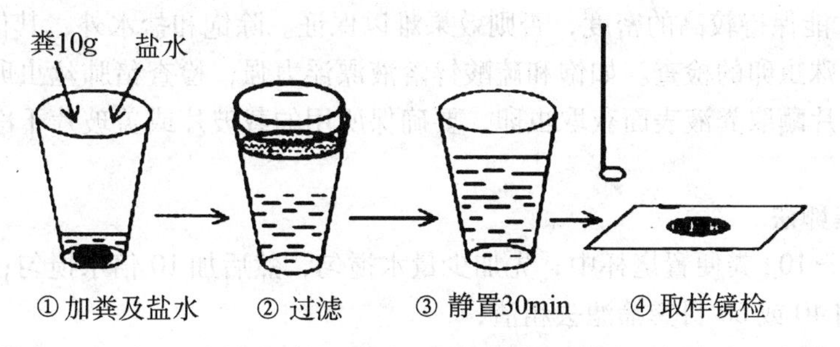

图2－82　烧杯法操作流程示意图

①取粪便5～10g，置于烧杯中；

②加10～20倍饱和盐水，用玻璃棒搅匀，制成混悬液；

③用60目粪筛过滤到另一烧杯中，静置30min；

④用直径5～10mm的特制铁丝圈，与液面平行接触以蘸取表面液膜，抖落于载玻片上，加盖玻片镜检。

⑤注意事项：本法对大多数线虫卵、绦虫卵及某些原虫卵囊均有效，但对吸虫卵、后圆线虫卵和棘头虫卵效果较差。如在检查比重较大的后圆线虫时，可先将猪粪便按沉淀法操作，取得沉渣后，在沉渣中加入饱和硫酸镁溶液，进行漂浮，收集虫卵；检查多例粪便时，用铁丝圈蘸取烧杯液面检查完一例，再蘸取另一例时，需先在酒精灯上烧过铁丝圈后再用，避免相互污染，影响结果的准确性。

（2）浮聚瓶法　操作流程如图2－83。

①取粪便2g，置于烧杯中；

②用镊子或玻璃棒压碎，加入10～20倍量的饱和盐水，搅拌均匀；

③用60目粪筛过滤到另一烧杯中；

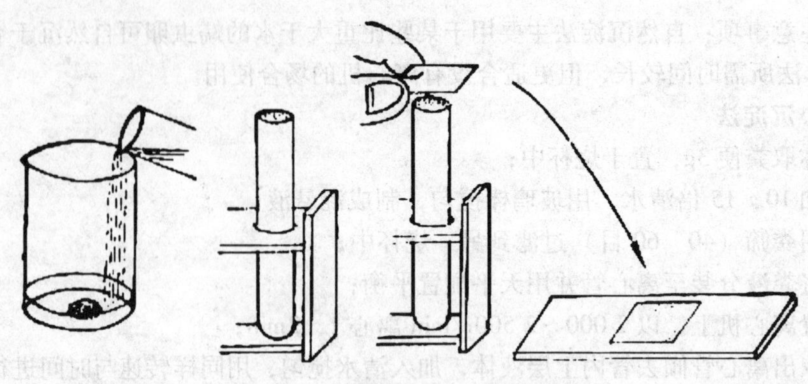

图 2-83　浮聚瓶法操作流程示意图

④将粪液倒入浮聚瓶（高 3.5cm，直径约 2cm 的平底管，也用青霉素小瓶）中，使瓶内粪液平于管口并稍隆起，但不要溢出，静置 30min；

⑤用盖玻片蘸取隆起的液面，放于载玻片上镜检；或用载玻片蘸取液面后翻转，加盖玻片后镜检。

⑥注意事项：浮聚瓶法漂浮时间以 30min 左右为宜。时间如少于 10min 则漂浮不完全；时间大于 1h 易造成虫卵变形、破裂，难以识别；盐类漂浮液必须饱和且保存温度不低于 13℃，才能保持较高的密度，否则效果难以保证。除饱和盐水外，其他一些漂浮液也可用于一些特殊虫卵的检查。如饱和硫酸锌溶液漂浮力强，检查猪肺丝虫卵效果较好；用载玻片或盖玻片蘸取粪液表面获取虫卵，要确保所用的载玻片或盖玻片干净无油腻，否则难以蘸取。

5. 筛兜集卵法

（1）取 5～10g 粪便置烧杯中，先加少量水搅匀，然后加 10 倍水搅匀；

（2）先用 40 或 60 目粪筛滤去粗渣；

（3）滤液再在 260 目的尼龙、绵纶筛兜过滤，并反复加水淘洗，直至滤液清澈透明为止；

（4）取兜内物涂片镜检。

（5）注意事项：此法操作迅速、简便，适用于体积较大的虫卵（如肝片吸虫卵）的检查。

二、肛门周围刮下物检查

（一）器材准备

普通光学显微镜、载玻片、盖玻片、牛角药匙、采样拭子、透明胶带纸、50% 甘油水溶液、生理盐水、饱和食盐水、试管等。

（二）操作方法

1. 直接涂片法

（1）助手保定待检马匹，检查者用牛角药匙蘸取 50% 甘油水溶液，轻刮肛门周围、尾底和会阴部皮肤表面；

（2）将刮下物直接涂布于载玻片上，加盖玻片镜检。

（3）注意事项：肛门周围刮下物检查是诊断马尖尾线虫病的特用方法；检查者在刮取

肛门周围、尾底和会阴皮肤表面时动作要轻柔，务必由助手保定好马匹，以免被踢伤或尾巴打伤。

2. 采样拭子法

（1）将采样拭子浸泡在生理盐水中片刻，取出挤去多余的盐水；

（2）助手保定动物，检查者用采样拭子在肛门周围擦拭；

（3）将采样拭子放入盛有饱和盐水的试管中，用力搅动后在试管内壁挤干水分后弃去；

（4）加饱和盐水至管口处，覆盖一张载玻片，务必使其接触液面，静置5min；

（5）取下载玻片，加盖玻片后镜检。

（6）注意事项：采样拭子法适用于检查产于肛门周围的马尖尾线虫卵或可在肛门附近发现的带绦虫卵；检查者在动物肛门周围擦拭时，务必有助手保定好动物，以免被动物咬伤、抓伤或踢伤。

3. 透明胶带纸法

（1）取长约6cm，宽约2cm的透明胶带纸，用胶面粘贴肛门周围皮肤；

（2）慢慢取下胶带纸，将有胶面平贴在载玻片上镜检。

（3）注意事项：用胶带纸胶面贴肛门周围皮肤时，要确保整个胶面与皮肤充分接触，粘上后可用手轻轻按压；为提高检出率，视肛门周围皮肤面积大小，选用2～3条胶带纸粘贴，分别镜检；在揭去透明胶带纸时，要轻轻取下，切不可用力过大，以免损伤肛门周围皮肤或毛发。

三、血液内蠕虫幼虫的检查

（一）器材准备

普通光学显微镜、载玻片、盖玻片、吸管、离心管、离心机、天平、注射器、刻度吸管、生理盐水、纯化水、甲醇、0.42%盐酸、明矾苏木素染色液、1%伊红染色液、缓冲液、3.8%枸橼酸钠溶液、姬姆萨染液、瑞氏染液、醋酸等。

（二）操作方法

1. 直接涂片镜检法

（1）取新鲜血液1滴，置于载玻片上；

（2）加盖片在低倍镜下检查，若见蛇形游动的幼虫（微丝蚴）在其中活动，可做染色检查，以鉴定虫种。

2. 溶血染色法

（1）采一大滴血在载玻片上略加涂布，待其自然干燥成一层厚血膜；

（2）将玻片反转，血膜面向下，斜浸入纯化水中，待其完全溶血，取出晾干；

（3）再浸入甲醇中固定10min，晾干；

（4）以明矾苏木素染色，待白细胞的核染成深紫色，取出以纯化水冲洗1～2min；

（5）显微镜下检查，如见染色过深，则应以0.42%盐酸褪色约30s。如染色适度则用自来水冲10min，再以1%伊红染0.5～1min，水洗2～5min；

（6）镜检。

3. 离心集虫法

（1）颈静脉采血1ml，置于装有0.1ml3.8%枸橼酸钠的离心管中，摇匀；

（2）加入5%醋酸溶液以溶血；

（3）待溶血完成后，以3 000r/min离心2min；

（4）弃上清液，吸取沉渣于载玻片上，加盖玻片镜检。

（三）注意事项

1. 本法适用于丝虫目线虫的幼虫检查。

2. 如血液中幼虫量多时，可推制血涂片，按血涂片染色法染色后检查；如血中幼虫很少，则可采用离心集虫法。

四、尿液中蠕虫卵检查

（一）器材准备

普通光学显微镜、普通离心机、载玻片、盖玻片、小烧杯、离心管、吸管等。

（二）操作方法

1. 自然沉淀检查法

（1）用小烧杯收集动物清晨排出的尿液，沉淀30min；

（2）倾去上层尿液，用吸管吸取尿沉渣滴于载玻片上，加盖玻片镜检；

（3）将剩余的尿沉渣小烧杯置黑色背景上观察，肉眼观察杯底有无白色虫卵颗粒；

（4）将小烧杯内尿液完全倾去，取清水用力将杯底虫卵冲洗下；

（5）用吸管吸取虫卵置载玻片上，加盖玻片镜检。

2. 离心沉淀检查法

（1）将采集的受检样品倒入离心管中；

（2）平衡后置离心机中，以1 500～2 000r/min离心2～3min；

（3）弃去上清液，吸取尿沉渣制片镜检。

（三）注意事项

1. 本法适用于有齿冠尾线虫、肾膨结线虫等寄生在泌尿系统的寄生虫。为提高检出率，最好采集动物的晨尿，必要时可重复检查2～3次；

2. 务必将采集好尿液的烧杯置于黑色背景下，以便观察到白色的虫卵颗粒。

3. 因虫卵黏性较大，需用力冲洗。可用吸管反复吹打，切不可置于自来水下冲洗，以免虫卵丢失。

五、螨虫的检查

（一）器材准备

普通光学显微镜、体视显微镜、放大镜、普通离心机、载玻片、盖玻片、培养皿、标本瓶、吸管、试管、离心管、试管架、试管夹、玻璃漏斗、筛网、60～100W灯泡、小烧杯、剪刀、镊子、凸刃手术刀、5%碘酒棉球、酒精灯、天平、生理盐水、50%甘油溶液、10%氢氧化钠溶液、60%硫代硫酸钠溶液等。

（二）操作方法

1. 受检样品处理

（1）详细检查病畜全身，找出所有皮肤增厚、结痂、脱毛的部位；

（2）在新生的患部与健康部交界处（螨虫较多），剪去长毛；

（3）取凸刃手术刀，用酒精灯消毒，在体表使刀刃与皮肤表面垂直，反复刮取表皮，直到稍微出血为止，此点对检查寄生于皮内的疥螨尤为重要；

（4）将刮到的病料收集到消毒好的标本瓶或培养皿内备检，刮取的病料不少于1g；

（5）刮取病料处用5%碘酒消毒。

2. 显微镜直接检查法

（1）将刮下的皮屑，放于载玻片上；

（2）滴加1～2滴50%甘油溶液或10%氢氧化钠溶液，覆以另一张载玻片；

（3）搓压两张载玻片使病料散开；

（4）分开载玻片，加盖玻片镜检。

3. 皮屑溶解法

（1）取较多的受检样品置于试管中；

（2）加入10%氢氧化钠溶液；

（3）在酒精灯上加热煮沸数分钟，待皮屑全部溶解后将其倒入离心管中；

（4）用天平配平，放入离心机，以2 000r/min，离心5min；

（5）取出离心管，弃去上层液；

（6）用吸管吸取沉淀物，滴于载玻片上，加盖玻片镜检。也可以向沉淀中加入60%硫代硫酸钠溶液至满，然后加上盖玻片，半小时后轻轻取下盖玻片覆盖在载玻片上镜检。

（7）注意事项：皮屑溶解法适用于病料中虫体较少时的检查，为提高检出率，可将皮屑加热后离心或加入60%硫代硫酸钠溶液进行漂浮；试管中加入10%氢氧化钠以不超过试管容量的2/3为宜，在酒精灯上加热时试管口不可朝向检查者。

4. 培养皿内加热法

（1）将受检样品放于培养皿内，加盖；

（2）将培养皿置盛有40～45℃温水的杯上；

（3）经10～15min后，将皿翻转，则虫体与少量皮屑黏附在皿底，大量皮屑则落于盖上；

（4）皿盖可继续放在温水上，再过15min，作同样处理；

（5）取皿底以放大镜或体视显微镜检查。

5. 温水检查法

（1）将受检样品浸入40～45℃的温水中，置恒温箱内1～2h；

（2）用体视显微镜观察，活螨在温热作用下，由皮屑内爬出，集结成团，沉于水底部。

6. 分离检查法（烤螨法）

（1）将受检样品放在特制的分离器或附有孔径大小适宜的筛网的普通玻璃漏斗里；

（2）在漏斗广口上距样品约6cm处放1个60～100W的灯泡，照射1～2h；

（3）用小烧杯装半杯甘油水，放在漏斗的下口处，收集爬出来的活螨；

（4）取小烧杯底部液体以放大镜或体视显微镜检查。

7. 蠕形螨检查方法

（1）检查动物四肢的外侧和腹部两侧、背部、眼眶四周、颊部和鼻部的皮肤，是否有砂粒样或黄豆大的结节。

（2）用手术刀切开结节，挤压，将脓性分泌物或淡黄色干酪样团排在载玻片上；

（3）滴加生理盐水1～2滴，均匀涂成薄片，加盖玻片镜检。

（三）注意事项

1. 螨虫对寄生部位有一定的选择性，多数寄生于体表皮肤柔软而毛少的部位。根据其发育规律和生活习性，确定采集虫体的时间和部位。

2. 在野外进行检查时，为避免风将刮下的皮屑吹去，刮时可将凸刃刀片上蘸取少量甘油或甘油与水的混合液，这样可使皮屑黏附在刀上。此外，凸刃刀片可减少对患部皮肤的损伤。

3. 虫体和受检样品采取中应严防散布病原。

4. 加热检查法只适用于对活螨的检查。

六、血液原虫的检查

（一）器材准备

普通光学显微镜、普通离心机、载玻片、盖玻片、吸管、试管、离心管、试管架、试管夹、剪刀、天平、生理盐水、缓冲液或中性纯化水、75%酒精棉球、50%甘油溶液、10%氢氧化钠溶液、3.8%枸橼酸钠溶液、姬姆萨染液、瑞氏染液等。

（二）操作方法

1. 血液涂片直接镜检

（1）将采出的血液滴1～2滴在洁净的载玻片上；

（2）加等量的生理盐水与之混合（不加生理盐水也可以，但易干燥）；

（3）加上盖玻片，立即置显微镜下用低倍镜检查，发现有运动的可疑虫体时，可再换高倍镜检查。

（4）注意事项：本法适用于检查血液中的伊氏锥虫。虫体在运动时较易检出，若为阳性可在血细胞间见有活动的虫体；为增加血液中虫体活动性，可以将载玻片在火焰上方略加温。由于虫体未被染色，检查时应使视野中的光线弱一些，可借助虫体运动时撞开的血细胞移动作为目标进行搜索。

2. 血液涂片染色镜

（1）采血部位剪毛，用酒精棉球消毒并强力摩擦使之充血，再用消毒针头穿刺、采血，滴于载玻片距端线约1cm处的中央；

（2）取一块边缘光滑的载玻片，作为推片。一端置于血滴的前方，然后稍向后移动，触及血滴，使血液均匀分布于两玻片之间，形成一线；

（3）推片与载玻片形成30°～45°角，平稳快速向前推进，使血液沿接触面散布均匀，即形成血薄片。检查梨形虫时，血片越薄越好。

（4）依据检查条件选用不同的染色方法。瑞氏染色法和姬姆萨染色法参见“细菌标本片染色与镜检”部分。

（5）注意事项：为提高虫体检出率，应在病畜出现高温期，未作药物处理前采血。采血前先用酒精棉球消毒待干，避免皮屑污染血片和酒精溶血；涂片时血膜不宜过厚，使红细胞均匀分布于载玻片上，尤其是检查梨形虫时，血片越薄越好；姬姆萨染色法时，血片必须充分干燥后再用甲醇固定，避免血膜脱落。

3. 离心集虫法

（1）颈静脉采血，置于预先备有3.8%枸橼酸钠溶液的试管内（血液与枸橼酸钠溶液的比例为4∶1）混匀；

（2）取此抗凝血6～7ml，以500r/min离心5min，使其中大部分红细胞沉降；

（3）用吸管将含有少量红细胞、白细胞和虫体的上层血浆，移入另一离心管；

（4）补加一些生理盐水，以2 500r/min离心10min；

（5）用吸管吸取上层沉淀物（白细胞和虫体），作压滴标本或染色检查。

（6）注意事项：当血液中的虫体较少时，可用离心集虫法，适用于检查伊氏锥虫和梨形虫；颈静脉采血时，应注意动物的保定姿势和选择好适宜的进针部位；因白细胞和虫体较红细胞轻，两次离心后，尽可能吸取上层的沉淀物，以提高虫体检出率。

4. 组织（组织液）检查法

（1）无菌穿刺采集淋巴结等组织或组织液作为受检样品；

（2）将穿刺物涂于载玻片上，制备涂片；

（3）自然干燥；

（4）用姬姆萨氏染色液或瑞氏染色液染色；

（5）镜检；

（6）注意事项：本法适用于泰勒虫、弓形虫的检查。

七、蠕虫幼虫的检查

（一）器材准备

普通光学显微镜、电热恒温培养箱、载玻片、盖玻片、培养皿、大烧杯（搪瓷杯）、三角烧瓶、吸管、试管、玻璃管、贝尔曼氏装置、镊子、酒精灯、天平、生理盐水、卢戈氏碘液等。

（二）操作方法

1. 幼虫培养法

（1）取新鲜粪便若干，弄碎置培养皿中央堆成半球状，顶部略高出边沿；

（2）在培养皿内边缘加水少许（如粪便稀可不必加水），加盖盖好使粪与培养皿盖顶部接触；

（3）放入25～30℃的温箱内培养或在此室温下培养；

（4）每日观察粪便是否干燥，要保持适宜的湿度；

（5）经7～15d，多数虫卵即可发育为第3期幼虫，爬到培氏皿的盖上或四周；

（6）翻转培氏皿盖，用吸管吸取少量生理盐水将幼虫冲洗下；

（7）将幼虫吸出置于载玻片上，加盖玻片镜检，或用贝尔曼氏装置收集幼虫镜检。

（8）在载玻片上滴加卢戈氏碘液进行镜检观察。

（9）注意事项：该法主要用于研究蠕虫卵或幼虫的生物学特性，根据幼虫形态加以鉴别。另外，人工感染试验时，也常用幼虫培养技术。培养皿内须预先放好培养基。对于吸虫卵、绦虫卵、棘头虫卵和大多数线虫卵，可用水或生理盐水做培养基。最好的培养基是灭菌的粪便或粪汁，尤以后者为佳。

2. 贝尔曼氏幼虫分离法 用贝尔曼氏装置进行（图 2－84）。

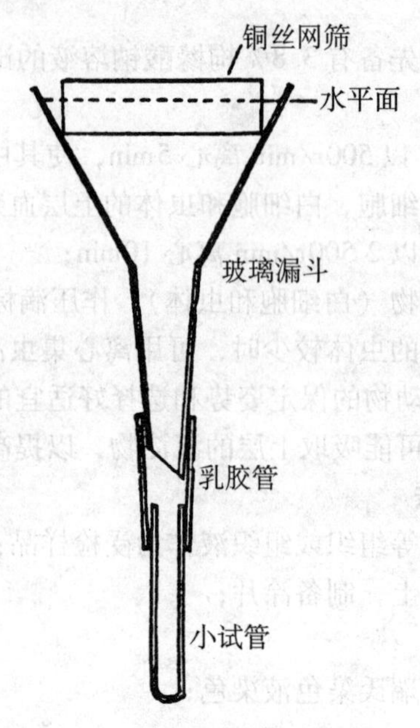

图 2－84 贝尔曼氏装置

（1）取受检材料（组织材料或粪便）15～20g 放在漏斗内的粪筛上；

（2）通过漏斗加入 40℃温水至淹没粪便为止；

（3）静置 1～3h，取下小试管；

（4）吸弃掉上清液，吸取管底沉淀物，滴于载玻片上，加盖玻片镜检。

（5）注意事项：主要用于从粪便培养物中分离第 3 期幼虫或从被检畜禽的某些组织中分离幼虫；如果检查组织器官材料，应尽量撕碎，但检查粪便时，则将完整粪球放入漏斗内的金属筛，不必弄碎，以免渣子落入小试管底部，镜检时不易观察；加入的温水必须充满整个小试管和乳胶管，并使其浸泡住被检材料（使水不致流出为止），中间不得有气泡或空隙。

3. 平皿幼虫分离法

（1）取粪球 3～10 个；

（2）置于表面皿或平皿内；

（3）加入少量 40℃温水；

（4）经 10～15min 后移去粪球；

（5）吸取皿内液体滴于载玻片上，加盖玻片镜检。

（6）注意事项：平皿法特别适用于球状粪便的检查；为了静态观察幼虫形态构造，可用酒精灯加热或滴入少量卢戈氏碘液，使幼虫很快死亡，并染成棕黄色，利于观察。

4. 毛蚴孵化法

（1）取新鲜粪便 100g，置 1 000ml 烧杯中捣碎；

（2）加水约 500ml，搅拌均匀，用 40～60 目粪筛过滤至另一个烧杯内；

（3）加水至九成满，静置沉淀 30min；

(4) 倾去上层液，再加清水搅匀，沉淀20min；

(5) 如此反复操作3~4次；

(6) 倾去上清液，粪便沉渣加30℃的温水置于三角烧瓶中，瓶口用中央插有玻璃管的胶塞塞上或用搪瓷杯加硬纸片盖上倒插试管的办法，瓶内的水量以至瓶口2cm处为宜，且使玻璃管或试管中必须有一段漏出的水柱（图2-85）；

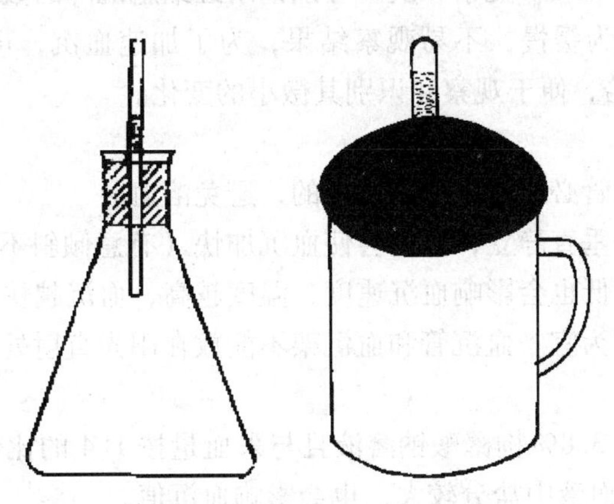

图2-85 沉孵法装置示意图

(7) 放入25~35℃的温箱中孵化；

(8) 30min后开始观察水柱内是否有毛蚴。如没有，以后每隔1h观察1次，共观察数次。任何一次发现毛蚴，即可停止观察。

(9) 注意事项：毛蚴孵化法为诊断血吸虫病的特用方法。将含有血吸虫卵的粪便在适宜的温度条件下进行孵化，等毛蚴从虫卵内孵出来后，借着向上、向光、向清的特性，进行观察，作出诊断；应在光线明亮处，衬以黑色背景用肉眼观察，必要时可借助于放大镜；受检样品务必新鲜，不可触地污染；气温高时毛蚴孵出迅速，因此，在淘洗粪便时应严格掌握换水时间，以免倾去毛蚴而出现假阴性结果；孵化用水一定要清洁，自来水需放置过夜脱氯后使用；所有与粪便接触过的用具，需清洗消毒后再用。

（蔡丙严 王洪利）

任务八 临床检验技术

一、血液常规检验

（一）红细胞沉降速率的测定

1. 器材准备 魏氏血沉管、血沉架、“六五”型血沉管、脱脂棉、小试管、采血器械、洗耳球、计时器、3.8%枸橼酸钠、10% EDTA二钠、受检样品等。

2. 操作方法

(1) 魏氏法：取试管加入3.8%枸橼酸钠溶液1ml，再采静脉血4ml，轻轻混匀，备用；用血沉管吸取上述抗凝被检血液至刻度“0”处，并用干棉球拭去管壁外血液，垂直固定于血沉架上，在室温条件下静置，分别经15min、30min、45min及60min观察一次红细胞下降（上层出现血浆）的毫米数，即为血沉值。

（2）六五型血沉管法：适用于马属动物血沉的测定。测定时向血沉管内加入10% $EDTANa_2$4滴，由颈静脉采血加入血沉管中至“0”刻度处，用拇指或胶皮管堵住管口，轻轻颠倒血沉管4～6次，使血液与抗凝剂充分混匀。在室温下垂直放置于试管架上，经15min、30min、45min、60min观察一次。分别记录红细胞沉降的数值。

黄牛及羊的血沉极为缓慢，不易观察结果，为了加速血沉，可将血沉管倾斜60°角，这样可使血沉加快10倍，便于观察和识别其微小的变化。

3. 注意事项

（1）测量用的血沉管必须是干净、干燥的，避免溶血。

（2）血沉管必须是垂直静立，否则会使血沉加快（有意倾斜不在此例）。

（3）环境温度的高低也会影响血沉速度，温度越高，血沉越快，反之就减慢，故血沉测定的室温以20℃左右为宜。血沉管和血沉架不能放在阳光直射处，不能靠近火炉或其他取暖设备。

（4）抗凝剂应选用3.8%枸橼酸钠溶液且与采血量按1:4的比例添加，少了会使血液产生血凝块，多了会使血液中盐分较大，也会影响血沉值。

（5）血液柱面内不应有气泡和空气柱，否则会使血沉减慢。

（6）此试验应在采血后3h内测完，放置时间延长，可使血沉减慢。

（7）冷藏的血液应先把血温回升到室温将血液混匀后再进行测定。

（二）红细胞压积容量测定

1. 器材准备 温氏测定管、细长毛细吸管或长针头、离心机、抗凝剂、受检样品等。

2. 操作方法

（1）用长的毛细吸管或尾端装有橡皮乳头的长针头（长约15cm）吸取乙二胺四乙酸二钠（$EDTANa_2$）抗凝血液，插入温氏管底部，自下而上加入血液至刻度“10”处。

（2）将压积管置于水平离心机中，以3 000r/min速度离心30～60min（马30min，牛、羊、猪60min），离心后，管内血柱分为四层，最上面一层为淡黄色的是血浆，中间一层薄薄的灰白色的为白细胞和血小板层，第三层红黑色薄层为含还原血红蛋白的红细胞层，最下层为含氧合血红蛋白的红细胞层。读取红细胞层所达到的毫米数，即为每100ml血液中红细胞压积容量的百分率（若离心机是倾斜式的，细胞沉淀为斜面，读取数值时应读取斜面的最高值和最低值的和再除以2）。

3. 注意事项

（1）温氏管壁一侧自上而下标有0～10刻度，供测定血沉之用；另一侧自下而上标有0～10刻度，供测定PCV用，0～10之间共有100个刻度，测定时应正确选用。

（2）抗凝剂宜选用$EDTANa_2$，因不改变其细胞体积及形态。

（3）放置或冷藏的抗凝全血必须让其回到室温，测定时必须轻轻而充分地把血液混匀。

（4）血样不能溶血，且用来吸取血液的毛细吸管或长针头的尖端不能离开液面，否则管内会产生气泡。

（5）读取结果时不能把细胞层最上方的灰白层（白细胞和血小板）计入。

（三）红细胞渗透脆性的测定

1. 器材准备　小试管、试管架、血红蛋白吸管、脱脂棉、1ml吸管、5ml吸管、离心机、1% NaCl溶液、生理盐水、纯化水、抗凝剂、受检样品等。

2. 操作方法

（1）取24支清洁干燥的小试管，编好号按顺序排列于试管架上。

（2）在第1管加入1%氯化钠0.8ml，从第2管起每管递减0.02ml，直至第24管。

（3）再在第1管加入纯化水0.2ml，从第2管起每管递增0.02ml，直至第24管。第1管的氯化钠溶液的浓度为0.8%，最后一管的氯化钠溶液的浓度为0.34%，每管浓度递减0.02%（表2－18）。

（4）用血红蛋白吸管吸取血液，向每一试管中分别加入血液20μL，将试管夹在两掌心中迅速搓动，使血液与管内NaCl溶液混匀（切勿用力震荡），室温下静置1～2h。

（5）观察结果并纪录：记录开始溶血和完全溶血的两管NaCl溶液浓度。按下列标准判断有无溶血、不完全溶血或完全溶血。

上清液无色，管底为混浊红色或有沉淀的红细胞，表示没有溶血。

上清液呈淡红色，管底为混浊红色表示只有部分红细胞破裂溶解，为不完全溶血。开始出现部分溶血的NaCl溶液浓度，即为红细胞的最小抵抗值，也是红细胞的最大脆性。

管内液体完全变成透明的红色，管底无细胞沉积，为完全溶血。引起红细胞完全溶解的最低NaCl溶液浓度，即为红细胞的最大抵抗值，即红细胞的最小脆性。

表2－18　1%NaCl溶液稀释成不同浓度低渗溶液术式表

管号	1	2	3	4	5	6	7	8	9	10	11	12
1% NaCl溶液（ml）	0.8	0.78	0.76	0.74	0.72	0.7	0.68	0.66	0.64	0.62	0.6	0.58
纯化水（ml）	0.2	0.22	0.24	0.26	0.28	0.3	0.32	0.34	0.36	0.38	0.4	0.42
NaCl浓度（%）	0.8	0.78	0.76	0.74	0.72	0.7	0.68	0.66	0.64	0.62	0.6	0.58
管号	13	14	15	16	17	18	19	20	21	22	23	24
1% NaCl溶液（ml）	0.56	0.54	0.52	0.5	0.48	0.46	0.44	0.42	0.4	0.38	0.36	0.34
纯化水（ml）	0.44	0.46	0.48	0.5	0.52	0.54	0.56	0.58	0.6	0.62	0.64	0.66
NaCl浓度（%）	0.56	0.54	0.52	0.5	0.48	0.46	0.44	0.42	0.4	0.38	0.36	0.34

3. 注意事项

（1）氯化钠应选用纯品，玻璃器皿要充分烘干。配制1.0% NaCl溶液，称量必须准确。

（2）取血时一定要避免溶血。防止酸、碱、尿素、肥皂等一切溶血物质污染。

（3）滴加血液时要靠近液面，使血滴轻轻滴入溶液以免血滴冲击力太大，使红细胞破损而造成溶血的假象。

（4）加入血滴后，轻轻摇匀溶液，切勿剧烈振荡。

（5）应在光线明亮处观察结果。如对完全溶血管有疑问，可用离心机离心后，取试管底部液体一滴，在显微镜下观察是否有红细胞存在。

（四）红细胞计数

1. 器材准备　血细胞计数板、沙利氏血红蛋白吸管（血红蛋白吸管）、血盖片、5ml刻度吸管、小试管、计数器、显微镜、擦镜纸、脱脂棉、红细胞稀释液、纯化水、乙醇、乙醚、受检样品等。

2. 操作方法

（1）血液稀释：取清洁、干燥小试管一支，加红细胞稀释液3.99ml或3.98ml，而后用沙利氏吸管吸取受检血液至10刻度（10μl）或20刻度（20μl）处，用棉球拭去管壁外血液，将沙利氏吸管插入小试管内稀释液底部，挤出血液，并吸上清液洗2～3次，将血液与稀释液充分混匀。此时血液被稀释400倍或200倍。

（2）寻找计数区域：将显微镜平放在操作台上，首先用低倍镜对好光，由于计数板的透光性较好，故对好光以后将光圈尽量关小（称为暗视野）。然后取清洁干燥的计数板和血盖片，将血盖片紧密覆盖于血细胞计数板上，并将计数板平置于显微镜载物台上，用低倍镜对准其中的某一个计数室在暗视野下先找到红细胞计数室（最中间的中央大方格）。

（3）充液：用低倍镜找到红细胞计数室后，先检查一下计数室是否干净，如果不干净用软的稠布擦拭计数板和血盖片的表面直到其洁净为止。然后用吸管吸取（或用小玻璃棒蘸取）已摇匀稀释血液，使吸管（或玻璃棒）尖端接触血盖片边缘和计数室交界处（图2－86），稀释血液即可自然流入并充满计数室。

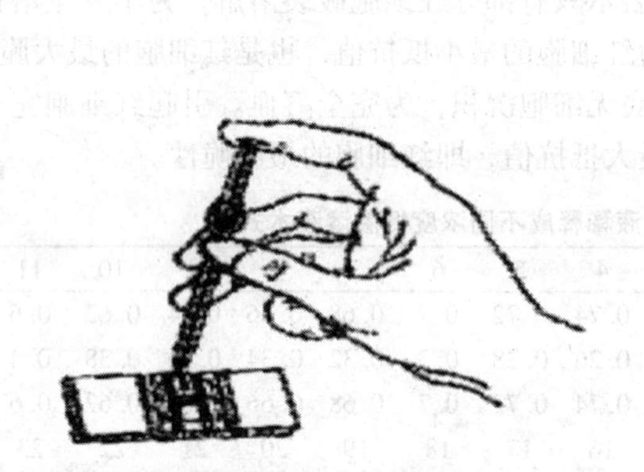

图2－86　计数室充液法

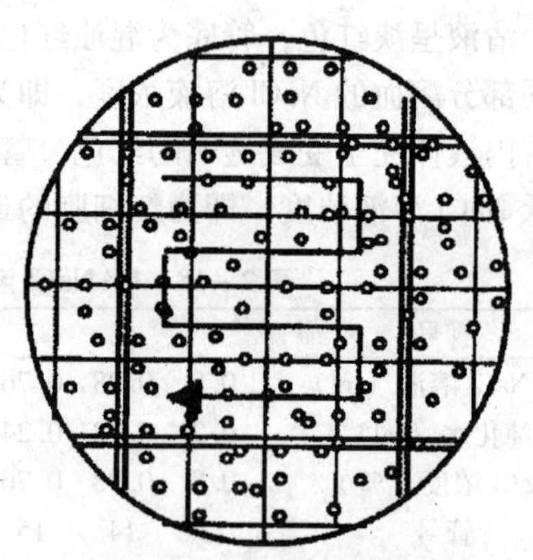

图2－87　红细胞计数顺序

（4）计数：计数室充液后，应静置1～2min，待红细胞分布均匀并下沉后开始计数。计数红细胞使用高倍镜。计数的方格为红细胞计数室中的四角4个及中央1个方格共5个中方格或计对角线的5个中方格内的红细胞数（即80个小方格）。为避免重复和遗漏，计数时要按照一定的顺序进行，均应从左至右，再从右至左，计数完16个小方格的红细胞数（图2－87）。在计数每个小方格内红细胞时，对压线的细胞计压在上边和左边线上的红细胞，不计压在下边和右边线上的红细胞，即所谓“数左不数右，数上不数下”的计数法则。红细胞在高倍镜下呈圆形或碟形，中央透亮，微黄或浅金黄色。切勿与杂质相混淆。

（5）计算：红细胞数（个/mm^3）＝R×5×10×血液稀释倍数（400或200）＝R×20 000（或R×10 000）

或红细胞数（个/L）＝R×5×10×血液稀释倍数（400或200）×10^6

其中，R为计数得5个中方格（80个小方格）内红细胞数；5为所计数5个中方格的面积为1/5mm^2，要换算为1mm^2时，应乘以5；10为计数室深度为0.1mm，要换算为1mm时，应乘以10；10^6为1L＝1×10^6ml。

3. 注意事项　由于仪器本身和技术操作上的缺陷以及血细胞在计数室分布的特点，

所以血细胞计数有一定的误差。为减少误差获得正确结果，应注意以下几方面的事项：

（1）所用的器材应清洁、干燥，符合标准，无损坏，血液和试剂符合检验要求。

（2）操作台及其显微镜应保持水平，否则计数室内的液体会流向一侧而使计数结果不准确。

（3）吸取血液和稀释液要准确。如是抗凝血样，吸取血液之前一定要摇匀，管外壁血迹要擦拭干净。

（4）由于家畜的红细胞比较多，血样一般做400倍稀释，目的便于在高倍镜下计数。

（5）充液前应将稀释液混匀，充液要无气泡，充液后不要再振动计算板。充液后应静置1～2min方可计数。

（6）计数时应严格按照顺序和压线原则进行，并且至少要计五个中方格内的红细胞数，任意两个中方格之间的误差不应超过20个红细胞。

（7）操作要迅速，最好重复计数2～3次，以验证准确性。

（8）试验完毕，计数板先用纯化水冲洗干净，再用绸布轻轻擦干，切不可用粗布擦拭，也不能用乙醚、酒精等有机溶剂冲洗；沙利氏血红蛋白吸管每次用完后，先在清水中吸吹数次，然后分别在纯化水、酒精、乙醚中按顺序吸吹数次，干后备用。

（五）白细胞计数

1. 器材准备　血细胞计数板、沙利氏血红蛋白吸管（血红蛋白吸管）、血盖片、0.5ml刻度吸管、小试管、计数器、显微镜、擦镜纸、脱脂棉、白细胞稀释液、纯化水、乙醇、乙醚等。

2. 操作方法

（1）血液稀释：取清洁、干燥小试管一支，加入白细胞稀释液0.38ml；用沙利氏吸管吸取供检血液20μL加入试管内，混匀，即可得20倍稀释的血液。

（2）寻找计数区域：与红细胞计数相似，只是将镜头调到白细胞计数室中（四角的4个大方格中的任何一个）。

（3）充液：与红细胞计数法相同（注意不要将气泡充入计数室内）。

（4）计数：基本与红细胞计数法相同，所不同的是用低倍镜计数，计4个角上的4个大方格（共有16×4=64个中方格）的白细胞按顺序全部数完。白细胞呈圆形有核，周围透亮。

（5）计算：白细胞数（个/mm^3）$= W/4 \times 10 \times 20 = W \times 50$

或白细胞数（个/L）$= W/4 \times 10 \times 20 \times 10^6$

W—为4个大方格（白细胞计数室）内白细胞总数。

W/4—因4个大方格的面积为$4mm^2$，W/4为$1mm^2$内的白细胞数。

10—计数室的深度为0.1mm，换算为1mm，应乘以10。

20—为血液的稀释倍数。

3. 注意事项　为了获得准确可靠的结果必须按照红细胞计数的注意事项进行操作，另外由于白细胞比较少，所以每个大方格的白细胞数目误差应不超过8个，否则说明充液不均匀。另外还要注意不要把尘埃异物与白细胞相混淆；必要时可用高倍镜观察有无细胞结构加以区别。

如果血液内含有多量有核红细胞时，因其不受稀酸破坏，容易使计数的白细胞数增高，在这种情况下必须校正。例如，白细胞总数为14 000/mm^3，在白细胞分类计数中发现有核红细胞占20%，则实际白细胞数可按以下公式计算：14 000 - 14 000 × 20% = 11 200 个/mm^3。

（六）血小板计数

1. 器材准备 血细胞计数板、沙利氏血红蛋白吸管（血红蛋白吸管）、血盖片、0.5ml刻度吸管、小试管、计数器、显微镜、擦镜纸、脱脂棉、血小板计数稀释液、纯化水、乙醇、乙醚等。

2. 操作方法 取稀释液0.38ml置于小试管中，用血红蛋白吸管吸取血液20μL，用脱脂棉擦去管外壁的血液后将其吹入盛有稀释液的试管底部，再吸吹数次，以洗出血红蛋白吸管内黏附的血液，混匀，静置15min左右，以使红细胞和白细胞溶解，然后再混匀，用毛细吸管或用玻棒蘸取稀释好的血液充入计数室内，静置15min左右（使血小板下沉），在高倍镜下计数一个大方格内的血小板总数，乘200，即得每微升血液中血小板的个数；或计数5个中方格（80个小方格）内的血小板数乘以50，即得每微升血液中血小板个数。

3. 注意事项

（1）所用的器材必须清洁干燥，稀释液必须新鲜无沉淀，否则会影响计数结果。所有的操作必须规范操作。

（2）采血要迅速，以防止血小板离体后破裂、聚集等造成误差。

（3）由于血小板体积小，质量轻，不易下沉，所以要静置一段时间，在夏季还应保持湿度。另外在计数时由于血小板体积小，常不在同一焦距上，要利用显微镜的细调节器来调节焦距，才能看清楚。

（七）白细胞分类计数

1. 器材准备 载玻片、染色用具、玻璃铅笔、吸水纸、白细胞分类计数器、显微镜、擦镜纸、香柏油、瑞氏染色液、姬姆萨氏染色液、磷酸盐缓冲液（pH值为6.8）、纯化水、受检样品等。

2. 操作方法

（1）血片的制作：选取一张边缘光滑平整的载玻片作推片，用左手的拇指和中指夹持一张洁净载玻片的两端，取被检血液一滴（最好是新鲜的未加抗凝剂的血液），置于载玻片的右端，右手持推片置于血滴前方，并轻轻向后移动推片，使之与血液接触，待血液扩散开后，再以30°~45°角向前匀速推进涂抹，即形成一个血膜，迅速自然风干（图2-88）。

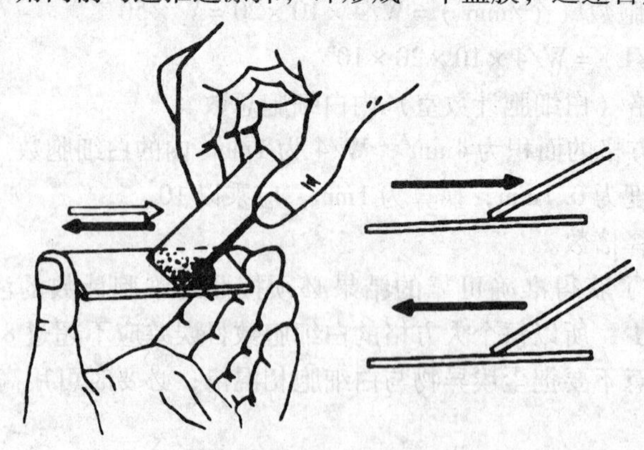

图2-88 涂制血片的方法

涂片时，血滴越大，角度（两载玻片之间的锐角）越大，推片速度越快，则血膜越厚；反之则血膜越薄。白细胞分类计数的血膜宜稍厚，进行红细胞形态及血原虫检查的血片宜稍薄。一张良好的血涂片要求血液分布应均匀，厚度适宜，边缘整齐，能明显分出头、体、尾三部分。对光观察呈霓虹色，血膜位于载玻片中央，占载玻片面积中间的2/3最佳，两端留有适当空隙，以便注明动物类别、编号及日期。推好的血片可空气中左右挥动，使其迅速干燥，以防细胞皱缩而使血细胞变形。反之，则需重行制作，直至合格后，再行染色。

（2）血片的染色：常用瑞特氏染色法。先用玻璃铅笔在血膜两端各划一条竖线，以防染液外溢，将血片平放于水平染色架上；滴加瑞氏染液于血片上，直至将血膜盖满为止；待染色1~2min后，再加等量磷酸盐缓冲液（中性纯化水也可以），并用洗耳球轻轻吹动，使染色液与缓冲液混合均匀，再染色3~5min；最后用纯化水或清水冲洗血片，待自然干燥或用吸水纸吸干后镜检。所得血片呈樱桃红色者为佳。

染色效果主要是由两个环节决定的，首先是染色液的酸碱度，染色液偏碱时呈灰蓝色，偏酸时呈鲜红色。要注意甲醇、甘油、纯化水、玻片等保持中性或弱酸性，并尽可能使用磷酸盐缓冲液；其次是染色的时间，这与染液性能、浓度、室温温度和血片的厚薄有关。

（3）镜检计数：先用低倍镜找到图像，再用高倍镜观察血膜细胞上分布情况及染色质量等。如染色合格，在血片上滴上一滴香柏油，再换用油镜进行观察计数。由于比重大的细胞多分布在血片的边缘和尾部，如粒细胞、单核细胞等，比重小的细胞则多分布在血片的头部和中间，如小淋巴细胞等。为减少细胞分布的固有误差和避免重复计数，通常在血片的两端或两端的上下部按二区（图2－89）或四区（图2－90）计数法，有顺序地移动血片，计数白细胞100~200个（白细胞总数在1万个/mm^3以下计数100个，在1万~2万个/mm^3以内计数200个，在2万个/mm^3以上计数400个），分别记录各种白细胞数，最后计算出各种白细胞所占百分比。

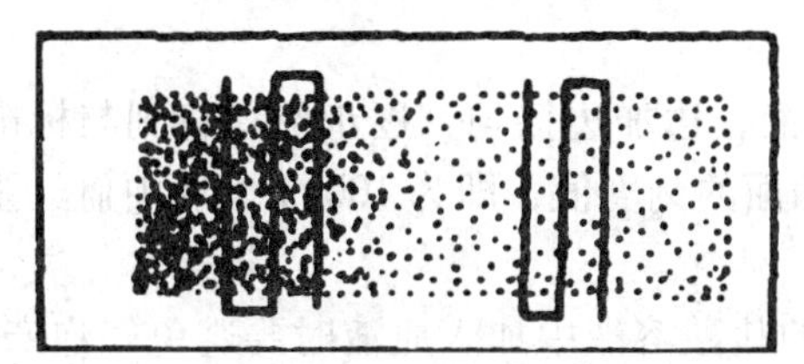

图2－89　白细胞二区法分类计数

图2－90　白细胞四区法分类计数

记录时，可用白细胞分类计数器，或设计一个表格用画“正”字的方法加以记录。

某种白细胞的百分率（%）＝（某种白细胞数/分类计数白细胞总数）×100

某种白细胞的绝对值＝白细胞总数×某种白细胞的百分率。

各种白细胞的形态特征主要表现在细胞核及细胞浆的特有性状上，并应注意细胞的大小。应在同一张血片上对照比较，互相鉴别。白细胞根据细胞浆有无颗粒可将白细胞分成有颗粒白细胞和无颗粒白细胞；颗粒白细胞包括嗜酸性粒、嗜碱性粒及嗜中性粒白细胞。无颗粒白细胞又包括淋巴细胞和单核细胞。

3. 注意事项

（1）载玻片应事先处理干净。新玻片常有游离的碱质，先用肥皂水洗刷，流水冲洗，然后浸泡于1%~2%的盐酸或醋酸溶液中约1h左右再用流水冲洗，烘干后浸于95%以上的酒精中备用。旧玻片先放入加洗衣粉的水中煮沸30min左右（若是细菌涂片先高压灭菌后再进行煮沸处理）。洗刷干净后再用流水反复冲洗，烘干后浸于95%以上的酒精中备用。使用时用镊子取出载玻片擦干，切勿用手指直接与载玻片表面接触，以保持玻片的清洁。

（2）推制血片时，用力要均匀，两张载玻片不要压的太紧，勿使血片太厚或太薄。

（3）血膜分布不均匀且边缘不齐，主要是由于推片不平整不光滑，用力不匀及载玻片不清洁所致。

（4）用玻璃铅笔在血膜的两端画线是起到防止染色液外溢的作用，对染色效果没有影响。

（5）滴加瑞氏染液的量不宜太少，太少易挥发而形成颗粒；滴加缓冲液要混合均匀，否则会出现血片颜色深浅不一。

（6）冲洗时应将纯化水或清水直接向血膜上倾倒，使液体自血片边缘溢出，沉淀物从液面浮去，切不可先将染液倾去再冲洗，否则沉淀物附着于血膜表面而不易被冲掉。

（7）染色良好的血涂片应呈樱桃红色，若呈淡紫色，是染色时间过长造成的，若呈红色是染色时间过短造成的。染色液偏碱时血片呈烟灰色；偏酸时血片呈鲜红色。所用磷酸盐缓冲液是调节液体的酸碱性的，要使之呈中性。

（八）血红蛋白含量的测定

1. 器材准备 沙利氏血红蛋白比色架、标准比色柱、血红蛋白测定管、沙利氏吸管、0.1mol/L盐酸溶液、纯化水、乙醇、乙醚、受检样品等。

2. 操作方法

（1）于测定管内加入0.1mol/L盐酸溶液至“2”或是百分刻度“20”处；

（2）用沙利氏吸管吸取受检血液至“20μL”刻度处，并用棉球拭去管壁外血液，迅速将管内血液缓缓吹入测定管内的盐酸溶液中；再吸取上清液，反复吹吸数次，以洗出沙利氏吸管内黏附的血液，混匀，静置10min。

（3）沿管壁加入纯化水或0.1mol/L盐酸溶液，边加边摇匀，逐步稀释直到与标准比色柱的色调一致为止，此时读取测定管内液柱凹面的刻度值，即为100ml血液中血红蛋白的克数或百分数。

3. 注意事项 为了减少误差，向测定管内的盐酸溶液中加入血液时要避免气泡产生，如果有气泡产生，可用小玻棒蘸少量95%的酒精，然后接触气泡，即可消除。为了使结果更为准确，在读数后再加纯化水1滴，如液体色泽变淡，以上一次的读数为准；如液体色泽不变淡，则需重新读数，以后一次读数为准。

二、尿液常规检验

（一）尿液的物理学检验

1. 器材准备 洁净干燥的大容器、烧杯、小玻璃杯或小试管、量筒、尿液密度计、温度计、受检样品等。

2. 操作方法

（1）尿量检查：用一洁净干燥的容器收集动物24h内排出的尿液，然后用量筒测定出体积即为动物24h的尿量。24h内健康动物排尿量见表2－19。

表 2－19　健康动物 24h 排尿量

动物种类	尿量（L）	动物种类	尿量（L）
马	3～6	猪	2～5
牛	6～12	犬	0.5～2
绵羊、山羊	0.5～2	骆驼	8～12

（2）混浊度（透明度）检查：用一洁净干燥的烧杯收集动物新鲜的尿液。在光线明亮的条件下观察是否透明。马属动物尿中含有大量悬浮在粘蛋白中的碳酸钙和不溶性磷酸盐，故刚排出的尿液不透明而呈混浊状，尤其终末尿明显；反刍动物的新鲜尿液清亮、透明；肉食动物尿液正常时清亮、透明。

马属动物的尿液暴露于空气中后，因酸式碳酸钙释放出二氧化碳后变成难溶的碳酸钙，致使尿混浊度增加。静置时，在尿表面放置不久由于尿路黏膜分泌物、少量上皮细胞和磷酸盐、尿酸盐、碳酸盐等析出的结晶而变混浊。反刍动物尿液表面形成一层碳酸钙的闪光薄膜而底层出现黄色沉淀。

（3）尿色检查：将尿液盛于小玻璃杯或小试管中，衬以白色背景，在光线明亮的条件下观察其颜色变化。

马尿液为较深黄色，犬尿液为鲜黄色，黄牛尿液为淡黄色，水牛尿液为水样外观。陈旧尿液则颜色加深。尿液的颜色可因各种病理变化及某些代谢物、药物等的影响而改变。

给动物内服或注射某些药物，也可使尿液颜色发生改变，如内服呋喃唑酮，尿呈深黄色；内服芦荟时，尿呈红黄色；注射美蓝或台盼蓝后，尿呈蓝色。这些情况可通过病史调查而查明。

（4）气味检查：尿液的气味来自尿内的挥发性有机物和酸，正常动物刚排出的尿略带有机芳香族气味，这与饲料的性质有关，因为有些蛋白质含有苯环的氨基酸，代谢后排出挥发性较强的芳香物质较多，气味较强。尿液存储较长时间后，因尿素分解而有氨臭味，见于膀胱炎、膀胱麻痹、膀胱括约肌痉挛、尿道阻塞等时；当发生膀胱或尿道溃疡、坏死、化脓或组织崩解时，由于蛋白质分解而尿液带腐臭味；羊妊娠毒血症、牛酮病、产后瘫痪等时，尿液有酮味，如同烂苹果样气味。

（5）密度（比重）测定：选用刻度为 1.000～1.060 的比重计作为尿比重计。测定时，将尿盛于适当大小的量筒内，然后将尿比重计沉入尿内，经 1～2min 待比重计稳定后，读取尿液凹面的读数即为尿的比重数。尿量不足时，可用纯化水将尿稀释数倍，然后将测得尿比重的最后两位数字乘以稀释倍数，即得原尿的比重。测定时应在 15℃的室温中进行，因为尿比重计上的刻度是以尿温为 15℃时而制定的，故当尿温高于 15℃时，则每高 3℃应于测定的数值中加 0.001；温度每低 3℃，则于测定的数值中减去 0.001。如尿比重计标明是以 20℃为标准制定的，亦应用同法修正测定的结果。

健康动物尿比重正常参考值为：马 1.025～1.055，牛 1.015～1.050，羊 1.015～1.070，猪 1.018～1.022，犬 1.020～1.050，猫 1.020～1.040，骆驼 1.030～1.060。

（二）尿液的化学检验

1. 酸碱度测定（pH 值）

（1）器材准备：广泛 pH 试纸、精密 pH 试纸、玻棒或胶头滴管、受检样品等。

（2）操作方法：检查尿的酸碱度常用广泛 pH 试纸法，将试纸浸入被检尿内后立即取出，根据试纸的颜色改变与标准色板比色，判定尿的 pH 值。为了更准确地测定 pH，可再用精密 pH 试纸测定。

健康动物尿 pH 正常参考值为：马 7.2 ~ 7.8，牛 7.7 ~ 8.7，犊牛 7.0 ~ 8.3，山羊 8.0 ~8.5，羔羊 6.4 ~ 6.8，猪 6.5 ~7.8，犬 6.0 ~ 7.0，猫 6.0 ~ 7.0，兔 7.6 ~ 8.8。

2. 蛋白质检验

（1）器材准备：试管、试管架、试管夹、酒精灯、10% 醋酸、10% 硝酸、pH 试纸、10% 磺基水杨酸甲醇溶液、离心机、分光光度计、滴管、移液管、滤纸、0.075mol/L 硫酸、15g/L 钨酸钠溶液、双缩脲试剂、50g/L 蛋白标准液、受检样品等。

（2）操作方法

①定性检验——煮沸加酸法　取酸化的澄清尿液约半试管（酸性及中性尿不需酸化，如混浊则静置过滤或离心沉淀使之透明），用酒精灯于尿液的上部缓慢加热至沸腾，观察。如煮沸部分的尿液变混浊而下部未煮沸的尿液不变，则需判断是尿蛋白阳性和假阳性。待尿液冷却后，原为碱性尿，加 10% 硝酸 1 ~ 2 滴，原为酸性或中性尿，加 10% 醋酸 1 ~ 2 滴，如混浊不消失，证明尿中含有蛋白质，为蛋白质阳性；如混浊物消失，证明尿液中含磷酸盐类、碳酸盐类，为尿蛋白阴性。

结果判定：阴性（ – ）：不见混浊；+：白色混浊，不见颗粒状沉淀；+ +：明显白色颗粒混浊，但不见絮状态沉淀；+ + +：大量絮状混浊，不见凝块；+ + + +：可见到凝块，有大量絮状沉淀。

②定性检验——磺基水杨酸法　取酸化尿液 2 ~ 3ml 置于试管中，加入 10% 磺基水杨酸甲醇溶液 5 ~ 10 滴，3 ~ 5min 后，在黑色背景下观察判定结果。

结果判定：阴性（ – ）：不见混浊；+：轻微白色浑浊；+ +：稀乳样浑浊；+ + +：乳样浑浊或有少量絮片；+ + + +：絮片状浑浊。

注意事项：本法灵敏度高，但易出现假阳性，最好与煮沸法对照观察。当尿中有尿酸、酮体或蛋白质存在时，出现轻度混浊而呈假阳性反应，但加热后混浊即消失，而蛋白质所生成的混浊加热后不消失。

③定量检验——双缩脲比色法　取 24h 留存尿液，记录总量，取其中 10ml，经 2 500r/min离心 5min（或用滤纸过滤），用上层尿液进行蛋白定性试验。若尿蛋白定性为 +~+ +，在 10ml 离心管中加尿液 5ml，若为 + + +~ + + + +，则在管中加尿液 1ml 及纯化水 4ml；加 0.075mol/L 硫酸 2.5ml、15g/L 钨酸钠溶液 2.5ml，充分混合，静置 10min；离心沉淀 5min，倾去上清液，将试管倒置于滤纸上沥干液体，保留沉淀；加生理盐水至 1ml，混合，使沉淀蛋白溶解，即为测定管。混合后，37℃ 水浴 30min，540nm 波长比色。以空白管调零，读取各管吸光度。

计算：24h 尿中蛋白总量（mg/L）= 测定管光密度 ÷ 标准管光密度 ×50 ×0.05 ÷ 测定管尿量（ml）×24h 尿总量（ml）÷ 1 000

正常参考值：0 ~ 120mg/L。

3. 尿中潜血的检验

（1）器材准备：20ml 带塞试管、小试管、滴管、普通滤纸、酒精灯、试管夹、联苯胺、15% 冰醋酸、3% 过氧化氢溶液、乙醚、95% 乙醇、受检样品等。

（2）操作方法：取尿液 10ml 置于试管中加热煮沸（以破坏可能存在的过氧化氢酶，

防止假阳性的干扰），待冷却后，加入冰醋酸 10～15 滴，使尿呈酸性，再加乙醚约 3ml，加塞充分振摇，然后静置片刻，使乙醚层分离，如果乙醚层成胶状不易分离时，可加入 95% 乙醇数滴以促进其分离。血红蛋白在酸性环境下，可溶于乙醚内，取滤纸一小片，滴加联苯胺冰醋酸饱和液数滴，再在此处滴加上述乙醚浸出液数滴，待乙醚蒸发后，再滴加新鲜 3% 过氧化氢液 1～2 滴，如果尿液内有血液存在，滤纸上可显现蓝色或绿色，其颜色深度与含量成正比。

（3）结果判定：根据颜色的深浅判定，阴性（－）：未见颜色变化；＋：绿色；＋＋：蓝绿色；＋＋＋：蓝色；＋＋＋＋：深蓝色。

（4）注意事项：低渗、陈旧尿液可使尿液中大约 1/3 的血液发生溶血而成血红蛋白尿，因此尿潜血试验时应使用新鲜尿液，且样本应置于清洁干燥容器中；所用玻璃器皿均需经清洁液处理，防止假阳性反应。

4. 尿中肌红蛋白检验

（1）器材准备：试管、试管架、烧杯、移液管、酒精灯、试管夹、定性滤纸、玻棒、离心机、3% 磺基水杨酸液、10% 醋酸液、硫酸铵、1% 邻联甲苯胺乙醇溶液、3% 过氧化氢水溶液、受检样品等。

（2）操作方法：用联苯胺法对尿中血液及血红蛋白检查，呈阳性反应时进一步鉴别是血红蛋白或肌红蛋白。

用 10% 醋酸液将尿液 pH 值调至 7.0～7.5，以 3 000r/min 离心 6min，取上清尿液 5ml 于小烧杯中，缓缓加入 2.8g 硫酸铵，达到 80% 的饱和溶解度后（仅沉淀血红蛋白），用定性滤纸过滤，滤液应澄清，并将滤液转入小烧杯中，再边加边搅拌地缓缓加入 1.2g 硫酸铵（此时达过饱和，沉淀肌红蛋白），转入离心管，以 3 000r/min，离心 10min。若有肌红蛋白存在，在硫酸铵沉淀上层有微量红色絮状物。用吸管吸去上层清液，然后吸取红色絮状物于离心管中，以 3 000r/min，离心 10min，吸去上清液，于沉渣中加入 1% 邻联甲苯胺乙醇溶液 2 滴，再加入 3% 过氧化氢溶液 3 滴，观察颜色变化。

（3）判定结果：若未见显色，则为肌红蛋白阴性；若出现绿色或蓝色，则为肌红蛋白阳性。

（4）注意事项：肌红蛋白易发生变性，如陈旧尿、过酸、过碱、剧烈搅拌等均可使肌红蛋白变性，致使其与血红蛋白同时发生沉淀，操作过程中应加以注意。

5. 尿中酮体检验

（1）器材准备：亚硝基铁氰化钠、硫酸铵、无水碳酸钠、研钵、白色瓷凹板、天平、滴管、10% 氢氧化钠溶液、20% 醋酸、试管、受检样品等。

（2）操作方法

①Rothera 改良法　称取亚硝基铁氰化钠粉末 10mg 和硫酸铵 20g，无水碳酸钠 20g，研磨混合。称取研磨好的混合试剂约 1g 放在白色瓷凹板上，加 2～3 滴尿液，混合，观察，在数分钟内出现不褪色的紫红色为阳性，否则为阴性。

②Lange 法　取 10ml 试管 1 支，先加入尿液 5ml，随即加入 5% 亚硝基铁氰化钠溶液和 10% 氢氧化钠溶液各 0.5ml，混匀，再加 20% 醋酸 1ml，混合，观察结果。尿液呈现红色者为阳性反应，加入 20% 醋酸后红色又消失者为阴性反应，根据颜色的不同，可估计酮体的大约含量（表 2－20）。

表 2－20　Lange 法检验尿酮体的结果判定

颜色变化	符号	酮体的大约含量（mg/100ml）
浅红色	+	3～5
红色	+ +	10～15
深红色	+ + +	20～30
黑红色	+ + + +	40～60

6. 尿中葡萄糖检验

（1）器材准备：试管、试管架、试管夹、移液管、酒精灯、班氏（Benedict）试剂、受检样品等。

（2）操作方法：取班氏试剂 5ml 置于试管中，加尿液 0.5ml 充分混合，加热煮沸 1～2min，静置 5min 后观察结果。

（3）结果判定：管底出现黄色或黄红色沉淀者为阳性反应，黄色或黄红色的沉淀愈多，表示尿中葡萄糖含量愈高，可按表 2－21 估计葡萄糖的大约含量。

（4）注意事项：尿液中如含蛋白质，应把尿液加热煮沸、过滤，然后再行检验。尿液与试剂一定要按规定的比例加入，如尿液加得过多，由于尿液中某些微量的还原性物质，也可产生还原作用而呈现假阳性反应。应用水杨酸类、水合氯醛、维生素 C 及链霉素治疗时，尿中可能有还原性物质而呈假阳性反应。

表 2－21　尿中葡萄糖含量判定表

符　号	反　应	葡萄糖的大约含量（mg/100ml）
－	试剂仍呈清晰蓝色	无糖
+	仅在冷后才有微量黄绿色沉淀	0.5 以下
+ +	静置后，管底有少量黄绿色沉淀	0.5～1
+ + +	静置后，管底有多量黄色沉淀	1～2
+ + + +	静置后，管底有多量黄红色沉淀	2 以上

7. 尿中胆红素、尿胆原、尿胆素检验

（1）尿胆红素的检验（Harrison 法）

①器材准备：酸性三氯化铁试剂（Fouchet 试剂）、10% 氯化钡溶液、移液管、离心机、离心管、滴管、试管、试管架、受检样品等。

②操作方法：取 5～10ml 被检尿液，加 1/2 体积的氯化钡液，混匀，离心沉淀 3～5min，弃去上清液，向沉淀物中加 Fouchet 试剂 2～3 滴，观察。

③判定标准：呈绿色反应时为阳性，无绿色反应者为阴性。

④注意事项：尿中硫酸根或磷酸根离子不足时，少量胆红素钡盐不易下沉，此时可加硫酸或磷酸溶液 2 滴，以便于产生沉淀；胆红素在阳光照射下易分解，因此应使用新鲜尿液检验。

（2）尿胆原、尿胆素的定性检验

①器材准备：对二甲氨基苯甲醛试剂（Ehrlich 试剂）、10% 氯化钡、移液管、离心机、离心管、试管（10mm × 75mm）、试管架、受检样品等。

②操作方法：如果尿内含有胆红素，应先取尿液和 10% 氯化钡各 1 份，混匀，2 000r/min 离心 5min，除去胆红素，取上清液试验；直接取尿液或除去胆红素的上清液 1.0ml，

加 Ehrlich 试剂 0.1ml 混匀；静置 10min，在白色背景下从管口向底部观察结果。

③结果判定：阴性不显樱红色；弱阳性呈淡樱红色；阳性呈樱红色；强阳性呈深樱红色。

④注意事项：尿液必须新鲜，避光保存；尿中有酮体、磺胺类药物等可出现假阳性；反应结果受试管中液体高度影响，应统一用 10mm×75mm 试管。

(3) 尿胆原定量法

①器材准备：试管、试管架、移液管、记号笔、醛试剂、酚磺酞标准液、饱和乙酸钠溶液、抗坏血酸粉、0.5mol/L 氯化钙、纯化水、分光光度计、受检样品等。

②操作方法：取尿液作胆红素定性试验，如阳性，应以尿液 10ml 与 0.5mol/L 氯化钙 2.5ml 充分混合后过滤，收集尿液备用，报告结果时应将测定结果乘以 1.25，以校正稀释倍数。

将 100mg 抗坏血酸溶于 10ml 尿液中，混匀后取两支试管，分别标明测定管和空白管，每管中各加入上述尿液 1.5ml；向空白管加饱和乙酸钠液 3.0ml，混匀再加醛试剂 1.5ml；测定管加醛试剂 1.5ml，混匀，再加饱和乙酸钠液 3.0ml。10min 内，用 562nm 波长比色，纯化水调零，分别读取空白管、测定管及标准管的吸光度（562nm 波长，光径 1cm 比色皿，此标准液吸光度为 0.384）。

③计算：

$$尿胆素原=\frac{测定管光密度-空白管光密度}{标准管光密度}\times 5.86\times\frac{6.0}{1.5}$$

④注意事项：尿液样本必须新鲜，收集后应立即测定，避免阳光照射；尿中其他物质也可能与醛试剂显色，但通常反应时间较长，故在加入醛试剂混匀后，应立即加入饱和乙酸钠终止颜色反应；尿中如有胆红素则呈绿色反应，必须预先除去；磺胺类、普鲁卡因、卟胆原、5-羟吲哚乙酸等与醛试剂作用呈假阳性。

三、粪便常规检验

（一）粪便性状观察

粪便性状的检验主要观察粪便的颜色、硬度、气味等。

1. 颜色　由于饲料的种类及搭配比例不同以及季节的交替，健康动物的粪便颜色也有差异。如放牧或饲喂青绿饲草时，粪便呈暗绿色；饲喂谷草、稻草时，粪便呈黄褐色。

2. 硬度　健康马、骡、驴的粪便近似肾形或球形，含水丰富，约为 75%，有一定硬度。牛的粪便因精料、粗料的搭配比例不同而硬度有所不同，奶牛和水牛的粪成堆，黄牛的粪便呈层叠状，含水 85%。绵羊及山羊的粪便含水只有 55% 左右，较硬。大猪的粪含水为 55%～85%，含水少的呈棒状，含水多的呈稠粥状。

3. 气味　健康家畜采食一般的饲料、饲草，粪便没有特别难闻的气味。猪吃精料较多时，粪便的臭味稍大。肉食动物以肉食为主，粪臭较大。

（二）粪中混杂物检验

健康动物粪便中除了正常的未被消化的饲草、饲料残渣以外，一般不见其他混杂物。病理条件下，粪便中可出现黏液、伪膜、血块、脓球、脓汁、脓块、过粗的草渣及未消化的谷物颗粒等。

（三）粪便酸碱度测定

1. 器材准备

广泛 pH 试纸、精密 pH 试纸、纯化水、0.04%溴麝香草酚蓝、试管、受检样品等。

2. 操作方法

（1）pH 试纸法：取 pH 试纸一条，用纯化水浸湿（若粪便稀软则不必浸湿），贴于粪便表面数秒钟，取下纸条与 pH 标准色板进行比较，即可得粪便的 pH 值。

（2）溴麝香草酚蓝法：取粪便 2～3g，置于试管内，加 4～5 倍中性纯化水，混匀，加入 0.04%溴麝香草酚蓝 1～2 滴，1min 后观察结果，如呈绿色者为中性；呈黄色者为酸性；呈蓝色者为碱性。

（四）粪便潜血检验

1. 器材准备 载玻片、酒精灯、火柴、棉签、滴管、白纸、普通滤纸、竹镊、1%联苯胺冰醋酸、3%过氧化氢溶液、受检样品等。

2. 操作方法 用干净的竹制镊子在粪便的不同部分，选取绿豆大小的粪块，于干净载玻片涂成直径约 1cm 的范围（如粪便太干燥，可加少量纯化水，调和涂布）。然后将载玻片在酒精灯上缓慢通过数次（破坏粪中的酶类），待载玻片冷却后，滴加联苯胺冰醋酸约 1ml 及新鲜过氧化氢溶液 1ml，用火柴棒或是棉签搅动混合。将载玻片放在白纸上观察。

3. 结果判断 正常无潜血的粪便不呈颜色反应。呈现蓝色反应的为阳性，蓝色出现越早，表明粪便里的潜血也越多。判定依据参见表 2－22。

表 2－22 粪潜血判定依据

符号	蓝色开始出现的时间	符号	蓝色开始出现的时间
±	60s	＋＋	15s
＋	30s	＋＋＋	3s

4. 注意事项 青草、马铃薯、甘薯等含有过氧化物酶，因此草食动物的粪便应加热以破坏该酶的活性。肉食动物进行粪便潜血试验时，必须在采集标本前 3～4d 内禁喂肉食，亦可将被检测粪便用纯化水调成粪混悬液，再加热以破坏该酶的活力。所用的容器、试管应洁净，以免影响实验结果。

（谭　菊　刘　莉）

项目六　胴体检验技术

为了你能出色地完成本项目各项典型工作任务，你应具备以下知识：

1. 本地区动物疫病发生、流行的基本规律
2. 常见动物疫病的临床症状及典型病变特征
3. 各类动物疫病类症鉴别方法
4. 动物隔离、处理的方法
5. 待宰畜入场验收知识
6. 待宰畜宰前休息管理和停食管理的方法及意义
7. 宰前检疫处理
8. 选择被检淋巴结的原则
9. 主要被检淋巴结、腺体的解剖学知识
10. 猪囊虫病的检疫方法及病原特征
11. 旋毛虫病料采取的要求及压片镜检方法
12. 动物疫病尸体处理原则
13. 宰后检疫处理
14. 被污染环境的处理方法

任务一　宰前检疫技术

一、宰前检疫器械的准备

宰前检疫一般需要准备的器械有体温计、听诊器、喷雾器等工具和各种常用的化学消毒药。体温计、听诊器用于宰前现场动物的活体检疫，喷雾器、消毒药用于检疫后现场和各种污染环境的消毒。

二、宰前检疫的步骤与方法

宰前检疫，大致可以分为预检、住检、送检三个程序。

（一）预检

预检即入场验收，是待宰畜禽由产地运抵屠宰加工企业时进行的检疫。它是防止疫病混入的重要环节。包括以下四方面内容。

1. 验讫证件、了解疫情： 官方兽医首先向押运人员索取《动物检疫合格证明（动物A)》或《动物检疫合格证明（动物B)》，了解产地有无疫情和途中病、死情况，并亲临

车、船，仔细观察畜群，核对畜禽的种类和数量。若畜禽数目有出入、或有病死现象、产地有严重疫情流行时，可禁止入场。有可疑疫情时，应将该批待宰畜禽立即转入隔离圈，进行详细临诊检查和必要的实验室诊断，待疫病性质确定后，按有关规定妥善处理。

2. 视检畜禽、病健分群：经过初步视检和调查了解，认为合格的畜群允许卸下，并赶入预检圈。此时，官方兽医要认真观察每头（只）畜禽的外貌、运动姿势、精神状况等。如发现异常，立即涂刷一定标记并赶入隔离圈，待验收后进行详细检查和处理。赶入预检圈的畜禽，必须按产地、批次，分圈饲养，不可混杂。

3. 逐头测温、剔出病畜：进入预检圈的牲畜，要给足饮水，待休息后，再进行详细的临诊检查，逐头测温。经检查确认健康的牲畜，可以赶入饲养圈。病畜或疑似病畜则赶入隔离圈。

4. 个别诊断、按章处理：被隔离的病畜禽或可疑病畜禽，经适当休息后，进行详细的临诊检查，必要时辅以实验室检查。确诊后，按有关规定处理。

经检疫发现国家动物防疫法律法规规定的一类动物疫病，或当地已基本扑灭的疫病，或当地从未发生的疫病，应禁止进入屠宰厂，并及时报告当地动物防疫监督机构或畜牧兽医行政管理部门，按动物防疫法相关规定进行处理。

（二）住检

预检合格的畜禽，在宰前饲养管理期间，官方兽医要经常深入圈舍观察。发现病畜禽或可疑病畜禽应及时挑出。

（三）送检

为了最大限度地控制病畜禽进入屠宰线，避免污染屠宰加工车间，在送宰之前需要进行详细的外貌检查。检疫合格的畜禽，签发宰前检疫合格证，送候宰圈等候屠宰。

三、宰前检疫管理

畜禽宰前管理包括宰前休息管理、宰前停食管理和宰前淋浴净体。

（一）宰前休息管理

宰前休息时间一般不少于48h。

（二）宰前停食管理

屠畜经过两天以上的宰前休息管理，经官方兽医检查认可，准予送宰。屠畜送宰前，还要实施一定时间的停食管理。按规定，牛羊应停食24h，猪停食12～24h，鸡、鸭一般为12～24h，鹅8～16h，但停食期间必须保证充足饮水，直到宰前3h。

（三）宰前淋浴净体

就是利用自来水或压力适中的水流喷洒，冲洗畜体。本法一般多用于猪，在电麻放血前进行。淋浴水温以20℃为宜，水流压力不宜过大，以喷雾状为最佳。

四、宰前检疫后的处理

经过宰前检查后，发现病猪时，根据所患疾病的种类和性质、病势轻重，按现行肉品卫生检验规程分别加以处理。

（一）准宰

经检查认为健康合格的畜禽送往屠宰。

（二）禁宰

发现有口蹄疫、猪瘟、高致病性猪蓝耳病、炭疽等疫病症状的，限制移动，一律不准屠宰，并按规定严格处理。

（三）急宰

确认为无碍于肉食安全且濒临死亡的生猪，视情况进行急宰。

（四）缓宰

发现患有屠宰规程规定以外疫病的，隔离观察，确认无异常的，准予屠宰。

（吴桂银　魏　宁）

任务二　宰后检疫技术

一、猪应检淋巴结的剖检

（一）器材准备

检验刀、检验钩、磨刀棒、搪瓷盘、胶靴、手套、工作帽、口罩等。

（二）操作方法

1. 颌下淋巴结　助手一人，右手握猪右前蹄，左手用钩钩住放血刀口右壁中间部分。检验者左手持钩，钩住放血刀口左壁中间部分，向左拉开切口，右手持刀将刀口向深部纵切一刀，使深度达到喉头软骨，再以喉头为中心，朝向下颌骨的内侧，左右各作一弧形切口，便可在下颌骨内沿，颌下腺的下方（倒挂时）剖出颌下淋巴结，检查有无病变（图2－91）。要求不超过三刀，注意与腮腺区别。

2. 肩前淋巴结　在被检肉尸颈基部虚设一水平线并目测其中点，于中点始向背脊方向移动2～4cm处，以尖刀垂直刺入颈部组织，并向下垂直切开约2～3cm长的肌肉组织，即可找到（图2－92）。要求在怀疑有病的情况下剖检，部位准确，一刀切开颈浅背侧淋巴结，正确识别病变。

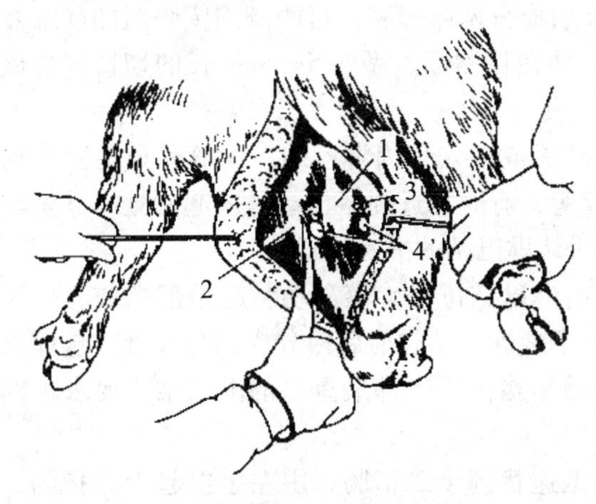

图2－91　猪颌下淋巴结剖检示意图

1. 咽喉隆起　2. 下颌骨　3. 颌下腺　4. 下颌淋巴结

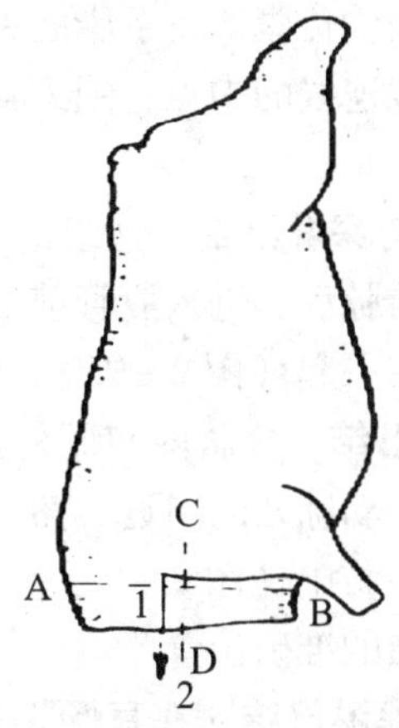

图2－92　猪肩前淋巴结剖检示意图

AB. 颈基底宽度　CD. 为AB线的等分线

1. 肩前淋巴结　2. 术式示意图

3. 腹股沟浅淋巴结 钩住最后乳头稍上方的皮下组织，拉开肥膘，并在肥膘层的正中部，纵切一刀，即可见到该淋巴结（图2－93）。要求一刀切开淋巴结。

4. 髂下（股前、膝上）淋巴结 在最后乳头处钩住整个腹壁组织，向左上方牵引，以充分暴露腹腔，并固定肉尸，可见到耻骨断面与股部白色肥膘将股薄肌围成一个半圆形红色肌肉区域，在此半圆形红色肌肉的顶点处下刀，作一较深的切口，当切口到达腰椎附近、髂结节之下时，在股阔筋膜张肌的前缘即可见（图2－94）。要求每侧一刀，正确识别病变。此法对猪胴体破坏性较大。

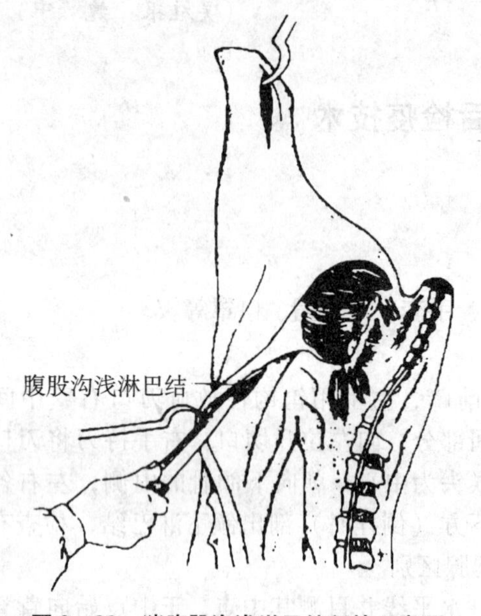

图2－93 猪腹股沟浅淋巴结剖检示意图

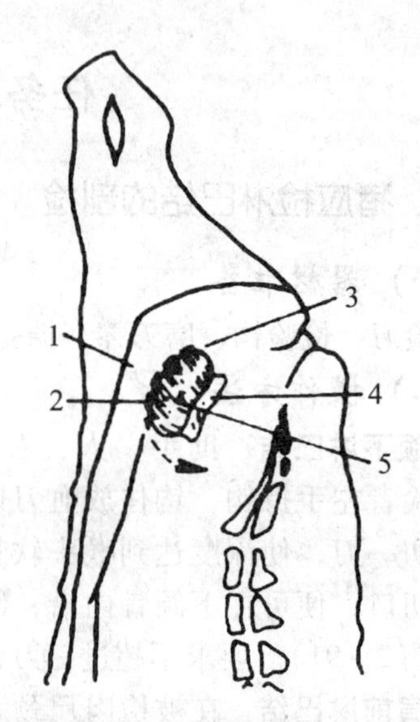

图2－94 猪髂下淋巴结剖检示意图

1. 肥膘 2. 切口线 3. 剖检下刀处 4. 耻骨断面 5. 半圆形红色肌肉处

也可以钩钩住腹部皮下脂肪并向外侧牵引充分暴露腹腔，目测阔筋膜张肌的前缘及膝关节与髋结节连线的中点，用刀自背脊向腹部在目测部位做一5～8cm长的切口剖检该淋巴结。

5. 腹股沟深淋巴结 这组淋巴结往往缺无或并入髂内淋巴结。一般分布在髂外动脉分出旋髂深动脉后、进入股管前的一段血管旁，有时靠近旋髂深动脉的起始处，甚至与髂内淋巴结连在一起（图2－95）。要求正确辨认淋巴结的准确位置。

6. 髂淋巴结 分髂内和髂外两组。髂内淋巴结位于旋髂深动脉起始部的前方，腹主动脉分出髂外动脉处的附近。髂外淋巴结位于旋髂深动脉前后两分支的分叉处，包埋在髂腰肌外侧面脂肪中（图2－95）。髂内淋巴结是猪体后半部最重要的淋巴结。要求正确辨认两组淋巴结的准确位置。

7. 肠系膜淋巴结 在盲肠端的右下侧迅速找到十二指肠，用左手提起十二指肠，使肠管展开，即可暴露十二指肠和空肠前部，可见呈串珠状的肠系膜淋巴结（图2－96）。要求右手持刀，一刀下去切开淋巴结不能少于4个，不得切破肠管。

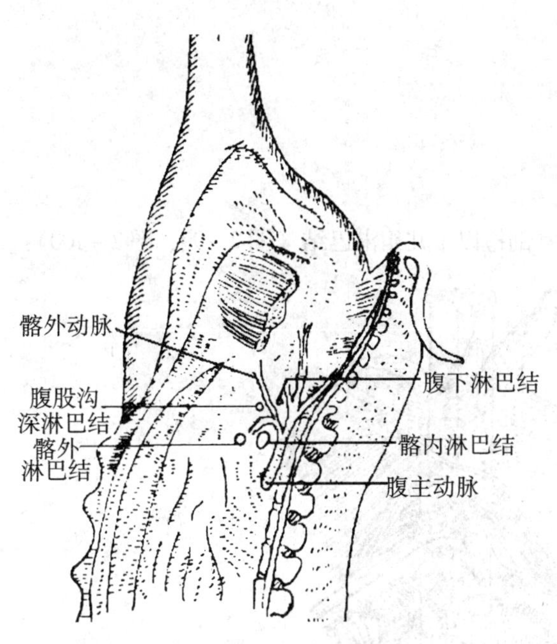

图2－95　猪髂内、髂外侧淋巴结与腹股沟淋巴结剖检示意图

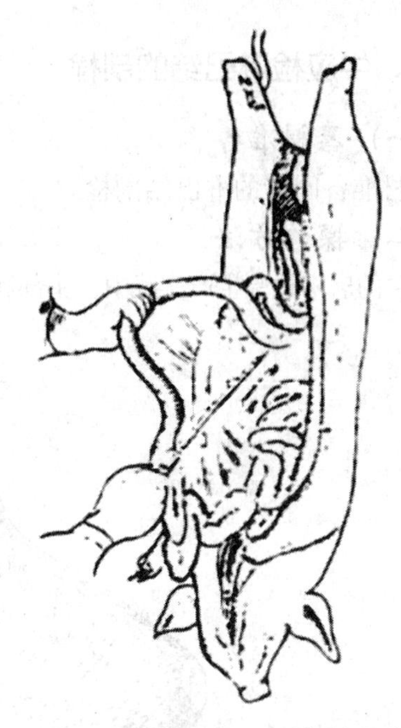

图2－96　猪肠系膜淋巴结剖检示意图

8. 支气管淋巴结　分左、右、中、尖叶四组，分别位于气管分叉的左方背面，右方腹门一角的背面和尖叶支气管分叉的腹面，通常剖检的是前两组淋巴结（图2－97）。以左手拇、食指提起气管，其余三指伸直托住左肺膈叶，右手持刀在支气管分支处做一切口，切开左支气管淋巴结。肺尖叶淋巴结和右支气管淋巴结的剖检同上。

9. 肝门淋巴结（肝淋巴结）　位于肝门，在门静脉和肝动脉的周围，紧靠胰脏，被脂肪组织所包裹，摘除肝脏时经常被割掉。肝门淋巴结呈卵圆形，通常为2～7个单个淋巴结。剖检方法如图2－98。

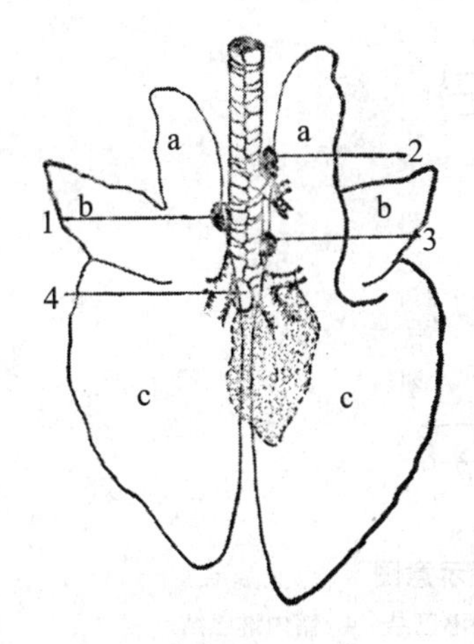

图2－97　猪支气管淋巴结分布示意图

a. 尖叶　b. 心叶　c. 膈叶　d. 副叶

1. 左支气管淋巴结　2. 尖叶淋巴结

3. 右支气管淋巴结　4. 中支气管淋巴结

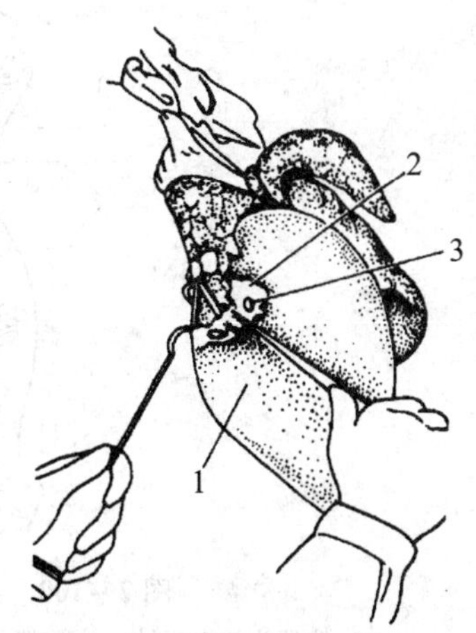

图2－98　猪肝门淋巴结剖检示意图

1. 肝的膈面　2. 肝门淋巴结周围的结缔组织

3. 被切开的肝门淋巴结

二、牛应检淋巴结的剖检

（一）器材准备

器材准备同猪的淋巴结剖检。

（二）操作方法

在牛的屠宰检验生产实践中，头部和胴体常剖检以下几组淋巴结（图2－99、图2－100）：

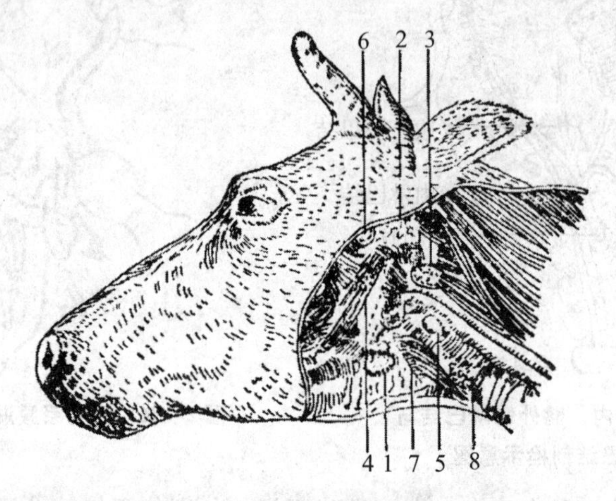

图2－99　牛头部淋巴结位置示意图

1. 颌下淋巴结　2. 腮腺（下半部切除）　3. 咽后外侧淋巴结　4. 咽后内侧淋巴结　5. 颈浅淋巴结　6. 腮淋巴结　7. 颌下腺（部分切除）　8. 甲状腺

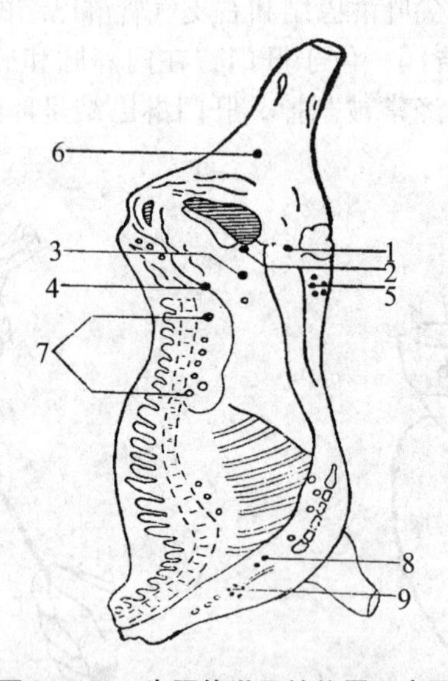

图2－100　牛胴体淋巴结位置示意图

1. 腹股沟浅淋巴结　2. 腹股沟深淋巴结　3. 髂外淋巴结　4. 髂内淋巴结　5. 膝上淋巴结　6. 腘淋巴结　7. 腰淋巴结　8. 颈后淋巴结　9. 肩前淋巴结

1. 颌下淋巴结　位于下颌间隙，下颌血管切迹后方，颌下腺的外侧。如果检验前舌已从下颌间隙游出，此淋巴结有时带在舌上。输入管汇集头下部各组织的淋巴液，输出管走向咽后外侧淋巴结。

2. 咽后内侧淋巴结　位于咽后方，腮腺后缘深部。收集咽喉、舌根、鼻腔后部、扁桃体、舌下腺和颌下腺等处的淋巴液，输出管走向咽后外侧淋巴结。

3. 肩前（颈浅）淋巴结　位于肩关节前的稍上方，臂头肌和肩胛横突肌的下面，一部分为斜方肌所覆盖。当胴体倒挂时，由于前肢骨架姿势改变，肩关节前的肌群被压缩，在肩关节前稍上方，形成一个椭圆形的隆起，该淋巴结则埋藏于内。用检验钩钩住前肢肌肉并向下侧方拉拽以固定胴体，顺肌纤维切开肩胛关节前缘稍上方的椭圆形隆起部分，顺肌纤维方向切一长约10cm的切口，剖检肩前淋巴结。检查这组淋巴结，基本可以判断胴体前半部的健康状况。

4. 膝上（髂下、股前）淋巴结　位于膝褶中部，股阔筋膜张肌的前缘。当胴体倒挂时，由于腿部肌群向后牵直的结果，将原来的膝褶拉成一道斜沟，在此沟里可见一个长约10cm的棒状隆起，该淋巴结就埋藏在它的下面。用检验钩固定胴体，纵向切开髋结节和膝关节之间膝襞沟内的长圆形隆起部分，剖检膝上淋巴结。宰后检查这组淋巴结，可基本推断胴体后躯浅层组织的卫生状况。

5. 腹股沟深淋巴结　位于髂外动脉分出股深动脉的起始部上方，在倒挂的胴体上，在骨盆横径线的稍下方，距骨盆边缘侧方2～3cm处切开，有时也稍向两侧上、下移位，剖检腹股沟深淋巴结。该淋巴结形体较大，因而在胴体上容易找到，是牛羊宰后胴体检验的首选淋巴结。

6. 支气管淋巴结　分左、右、中、尖叶四组，分别位于肺支气管分叉的左方、右方、背面和尖叶支气管的根部。输入管收集气管、相应肺叶及胸部食管的淋巴液；输出管走向纵隔前淋巴结或直接输入胸导管。宰后检疫时常剖检前两组淋巴结。

7. 肠系膜淋巴结　有肠系膜前淋巴结、空肠淋巴结、盲肠淋巴结、结肠淋巴结和肠系膜后淋巴结5群，位于肠系膜两层之间，呈串珠状或彼此相隔数厘米散布在结肠盘部位的小肠系膜上。输入管汇集小肠和结肠的淋巴液；输出管经肠淋巴干进入乳糜池。

8. 肝门淋巴结　位于肝门内，由脂肪和胰脏覆盖，收集肝、胰、十二指肠的淋巴液；输出管走向腹腔淋巴干或纵膈后淋巴结。

三、家畜宰后检疫的程序

家畜的宰后检疫一般分为头部检验、皮肤检验、内脏检验、胴体检验、寄生虫检验和复检等检验工序。各种家畜的宰后检疫操作方法略有不同，下面主要介绍猪和牛的检验工序，羊的检验工序和牛的差不多且比牛的更简单。

四、头、蹄部检验

（一）器材准备

检验刀、检验钩、磨刀棒、搪瓷盘、胶靴、手套、工作帽、口罩、记号笔等。

（二）操作方法

1. 猪的头部检验　猪头部检验分两步进行。

（1）颌下淋巴结检验：在放血之后，烫毛或剥皮之前进行。方法参照“猪应检淋巴结的剖检”部分。视检淋巴结是否肿大，切面是否呈砖红色，有无坏死灶（紫、黑、灰、黄），周围有无水肿、胶样浸润等，主要是检查猪的局限性咽炭疽。

（2）咬肌检验：如果加工工艺流程规定劈半之前头仍留在胴体上，该步检验在胴体检验时一并进行，否则单独做离体检验。检验人员左手持钩，右手持刀，钩住外侧咬肌中间剖面，分别切开左右两侧咬肌，暴露咬肌面达 2/3 以上，仔细观察有无猪囊尾蚴（图 2－101）。要求一刀切开咬肌，切面完整，暴露充分。

除上述检查项目外，同时观察吻突、唇和齿龈（注意口蹄疫、水疱病）。

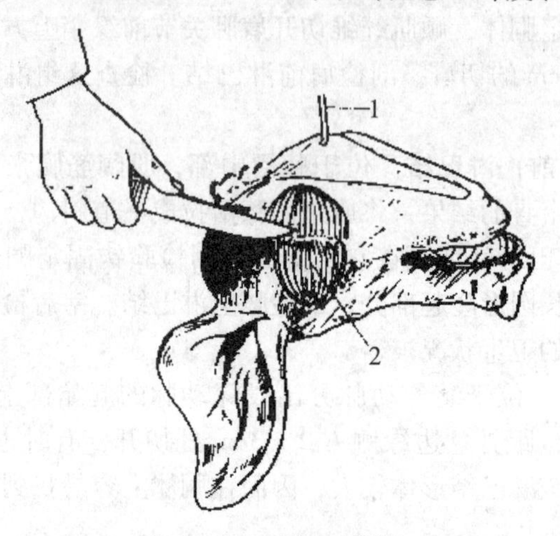

图 2－101　猪咬肌检验

1. 提起猪头的铁钩　2. 被切开的咬肌

2. 牛的头部检验　屠牛的头部检验，是将割下的头立即编号，仰放在检验台上，沿下颌骨内侧切开两侧肌肉，随手掏出舌尖，并用力将舌拉出下颌间隙，此时剖检颌下淋巴结、腮淋巴结、咽后内侧淋巴结和扁桃体，并观察咽喉腔黏膜，注意有无结核、出败、炭疽等病变。视检和触检唇、齿龈及舌面有无水疱、糜烂，以检出口蹄疫，然后沿舌系带纵向切开舌肌，沿下颌骨枝切开两侧咬肌，检查有无囊尾蚴寄生，水牛还应注意有无肉孢子虫，同时仔细检查舌和下颌骨的形状、硬度，以确定有无放线菌病。

3. 蹄部检查　检查蹄冠、蹄叉皮肤有无水疱、溃疡、烂斑、结痂等。

五、皮肤检验

主要指猪的皮肤检验，牛的检验一般无此工序。

带皮猪在脱毛后开膛前进行检验，剥皮猪则在头部检验后洗猪体时初检，然后待皮张剥除后复检。主要观察皮肤的完整性和色泽变化，注意耳根、四肢内外侧、胸腹部、背部等处，有无点状、斑状出血和弥漫性充血，有无疹块、痘疮、黄染等。特别注意传染病、寄生虫病与一般疾病引起的出血点、出血斑的区别。由传染病引起的出血点和出血斑多深入到皮肤深层，水洗、刀刮、挤压、煮沸均不消失。猪瘟皮肤上有广泛的出血点；猪肺疫皮肤发绀；猪丹毒皮肤呈方形、菱形、紫红或黑紫色疹块，或呈现“大红袍”；猪弓形虫病引起的皮肤发绀伴有瘀血斑和出血点。一般疾病引起皮肤上的出血点和出血斑多发生在皮肤表层和固有层，刀易刮掉。鞭伤、电麻、疲劳等均可造成皮肤变化。当发现有传染病、寄生虫病可疑时，即刻打上记号，不行解体，由叉道转移到病猪检验点，进行全面剖检与诊断。

六、内脏检验

（一）器材准备

检验刀、检验钩、磨刀棒、搪瓷盘、胶靴、手套、工作帽、口罩、记号笔等。

（二）操作方法

1. 猪的内脏检验　根据屠宰加工条件的不同，猪内脏检验可分离体和非离体两种情况。离体检查时要注意将受检脏器编上与胴体相同的号码。非离体检查时，按照内脏摘除顺序，分两步进行。取出内脏前，观察胸腔、腹腔有无积液、粘连、纤维素性渗出物。检查脾脏、肠系膜淋巴结有无肠炭疽。取出内脏后，检查心脏、肺脏、肝脏、脾脏、胃肠、支气管淋巴结、肝门淋巴结等。

（1）胃、肠、脾检验

①脾脏检验　首先视检脾脏，注意其形态、大小及色泽，触摸其弹性及硬度。操作人员左手提起脾脏，右手用刀背来回刮脾脏表面，观察有无梗死、淤血等病变，必要时剖检脾髓。

②肠系膜淋巴结检验　方法参照“猪应检淋巴结的剖检”部分，注意有无肠炭疽。

③胃、肠检验　视检胃肠浆膜及肠系膜，必要时将胃肠移至指定地点，剖检黏膜、胃门淋巴结，检查色泽，观察有无充血、出血、水肿、胶样浸润、痈肿、糜烂、溃疡、坏死等病变。下列病变值得关注：猪瘟的胃黏膜有点状出血；猪丹毒时胃底部出血；急性胃炎时黏膜充血，慢性胃炎时黏膜肥厚有皱褶；猪瘟时大肠回盲瓣附近有钮扣状溃疡；猪副伤寒时大肠黏膜上有灰黄色糠麸状坏死性病变（纤维素性坏死性肠炎）和溃疡；坏死性肠炎溃疡面大。

（2）心、肝、肺检验：动物感染疫病时，这些实质器官常出现充血、出血、变性、炎症等变化，应逐一检查。按先视检、后触检、再剖检的顺序全面检查。

①心脏检验　仔细检查心包并剖开，观察心脏外形及心包腔、心外膜的状态。随后用检验钩钩住心脏左纵沟加以固定（图 2－102），在左心室肌上作一纵斜切口，露出两侧的心室和心房，心脏只能纵切成两半，呈分离状态，不能切断。观察心肌、心内膜、心瓣膜及血液凝固状态。要特别注意二尖瓣上有无菜花状增生物（慢性猪丹毒），检查心肌有无囊尾蚴、浆膜丝虫寄生。

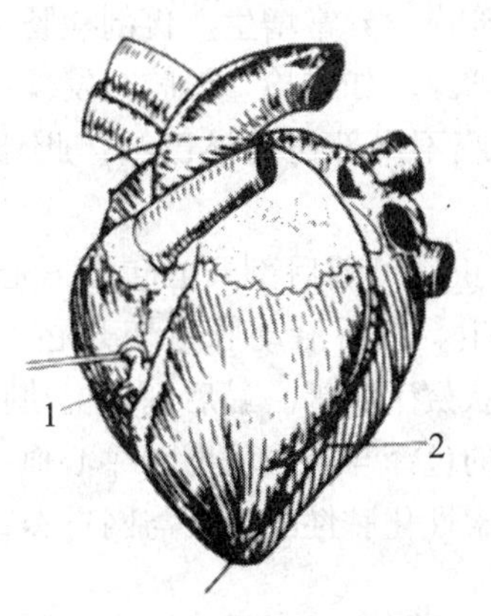

图 2－102　猪心脏切开法

1. 左纵沟　2. 纵剖心脏切开线

②肝脏检验　先用刀轻轻刮去表面的血污后观察其外表，触检其弹性和硬度，注意大小、色泽、表面损伤及胆管状态。然后剖检肝门淋巴结，并以刀横断胆管，挤压胆管内容物（检查肝片形吸虫）。必要时剖检肝实质和胆囊，注意有无变性、脓肿、坏死和肿瘤等病变。如肝片形吸虫、华枝睾吸虫寄生胆管时，切开胆管可使虫体溢出；蛔虫异位寄生于胆道时可引起阻塞性黄疸；老龄公、母猪的肝、胆肿瘤检出率高；猪瘟病猪的胆囊黏膜出血；败血型猪丹毒的肝脏肿大淤血，胆囊黏膜可见炎性充血、水肿。

③肺脏检验　先视检其外表，剖开左、右支气管淋巴结，然后触摸两侧肺叶，剖开其中每一硬结的部分，必要时剖开支气管，方法参照“猪应检淋巴结的剖检”部分。重点检查有无结核、实变、寄生虫及各种炎症变化。结核病时可见淋巴结和肺实质中有小结节、化脓、干酪化等病变；猪肺疫以纤维素性坏死性肺炎（大叶性肺炎）为特征；肺丝虫病以凸出表面白色局灶性气肿病变为特征；猪丹毒以卡他性肺炎和充血、水肿为特征；猪气喘病以对称性肺的炎性水肿肉样变（小叶性肺炎）为特征。此外，猪肺还可见到细颈囊尾蚴、棘球蚴等。

必要时，还可进行直肠、膀胱、子宫及睾丸的检验。肾脏检验在胴体检验时一并进行。

2. 牛的内脏检验　牛的内脏检验主要依照内脏摘出程序及各屠宰厂（场）的工艺流程设置安排，并根据各自的实际情况进行。由于牛的内脏体积很大，一般只能单个摘出检查。取出内脏前，观察胸腔、腹腔有无积液、粘连、纤维素性渗出物。检查心脏、肺脏、肝脏、胃肠、脾脏、肾脏，剖检肠系膜淋巴结、支气管淋巴结、肝门淋巴结，检查有无病变和其他异常。

（1）脾：牛开膛后，首先注意脾的形状、大小及色泽、质地的软硬程度，必要时切开脾髓检查。应特别注意脾脏有无急性肿大、被膜紧张、触之即破、质地酥软、脾髓焦黑色、流出暗红色似煤焦油样不凝固的血液等炭疽的特有病变。

发现脾异常肿大时，应立刻停止宰杀加工；同时送样进行化验，作细菌学检查；加工人员及检验人员不得任意走动；经细菌学检查为阴性者，则恢复屠宰加工，阳性者，即按炭疽处理。

（2）胃肠：在剖开胸腹腔时，检验员应先观察一下胸腹腔有无异常，然后再观察胃肠的外形，检查浆膜有无出血、充血、异常增生。再剖检肠系膜淋巴结看有否结核病灶。患白血病后期牛的真胃壁均显著增厚。如在检查口腔时发现口蹄疫病变或有可疑时，应特别注意检查胃，并剖检位于胃浆膜不同部位的淋巴结。此外还应检查食管，注意有无肉孢子虫。

（3）心：先观察心包是否正常，随后剖开心包膜看心包液性状、数量，心肌有无出血、寄生虫坏死结节或囊虫寄生。然后沿动脉弓切开心，检查房室瓣膜及心内膜、心实质，观察有无出血、炎症、疣状赘生物等。最后剖开主动脉，看主动脉管壁有无粥样硬化症。在剖检心室时，注意血液的色泽与凝固程度（牛心血一般色淡、稀薄，凝固程度低）。牛心多见异物创伤所致的纤维素性化脓性心包炎与网胃炎；水牛心的冠状沟、心耳处多见营养不良所致的脂肪水肿。

（4）肝：先观察肝外表的形状、大小、色泽有无异常，再用手触摸其弹性，剖检肝门淋巴结。切开肝门静脉检查有无血吸虫寄生。必要时检查胆囊，横切胆管及胆管纵支，并稍稍用力压出其内容物，检查有无肝片形吸虫。肝的主要病变有脂肪变性、肿大、硬化、坏死和肿瘤等。

（5）肺：观察外表有无充血、出血、溃疡、气肿等病变。用手触摸肺实质，必要时切开肺及气管检查。剖检支气管淋巴结、纵隔淋巴结，视其有无结核病灶。牛的结核病、传染性胸膜肺炎、出血性败血症，均于肺上呈特有的病变。

（6）乳房：重点检查奶牛。触检乳房的弹性，切开乳房淋巴结，视其有无结核病灶。剖开乳房实质，检查乳腺有无增粗变硬等异常现象。乳房常见病变主要有结核病灶、急慢性乳房炎、放线菌肿病灶等。乳房检验可与胴体检验一道或单独进行。

（7）子宫和睾丸：根据实际情况可并同于胃肠一起检查。观察宫体外形，视检浆膜有无充血现象。剖开子宫，看宫腔内膜壁子叶有无出血及恶褥等物（一般产后不久的母牛有此现象）。检查公牛睾丸有无肿大，睾丸、附睾有无化脓、坏死灶等。

（8）肾脏：牛屠宰时肾连在胴体上，因此，在检查胴体时，用刀沿着肾边缘轻轻一割，随后用手指钩住肾，轻巧向外一拉，使肾翻露被膜。观察其大小、色泽、表面有无病理变化。必要时剖检肾盂。肾脏检查完后，割除肾上腺。肾常见的病变主要有充血、出血、肿大、萎缩、先天性囊腔梗死、肾盂积液、间质性肾炎等。

七、胴体检验

（一）器材准备

检验刀、检验钩、磨刀棒、搪瓷盘、胶靴、手套、工作帽、口罩、记号笔等。

（二）操作方法

1. 猪的胴体检验　猪的胴体检验最好在劈半后进行，因为此时淋巴结及体腔组织暴露明显，便于视检和剖检。

（1）体表检查：主要检查内外体表有无各种病变的存在，同时判定胴体的放血程度。

①检查病变　观察皮肤、皮下组织、脂肪、肌肉、胸腹膜、骨骼、关节及腱鞘等组织有无出血、水肿、脓肿、蜂窝织炎、肿瘤等病变。当患有猪瘟、猪肺疫、猪丹毒、猪繁殖与呼吸综合征、猪弓形虫病等疫病时，在皮肤上常有特殊的出血点或出血斑、疹块。发生“珍珠病”时，胸腹膜上有珍珠样结核结节。黄疸病猪全身组织黄染。

②判定放血程度　胴体的放血程度是评价肉品卫生质量的重要指标之一，放血不良的肉对其质量和耐存性有重大影响。畜禽宰前衰弱、疲劳、患病或循环系统及生理功能遭到破坏或减弱时，均会导致放血不良。而致昏和放血方法的正确与否也决定了胴体放血程度的好坏。放血不良的肉颜色发暗，皮下静脉血液滞留，在穿行于背部结缔组织和脂肪沉积部位的微小血管以及沿肋两侧分布的血管内滞留的血液明显可见，肌肉切面上可见暗红色区域，挤压有少许残血流出。

（2）淋巴结检查：主要剖检腹股沟浅淋巴结和腹股沟深（或髂内）淋巴结，必要时剖检髂下淋巴结。检查方法参照“猪应检淋巴结的剖检”部分。剖检淋巴结主要是看其是否有传染病的变化。如猪瘟的淋巴结大理石样出血；猪丹毒的淋巴结充血、肿大、多汁。

（3）腰肌检查：两侧腰肌是猪囊尾蚴常寄生的部位，必须剖检。剖检时，以检验钩钩住左侧腹壁肌肉，向左侧拉开，右手持刀沿脊椎骨的顺肌纤维割开，刀迹长度2/3以上，深3cm，然后再在腰肌剖面中间来一小刀，充分暴露切面，检查有无囊尾蚴。要求保持腰肌完整，不能斜切或横切。

有时为保证出口大排肌肉的完整性，也可剖检后腿肌肉来代替。

(4) 肾脏检查：检查时，首先剥离肾包膜，左手持检验钩钩住肾盂部，右手持刀，用刀沿肾脏中间纵向轻轻一划，然后刀外倾以刀背将肾包膜挑开，用钩一拉肾脏剥离肾包膜。要求肾脏充分露出，但不能划破肾脏。察看外表，触检其弹性和硬度。必要时再沿肾脏边缘纵向切开，对皮质、髓质、肾盂进行观察。肾脏是泌尿系统中最主要的器官，多种传染病均可侵害肾脏引起病变。如猪瘟病猪的肾脏贫血，有大小不一的出血点；猪肺疫病猪的肾脏淤血、肿大，有大小不一的出血小点；猪丹毒病猪的肾脏淤血、肿大，有出血斑点，有时呈紫色；肾还常有囊肿、肿瘤、结石；猪肾虫在肾门附近形成较大的结缔组织包囊，切开可发现成虫。

2. 牛的胴体检验

(1) 放血程度：首先视检确定放血程度。放血不良除与屠宰方法有关外，还会因屠畜过度疲劳或患病引起。放血不良的胴体，表面有较大的血珠附在皮静脉断端，透过胸腹部浆膜可隐约看到结缔组织中的血管，在脂肪组织内可看到毛细血管，沿肋骨的小血管充满深色血液。切开肌肉按压切面时，从毛细血管里流出小的血滴，肌肉颜色发暗。

(2) 视检胴体：检查外形，观察脂肪、肌肉、胸腹膜、盆腔等有无异常，注意有无"珍珠病"。

(3) 剖检淋巴结：主要剖检肩前（颈浅）淋巴结、膝上（股前）淋巴结和腹股沟深淋巴结。当发现淋巴结有可疑病变时，或在头部、内脏发现有传染病可疑或疫病全身化时，除对同号胴体进行详细检查外，还须酌情增检某些淋巴结，如颈深淋巴结、腹股沟浅淋巴结、髂内淋巴结、腘淋巴结和腰淋巴结等。

膝上淋巴结、腹股沟深淋巴结、肩前淋巴结剖检方法参见"牛应检淋巴结的剖检"部分。必要时，剖检位于股二头肌和半腱肌之间的腘淋巴结，并在阴囊上方或乳房乳区的后方剖检腹股沟浅淋巴结。

八、囊虫病检验

猪的囊虫病检验合并在头部检验和胴体检验中分两个工序进行，分别检查咬肌和腰肌。

牛的囊虫病检验是剖检咬肌、腰肌和膈肌。当检查头部和心脏发现囊尾蚴时，应把颈肌、腹肌、股肌和肩肘肌肉切开，进行详细检查。在囊尾蚴病高发区，尤其要根据囊尾蚴所寄生的部位进行严格的检验。

（一）器材准备

普通光学显微镜、剪刀、手术刀、镊子、载玻片、滤纸、受检样品（咬肌、舌肌、腰肌、膈肌等）、生理盐水等。

（二）操作方法

1. 样品分离　成熟的猪囊尾蚴为椭圆形白色半透明的囊泡，囊内充满液体，大小为 6～10mm×5mm，囊壁上有 1 个内嵌的头节。牛囊尾蚴呈椭圆形灰白色半透明的囊泡，大小为 5～9mm×3～6mm，囊内有 1 个乳白色的头节。将受检样品任何部位的囊尾蚴，以手术刀和镊子剥离后，用生理盐水洗净，并用滤纸吸干。

2. 压片制备　将分离样品以剪刀剪开囊壁，取出完整的头节，再以滤纸吸干囊液后，将其置于两张载玻片之间并压片。

3. 镜检　于两张载玻片间加入1～2滴生理盐水后置于显微镜下，以低倍（物镜8倍、目镜5倍）观察囊尾蚴头节的完整性。

（三）结果判定

低倍镜检，可见到头节的顶部有顶突，顶突上有内外两圈排列整齐的小钩，顶突的稍下方有四个均等的圆盘状吸盘，即判为猪囊尾蚴（图2－103）；头节上无顶突和小钩的为牛囊尾蚴（图2－104）。

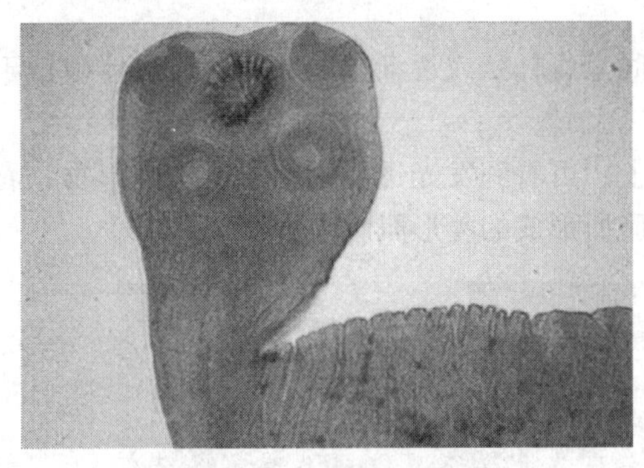

图2－103　猪囊尾蚴头节

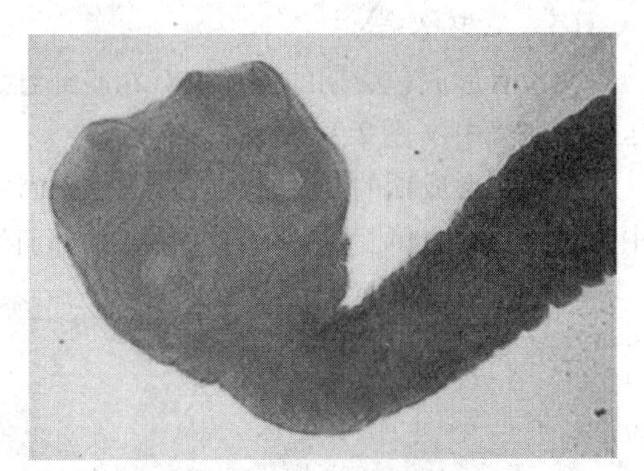

图2－104　牛囊尾蚴头节

九、旋毛虫检验

猪的宰后检疫要检查有无旋毛虫寄生。其检验程序为：采样→编号→送旋毛虫检验室检查→撕去肌膜→目检→剪取24个麦粒大肉粒→放在旋毛虫检验器上→盖上玻片压扁展开→低倍镜下观察→肌肉中发现旋毛虫→复检→胴体上打上适当标记→提出处理意见。有条件的屠宰场（点），可采用集样消化法检查。如发现旋毛虫虫体或包囊，应根据编号进一步检查同一头猪的胴体、头部及心脏。

（一）器材准备

普通光学显微镜、倒置显微镜、组织捣碎机、加热磁力搅拌器、甘油透明液、盐酸溶液、美蓝溶液、消化液、80目铜网、漏斗、分液漏斗、凹面皿或平皿、温度计、受检样品（横膈肌脚或舌肌）、夹压玻片或载玻片、吸管、乳胶吸头等。

（二）操作方法

1. 压片镜检法

（1）受检样品采集与处理：左手持检验钩钩住横膈膜肌脚，左右两侧各采样一块，记为一份肉样，其质量不少于50～100g，与胴体编成相同号码，如果是部分胴体，可从肋间肌、腰肌、咬肌、舌肌等处采样。

（2）目检：撕去膈肌的肌膜，将膈肌肉缠在检验者左手食指第二指节上，使肌纤维垂直于手指伸展方向，再将左手握成半握拳式，借助于拇指的第一节和中指的第二节将肉块固定在食指上面，随即使左手掌心转向检验者，右手拇指拨动肌纤维，在充足的光线下，仔细视检肉样的表面有无针尖大半透明乳白色或灰白色隆起的小点。检完一面后再将膈肌翻转，用同样方法检验膈肌的另一面。凡发现上述小点可怀疑为虫体。

（3）压片

①放置夹压玻片：将旋毛虫夹压玻片放在检验台的边沿，靠近检验者；

②剪取小肉样：用剪刀顺肌纤维方向，按随机采样的要求，自肉上剪取燕麦粒大小的肉样24粒，使肉粒均匀地在玻片上排成一排（或用载玻片，每片12粒）；

③压片：将另一夹压片重叠在放有肉粒的夹压片上并旋动螺丝，使肉粒压成薄片。

（4）镜检：将制好的压片放在低倍显微镜下，从压片一端的边沿开始观察，直到另一端为止。

（5）判定标准

①没有形成包囊期的旋毛虫：在肌纤维之间呈直杆状或逐渐蜷曲状态，或虫体被挤于压出的肌浆中（图2－105）。

②包囊形成期的旋毛虫：在淡蔷薇色背景上，可看到发光透明的圆形或椭圆形物，囊中央是蜷曲的虫体。成熟的包囊位于相邻肌细胞所形成的菱形肌腔内（图2－106）。

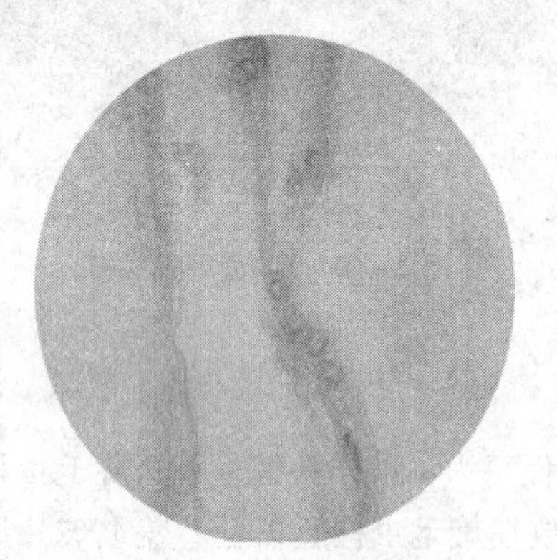

图2－105　旋毛虫肌肉幼虫

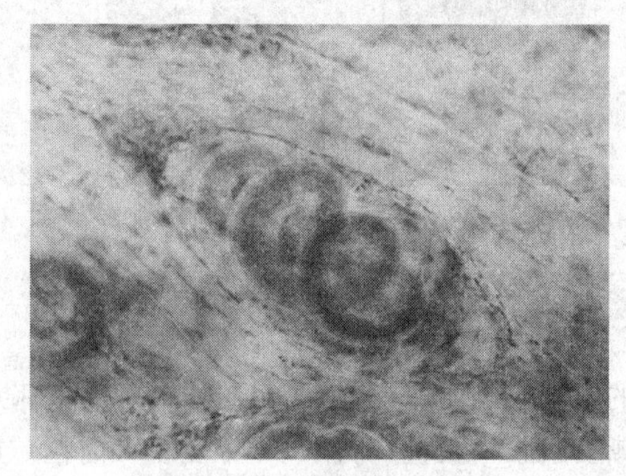

图2－106　旋毛虫幼虫包囊

③钙化的旋毛虫：在包囊内可见数量不等、浓淡不均的黑色钙化物，或可见到模糊不清的虫体，此时启开压玻片，向肉片稍加10%的盐酸溶液，待1～2min后，再行观察。

④肌化的旋毛虫：此时压玻片启开平放桌上，滴加数滴甘油透明剂于肉片上，待肉片变得透明时，再覆盖夹压玻片，置低倍镜下观察，虫体被肉芽组织包围、变大，形成纺锤形、椭圆形或圆形的肉芽肿。被包围的虫体结构完整或破碎，乃至完全消失。

（6）冻肉的检验：同新鲜肉检验。压片后在肉片上滴加1～2滴美蓝或盐酸水溶液，浸渍1min，染色后盖上夹压玻片，镜检。美蓝染色法：肌纤维呈淡青色，脂肪组织不着染或周围具淡蔷薇色，旋毛虫包囊呈淡紫色、蔷薇色或蓝色，虫体完全不着染；盐酸透明法：肌纤维呈淡灰色且透明，包囊膨大具有明显轮廓，虫体清楚。

2. 集样消化法

（1）受检样品采集与处理：采集胴体横膈肌脚和舌肌。去除脂肪肌膜或腱膜。每头猪取1个肉样（100g），再从每个肉样上剪取1g小样，集中100个小样（个别旋毛虫病高发地区以15～20个小样为一组）进行检验。

（2）绞碎肉样：将100个肉样（重100g）放入组织捣碎机内以2 000r/min，捣碎时间30～60s，以无肉眼可见细碎肉块为度。

（3）加温搅拌：将已绞碎的肉样放入置有消化液的烧杯中，肉样与消化液的比例为1∶20，置烧杯于加热磁力搅拌器上，启动开关，消化液逐渐被搅成一旋涡，液温控制在40～43℃之间，加温搅拌30～60min，以无肉眼可见沉淀物为度。

（4）过滤：取80目的筛子，置于漏斗上。漏斗下再接一分液漏斗，将加温后的消化液徐徐倒入筛子。滤液滤入分液漏斗中，待滤干后，弃去筛子上的残渣。

（5）沉淀：滤液在分液漏斗内沉淀10～20min，旋毛虫逐渐沉到底层，此时轻轻分几次放出底层沉淀物于凹面皿中。

（6）漂洗：沿凹面皿边缘，用带乳胶吸头的10ml吸管徐徐加入37℃温自来水，然后沉淀1～2min，并轻轻沿凹面皿边缘再轻轻多次吸出其中的液体如此反复多次，加入或吸出凹面皿中的液体均以不冲起其沉淀物为度，直至沉淀于凹面皿中心的沉淀物上清透明（或用量筒自然沉淀，反复吸取上清的方法进行漂洗）。

（7）镜检：将带有沉淀物的凹面皿放入倒置显微镜或在80～100倍的普通光学显微镜下调节好光源，将凹面皿左右或来回晃动，镜下捕捉虫体、包囊等，发现虫体时再对着样品采用分组消化法进一步复检（或压片镜检），直到确定病猪为止。

十、“三腺”摘除

“三腺”是指甲状腺、肾上腺和病变淋巴结。

（一）器材准备

检验刀、检验钩、磨刀棒、搪瓷盘、胶靴、手套、工作帽、口罩等。

（二）操作方法

1. 甲状腺摘除 甲状腺是位于喉后方，气管前端两侧和腹面的红褐色腺体。一般分左右两侧叶和中间的峡部。各种动物甲状腺形态略有区别。猪的甲状腺，呈深红色，腺峡与左右两侧叶连接成一个整体，长4.0～4.5cm，宽2.0～2.5cm，厚1.0～1.5cm。剖检完颌下淋巴结后，从放血刀口用手向喉头位置触摸，位于喉骨后第6～7软骨环左侧，三角形肉核即是，要求摘除完整。

2. 肾上腺摘除 肾上腺是成对的红褐色腺体，位于肾的前内侧。猪的肾上腺，长而窄，表面有沟。左手持钩，右手下刀，摘除完整，不能下手摘。

3. 病变淋巴结摘除 是指受致病因子作用而产生病理变化的淋巴结。摘除方法参照前述应检淋巴结部分。

十一、家禽宰后检疫程序及操作要点

家禽的宰后检疫与家畜的宰后检疫相比有其独具的特点。一方面，由于家禽淋巴系统的组织结构特殊，鸭鹅仅在颈胸部和腰部有少量淋巴结，鸡无淋巴结，因而家禽不论是内脏检验还是胴体检验，均不剖检淋巴结。另一方面，家禽的加工方法与家畜不同，有全净膛、半净膛与不净膛之分。对全净膛者检查内脏和体腔，对半净膛者一般只能检查胴体表面和肠管，对不净膛者只能检查胴体表面。因此，检验人员必须予以仔细的检查，善于发现病理征象。日屠宰量在1万只以上（含1万只）的，按照1%的比例抽样检查，日屠宰量在1万只以下的抽检60只。抽检发现异常情况的，应适当扩大抽检比例和数量。

（一）器材准备

检验刀、检验钩、磨刀棒、搪瓷盘、手电筒或窥探灯、胶靴、手套、工作帽、口罩等。

（二）操作方法

1. 胴体检验

（1）判定放血程度：褪毛后视检皮肤的色泽和皮下血管（特别是翅下血管、胸部及鼠蹊部血管）的充盈程度，以判定胴体放血程度是否良好。放血良好的光禽，皮肤为白色或淡黄色，富有光泽，无蓝斑，看不清皮下血管，肌肉切面颜色均匀，无血液渗出。放血不良的光禽，皮肤呈暗红色或红紫色，常见表层血管充盈，皮下血管显露，肌肉颜色不均匀，切面有血液流出。放血不良的光禽应及时剔除，并查明原因。

（2）检查体表和体腔：首先观察体表的完整度和清洁度，皮肤和天然孔有无可见的病理变化。注意观察皮肤上有无结节、结痂、疤痕（鸡痘、马立克氏病），胴体表面有无外伤、水肿、化脓及关节肿大，特别注意观察头部、爪、关节和口腔、眼、鼻、泄殖腔等天然孔的状态，有无粪便和污物污染，尤其要对肛门及其周围做详细检查。其次进行体腔的检查。对于全净膛的光禽，须检查体腔内部有无肿瘤、畸形、寄生虫及传染病的病变；对于半净膛的光禽，可由特制的扩张器由肛门插入腹腔内，张开后用手电筒或窥探灯照明，检查体腔和内脏有无病变及血、粪、胆汁污染。发现异常者，应剖开检查。

（3）检查头部和颈部：注意检查鸡冠和肉髯的色泽，有无肿胀、结痂（鸡痘）和变色（若鸡冠和肉髯呈蓝紫色或黑色，应注意是否为新城疫或禽流感）；眼球有无下陷，注意虹膜的色泽、瞳孔的形状、大小以及有无锯齿状白膜或白环（眼型马立克氏病）；眼睛和眼眶周围有无肿胀，眼睑内有无干酪样物质（鸡传染性鼻炎、眼型鸡痘）；鼻孔和口腔是否清洁，注意有无黏性分泌物或干酪性假膜（鸡传染性鼻炎、鸡痘）；咽喉、气管和食管有无充血和出血，有无纤维蛋白性分泌物或干酪性渗出物（鸡传染性喉气管炎、鸡痘）；嗉囊有无积食、积气和积液。

2. 内脏检验

（1）心脏：观察心包有无炎症，心肌、冠状沟脂肪部有无出血点、出血斑等病变（新城疫），必要时可剖开心腔仔细检查。

（2）肝脏：在观察肝外表色泽、大小、形状的同时应检查边缘是否肿胀，特别注意有无灰白或淡黄色点状坏死灶和结节（鸡马立克氏病、鸡白血病），有无坏死小斑点（禽霍乱），胆囊是否完整，有无病变。

（3）脾脏：观察脾有无充血、肿大，色泽深浅程度，有无肿瘤、结节等。

（4）肠道：观察整个肠浆膜面有无变化，特别注意十二指肠和盲肠有无充血、出血斑点和溃疡，必要时剖开肠腔进行检查。

（5）卵巢：观察卵子是否完整、变形、变色、发硬等，特别注意大小不等的结节病灶。

（6）胃：剖检肌胃，剥去角质层，观察有无出血、溃疡；剪开腺胃，轻轻刮去腺胃内容物，观察腺胃黏膜乳头是否肿大，有无出血和溃疡（鸡新城疫、禽流感）。

（7）法氏囊（腔上囊）：检查有无出血、肿大等。剖检有无出血、干酪样坏死等。

全净膛的光禽，内脏全部自体腔取出后，可按上述顺序检查。半净膛的光禽，借助扩张器和手电光，检查肝、脾、心、卵巢、睾丸、肌胃、胸腹膜等有无胆污、粪污和血块等情况，检出的病禽可先单独放置，最后再逐只剪开腹腔观察。不净膛的光禽一般不作内脏检查，只有在检查胴体怀疑有传染病时，才开膛检查。

3. 复检　宰杀的光禽在自动流水线上检查时，因流速快，宰杀量大，故对初检出的可疑禽尸，一律连同脏器送复检台。最后再逐只剖开体腔，进行复检。重点检查口腔、咽喉、气管、坐骨神经丛、气囊、腔上囊、腺胃和肌胃等。复检后应综合分析，作出最后诊断。

十二、宰后检疫结果的登记

对所发现的各种病变进行详细的登记是畜禽宰后检疫的常规程序。宰后检疫必须准确统计被检屠畜禽的数量，并将检疫中发现的各种传染病、寄生虫病和病变进行详细登记。登记工作应坚持经常，并指定专人负责。登记的项目包括：胴体编号、屠畜禽种类、产地、畜主姓名、疾病或病变名称、病变组织器官及病理变化、检疫员的结论、处理意见等。同时，检疫记录应保存12个月以上。

在宰后各道检疫过程中，经常发现各种病理变化，这些资料对动物卫生防疫有一定的参考价值。而各种各样的病理标本则又是兽医研究与教学的实物资料，也可用作宰前检疫与宰后检疫对照资料。所以，对宰后检疫所发现的传染病、寄生虫病必须进行详实的登记，作为专业档案资料备查。

十三、宰后检疫的处理

（一）器材准备

动物检疫合格证明（产品B）、动物检疫合格证明（产品A）、动物检疫处理通知单、盖方形针码验讫印章、滚筒式验讫印章、检疫粘贴标志（大、小标签）等。

（二）操作方法

1. 合格的处理　经检验无各种法定疫病的存在，品质良好，符合国家卫生标准，可不受任何限制新鲜出厂（场）或进行分割、冷却和贮存。由官方兽医出具《动物检疫合格证明》，加施检疫标志。

（1）检验合格的胴体上应加盖验讫印章。剥皮肉类（如马肉、牛肉、骡肉、驴肉、羊肉、猪肉等），在其胴体或分割体上加盖方形针码验讫印章；带皮肉类加盖滚筒式验讫印章；白条鸡、鸭、鹅和剥皮兔等，在后腿上部加盖圆形针码验讫印章。

（2）检验合格的内脏（已包装）应加封“检疫粘贴标志”。

（3）出具动物产品检疫合格证明。对准备运输和交易的合格胴体和内脏应出具全国统一的动物产品检疫合格证明，省内运输和交易的出具《动物检疫合格证明（产品B）》；运出省境的出具《动物检疫合格证明（产品A）》。

2. 不合格的处理　由官方兽医出具《动物检疫处理通知单》，并按相关规定处理。

十四、品质异常肉的鉴定与处理

性状异常肉的鉴定与处理

1. 气味和滋味异常肉　肉的气味和滋味异常，在动物屠宰后和保藏期间均可发现。原因主要包括动物生前长期饲喂某些带有浓郁气味的饲料，未去势或晚去势，宰前投服芳香类药物、发生某些病理过程以及周围环境气味的影响等。

（1）鉴定

①饲料气味　动物生前长期饲喂带有浓郁气味的饲料，例如苦艾、独行菜、萝卜、甜菜、芸香类植物、油渣饼、蚕蛹粕、鱼以及泔水等，使肉和脂肪具有饲料气味、鱼腥味等异常气味。

②性气味　未去势或晚去势的公畜，特别是公山羊和公猪，其肉常发出难闻的性臭味。这种气味主要是睾丸酮和间甲基氮茚等物质引起的，去势后可逐渐减轻或消失。一般认为，肉的性气味在去势后 2～3 周消失，脂肪组织的性气味在去势 2.5 个月后才消失，而唾液腺（颌下腺和腮腺）的性气味消失得更晚。因此，检查上述腺体，对发现性气味有实际意义。激素制剂去势的公猪肉，肉的性气味在去势后 12～24 周仍很强烈。性气味（腥臊气味）可因加热而增强，因此可用煮沸试验或烙烫法鉴定。

③药物气味　给屠畜灌服或注射具有芳香气味或其他异常气味的药物，如松节油、樟脑、乙醚、氯仿、克辽林等，可使肉带有药物气味。长期饲喂被农药污染的块根、牧草等，也能使肉带有农药气味。

④病理气味　屠畜宰前患有某些疾病，可使肉带有特殊的气味。例如动物患坏疽性炎症或脓毒败血症时，肉常有脓性恶臭气味；患气肿疽或恶性水肿时，肉有陈腐的油脂气味；患泌尿系统疾病时，肉具有尿臭味；患酮血症时，有怪甜味；患胃肠道疾患时，肉具有腥臭味；砷制剂中毒的胴体有大蒜味；家禽患卵黄性腹膜炎时，肉有恶臭味；患病动物屠畜胴体具有血腥味。

⑤附加气味　肉置于有特殊气味（如油漆、消毒药、烂水果、蔬菜、鱼虾、漏氨冷库、煤油等）的环境中，可因吸附作用而具有这些特殊气味。

⑥发酵性酸臭　新鲜胴体由于冷凉条件不好（挂得过密或堆叠放置），胴体间空气不流通，胴体温度不易在短时间内降低，而引起自身产酸发酵，使肉质地软化，色泽深暗，带酸臭气味。

（2）处理方法：气味和滋味异常肉，在排除其他禁忌症候的情况下（如病理因素、毒物中毒），先进行通风驱散异味，然后进行煮沸试验。如煮沸试验肉样仍有不良气味时，则不宜鲜销食用，应作复制加工和工业用。如果异味仅局限于个别部位，则局部废弃，其余部分食用。公猪肉可与正常肉品按一定比例混合，经香辛料调味后制作香肠。

2. 色泽异常肉　肉的色泽因动物的种类、性别、年龄、肥度、宰前状态而有所差异。色泽异常肉的出现主要是病理因素（如黄疸、白肌病）、腐败变质、冻结、色素代谢障碍等因素造成。

（1）黄脂

①鉴定　黄脂又称黄膘，表现为皮下或腹腔脂肪组织发黄、质地变硬、稍呈浑浊，其他组织不发黄。一般认为是长期饲喂黄色玉米、鱼粉、蚕蛹粕、鱼肝油下脚料、南瓜、胡萝卜等饲料和机体色素代谢机能失调引起的。也有学者认为某些病例可能是遗传因素、饲料中不饱和脂肪酸甘油酯过多以及维生素 E 缺乏，导致的脂肪组织色素沉积。黄脂肉放置 24h 后黄色会逐渐消褪或变淡。

②处理方法　饲料来源的黄脂肉，一般无碍于食用。如同时伴有其他不良气味，则作化制或销毁。

（2）黄疸

①鉴定 由于发生大量溶血或胆汁排泄障碍，大量胆红素进入血液、组织液，全身各组织染成黄色。按病因可分为溶血性黄疸、实质性黄疸、阻塞性黄疸三种类型。特征是不仅胴体脂肪组织呈现黄色，而且皮肤、黏膜、结膜、关节滑膜囊液、组织液、血管内膜、肌腱甚至实质器官，均呈现程度不同的黄色，尤其是关节滑膜囊液、组织液、血管内膜、皮肤和肌腱的黄染，对黄疸与黄脂的鉴别具有重要意义。黄疸肉放置愈久颜色愈黄。

②处理方法 发现黄疸时，必须查明黄疸的性质。真正的黄疸肉，原则上不能食用。如系传染性黄疸，则应依据具体疾病进行处理。

（3）红膘

①鉴定 皮下脂肪由于毛细血管充血、出血或血红素浸润而呈现粉红色。一般认为与感染急性猪丹毒、猪肺疫和猪副伤寒，或者背部皮肤受到冷、热机械性刺激有关。“红膘猪”按其发生的原因，可分为如下四种类型：

冷宰猪。其脂肪混浊，暗红色，或者红中带黄褐色，俗称“走膘”，呈现全身性病理变化，颈、胸、腹的皮肤黑紫色，脂肪、肌肉、肋、胸膜，可以见到血液的沉积，呈现淤血性坠积。这种现象多发生在尸体缓慢凝血的情况下，液态的血液流入组织的低下部；由于内脏器官的印染，也可能使胸膜的一侧出现暗红色。这种红膘猪肉应做销毁处理，不可食用。

细菌性病引起的。其一是猪丹毒时的红膘，脂肪外表呈现桃红色，用刀切之，毛细血管出现出血浸润，表皮呈现弥漫性、炎性充血，如是全身性皮肤充血，一片红色，俗称“大红袍”；有时仅耳、颈、胸、腹部的皮肤充血，又叫“小红袍”。其二是猪肺疫时引起的红膘，脂肪轻微红色，缺乏光泽，表皮以四肢、胸膜呈现云斑状出血，乳房淋巴结、股前淋巴结出血；有时因纤维素性胸膜肺炎的发生，可见胸膜有纤维素沉着。

加工工艺造成的红膘猪。如电麻的方法、时间不当；放血方法不对，造成放血不全引起的红膘。这种红膘猪全身各组织无特征性变化。这种肉只能鲜销不宜冷藏。

由于没有严格遵守宰前的饲养管理制度，没有足够的休息、饮水、淋浴，在尚未恢复疲劳的情况下屠宰的。这种红膘猪的胴体可见到脂肪呈淡红色红染现象，而全身各组织无病变，冷却后红色渐退，肉质仍然新鲜。

②处理方法 确定为急性猪丹毒或猪肺疫的红膘猪胴体，应分别作化制或高温处理。冷、热机械刺激引起的红膘肉，轻者可不作处理，较严重的应高温处理。

（4）黑色素异常沉着

①鉴定 黑色素正常存在于皮肤、被毛、视网膜、脉络膜和虹膜，赋予皮肤、被毛、眼及其他组织器官以相应的颜色，可防御阳光的辐射，起到保护作用。缺乏黑色素的组织或器官里沉着黑色素，而呈现黑斑的，称黑色素异常沉着或称黑变病。常见于犊牛等幼畜或深色皮肤动物以及牛、羊的肝、肺、胸膜和淋巴结。黑色素沉着的组织和器官，由于色素沉积的数量及分布状态的不同，色素沉着区域由斑点大小到整个器官不等，呈棕褐色或黑色。在黑色和其他毛色较深的经产母猪的乳腺及周围脂肪组织，有时可见黑色素沉着现象，俗称“灰乳脯”。

黑色素是酪氨酸衍生物，在化学组成和生理作用上与肾上腺素非常相似，是位于皮肤基底层的成黑色素细胞将酪氨酸转变而成的一种蛋白质性色素，对食品卫生无害，但影响商品的外观和品质。

②处理方法　轻度沉着的组织和器官可以食用，重症的经局部修割或废弃病变器官后，其余部分可供食用，也可制作复制品和供工业用。

(5) 卟啉色素沉着

①鉴定　卟琳又称无铁血红素，是血红素不含铁的色素部分。在卟啉代谢紊乱、血红素合成障碍时，体内产生大量的尿卟啉、粪卟啉，在全身组织中沉着。卟啉色素沉着是一种常染色体隐性遗传病。动物出生时即可出现，见于各种家畜，牛、猪较常见。表现在尿液、粪便、血液中含有卟啉。尿液呈红棕色，皮肤内有大量卟啉沉着时，在无黑色素保护的部分，经日光照射引起充血，形成水疱、坏死、结痂和大片脱落。全身骨骼、牙齿、内脏器官均有红棕色或棕褐色的色素沉着，但骨膜、软骨、腱及韧带均不着色，只沉淀于骨质的钙中。发生于猪称“乌骨猪”，牙齿呈淡棕红色，故称“红牙病”。

②处理方法　卟啉色素沉着，无碍于肉品卫生，完全可以食用。

(6) 白肌病

①鉴定　主要发生于幼年动物，特征是心肌和骨骼肌发生变性和坏死。病变常发生于负重较大的肌肉，主要是后腿的半腱肌、半膜肌和股二头肌，其次是背最长肌。发生病变的骨骼肌呈白色条纹或斑块，严重的整个肌肉呈弥漫性黄白色，切面干燥，似鱼肉样外观，常呈左右两侧肌肉对称性损害。组织学检查，可见肌纤维肿胀、断裂、溶解、透明变性或蜡样坏死，甚至钙化。

白肌病一般认为是缺乏维生素 E 和硒，或饲料中混入不饱和脂肪酸，阻碍维生素 E 的利用而引起的一种营养性代谢病。因为维生素 E 和硒都是动物体内的抗氧化剂，对细胞膜有保护作用，当其缺乏时，细胞膜受过氧化物损伤，细胞发生变性、坏死。

②处理方法　全身肌肉有变化时，胴体作化制或销毁；病变轻微而局部的，加以修割，其余部分可作食用。

(7) 白肌肉

①鉴定　肉尸的肌肉色泽发白，质地柔软，并有液体渗出，称为白肌肉，国外简称“PSE”猪肉。“PSE”猪肉通常都发生在负重较大部位的肌肉，主要是后肢肌肉，其次是背最长肌，偶见于前肢。后肢肌肉的病变往往左右对称。这种肉经测定，其水分含量比正常肌肉明显为高，可达到 71%~72%，蛋白质含量比正常肌肉明显降低，仅为 14%~16%。关于“PSE”猪肉发生的原因和机理，目前还不完全清楚，从现象来看，白肌肉的发生与品种和个体有密切关系，例如长白猪、约克夏猪及杂交猪发生白肌肉比土种黑猪多；同一品种不同的个体，由于对宰前应激刺激的适应强弱有差异也可能出现白肌肉，凡对环境应激刺激适应能力较低的猪，往往容易产生“PSE”猪肉，这显然与遗传因素有关。另外，外界环境中的各种物理的和机械的应激刺激，例如高温、运输疲劳、长期运动不足以及电麻等因素，对应激敏感猪产生白肌肉也有很大关系。

②处理方法　白肌肉应高温处理。

十五、掺假肉和劣质肉的鉴定与处理

(一) 掺水肉的检验与处理

掺水肉，也称注水肉或灌水肉，是指临宰前向猪、牛、羊、鸡等动物活体内，或屠宰加工过程中向屠体及肌肉内注水所得到的肉。注水方式有直接注水、间接注水、胴体浸泡等多种方式。

1. 器材准备　放大镜（15×~20×）、塑料纸、分割刀、手术刀、定量滤纸、铝锅、电炉、称量瓶、电热恒温干燥箱、干燥器、分析天平、哑铃或其他压块（5kg）、肉类水分快速测定仪、受检样品等。

2. 操作方法

（1）掺水肉的感官检验

①视检肌肉　凡掺过水的新鲜肉或冻肉，在放肉的场地上把肉移开，下面显得特别潮湿，甚至积水，将肉吊挂起来会往下滴水。注水肉看上去肌纤维突出明显，肉发肿、发胀，表面湿润，不具正常猪肉的鲜红色和弹性，而呈粉红色、肉表面光亮。

②视检皮下脂肪及板油　正常猪肉的皮下脂肪和板油质地洁白，而灌水肉的皮下脂肪和板油轻度充血、呈粉红色，新鲜切面的小血管有血液流出。

③视检心脏　正常猪心冠脂肪洁白，而灌水猪的心冠脂肪充血，心血管怒张，有时在心尖部可找到灌水口，心脏切面可见心肌纤维肿胀，挤压有水流出。

④视检肝脏　灌水肝脏严重淤血、肿胀，边缘增厚，呈暗褐色，切面有鲜红色血水流出。

⑤视检肺脏　灌水肺明显肿胀、表面光滑、呈浅红色，切面有大量淡红色的水流出。

⑥视检肾脏　灌水肾肿胀、淤血、呈暗红色，切面可见肾乳头呈深紫红色。

⑦视检胃肠　灌水胃肠的黏膜充血、呈砖红色，胃肠壁增厚。

⑧触检　用手触摸注水肉，缺乏弹性，有坚硬感和湿润感，手指压下去的凹陷往往不能完全恢复，按压时常有多余水分流出，如果是注水冻肉还有滑溜感。

⑨放大镜检查　用15~20倍放大镜观察肌肉组织结构变化。正常肉的肌纤维分布均匀，结构致密，紧凑无断裂，无增粗或变细等变化，红白分明，色泽鲜红或淡红，看不到血液及渗出物；注水肉的肌纤维肿胀粗乱，结构不清，有大量水分和渗出物。

⑩加压检验法　取长10cm、宽10cm、高3~7cm的待检精肉块，用干净的塑料纸包盖起来，上边压5kg重的哑铃一个，待10min后观察，注水肉有水被挤压出来；正常肉品则是干燥的或仅有几滴血水流出。

⑪刀切检验法　将待检肉品用手术刀将肌纤维横切一个深口，注水肉稍停一会即可见切口渗水，正常肉品则否。

⑫试纸检验法　将定量滤纸剪成1cm×10cm长条，在待检肉新切口处插入1~2cm深，停留2~3min，然后观察被肉汁浸润的情况（本法不宜检查鲜冻肉）。轻度注水肉，滤纸条被水分和肌汁湿透，且越出插入部分2~4mm，纸条湿的速度快、均匀一致；严重注水肉，滤纸条被水分和肌汁浸湿，均匀一致，超过插入部分4~6mm以上。同时，注水肉黏着力小，检验滤纸条容易从肉上剥下，纸条拉力小而易碎。

（2）实验室检验

①熟肉率检验法　将待检精肉切成0.5kg重的肉块，放在铝锅内，加水2 000ml，待水煮沸后开始计时间并煮沸1h，然后捞出冷凉后称取熟肉重量，用熟肉重除以鲜肉重，求得熟肉率，一般来说，正常肉品熟肉率大于50%，而注水肉小于50%。

②肉的损耗检验法　把待检肉品吊在15~20℃通风凉爽的地方，经过24h，正常肉的

损耗率约在0.5%~0.7%，而注水肉可达4%~6%。

③常压水分干燥法　常压水分干燥法虽简单，但耗时较长，且结果受所注水水质的影响。由于注水中含电解质等物质，而且在种类、数量上有很大差异，所以对肉类注水程度的判定难以掌握，该方法只能粗略判定，方法如下：

取称量瓶置105℃烘箱烘1~2h至恒量，盖好，取出置干燥器内冷却，分析天平称重量为W_1。取待检肉样3g左右于称量瓶中、摊平、加盖、精密称重为W_2，并置入105℃烘箱烘4h以上至恒重（两次重复烘，重量之差小于2mg即为恒重），经干燥器冷却后称重为W_3。

$$肉品水分=(W_2-W_3)/(W_2-W_1)\times 100\%$$

正常鲜精肉水分含量为67.3%~74%，注水猪肉大于此范围，一般水分含量大于74%。

④肉类水分快速测定仪测定法　将肉类水分速测仪的针状多电极水分传感器插入受检样品，仪器自动采样计算水分含量，给出最终结果值。肉类水分快速测定仪测量速度快，获得一个样品定量检测结果最多只需要1min，而且不会对被测样品的组织结构、外观及物理、化学、生物性能产生影响，测量过程中不损耗样品。

（3）掺水肉的处理：凡注水肉，不论注入的水质如何，不论掺入何种物质，均予以没收，作销毁处理；对经营者予以经济处罚，直至追究刑事责任。

（二）公母猪肉的鉴别

1. 器材准备　手术刀、铝锅、电炉、烙铁、受检样品等。

2. 操作方法

（1）看皮肤：淘汰公母猪的皮肤一般都比较粗糙，松弛而缺乏弹性，多皱裂，且较厚，毛孔粗；公猪上颈部和肩部皮肤特别厚，母猪皮肉结合处疏松。

（2）看皮下脂肪：公猪的皮下脂肪很少或缺乏，有较多的白色疏松结缔组织。肉脂硬，公猪的背脂特别硬。母猪皮下脂肪呈青白色，皮与脂肪之间常见有红色，俗称“红线”。手触摸时黏附的脂肪少，而肥猪黏附的脂肪多。

（3）看乳房：公猪最后一对乳头多半在一起；母猪的乳头长而硬，乳头皮肤粗糙，乳也明显。纵切乳房部可见粉红色海绵状腺体，有的虽然萎缩，但有丰富的结缔组织填充，有时尚未完全干乳，故切开时可流出黄白色的乳汁。

（4）看肌肉特征：一般说，公猪的猪肉，其色泽较深，呈深红色，肌纤维粗糙，肉脂少，年老公猪肩胛骨上面有一卵圆形的软骨面通常已被钙化。

（5）嗅性气味：公猪一般有严重的性气味，经烧煮后尤为明显。为使气味明显，可以采用局部组织部位烧烙，或切下肉块煮沸、煎炸等。

（6）寻找生殖器官残迹和阉割疤：仔细检查，公猪肉有时还可见阴囊被切的痕迹，阴茎根常出现于胴体的一侧，球海绵肌发达强化，母猪则可见子宫韧带的固着痕迹，有时还可见睾丸或卵巢等生殖腺残留，特别是隐睾猪，此种情况尤为多见。

如果是淘汰的公母猪经阉割催肥后出售，公猪在阴囊部位可见较大而明显的阉割疤痕，阴茎萎缩不明显，若已预先摘除，则仍可见发达的阴茎退缩肌和球海绵肌；而母猪则可在腹侧发现较大的阉割疤。

（7）看腹部特征：母猪腹围较肥猪宽，母猪的腹直肌往往筋膜化，公猪的腹直肌特别发达。据民间经验，带皮的公母猪肉，经烧煮后，皮切口外翻者为母猪肉；皮切口内卷者为公猪肉。

（8）看肋骨和骨盆：母猪与肥猪相比较，肋骨扁而宽，骨盆腔较宽阔。

（三）病死畜禽肉的检验

急宰、死宰和物理性致死畜禽肉的检验是动物卫生检验的重要内容之一。对垂危病畜禽实行的紧急屠宰，称“急宰”；对动物死亡后所施行的宰杀解体放血，称“死宰”；电击、枪击、车闯、火烧以及摔、压、勒等物理性因素引起的死亡，称“物理性致死”（亦称横死）。

1. 器材准备　普通光学显微镜、载玻片、革兰氏染色液、剪刀、镊子、滤纸、天平、小烧杯、小试管、试管架、刻度吸管、酸性孔雀绿试剂、1% 过氧化氢溶液、0.2% 联苯胺乙醇溶液、受检样品等。

2. 操作方法

（1）放血程度：急宰、死宰或物理性致死畜的肉和内脏均有放血不良的特征。组织和内脏的色调深暗，鲜红至黑红色。肋间与肠系膜血管充盈显露。全身脂肪轻度发红，表面黏腻粗糙。肉切面潮湿，血管尤其皮下血管的断端常有血珠渗出。剥皮的肉类，皮下脂肪的表面有较多的小血珠渗出。将滤纸条插入肉的切口，可见血液浸润超出插入部分 5mm 以上。肝、脾、肺、肾等实质脏器均严重淤血、切面有多量血液流出。常因死后血液坠积而出现一侧肺脏和肾脏严重淤血，呈蓝紫色或黑红色。淋巴结肿胀、出血呈玫瑰红色或紫红色。

胴体放血程度的检测。取肉屑 6g，加水 14ml，混合后静置 15min，弃去沉淀，且吸管吸取 0.7ml 于一凝集管中，加 1 滴酸性孔雀绿试剂，混合后再加入 1 滴 1% 过氧化氢，混合摇晃，至稍有泡沫为止，然后静置 20min，液体清亮呈蓝色者表示放血完全；液体混浊呈绿色者显示放血中等程度；液体混浊呈橄榄绿色者表示放血不良。

（2）杀口状态：健畜禽宰后，其杀口和开膛口常因肌僵而切面外翻，皮下脂肪切面呈颗粒状凸凹不平，杀口处组织被血红染深达 0.5～1mm；急宰或死宰病畜杀口切面和开膛刀口均平整而不外翻，杀口无血液浸染。

（3）物理性致死痕迹：如压痕、勒痕、皮肤破损、局部淤血、出血及渗出等变化。但需注意区别生前骨折和死后的断骨，主要看局部有无血肿和肌肉撕裂，有血肿的，为生前骨折，否则为死后骨折。

（4）微生物学检查：健畜宰后，一般查不出特异性病原菌，对怀疑是急宰或是死宰的畜肉，可采取肝、脾及淋巴结制成涂片，经革兰氏染色后镜检。必要时可作细菌培养。

（5）生化学检查：死畜肉的 pH 值为 6.6 以上，联苯胺反应呈阴性。取受检样品浸取液 2ml 于小烧杯中，先加 0.25ml 联苯胺乙醇溶液，充分振荡，然后加入 0.1ml 1% 过氧化氢溶液，稍加振动混匀，观察在 3min 内溶液颜色变化的速度和程度，若溶液在 30～120s 内呈蓝绿色，以后变为褐色，说明有过氧化物酶，为阳性；若 2～3min 呈青棕色，以后变为褐色，说明过氧化物酶含量较少，为中间状态；若无蓝绿色出现，溶液逐渐变为浅褐色至深褐色，说明无过氧化物酶，为阴性。正常的新鲜状态的肉含有过氧化氢酶，能促进过氧化氢释放出新生态氧，将联苯胺氧化，而呈蓝绿色。而病死畜肉、腐败变质肉缺少过氧化氢酶，所以联苯胺反应呈阴性。

（吴桂银　魏　宁）

项目七　患病动物的处理技术

为了你能出色地完成本项目各项典型工作任务，你应具备以下知识：

1. 常见内科病及其常用药物的基本知识
2. 常见中毒病的临床症状表现
3. 外产科病的处置原则
4. 骨折愈合的机理
5. 常量元素、微量元素和雌激素对母畜禽的作用机理
6. 动物传染病发生与流行的基本知识
7. 动物防疫工作的方针和原则
8. 国家对动物疫病的分类
9. 国内外动物疫病防治的先进技术

任务一　建立病历

一、处方开写

（一）处方的概念及意义

1. 概念　指兽医师针对动物疾病所开具的医疗文书，也是药房配药、发药的依据。

2. 意义　总结诊疗经验；药房管理中药物消耗的凭证；兽医对处方负法律责任。

（二）处方的开写

1. 登记部分　登记就诊日期、畜主、地址及就诊动物基本信息等事项。

2. 处方部分

（1）上项：上左方写 R 或 RP（RECIPE）的简写，拉丁文“取”。

（2）中项：药物的名称、规格、剂量，每药一行，逐个书写，依主药、佐药、矫正药、赋形药的次序排列，剂量要保留小数，并在小数点的前后加“0”，如：0.3 或 3.0，小数点上下对齐。

（3）下项：写明制成何种剂型，若是现有剂型，可省略。

（4）用法：指导药房人员如何配药，兽医师（畜主）如何用药。

3. 签名部分　处方开写完毕，兽医师、药剂师应仔细核对，确定无误方可分别签名以示负责。另处置费用（药价）以元计算。

例如：

动物医院处方笺

就诊日期________年____月____日　　编号：××××××

畜主姓名________　地址______________　电话______________

动物名称________　年龄/体重____/____　性别____　特征____

R：

0.5%硫酸阿托品注射液　　1.0　3支

用法：每次1支肌肉注射，每隔3～5h用药一次。

兽医师（签名）×××　药剂师（签名）×××　药价____

（三）动物诊疗处方的开写原则

遵循安全、有效、经济的原则。开具麻醉药品、精神药品、放射性药品的处方必须严格遵守有关法律、法规和规章制度的规定。

（四）注意事项

1. 登记患病动物的项目应清晰、完整，并与门诊登记相一致。

2. 每张处方只限于一次诊疗结果用药。

3. 字迹要清楚、工整，不得涂改，不用铅笔书写。若有修改，需在修改处签名并注明修改日期。

4. 药名以《兽药典》《兽药规范》为准，不得用自编缩写名、代号、俗名。如“食盐”等。药品名称、剂量、规格、用法、用量要准确规范，不得使用“遵医嘱”、“自用”等含糊不清的字句。

5. 西兽药、中成兽药处方，每种药品须另起一行。每张处方不得超过5种药品。

6. 中兽药饮片处方的书写，可按君、臣、佐、使的顺序排列；药物调剂、煎煮的特殊要求注明在药品之后上方，并加括号，如布包、先煎、后下等；对药物的产地、炮制有特殊要求的，应在药名之前写出。

7. 剂量多为说明书上的常用量，若用剧毒药品超过极量或使用配伍禁忌的药品时，兽医应在药名或剂量的旁边签名。

8. 开注处方时应注明临床诊断，以便处方审核（特殊情况除外）。

9. 数字以阿拉伯数字表示，计量单位按mg（毫克）、g（克）、kg（千克）、ml（毫升）、L（升）计算。

10. 处方开具完毕，应在处方后空白处画一斜线。

11. 处方兽医的签名和专用签章必须在动物防疫监督机构留样备查，不得任意改动，否则应重新留样。

12. 一般药物处方保存1年，毒剧药处方保存3年，麻醉品处方保存5年，期满销毁。

二、病历撰写

（一）病历内容

1. 病畜登记　动物种类、品种、性别、年龄、毛色、特征等。

2. 主述及问诊材料　包括病史；详细的发病情况或流行病学调查的结果；饲养管理情况；就诊前的经过及处理方式等。

3. 临床检查所见　这是病历组成的主要内容，初诊病历记录得更详细。

（1）记录体温、脉搏及呼吸数。

（2）整体状态的检查记录，包括精神状态、体格、发育、营养状态、姿势、结构的变化及表面病变。

（3）各器官系统的检查所见，依次记录心血管系统、呼吸系统、消化系统、泌尿生殖系统、神经系统等症状变化。

4. 辅助检查（特殊检查） 结果一般以副页的形式记录之，如实验室检查（血，尿，粪便）结果、心电图、X 射线所见等。

5. 病历日志

（1）每日记载体温、脉搏、呼吸数（一般可绘制曲线表以表示之）。

（2）所采取的治疗措施、方法、处方及饲养管理上的改进等。

（3）记录各器官、系统的新变化（一般仅重点记入与前日不同的所见）。

（4）各种辅助检查的结果。

（5）会诊的意见及决定等。

6. 病历的总结 当治疗结束时以总结方式，对诊断及治疗结果加以评定，并指出今后在饲养、管理上应注意的事项。如以死亡为转归时，应进行剖检并将其剖检所见加以记录，最后应总结全部诊疗过程中的经验及教训。

（二）病历记录原则

1. 全面而详细 包括问诊、临床检查及某些辅助（特殊）检查所见与结果，都应详尽地记入，某些检查的阴性结果也应记入，因其可作为排除诊断的依据。

2. 系统而科学 为了记录的系统性便于归纳整理，所有记录内容应按系统有序地记载，所见的各种症状应以通用的名词和术语记入。

3. 具体而肯定 各种征候、表现应尽可能地具体和肯定，避免用可能、好像、似乎等不确定的词句（如果不能确切肯定某种变化时，可在所见的后面加上问号，以便通过进一步的观察和检查再行确定）。病历记录表样式如表 2－23。

表 2－23 ××动物医院病历记录表（正页）

编号：××××××

畜主姓名		电话		地址			
动物种类		品种		性别		年　龄	
昵　　称		体重		毛色		特　点	
初诊日期		发病日期与时间				防疫情况	
主诉及病史：							
临床检查所见	体温（T）____℃　脉搏（P）____次/分　呼吸（R）____次/分						

（续表）

初步诊断		最后诊断		兽医师（签名）	
处置：					
备　　注					

病历记录表续页

编号：××××××

年　月　日	临床检查及处置（治疗）	兽医师签名

（黄东璋　梅存玉）

任务二　常见内科病处理技术

一、畜禽消化系统内科疾病处理

（一）口炎

1. 器材准备

1%食盐水或2%～3%硼酸溶液、0.1%高锰酸钾或0.1%雷佛奴尔溶液、2%～4%硼酸溶液、1%～2%明矾或鞣酸溶液、2%甲紫溶液、1%～5%蛋白银溶液或0.2%～0.5%硝酸银溶液、碘甘油、1%磺胺甘油乳剂、抗生素及磺胺类药物、维生素、纱布、注射器、生理盐水、酒精棉球、碘酊棉球等。

2. 处理方法

（1）除去病因，加强饲养及护理，供给质软而富有营养的饲料和清洁的饮水。

（2）口炎初期，可用弱的消毒收敛剂冲洗口腔，每天3～4次。

（3）炎症轻时，可用1%食盐水或2%～3%硼酸溶液洗涤口腔；炎症重而有口臭时，用0.1%高锰酸钾或0.1%雷佛奴尔溶液；唾液分泌旺盛时用2%～4%硼酸溶液，1%～2%明矾或鞣酸溶液，或涂以2%甲紫溶液。

（4）慢性口炎时，可涂擦1%～5%蛋白银溶液或0.2%～0.5%硝酸银溶液。

（5）水疱性、溃疡性口炎和真菌性口炎时，除用前述药液冲洗口腔外，在糜烂和溃疡面上可涂布碘甘油（1∶9）或1%磺胺甘油乳剂。

（6）病情较重者，应用抗生素及磺胺类药物，并给予维生素配合治疗。

3. 注意事项

（1）加强饲养管理，合理调制饲料，除去其中尖锐异物，严防误食有刺激性和腐蚀性的物质。

（2）治疗应以净化口腔、收敛、消炎为治疗原则。

（3）口服有刺激性的药物时，要充分稀释或加黏浆剂，或用胃管投服，牙齿磨灭不整齐时，应及时修整。

（二）咽炎

1. 器材准备

鱼石脂软膏或樟脑酒精、碘甘油或鞣酸甘油、青霉素和磺胺类药、10%水杨酸钠溶液、异种动物血清、纱布、生理盐水、注射器、酒精棉球、碘酊棉球等。

2. 处理方法

（1）病初，咽部可先冷敷，后温敷，每天3～4次，每次20～30min。也可用鱼石脂软膏或樟脑酒精局部涂布。小动物可用碘甘油或鞣酸甘油涂布咽黏膜。

（2）抗菌消炎，可应用青霉素和磺胺类药。青霉素，大动物1万～2万IU/kg，猪、羊、犬、猫2万～4万IU/kg，每日2次，肌肉注射或静脉注射。磺胺类药如磺胺甲基嘧啶，大动物50mg/kg，小动物15mg/kg，每日2次，首次量加倍，连用4d。

（3）重剧的咽炎，可用10%水杨酸钠溶液，牛、马100ml，猪、羊、犬10～20ml，静脉注射，或用普鲁卡因青霉素G，牛、马200～300IU，猪、羊、犬40～80IU，肌肉注射，亦可用咽部封闭疗法，用0.25%普鲁卡因溶液，牛50ml，猪20ml，青霉素牛100万IU，猪40万IU，进行局部封闭。

（4）牛、猪咽炎，可用异种动物血清，牛20ml，猪5～10ml，皮下或肌肉注射，也有良好效果。

3. 注意事项

（1）治疗原则：加强护理，消炎，清热解毒，利咽喉。

（2）搞好饲养管理，防止受寒感冒、过劳，禁喂霉败和冰霜冻结的饲料。

（3）及时治疗咽部邻近部位的炎症。用胃管投药时，要细心操作，避免损伤咽部。

（三）胃肠炎

1. 器材准备

抗生素（硫酸新霉素、卡那霉素或庆大霉素等）、0.1%高锰酸钾溶液、1%阿托品、5%葡萄糖液、25%葡萄糖液、生理盐水、复方氯化钠注射液、5%碳酸氢钠注射液、40%乌洛托品、10%安钠咖或10%樟脑磺酸钠、0.3%毛地黄毒甙注射液、注射器、输液器、酒精棉球、碘酊棉球等。

2. 处理方法

（1）消炎杀菌：病情严重时，马可用硫酸新霉素，剂量为成年马5～10g，犊、驹2～3g，仔猪0.5～1g，内服，每日2～3次。0.1%高锰酸钾溶液3 000～5 000ml，内服和灌肠，对马胃肠炎有较好效果。除此之外，还可应用卡那霉素2～3g或庆大霉素40万～90

万 IU，肌注或静注（一般采用肌注），每日 2 次（马、牛），猪可用 1/3～1/4 剂量。牛为了减轻对瘤胃的扰乱，最好采用磺胺脒内服或注射链霉素。

（2）清理胃肠及止泻：清理胃肠的目的是排除胃肠内的有害、有毒物质，制止异常的发酵腐败，减轻炎性刺激和缓解自体中毒的发展。但只适用于排粪迟缓和粪便恶臭时，如下痢已很严重时则禁用。止泻适用于胃肠内有害内容物基本排除，粪臭味减轻而仍下痢不止时。如下痢十分严重而需要立即止泻时，可用 1% 阿托品 2～3ml，皮下注射（马、牛）。

（3）补液：脱水和自体中毒，常为本病致死的主要因素，故及时合理的补液和解毒疗法是抢救本病的重要措施之一。补液用药应根据脱水的性质选用 5% 葡萄糖、0.9% 氯化钠溶液或 5% 葡萄糖及复方氯化钠注射液的各半溶液等，用量应根据脱水程度和性质确定，每次 2 000～4 000ml，轻度时每天 1～2 次，严重时 3～4 次。

（4）解毒：可用 25% 葡萄糖液 500ml、5% 碳酸氢钠注射液 300～500ml、40% 乌洛托品 50～100ml，混合一次静脉注射，每天 1～2 次。

（5）强心：可用 10% 安钠咖 10～30ml，或 10% 樟脑磺酸钠 10～20ml，皮下或静脉注射。心脏衰弱时可用上述两种药剂交替注射，每 48h 一次。心力衰竭时可用 0.3% 毛地黄毒甙注射液 8～15ml 静脉注射。

3. 注意事项

（1）加强管理，防止动物过劳，应用药物要适宜，不可过量使用泻药。合理饲养，防止给予动物发霉、腐败、虫蛀、含泥沙以及含有毒物的不良饲料。饲料搭配要适当，防止精料过多和饲草单一，切勿突然更换饲料。

（2）本病的治疗以抗菌消炎，补液解毒为主，辅以清理胃肠，适时止泻，解除自体中毒和预防脱水。如病因明确，首先应排除病因。

（3）在出血性胃肠炎时，除按一般胃肠炎处理外，尚需止血。马、牛可用 10% 氯化钙 100～150ml 静脉注射。如同时肌肉注射维生素 K 10～15ml 则效果良好。出血严重时，可输相合血液 1 000～1 500ml。

（4）输液速度一般可用每分钟 30～40ml 的速度进行，补到病畜精神和心律好转后，可改为每分钟 15～20ml 的速度。如在补液中发现心律加速或不齐、病畜不安等症状时，应考虑减速或暂停。

（四）前胃弛缓

1. 器材准备

氨甲酰胆碱（或新斯的明、毛果芸香碱）、10% 氯化钠液、5% 氯化钙液、20% 安钠咖、硫酸镁或硫酸钠、稀盐酸、酒精、液体石蜡、25% 葡萄糖液、5% 碳酸氢钠液、生理盐水、注射器、输液器、酒精棉球、碘酊棉球等。

2. 处理方法

（1）原发性前胃弛缓，初期可绝食 1～2d，饲喂易消化的饲草料。促进瘤胃蠕动，可用氨甲酰胆碱，牛 1～2mg，羊 0.25～0.5mg；或新斯的明，牛 10～20mg，羊 2～4mg；或毛果芸香碱，牛 30～50mg，羊 5～10mg，皮下注射。但对妊娠母牛，心脏衰弱者禁用。

（2）应用促反刍液，10% 氯化钠液 100ml，5% 氯化钙液 200ml，20% 安钠咖 10ml，静脉注射。

（3）防腐止酵，牛宜用稀盐酸15～30ml，酒精100ml，水500ml，内服，每天1～2次。或用鱼石脂15～20ml，酒精50ml，水1 000ml，内服。

（4）缓泻，可用硫酸镁或硫酸钠300～500g，鱼石脂20g，温水6 000～10 000ml，内服。或用液体石蜡1 000ml，内服。具有润肠消导作用。

（5）防止脱水与酸中毒，晚期病例，可用25%葡萄糖溶液500～1 000ml，静脉注射；或用5%葡萄糖生理盐水1 000～2 000ml，40%乌洛托品40ml，20%安钠咖10～20ml，静脉注射；或5%碳酸氢钠500～1 000ml，静脉注射，防止败血症。

3. 注意事项

（1）前胃弛缓的治疗原则，在于排除病因，增强神经体液调节，健脾胃，促进反刍，防腐止酵，消导，强心补液，防止脱水和自体中毒的综合疗法。

（2）饲养管理过程中，禁喂霉败变质饲料，合理搭配日粮，制定合理的饲养管理制度，避免应激因素刺激。

（五）瘤胃臌胀

1. 器材准备

表面活性药物（二甲基硅油或2%聚合甲基硅香油）、乳酸、10%鱼石脂酒精、硫酸镁（或人工盐、石蜡油、蓖麻油等）、EM原露、投药瓶、生理盐水、输液器、酒精棉球、碘酊棉球等。

2. 处理方法

（1）初期，使病畜头部抬举，适当按摩腹部，促进瘤胃气体排出。急性臌胀，及时施行瘤胃穿刺术。穿刺部位在左侧腰旁窝中央。放气时应缓慢，以防发生脑贫血。

（2）泡沫性臌胀，宜用表面活性药物，如二甲基硅油，牛2～2.5g，羊0.5～1g；或消胀片，牛20～60片，羊15片，水适量，内服。也可用2%聚合甲基硅香油，牛100ml，羊25ml，加水稀释后内服。

（3）理气制酵，可用乳酸15～20ml，或福尔马林10～20ml，来苏尔10～20ml，10%鱼石脂酒精100～150ml，任选一种加水500～1 000ml内服。在制酵同时可与缓泻剂同时应用。常用的泻剂有硫酸镁、人工盐、石蜡油和蓖麻油等。

（4）为改善瘤胃内菌群失调，促进消化功能，消除瘤胃臌胀，可内服EM原露。EM为微生物制剂，对瘤胃臌胀有良好的治疗效果。

（5）根据病情与体况，采用强心补液，增进疗效。当泡沫性瘤胃臌胀用药无效时，应及时采取瘤胃切开术，取出其内容物，按照外科手术要求处理，可获良好效果。

3. 注意事项

（1）加强饲养管理，注意饲料的搭配，易发酵的饲草，宜刈割后饲喂，动物放牧前可适当内服豆油、花生油，提高瘤胃内容物表面活性，增强抗泡沫作用。

（2）舍饲牛、羊放牧前一两天内，先给予聚氧化乙烯，或聚氧化丙烯20～30g，加少量豆油，羊3～5g，放在饮水内，内服，然后再放牧，可预防本病。

（六）创伤性网胃炎

1. 器材准备

抗生素（青霉素、链霉素）或磺胺二甲基嘧啶、磁铁牛鼻环、金属异物探测器、注射器、生理盐水、酒精棉球、碘酊棉球等。

2. 处理方法

（1）如无并发病，采取手术疗法施行瘤胃切开术，取出异物，疗效很好。

（2）保守疗法。加强护理，将病牛立于斜坡上，使牛保持前躯高后躯低的姿势，应用青霉素300万IU和链霉素3g肌肉注射，每天2次，连用3～5d，或用磺胺二甲基嘧啶，按每千克体重0.15g，内服，每天1次，连用3～5d，效果较好。

3. 注意事项

（1）注意清除饲草、饲料内的金属异物或其他尖锐异物。奶牛可装置磁铁牛鼻环。

（2）预防本病可采用金属异物探测器，对牛进行定期的检查，必要时，可应用金属异物摘除器，从网胃中吸取金属异物。

（七）皱胃变位

1. 器材准备

手术器械、麻醉药、缝针、缝线、生理盐水、酒精棉球、碘酊棉球等。

2. 处理方法

（1）保守疗法　先使病牛绝食1～2d，并限制饮水量，然后运用滚转法，即使病牛左侧卧地，继而转为仰卧，以背部为轴心，迅速地使其向左右来回滚转约3min，立即停止，仍使其左侧卧地，再转为伏卧姿势，使其起立，检查皱胃情况，如未复位，仍可反复进行。

（2）手术疗法　当保守疗法无效时，特别是以皱胃与瘤胃或腹壁形成粘连的病例，必须进行手术整复。通常采用右肋部手术及网膜固定术。将病牛左侧位保定，腰旁神经干传导麻醉及术部浸润麻醉，于右腹下乳静脉4～5指宽上部，以季肋下缘为中心，横切口20～25cm，依照手术程序，打开腹腔，用手沿下腹部伸向左侧，将皱胃牵引过来。如果皱胃臌气扩张，即将网膜向后拨，把皱胃拉到创口外，将其小弯上部网膜固定在腹肌上，手术后2～4h内，即可康复，成功率达95%以上。

3. 注意事项

（1）应合理配合日粮，特别是高产奶牛，按泌乳量增加精料时绝不能减少日粮中优质青干草。精料及酸性饲料饲喂量大时，应补喂适量碳酸氢钠。

（2）妊娠后期，应少喂精料，多喂优质干草，给予适当运动。

二、畜禽呼吸系统内科疾病处理

（一）感冒

1. 器材准备

镇痛退热药（安乃近、复方氨基比林或复方奎宁注射液）、抗生素或磺胺类药物、生理盐水、输液器、注射器、酒精棉球、碘酊棉球等。

2. 处理方法

（1）役畜应停役休息，采取解热镇痛、控制继发感染及对症治疗的原则，喂予易消化青绿饲料。

（2）病初应给予镇痛退热药，如30%安乃近、复方氨基比林或复方奎宁注射液（孕畜忌用）等，马、牛20～30ml；猪、羊3～10ml，肌肉注射。或解热镇痛药与青霉素配合肌肉注射。

(3) 当高热、呼吸音粗厉而带啰音，或经用退热药后，体温仍不见下降时，应及时应用抗生素或磺胺类药物；如能配合静脉输液，则效果更好。必要时，可配合祛痰止咳、健胃、缓泻等对症治疗。

3. 注意事项

加强御寒保温工作，对发病因素采取积极的防治措施。

(二) 支气管炎

1. 器材准备

磺胺类药物、氯化铵、酒石酸锑钾或复方甘草合剂、氯化钙或葡萄糖酸钙、碘化钾或碘化钙溶液、生理盐水、注射器、输液器、量筒、酒精棉球、碘酊棉球等。

2. 处理方法

(1) 消炎：可用磺胺类药物，常用 SD 或长效磺胺类，并配合增效剂（TMP），如 SMP-TMP，SD-TMP 注射液，每千克体重 20～25mg，12～24h 一次。

(2) 祛痰止咳：当痰液黏稠而不易咳出时，可用氯化铵内服，马 8～15g，牛 10～25g，羊 2～5g，猪 1～2g，每天一次。当痰液较多，且咳嗽无力而难以排出时，可用酒石酸锑钾内服，马 0.3～2g，牛 1～5g，猪、羊 0.1～0.5g，每天 1～2 次。或复方甘草合剂（棕色合剂）内服，马、牛 50～100ml，猪、羊 10～30ml，每天 1～2 次。当咳嗽频繁时，可用杏仁水内服，马、牛 20～40ml，猪、羊 5～10ml，每天 1～2 次。当咳嗽频繁而痰液不多时，可用咳必清内服，马、牛 0.5～1g，猪、羊 0.05～0.1g，每天 1～2 次。

(3) 制止渗出和促进炎性渗出物吸收：可用氯化钙或葡萄糖酸钙静脉注射，以制止渗出。也可用碘化钾内服或碘化钙溶液静脉注射，以促进炎性渗出物的吸收。

(4) 合理护理：保持厩舍的清洁和通风良好，注意保温，适当作户外活动。喂易于消化而营养丰富的饲料，给予充足而清洁的饮水，以减少对呼吸道的刺激和提高机体的抗病能力。

3. 注意事项

(1) 治疗的基本原则是以消除炎症，祛痰止咳，制止渗出和促进炎性渗出物吸收为主，辅以合理护理。

(2) 加强保温工作，防止受寒和各种理化性、生物原性等有害因素的刺激，注意饲养管理和使役，增强家畜的体质。

(三) 小叶性肺炎

1. 器材准备

3% 双氧水、25%～50% 葡萄糖液、维生素 C、生理盐水、输液器、酒精棉球、碘酊棉球等。

2. 处理方法

治疗原则、基本方法，同支气管炎。当严重呼吸困难时，可用 3% 双氧水 50～100ml，25%～50% 葡萄糖液 500ml，维生素 C 2～4g，生理盐水 500ml，马、牛一次缓慢静脉注射，每天 1～2 次，对缺氧呼吸困难起缓解作用。

3. 注意事项

同支气管炎。

（四）大叶性肺炎

1. 器材准备

“914”、抗生素或磺胺类药物、5%葡萄糖液、醋酸钾、利尿素、碘制剂、生理盐水、注射器、输液器、酒精棉球、碘酊棉球等。

2. 处理方法

（1）抗菌消炎：早期大量使用“914”，效果甚好，“914”的用量以每千克体重0.015g计算，一般马可用2～4.5g，最多不超过5g，溶于5%葡萄糖液或等渗盐水（100～500ml）中，缓慢静脉注入，3～5d一次，共用2～3次。

（2）控制继发感染：在使用“914”的同时，配合应用抗生素或磺胺类药物，不仅可以防止继发感染，而且可以增强消炎作用，能提高疗效。青霉素80万~120万单位和链霉素150万~200万单位，肌肉注射，每天2次；也可用四环素1.5g，溶于5%葡萄糖溶液中静脉注射，或土霉素1.5～2g肌肉注射，每天2次；还可用10%磺胺嘧啶钠注射液100～200ml，静脉注射，每天2次。

（3）对症治疗：心脏衰弱时，应使用强心药，一般可交替使用安钠咖和樟脑制剂；如第二心音过强或心脏高度衰弱时，可用洋地黄制剂或毒毛旋花子甙K（或G），以增强心脏机能，提高心脏的工作效率。但在使用洋地黄类制剂的同时，应禁止使用钙剂及拟肾上腺素药物。

（4）在本病肺充血期，为了减少渗出，增强机体的应激能力，可用可的松类药物以及钙剂；而在病变的溶解期，为促进渗出物的排出，可选用利尿剂如醋酸钾（马20～30g）、利尿素（马、牛5～10g，内服）等。

（5）当炎症消散缓慢时，可用碘制剂，如碘化钾10g，加水2 000ml，内服，或碘化钙静脉注射。咳嗽剧烈时，给予镇咳祛痰药。消化不良时，给予健胃助消化药。

3. 注意事项

（1）治疗原则是以抗菌消炎、控制继发感染为主，辅以对症治疗和合理护理。

（2）加强护理，由于本病和传染性胸膜肺炎难于鉴别，故在尚未排除传染性因素之前，病畜必须隔离治疗。

（黄东璋　王　健）

任务三　外科病处置技术

一、畜禽普通外科病的处置

（一）创伤

1. 器材准备

灭菌纱布、3%过氧化氢溶液、剪毛剪、手术剪、手术刀、生理盐水、0.1%~0.2%高锰酸钾溶液、0.1%新洁尔灭溶液、3%过氧化氢溶液或0.1%雷佛奴尔溶液、2%～4%硼酸溶液、抗生素、碘仿磺胺粉、8%～10%氯化钠溶液、10%～20%硫酸镁或硫酸钠溶液、10%氯化钙注射液、5%碳酸氢钠注射液、缝针、缝线、注射器、酒精棉球、碘酊棉球等。

2. 处理方法

（1）清洁创围：用灭菌纱布覆盖创面，由外围向创缘方向剪除被毛。若被毛粘有血污时，可用3%过氧化氢溶液或其他消毒剂浸湿、洗净后再剪毛，用5%碘酊消毒创围，用75%酒精脱碘。

（2）清洁创腔

①新鲜创　除去覆盖创口的纱布，清除创伤内的被毛及异物。用生理盐水彻底冲洗创腔，用灭菌纱布吸净创腔内药液。对污染严重的可用消毒液冲洗创腔，应用0.1%～0.2%高锰酸钾溶液、0.1%新洁尔灭溶液、3%过氧化氢溶液或0.1%雷佛奴尔溶液等。用无菌操作的方法修整创缘、扩大创口、切除创内的挫灭组织，除去异物、血凝块后，再用消毒液冲洗创腔，用灭菌纱布吸净创腔内残留药液。

②化脓创　化脓初期呈酸性反应，应用碱性药液冲洗创腔。可应用生理盐水、2%碳酸氢钠溶液、0.1%新洁尔灭溶液等冲洗。若为厌气菌、绿脓杆菌、大肠杆菌感染，可用0.1%～0.2%高锰酸钾溶液、2%～4%硼酸溶液或2%乳酸溶液等酸性药物冲洗创腔。

③肉芽创　肉芽组织生长良好时，不可用强刺激性药物冲洗，可选用生理盐水、0.1%～0.2%高锰酸钾溶液、0.01%～0.02%呋喃西林溶液洗去或拭去脓汁。冲洗的次数不宜过频。

（3）清创手术：用器械除去创内异物、血凝块，切除挫灭组织，清除创囊及凹壁，适当扩创以利排液。对化脓创的创囊过深时，可在低位作反对孔，以利排脓。

（4）创伤用药：新鲜创经处理后，应用抗生素、碘仿磺胺粉等抗感染的药物；化脓创可应用高渗溶液清洗创腔，常用药物有8%～10%氯化钠溶液、10%～20%硫酸镁或硫酸钠溶液，以促进创伤的净化；肉芽创可应用10%磺胺鱼肝油、青霉素鱼肝油、磺胺软膏、青霉素软膏、金霉素软膏等药物以促进肉芽的生长。对赘生的肉芽组织可用硝酸银、硫酸铜等将其腐蚀掉，对赘生肉芽较大时，可在创面撒布高锰酸钾粉，用厚棉纱研磨，使其重新生长出健康的肉芽组织。

（5）缝合与包扎：清洁创或经过彻底外科处理的新鲜污染创的缝合；对药物治疗后消除了感染的创伤进行缝合；对生长良好的肉芽创进行缝合，可加快愈合，减少或避免瘢痕；创伤的包扎主要用于四肢下部创伤的包扎，冬季可保暖，夏季可防蝇。包扎绷带由三层组成，内层为吸收层（灭菌纱布）、接受层（灭菌脱脂棉），外层为固定层（绷带）。

3. 注意事项

（1）止血要及时。创围剪毛、消毒后，清洁创面，撒布磺胺粉或青霉素粉后，缝合创口，用绷带包扎创伤部。对重剧创伤或污染严重的创伤，认为不能第一期愈合的创伤，可进行部分缝合，在创伤的下部留出1～2针不缝合，便于渗出物的流出，并及时注射破伤风类毒素。

（2）创道长而弯曲，创腔内潴留脓汁而不能排出的创伤，需要引流。同时可经引流物将药物导入创腔内。

（3）对局部化脓症状剧烈的病畜，除局部治疗外，为减少炎性渗出及防止酸中毒，可静脉内注射10%氯化钙注射液150～200ml，5%碳酸氢钠注射液300～500ml。并连续应用抗生素或磺胺类药物3～5d。并需根据病情采取对症治疗。

（二）血肿

1. 器材准备

剪毛剪、绷带、止血药（维生素 K_3、0.5% 止血敏或 10% 氯化钙注射液）、手术剪、手术刀、生理盐水、缝针、缝线、青霉素、注射器、酒精棉球、碘酊棉球等。

2. 处理方法

（1）患部剪毛消毒，24h 内应用冷却疗法并装置压迫绷带。同时可配合应用止血药，肌肉注射维生素 $K_3$0.1～0.3g 或 0.5% 止血敏 5～10ml。也可选用 10% 氯化钙注射液 50～200ml，一次静脉注射。

（2）对较小的血肿，可经无菌穿刺或抽出积血后，装压迫绷带；对较大的血肿，于发病后的 4～5d，施行无菌切开，如有继续出血，应及时结扎止血，并清除积血及挫灭的组织，用生理盐水冲洗清创后，撒布青霉素粉，施行密闭缝合或施行开放疗法。

3. 注意事项

对较大的血肿经切开方法处理的，应配合 3～5d 的全身抗生素或磺胺疗法。

（三）淋巴外渗

1. 器材准备

剪毛剪、绷带、95% 酒精或酒精福尔马林溶液、纱布块、缝针、缝线、注射器、酒精棉球、碘酊棉球等。

2. 处理方法

（1）较小的淋巴外渗：患部剪毛消毒后，施行无菌穿刺抽出淋巴液后，注入 95% 酒精或酒精福尔马林溶液（95% 酒精 100ml、福尔马林溶液 1ml、碘酊数滴），半小时后抽出创内药液，装压迫绷带。

（2）较大的淋巴外渗：无菌切开排出淋巴液及纤维素；用浸有酒精福尔马林溶液的纱布块填塞于创腔内，皮肤作假缝合。两天更换 1 次纱布块。当破裂的淋巴管完全闭塞后，可按创伤治疗。

3. 注意事项

（1）停止使役和减少运动，保持安静，以减少淋巴液渗出。

（2）治疗淋巴外渗时禁止应用按摩及外敷疗法。

（四）脓肿

1. 器材准备

剪毛剪、鱼石脂软膏、手术剪、手术刀、抗生素或磺胺类药物、缝针、缝线、纱布、生理盐水、注射器、酒精棉球、碘酊棉球等。

2. 处理方法

（1）促进脓肿成熟：患部剪毛后，涂鱼石脂软膏，或施行温热疗法，以促进脓肿成熟。

（2）手术疗法：较小的脓肿可连同脓膜一起摘除。无菌切开皮肤后，不破坏脓膜，彻底剥离脓肿周围组织，取出完整的脓肿。创腔内撒布青霉素粉，缝合创伤，争取第一期愈合。较大的脓肿，可先抽出部分脓汁，在波动最明显处分层切开，避免损伤大的血管和神经。排出脓汁后，用防腐消毒剂彻底冲洗脓腔，用纱布吸净脓腔内残留冲洗液后，注入抗生素溶液，创口施行开放疗法。

3. 注意事项

（1）遵循的主要原则是促进脓肿形成与脓汁排出，消炎，增强机体抵抗力。

（2）术后应用5～7d的抗菌素或磺胺疗法。

（五）蜂窝织炎

1. 器材准备

复方醋酸铅溶液、0.5%普鲁卡因、青霉素、手术剪、手术刀、纱布、中性盐类高渗液、碳酸氢钠、生理盐水、注射器、酒精棉球、碘酊棉球等。

2. 处理方法

（1）在发病早期，可用复方醋酸铅溶液冷敷，也可以用0.5%普鲁卡因青霉素溶液病灶周围封闭。急性炎症缓和后可用温敷。

（2）如果在冷敷后炎性渗出非但不减轻，反而肿胀剧增，全身状况恶化，应立即采取手术切开的方法，不必等待形成脓肿时再进行。切口的长度、深度和数目，依据实际情况而定。皮下蜂窝织炎仅切开皮肤即可，深部组织的蜂窝织炎则应充分切开皮肤、筋膜和肌肉。切口长度应以排液通畅为度。炎症蔓延广泛时可做多处切开，但要注意保护神经干、大血管，不要损伤腱鞘以及关节腔。切开并充分止血后，用中性盐类高渗液反复冲洗并作引流，每天处理一次，持续4～5d，然后撒布抗生素。

3. 注意事项

（1）治疗必须兼顾局部和全身两个方面，采取综合疗法。

（2）全身的治疗要在早期进行，以增强机体抵抗力，可用抗生素、磺胺和碳酸氢钠疗法进行治疗。

（六）休克

1. 器材准备

镇痛药、镇静药、止血药、纱布、绷带、抗生素、5%糖盐水、生理盐水或复方生理盐水、强心药、异丙肾上腺素或阿托品、碳酸氢钠或乳酸钠、输液器、注射器、酒精棉球、碘酊棉球等。

2. 处理方法

（1）病因治疗：及早查明并除去病因，是制止休克的首要措施。否则，即使症状有所好转，也会反复。为此，必须注意保温和保持病畜安静，对损伤严重的病畜，采取镇痛、镇静、止血、补液、包扎、固定、抗感染等急救措施。

（2）扩容治疗：及早补足有效血容量，以改善微循环，对早期休克病畜的恢复尤为重要。最有效的液体是低分子右旋糖酐，也可用5%糖盐水、5%～10%葡萄糖溶液、生理盐水、复方生理盐水等。

（3）强心疗法：休克时心排出量减少，除与微循环阻滞有关外，也与心肌收缩功能降低有关。可用强心甙、西地兰、毒毛旋花子甙K等，以使心率减慢，舒张期延长，加强心肌收缩力，增加心排出量。也可用安钠咖和樟脑制剂等。

（4）血管活性药物的应用：血管活性药物包括血管收缩药（升压药物）和血管扩张药（交感神经阻滞药物）。可用升压药物如去甲肾上腺素，它可使小动脉发生强烈的收缩，提高动脉压，使心、脑等重要器官的血灌注量有所增加。但只是在血管处于扩张的情况下，或为了暂时保证心、脑氧的供应时才短时间给予升压药物。在治疗休克时使用血管扩张药物，如异丙肾上腺素、阿托品、氯丙嗪等，可解除微血管进出口的痉挛，使循环阻力降低，血流畅通，从而中断休克的恶性循环，改善组织血液灌流量。血管扩张药物有降压作用，只有在血容量补足后及常用休克疗法无效时方可使用。

(5) 纠正酸中毒：各种休克都有不同程度的酸中毒，轻者可随微循环的改善而自动缓解，重者可加重微循环阻滞而使休克加深，用碳酸氢钠或乳酸钠纠正酸中毒后，血压往往迅速回升。

3. 注意事项

休克的急救和治疗原则是尽早确诊，除去病因，根据引起休克的不同原因针对性地采取扩容、强心、应用血管活性药物、纠正酸中毒等措施。

二、非开放性骨折固定

(一) 器材准备

麻醉药、石膏、夹板、绷带、抗菌镇痛消炎药、维生素 A、维生素 D、生理盐水、输液器、注射器、酒精棉球、碘酊棉球等。

(二) 处理方法

(1) 正确整复：动物侧卧或仰卧保定，全身浅麻醉或局部浸润麻醉后，采取牵引、旋转或屈伸以及提、按、捏、压骨折断端的方法，使两端正确对接，恢复正常的解剖学位置。

(2) 合理固定：骨折断端复位后，装置石膏绷带或夹板绷带固定，马可吊在柱栏内(牛不能长期吊起，犬、羊可自由活动)。

(3) 抗菌、镇痛、消炎：整复固定后，可注射抗菌、镇痛、消炎药物，补充钙制剂等，加速愈合。

(4) 加强护理：恢复后期要注意机能锻炼。

(三) 注意事项

(1) 全身应用抗生素预防或控制感染；加强营养，饮食中补充维生素 A、维生素 D、鱼肝油及钙剂等。

(2) 限制动物活动，保持内、外固定材料牢固固定；嘱咐主人适当对患肢进行功能恢复锻炼，防止肌肉萎缩、关节僵硬及骨质疏松等。

(3) 定期进行 X 射线检查，掌握骨折愈合情况，适时拆除固定材料。

(王　健　黄东璋)

任务四　中毒病的处理

1. 器材准备

吸附剂、黏浆剂或沉淀剂、催吐剂、泻剂、利尿剂、洗胃器、特效解毒剂、高渗葡萄糖溶液、生理盐水、注射器、输液器、酒精棉球、碘酊棉球等。

2. 操作方法

(1) 切断毒源　为使毒物不再继续进入畜体，必须立即使畜群离开中毒时所在的现场，停喂可疑有毒的饲料或饮水，若皮肤为毒物所污染，应立即用清水或能破坏毒物的药液洗净。

（2）阻止或延缓机体对毒物的吸收　对经消化道摄入毒物的病畜，可根据毒物的性质投服吸附剂、黏浆剂或沉淀剂。吸附剂可以把毒物吸附其上，而本身不溶解，从而阻止对毒物的吸收。常用的有万能解毒药、活性炭、滑石粉等。其中活性炭能吸收胃肠内各种有害物质，如砷、铅、汞、磷、有机磷农药、草酸盐和生物碱等，用量为每千克体重1~3g。万能解毒药的配方为活性炭2份，氧化镁和鞣酸各1份。在各种中毒时均可配成混悬液应用。黏浆剂主要是富含蛋白质的液体，常用的有蛋清、牛奶及豆浆。可在消化道黏膜上形成被膜，并使毒物被包裹，从而减缓毒物的吸收，并有保护胃肠黏膜的作用。

沉淀剂（或络合剂）如鞣酸能与金属类、生物碱、甙类化合，生成不溶性复合体，从而可阻止毒物的吸收。摄入含生物碱毒物时还可以投服碘化钾溶液或碘酊水溶液，使生物碱沉淀为难溶性的盐类。常用的络合剂有依地酸钙钠（EDTACa－Na），它能与多种金属离子结合，生成稳定的水溶性金属络合物，使有毒金属失去活性，并以络合物的形式由尿或粪便排出。

（3）排出毒物　可根据情况选用以下方法。

①催吐：使用催吐剂，如：1%硫酸铜溶液、吐酒石等。对发生昏迷或惊厥、咽麻痹及摄入腐蚀性毒物的动物，不能催吐，以防发生异物性肺炎或胃破裂。

②洗胃：根据毒物的性质，可选择能对毒物起氧化、分解、中和或沉淀作用的药液。家禽中毒时可进行嗉囊切开术，取出内容物。反刍兽通过胃导管洗胃排除毒物，也可进行瘤胃切开术，取出内容物。为了重新建立瘤胃内微生物区系，最好能加入正常瘤胃液或反刍食团。催吐与洗胃的目的是使在胃内尚未被吸收的毒物排出，应在摄入毒物后尽早进行（马、猪、狗、猫应不晚于4h），时间太久，毒物已进入肠道或已被吸收，再行催吐或洗胃意义就不大了。

③泻下：目的是把尚未吸收的毒物从粪便排出。泻剂的选择以不致促使毒物溶解者为宜，一般使用盐类泻剂。在未查清毒物以前，不要使用油类泻剂，因其能促使脂溶性毒物溶解而加速吸收。若病畜已出现严重腹泻或脱水时，则应慎重选用。

④利尿：肾脏是毒物重要的排泄器官，当毒物已被吸收，为加速其从肾脏排出，可给予利尿剂，如甘露醇、速尿（呋喃苯氨酸）、双氢克尿噻等。动物的血液和尿液的酸碱度可影响毒物的离子化程度，一般碱性尿能加强酸性毒物的排泄，酸性尿能促进碱性毒物的排泄，可根据具体情况给予碳酸氢钠或氯化铵，调整尿液的pH值。

⑤放血：放血可使部分毒物随血液排出。适用于毒物已被吸收，病畜尚未出现虚脱时，放血量可根据畜体情况来决定。放血后应随即进行输液，这样不仅可以稀释毒物，而且可以防止病畜血压下降而发生虚脱。

（4）解毒

①使用特效解毒剂：当毒物已被查清时，应尽快选用特效解毒剂，以减弱或破坏毒物的毒性，是治疗中毒病畜最有效的方法。但也要争取早期用药，否则机体已遭受不可逆的损害时，即使特效药也无济于事。

②应用增强解毒机能的药物：为了加强肝脏的解毒机能，可静脉注射高渗葡萄糖溶液。葡萄糖在肝脏中氧化成葡萄糖醛酸，可与某些毒物结合从尿排出，并有改善心肌营养

及利尿的作用。因此对各种中毒，特别是尚未查明毒物时，可作为一般解毒剂来使用。

（5）*对症治疗*　中毒病畜往往出现诸如心力衰竭、休克、呼吸困难、脱水与酸中毒、惊厥、臌气等症状，能很快危及生命，为了防止迅速死亡，必须根据病畜的具体情况，及时进行支持疗法与对症治疗，直至危症解除为止。治疗内容包括：①预防惊厥；②维持呼吸机能；③治疗休克；④调整电解质和体液；⑤增强心脏机能；⑥维持体温。此外，对臌气严重的病例，可穿刺排气；对有腹疼的病畜应进行镇痛。

（6）*防止再次中毒*　中毒动物体内某些酶的活性往往降低，需要经过一定的时间才能恢复，在恢复以前动物对原毒物更敏感。因此，无论在治疗期间或康复过程中，一定要杜绝毒物再次进入体内。

3. 注意事项

（1）中毒病的预防重于治疗。

（2）在单纯依靠临床资料难以做出结论时，必须及时通过毒物检验查清毒物，为特效解毒提供依据。

（3）要加强对中毒动物的护理。对体温偏低的病畜，要注意保温。为了促进毒物从肾脏排出，应充分供给饮水。对腹泻脱水的病畜，则应少量多次地给予温水。对出现兴奋的动物，要防止发生意外。对瘫痪或昏迷的病畜，要多加垫草，并注意定期帮助变换体位，以免发生褥疮。

（黄东璋　梅存玉）

任务五　产科疾病处理技术

一、常见产科病的处理

（一）阴道脱出

1. 器材准备

保定用具、手术器械、麻醉药、0.1%高锰酸钾液或0.1%新洁尔灭溶液、碘甘油或抗生素软膏、缝针、缝线、抗生素、注射器、输液器、酒精棉球、碘酊棉球等。

2. 操作方法

（1）对脱出部较小，站立后能自行缩回的患畜，改善饲养管理，补充矿物质及维生素，适当运动，防止卧地过久，保持体躯处于前低后高的位置，以减轻腹内压。

（2）脱出严重不能自行缩回者，必须加以整复和固定。

（3）保定：站立保定取前低后高姿势，小动物可提起后肢保定。

（4）麻醉：大家畜多用荐尾间隙硬膜外腔麻醉，中、小动物全身麻醉。

（5）清洗和消毒：用温热0.1%高锰酸钾液或0.1%新洁尔灭溶液等，彻底清洗消毒脱出部分，除去坏死组织，并涂以碘甘油或抗生素软膏。

（6）整复：用消毒纱布托起脱出部，待母畜不努责时，用手掌将脱出部分向阴门内推进，待全部送入阴门后，再用拳头将阴道顶回原位，并轻揉使其充分复位。

（7）固定：整复后为防止再脱出，采用阴门缝合固定。阴门下1/3不缝合以免影响排尿。

3. 注意事项

(1) 对妊娠母畜要改善饲养管理，加强运动，以提高全身组织的紧张性。妊娠母畜患产前截瘫不能站立时，应加强护理，适当垫高后躯。

(2) 缝合局部要定期消毒，以防感染，拆线不宜过早，如患畜不再努责，即可拆除缝线。如患畜出现分娩预兆应立即拆除缝线。

(二) 子宫内膜炎

1. 器材准备

1%盐水、抗生素、雌激素、催产素、0.5%普鲁卡因、子宫冲洗器、纱布、注射器、输液器、酒精棉球、碘酊棉球等。

2. 操作方法

(1) 子宫冲洗：用温热消毒液加1%盐水冲洗子宫，利用虹吸作用将子宫内冲洗液排出。反复冲洗几次，尽可能将子宫腔内容物冲洗干净。在子宫内有较多分泌物时，盐水浓度可提高到5%。

(2) 子宫内给药：子宫内膜炎的病原非常复杂，且多为混合感染，宜选用抗菌范围广的药物，如四环素、氯霉素、庆大霉素、卡那霉素、氟哌酸等。

(3) 激素治疗：在患慢性子宫内膜炎时，使用PGF2α及其类似物，可促进炎症产物的排出和子宫功能的恢复。在子宫内有积液时，还可用雌激素、催产素等。对小型动物患慢性子宫内膜炎时，很难将药液注入子宫，可注射雌二醇2～4mg，4～6h后注射催产素10～20IU，可促进炎症产物排出，配合应用抗生素治疗可收到较好的疗效。

(4) 胸膜外封闭疗法：主要用于治疗牛的子宫内膜炎、子宫复旧不全，对胎衣不下及卵巢疾病也有一定疗效。方法是在倒数第一二肋间，背最长肌之下的凹陷处，用长20cm的针头与地面呈30°～35°进针，当针头抵达锥体后时，稍微退针，使进针角度加大5°～10°向锥体下方刺入少许。刺入正确时，回抽无血液或气泡，针头可随呼吸而摆动；注入少量液体后取下注射器，药液不吸入并可能从针头内涌出。确定进针无误后，按每0.5ml/kg体重用0.5%普鲁卡因等分注入两侧。

3. 注意事项

(1) 子宫内膜炎治疗总的原则是抗菌消炎，促进炎性产物的排除和子宫机能的恢复。如有胎衣没排出，可先行排出胎衣。

(2) 冲洗子宫后，对全身症状的改善效果明显，但应禁止用刺激性药物冲洗子宫。

(三) 难产

1. 器材准备

产科器械、催产药、手术器械、生理盐水、输液器、注射器、酒精棉球、碘酊棉球等。

2. 处理方法

常见的难产分为产力性难产、产道性难产和胎儿性难产三种。

(1) 产力性难产早期可使用催产药物，在产道完全松软、子宫颈已张开的情况下，则实施牵引术即可。

(2) 产道性难产因产道狭窄及子宫颈有疤痕时，一般不能从产道分娩，只能及早实行剖腹产术取出胎儿。轻度的子宫开张不全，可通过慢慢地牵拉胎儿机械地扩张子宫颈，然后拉出胎儿。

(3) 胎儿性难产对胎儿过大的，人工强行拉出胎儿。强行拉出确有困难的而且胎儿还活着，应及时实施剖腹产术。如果胎儿已死亡，则进行截胎术。双胎难产时，将后面的胎儿推回子宫，牵拉出靠外面的一个，再拉出另外一个。胎儿姿势不正时，先矫正到正生、上位两前肢和胎头前置的位置，再进行牵拉等助产措施。

3. 注意事项

(1) 助产过程中要注意无菌操作，以防引起子宫内膜炎等。

(2) 矫正时，首先应将胎儿用产科梃或手推回子宫内，再对胎儿姿势进行矫正。

(3) 牵拉时必须注意，尽可能等到子宫颈完全开张后进行；必须配合母畜努责，用力要缓和，通过边拉边扩张产道，边拉边上下左右摆动或略为旋转胎儿。

二、剖腹取胎术

(一) 器材准备

剪毛机、剃毛刀、新洁尔灭、手术剪、手术刀、组织镊、止血钳、持针钳、布帕钳、创巾、缝针、丝线或肠线、麻醉药、抗生素或磺胺药、催产素、注射器、输液器、生理盐水、酒精棉球、碘酊棉球等。

(二) 操作方法

牛、羊、马的剖腹取胎术方法基本相同，现以牛为例来作介绍。

1. 手术部位：选择切口就根据情况而定，一般原则是：胎儿在哪里摸得最清楚，就靠近哪里做切口，如两侧触诊的情况相似，可在中线或其左侧施术。牛剖腹产的切口有腹下切口和腹侧切口两种。一般以腹下切口较多，现以腹下切口为例介绍。

2. 保定：术前应检查动物的体况，使其左侧卧或右侧卧。术部常规消毒。

3. 麻醉：硬膜外腔麻醉及切口局部浸润麻醉。

4. 术式：在中线与右乳静脉间，从乳房基部前缘开始，向前做一长约 25～30cm 的纵行切口，切透皮肤、腹黄筋膜和腹斜肌肌腱、腹直肌，用镊子把腹横肌腱膜和腹膜同时提起，切一小口，然后在食指和中指引导下，将切口扩大。切开腹膜，手伸入腹腔后，隔着子宫壁握住胎儿的身体某些部分，把子宫角大弯的一部分拉出切口之外，在预定切口线两侧做牵引线。沿着子宫角大弯，避开子叶，做一与腹壁切口等长的切口，切透子宫壁及胎膜。取出胎儿，拉出胎儿后尽量把胎衣剥离取出。将子宫内液体充分蘸干，均匀撒布四环素类抗生素 2g，或者使用其他抗生素或磺胺药。用丝线或肠线、圆针连续缝合子宫壁浆膜和肌肉层的切口，再用浆肌层内翻缝合法缝第二道。用加入抗生素的温生理盐水对子宫表面进行冲洗干净，然后放回腹腔，闭合腹腔。

5. 术后护理：术后应注射催产素，以促进子宫收缩及复原，并按一般腹腔手术常规进行术后护理。如果伤口愈合良好，可在术后 7～10d 拆线。

(三) 注意事项

1. 子宫破裂、胎儿干尸化等导致子宫体积较小时，宜选用腹侧切口。

2. 切口不可过小，以免拉出胎儿时被扯破而不易缝合。切口不能做在侧面或小弯上，因这些地方血管较为粗大，切破引起的出血较多。

3. 手术中尽量剥离可以剥离的胎衣，如果剥离会引起出血，此时最好不要剥离，可以在子宫中放入1～2g四环素，术后注射催产素，使它自行排出。有时子宫中未剥离的胎衣可能会妨碍缝合，此时可用剪刀剪除游离部分。

（王　健　黄东璋）

任务六　传染病处理技术

一、隔离

在发生传染病时，将患病的和可疑感染的动物进行隔离是防制传染病的重要措施之一。其目的是为了控制传染源，便于管理消毒，阻断流行过程，防止健康动物继续受到传染，以便将疫情控制在最小范围内就地消灭。

（一）器材准备

隔离警示带（线）、消毒用品、消毒工具、工作服、口罩、护目镜、胶靴、手套、紧急免疫接种疫苗、治疗药物、注射器、输液器、生理盐水、酒精棉球、碘酊棉球等。

（二）操作方法

根据检疫结果，将全部受检动物分为患病动物、可疑感染动物和假定健康动物等三类，以便区别对待。

1. 患病动物：包括有典型症状或类似症状，或其他特殊检查呈阳性的动物。它们是最主要的传染源，应选择不易散播病原体、消毒处理方便的场所进行隔离。如果患病动物数量较多，可集中隔离在原来的动物舍里。应特别注意严密消毒，加强卫生和护理工作，须有专人看管和及时进行治疗。没有治疗价值的动物，由兽医人员根据国家有关规定进行严密处理。隔离场所禁止闲杂人员和动物出入和接近。工作人员出入应遵守消毒制度。隔离区内的饲料、物品、粪便等，未经彻底消毒处理，不得运出。

2. 可疑感染动物：是指未发现任何症状，但与患病动物及其污染环境有过明显接触的动物，如同群、同圈、同槽、同牧，使用共同的水源、用具等。这类动物有可能处在潜伏期，并有排菌（毒）的危险，应在消毒后另选地方将其隔离、看管，限制其活动，详细观察，出现症状的则按患病动物处理。有条件时应立即进行紧急免疫接种或预防性治疗。隔离观察时间的长短，可根据该病潜伏期的长短而定，经一定时间不发病者，可取消其限制。

3. 假定健康动物：是指无任何症状，也未与上述两类动物明显接触，而是在疫区内的易感动物。对这类动物应采取保护措施，严格与患病动物和可疑感染动物分开饲养管理，加强防疫消毒，立即进行紧急免疫接种和药物预防。必要时可根据实际情况分散喂养或转移至偏僻牧地。

（三）注意事项

在发生传染病时，应首先查明疫病的蔓延程度，逐头检查临诊症状，必要时进行血清学和变态反应检查，同时要注意检查工作不能成为散播传染的因素。

二、病死动物处理

（一）动物尸体的运送

1. 器材准备　运送车辆、包装材料、消毒用品、消毒工具、纱布、棉花、隔离警示带（线）、工作服、口罩、护目镜、胶靴、手套等。

2. 操作方法

（1）运送前的准备：设置警戒线、防虫。动物尸体和其他须被无害化处理的物品应被警戒，以防止其他人员接近，防止家养动物、野生动物及鸟类接触和携带染疫物品。如果存在昆虫传播疫病给周围易感动物的危险，就应考虑实施昆虫控制措施。如果对染疫动物及产品的处理被延迟，应用有效消毒药品彻底消毒。

工作人员应穿戴防护用品，做好个人防护。

（2）装运：装车前应将尸体各天然孔用蘸有消毒液的湿纱布、棉花严密填塞；使用密闭、不泄漏、不透水的包装容器或包装材料包装动物尸体，小动物和禽类可用塑料袋盛装，运送的车厢和车底不透水，以免流出粪便、分泌物、血液等污染周围环境。

（3）运送后消毒：在尸体停放过的地方，应用消毒液喷洒消毒。土壤地面，应铲去表层土，连同动物尸体一起运走。运送过动物尸体的用具、车辆应严格消毒。工作人员用过的手套、衣物及胶鞋等也应进行消毒。

3. 注意事项

（1）厢体内的物品不能装的太满，应留下半米或更多的空间，以防肉尸的膨胀（取决于运输距离和气温）。

（2）肉尸在装运前不能被切割，运载工具应缓慢行驶，以防止溢溅。

（3）工作人员应携带有效消毒药品和必要消毒工具以及处理路途中可能发生的溅溢。

（4）所有运载工具在装前卸后必须彻底消毒。

（二）尸体无害化处理方法

1. 器材准备　铁锹、柴火、干石灰粉、腐尸池、焚尸炉、工作服、口罩、护目镜、胶靴、手套等。

2. 操作方法

（1）化制：将某些传染病的动物尸体放在特设的加工厂中加工处理，既进行了消毒，而且又保留了许多有利用价值的东西，如工业用油脂、骨粉和肉粉等。

（2）掩埋：方法简单易行，但不是彻底的处理方法。掩埋尸体时应选择干燥、平坦、距离住宅、道路、水井、牧场及河流较远的偏僻地点，深度在2m以上。

（3）焚烧：此种方法最为彻底。适用于特别危险的传染病尸体处理，如炭疽、气肿疽等。禁止地面焚烧，应在焚尸炉中进行。

（4）腐败：将尸体投入专用的直径3m、深6～9m的腐败坑井中，坑用不透水的材料砌成，有严密的盖子，内有通气管。此法较掩埋法方便合理，发酵分解达到消毒目的，取出可作肥料。但此法不适用于炭疽、气肿疽等芽胞菌所致传染病的尸体处理。

三、疫情巡查与报告

（一）疫情巡查方法、要求

1. 疫情巡查方法

（1）巡查：向畜主了解近期畜禽有否异常的情况，包括采食、饮水、发病等情况。深入到畜禽饲养圈舍，查看畜禽精神状况，粪便、尿液颜色、形状有否异常，必要时可进行体温测量。巡查每周不少于一次。在疫病高发季节，应增加巡查频次。应做好巡查记录。

对河流、水沟、野生动物栖息地和出没地等也要进行巡查。

（2）实验室监测：每年监测两次。

（3）流行病学调查：每月进行一次。调查范围：每月监测 3 个乡，每乡 2 个村，每村 20 个农户，每个乡各抽查规模猪场、羊场、牛场、禽场各 1 个。

2. 要求

（1）重点对种畜禽场、规模饲养场以及疑似有本病的动物和历史上曾经发生过本病或周边地区流行本病的动物进行采样监测，按规定做好样品的记录、保存、送检。

（2）监测方法包括流行病学调查、临床诊断、病理学检查、病原分离或免疫学检测等，已有国家技术规范的按照规范要求进行，没有技术规范的由农业部统一确定。

（3）省级监测中心负责病原学确诊并负责对本省（区、市）内原种畜禽场、扩繁种畜禽场疫病的监测；县级测报（监测）站负责区域内疫病的监测；农业部兽医诊断中心负责在全国开展重点疫病的抽检和疫情的复核；国家动物流行病学研究中心负责动物疫病的流行病学研究。

（二）疫情的报告形式与内容

1. 疫情报告的形式

（1）快报：有下列情形之一的必须快报：发生一类或者疑似一类动物疫病；二类、三类或者其他动物疫病呈暴发性流行；新发现的动物疫情；已经消灭又发生的动物疫病。

县级动物防疫监督机构和国家测报点确认发现上述动物疫情后，应在 24h 之内快报至全国畜牧兽医总站。全国畜牧兽医总站应在 12h 内报国务院畜牧兽医行政管理部门。

属于重大动物疫情的，应当按照《重大动物疫情应急条例》规定的方式报告。

（2）月报：县级动物防疫监督机构对辖区内当月发生的动物疫情，于下一个月 5 日前将疫情报告地级动物防疫监督机构；地级动物防疫监督机构每月 10 日前，报告省级动物防疫监督机构；省级动物防疫监督机构于每月 15 日前报全国畜牧兽医总站；全国畜牧兽医总站将汇总分析结果于每月 20 日前报国务院畜牧兽医行政管理部门。

（3）年报：县级动物防疫监督机构每年应将辖区内上一年的动物疫情在 1 月 10 日前报告地（市）级动物防疫监督机构；地（市）级动物防疫监督机构应当在 1 月 20 日前报省级动物防疫监督机构；省级动物防疫监督机构应当在 1 月 30 日前报全国畜牧兽医总站；全国畜牧兽医总站将汇总分析结果于 2 月 10 日前报国务院畜牧兽医行政管理部门。

2. 疫情报告的内容

（1）疫情发生的时间、地点；

（2）染疫、疑似染疫动物种类和数量、同群动物数量、免疫情况、死亡数量、临床症状、病理变化、诊断情况；

（3）流行病学和疫源追踪情况；

（4）已采取的控制措施；

（5）疫情报告的单位、负责人、报告人及联系方式。

（三）重大动物疫情报告程序和时限

1. 从事动物隔离、疫情监测、疫病研究与诊疗、检验检疫以及动物饲养、屠宰加工、运输、经营等活动的有关单位和个人，发现动物出现群体发病或者死亡的，应当立即向所在地的县（市）动物防疫监督机构报告。

2. 县（市）动物防疫监督机构接到报告后，应当立即赶赴现场调查核实。初步认为属于重大动物疫情的，应当在 2h 内将情况逐级报省、自治区、直辖市动物防疫监督机构，并同时报所在地人民政府兽医主管部门；兽医主管部门应当及时通报同级卫生主管部门。

3. 省、自治区、直辖市动物防疫监督机构应当在接到报告后 1h 内，向省、自治区、直辖市人民政府兽医主管部门和国务院兽医主管部门所属的动物防疫监督机构报告。

4. 省、自治区、直辖市人民政府兽医主管部门应当在接到报告后 1h 内报本级人民政府和国务院兽医主管部门。

5. 重大动物疫情发生后，省、自治区、直辖市人民政府和国务院兽医主管部门应当在 4h 内向国务院报告。

（四）重大动物疫情认定程序及疫情公布

1. 重大动物疫情由省、自治区、直辖市人民政府兽医主管部门认定；必要时，由国务院兽医主管部门认定。

2. 重大动物疫情由国务院兽医主管部门按照国家规定的程序，及时准确公布；其他任何单位和个人不得公布重大动物疫情。

3. 国务院兽医主管部门应当及时向国务院有关部门和军队有关部门以及各省、自治区、直辖市人民政府兽医主管部门通报重大动物疫情的发生和处理情况。

4. 发生重大动物疫情可能感染人群时，卫生主管部门应当对疫区内易受感染的人群进行监测，并采取相应的预防、控制措施。卫生主管部门和兽医主管部门应当及时相互通报情况。

5. 有关单位和个人对重大动物疫情不得瞒报、谎报、迟报，不得授意他人瞒报、谎报、迟报，不得阻碍他人报告。

6. 在重大动物疫情报告期间，有关动物防疫监督机构应当立即采取临时隔离控制措施；必要时，当地县级以上地方人民政府可以作出封锁决定并采取捕杀、销毁等措施。有关单位和个人应当执行。

（黄东璋　蔡丙严）

项目八　培训指导技术

为了你能出色地完成本项目各项典型工作任务，你应具备培训教学的有关知识。

国家人力资源和社会保障部为提高劳动者素质，促进劳动者就业，加强就业管理，根据《中国人民共和国劳动法》《中华人民共和国职业教育法》的有关规定，对从事技术复杂、通用性广、涉及到国家财产、人民生命安全和消费者利益的职业（工种）的劳动者，必须经过培训，并取得职业资格证书后，方可就业上岗。在科学技术飞速发展的今天，劳动者不仅要掌握先进的生产技能，还要掌握相应的基础理论，传统的以师带徒的培训方式远远不能满足现代化大生产的要求。对劳动者进行职业技能培训，能使劳动者掌握一定的基础理论和相应的劳动技能。劳动者在生产过程中熟练运用所学知识和技能进行生产劳动，就能不断提高生产效率，不断改善产品质量，降低生产成本，提高经济效益。

任务一　培训

一、培训要求

（一）培训等级

动物疫病防治员、动物检疫检验员分别设三个等级：国家职业资格五级（初级）、国家职业资格四级（中级）、国家职业资格三级（高级）。兽医化验员设有国家职业资格五级（初级）、国家职业资格四级（中级）、国家职业资格三级（高级）、国家职业资格二级（技师）、国家职业资格一级（高级技师）五个等级。

（二）培训学时

根据培养目标和教学计划，晋级培训期限分别为：动物疫病防治员、动物检疫检验员初级不少于150标准学时；中级不少于120标准学时；高级不少于90标准学时。兽医化验员初级不少于240标准学时；中级不少于200标准学时；高级不少于180标准学时；技师不少于160标准学时；高级技师不少于150标准学时。

（三）培训教师

培训初、中级的教师应具有本职业高级职业资格证书或相关专业中级以上专业技术职务任职资格；培训高级的教师应具有相关专业高级专业技术职务任职资格。

（四）培训设施

培训场地设备，应为满足教学需要的标准教室和具有符合国家标准的检测仪器、材料的场地。

二、培训程序

（一）分析培训需求

培训需求应根据工作目标需求和受训人员个人需求等方面进行培训需求分析，它是确定培训内容的依据。

（二）确定培训目标

根据全国职业技能鉴定要求和动物疫病防治员、动物检疫检验员、兽医化验员国家职业标准，动物医学技术人员必须具备一定的专业基础知识和操作技能。

1. 基础知识　受训学员应掌握动物解剖生理基础知识、动物药品基础知识、动物病理基础知识、动物微生物与免疫基础知识、动物传染病基础知识、动物寄生虫病基础知识、兽医临床诊疗基础知识、动物检疫基础知识、动物源性食品卫生检验与市场监督检疫检验、人畜共患病防范基础知识、常用仪器器械的使用与维护基础知识、动物饲养管理卫生基础知识、生物安全防护知识，安全用水、电、火知识，易燃、易爆、剧毒药品等危险品使用与保存知识以及相关法律、法规知识。

2. 操作技能　受训学员应具备消毒技术的相关知识，掌握畜禽舍卫生消毒、器具消毒、诊疗法检疫场所消毒、疫源地消毒等相关技能和消毒效果监测方法。

具备免疫接种技术的相关知识，掌握疫苗的运输、保存、用前检查与稀释、各种免疫接种方法、护理观察与处置接种后的动物、佩带免疫标识、建立免疫档案、组织免疫接种工作等相关技能。

具备临诊检查、诊疗与给药技术的相关知识，掌握流行病学资料收集与整理的方法与步骤、临诊检查的方法、动物护理的措施、各种给药治疗、驱虫及尸体剖检的方法和相关技能。

具备麻醉与动物阉割技术的相关知识，掌握各种麻醉技术和动物阉割的相关技能。

具备实验室检验技术的相关知识；掌握各种样品采集的方法、保存、包装、送检及处理措施，掌握细菌学检验、病毒学检验、血清学检验、寄生虫学检查、临床检验等各种实验室检验技术的方法和相关技能。

具备胴体检验检疫技术的相关知识，掌握宰前检验和宰后检疫的程序、步骤、方法及管理要求和检后的处理措施等相关技能。

具备患病动物处理技术的相关知识，掌握处方和病历撰写的方法和要求，常见内科病、外科病、中毒病、产科疾病和传染病的处理方法和措施的相关技能。

（三）制订培训计划

培训计划是组织实施培训的规程，应根据国家职业标准要求和受训人员的实际水平和能力，在全面客观分析培训需求的基础上做出对培训时间、培训地点、培训教师、培训对象、培训方式和培训内容的预先安排。通常有连续性和阶段性两种类型。

（四）选择或编写培训教材

根据培训内容和培训形式选择适当的培训教材，既可选择现有教材，也可根据受训人员的实际水平编写教材。现有教材主要有以下几种：

1. 国家统编的职业技能鉴定培训教材。

2. 动物医学类大学、高职高专、中职中专相关教材。

3. 相关法律法规。

4. 相关国家标准、行业标准、地方标准、国家技术规范。

（五）实施培训

指培训教师按照设计好的培训内容和方法，在规定时间、场所对受训人员进行实施培训。一般包括三个步骤：

1. 下发培训通知 包括报到时间、地点、手续、费用、联系人等。

2. 材料准备 包括教材、设备、用品、动物、场地等。

3. 培训 根据培训计划进行具体培训。

（六）职业技能鉴定

职业技能鉴定是指按照国家职业标准和任职资格条件，通过政府劳动行政部门认定的考核鉴定机构，对劳动者的技能水平或职业资格进行客观、公正、科学规范的评价与认证的活动。

1. 职业资格证书分类 国家职业资格证书分为五个等级，即国家职业资格五级（初级）、国家职业资格四级（中级）、国家职业资格三级（高级）、国家职业资格二级（技师）、国家职业资格一级（高级技师）。

职业技能鉴定包括应知（技术业务理论）和应会（操作技能）两项内容，并实行逐级考核鉴定。

有初级工证书者，方能参加中级工考核鉴定；有中级工证书者，方能参加高级工考核鉴定；参加技师、高级技师职业资格考核鉴定，依次类推。职业资格证书由中华人民共和国人力资源和社会保障部统一印制，人力资源和社会保障部或国务院有关部门按规定办理和核发。

2. 申报条件 参加不同级别的动物医学职业鉴定的人员，其申报条件不尽相同，考生要根据鉴定公告的要求，确定申报的级别。一般来讲，不同等级的申报条件为：

（1）初级：必须经本职业初级正规培训达规定标准学时数，并取得结业证书，或在本职业连续见习工作2年以上。

（2）中级：必须取得本职业初级职业资格证书后，连续从事本职业工作3年以上，经本职业中级正规培训达规定标准学时数，并取得结业证书，或取得本职业初级职业资格证书后，连续从事本职业工作5年以上，或取得中等以上专业学校相关专业毕业证书。

（3）高级：必须取得本职业中级职业资格证书后，连续从事本职业工作3年以上，经本职业高级正规培训达规定标准学时数，并取得结业证书，或取得本职业中级职业资格证书后，连续从事本职业工作5年以上。

3. 鉴定方式 职业技能鉴定是一项基于职业技能水平的考核活动，属于标准参照型考试。它是由考试考核机构对劳动者从事某种职业所应掌握的技术理论知识和实际操作能力做出客观的测量和评价。

兽医职业鉴定分为理论知识考试和技能操作考核。理论知识考试采用闭卷笔试方式，技能操作考核采用现场实际操作方式。理论知识考试和技能操作考核均实行百分制，成绩皆达60分及以上者为合格。

4. 办理职业资格证书 根据国家有关规定，办理职业资格证书的程序为：职业技能鉴定所（站）将考核合格人员名单报经当地职业技能鉴定指导中心审核，再报经同级社会保障行政部门或行业部门劳动保障工作机构批准后，由职业技能鉴定指导中心按照国家规定的证书编码方案和填写格式要求统一办理证书，加盖职业技能鉴定机构专用印章，经同级社会保障行政部门或行业部门劳动保障工作机构验印后，由职业技能鉴定所（站）送交本人。

（王永立　苏治国）

任务二　指导

一、指导计划制订

依据国家职业标准和现有从业人员的素质及工作需要，确定指导的对象、目标、内容、时间、地点、方式、方法和指导教师等。

（一）指导对象

从事或准备从事动物疫病防治、动物检疫检验、兽医化验的初、中级人员。

（二）指导目标

通过培训，使受训学员树立正确的动物疫病防治、动物检疫检验、兽医化验观念，具备履行岗位职责必需的职业道德、相关专业的理论知识、法律法规和实际操作技能。具体要求如下：

1. 掌握动物疫病防治的理论知识和实际操作技能，熟悉与本行业发展有关的国家法规和政策，能够独立处理和解决与本行业相关的疫病防治、检验检疫和化验的问题。

2. 了解国内外动物疫病流行与发展动态，了解经济和社会发展对动物医学提出的要求，了解本行业未来的发展动向，成为具有一定的动物生产、经营管理和科技推广知识的应用型动物医学技术人才。

3. 树立终身学习观，增强自我学习能力和自我发展能力，提高人文和科学素养。

二、指导内容

依据国家职业标准，结合行业特点和指导目标，动物医学职业鉴定技能指导的基本内容一般分为基本素质、职业知识、专业知识与技能和社会实践。

（一）基本素质

包括职业操守、社会知识、生产意识。内容以职业操守、基本素质指导为主，并结合指导对象的岗位及职业要求进行，培养其爱岗敬业、无私奉献、积极工作、遵纪守法的精神，培养其努力学习业务知识、不断提高理论水平和操作能力的素质。

（二）职业知识

包括职业基础知识、职业指导、生物安全与个人防护常识，使其了解本行业的发展趋势，熟知与本行业有关的法律、法规及相关的方针政策，以便宣传国家对动物疫病防治、检疫检验的政策和措施。

（三）专业知识与技能

包括专业理论、专业技能和专业实习。学员在专业理论的指导下掌握本行业必需的专业技能，能够在实习场地利用各种检测仪器和手段完成复杂情况下的操作。并通过在工作岗位或实习基地的实习，提高解决实际问题的能力。

（四）社会实践

包括畜禽免疫接种、消毒、产地检疫的调查、畜禽临诊检疫、常见人兽共患病的检疫、各种动物性食品的卫生检验及市场监督检疫检验等实际生产中常见的工作内容。

三、指导方法

（一）发放资料

通过发放资料，提出学习目标、重点、难点、思考题等。指导对象主要采取自学方式学习，指导教师对集中问题组织短期学习班集中指导，对个别问题也可通过电话、通信、网络、面对面等方式指导。

（二）现场操作指导

指导教师亲临实验室或工作现场，通过示教、示范、指导性操作、操作后点评等方式进行指导，可使学员直观、快速、具体、详细地掌握工作要求。

（王永立　苏治国）

附　录

一、动物疫病防治员国家职业标准

中华人民共和国劳动和社会保障部　中华人民共和国农业部制定

说　明

为了进一步完善国家职业标准体系，为职业教育、职业培训和职业技能鉴定提供科学、规范的依据，根据《中华人民共和国劳动法》《中华人民共和国职业教育法》的有关规定，劳动和社会保障部、农业部共同组织有关专家，制定了《动物疫病防治员国家职业标准》（以下简称《标准》）。《标准》已经劳动和社会保障部、农业部批准，自2003年2月8日起正式施行。现将有关情况说明如下：

一、本《标准》以《中华人民共和国职业分类大典》为依据，以客观反映本职业现阶段的水平和对从业人员的要求为目标，在充分考虑经济发展、社会进步和产业结构变化对本职业影响的基础上，对职业的活动范围、工作内容、技能要求和知识水平做出明确的规定。

二、按照《国家职业标准制定技术规程》的要求，《标准》在体例上力求规范，在内容上尽可能体现以职业活动为导向、以职业技能为核心的原则。同时，尽量做到可根据科技发展进步的需要适当进行调整，使之具有较强的实用性和一定的灵活性，以适应培训、鉴定和就业的实际需要。

三、本职业分为三个等级，《标准》的内容包括职业概况、基本要求、工作要求和比重表四个方面。

四、参加《标准》编写的主要人员有：汤明、王雪峰。参加审定的主要人员有（按姓氏笔画为序）：王鹰、王长江、田丰、刘占江、刘永澎、李克、李长友、杨泽霖、张弘、张斌、陈蕾、陈伟生、周清、郝文革、秦德超、晨光。

五、在《标准》制定过程中，农业部人力资源开发中心、全国畜牧兽医总站、重庆市兽医防疫站、吉林省白城畜牧业学校等单位给予了大力支持。在此，谨致谢忱！

1. 职业概况

1.1　职业名称

动物疫病防治员。

1.2　职业定义

在兽医师的指导下，从事动物常见病和多发病防治的人员。

1.3　职业等级

本职业共设三个等级，分别为：初级（国家职业资格五级）、中级（国家职业资格四级）、高级（国家职业资格三级）。

1.4　职业环境条件

室内、室外，常温。

1.5　职业能力特征

具有一定的学习能力和表达能力，手指、手臂灵活，动作协调。

1.6　基本文化程度

初中毕业。

1.7　培训要求

1.7.1　培训期限

全日制职业学校教育，根据其培养目标和教学计划确定。晋级培训期限：初级不少于150标准学时；中级不少于120标准学时；高级不少于90标准学时。

1.7.2　培训教师

培训初、中级的教师应具有本职业高级职业资格证书或相关专业中级以上专业技术职务任职资格；培训高级的教师应具有相关专业高级专业技术职务任职资格。

1.7.3　培训场地设备

满足教学需要的标准教室和具有符合国家标准的检测仪器、材料的场地。

1.8　鉴定要求

1.8.1　适用对象

从事或准备从事本职业的人员。

1.8.2　申报条件

——初级（具备以下条件之一者）

（1）经本职业初级正规培训达规定标准学时数，并取得结业证书；

（2）在本职业连续见习工作2年以上。

——中级（具备以下条件之一者）

（1）取得本职业初级职业资格证书后，连续从事本职业工作3年以上，经本职业中级正规培训达规定标准学时数，并取得结业证书；

（2）取得本职业初级职业资格证书后，连续从事本职业工作5年以上；

（3）取得中等以上专业学校相关专业毕业证书。

——高级（具备以下条件之一者）

（1）取得本职业中级职业资格证书后，连续从事本职业工作3年以上，经本职业高级正规培训达规定标准学时数，并取得结业证书；

（2）取得本职业中级职业资格证书后，连续从事本职业工作5年以上。

1.8.3　鉴定方式

分为理论知识考试和技能操作考核。理论知识考试采用闭卷笔试方式，技能操作考核采用现场实际操作方式。理论知识考试和技能操作考核均实行百分制，成绩皆达60分及以上者为合格。

1.8.4　考评人员与考生配比

理论知识考试考评人员与考生配比为1∶15，每个标准教室不少于2名考评人员；技能操作考核考评员与考生配比为1∶5，且不少于3名考评员。

1.8.5　鉴定时间

各等级理论知识考试时间为90分钟，技能操作考核时间：初级为60分钟，中级为60分钟，高级为90分钟。

1.8.6　鉴定场所设备

理论知识考试在标准教室进行。技能操作考核应为具有实验动物、实验器材及实验设备的场所。

2. 基本要求

2.1　职业道德

2.1.1　职业道德基本知识

2.1.2　职业守则

（1）爱岗敬业，有为祖国畜牧业发展努力工作的奉献精神

（2）努力学习业务知识，不断提高理论水平和操作能力

（3）工作积极，热情主动

（4）遵纪守法，不谋取私利

2.2　基础知识

2.2.1　专业知识

（1）动物解剖生理基础知识

（2）动物饲养管理基础知识

（3）常用兽药一般知识

（4）动物病理学、疫病防治基础知识

（5）兽医微生物学基础知识

（6）生物制品和冷链设备的保管、使用基础知识

（7）人畜共患病的防范知识

2.2.2　法律法规

动物防疫法及相关法律法规

3. 工作要求

本标准对初级、中级和高级的技能要求依次递进，高级别涵盖低级别要求。

3.1 初级

职业功能	工作内容	技能要求	相关知识
一、畜（禽）舍卫生消毒	（一）配制消毒药物	能按要求配制常用消毒药物	1. 消毒的定义、目的与意义 2. 消毒的种类 3. 畜（禽）舍的消毒步骤 4. 配制消毒药物的计算方法 5. 喷雾器的使用方法
	（二）机械消毒	能实施或指导畜主对畜（禽）圈舍进行机械消毒	
	（三）化学消毒	能使用化学消毒法进行浸洗、浸泡、喷洒消毒	
二、预防接种	（一）运输、保存疫苗	能按要求运输、保存普通疫苗	1. 疫苗运输与保存的知识 2. 预防接种的目的与意义 3. 免疫接种的基本方法
	（二）免疫接种	1. 能按规定稀释疫苗 2. 能对动物进行免疫接种（皮下、肌肉、点眼、滴鼻、刺种） 3. 能正确给动物佩带免疫耳标 4. 能正确填写免疫档案	
三、采集、运送病料	（一）采集病料	能正确采集脏器病料	1. 病料采集的时间要求 2. 器械与容器的消毒方法 3. 常用病料保存剂的配制 4. 病料包装与运送的知识
	（二）运送病料	1. 能按规定包装脏器病料 2. 能按规定运送脏器病料 3. 能按规定填写病料送检表	
四、药品与医疗器械的使用	（一）药品与医疗器械的保管	能贮存与保管普通药品和医疗器械	1. 普通药品的使用知识 2. 医疗器械保管及使用知识
	（二）药品与医疗器械的使用	能够正确使用普通药品和医疗器械	
	（三）医疗器械消毒	1. 能对医疗器械进行高温消毒 2. 能对医疗器械进行药物消毒	
五、临床观察与给药	（一）流行病学资料收集	能收集、整理动物流行病学资料	1. 动物流行病学基本知识 2. 健康动物的一般知识 3. 听诊器、体温计的使用方法 4. 投药的基本知识 5. 护理病畜禽的基本知识 6. 动物腹部、咽喉、腹腔、乳腺的解剖结构 7. 寄生虫的定义与驱虫的意义 8. 药物预防和休药期的意义 9. 驱虫药物配制的基本知识 10. 驱虫时间、投药方法 11. 药物注射的注意事宜
	（二）临床症状观察	1. 能区分健康与患病的动物 2. 能测定动物的体温、心率、呼吸率 3. 能识别健康与患病动物的粪便	
	（三）护理	能护理患病动物和哺乳动物	
	（四）给药	1. 能按要求正确配制药物 2. 能完成动物口服投药 3. 能完成腹腔注射、肠胃灌药、乳腺内注射、静脉放血等治疗方法的操作	
	（五）驱虫	1. 能在兽医师的指导下正确实施驱虫 2. 能根据寄生虫的种类选择相应的驱虫方法进行驱虫	
六、动物阉割	（一）猪的阉割	能阉割仔猪	1. 接近和保定动物的基本方法 2. 鸡、猪的生殖器官解剖结构 3. 外科学的基本知识
	（二）鸡的去势	能去势公鸡	

（续表）

职业功能	工作内容	技能要求	相关知识
七、患病动物的处理	（一）隔离	能将患病动物、假定健康动物、健康动物进行隔离	1. 动物传染病的基本概念 2. 动物传染病发生与流行的基本知识 3. 动物防疫工作的方针和原则 4. 国家对动物疫病的分类
	（二）消毒	能选择合适的消毒药物和方法对污染环境进行消毒及疫情扑灭后的终末消毒	
	（三）病死动物处理	能对病死动物的尸体进行深埋、焚烧、高温处置等无害化处理	
	（四）报告疫情	能正确填写疫情报表	

3.2　中级

职业功能	工作内容	技能要求	相关知识
一、畜（禽）舍卫生消毒	（一）粪便、污物消毒	能使用生物发酵法对粪便、污物进行消毒	1. 粪便消毒与污水消毒的基本原理 2. 空气消毒的基本原理 3. 芽孢杆菌污染场地（物）的消毒方法及注意事项
	（二）空气消毒	能使用熏蒸法对圈舍等空气消毒	
	（三）芽孢杆菌污染场地（物）消毒	能用漂白粉等药物对被炭疽、气肿疽等芽孢杆菌污染的场地（物）进行消毒	
二、预防接种	（一）运输、保存疫苗	能对弱毒苗、灭活苗、高免血清等进行运输与保存	1. 环境温度对疫苗的影响 2. 气雾免疫、饮水免疫的知识 3. 处理残余苗液和废（空）疫苗瓶的知识
	（二）预防接种	1. 能开展气雾免疫、饮水免疫 2. 能对残余的疫苗和废（空）疫苗瓶进行无害化处理	
三、采集、运送病料	（一）采集病料	能按要求采集脓汁、鼻汁、乳汁、水泡汁、水泡皮、粪便及阴道分泌物	1. 脓汁、鼻汁、乳汁、水泡汁、粪便及阴道分泌物采集知识 2. 常用病料保存剂的性能、性状及用途 3. 烈性传染病病料的包装与运送方法
	（二）保存病料	能根据病料的种类，分别保存病料	
	（三）运送病料	能按要求包装与运送烈性传染病病料	
四、药品与医疗器械的使用	（一）药品保管	能妥善保管易潮解、易挥发的药物	1. 药品分类的基础知识 2. 药品剂型的有关知识 3. 普通外科、产科的常用器械使用的有关知识 4. 医疗器械保养的一般知识
	（二）器械使用	1. 能识别和使用一般外科、产科器械 2. 能保养、使用普通显微镜	
五、临床观察与给药	（一）临床症状观察	1. 能识别患病动物的皮肤、可视黏膜中的病变 2. 能操作和识别结核、鼻疽变态反应试验	1. 临床检查的基本方法与程序 2. 一般检查的基本内容 3. 临床常用的注射方法 4. 变态反应的基本原理 5. 药物副反应的常见症状 6. 驱虫机理 7. 药浴基本知识 8. 畜禽解剖、生理、病理基本知识
	（二）给药	1. 能正确处理一般药物的副反应 2. 能实施胃管给药，瘤胃、马盲肠穿刺投药，静脉输液，瓣胃注射等给药方法	

（续表）

职业功能	工作内容	技能要求	相关知识
五、临床观察与给药	（三）驱虫	1. 能用漂浮法检查寄生虫虫卵并进行预防性驱虫 2. 能给绵羊药浴	
	（四）尸体剖检	1. 能解剖畜禽尸体 2. 能识别畜禽脏器的病灶	
六、动物阉割	（一）成年母畜的阉割 （二）成年公畜去势	能摘除成年母畜卵巢 能对成年公畜去势	1. 成年动物的保定 2. 全身麻醉药物的作用机理及其过敏反应处理
七、患病动物的处理	（一）建立病历	1. 能撰写病历 2. 能收集和整理病历档案	1. 常见内科病及其常用药物的基本知识 2. 外科病的处置原则 3. 骨折愈合的机理
	（二）内科病处理	能对畜禽消化系统、呼吸系统的内科病进行处理	
	（三）外科病的处置	1. 能对畜禽普通外科病进行处置 2. 能对非开放性骨折进行固定	

3.3 高级

职业功能	工作内容	技能要求	相关知识
一、畜（禽）舍卫生消毒	（一）使用新药	能正确使用新消毒药品	1. 新消毒药的作用机理和使用注意事项 2. 国家对疫点的划分原则 3. 终末消毒的必要性
	（二）疫点消毒	能实施疫点的消毒	
二、预防接种	（一）运输、保存疫苗	能避免疫苗在运输与保存过程中失效	1. 常用疫苗不良反应的基本知识和急救措施 2. 动物免疫失败的原因
	（二）疫苗使用	能正确判定免疫接种后的不良反应	
	（三）紧急预防接种	根据疫情，能选择合适的疫苗对易感动物进行紧急预防接种	
三、采集、运送病料	（一）采集病料	1. 能无菌采集病料 2. 能通过静脉采集畜禽血液，并分离血清	1. 无菌概念的基本知识 2. 静脉采血的保定方法 3. 血清的保存条件 4. 采集、固定病理材料的注意事项
	（二）运送病料	能采集、固定、包装、运送病理切片材料	
四、药品与医疗器械使用	（一）药物保管	能分析药物在保管过程中失效的原因	1. 温（湿）度、酸碱度对仪器设备的影响 2. 离心机、消毒液机、手提高压灭菌器的工作原理
	（二）器械保管	能对常用仪器进行妥善保管和维护	
	（三）器械使用	能正确使用离心机、消毒液机、手提高压灭菌器等器械	

（续表）

职业功能	工作内容	技能要求	相关知识
五、临床观察与给药	（一）临床症状观察	1. 能通过临床典型症状对动物疾病进行初步鉴别 2. 能进行畜禽血、粪、尿的常规检验操作 3. 能正确使用X光机	1. 畜禽主要疾病的临床表现 2. 血、粪、尿常规检验的基本原理 3. X光检查动物的基本知识 4. 胸腔注射的部位 5. 普鲁卡因的作用原理 6. 螨虫的生存环境 7. 畜禽常见原虫的生活史和寄生部位 8. 球虫的生活史
	（二）尸体剖检	能通过典型病理剖检变化对动物疫病进行鉴别	
	（三）给药	1. 能掌握药物的配伍禁忌 2. 能正确实施气管、胸腔注射投药	
	（四）驱虫	1. 能用皮屑溶解法检查螨虫并投药 2. 能做血液涂片法检查畜禽的原虫，并能正确驱虫	
六、患病动物的处理	（一）中毒病的处理	能根据临床症状识别中毒病，并能正确处理	1. 常见中毒病的临床症状表现 2. 常量元素、微量元素、雌激素对母畜禽的作用机理 3. 琼脂扩散、凝集实验的原理 4. 国内外动物疫病防治的先进技术
	（二）产科疾病的处理	1. 能正确处理常见产科病 2. 能做剖腹取胎术	
	（三）传染病的预防	能做畜禽免疫抗体监测试验	
七、培训指导	（一）培训	能对初级、中级动物疫病防治员进行技术培训	培训教学的有关知识
	（二）指导	能对初级、中级动物疫病防治员的技术工作进行指导	

4. 比重表

4.1 理论知识

项目		初级（%）	中级（%）	高级（%）
基本要求	职业道德	5	5	5
	基础知识	30	30	30
相关知识	畜（禽）舍卫生消毒	5	5	5
	预防接种	10	10	5
	采集、运送病料	5	5	5
	药品与医疗器械的使用	5	5	5
	临床观察与给药	15	15	15
	动物阉割	5	5	—
	患病动物的处理	20	20	20
	培训指导	—	—	10
合计		100	100	100

4.2 技能操作

项目		初级（%）	中级（%）	高级（%）
技能要求	畜（禽）舍卫生消毒	15	10	10
	预防接种	20	20	20
	采集、运送病料	5	10	10
	药品与医疗器械的使用	10	10	10
	临床观察与给药	20	20	20
	动物阉割	10	10	—
	患病动物的处理	20	20	20
	培训指导	—	—	10
合计		100	100	100

二、动物检疫检验工国家职业标准

中华人民共和国劳动和社会保障部　中华人民共和国农业部制定

说　明

为了进一步完善国家职业标准体系，为职业教育、职业培训和职业技能鉴定提供科学、规范的依据，根据《中华人民共和国劳动法》《中华人民共和国职业教育法》的有关规定，劳动和社会保障部、农业部共同组织有关专家，制定了《动物检疫检验工国家职业标准》（以下简称《标准》）。《标准》已经劳动和社会保障部、农业部批准，自 2003 年 2 月 8 日起正式施行。现将有关情况说明如下：

一、本《标准》以《中华人民共和国职业分类大典》为依据，以客观反映本职业现阶段的水平和对从业人员的要求为目标，在充分考虑经济发展、社会进步和产业结构变化对本职业影响的基础上，对职业的活动范围、工作内容、技能要求和知识水平做出明确的规定。

二、按照《国家职业标准制定技术规程》的要求，《标准》在体例上力求规范，在内容上尽可能体现以职业活动为导向、以职业技能为核心的原则。同时，尽量做到可根据科技发展进步的需要适当进行调整，使之具有较强的实用性和一定的灵活性，以适应培训、鉴定和就业的实际需要。

三、本职业分为三个等级，《标准》的内容包括职业概况、基本要求、工作要求和比重表四个方面。

四、参加《标准》编写的主要人员有：张培斌、李宏伟、侯继勇。参加审定的主要人员有（按姓氏笔画为序）：王鹰、王长江、田丰、刘占江、刘永澎、李克、李长友、杨泽霖、张弘、张斌、陈蕾、陈伟生、周清、郝文革、秦德超、晨光。

五、在《标准》制定过程中，农业部人力资源开发中心、全国畜牧兽医总站、北京市兽医卫生监督检验所、黑龙江省畜牧兽医职业技术学院等单位给予了大力支持。在此，谨致谢忱！

1. 职业概况

1.1 职业名称

动物检疫检验工。

1.2 职业定义

在动物检疫中，从事检验操作的人员。

1.3 职业等级

本职业共设三个等级，分别为：初级（国家职业资格五级）、中级（国家职业资格四级）、高级（国家职业资格三级）。

1.4 职业环境条件

室内、室外，常温。

1.5 职业能力特征

具有一定的学习和表达能力，手指、手臂灵活，动作协调性，嗅觉、色觉正常。

1.6 基本文化程度

高中毕业（或同等学力）。

1.7 培训要求

1.7.1 培训期限

全日制职业学校教育，根据其培养目标和教学计划确定。晋级培训期限：初级不少于150标准学时；中级不少于120标准学时；高级不少于90标准学时。

1.7.2 培训教师

培训初、中级的教师应具有本职业高级及以上职业资格证书或相关专业中级及以上专业技术职务任职资格；培训高级的教师应具有本职业高级职业资格证书3年以上或相关专业中级及以上专业技术职务任职资格。

1.7.3 培训场地与设备

满足教学需要的标准教室，具有常规检疫检验实验室及相关的教学用具和设备。

1.8 鉴定要求

1.8.1 适用对象

从事或准备从事本职业的人员。

1.8.2 申报条件

——初级（具备以下条件之一者）

（1）经本职业初级正规培训达规定标准学时数，并取得结业证书。

（2）在本职业连续见习工作2年以上。

——中级（具备以下条件之一者）

（1）取得本职业初级职业资格证书后，连续从事本职业工作3年以上，经本职业中级正规培训达规定标准学时数，并取得结业证书。

（2）取得本职业初级职业资格证书后，连续从事本职业工作5年以上。

（3）连续从事本职业工作7年以上。

（4）取得经劳动保障行政部门审核认定的、以中级技能为培养目标的中等以上职业学校本职业（专业）毕业证书。

——高级（具备以下条件之一者）

（1）取得本职业中级职业资格证书后，连续从事本职业工作3年以上，经本职业高级正规培训达规定标准学时数，并取得结业证书。

（2）取得本职业中级职业资格证书后，连续从事本职业工作5年以上。

1.8.3　鉴定方式

分为理论知识考试和技能操作考核。理论知识考试采用闭卷笔试方式，技能操作考核采用现场实际操作方式。理论知识考试和技能操作考核均实行百分制，成绩皆达60分及以上者为合格。

1.8.4　考评人员与考生配比

理论知识考试考评人员与考生配比为1∶15，每个标准教室不少于2名考评人员；技能操作考核考评员与考生配比为1∶5，且不少于3名考评员。

1.8.5　鉴定时间

各等级理论知识考试时间为90分钟。技能操作考核：初级、中级为60分钟，高级为90分钟。

1.8.6　鉴定场所设备

理论知识考试在标准教室进行。技能操作考核场所需有常规检疫检验实验动物、实验室及相关的仪器设备。

2. 基本要求

2.1　职业道德

2.1.1　职业道德基本知识

2.1.2　职业守则

（1）爱岗敬业，有为祖国畜牧业健康发展的奉献精神

（2）努力学习业务知识，不断提高理论水平和操作能力

（3）严格执行操作规程

（4）工作积极，主动热情

（5）遵纪守法，不谋取私利

2.2　基础知识

2.2.1　专业知识

（1）动物解剖生理基础知识

（2）病理检验基础知识

（3）动物源性食品微生物检验和理化检验基础知识

（4）兽医临床诊断知识

（5）规定检疫的动物传染病和寄生虫病诊断技术

2.2.2　法律法规

《中华人民共和国动物防疫法》及相关法律法规

3. 工作要求

本标准对初级、中级和高级的技能要求依次递进，高级别涵盖低级别的要求。

3.1 初级

职业功能	工作内容	技能要求	相关知识
一、活体检验	临床检查	1. 能按要求进行疫病流行现况和一般情况的调查 2. 能判别免疫接种是否处在有效期内 3. 能按群体检疫的要求对动物进行静态、动态和食态检查 4. 能按个体检疫的要求对动物体温检测，可视黏膜、被毛、皮肤、体表淋巴结、呼吸状态、排泄器官及排泄物检查	1. 一般流行病的基本知识 2. 动物免疫接种的基本知识 3. 猪的临床检查方法 4. 牛的临床检查方法 5. 羊的临床检查方法 6. 马的临床检查方法 7. 禽类的临床检查方法
二、胴体检验	（一）宰前检验	1. 能对待宰畜禽进行入场验收 2. 能对待宰畜禽实施宰前管理（休息管理、停食管理）	1. 待宰畜禽入场验收知识 2. 待宰畜禽宰前休息管理和停食管理的方法及意义
	（二）宰后检验	1. 能正确选择被检淋巴结 2. 能正确剖检颌下淋巴结、腹股沟浅淋巴结，肠系膜淋巴结、支气管淋巴结，并能识别炭疽、猪瘟的淋巴结病变 3. 能正确实施猪囊虫病剖检并能识别猪囊虫 4. 能正确摘除三腺 5. 能完成猪旋毛虫病料采取 6. 能正确填写宰后检疫记录 7. 能按规定进行现场消毒	1. 选择被检淋巴结的原则 2. 主要被检淋巴结、腺体的解剖学知识 3. 炭疽、猪瘟等病的典型病变特征 4. 猪囊虫病的检疫方法及病原特征 5. 旋毛虫病料采取的要求 6. 正确处理炭疽病动物尸体原则
三、消毒	消毒	能正确使用消毒设备和工具	1. 消毒的基本概念 2. 消毒方法与消毒剂

3.2 中级

职业功能	工作内容	技能要求	相关知识
一、活体检验	动物病原菌的实验室检验	1. 能采集病料 2. 能分离和培养病原菌 3. 能通过形态学观察、生化特性实验、血清学实验区别病原菌与非病原菌	1. 病料的采集方法 2. 病原菌的分离和培养方法 3. 病原菌的鉴定方法
二、胴体检验	（一）宰前检验	1. 能正确识别待宰动物的临床表现 2. 能按国家标准对检疫不合格的动物进行隔离、处理 3. 能正确进行各类动物疫病临床表现类症鉴别	1. 常见动物疫病的临床症状 2. 动物隔离、处理的方法 3. 各类动物疫病类症鉴别方法

（续表）

职业功能	工作内容	技能要求	相关知识
二、胴体检验	（二）宰后检验	1. 能识别内脏的病理变化 2. 能识别皮肤的病理变化 3. 能进行旋毛虫病的压片镜检	1. 皮肤、内脏的病理变化 2. 旋毛虫病的压片镜检方法
三、消毒	消毒	能正确配制消毒药品	1. 常用消毒药物的抗菌活性 2. 常用消毒药物的使用范围及方法 3. 药液稀释计算方法

3.3 高级

职业功能	工作内容	技能要求	相关知识
一、活体检验	动物病毒性传染病实验室检验	1. 能准备动物病毒性传染病实验诊断常用器具和配制溶液 2. 能进行动物病毒性传染病常用血清学诊断	影响病毒性传染病常用血清反应的因素
二、胴体检验	宰后检验	1. 能对各类动物疫病的病理变化进行类症鉴别 2. 能正确进行病害胴体的隔离	1. 本地区动物疫病发生、流行的基本规律 2. 动物流行病学 3. 宰后检验处理
三、无害化处理	无害化处理	1. 能对染疫动物及其产品进行无害化处理 2. 能对被污染环境进行消毒	1. 合格动物处理方法 2. 不合格动物处理方法 3. 被污染环境的处理方法
四、培训指导	培训指导	能对初、中级动物检疫检验工进行宰前、宰后检验技术培训和指导	

4. 比重表

4.1 理论知识

项目		初级（%）	中级（%）	高级（%）
基本要求	职业道德	5	5	5
	基础知识	15	15	15
相关知识	临床检验、活体检验	30	30	30
	宰前检验	15	15	—
	宰后检验	20	20	20
	消毒	15	15	—
	无害化处理	—	—	15
	培训指导	—	—	15
合计		100	100	100

4.2 技能操作

项目		初级（%）	中级（%）	高级（%）
技能要求	临床检验、活体检验	30	30	30
	宰前检验	15	15	15
	宰后检验	25	25	25
	消毒	30	30	—
	无害化处理	—	—	30
合计		100	100	100

三、兽医化验员国家职业标准

中华人民共和国劳动和社会保障部　中华人民共和国农业部制定

说明

为了进一步完善国家职业标准体系，为职业教育、职业培训和职业技能鉴定提供科学、规范的依据，根据《中华人民共和国劳动法》《中华人民共和国职业教育法》的有关规定，劳动和社会保障部、农业部共同组织专家，制定了《兽医化验员国家职业标准》(以下简称《标准》)。《标准》已经劳动和社会保障部、农业部批准，自 2004 年 3 月 15 日正式施行。现将有关情况说明如下：

一、本《标准》以《中华人民共和国职业分类大典》为依据，以客观反映本职业现阶段的水平和对从业人员的要求为目标，在充分考虑经济发展、科技进步和产业结构变化对本职业影响的基础上，对职业的活动范围、工作内容、技能要求和知识水平做出明确的规定。

二、按照《国家职业标准制定技术规程》的要求，《标准》在体例上力求规范，在内容上尽可能体现以职业活动为导向，以职业技能为核心的原则。同时，尽量做到可根据科技发展进步的需要适当进行调整，使之具有较强的实用性和一定的灵活性，以适应培训、鉴定和就业的实际需要。

三、本职业为五个等级，《标准》的内容包括职业概况、基本要求、工作要求和比重表四个方面。

四、参加《标准》编写的人员有：侯安祖、钟细苟、倪跃娣。参与审定的人员主要有(以姓氏笔画为序)：毛德智、杨泽霖、李长友、张弘、陈伟生、陈蕾、郝文革、晋鹏、莫广刚、梁田庚、董修建、谢春雷、魏百刚。

五、在《标准》制定过程中，农业部人力资源开发中心、农业部全国畜牧兽医总站、河南省畜牧局、安徽省畜牧局、上海市畜牧兽医站、江西省家畜防疫检疫站、河北农业大学畜牧兽医职业技术学院等单位给予了大力支持。在此，谨致谢忱！

1. 职业概况

1.1　职业名称

兽医化验员。

1.2　职业定义

从事兽医实验准备并进行实验作业的人员。

1.3　职业等级

本职业共设五个等级，分别为：初级（国家职业资格五级）、中级（国家职业资格四级）、高级（国家职业资格三级）、技师（国家职业资格二级）、高级技师（国家职业资格一级）。

1.4　职业环境条件

室内、外，常温，有害。

1.5　职业能力特征

具有一定的学习、计算、表达、观察、分析和判断能力，手指、手臂灵活，动作协调，视（或矫正视力）、听、色、嗅觉正常。

1.6　基本文化程度

高中毕业（或同等学力）。

1.7　培训要求

1.7.1　培训期限

全日制职业学校教育，根据其培养目标和教学计划确定。晋级培训期限：初级不少于240标准学时；中级不少于200标准学时；高级不少于180标准学时；技师不少于160标准学时；高级技师不少于150标准学时。

1.7.2　培训教师

培训初、中、高级的教师应具有本职业技师及以上职业资格证书或本专业中级及以上专业技术职务任职资格，培训技师、高级技师的教师应具有本职业高级技师职业资格证书3年以上或具有本专业高级及以上专业技术职务任职资格。

1.7.3　培训场地与设备

满足教学需要的标准教室、实验室、实验仪器设备、教学用具等。

1.8　鉴定要求

1.8.1　适用对象

从事或准备从事本职业的人员。

1.8.2　申报条件

——初级（具备以下条件之一者）

（1）经本职业初级正规培训达规定标准学时数，并取得结业证书。

（2）连续从事本职业工作2年以上。

——中级（具备以下条件之一者）

（1）取得本职业初级职业资格证书后，连续从事本职业工作3年以上，经本职业中级正规培训达规定标准学时数，并取得结业证书。

（2）取得本职业初级职业资格证书后，连续从事本职业工作5年以上。

（3）取得本专业或相关专业中专学历毕业证书。

（4）连续从事本职业工作7年以上。

——高级（具备以下条件之一者）

（1）取得本职业中级职业资格证书后，连续从事本职业工作4年以上，经本职业高级正规培训达规定标准学时数，并取得结业证书。

（2）取得本职业中级职业资格证书后，连续从事本职业工作7年以上。

（3）取得本职业中级职业资格证书的本专业或相关专业大专以上毕业生，连续从事本职业工作2年以上。

——技师（具备以下条件之一者）

（1）取得本职业高级职业资格证书后，连续从事本职业工作5年以上，经本职业技师正规培训达规定标准学时数，并取得结业证书。

（2）取得本职业高级职业资格证书后，连续从事本职业工作8年以上。

——高级技师（具备以下条件之一者）

（1）取得本职业技师职业资格证书后，连续从事本职业工作3年以上，经本职业高级技师正规培训达规定标准学时数，并取得结业证书。

（2）取得本职业技师职业资格证书后，连续从事本职业工作5年以上。

1.8.3　鉴定方式

分为理论知识考试和技能操作考核。理论知识考试采用闭卷笔试方式，技能操作考核采用现场实际操作或模拟方式。理论知识考试和技能操作考核均实行百分制，成绩均达60分及以上者为合格。技师、高级技师还须进行综合评审。

1.8.4　考评人员与考生配比

理论知识考试考评人员与考生配比为1∶20，每个标准教室不少于2名考评人员；技能操作考核考评员与考生配比为1∶5，且不少于3名考评员；综合评审委员不少于5人。

1.8.5　鉴定时间

理论知识考试时间为120分钟。技能操作考核：初级、中级时间为60分钟，高级时间为90分钟，技师时间为150分钟，高级技师时间为200分钟。

1.8.6　鉴定场所设备

理论知识考试在标准教室里进行。技能操作考核在兽医化验室进行，化验室应有相应的器材、药品、试剂、仪器、设备、实验动物等。

2. 基本要求

2.1　职业道德

2.1.1　职业道德基本知识

2.1.2　职业守则

（1）努力学习业务知识，不断提高理论水平和技术能力

（2）热爱本职工作，工作认真、负责、科学、公正

（3）认真遵守实验室规章制度，严格执行操作规程，检验及时、准确

（4）遵纪守法，不谋取私利

（5）勤俭节约，爱护仪器、设备

（6）文明礼貌，团结协作

2.2 基础知识

2.2.1 专业基础知识

（1）化学基础知识
（2）动物解剖学及生理基础知识
（3）动物微生物学及免疫学基础知识
（4）兽医临床诊断学基础知识
（5）动物传染病学基础知识
（6）动物寄生虫病学基础知识

2.2.2 安全知识

（1）人体防护知识
（2）防止病原散播知识
（3）安全用电知识
（4）易燃、易爆、剧毒药品等危险品保存、使用知识

2.2.3 相关法律、法规知识

（1）动物防疫法的相关知识
（2）动物疫情报告管理办法
（3）动物疫病诊断技术规程

3. 工作要求

本标准对初级、中级、高级、技师和高级技师技能要求依次递进，高级别涵盖低级别要求。

3.1 初级

职业功能	工作内容	技能要求	相关知识
一、样品接收	接收样品	1. 能接收委托检验样品 2. 能填写送检样品登记卡或接诊（样）单	接诊（样）单填写要求及注意事项
二、化验准备	（一）器材准备	1. 能识别实验室常用器材 2. 能对血清学、细菌学检验常用的玻璃器皿、塑料制品、橡胶制品、金属用品等进行洗涤、干燥、包装和灭菌	1. 常用器材的性能、用途 2. 实验室常用器材的洗涤、干燥、包装和灭菌方法
	（二）仪器设备	1. 能保管、使用冰箱、冰柜、生物培养箱、干热灭菌器 2. 能保管、使用普通天平、蒸馏水器、洗板机、微量振荡器等常用仪器设备	常用仪器设备的工作原理、使用方法和注意事项
	（三）药品、试剂	1. 能保管常用药品、试剂 2. 能使用常用药品、试剂	常用药品、试剂的性状、用途、保存要求
	（四）溶液配制	1. 能制作蒸馏水 2. 能配制酒精、碘酊溶液、抗凝剂、清洁液、细菌染色液等一般溶液	蒸馏水和一般溶液的性能、用途和配制方法

（续表）

职业功能	工作内容	技能要求	相关知识
三、化验操作	血清学检验	1. 能做平板凝集试验，并填写原始记录 2. 能做环状沉淀试验，并填写原始记录	1. 平板凝集试验、环状沉淀试验的原理、影响因素、用途 2. 平板凝集试验、环状沉淀试验的操作方法
四、化验结果判定	（一）结果判定	1. 能判定平板凝集试验结果 2. 能判定环状沉淀试验结果	平板凝集试验和环状沉淀试验判定标准
	（二）登记	1. 能填写凝集试验检验结果登记表 2. 能填写环状沉淀试验检验结果表	实验室诊断检验报告管理制度
五、消毒	用具场地消毒	1. 实验结束后能对实验用具、器材等进行消毒处理 2. 实验结束后能对试验台、实验场地等进行消毒	消毒的种类、原理和方法

3.2　中级

职业功能	工作内容	技能要求	相关知识
一、样品采取	样品采取	1. 能采取供血清学检验、细菌学检验、病毒学检验、寄生虫学检验、病理学检查的血液、组织、粪便、皮肤、分泌物和渗出物的样品 2. 能检查送检样品是否符合要求	1. 血清学、细菌学、病毒学、寄生虫学、病理学检验样品采取的原则和方法 2. 送检样品要求
二、化验准备	（一）仪器设备	1. 能保管、使用普通离心机、高压灭菌器、酸度（pH）计 2. 能保管、使用超净工作台、生物显微镜、电子天平等一般仪器设备	一般仪器设备的工作原理、使用方法和注意事项
	（二）药品、试剂	1. 能保管、使用诊断用生物制品 2. 能保管、使用易燃、易爆、腐蚀性、放射性物品和剧毒药品	诊断用生物制品和易燃、易爆、腐蚀性、放射性物品和剧毒药品的性状、用途、保存要求
	（三）溶液配制	1. 能配制常用指示剂，常用酸、碱溶液、常用缓冲溶液等 2. 能制作细菌基础培养基 3. 能制作琼脂扩散试验用的琼脂平板	1. 常用指示剂、酸碱溶液、缓冲液的作用、原理、配制方法和用途 2. 细菌基础培养基和琼脂平板的主要成分、制作方法和用途
三、化验操作	（一）血清学检验	1. 能做琼脂扩散试验 2. 能做间接凝集试验（胶乳凝集试验、间接红细胞凝集试验） 3. 能做血凝和血凝抑制试验	琼脂扩散试验、间接凝集试验、血凝和血凝抑制试验的原理、影响因素、用途和操作方法
	（二）细菌学检验	1. 能制作细菌涂片标本 2. 能进行常见需氧细菌的分离培养 3. 能观察、识别、记录细菌培养性状 4. 能使用光学显微镜观察细菌形态	1. 细菌染色特性，染料的种类、性质和细菌涂片标本制作方法 2. 需氧细菌的生长要求、培养方法、培养特性、形态特征

（续表）

职业功能	工作内容	技能要求	相关知识
三、化验操作	（三）寄生虫学检查	1. 能做粪尿中蠕虫虫卵、幼虫、球虫卵囊检查 2. 能做皮肤刮下物外寄生虫的检查	蠕虫的虫卵、幼虫、球虫卵囊和外寄生虫的检查程序和方法
	（四）病理学检查	1. 能做家禽尸体解剖检查 2. 能做猪、羊尸体解剖检查	家禽、猪、羊的解剖知识和解剖检查方法
	（五）临床检验	1. 能做血液常规检验 2. 能做尿液常规检验 3. 能做粪便常规检验	血、粪、尿常规检验原理和方法
四、化验结果判定	结果判定	1. 能判定琼脂扩散试验、间接凝集试验、血凝和血凝抑制试验的结果 2. 能判定细菌培养性状和形态特征 3. 能识别蠕虫虫卵、幼虫、球虫卵囊 4. 能判定血液、尿液、粪便的常规检验结果	1. 琼脂扩散试验、间接凝集试验、血凝和血凝抑制试验结果的判定标准 2. 需氧细菌的培养特性和形态特征 3. 蠕虫虫卵、幼虫、球虫卵囊和外寄生虫的形态结构特征 4. 健康动物血、粪、尿的性状和生理常数
五、消毒	消毒	1. 能正确选择消毒药 2. 能配制常用消毒液 3. 能实施常规消毒	1. 病原体抵抗力知识 2. 消毒药的种类、作用、用途、用法、用量

3.3 高级

职业功能	工作内容	技能要求	相关知识
一、化验准备	（一）样品处理	1. 能进行供血清学检验、病理学检验的样品处理工作 2. 能进行供细菌学检验、病毒学检验、寄生虫学检验的血液、组织、粪便、皮肤、分泌物和渗出物样品的处理工作	血清学检验、细菌学检验、病毒学检验、寄生虫学检验、病理学检查样品的要求和样品处理方法
	（二）仪器设备	1. 能保管、使用高速离心机、纯水机、组织切片机 2. 能保管、使用酶标仪、荧光显微镜、分光光度计、二氧化碳培养箱、分析天平等仪器设备	酶标仪、荧光显微镜、分光光度计、二氧化碳培养箱、分析天平等仪器设备的原理、使用方法和养护知识
	（三）溶液配制	1. 能制作纯水 2. 能制作细菌特殊培养基	细菌特殊培养基的成分、制作方法和用途

（续表）

职业功能	工作内容	技能要求	相关知识
二、化验操作	（一）血清学检验	1. 能做补体结合试验 2. 能做酶联免疫吸附试验 3. 能做荧光抗体检查	酶联免疫吸附试验、补体结合试验、荧光抗体检查试验的原理、操作方法、影响因素和用途
	（二）细菌学检验	1. 能做非需氧菌（包括微需氧菌、厌氧菌）的分离培养 2. 能做细菌药敏试验	1. 非需氧菌的生长要求、培养方法 2. 药敏试验原理、方法和注意事项
	（三）病毒学检验	1. 能进行鸡胚绒毛尿囊膜、尿囊腔接种 2. 能进行鸡胚卵黄囊、羊膜腔接种	1. 鸡胚的构造与生理知识 2. 鸡胚孵育、接种和培养方法等
	（四）寄生虫学检查	1. 能进行血液中原虫和蠕虫幼虫的检查 2. 能进行器官及组织中寄生虫的检查	1. 蠕虫、幼虫、原虫虫体的特征和检查方法 2. 寄生虫在宿主寄生的部位和生活史
	（五）病理学检查	1. 能进行牛尸体解剖检查 2. 能进行马属动物尸体解剖检查	牛、马的解剖学知识和解剖检查方法
三、化验结果判定	结果判定	1. 能判定补体结合试验、酶联免疫吸附试验、荧光抗体检查、免疫电泳试验的结果 2. 能判定非需氧细菌的培养性状 3. 能判定细菌药敏的试验结果 4. 能判定病毒鸡胚的培养结果	1. 补体结合试验、酶联免疫吸附试验、荧光抗体检查、免疫电泳试验的判定标准 2. 非需氧细菌的培养性状 3. 药敏试验结果的判定标准 4. 病毒鸡胚培养病变的特点
四、消毒	（一）病料无害化处理	1. 能对病料进行无害化处理 2. 能对污物、废弃物等进行无害化处理	1. 传染性材料的处理原则和方法 2. 实验室安全和防护知识
	（二）消毒效果监测	1. 能进行物体（墙壁、地面、饲槽、水槽、用具等）表面消毒效果监测 2. 能进行消毒后空气中细菌含量的检测	微生物检测方法

3.4 技师

职业功能	工作内容	技能要求	相关知识
一、化验准备	（一）器材准备	1. 能对病毒细胞培养所用的玻璃器材进行洗涤、干燥、包装和灭菌 2. 能对病毒细胞培养所用的塑料、橡胶器材进行洗涤、包装和灭菌	病毒细胞培养器材的要求
	（二）仪器设备	1. 能进行常用仪器的养护 2. 能正确使用细菌滤器	常用仪器、细菌滤器的调试和养护方法
	（三）溶液配制	1. 能配制病毒细胞培养所需的培养液、试剂 2. 能制作细菌生化试验培养基	1. 病毒细胞培养液、试剂的性能、用途和配制方法 2. 细菌生化试验培养基成分、用途和制作方法

（续表）

职业功能	工作内容	技能要求	相关知识
二、化验操作	（一）血清学检验	1. 能做毒素中和试验 2. 能做病毒中和试验	中和试验的原理、方法、影响因素、用途
	（二）细菌学检验	1. 能做细菌糖（醇）类、氨基酸、蛋白质代谢试验 2. 能做细菌有机酸和铵盐利用试验 3. 能做细菌呼吸酶类、毒性酶类、抑菌试验等	细菌生化试验的原理、方法、影响因素和用途
	（三）其他病原体检验	1. 能做真菌、螺旋体的检验 2. 能做霉形体、立克次氏体、衣原体的检验	真菌、螺旋体、霉形体、立克次氏体、衣原体的检验程序和形态结构、生长要求、培养特性
	（四）病毒学检验	1. 能做病毒细胞培养 2. 能做动物实验	1. 病毒细胞培养的原理和方法 2. 实验动物选择、感染动物观察、解剖尸体处理的原则和方法
	（五）寄生虫学检查	1. 能做线虫蚴培养 2. 能做线虫蚴分离	线虫蚴生长要求的培养、分离方法
	（六）病理学检查	1. 能做病理组织标本的固定、修整、冲洗和保存 2. 能做病理组织标本的脱水、包埋、切片和染色	病理组织切片制作方法和注意事项
三、化验结果判定	结果判定	1. 能判定中和试验结果 2. 能判定生化试验结果 3. 能鉴别真菌、螺旋体、霉形体、立克次氏体、衣原体 4. 能判定病毒细胞培养结果	1. 中和试验结果判定标准 2. 生化试验结果判定标准 3. 真菌、螺旋体、霉形体、立克次氏体、衣原体的鉴定标准 4. 病毒细胞培养病变特征
四、指导和培训	（一）指导	能指导初、中级兽医化验员进行化验操作	培训、教学相关知识
	（二）培训	能对初、中级兽医化验员进行技术和理论培训	

3.5 高级技师

职业功能	工作内容	技能要求	相关知识
一、化验准备	（一）器材准备	1. 能做聚合酶链反应（PCR）所用器材的准备工作 2. 能做电泳试验所用器材的准备工作	PCR、电泳所用器材的性能和用途
	（二）仪器设备	1. 能使用聚合酶链反应（PCR）基因扩增仪 2. 能使用电泳仪和紫外成像系统（UVP）	聚合酶链反应（PCR）基因扩增仪、电泳仪、UVP 的结构、工作原理和使用方法
	（三）溶液配制	1. 能配制聚合酶链反应（PCR）所用的溶液、试剂 2. 能配电泳试验所用的溶液、试剂	聚合酶链反应（PCR）、电泳所用溶液的原理、用途和配制方法

（续表）

职业功能	工作内容	技能要求	相关知识
二、化验操作	（一）分子生物学检验	1. 能进行聚合酶链反应（PCR）操作 2. 能进行电泳、紫外成像操作	聚合酶链反应（PCR）、电泳、紫外成像的原理、方法和注意事项
	（二）细菌学检验	1. 能进行细菌形态特征、培养特性、生化特性的鉴定 2. 能进行细菌抗原性、病原性鉴定	细菌鉴定程序和方法
	（三）病毒学检验	1. 能进行病毒鸡胚敏感性、细胞病变特征的鉴定 2. 能进行病毒感染范围、血清学特性的鉴定	病毒鉴定程序和方法
	（四）寄生虫学检查	1. 能进行寄生虫标本的采集 2. 能制作寄生虫标本并保存	寄生虫标本采集、制作和保存方法
三、化验结果判定	结果判定	1. 能判定聚合酶链反应（PCR）结果 2. 能判定细菌种类和血清的类型 3. 能判定病毒的种类	1. 聚合酶链反应（PCR）结果判定标准 2. 细菌鉴定、病毒鉴定的标准
四、指导和培训	（一）指导	1. 能指导高级兽医化验员进行化验操作 2. 能指导兽医化验技师进行化验操作	编写培训讲义的相关知识
	（二）培训	1. 能对高级兽医化验员进行技术和理论培训 2. 能对兽医化验技师进行技术和理论培训	

4. 比重表

4.1 理论知识

项目		初级（%）	中级（%）	高级（%）	技师（%）	高级技师（%）
基本要求	职业道德	5	5	5	5	5
	基础知识	25	20	20	20	20
相关知识	样品接收	5	—	—	—	—
	样品采取	—	5	—	—	—
	化验准备	25	15	15	15	15
	化验操作	15	25	30	25	25
	化验结果判定	10	15	15	20	20
	消毒	15	15	15	—	—
	指导和培训	—	—	—	15	15
合计		100	100	100	100	100

4.2 技能操作

项目		初级（%）	中级（%）	高级（%）	技师（%）	高级技师（%）
技能要求	样品接收	5	—	—	—	—
	样品采取	—	5	—	—	—
	化验准备	30	20	20	20	20
	化验操作	25	30	30	30	30
	化验结果判定	20	25	25	25	25
	消毒	20	20	25	—	—
	指导和培训	—	—	—	25	25
合计		100	100	100	100	100

四、中华人民共和国动物防疫法

中华人民共和国主席令

第七十一号

《中华人民共和国动物防疫法》已由中华人民共和国第十届全国人民代表大会常务委员会第二十九次会议于2007年8月30日修订通过，现将修订后的《中华人民共和国动物防疫法》公布，自2008年1月1日起施行。

中华人民共和国主席　胡锦涛

2007年8月30日

中华人民共和国动物防疫法

（1997年7月3日第八届全国人民代表大会常务委员会第二十六次会议通过　2007年8月30日第十届全国人民代表大会常务委员会第二十九次会议修订）

第一章　总则

第一条　为了加强对动物防疫活动的管理，预防、控制和扑灭动物疫病，促进养殖业发展，保护人体健康，维护公共卫生安全，制定本法。

第二条　本法适用于在中华人民共和国领域内的动物防疫及其监督管理活动。

进出境动物、动物产品的检疫，适用《中华人民共和国进出境动植物检疫法》。

第三条　本法所称动物，是指家畜家禽和人工饲养、合法捕获的其他动物。

本法所称动物产品，是指动物的肉、生皮、原毛、绒、脏器、脂、血液、精液、卵、胚胎、骨、蹄、头、角、筋以及可能传播动物疫病的奶、蛋等。

本法所称动物疫病，是指动物传染病、寄生虫病。

本法所称动物防疫，是指动物疫病的预防、控制、扑灭和动物、动物产品的检疫。

第四条　根据动物疫病对养殖业生产和人体健康的危害程度，本法规定管理的动物疫病分为下列三类：

（一）一类疫病，是指对人与动物危害严重，需要采取紧急、严厉的强制预防、控制、扑灭等措施的；

（二）二类疫病，是指可能造成重大经济损失，需要采取严格控制、扑灭等措施，防止扩散的；

（三）三类疫病，是指常见多发、可能造成重大经济损失，需要控制和净化的。

前款一类、二类、三类动物疫病具体病种名录由国务院兽医主管部门制定并公布。

第五条 国家对动物疫病实行预防为主的方针。

第六条 县级以上人民政府应当加强对动物防疫工作的统一领导，加强基层动物防疫队伍建设，建立健全动物防疫体系，制定并组织实施动物疫病防治规划。

乡级人民政府、城市街道办事处应当组织群众协助做好本管辖区域内的动物疫病预防与控制工作。

第七条 国务院兽医主管部门主管全国的动物防疫工作。

县级以上地方人民政府兽医主管部门主管本行政区域内的动物防疫工作。

县级以上人民政府其他部门在各自的职责范围内做好动物防疫工作。

军队和武装警察部队动物卫生监督职能部门分别负责军队和武装警察部队现役动物及饲养自用动物的防疫工作。

第八条 县级以上地方人民政府设立的动物卫生监督机构依照本法规定，负责动物、动物产品的检疫工作和其他有关动物防疫的监督管理执法工作。

第九条 县级以上人民政府按照国务院的规定，根据统筹规划、合理布局、综合设置的原则建立动物疫病预防控制机构，承担动物疫病的监测、检测、诊断、流行病学调查、疫情报告以及其他预防、控制等技术工作。

第十条 国家支持和鼓励开展动物疫病的科学研究以及国际合作与交流，推广先进适用的科学研究成果，普及动物防疫科学知识，提高动物疫病防治的科学技术水平。

第十一条 对在动物防疫工作、动物防疫科学研究中做出成绩和贡献的单位和个人，各级人民政府及有关部门给予奖励。

第二章 动物疫病的预防

第十二条 国务院兽医主管部门对动物疫病状况进行风险评估，根据评估结果制定相应的动物疫病预防、控制措施。

国务院兽医主管部门根据国内外动物疫情和保护养殖业生产及人体健康的需要，及时制定并公布动物疫病预防、控制技术规范。

第十三条 国家对严重危害养殖业生产和人体健康的动物疫病实施强制免疫。国务院兽医主管部门确定强制免疫的动物疫病病种和区域，并会同国务院有关部门制定国家动物疫病强制免疫计划。

省、自治区、直辖市人民政府兽医主管部门根据国家动物疫病强制免疫计划，制定本行政区域的强制免疫计划；并可以根据本行政区域内动物疫病流行情况增加实施强制免疫的动物疫病病种和区域，报本级人民政府批准后执行，并报国务院兽医主管部门备案。

第十四条 县级以上地方人民政府兽医主管部门组织实施动物疫病强制免疫计划。乡级人民政府、城市街道办事处应当组织本管辖区域内饲养动物的单位和个人做好强制免疫工作。

饲养动物的单位和个人应当依法履行动物疫病强制免疫义务，按照兽医主管部门的要求做好强制免疫工作。

经强制免疫的动物，应当按照国务院兽医主管部门的规定建立免疫档案，加施畜禽标识，实施可追溯管理。

第十五条 县级以上人民政府应当建立健全动物疫情监测网络，加强动物疫情监测。

国务院兽医主管部门应当制定国家动物疫病监测计划。省、自治区、直辖市人民政府兽医主管部门应当根据国家动物疫病监测计划，制定本行政区域的动物疫病监测计划。

动物疫病预防控制机构应当按照国务院兽医主管部门的规定，对动物疫病的发生、流行等情况进行监测；从事动物饲养、屠宰、经营、隔离、运输以及动物产品生产、经营、加工、贮藏等活动的单位和个人不得拒绝或者阻碍。

第十六条 国务院兽医主管部门和省、自治区、直辖市人民政府兽医主管部门应当根据对动物疫病发生、流行趋势的预测，及时发出动物疫情预警。地方各级人民政府接到动物疫情预警后，应当采取相应的预防、控制措施。

第十七条 从事动物饲养、屠宰、经营、隔离、运输以及动物产品生产、经营、加工、贮藏等活动的单位和个人，应当依照本法和国务院兽医主管部门的规定，做好免疫、消毒等动物疫病预防工作。

第十八条 种用、乳用动物和宠物应当符合国务院兽医主管部门规定的健康标准。

种用、乳用动物应当接受动物疫病预防控制机构的定期检测；检测不合格的，应当按照国务院兽医主管部门的规定予以处理。

第十九条 动物饲养场（养殖小区）和隔离场所，动物屠宰加工场所，以及动物和动物产品无害化处理场所，应当符合下列动物防疫条件：

（一）场所的位置与居民生活区、生活饮用水源地、学校、医院等公共场所的距离符合国务院兽医主管部门规定的标准；

（二）生产区封闭隔离，工程设计和工艺流程符合动物防疫要求；

（三）有相应的污水、污物、病死动物、染疫动物产品的无害化处理设施设备和清洗消毒设施设备；

（四）有为其服务的动物防疫技术人员；

（五）有完善的动物防疫制度；

（六）具备国务院兽医主管部门规定的其他动物防疫条件。

第二十条 兴办动物饲养场（养殖小区）和隔离场所，动物屠宰加工场所，以及动物和动物产品无害化处理场所，应当向县级以上地方人民政府兽医主管部门提出申请，并附具相关材料。受理申请的兽医主管部门应当依照本法和《中华人民共和国行政许可法》的规定进行审查。经审查合格的，发给动物防疫条件合格证；不合格的，应当通知申请人并说明理由。需要办理工商登记的，申请人凭动物防疫条件合格证向工商行政管理部门申请办理登记注册手续。

动物防疫条件合格证应当载明申请人的名称、场（厂）址等事项。

经营动物、动物产品的集贸市场应当具备国务院兽医主管部门规定的动物防疫条件，并接受动物卫生监督机构的监督检查。

第二十一条　动物、动物产品的运载工具、垫料、包装物、容器等应当符合国务院兽医主管部门规定的动物防疫要求。

染疫动物及其排泄物、染疫动物产品，病死或者死因不明的动物尸体，运载工具中的动物排泄物以及垫料、包装物、容器等污染物，应当按照国务院兽医主管部门的规定处理，不得随意处置。

第二十二条　采集、保存、运输动物病料或者病原微生物以及从事病原微生物研究、教学、检测、诊断等活动，应当遵守国家有关病原微生物实验室管理的规定。

第二十三条　患有人畜共患传染病的人员不得直接从事动物诊疗以及易感染动物的饲养、屠宰、经营、隔离、运输等活动。

人畜共患传染病名录由国务院兽医主管部门会同国务院卫生主管部门制定并公布。

第二十四条　国家对动物疫病实行区域化管理，逐步建立无规定动物疫病区。无规定动物疫病区应当符合国务院兽医主管部门规定的标准，经国务院兽医主管部门验收合格予以公布。

本法所称无规定动物疫病区，是指具有天然屏障或者采取人工措施，在一定期限内没有发生规定的一种或者几种动物疫病，并经验收合格的区域。

第二十五条　禁止屠宰、经营、运输下列动物和生产、经营、加工、贮藏、运输下列动物产品：

（一）封锁疫区内与所发生动物疫病有关的；

（二）疫区内易感染的；

（三）依法应当检疫而未经检疫或者检疫不合格的；

（四）染疫或者疑似染疫的；

（五）病死或者死因不明的；

（六）其他不符合国务院兽医主管部门有关动物防疫规定的。

第三章　动物疫情的报告、通报和公布

第二十六条　从事动物疫情监测、检验检疫、疫病研究与诊疗以及动物饲养、屠宰、经营、隔离、运输等活动的单位和个人，发现动物染疫或者疑似染疫的，应当立即向当地兽医主管部门、动物卫生监督机构或者动物疫病预防控制机构报告，并采取隔离等控制措施，防止动物疫情扩散。其他单位和个人发现动物染疫或者疑似染疫的，应当及时报告。

接到动物疫情报告的单位，应当及时采取必要的控制处理措施，并按照国家规定的程序上报。

第二十七条　动物疫情由县级以上人民政府兽医主管部门认定；其中重大动物疫情由省、自治区、直辖市人民政府兽医主管部门认定，必要时报国务院兽医主管部门认定。

第二十八条　国务院兽医主管部门应当及时向国务院有关部门和军队有关部门以及省、自治区、直辖市人民政府兽医主管部门通报重大动物疫情的发生和处理情况；发生人畜共患传染病的，县级以上人民政府兽医主管部门与同级卫生主管部门应当及时相互通报。

国务院兽医主管部门应当依照我国缔结或者参加的条约、协定，及时向有关国际组织或者贸易方通报重大动物疫情的发生和处理情况。

第二十九条 国务院兽医主管部门负责向社会及时公布全国动物疫情，也可以根据需要授权省、自治区、直辖市人民政府兽医主管部门公布本行政区域内的动物疫情。其他单位和个人不得发布动物疫情。

第三十条 任何单位和个人不得瞒报、谎报、迟报、漏报动物疫情，不得授意他人瞒报、谎报、迟报动物疫情，不得阻碍他人报告动物疫情。

第四章 动物疫病的控制和扑灭

第三十一条 发生一类动物疫病时，应当采取下列控制和扑灭措施：

（一）当地县级以上地方人民政府兽医主管部门应当立即派人到现场，划定疫点、疫区、受威胁区，调查疫源，及时报请本级人民政府对疫区实行封锁。疫区范围涉及两个以上行政区域的，由有关行政区域共同的上一级人民政府对疫区实行封锁，或者由各有关行政区域的上一级人民政府共同对疫区实行封锁。必要时，上级人民政府可以责成下级人民政府对疫区实行封锁。

（二）县级以上地方人民政府应当立即组织有关部门和单位采取封锁、隔离、捕杀、销毁、消毒、无害化处理、紧急免疫接种等强制性措施，迅速扑灭疫病。

（三）在封锁期间，禁止染疫、疑似染疫和易感染的动物、动物产品流出疫区，禁止非疫区的易感染动物进入疫区，并根据扑灭动物疫病的需要对出入疫区的人员、运输工具及有关物品采取消毒和其他限制性措施。

第三十二条 发生二类动物疫病时，应当采取下列控制和扑灭措施：

（一）当地县级以上地方人民政府兽医主管部门应当划定疫点、疫区、受威胁区。

（二）县级以上地方人民政府根据需要组织有关部门和单位采取隔离、捕杀、销毁、消毒、无害化处理、紧急免疫接种、限制易感染的动物和动物产品及有关物品出入等控制、扑灭措施。

第三十三条 疫点、疫区、受威胁区的撤销和疫区封锁的解除，按照国务院兽医主管部门规定的标准和程序评估后，由原决定机关决定并宣布。

第三十四条 发生三类动物疫病时，当地县级、乡级人民政府应当按照国务院兽医主管部门的规定组织防治和净化。

第三十五条 二类、三类动物疫病呈暴发性流行时，按照一类动物疫病处理。

第三十六条 为控制、扑灭动物疫病，动物卫生监督机构应当派人在当地依法设立的现有检查站执行监督检查任务；必要时，经省、自治区、直辖市人民政府批准，可以设立临时性的动物卫生监督检查站，执行监督检查任务。

第三十七条 发生人畜共患传染病时，卫生主管部门应当组织对疫区易感染的人群进行监测，并采取相应的预防、控制措施。

第三十八条 疫区内有关单位和个人，应当遵守县级以上人民政府及其兽医主管部门依法作出的有关控制、扑灭动物疫病的规定。

任何单位和个人不得藏匿、转移、盗掘已被依法隔离、封存、处理的动物和动物产品。

第三十九条 发生动物疫情时，航空、铁路、公路、水路等运输部门应当优先组织运送控制、扑灭疫病的人员和有关物资。

第四十条　一类、二类、三类动物疫病突然发生，迅速传播，给养殖业生产安全造成严重威胁、危害，以及可能对公众身体健康与生命安全造成危害，构成重大动物疫情的，依照法律和国务院的规定采取应急处理措施。

第五章　动物和动物产品的检疫

第四十一条　动物卫生监督机构依照本法和国务院兽医主管部门的规定对动物、动物产品实施检疫。

动物卫生监督机构的官方兽医具体实施动物、动物产品检疫。官方兽医应当具备规定的资格条件，取得国务院兽医主管部门颁发的资格证书，具体办法由国务院兽医主管部门会同国务院人事行政部门制定。

本法所称官方兽医，是指具备规定的资格条件并经兽医主管部门任命的，负责出具检疫等证明的国家兽医工作人员。

第四十二条　屠宰、出售或者运输动物以及出售或者运输动物产品前，货主应当按照国务院兽医主管部门的规定向当地动物卫生监督机构申报检疫。

动物卫生监督机构接到检疫申报后，应当及时指派官方兽医对动物、动物产品实施现场检疫；检疫合格的，出具检疫证明、加施检疫标志。实施现场检疫的官方兽医应当在检疫证明、检疫标志上签字或者盖章，并对检疫结论负责。

第四十三条　屠宰、经营、运输以及参加展览、演出和比赛的动物，应当附有检疫证明；经营和运输的动物产品，应当附有检疫证明、检疫标志。

对前款规定的动物、动物产品，动物卫生监督机构可以查验检疫证明、检疫标志，进行监督抽查，但不得重复检疫收费。

第四十四条　经铁路、公路、水路、航空运输动物和动物产品的，托运人托运时应当提供检疫证明；没有检疫证明的，承运人不得承运。

运载工具在装载前和卸载后应当及时清洗、消毒。

第四十五条　输入到无规定动物疫病区的动物、动物产品，货主应当按照国务院兽医主管部门的规定向无规定动物疫病区所在地动物卫生监督机构申报检疫，经检疫合格的，方可进入；检疫所需费用纳入无规定动物疫病区所在地地方人民政府财政预算。

第四十六条　跨省、自治区、直辖市引进乳用动物、种用动物及其精液、胚胎、种蛋的，应当向输入地省、自治区、直辖市动物卫生监督机构申请办理审批手续，并依照本法第四十二条的规定取得检疫证明。

跨省、自治区、直辖市引进的乳用动物、种用动物到达输入地后，货主应当按照国务院兽医主管部门的规定对引进的乳用动物、种用动物进行隔离观察。

第四十七条　人工捕获的可能传播动物疫病的野生动物，应当报经捕获地动物卫生监督机构检疫，经检疫合格的，方可饲养、经营和运输。

第四十八条　经检疫不合格的动物、动物产品，货主应当在动物卫生监督机构监督下按照国务院兽医主管部门的规定处理，处理费用由货主承担。

第四十九条　依法进行检疫需要收取费用的，其项目和标准由国务院财政部门、物价主管部门规定。

第六章　动物诊疗

第五十条　从事动物诊疗活动的机构，应当具备下列条件：

（一）有与动物诊疗活动相适应并符合动物防疫条件的场所；

（二）有与动物诊疗活动相适应的执业兽医；

（三）有与动物诊疗活动相适应的兽医器械和设备；

（四）有完善的管理制度。

第五十一条　设立从事动物诊疗活动的机构，应当向县级以上地方人民政府兽医主管部门申请动物诊疗许可证。受理申请的兽医主管部门应当依照本法和《中华人民共和国行政许可法》的规定进行审查。经审查合格的，发给动物诊疗许可证；不合格的，应当通知申请人并说明理由。申请人凭动物诊疗许可证向工商行政管理部门申请办理登记注册手续，取得营业执照后，方可从事动物诊疗活动。

第五十二条　动物诊疗许可证应当载明诊疗机构名称、诊疗活动范围、从业地点和法定代表人（负责人）等事项。

动物诊疗许可证载明事项变更的，应当申请变更或者换发动物诊疗许可证，并依法办理工商变更登记手续。

第五十三条　动物诊疗机构应当按照国务院兽医主管部门的规定，做好诊疗活动中的卫生安全防护、消毒、隔离和诊疗废弃物处置等工作。

第五十四条　国家实行执业兽医资格考试制度。具有兽医相关专业大学专科以上学历的，可以申请参加执业兽医资格考试；考试合格的，由国务院兽医主管部门颁发执业兽医资格证书；从事动物诊疗的，还应当向当地县级人民政府兽医主管部门申请注册。执业兽医资格考试和注册办法由国务院兽医主管部门商国务院人事行政部门制定。

本法所称执业兽医，是指从事动物诊疗和动物保健等经营活动的兽医。

第五十五条　经注册的执业兽医，方可从事动物诊疗、开具兽药处方等活动。但是，本法第五十七条对乡村兽医服务人员另有规定的，从其规定。

执业兽医、乡村兽医服务人员应当按照当地人民政府或者兽医主管部门的要求，参加预防、控制和扑灭动物疫病的活动。

第五十六条　从事动物诊疗活动，应当遵守有关动物诊疗的操作技术规范，使用符合国家规定的兽药和兽医器械。

第五十七条　乡村兽医服务人员可以在乡村从事动物诊疗服务活动，具体管理办法由国务院兽医主管部门制定。

第七章　监督管理

第五十八条　动物卫生监督机构依照本法规定，对动物饲养、屠宰、经营、隔离、运输以及动物产品生产、经营、加工、贮藏、运输等活动中的动物防疫实施监督管理。

第五十九条　动物卫生监督机构执行监督检查任务，可以采取下列措施，有关单位和个人不得拒绝或者阻碍：

（一）对动物、动物产品按照规定采样、留验、抽检；

（二）对染疫或者疑似染疫的动物、动物产品及相关物品进行隔离、查封、扣押和处理；

（三）对依法应当检疫而未经检疫的动物实施补检；

（四）对依法应当检疫而未经检疫的动物产品，具备补检条件的实施补检，不具备补检条件的予以没收销毁；

（五）查验检疫证明、检疫标志和畜禽标识；

（六）进入有关场所调查取证，查阅、复制与动物防疫有关的资料。

动物卫生监督机构根据动物疫病预防、控制需要，经当地县级以上地方人民政府批准，可以在车站、港口、机场等相关场所派驻官方兽医。

第六十条　官方兽医执行动物防疫监督检查任务，应当出示行政执法证件，佩戴统一标志。

动物卫生监督机构及其工作人员不得从事与动物防疫有关的经营性活动，进行监督检查不得收取任何费用。

第六十一条　禁止转让、伪造或者变造检疫证明、检疫标志或者畜禽标识。

检疫证明、检疫标志的管理办法，由国务院兽医主管部门制定。

第八章　保障措施

第六十二条　县级以上人民政府应当将动物防疫纳入本级国民经济和社会发展规划及年度计划。

第六十三条　县级人民政府和乡级人民政府应当采取有效措施，加强村级防疫员队伍建设。

县级人民政府兽医主管部门可以根据动物防疫工作需要，向乡、镇或者特定区域派驻兽医机构。

第六十四条　县级以上人民政府按照本级政府职责，将动物疫病预防、控制、扑灭、检疫和监督管理所需经费纳入本级财政预算。

第六十五条　县级以上人民政府应当储备动物疫情应急处理工作所需的防疫物资。

第六十六条　对在动物疫病预防和控制、扑灭过程中强制捕杀的动物、销毁的动物产品和相关物品，县级以上人民政府应当给予补偿。具体补偿标准和办法由国务院财政部门会同有关部门制定。

因依法实施强制免疫造成动物应激死亡的，给予补偿。具体补偿标准和办法由国务院财政部门会同有关部门制定。

第六十七条　对从事动物疫病预防、检疫、监督检查、现场处理疫情以及在工作中接触动物疫病病原体的人员，有关单位应当按照国家规定采取有效的卫生防护措施和医疗保健措施。

第九章　法律责任

第六十八条　地方各级人民政府及其工作人员未依照本法规定履行职责的，对直接负责的主管人员和其他直接责任人员依法给予处分。

第六十九条　县级以上人民政府兽医主管部门及其工作人员违反本法规定，有下列行为之一的，由本级人民政府责令改正，通报批评；对直接负责的主管人员和其他直接责任人员依法给予处分：

（一）未及时采取预防、控制、扑灭等措施的；

（二）对不符合条件的颁发动物防疫条件合格证、动物诊疗许可证，或者对符合条件的拒不颁发动物防疫条件合格证、动物诊疗许可证的；

（三）其他未依照本法规定履行职责的行为。

第七十条 动物卫生监督机构及其工作人员违反本法规定，有下列行为之一的，由本级人民政府或者兽医主管部门责令改正，通报批评；对直接负责的主管人员和其他直接责任人员依法给予处分：

（一）对未经现场检疫或者检疫不合格的动物、动物产品出具检疫证明、加施检疫标志，或者对检疫合格的动物、动物产品拒不出具检疫证明、加施检疫标志的；

（二）对附有检疫证明、检疫标志的动物、动物产品重复检疫的；

（三）从事与动物防疫有关的经营性活动，或者在国务院财政部门、物价主管部门规定外加收费用、重复收费的；

（四）其他未依照本法规定履行职责的行为。

第七十一条 动物疫病预防控制机构及其工作人员违反本法规定，有下列行为之一的，由本级人民政府或者兽医主管部门责令改正，通报批评；对直接负责的主管人员和其他直接责任人员依法给予处分：

（一）未履行动物疫病监测、检测职责或者伪造监测、检测结果的；

（二）发生动物疫情时未及时进行诊断、调查的；

（三）其他未依照本法规定履行职责的行为。

第七十二条 地方各级人民政府、有关部门及其工作人员瞒报、谎报、迟报、漏报或者授意他人瞒报、谎报、迟报动物疫情，或者阻碍他人报告动物疫情的，由上级人民政府或者有关部门责令改正，通报批评；对直接负责的主管人员和其他直接责任人员依法给予处分。

第七十三条 违反本法规定，有下列行为之一的，由动物卫生监督机构责令改正，给予警告；拒不改正的，由动物卫生监督机构代作处理，所需处理费用由违法行为人承担，可以处一千元以下罚款：

（一）对饲养的动物不按照动物疫病强制免疫计划进行免疫接种的；

（二）种用、乳用动物未经检测或者经检测不合格而不按照规定处理的；

（三）动物、动物产品的运载工具在装载前和卸载后没有及时清洗、消毒的。

第七十四条 违反本法规定，对经强制免疫的动物未按照国务院兽医主管部门规定建立免疫档案、加施畜禽标识的，依照《中华人民共和国畜牧法》的有关规定处罚。

第七十五条 违反本法规定，不按照国务院兽医主管部门规定处置染疫动物及其排泄物，染疫动物产品，病死或者死因不明的动物尸体，运载工具中的动物排泄物以及垫料、包装物、容器等污染物以及其他经检疫不合格的动物、动物产品的，由动物卫生监督机构责令无害化处理，所需处理费用由违法行为人承担，可以处三千元以下罚款。

第七十六条 违反本法第二十五条规定，屠宰、经营、运输动物或者生产、经营、加工、贮藏、运输动物产品的，由动物卫生监督机构责令改正、采取补救措施，没收违法所得和动物、动物产品，并处同类检疫合格动物、动物产品货值金额一倍以上五倍以下罚款；其中依法应当检疫而未检疫的，依照本法第七十八条的规定处罚。

第七十七条 违反本法规定，有下列行为之一的，由动物卫生监督机构责令改正，处一千元以上一万元以下罚款；情节严重的，处一万元以上十万元以下罚款：

（一）兴办动物饲养场（养殖小区）和隔离场所，动物屠宰加工场所，以及动物和动物产品无害化处理场所，未取得动物防疫条件合格证的；

（二）未办理审批手续，跨省、自治区、直辖市引进乳用动物、种用动物及其精液、胚胎、种蛋的；

（三）未经检疫，向无规定动物疫病区输入动物、动物产品的。

第七十八条 违反本法规定，屠宰、经营、运输的动物未附有检疫证明，经营和运输的动物产品未附有检疫证明、检疫标志的，由动物卫生监督机构责令改正，处同类检疫合格动物、动物产品货值金额百分之十以上百分之五十以下罚款；对货主以外的承运人处运输费用一倍以上三倍以下罚款。

违反本法规定，参加展览、演出和比赛的动物未附有检疫证明的，由动物卫生监督机构责令改正，处一千元以上三千元以下罚款。

第七十九条 违反本法规定，转让、伪造或者变造检疫证明、检疫标志或者畜禽标识的，由动物卫生监督机构没收违法所得，收缴检疫证明、检疫标志或者畜禽标识，并处三千元以上三万元以下罚款。

第八十条 违反本法规定，有下列行为之一的，由动物卫生监督机构责令改正，处一千元以上一万元以下罚款：

（一）不遵守县级以上人民政府及其兽医主管部门依法作出的有关控制、扑灭动物疫病规定的；

（二）藏匿、转移、盗掘已被依法隔离、封存、处理的动物和动物产品的；

（三）发布动物疫情的。

第八十一条 违反本法规定，未取得动物诊疗许可证从事动物诊疗活动的，由动物卫生监督机构责令停止诊疗活动，没收违法所得；违法所得在三万元以上的，并处违法所得一倍以上三倍以下罚款；没有违法所得或者违法所得不足三万元的，并处三千元以上三万元以下罚款。

动物诊疗机构违反本法规定，造成动物疫病扩散的，由动物卫生监督机构责令改正，处一万元以上五万元以下罚款；情节严重的，由发证机关吊销动物诊疗许可证。

第八十二条 违反本法规定，未经兽医执业注册从事动物诊疗活动的，由动物卫生监督机构责令停止动物诊疗活动，没收违法所得，并处一千元以上一万元以下罚款。

执业兽医有下列行为之一的，由动物卫生监督机构给予警告，责令暂停六个月以上一年以下动物诊疗活动；情节严重的，由发证机关吊销注册证书：

（一）违反有关动物诊疗的操作技术规范，造成或者可能造成动物疫病传播、流行的；

（二）使用不符合国家规定的兽药和兽医器械的；

（三）不按照当地人民政府或者兽医主管部门要求参加动物疫病预防、控制和扑灭活动的。

第八十三条 违反本法规定，从事动物疫病研究与诊疗和动物饲养、屠宰、经营、隔离、运输，以及动物产品生产、经营、加工、贮藏等活动的单位和个人，有下列行为之一的，由动物卫生监督机构责令改正；拒不改正的，对违法行为单位处一千元以上一万元以下罚款，对违法行为个人可以处五百元以下罚款：

（一）不履行动物疫情报告义务的；

（二）不如实提供与动物防疫活动有关资料的；

（三）拒绝动物卫生监督机构进行监督检查的；

（四）拒绝动物疫病预防控制机构进行动物疫病监测、检测的。

第八十四条 违反本法规定，构成犯罪的，依法追究刑事责任。

违反本法规定，导致动物疫病传播、流行等，给他人人身、财产造成损害的，依法承担民事责任。

第十章 附则

第八十五条 本法自2008年1月1日起施行。

五、一类、二类、三类动物疫病病种名录

中华人民共和国农业部公告

第1125号

为贯彻执行《中华人民共和国动物防疫法》，我部对原《一、二、三类动物疫病病种名录》进行了修订，现予发布，自发布之日起施行。1999年发布的农业部第96号公告同时废止。

特此公告

附件：一类、二类、三类动物疫病病种名录

二〇〇八年十二月十一日

附件：

一类、二类、三类动物疫病病种名录

一类动物疫病（17种）

口蹄疫、猪水泡病、猪瘟、非洲猪瘟、高致病性猪蓝耳病、非洲马瘟、牛瘟、牛传染性胸膜肺炎、牛海绵状脑病、痒病、蓝舌病、小反刍兽疫、绵羊痘和山羊痘、高致病性禽流感、新城疫、鲤春病毒血症、白斑综合征

二类动物疫病（77种）

多种动物共患病（9种）：狂犬病、布鲁氏菌病、炭疽、伪狂犬病、魏氏梭菌病、副结核病、弓形虫病、棘球蚴病、钩端螺旋体病

牛病（8种）：牛结核病、牛传染性鼻气管炎、牛恶性卡他热、牛白血病、牛出血性败血病、牛梨形虫病（牛焦虫病）、牛锥虫病、日本血吸虫病

绵羊和山羊病（2种）：山羊关节炎脑炎、梅迪—维斯纳病

猪病（12种）：猪繁殖与呼吸综合征（经典猪蓝耳病）、猪乙型脑炎、猪细小病毒病、

猪丹毒、猪肺疫、猪链球菌病、猪传染性萎缩性鼻炎、猪支原体肺炎、旋毛虫病、猪囊尾蚴病、猪圆环病毒病、副猪嗜血杆菌病

马病（5 种）：马传染性贫血、马流行性淋巴管炎、马鼻疽、马巴贝斯虫病、伊氏锥虫病

禽病（18 种）：鸡传染性喉气管炎、鸡传染性支气管炎、传染性法氏囊病、马立克氏病、产蛋下降综合征、禽白血病、禽痘、鸭瘟、鸭病毒性肝炎、鸭浆膜炎、小鹅瘟、禽霍乱、鸡白痢、禽伤寒、鸡败血支原体感染、鸡球虫病、低致病性禽流感、禽网状内皮组织增殖症

兔病（4 种）：兔病毒性出血病、兔黏液瘤病、野兔热、兔球虫病

蜜蜂病（2 种）：美洲幼虫腐臭病、欧洲幼虫腐臭病

鱼类病（11 种）：草鱼出血病、传染性脾肾坏死病、锦鲤疱疹病毒病、刺激隐核虫病、淡水鱼细菌性败血症、病毒性神经坏死病、流行性造血器官坏死病、斑点叉尾鮰病毒病、传染性造血器官坏死病、病毒性出血性败血症、流行性溃疡综合征

甲壳类病（6 种）：桃拉综合征、黄头病、罗氏沼虾白尾病、对虾杆状病毒病、传染性皮下和造血器官坏死病、传染性肌肉坏死病

三类动物疫病（63 种）

多种动物共患病（8 种）：大肠杆菌病、李氏杆菌病、类鼻疽、放线菌病、肝片吸虫病、丝虫病、附红细胞体病、Q 热

牛病（5 种）：牛流行热、牛病毒性腹泻/黏膜病、牛生殖器弯曲杆菌病、毛滴虫病、牛皮蝇蛆病

绵羊和山羊病（6 种）：肺腺瘤病、传染性脓疱、羊肠毒血症、干酪性淋巴结炎、绵羊疥癣、绵羊地方性流产

马病（5 种）：马流行性感冒、马腺疫、马鼻腔肺炎、溃疡性淋巴管炎、马媾疫

猪病（4 种）：猪传染性胃肠炎、猪流行性感冒、猪副伤寒、猪密螺旋体痢疾

禽病（4 种）：鸡病毒性关节炎、禽传染性脑脊髓炎、传染性鼻炎、禽结核病

蚕、蜂病（7 种）：蚕型多角体病、蚕白僵病、蜂螨病、瓦螨病、亮热厉螨病、蜜蜂孢子虫病、白垩病

犬猫等动物病（7 种）：水貂阿留申病、水貂病毒性肠炎、犬瘟热、犬细小病毒病、犬传染性肝炎、猫泛白细胞减少症、利什曼病

鱼类病（7 种）：鮰类肠败血症、迟缓爱德华氏菌病、小瓜虫病、黏孢子虫病、三代虫病、指环虫病、链球菌病

甲壳类病（2 种）：河蟹颤抖病、斑节对虾杆状病毒病

贝类病（6 种）：鲍脓疱病、鲍立克次体病、鲍病毒性死亡病、包纳米虫病、折光马尔太虫病、奥尔森派琴虫病

两栖与爬行类病（2 种）：鳖腮腺炎病、蛙脑膜炎败血金黄杆菌病

六、世界动物卫生组织（OIE）法定申报动物疾病名录

引自《陆生动物卫生法典》(2007)

多种动物共患疫病名录（23种）

炭疽、伪狂犬病、蓝舌病、流产布氏杆菌病（牛布氏杆菌病）、马尔他布氏杆菌病（羊布氏杆菌病）、猪布氏杆菌病、克里米亚—刚果出血热、棘球蚴病（包虫病）、口蹄疫、心水病、日本脑炎、钩端螺旋体病、新大陆螺旋蝇蛆病（嗜人锥蝇病）、旧大陆螺旋蝇蛆病（倍赞氏金蝇病）、副结核病、Q热、狂犬病、裂谷热、牛瘟、旋毛虫病、土拉杆菌病（野兔热）、水泡性口炎、西尼罗热。

牛病名录（15种）

牛无浆体病（边虫病）、牛巴贝西虫病、牛生殖道弯曲菌病、牛海绵状脑病、牛结核病、牛病毒性腹泻、牛传染性胸膜肺炎、地方流行性牛白血病、出血性败血病、传染性鼻气管炎、传染性阴户阴道炎、牛结节性皮肤病、牛恶性卡他热、泰勒氏虫病、毛滴虫病、锥虫病。

羊病名录（11种）

山羊关节炎/脑炎、接触传染性无乳症、山羊接触传染性胸膜肺炎、绵羊地方流行性流产（绵羊衣原体病）、梅迪—维斯纳病、内罗毕绵羊病、绵羊附睾炎（绵羊种布鲁氏菌病）、小反刍兽疫、沙门氏菌病（绵羊流产沙门氏菌）、痒病、绵羊痘和山羊痘。

马病名录（13种）

非洲马瘟、马接触传染性子宫炎、马媾疫、马脑脊髓炎（东部）、马脑脊髓炎（西部）、马传染性贫血、马流行性感冒、马梨形虫病、马鼻肺炎、马鼻疽、马病毒性动脉炎、苏拉病（伊氏锥虫病）、委内瑞拉马脑炎。

猪病名录（7种）

非洲猪瘟、古典猪瘟（猪瘟）、尼帕病毒脑炎、猪囊尾蚴病、猪繁殖和呼吸系统综合征、猪水疱病、猪传染性胃肠炎。

禽病名录（14种）

禽衣原体病、禽传染性支气管炎、禽传染性喉气管炎、禽支原体病（鸡毒支原体）、禽支原体病（滑液支原体）、鸭病毒性肝炎、禽霍乱、禽伤寒、通报性高致病性禽流感和低致病性禽流感、传染性法氏囊病（甘布罗病）、马立克氏病、新城疫、鸡白痢、火鸡鼻气管炎。

兔病名录（2种）

黏液瘤病、兔出血症。

蜂病名录（6种）

蜂附腺螨病、美洲幼虫腐臭病、欧洲幼虫腐臭病、小蜂巢甲虫侵染病、蜜蜂热螨侵染病、瓦螨病。

鱼的疾病名录（10 种）

地方流行性造血器官坏死症、传染性造血器官坏死症、鲤春病毒血症、病毒性出血性败血症、传染性胰腺坏死、传染性鲑鱼贫血、流行性溃疡综合征、细菌性肾病、三代虫病、红海虹彩病毒病。

软体动物疾病名录（6 种）

包那米虫属感染、马太尔虫属感染、闭合孢子虫病、派琴虫感染。

甲壳类疾病名录（7 种）

吐拉综合征、白斑病、黄头病、四面体杆状病毒病、球形杆状病毒病、传染性皮下及造血系统坏死病、小龙虾瘟疫。

其他动物疾病名录（2 种）

骆驼痘、利什曼虫病。

七、动物疫情报告管理办法

（1999 年 10 月 19 日　农牧发［1999］18 号文件印发）

第一条　根据《中华人民共和国动物防疫法》及有关规定，制定本办法。

第二条　本办法所称动物疫情是指动物疫病发生、发展的情况。

第三条　国务院畜牧兽医行政管理部门主管全国动物疫情报告工作，县级以上地方人民政府畜牧兽医行政管理部门主管本行政区内的动物疫情报告工作。

国务院畜牧兽医行政管理部门统一公布动物疫情。未经授权，其他任何单位和个人不得以任何方式公布动物疫情。

第四条　各级动物防疫监督机构实施辖区内动物疫情报告工作。

第五条　动物疫情实行逐级报告制度。

县、地、省动物防疫监督机构、全国畜牧兽医总站建立四级疫情报告系统。

国务院畜牧兽医行政管理部门在全国布设的动物疫情测报点（简称“国家测报点”）直接向全国畜牧兽医总站报告。

第六条　动物疫情报告实行快报、月报和年报制度。

（一）快报

有下列情形之一的必须快报：

1. 发生一类或者疑似一类动物疫病；

2. 二类、三类或者其他动物疫病呈暴发性流行；

3. 新发现的动物疫情；

4. 已经消灭又发生的动物疫病。

县级动物防疫监督机构和国家测报点确认发现上述动物疫情后，应在 24 小时之内快报至全国畜牧兽医总站。全国畜牧兽医总站应在 12 小时内报国务院畜牧兽医行政管理部门。

（二）月报

县级动物防疫监督机构对辖区内当月发生的动物疫情，于下月5日前将疫情报告地级动物防疫监督机构；地级动物防疫监督机构每月10日前，报告省级动物防疫监督机构；省级动物防疫监督机构于每月15日前报全国畜牧兽医总站；全国畜牧兽医总站将汇总分析结果于每月20日前报国务院畜牧兽医行政管理部门。

（三）年报

县级动物防疫监督机构每年应将辖区内上一年的动物疫情在1月10日前报告地（市）级动物防疫监督机构；地（市）级动物防疫监督机构应当在1月20日前报省级动物防疫监督机构；省级动物防疫监督机构应当在1月30日前报全国畜牧兽医总站；全国畜牧兽医总站将汇总分析结果于2月10日前报国务院畜牧兽医行政管理部门。

第七条 各级动物防疫监督机构和国家测报点在快报、月报、年报动物疫情时，必须同时报告当地畜牧兽医行政管理部门。省级动物防疫监督机构和国家测报点报告疫情时，须同时报告国务院畜牧兽医行政管理部门，并抄送农业部动物检疫所进行分析研究。

第八条 疫情报告以报表形式上报。需要文字说明的，要同时报告文字材料。全国畜牧兽医总站统一制定动物疫情快报、月报、年报报表。

第九条 从事动物饲养、经营及动物产品生产、经营和从事动物防疫科研、教学、诊疗及进出境动物检疫等单位和个人，应当建立本单位疫情统计、登记制度，并定期向当地动物防疫监督机构报告。

第十条 对在动物疫情报告工作中做出显著成绩的单位或个人，由畜牧兽医行政管理部门给予表彰或奖励。

第十一条 违反本办法规定，瞒报、谎报或者阻碍他人报告动物疫情的，按《中华人民共和国动物防疫法》及有关规定给予处罚，对负有直接责任的主管人员和其他直接责任人员，依法给予行政处分。

第十二条 违反本办法规定，引起重大动物疫情，造成重大经济损失，构成犯罪的，移交司法机关处理。

第十三条 本办法由国务院畜牧兽医行政管理部门负责解释。

第十四条 本办法从公布之日起实施。

八、动物防疫条件审查办法

中华人民共和国农业部令

2010年第7号

《动物防疫条件审查办法》已经2010年1月4日农业部第一次常务会议审议通过，现予发布，自2010年5月1日起施行。2002年5月24日农业部发布的《动物防疫条件审核管理办法》（农业部令第15号）同时废止。

部长　韩长赋

二〇一〇年一月二十一日

动物防疫条件审查办法

第一章 总 则

第一条 为了规范动物防疫条件审查，有效预防控制动物疫病，维护公共卫生安全，根据《中华人民共和国动物防疫法》，制定本办法。

第二条 动物饲养场、养殖小区、动物隔离场所、动物屠宰加工场所以及动物和动物产品无害化处理场所，应当符合本办法规定的动物防疫条件，并取得《动物防疫条件合格证》。

经营动物和动物产品的集贸市场应当符合本办法规定的动物防疫条件。

第三条 农业部主管全国动物防疫条件审查和监督管理工作。

县级以上地方人民政府兽医主管部门主管本行政区域内的动物防疫条件审查和监督管理工作。

县级以上地方人民政府设立的动物卫生监督机构负责本行政区域内的动物防疫条件监督执法工作。

第四条 动物防疫条件审查应当遵循公开、公正、公平、便民的原则。

第二章 饲养场、养殖小区动物防疫条件

第五条 动物饲养场、养殖小区选址应当符合下列条件：

（一）距离生活饮用水源地、动物屠宰加工场所、动物和动物产品集贸市场500米以上；距离种畜禽场1 000米以上；距离动物诊疗场所200米以上；动物饲养场（养殖小区）之间距离不少于500米；

（二）距离动物隔离场所、无害化处理场所3 000米以上；

（三）距离城镇居民区、文化教育科研等人口集中区域及公路、铁路等主要交通干线500米以上。

第六条 动物饲养场、养殖小区布局应当符合下列条件：

（一）场区周围建有围墙；

（二）场区出入口处设置与门同宽，长4米、深0.3米以上的消毒池；

（三）生产区与生活办公区分开，并有隔离设施；

（四）生产区入口处设置更衣消毒室，各养殖栋舍出入口设置消毒池或者消毒垫；

（五）生产区内清洁道、污染道分设；

（六）生产区内各养殖栋舍之间距离在5米以上或者有隔离设施。

禽类饲养场、养殖小区内的孵化间与养殖区之间应当设置隔离设施，并配备种蛋熏蒸消毒设施，孵化间的流程应当单向，不得交叉或者回流。

第七条 动物饲养场、养殖小区应当具有下列设施设备：

（一）场区入口处配置消毒设备；

（二）生产区有良好的采光、通风设施设备；

（三）圈舍地面和墙壁选用适宜材料，以便清洗消毒；

（四）配备疫苗冷冻（冷藏）设备、消毒和诊疗等防疫设备的兽医室，或者有兽医机

构为其提供相应服务；

（五）有与生产规模相适应的无害化处理、污水污物处理设施设备；

（六）有相对独立的引入动物隔离舍和患病动物隔离舍。

第八条 动物饲养场、养殖小区应当有与其养殖规模相适应的执业兽医或者乡村兽医。

患有相关人畜共患传染病的人员不得从事动物饲养工作。

第九条 动物饲养场、养殖小区应当按规定建立免疫、用药、检疫申报、疫情报告、消毒、无害化处理、畜禽标识等制度及养殖档案。

第十条 种畜禽场除符合本办法第六条、第七条、第八条、第九条规定外，还应当符合下列条件：

（一）距离生活饮用水源地、动物饲养场、养殖小区和城镇居民区、文化教育科研等人口集中区域及公路、铁路等主要交通干线1 000米以上；

（二）距离动物隔离场所、无害化处理场所、动物屠宰加工场所、动物和动物产品集贸市场、动物诊疗场所3 000米以上；

（三）有必要的防鼠、防鸟、防虫设施或者措施；

（四）有国家规定的动物疫病的净化制度；

（五）根据需要，种畜场还应当设置单独的动物精液、卵、胚胎采集等区域。

第三章 屠宰加工场所动物防疫条件

第十一条 动物屠宰加工场所选址应当符合下列条件：

（一）距离生活饮用水源地、动物饲养场、养殖小区、动物集贸市场500米以上；距离种畜禽场3 000米以上；距离动物诊疗场所200米以上；

（二）距离动物隔离场所、无害化处理场所3 000米以上。

第十二条 动物屠宰加工场所布局应当符合下列条件：

（一）场区周围建有围墙；

（二）运输动物车辆出入口设置与门同宽，长4米、深0.3米以上的消毒池；

（三）生产区与生活办公区分开，并有隔离设施；

（四）入场动物卸载区域有固定的车辆消毒场地，并配有车辆清洗、消毒设备。

（五）动物入场口和动物产品出场口应当分别设置；

（六）屠宰加工间入口设置人员更衣消毒室；

（七）有与屠宰规模相适应的独立检疫室、办公室和休息室；

（八）有待宰圈、患病动物隔离观察圈、急宰间；加工原毛、生皮、绒、骨、角的，还应当设置封闭式熏蒸消毒间。

第十三条 动物屠宰加工场所应当具有下列设施设备：

（一）动物装卸台配备照度不小于300lx的照明设备；

（二）生产区有良好的采光设备，地面、操作台、墙壁、天棚应当耐腐蚀、不吸潮、易清洗；

（三）屠宰间配备检疫操作台和照度不小于500lx的照明设备；

（四）有与生产规模相适应的无害化处理、污水污物处理设施设备。

第十四条 动物屠宰加工场所应当建立动物入场和动物产品出场登记、检疫申报、疫情报告、消毒、无害化处理等制度。

第四章 隔离场所动物防疫条件

第十五条 动物隔离场所选址应当符合下列条件：

（一）距离动物饲养场、养殖小区、种畜禽场、动物屠宰加工场所、无害化处理场所、动物诊疗场所、动物和动物产品集贸市场以及其他动物隔离场3 000米以上；

（二）距离城镇居民区、文化教育科研等人口集中区域及公路、铁路等主要交通干线、生活饮用水源地500米以上。

第十六条 动物隔离场所布局应当符合下列条件：

（一）场区周围有围墙；

（二）场区出入口处设置与门同宽，长4米、深0.3米以上的消毒池；

（三）饲养区与生活办公区分开，并有隔离设施；

（四）有配备消毒、诊疗和检测等防疫设备的兽医室；

（五）饲养区内清洁道、污染道分设；

（六）饲养区入口设置人员更衣消毒室。

第十七条 动物隔离场所应当具有下列设施设备：

（一）场区出入口处配置消毒设备；

（二）有无害化处理、污水污物处理设施设备。

第十八条 动物隔离场所应当配备与其规模相适应的执业兽医。

患有相关人畜共患传染病的人员不得从事动物饲养工作。

第十九条 动物隔离场所应当建立动物和动物产品进出登记、免疫、用药、消毒、疫情报告、无害化处理等制度。

第五章 无害化处理场所动物防疫条件

第二十条 动物和动物产品无害化处理场所选址应当符合下列条件：

（一）距离动物养殖场、养殖小区、种畜禽场、动物屠宰加工场所、动物隔离场所、动物诊疗场所、动物和动物产品集贸市场、生活饮用水源地3 000米以上；

（二）距离城镇居民区、文化教育科研等人口集中区域及公路、铁路等主要交通干线500米以上。

第二十一条 动物和动物产品无害化处理场所布局应当符合下列条件：

（一）场区周围建有围墙；

（二）场区出入口处设置与门同宽，长4米、深0.3米以上的消毒池，并设有单独的人员消毒通道；

（三）无害化处理区与生活办公区分开，并有隔离设施；

（四）无害化处理区内设置染疫动物捕杀间、无害化处理间、冷库等；

（五）动物捕杀间、无害化处理间入口处设置人员更衣室，出口处设置消毒室。

第二十二条 动物和动物产品无害化处理场所应当具有下列设施设备：

（一）配置机动消毒设备；

（二）动物捕杀间、无害化处理间等配备相应规模的无害化处理、污水污物处理设施设备；

（三）有运输动物和动物产品的专用密闭车辆。

第二十三条 动物和动物产品无害化处理场所应当建立病害动物和动物产品入场登记、消毒、无害化处理后的物品流向登记、人员防护等制度。

第六章 集贸市场动物防疫条件

第二十四条 专门经营动物的集贸市场应当符合下列条件：

（一）距离文化教育科研等人口集中区域、生活饮用水源地、动物饲养场和养殖小区、动物屠宰加工场所 500 米以上，距离种畜禽场、动物隔离场所、无害化处理场所 3 000 米以上，距离动物诊疗场所 200 米以上；

（二）市场周围有围墙，场区出入口处设置与门同宽，长 4 米、深 0.3 米以上的消毒池；

（三）场内设管理区、交易区、废弃物处理区，各区相对独立；

（四）交易区内不同种类动物交易场所相对独立；

（五）有清洗、消毒和污水污物处理设施设备；

（六）有定期休市和消毒制度。

（七）有专门的兽医工作室。

第二十五条 兼营动物和动物产品的集贸市场应当符合下列动物防疫条件：

（一）距离动物饲养场和养殖小区 500 米以上，距离种畜禽场、动物隔离场所、无害化处理场所 3 000 米以上，距离动物诊疗场所 200 米以上；

（二）动物和动物产品交易区与市场其他区域相对隔离；

（三）动物交易区与动物产品交易区相对隔离；

（四）不同种类动物交易区相对隔离；

（五）交易区地面、墙面（裙）和台面防水、易清洗；

（六）有消毒制度。

活禽交易市场除符合前款规定条件外，市场内的水禽与其他家禽还应当分开，宰杀间与活禽存放间应当隔离，宰杀间与出售场地应当分开，并有定期休市制度。

第七章 审查发证

第二十六条 兴办动物饲养场、养殖小区、动物屠宰加工场所、动物隔离场所、动物和动物产品无害化处理场所，应当按照本办法规定进行选址、工程设计和施工。

第二十七条 本办法第二条第一款规定场所建设竣工后，应当向所在地县级地方人民政府兽医主管部门提出申请，并提交以下材料：

（一）《动物防疫条件审查申请表》；

（二）场所地理位置图、各功能区布局平面图；

（三）设施设备清单；

（四）管理制度文本；

（五）人员情况。

申请材料不齐全或者不符合规定条件的，县级地方人民政府兽医主管部门应当自收到申请材料之日起5个工作日内，一次告知申请人需补正的内容。

第二十八条 兴办动物饲养场、养殖小区和动物屠宰加工场所的，县级地方人民政府兽医主管部门应当自收到申请之日起20个工作日内完成材料和现场审查，审查合格的，颁发《动物防疫条件合格证》；审查不合格的，应当书面通知申请人，并说明理由。

第二十九条 兴办动物隔离场所、动物和动物产品无害化处理场所的，县级地方人民政府兽医主管部门应当自收到申请之日起5个工作日内完成材料初审，并将初审意见和有关材料报省、自治区、直辖市人民政府兽医主管部门。省、自治区、直辖市人民政府兽医主管部门自收到初审意见和有关材料之日起15个工作日内完成材料和现场审查，审查合格的，颁发《动物防疫条件合格证》；审查不合格的，应当书面通知申请人，并说明理由。

第八章 监督管理

第三十条 动物卫生监督机构依照《中华人民共和国动物防疫法》和有关法律、法规的规定，对动物饲养场、养殖小区、动物隔离场所、动物屠宰加工场所、动物和动物产品无害化处理场所、动物和动物产品集贸市场的动物防疫条件实施监督检查，有关单位和个人应当予以配合，不得拒绝和阻碍。

第三十一条 本办法第二条第一款所列场所在取得《动物防疫条件合格证》后，变更场址或者经营范围的，应当重新申请办理《动物防疫条件合格证》，同时交回原《动物防疫条件合格证》，由原发证机关予以注销。

变更布局、设施设备和制度，可能引起动物防疫条件发生变化的，应当提前30日向原发证机关报告。发证机关应当在20日内完成审查，并将审查结果通知申请人。

变更单位名称或者其负责人的，应当在变更后15日内持有效证明申请变更《动物防疫条件合格证》。

第三十二条 本办法第二条第一款所列场所停业的，应当于停业后30日内将《动物防疫条件合格证》交回原发证机关注销。

第三十三条 本办法第二条所列场所，应当在每年1月底前将上一年的动物防疫条件情况和防疫制度执行情况向发证机关报告。

第三十四条 禁止转让、伪造或者变造《动物防疫条件合格证》。

第三十五条 《动物防疫条件合格证》丢失或者损毁的，应当在15日内向发证机关申请补发。

第九章 罚 则

第三十六条 违反本办法第三十一条第一款规定，变更场所地址或者经营范围，未按规定重新申请《动物防疫条件合格证》的，按照《中华人民共和国动物防疫法》第七十七条规定予以处罚。

违反本办法第三十一条第二款规定，未经审查擅自变更布局、设施设备和制度的，由动物卫生监督机构给予警告。对不符合动物防疫条件的，由动物卫生监督机构责令改正；拒不改正或者整改后仍不合格的，由发证机关收回并注销《动物防疫条件合格证》。

第三十七条 违反本办法第二十四条和第二十五条规定，经营动物和动物产品的集贸市场不符合动物防疫条件的，由动物卫生监督机构责令改正；拒不改正的，由动物卫生监督机构处五千元以上两万元以下的罚款，并通报同级工商行政管理部门依法处理。

第三十八条 违反本办法第三十四条规定，转让、伪造或者变造《动物防疫条件合格证》的，由动物卫生监督机构收缴《动物防疫条件合格证》，处两千元以上一万元以下的罚款。

使用转让、伪造或者变造《动物防疫条件合格证》的，由动物卫生监督机构按照《中华人民共和国动物防疫法》第七十七条规定予以处罚。

第三十九条 违反本办法规定，构成犯罪或者违反治安管理规定的，依法移送公安机关处理。

第十章 附 则

第四十条 本办法所称动物饲养场、养殖小区是指《中华人民共和国畜牧法》第三十九条规定的畜禽养殖场、养殖小区。

饲养场、养殖小区内自用的隔离舍和屠宰加工场所内自用的患病动物隔离观察圈，饲养场、养殖小区、屠宰加工场所和动物隔离场内设置的自用无害化处理场所，不再另行办理《动物防疫条件合格证》。

第四十一条 本办法自2010年5月1日起施行。农业部2002年5月24日发布的《动物防疫条件审核管理办法》（农业部令第15号）同时废止。

本办法施行前已发放的《动物防疫合格证》在有效期内继续有效，有效期不满1年的，可沿用到2011年5月1日止。本办法施行前未取得《动物防疫合格证》的各类场所，应当在2011年5月1日前达到本办法规定的条件，取得《动物防疫条件合格证》。

九、畜禽标识和养殖档案管理办法

中华人民共和国农业部令

第67号

《畜禽标识和养殖档案管理办法》业经2006年6月16日农业部第14次常务会议审议通过，现予公布，自2006年7月1日起施行。2002年5月24日农业部发布的《动物免疫标识管理办法》（农业部令第13号）同时废止。

部长：杜青林

二〇〇六年六月二十六日

第一章 总则

第一条 为了规范畜牧业生产经营行为，加强畜禽标识和养殖档案管理，建立畜禽及畜禽产品可追溯制度，有效防控重大动物疫病，保障畜禽产品质量安全，依据《中华人民共和国畜牧法》《中华人民共和国动物防疫法》和《中华人民共和国农产品质量安全法》，制定本办法。

第二条 本办法所称畜禽标识是指经农业部批准使用的耳标、电子标签、脚环以及其他承载畜禽信息的标识物。

第三条 在中华人民共和国境内从事畜禽及畜禽产品生产、经营、运输等活动，应当遵守本办法。

第四条 农业部负责全国畜禽标识和养殖档案的监督管理工作。

县级以上地方人民政府畜牧兽医行政主管部门负责本行政区域内畜禽标识和养殖档案的监督管理工作。

第五条 畜禽标识制度应当坚持统一规划、分类指导、分步实施、稳步推进的原则。

第六条 畜禽标识所需费用列入省级人民政府财政预算。

第二章 畜禽标识管理

第七条 畜禽标识实行一畜一标，编码应当具有唯一性。

第八条 畜禽标识编码由畜禽种类代码、县级行政区域代码、标识顺序号共15位数字及专用条码组成。

猪、牛、羊的畜禽种类代码分别为1、2、3。

编码形式为：×（种类代码）－××××××（县级行政区域代码）－××××××××（标识顺序号）。

第九条 农业部制定并公布畜禽标识技术规范，生产企业生产的畜禽标识应当符合该规范规定。

省级动物疫病预防控制机构统一采购畜禽标识，逐级供应。

第十条 畜禽标识生产企业不得向省级动物疫病预防控制机构以外的单位和个人提供畜禽标识。

第十一条 畜禽养殖者应当向当地县级动物疫病预防控制机构申领畜禽标识，并按照下列规定对畜禽加施畜禽标识：

（一）新出生畜禽，在出生后30天内加施畜禽标识；30天内离开饲养地的，在离开饲养地前加施畜禽标识；从国外引进畜禽，在畜禽到达目的地10日内加施畜禽标识。

（二）猪、牛、羊在左耳中部加施畜禽标识，需要再次加施畜禽标识的，在右耳中部加施。

第十二条 畜禽标识严重磨损、破损、脱落后，应当及时加施新的标识，并在养殖档案中记录新标识编码。

第十三条 动物卫生监督机构实施产地检疫时，应当查验畜禽标识。没有加施畜禽标识的，不得出具检疫合格证明。

第十四条 动物卫生监督机构应当在畜禽屠宰前，查验、登记畜禽标识。

畜禽屠宰经营者应当在畜禽屠宰时回收畜禽标识，由动物卫生监督机构保存、销毁。

第十五条 畜禽经屠宰检疫合格后，动物卫生监督机构应当在畜禽产品检疫标志中注明畜禽标识编码。

第十六条 省级人民政府畜牧兽医行政主管部门应当建立畜禽标识及所需配套设备的采购、保管、发放、使用、登记、回收、销毁等制度。

第十七条 畜禽标识不得重复使用。

第三章　养殖档案管理

第十八条　畜禽养殖场应当建立养殖档案，载明以下内容：

（一）畜禽的品种、数量、繁殖记录、标识情况、来源和进出场日期；

（二）饲料、饲料添加剂等投入品和兽药的来源、名称、使用对象、时间和用量等有关情况；

（三）检疫、免疫、监测、消毒情况；

（四）畜禽发病、诊疗、死亡和无害化处理情况；

（五）畜禽养殖代码；

（六）农业部规定的其他内容。

第十九条　县级动物疫病预防控制机构应当建立畜禽防疫档案，载明以下内容：

（一）畜禽养殖场：名称、地址、畜禽种类、数量、免疫日期、疫苗名称、畜禽养殖代码、畜禽标识顺序号、免疫人员以及用药记录等。

（二）畜禽散养户：户主姓名、地址、畜禽种类、数量、免疫日期、疫苗名称、畜禽标识顺序号、免疫人员以及用药记录等。

第二十条　畜禽养殖场、养殖小区应当依法向所在地县级人民政府畜牧兽医行政主管部门备案，取得畜禽养殖代码。

畜禽养殖代码由县级人民政府畜牧兽医行政主管部门按照备案顺序统一编号，每个畜禽养殖场、养殖小区只有一个畜禽养殖代码。

畜禽养殖代码由6位县级行政区域代码和4位顺序号组成，作为养殖档案编号。

第二十一条　饲养种畜应当建立个体养殖档案，注明标识编码、性别、出生日期、父系和母系品种类型、母本的标识编码等信息。

种畜调运时应当在个体养殖档案上注明调出和调入地，个体养殖档案应当随同调运。

第二十二条　养殖档案和防疫档案保存时间：商品猪、禽为2年，牛为20年，羊为10年，种畜禽长期保存。

第二十三条　从事畜禽经营的销售者和购买者应当向所在地县级动物疫病预防控制机构报告更新防疫档案相关内容。

销售者或购买者属于养殖场的，应及时在畜禽养殖档案中登记畜禽标识编码及相关信息变化情况。

第二十四条　畜禽养殖场养殖档案及种畜个体养殖档案格式由农业部统一制定。

第四章　信息管理

第二十五条　国家实施畜禽标识及养殖档案信息化管理，实现畜禽及畜禽产品可追溯。

第二十六条　农业部建立包括国家畜禽标识信息中央数据库在内的国家畜禽标识信息管理系统。

省级人民政府畜牧兽医行政主管部门建立本行政区域畜禽标识信息数据库，并成为国家畜禽标识信息中央数据库的子数据库。

第二十七条　县级以上人民政府畜牧兽医行政主管部门根据数据采集要求，组织畜禽养殖相关信息的录入、上传和更新工作。

第五章 监督管理

第二十八条 县级以上地方人民政府畜牧兽医行政主管部门所属动物卫生监督机构具体承担本行政区域内畜禽标识的监督管理工作。

第二十九条 畜禽标识和养殖档案记载的信息应当连续、完整、真实。

第三十条 有下列情形之一的，应当对畜禽、畜禽产品实施追溯：

（一）标识与畜禽、畜禽产品不符；

（二）畜禽、畜禽产品染疫；

（三）畜禽、畜禽产品没有检疫证明；

（四）违规使用兽药及其他有毒、有害物质；

（五）发生重大动物卫生安全事件；

（六）其他应当实施追溯的情形。

第三十一条 县级以上人民政府畜牧兽医行政主管部门应当根据畜禽标识、养殖档案等信息对畜禽及畜禽产品实施追溯和处理。

第三十二条 国外引进的畜禽在国内发生重大动物疫情，由农业部会同有关部门进行追溯。

第三十三条 任何单位和个人不得销售、收购、运输、屠宰应当加施标识而没有标识的畜禽。

第六章 附则

第三十四条 违反本办法规定的，按照《中华人民共和国畜牧法》《中华人民共和国动物防疫法》和《中华人民共和国农产品质量安全法》的有关规定处罚。

第三十五条 本办法自2006年7月1日起施行，2002年5月24日农业部发布的《动物免疫标识管理办法》（农业部令第13号）同时废止。

猪、牛、羊以外其他畜禽标识实施时间和具体措施由农业部另行规定。

十、动物检疫管理办法

中华人民共和国农业部令

2010年 第6号

《动物检疫管理办法》已经2010年1月4日农业部第一次常务会议审议通过，现予发布，自2010年3月1日起施行。2002年5月24日农业部发布的《动物检疫管理办法》（农业部令第14号）同时废止。

部长 韩长赋

二〇一〇年一月二十一日

动物检疫管理办法

第一章　总则

第一条　为加强动物检疫活动管理，预防、控制和扑灭动物疫病，保障动物及动物产品安全，保护人体健康，维护公共卫生安全，根据《中华人民共和国动物防疫法》（以下简称《动物防疫法》），制定本办法。

第二条　本办法适用于中华人民共和国领域内的动物检疫活动。

第三条　农业部主管全国动物检疫工作。

县级以上地方人民政府兽医主管部门主管本行政区域内的动物检疫工作。

县级以上地方人民政府设立的动物卫生监督机构负责本行政区域内动物、动物产品的检疫及其监督管理工作。

第四条　动物检疫的范围、对象和规程由农业部制定、调整并公布。

第五条　动物卫生监督机构指派官方兽医按照《动物防疫法》和本办法的规定对动物、动物产品实施检疫，出具检疫证明，加施检疫标志。

动物卫生监督机构可以根据检疫工作需要，指定兽医专业人员协助官方兽医实施动物检疫。

第六条　动物检疫遵循过程监管、风险控制、区域化和可追溯管理相结合的原则。

第二章　检疫申报

第七条　国家实行动物检疫申报制度。

动物卫生监督机构应当根据检疫工作需要，合理设置动物检疫申报点，并向社会公布动物检疫申报点、检疫范围和检疫对象。

县级以上人民政府兽医主管部门应当加强动物检疫申报点的建设和管理。

第八条　下列动物、动物产品在离开产地前，货主应当按规定时限向所在地动物卫生监督机构申报检疫：

（一）出售、运输动物产品和供屠宰、继续饲养的动物，应当提前 3 天申报检疫。

（二）出售、运输乳用动物、种用动物及其精液、卵、胚胎、种蛋，以及参加展览、演出和比赛的动物，应当提前 15 天申报检疫。

（三）向无规定动物疫病区输入相关易感动物、易感动物产品的，货主除按规定向输出地动物卫生监督机构申报检疫外，还应当在起运 3 天前向输入地省级动物卫生监督机构申报检疫。

第九条　合法捕获野生动物的，应当在捕获后 3 天内向捕获地县级动物卫生监督机构申报检疫。

第十条　屠宰动物的，应当提前 6 小时向所在地动物卫生监督机构申报检疫；急宰动物的，可以随时申报。

第十一条　申报检疫的，应当提交检疫申报单；跨省、自治区、直辖市调运乳用动物、种用动物及其精液、胚胎、种蛋的，还应当同时提交输入地省、自治区、直辖市动物卫生监督机构批准的《跨省引进乳用种用动物检疫审批表》。

申报检疫采取申报点填报、传真、电话等方式申报。采用电话申报的，需在现场补填检疫申报单。

第十二条 动物卫生监督机构受理检疫申报后，应当派出官方兽医到现场或指定地点实施检疫；不予受理的，应当说明理由。

第三章 产地检疫

第十三条 出售或者运输的动物、动物产品经所在地县级动物卫生监督机构的官方兽医检疫合格，并取得《动物检疫合格证明》后，方可离开产地。

第十四条 出售或者运输的动物，经检疫符合下列条件，由官方兽医出具《动物检疫合格证明》：

（一）来自非封锁区或者未发生相关动物疫情的饲养场（户）；

（二）按照国家规定进行了强制免疫，并在有效保护期内；

（三）临床检查健康；

（四）农业部规定需要进行实验室疫病检测的，检测结果符合要求；

（五）养殖档案相关记录和畜禽标识符合农业部规定。

乳用、种用动物和宠物，还应当符合农业部规定的健康标准。

第十五条 合法捕获的野生动物，经检疫符合下列条件，由官方兽医出具《动物检疫合格证明》后，方可饲养、经营和运输：

（一）来自非封锁区；

（二）临床检查健康；

（三）农业部规定需要进行实验室疫病检测的，检测结果符合要求。

第十六条 出售、运输的种用动物精液、卵、胚胎、种蛋，经检疫符合下列条件，由官方兽医出具《动物检疫合格证明》：

（一）来自非封锁区，或者未发生相关动物疫情的种用动物饲养场；

（二）供体动物按照国家规定进行了强制免疫，并在有效保护期内；

（三）供体动物符合动物健康标准；

（四）农业部规定需要进行实验室疫病检测的，检测结果符合要求；

（五）供体动物的养殖档案相关记录和畜禽标识符合农业部规定。

第十七条 出售、运输的骨、角、生皮、原毛、绒等产品，经检疫符合下列条件，由官方兽医出具《动物检疫合格证明》：

（一）来自非封锁区，或者未发生相关动物疫情的饲养场（户）；

（二）按有关规定消毒合格；

（三）农业部规定需要进行实验室疫病检测的，检测结果符合要求。

第十八条 经检疫不合格的动物、动物产品，由官方兽医出具检疫处理通知单，并监督货主按照农业部规定的技术规范处理。

第十九条 跨省、自治区、直辖市引进用于饲养的非乳用、非种用动物到达目的地后，货主或者承运人应当在24小时内向所在地县级动物卫生监督机构报告，并接受监督检查。

第二十条 跨省、自治区、直辖市引进的乳用、种用动物到达输入地后，在所在地动物卫生监督机构的监督下，应当在隔离场或饲养场（养殖小区）内的隔离舍进行隔离观察，大中型动物隔离期为45天，小型动物隔离期为30天。经隔离观察合格的方可混群饲养；不合格的，按照有关规定进行处理。隔离观察合格后需继续在省内运输的，货主应当申请更换《动物检疫合格证明》。动物卫生监督机构更换《动物检疫合格证明》不得收费。

第四章　屠宰检疫

第二十一条　县级动物卫生监督机构依法向屠宰场（厂、点）派驻（出）官方兽医实施检疫。屠宰场（厂、点）应当提供与屠宰规模相适应的官方兽医驻场检疫室和检疫操作台等设施。出场（厂、点）的动物产品应当经官方兽医检疫合格，加施检疫标志，并附有《动物检疫合格证明》。

第二十二条　进入屠宰场（厂、点）的动物应当附有《动物检疫合格证明》，并佩戴有农业部规定的畜禽标识。

官方兽医应当查验进场动物附具的《动物检疫合格证明》和佩戴的畜禽标识，检查待宰动物健康状况，对疑似染疫的动物进行隔离观察。

官方兽医应当按照农业部规定，在动物屠宰过程中实施全流程同步检疫和必要的实验室疫病检测。

第二十三条　经检疫符合下列条件的，由官方兽医出具《动物检疫合格证明》，对胴体及分割、包装的动物产品加盖检疫验讫印章或者加施其他检疫标志：

（一）无规定的传染病和寄生虫病；

（二）符合农业部规定的相关屠宰检疫规程要求；

（三）需要进行实验室疫病检测的，检测结果符合要求。

骨、角、生皮、原毛、绒的检疫还应当符合本办法第十七条有关规定。

第二十四条　经检疫不合格的动物、动物产品，由官方兽医出具检疫处理通知单，并监督屠宰场（厂、点）或者货主按照农业部规定的技术规范处理。

第二十五条　官方兽医应当回收进入屠宰场（厂、点）动物附具的《动物检疫合格证明》，填写屠宰检疫记录。回收的《动物检疫合格证明》应当保存十二个月以上。

第二十六条　经检疫合格的动物产品到达目的地后，需要直接在当地分销的，货主可以向输入地动物卫生监督机构申请换证，换证不得收费。换证应当符合下列条件：

（一）提供原始有效《动物检疫合格证明》，检疫标志完整，且证物相符；

（二）在有关国家标准规定的保质期内，且无腐败变质。

第二十七条　经检疫合格的动物产品到达目的地，贮藏后需继续调运或者分销的，货主可以向输入地动物卫生监督机构重新申报检疫。输入地县级以上动物卫生监督机构对符合下列条件的动物产品，出具《动物检疫合格证明》。

（一）提供原始有效《动物检疫合格证明》，检疫标志完整，且证物相符；

（二）在有关国家标准规定的保质期内，无腐败变质；

（三）有健全的出入库登记记录；

（四）农业部规定进行必要的实验室疫病检测的，检测结果符合要求。

第五章　水产苗种产地检疫

第二十八条　出售或者运输水生动物的亲本、稚体、幼体、受精卵、发眼卵及其他遗传育种材料等水产苗种的，货主应当提前20天向所在地县级动物卫生监督机构申报检疫；经检疫合格，并取得《动物检疫合格证明》后，方可离开产地。

第二十九条　养殖、出售或者运输合法捕获的野生水产苗种的，货主应当在捕获野生水产苗种后2天内向所在地县级动物卫生监督机构申报检疫；经检疫合格，并取得《动物检疫合格证明》后，方可投放养殖场所、出售或者运输。

合法捕获的野生水产苗种实施检疫前，货主应当将其隔离在符合下列条件的临时检疫场地：

（一）与其他养殖场所有物理隔离设施；

（二）具有独立的进排水和废水无害化处理设施以及专用渔具；

（三）农业部规定的其他防疫条件。

第三十条　水产苗种经检疫符合下列条件的，由官方兽医出具《动物检疫合格证明》：

（一）该苗种生产场近期未发生相关水生动物疫情；

（二）临床健康检查合格；

（三）农业部规定需要经水生动物疫病诊断实验室检验的，检验结果符合要求。

检疫不合格的，动物卫生监督机构应当监督货主按照农业部规定的技术规范处理。

第三十一条　跨省、自治区、直辖市引进水产苗种到达目的地后，货主或承运人应当在24小时内按照有关规定报告，并接受当地动物卫生监督机构的监督检查。

第六章　无规定动物疫病区动物检疫

第三十二条　向无规定动物疫病区运输相关易感动物、动物产品的，除附有输出地动物卫生监督机构出具的《动物检疫合格证明》外，还应当向输入地省、自治区、直辖市动物卫生监督机构申报检疫，并按照本办法第三十三条、第三十四条规定取得输入地《动物检疫合格证明》。

第三十三条　输入到无规定动物疫病区的相关易感动物，应当在输入地省、自治区、直辖市动物卫生监督机构指定的隔离场所，按照农业部规定的无规定动物疫病区有关检疫要求隔离检疫。大中型动物隔离检疫期为45天，小型动物隔离检疫期为30天。隔离检疫合格的，由输入地省、自治区、直辖市动物卫生监督机构的官方兽医出具《动物检疫合格证明》；不合格的，不准进入，并依法处理。

第三十四条　输入到无规定动物疫病区的相关易感动物产品，应当在输入地省、自治区、直辖市动物卫生监督机构指定的地点，按照农业部规定的无规定动物疫病区有关检疫要求进行检疫。检疫合格的，由输入地省、自治区、直辖市动物卫生监督机构的官方兽医出具《动物检疫合格证明》；不合格的，不准进入，并依法处理。

第七章　乳用种用动物检疫审批

第三十五条　跨省、自治区、直辖市引进乳用动物、种用动物及其精液、胚胎、种蛋的，货主应当填写《跨省引进乳用种用动物检疫审批表》，向输入地省、自治区、直辖市动物卫生监督机构申请办理审批手续。

第三十六条 输入地省、自治区、直辖市动物卫生监督机构应当自受理申请之日起10个工作日内，做出是否同意引进的决定。符合下列条件的，签发《跨省引进乳用种用动物检疫审批表》；不符合下列条件的，书面告知申请人，并说明理由。

（一）输出和输入饲养场、养殖小区取得《动物防疫条件合格证》；

（二）输入饲养场、养殖小区存栏的动物符合动物健康标准；

（三）输出的乳用、种用动物养殖档案相关记录符合农业部规定；

（四）输出的精液、胚胎、种蛋的供体符合动物健康标准。

第三十七条 货主凭输入地省、自治区、直辖市动物卫生监督机构签发的《跨省引进乳用种用动物检疫审批表》，按照本办法规定向输出地县级动物卫生监督机构申报检疫。输出地县级动物卫生监督机构应当按照本办法的规定实施检疫。

第三十八条 跨省引进乳用种用动物应当在《跨省引进乳用种用动物检疫审批表》有效期内运输。逾期引进的，货主应当重新办理审批手续。

第八章 检疫监督

第三十九条 屠宰、经营、运输以及参加展览、演出和比赛的动物，应当附有《动物检疫合格证明》；经营、运输的动物产品应当附有《动物检疫合格证明》和检疫标志。

对符合前款规定的动物、动物产品，动物卫生监督机构可以查验检疫证明、检疫标志，对动物、动物产品进行采样、留验、抽检，但不得重复检疫收费。

第四十条 依法应当检疫而未经检疫的动物，由动物卫生监督机构依照本条第二款规定补检，并依照《动物防疫法》处理处罚。

符合下列条件的，由动物卫生监督机构出具《动物检疫合格证明》；不符合的，按照农业部有关规定进行处理。

（一）畜禽标识符合农业部规定；

（二）临床检查健康；

（三）农业部规定需要进行实验室疫病检测的，检测结果符合要求。

第四十一条 依法应当检疫而未经检疫的骨、角、生皮、原毛、绒等产品，符合下列条件的，由动物卫生监督机构出具《动物检疫合格证明》；不符合的，予以没收销毁。同时，依照《动物防疫法》处理处罚。

（一）货主在5天内提供输出地动物卫生监督机构出具的来自非封锁区的证明；

（二）经外观检查无腐烂变质；

（三）按有关规定重新消毒；

（四）农业部规定需要进行实验室疫病检测的，检测结果符合要求。

第四十二条 依法应当检疫而未经检疫的精液、胚胎、种蛋等，符合下列条件的，由动物卫生监督机构出具《动物检疫合格证明》；不符合的，予以没收销毁。同时，依照《动物防疫法》处理处罚。

（一）货主在5天内提供输出地动物卫生监督机构出具的来自非封锁区的证明和供体动物符合健康标准的证明；

（二）在规定的保质期内，并经外观检查无腐败变质；

（三）农业部规定需要进行实验室疫病检测的，检测结果符合要求。

第四十三条　依法应当检疫而未经检疫的肉、脏器、脂、头、蹄、血液、筋等，符合下列条件的，由动物卫生监督机构出具《动物检疫合格证明》，并依照《动物防疫法》第七十八条的规定进行处罚；不符合下列条件的，予以没收销毁，并依照《动物防疫法》第七十六条的规定进行处罚：

（一）货主在5天内提供输出地动物卫生监督机构出具的来自非封锁区的证明；

（二）经外观检查无病变、无腐败变质；

（三）农业部规定需要进行实验室疫病检测的，检测结果符合要求。

第四十四条　经铁路、公路、水路、航空运输依法应当检疫的动物、动物产品的，托运人托运时应当提供《动物检疫合格证明》。没有《动物检疫合格证明》的，承运人不得承运。

第四十五条　货主或者承运人应当在装载前和卸载后，对动物、动物产品的运载工具以及饲养用具、装载用具等，按照农业部规定的技术规范进行消毒，并对清除的垫料、粪便、污物等进行无害化处理。

第四十六条　封锁区内的商品蛋、生鲜奶的运输监管按照《重大动物疫情应急条例》实施。

第四十七条　经检疫合格的动物、动物产品应当在规定时间内到达目的地。经检疫合格的动物在运输途中发生疫情，应按有关规定报告并处置。

第九章　罚则

第四十八条　违反本办法第十九条、第三十一条规定，跨省、自治区、直辖市引进用于饲养的非乳用、非种用动物和水产苗种到达目的地后，未向所在地动物卫生监督机构报告的，由动物卫生监督机构处五百元以上二千元以下罚款。

第四十九条　违反本办法第二十条规定，跨省、自治区、直辖市引进的乳用、种用动物到达输入地后，未按规定进行隔离观察的，由动物卫生监督机构责令改正，处二千元以上一万元以下罚款。

第五十条　其他违反本办法规定的行为，依照《动物防疫法》有关规定予以处罚。

第十章　附则

第五十一条　动物卫生监督证章标志格式或样式由农业部统一制定。

第五十二条　水产苗种产地检疫，由地方动物卫生监督机构委托同级渔业主管部门实施。水产苗种以外的其他水生动物及其产品不实施检疫。

第五十三条　本办法自2010年3月1日起施行。农业部2002年5月24日发布的《动物检疫管理办法》（农业部令第14号）自本办法施行之日起废止。

十一、重大动物疫情应急条例

中华人民共和国国务院令

第450号

《重大动物疫情应急条例》已经2005年11月16日国务院第113次常务会议通过，现予公布，自公布之日起施行。

总理　温家宝

二〇〇五年十一月十八日

重大动物疫情应急条例

第一章　总则

第一条　为了迅速控制、扑灭重大动物疫情，保障养殖业生产安全，保护公众身体健康与生命安全，维护正常的社会秩序，根据《中华人民共和国动物防疫法》，制定本条例。

第二条　本条例所称重大动物疫情，是指高致病性禽流感等发病率或者死亡率高的动物疫病突然发生，迅速传播，给养殖业生产安全造成严重威胁、危害，以及可能对公众身体健康与生命安全造成危害的情形，包括特别重大动物疫情。

第三条　重大动物疫情应急工作应当坚持加强领导、密切配合，依靠科学、依法防治，群防群控、果断处置的方针，及时发现，快速反应，严格处理，减少损失。

第四条　重大动物疫情应急工作按照属地管理的原则，实行政府统一领导、部门分工负责，逐级建立责任制。

县级以上人民政府兽医主管部门具体负责组织重大动物疫情的监测、调查、控制、扑灭等应急工作。

县级以上人民政府林业主管部门、兽医主管部门按照职责分工，加强对陆生野生动物疫源疫病的监测。

县级以上人民政府其他有关部门在各自的职责范围内，做好重大动物疫情的应急工作。

第五条　出入境检验检疫机关应当及时收集境外重大动物疫情信息，加强进出境动物及其产品的检验检疫工作，防止动物疫病传入和传出。兽医主管部门要及时向出入境检验检疫机关通报国内重大动物疫情。

第六条　国家鼓励、支持开展重大动物疫情监测、预防、应急处理等有关技术的科学研究和国际交流与合作。

第七条　县级以上人民政府应当对参加重大动物疫情应急处理的人员给予适当补助，对作出贡献的人员给予表彰和奖励。

第八条　对不履行或者不按照规定履行重大动物疫情应急处理职责的行为，任何单位和个人有权检举控告。

第二章 应急准备

第九条 国务院兽医主管部门应当制定全国重大动物疫情应急预案，报国务院批准，并按照不同动物疫病病种及其流行特点和危害程度，分别制定实施方案，报国务院备案。

县级以上地方人民政府根据本地区的实际情况，制定本行政区域的重大动物疫情应急预案，报上一级人民政府兽医主管部门备案。县级以上地方人民政府兽医主管部门，应当按照不同动物疫病病种及其流行特点和危害程度，分别制定实施方案。

重大动物疫情应急预案及其实施方案应当根据疫情的发展变化和实施情况，及时修改、完善。

第十条 重大动物疫情应急预案主要包括下列内容：

（一）应急指挥部的职责、组成以及成员单位的分工；

（二）重大动物疫情的监测、信息收集、报告和通报；

（三）动物疫病的确认、重大动物疫情的分级和相应的应急处理工作方案；

（四）重大动物疫情疫源的追踪和流行病学调查分析；

（五）预防、控制、扑灭重大动物疫情所需资金的来源、物资和技术的储备与调度；

（六）重大动物疫情应急处理设施和专业队伍建设。

第十一条 国务院有关部门和县级以上地方人民政府及其有关部门，应当根据重大动物疫情应急预案的要求，确保应急处理所需的疫苗、药品、设施设备和防护用品等物资的储备。

第十二条 县级以上人民政府应当建立和完善重大动物疫情监测网络和预防控制体系，加强动物防疫基础设施和乡镇动物防疫组织建设，并保证其正常运行，提高对重大动物疫情的应急处理能力。

第十三条 县级以上地方人民政府根据重大动物疫情应急需要，可以成立应急预备队，在重大动物疫情应急指挥部的指挥下，具体承担疫情的控制和扑灭任务。

应急预备队由当地兽医行政管理人员、动物防疫工作人员、有关专家、执业兽医等组成；必要时，可以组织动员社会上有一定专业知识的人员参加。公安机关、中国人民武装警察部队应当依法协助其执行任务。

应急预备队应当定期进行技术培训和应急演练。

第十四条 县级以上人民政府及其兽医主管部门应当加强对重大动物疫情应急知识和重大动物疫病科普知识的宣传，增强全社会的重大动物疫情防范意识。

第三章 监测、报告和公布

第十五条 动物防疫监督机构负责重大动物疫情的监测，饲养、经营动物和生产、经营动物产品的单位和个人应当配合，不得拒绝和阻碍。

第十六条 从事动物隔离、疫情监测、疫病研究与诊疗、检验检疫以及动物饲养、屠宰加工、运输、经营等活动的有关单位和个人，发现动物出现群体发病或者死亡的，应当立即向所在地的县（市）动物防疫监督机构报告。

第十七条 县（市）动物防疫监督机构接到报告后，应当立即赶赴现场调查核实。初步认为属于重大动物疫情的，应当在2小时内将情况逐级报省、自治区、直辖市动物防疫监督机构，并同时报所在地人民政府兽医主管部门；兽医主管部门应当及时通报同级卫生主管部门。

省、自治区、直辖市动物防疫监督机构应当在接到报告后1小时内，向省、自治区、直辖市人民政府兽医主管部门和国务院兽医主管部门所属的动物防疫监督机构报告。

省、自治区、直辖市人民政府兽医主管部门应当在接到报告后1小时内报本级人民政府和国务院兽医主管部门。

重大动物疫情发生后，省、自治区、直辖市人民政府和国务院兽医主管部门应当在4小时内向国务院报告。

第十八条　重大动物疫情报告包括下列内容：

（一）疫情发生的时间、地点；

（二）染疫、疑似染疫动物种类和数量、同群动物数量、免疫情况、死亡数量、临床症状、病理变化、诊断情况；

（三）流行病学和疫源追踪情况；

（四）已采取的控制措施；

（五）疫情报告的单位、负责人、报告人及联系方式。

第十九条　重大动物疫情由省、自治区、直辖市人民政府兽医主管部门认定；必要时，由国务院兽医主管部门认定。

第二十条　重大动物疫情由国务院兽医主管部门按照国家规定的程序，及时准确公布；其他任何单位和个人不得公布重大动物疫情。

第二十一条　重大动物疫病应当由动物防疫监督机构采集病料，未经国务院兽医主管部门或者省、自治区、直辖市人民政府兽医主管部门批准，其他单位和个人不得擅自采集病料。

从事重大动物疫病病原分离的，应当遵守国家有关生物安全管理规定，防止病原扩散。

第二十二条　国务院兽医主管部门应当及时向国务院有关部门和军队有关部门以及各省、自治区、直辖市人民政府兽医主管部门通报重大动物疫情的发生和处理情况。

第二十三条　发生重大动物疫情可能感染人群时，卫生主管部门应当对疫区内易受感染的人群进行监测，并采取相应的预防、控制措施。卫生主管部门和兽医主管部门应当及时相互通报情况。

第二十四条　有关单位和个人对重大动物疫情不得瞒报、谎报、迟报，不得授意他人瞒报、谎报、迟报，不得阻碍他人报告。

第二十五条　在重大动物疫情报告期间，有关动物防疫监督机构应当立即采取临时隔离控制措施；必要时，当地县级以上地方人民政府可以作出封锁决定并采取捕杀、销毁等措施。有关单位和个人应当执行。

第四章　应急处理

第二十六条　重大动物疫情发生后，国务院和有关地方人民政府设立的重大动物疫情应急指挥部统一领导、指挥重大动物疫情应急工作。

第二十七条　重大动物疫情发生后，县级以上地方人民政府兽医主管部门应当立即划定疫点、疫区和受威胁区，调查疫源，向本级人民政府提出启动重大动物疫情应急指挥系统、应急预案和对疫区实行封锁的建议，有关人民政府应当立即作出决定。

疫点、疫区和受威胁区的范围应当按照不同动物疫病病种及其流行特点和危害程度划定，具体划定标准由国务院兽医主管部门制定。

第二十八条　国家对重大动物疫情应急处理实行分级管理，按照应急预案确定的疫情等级，由有关人民政府采取相应的应急控制措施。

第二十九条　对疫点应当采取下列措施：

（一）捕杀并销毁染疫动物和易感染的动物及其产品；

（二）对病死的动物、动物排泄物、被污染饲料、垫料、污水进行无害化处理；

（三）对被污染的物品、用具、动物圈舍、场地进行严格消毒。

第三十条　对疫区应当采取下列措施：

（一）在疫区周围设置警示标志，在出入疫区的交通路口设置临时动物检疫消毒站，对出入的人员和车辆进行消毒；

（二）捕杀并销毁染疫和疑似染疫动物及其同群动物，销毁染疫和疑似染疫的动物产品，对其他易感染的动物实行圈养或者在指定地点放养，役用动物限制在疫区内使役；

（三）对易感染的动物进行监测，并按照国务院兽医主管部门的规定实施紧急免疫接种，必要时对易感染的动物进行捕杀；

（四）关闭动物及动物产品交易市场，禁止动物进出疫区和动物产品运出疫区；

（五）对动物圈舍、动物排泄物、垫料、污水和其他可能受污染的物品、场地，进行消毒或者无害化处理。

第三十一条　对受威胁区应当采取下列措施：

（一）对易感染的动物进行监测；

（二）对易感染的动物根据需要实施紧急免疫接种。

第三十二条　重大动物疫情应急处理中设置临时动物检疫消毒站以及采取隔离、捕杀、销毁、消毒、紧急免疫接种等控制、扑灭措施的，由有关重大动物疫情应急指挥部决定，有关单位和个人必须服从；拒不服从的，由公安机关协助执行。

第三十三条　国家对疫区、受威胁区内易感染的动物免费实施紧急免疫接种；对因采取捕杀、销毁等措施给当事人造成的已经证实的损失，给予合理补偿。紧急免疫接种和补偿所需费用，由中央财政和地方财政分担。

第三十四条　重大动物疫情应急指挥部根据应急处理需要，有权紧急调集人员、物资、运输工具以及相关设施、设备。

单位和个人的物资、运输工具以及相关设施、设备被征集使用的，有关人民政府应当及时归还并给予合理补偿。

第三十五条　重大动物疫情发生后，县级以上人民政府兽医主管部门应当及时提出疫点、疫区、受威胁区的处理方案，加强疫情监测、流行病学调查、疫源追踪工作，对染疫和疑似染疫动物及其同群动物和其他易感染动物的捕杀、销毁进行技术指导，并组织实施检验检疫、消毒、无害化处理和紧急免疫接种。

第三十六条　重大动物疫情应急处理中，县级以上人民政府有关部门应当在各自的职责范围内，做好重大动物疫情应急所需的物资紧急调度和运输、应急经费安排、疫区群众救济、人的疫病防治、肉食品供应、动物及其产品市场监管、出入境检验检疫和社会治安维护等工作。

中国人民解放军、中国人民武装警察部队应当支持配合驻地人民政府做好重大动物疫情的应急工作。

第三十七条 重大动物疫情应急处理中，乡镇人民政府、村民委员会、居民委员会应当组织力量，向村民、居民宣传动物疫病防治的相关知识，协助做好疫情信息的收集、报告和各项应急处理措施的落实工作。

第三十八条 重大动物疫情发生地的人民政府和毗邻地区的人民政府应当通力合作，相互配合，做好重大动物疫情的控制、扑灭工作。

第三十九条 有关人民政府及其有关部门对参加重大动物疫情应急处理的人员，应当采取必要的卫生防护和技术指导等措施。

第四十条 自疫区内最后一头（只）发病动物及其同群动物处理完毕起，经过一个潜伏期以上的监测，未出现新的病例的，彻底消毒后，经上一级动物防疫监督机构验收合格，由原发布封锁令的人民政府宣布解除封锁，撤销疫区；由原批准机关撤销在该疫区设立的临时动物检疫消毒站。

第四十一条 县级以上人民政府应当将重大动物疫情确认、疫区封锁、捕杀及其补偿、消毒、无害化处理、疫源追踪、疫情监测以及应急物资储备等应急经费列入本级财政预算。

第五章 法律责任

第四十二条 违反本条例规定，兽医主管部门及其所属的动物防疫监督机构有下列行为之一的，由本级人民政府或者上级人民政府有关部门责令立即改正、通报批评、给予警告；对主要负责人、负有责任的主管人员和其他责任人员，依法给予记大过、降级、撤职直至开除的行政处分；构成犯罪的，依法追究刑事责任：

（一）不履行疫情报告职责，瞒报、谎报、迟报或者授意他人瞒报、谎报、迟报，阻碍他人报告重大动物疫情的；

（二）在重大动物疫情报告期间，不采取临时隔离控制措施，导致动物疫情扩散的；

（三）不及时划定疫点、疫区和受威胁区，不及时向本级人民政府提出应急处理建议，或者不按照规定对疫点、疫区和受威胁区采取预防、控制、扑灭措施的；

（四）不向本级人民政府提出启动应急指挥系统、应急预案和对疫区的封锁建议的；

（五）对动物捕杀、销毁不进行技术指导或者指导不力，或者不组织实施检验检疫、消毒、无害化处理和紧急免疫接种的；

（六）其他不履行本条例规定的职责，导致动物疫病传播、流行，或者对养殖业生产安全和公众身体健康与生命安全造成严重危害的。

第四十三条 违反本条例规定，县级以上人民政府有关部门不履行应急处理职责，不执行对疫点、疫区和受威胁区采取的措施，或者对上级人民政府有关部门的疫情调查不予配合或者阻碍、拒绝的，由本级人民政府或者上级人民政府有关部门责令立即改正、通报批评、给予警告；对主要负责人、负有责任的主管人员和其他责任人员，依法给予记大过、降级、撤职直至开除的行政处分；构成犯罪的，依法追究刑事责任。

第四十四条 违反本条例规定，有关地方人民政府阻碍报告重大动物疫情，不履行应急处理职责，不按照规定对疫点、疫区和受威胁区采取预防、控制、扑灭措施，或者对上级人民政府有关部门的疫情调查不予配合或者阻碍、拒绝的，由上级人民政府责令立即改正、通报批评、给予警告；对政府主要领导人依法给予记大过、降级、撤职直至开除的行政处分；构成犯罪的，依法追究刑事责任。

第四十五条 截留、挪用重大动物疫情应急经费，或者侵占、挪用应急储备物资的，按照《财政违法行为处罚处分条例》的规定处理；构成犯罪的，依法追究刑事责任。

第四十六条 违反本条例规定，拒绝、阻碍动物防疫监督机构进行重大动物疫情监测，或者发现动物出现群体发病或者死亡，不向当地动物防疫监督机构报告的，由动物防疫监督机构给予警告，并处2 000元以上5 000元以下的罚款；构成犯罪的，依法追究刑事责任。

第四十七条 违反本条例规定，擅自采集重大动物疫病病料，或者在重大动物疫病病原分离时不遵守国家有关生物安全管理规定的，由动物防疫监督机构给予警告，并处5 000元以下的罚款；构成犯罪的，依法追究刑事责任。

第四十八条 在重大动物疫情发生期间，哄抬物价、欺骗消费者，散布谣言、扰乱社会秩序和市场秩序的，由价格主管部门、工商行政管理部门或者公安机关依法给予行政处罚；构成犯罪的，依法追究刑事责任。

第六章 附则

第四十九条 本条例自公布之日起施行。

十二、兽药管理条例

中华人民共和国国务院令

第404号

《兽药管理条例》已经2004年3月24日国务院第45次常务会议通过，现予公布，自2004年11月1日起施行。

总 理 温家宝

二00四年四月九日

兽药管理条例

第一章 总则

第一条 为了加强兽药管理，保证兽药质量，防治动物疾病，促进养殖业的发展，维护人体健康，制定本条例。

第二条 在中华人民共和国境内从事兽药的研制、生产、经营、进出口、使用和监督管理，应当遵守本条例。

第三条 国务院兽医行政管理部门负责全国的兽药监督管理工作。

县级以上地方人民政府兽医行政管理部门负责本行政区域内的兽药监督管理工作。

第四条 国家实行兽用处方药和非处方药分类管理制度。兽用处方药和非处方药分类管理的办法和具体实施步骤，由国务院兽医行政管理部门规定。

第五条 国家实行兽药储备制度。

发生重大动物疫情、灾情或者其他突发事件时，国务院兽医行政管理部门可以紧急调用国家储备的兽药；必要时，也可以调用国家储备以外的兽药。

第二章 新兽药研制

第六条 国家鼓励研制新兽药，依法保护研制者的合法权益。

第七条 研制新兽药，应当具有与研制相适应的场所、仪器设备、专业技术人员、安全管理规范和措施。

研制新兽药，应当进行安全性评价。从事兽药安全性评价的单位，应当经国务院兽医行政管理部门认定，并遵守兽药非临床研究质量管理规范和兽药临床试验质量管理规范。

第八条 研制新兽药，应当在临床试验前向省、自治区、直辖市人民政府兽医行政管理部门提出申请，并附具该新兽药实验室阶段安全性评价报告及其他临床前研究资料；省、自治区、直辖市人民政府兽医行政管理部门应当自收到申请之日起 60 个工作日内将审查结果书面通知申请人。

研制的新兽药属于生物制品的，应当在临床试验前向国务院兽医行政管理部门提出申请，国务院兽医行政管理部门应当自收到申请之日起 60 个工作日内将审查结果书面通知申请人。

研制新兽药需要使用一类病原微生物的，还应当具备国务院兽医行政管理部门规定的条件，并在实验室阶段前报国务院兽医行政管理部门批准。

第九条 临床试验完成后，新兽药研制者向国务院兽医行政管理部门提出新兽药注册申请时，应当提交该新兽药的样品和下列资料：

（一）名称、主要成分、理化性质；

（二）研制方法、生产工艺、质量标准和检测方法；

（三）药理和毒理试验结果、临床试验报告和稳定性试验报告；

（四）环境影响报告和污染防治措施。

研制的新兽药属于生物制品的，还应当提供菌（毒、虫）种、细胞等有关材料和资料。菌（毒、虫）种、细胞由国务院兽医行政管理部门指定的机构保藏。

研制用于食用动物的新兽药，还应当按照国务院兽医行政管理部门的规定进行兽药残留试验并提供休药期、最高残留限量标准、残留检测方法及其制定依据等资料。

国务院兽医行政管理部门应当自收到申请之日起 10 个工作日内，将决定受理的新兽药资料送其设立的兽药评审机构进行评审，将新兽药样品送其指定的检验机构复核检验，并自收到评审和复核检验结论之日起 60 个工作日内完成审查。审查合格的，发给新兽药注册证书，并发布该兽药的质量标准；不合格的，应当书面通知申请人。

第十条 国家对依法获得注册的、含有新化合物的兽药的申请人提交的其自己所取得且未披露的试验数据和其他数据实施保护。

自注册之日起6年内，对其他申请人未经已获得注册兽药的申请人同意，使用前款规定的数据申请兽药注册的，兽药注册机关不予注册；但是，其他申请人提交其自己所取得的数据的除外。

除下列情况外，兽药注册机关不得披露本条第一款规定的数据：

（一）公共利益需要；

（二）已采取措施确保该类信息不会被不正当地进行商业使用。

第三章 兽药生产

第十一条 设立兽药生产企业，应当符合国家兽药行业发展规划和产业政策，并具备下列条件：

（一）与所生产的兽药相适应的兽医学、药学或者相关专业的技术人员；

（二）与所生产的兽药相适应的厂房、设施；

（三）与所生产的兽药相适应的兽药质量管理和质量检验的机构、人员、仪器设备；

（四）符合安全、卫生要求的生产环境；

（五）兽药生产质量管理规范规定的其他生产条件。

符合前款规定条件的，申请人方可向省、自治区、直辖市人民政府兽医行政管理部门提出申请，并附具符合前款规定条件的证明材料；省、自治区、直辖市人民政府兽医行政管理部门应当自收到申请之日起20个工作日内，将审核意见和有关材料报送国务院兽医行政管理部门。

国务院兽医行政管理部门，应当自收到审核意见和有关材料之日起40个工作日内完成审查。经审查合格的，发给兽药生产许可证；不合格的，应当书面通知申请人。申请人凭兽药生产许可证办理工商登记手续。

第十二条 兽药生产许可证应当载明生产范围、生产地点、有效期和法定代表人姓名、住址等事项。

兽药生产许可证有效期为5年。有效期届满，需要继续生产兽药的，应当在许可证有效期届满前6个月到原发证机关申请换发兽药生产许可证。

第十三条 兽药生产企业变更生产范围、生产地点的，应当依照本条例第十一条的规定申请换发兽药生产许可证，申请人凭换发的兽药生产许可证办理工商变更登记手续；变更企业名称、法定代表人的，应当在办理工商变更登记手续后15个工作日内，到原发证机关申请换发兽药生产许可证。

第十四条 兽药生产企业应当按照国务院兽医行政管理部门制定的兽药生产质量管理规范组织生产。

国务院兽医行政管理部门，应当对兽药生产企业是否符合兽药生产质量管理规范的要求进行监督检查，并公布检查结果。

第十五条 兽药生产企业生产兽药，应当取得国务院兽医行政管理部门核发的产品批准文号，产品批准文号的有效期为5年。兽药产品批准文号的核发办法由国务院兽医行政管理部门制定。

第十六条 兽药生产企业应当按照兽药国家标准和国务院兽医行政管理部门批准的生产工艺进行生产。兽药生产企业改变影响兽药质量的生产工艺的，应当报原批准部门审核批准。

兽药生产企业应当建立生产记录，生产记录应当完整、准确。

第十七条 生产兽药所需的原料、辅料，应当符合国家标准或者所生产兽药的质量要求。

直接接触兽药的包装材料和容器应当符合药用要求。

第十八条 兽药出厂前应当经过质量检验，不符合质量标准的不得出厂。

兽药出厂应当附有产品质量合格证。

禁止生产假、劣兽药。

第十九条 兽药生产企业生产的每批兽用生物制品，在出厂前应当由国务院兽医行政管理部门指定的检验机构审查核对，并在必要时进行抽查检验；未经审查核对或者抽查检验不合格的，不得销售。

强制免疫所需兽用生物制品，由国务院兽医行政管理部门指定的企业生产。

第二十条 兽药包装应当按照规定印有或者贴有标签，附具说明书，并在显著位置注明“兽用”字样。

兽药的标签和说明书经国务院兽医行政管理部门批准并公布后，方可使用。

兽药的标签或者说明书，应当以中文注明兽药的通用名称、成分及其含量、规格、生产企业、产品批准文号（进口兽药注册证号）、产品批号、生产日期、有效期、适应症或者功能主治、用法、用量、休药期、禁忌、不良反应、注意事项、运输贮存保管条件及其他应当说明的内容。有商品名称的，还应当注明商品名称。

除前款规定的内容外，兽用处方药的标签或者说明书还应当印有国务院兽医行政管理部门规定的警示内容，其中兽用麻醉药品、精神药品、毒性药品和放射性药品还应当印有国务院兽医行政管理部门规定的特殊标志；兽用非处方药的标签或者说明书还应当印有国务院兽医行政管理部门规定的非处方药标志。

第二十一条 国务院兽医行政管理部门，根据保证动物产品质量安全和人体健康的需要，可以对新兽药设立不超过5年的监测期；在监测期内，不得批准其他企业生产或者进口该新兽药。生产企业应当在监测期内收集该新兽药的疗效、不良反应等资料，并及时报送国务院兽医行政管理部门。

第四章 兽药经营

第二十二条 经营兽药的企业，应当具备下列条件：

（一）与所经营的兽药相适应的兽药技术人员；

（二）与所经营的兽药相适应的营业场所、设备、仓库设施；

（三）与所经营的兽药相适应的质量管理机构或者人员；

（四）兽药经营质量管理规范规定的其他经营条件。

符合前款规定条件的，申请人方可向市、县人民政府兽医行政管理部门提出申请，并附具符合前款规定条件的证明材料；经营兽用生物制品的，应当向省、自治区、直辖市人民政府兽医行政管理部门提出申请，并附具符合前款规定条件的证明材料。

县级以上地方人民政府兽医行政管理部门，应当自收到申请之日起30个工作日内完成审查。审查合格的，发给兽药经营许可证；不合格的，应当书面通知申请人。申请人凭兽药经营许可证办理工商登记手续。

第二十三条 兽药经营许可证应当载明经营范围、经营地点、有效期和法定代表人姓名、住址等事项。

兽药经营许可证有效期为5年。有效期届满，需要继续经营兽药的，应当在许可证有效期届满前6个月到原发证机关申请换发兽药经营许可证。

第二十四条 兽药经营企业变更经营范围、经营地点的，应当依照本条例第二十二条的规定申请换发兽药经营许可证，申请人凭换发的兽药经营许可证办理工商变更登记手续；变更企业名称、法定代表人的，应当在办理工商变更登记手续后15个工作日内，到原发证机关申请换发兽药经营许可证。

第二十五条 兽药经营企业，应当遵守国务院兽医行政管理部门制定的兽药经营质量管理规范。

县级以上地方人民政府兽医行政管理部门，应当对兽药经营企业是否符合兽药经营质量管理规范的要求进行监督检查，并公布检查结果。

第二十六条 兽药经营企业购进兽药，应当将兽药产品与产品标签或者说明书、产品质量合格证核对无误。

第二十七条 兽药经营企业，应当向购买者说明兽药的功能主治、用法、用量和注意事项。销售兽用处方药的，应当遵守兽用处方药管理办法。

兽药经营企业销售兽用中药材的，应当注明产地。

禁止兽药经营企业经营人用药品和假、劣兽药。

第二十八条 兽药经营企业购销兽药，应当建立购销记录。购销记录应当载明兽药的商品名称、通用名称、剂型、规格、批号、有效期、生产厂商、购销单位、购销数量、购销日期和国务院兽医行政管理部门规定的其他事项。

第二十九条 兽药经营企业，应当建立兽药保管制度，采取必要的冷藏、防冻、防潮、防虫、防鼠等措施，保持所经营兽药的质量。

兽药入库、出库，应当执行检查验收制度，并有准确记录。

第三十条 强制免疫所需兽用生物制品的经营，应当符合国务院兽医行政管理部门的规定。

第三十一条 兽药广告的内容应当与兽药说明书内容相一致，在全国重点媒体发布兽药广告的，应当经国务院兽医行政管理部门审查批准，取得兽药广告审查批准文号。在地方媒体发布兽药广告的，应当经省、自治区、直辖市人民政府兽医行政管理部门审查批准，取得兽药广告审查批准文号；未经批准的，不得发布。

第五章 兽药进出口

第三十二条 首次向中国出口的兽药，由出口方驻中国境内的办事机构或者其委托的中国境内代理机构向国务院兽医行政管理部门申请注册，并提交下列资料和物品：

（一）生产企业所在国家（地区）兽药管理部门批准生产、销售的证明文件；

（二）生产企业所在国家（地区）兽药管理部门颁发的符合兽药生产质量管理规范的证明文件；

（三）兽药的制造方法、生产工艺、质量标准、检测方法、药理和毒理试验结果、临床试验报告、稳定性试验报告及其他相关资料；用于食用动物的兽药的休药期、最高残留限量标准、残留检测方法及其制定依据等资料；

（四）兽药的标签和说明书样本；

（五）兽药的样品、对照品、标准品；

（六）环境影响报告和污染防治措施；

（七）涉及兽药安全性的其他资料。

申请向中国出口兽用生物制品的，还应当提供菌（毒、虫）种、细胞等有关材料和资料。

第三十三条 国务院兽医行政管理部门，应当自收到申请之日起10个工作日内组织初步审查。经初步审查合格的，应当将决定受理的兽药资料送其设立的兽药评审机构进行评审，将该兽药样品送其指定的检验机构复核检验，并自收到评审和复核检验结论之日起60个工作日内完成审查。经审查合格的，发给进口兽药注册证书，并发布该兽药的质量标准；不合格的，应当书面通知申请人。

在审查过程中，国务院兽医行政管理部门可以对向中国出口兽药的企业是否符合兽药生产质量管理规范的要求进行考查，并有权要求该企业在国务院兽医行政管理部门指定的机构进行该兽药的安全性和有效性试验。

国内急需兽药、少量科研用兽药或者注册兽药的样品、对照品、标准品的进口，按照国务院兽医行政管理部门的规定办理。

第三十四条 进口兽药注册证书的有效期为5年。有效期届满，需要继续向中国出口兽药的，应当在有效期届满前6个月到原发证机关申请再注册。

第三十五条 境外企业不得在中国直接销售兽药。境外企业在中国销售兽药，应当依法在中国境内设立销售机构或者委托符合条件的中国境内代理机构。

进口在中国已取得进口兽药注册证书的兽用生物制品的，中国境内代理机构应当向国务院兽医行政管理部门申请允许进口兽用生物制品证明文件，凭允许进口兽用生物制品证明文件到口岸所在地人民政府兽医行政管理部门办理进口兽药通关单；进口在中国已取得进口兽药注册证书的其他兽药的，凭进口兽药注册证书到口岸所在地人民政府兽医行政管理部门办理进口兽药通关单。海关凭进口兽药通关单放行。兽药进口管理办法由国务院兽医行政管理部门会同海关总署制定。

兽用生物制品进口后，应当依照本条例第十九条的规定进行审查核对和抽查检验。其他兽药进口后，由当地兽医行政管理部门通知兽药检验机构进行抽查检验。

第三十六条 禁止进口下列兽药：

（一）药效不确定、不良反应大以及可能对养殖业、人体健康造成危害或者存在潜在风险的；

（二）来自疫区可能造成疫病在中国境内传播的兽用生物制品；

（三）经考查生产条件不符合规定的；

（四）国务院兽医行政管理部门禁止生产、经营和使用的。

第三十七条 向中国境外出口兽药，进口方要求提供兽药出口证明文件的，国务院兽医行政管理部门或者企业所在地的省、自治区、直辖市人民政府兽医行政管理部门可以出具出口兽药证明文件。

国内防疫急需的疫苗，国务院兽医行政管理部门可以限制或者禁止出口。

第六章　兽药使用

第三十八条　兽药使用单位，应当遵守国务院兽医行政管理部门制定的兽药安全使用规定，并建立用药记录。

第三十九条　禁止使用假、劣兽药以及国务院兽医行政管理部门规定禁止使用的药品和其他化合物。禁止使用的药品和其他化合物目录由国务院兽医行政管理部门制定公布。

第四十条　有休药期规定的兽药用于食用动物时，饲养者应当向购买者或者屠宰者提供准确、真实的用药记录；购买者或者屠宰者应当确保动物及其产品在用药期、休药期内不被用于食品消费。

第四十一条　国务院兽医行政管理部门，负责制定公布在饲料中允许添加的药物饲料添加剂品种目录。

禁止在饲料和动物饮用水中添加激素类药品和国务院兽医行政管理部门规定的其他禁用药品。

经批准可以在饲料中添加的兽药，应当由兽药生产企业制成药物饲料添加剂后方可添加。禁止将原料药直接添加到饲料及动物饮用水中或者直接饲喂动物。

禁止将人用药品用于动物。

第四十二条　国务院兽医行政管理部门，应当制定并组织实施国家动物及动物产品兽药残留监控计划。

县级以上人民政府兽医行政管理部门，负责组织对动物产品中兽药残留量的检测。兽药残留检测结果，由国务院兽医行政管理部门或者省、自治区、直辖市人民政府兽医行政管理部门按照权限予以公布。

动物产品的生产者、销售者对检测结果有异议的，可以自收到检测结果之日起 7 个工作日内向组织实施兽药残留检测的兽医行政管理部门或者其上级兽医行政管理部门提出申请，由受理申请的兽医行政管理部门指定检验机构进行复检。

兽药残留限量标准和残留检测方法，由国务院兽医行政管理部门制定发布。

第四十三条　禁止销售含有违禁药物或者兽药残留量超过标准的食用动物产品。

第七章　兽药监督管理

第四十四条　县级以上人民政府兽医行政管理部门行使兽药监督管理权。

兽药检验工作由国务院兽医行政管理部门和省、自治区、直辖市人民政府兽医行政管理部门设立的兽药检验机构承担。国务院兽医行政管理部门，可以根据需要认定其他检验机构承担兽药检验工作。

当事人对兽药检验结果有异议的，可以自收到检验结果之日起 7 个工作日内向实施检验的机构或者上级兽医行政管理部门设立的检验机构申请复检。

第四十五条　兽药应当符合兽药国家标准。

国家兽药典委员会拟定的、国务院兽医行政管理部门发布的《中华人民共和国兽药典》和国务院兽医行政管理部门发布的其他兽药质量标准为兽药国家标准。

兽药国家标准的标准品和对照品的标定工作由国务院兽医行政管理部门设立的兽药检

验机构负责。

第四十六条 兽医行政管理部门依法进行监督检查时，对有证据证明可能是假、劣兽药的，应当采取查封、扣押的行政强制措施，并自采取行政强制措施之日起7个工作日内作出是否立案的决定；需要检验的，应当自检验报告书发出之日起15个工作日内作出是否立案的决定；不符合立案条件的，应当解除行政强制措施；需要暂停生产、经营和使用的，由国务院兽医行政管理部门或者省、自治区、直辖市人民政府兽医行政管理部门按照权限作出决定。

未经行政强制措施决定机关或者其上级机关批准，不得擅自转移、使用、销毁、销售被查封或者扣押的兽药及有关材料。

第四十七条 有下列情形之一的，为假兽药：

（一）以非兽药冒充兽药或者以他种兽药冒充此种兽药的；

（二）兽药所含成分的种类、名称与兽药国家标准不符合的。

有下列情形之一的，按照假兽药处理：

（一）国务院兽医行政管理部门规定禁止使用的；

（二）依照本条例规定应当经审查批准而未经审查批准即生产、进口的，或者依照本条例规定应当经抽查检验、审查核对而未经抽查检验、审查核对即销售、进口的；

（三）变质的；

（四）被污染的；

（五）所标明的适应症或者功能主治超出规定范围的。

第四十八条 有下列情形之一的，为劣兽药：

（一）成分含量不符合兽药国家标准或者不标明有效成分的；

（二）不标明或者更改有效期或者超过有效期的；

（三）不标明或者更改产品批号的；

（四）其他不符合兽药国家标准，但不属于假兽药的。

第四十九条 禁止将兽用原料药拆零销售或者销售给兽药生产企业以外的单位和个人。

禁止未经兽医开具处方销售、购买、使用国务院兽医行政管理部门规定实行处方药管理的兽药。

第五十条 国家实行兽药不良反应报告制度。

兽药生产企业、经营企业、兽药使用单位和开具处方的兽医人员发现可能与兽药使用有关的严重不良反应，应当立即向所在地人民政府兽医行政管理部门报告。

第五十一条 兽药生产企业、经营企业停止生产、经营超过6个月或者关闭的，由原发证机关责令其交回兽药生产许可证、兽药经营许可证，并由工商行政管理部门变更或者注销其工商登记。

第五十二条 禁止买卖、出租、出借兽药生产许可证、兽药经营许可证和兽药批准证明文件。

第五十三条 兽药评审检验的收费项目和标准，由国务院财政部门会同国务院价格主管部门制定，并予以公告。

第五十四条 各级兽医行政管理部门、兽药检验机构及其工作人员，不得参与兽药生产、经营活动，不得以其名义推荐或者监制、监销兽药。

第八章 法律责任

第五十五条 兽医行政管理部门及其工作人员利用职务上的便利收取他人财物或者谋取其他利益，对不符合法定条件的单位和个人核发许可证、签署审查同意意见，不履行监督职责，或者发现违法行为不予查处，造成严重后果，构成犯罪的，依法追究刑事责任；尚不构成犯罪的，依法给予行政处分。

第五十六条 违反本条例规定，无兽药生产许可证、兽药经营许可证生产、经营兽药的，或者虽有兽药生产许可证、兽药经营许可证，生产、经营假、劣兽药的，或者兽药经营企业经营人用药品的，责令其停止生产、经营，没收用于违法生产的原料、辅料、包装材料及生产、经营的兽药和违法所得，并处违法生产、经营的兽药（包括已出售的和未出售的兽药，下同）货值金额 2 倍以上 5 倍以下罚款，货值金额无法查证核实的，处 10 万元以上 20 万元以下罚款；无兽药生产许可证生产兽药，情节严重的，没收其生产设备；生产、经营假、劣兽药，情节严重的，吊销兽药生产许可证、兽药经营许可证；构成犯罪的，依法追究刑事责任；给他人造成损失的，依法承担赔偿责任。生产、经营企业的主要负责人和直接负责的主管人员终身不得从事兽药的生产、经营活动。

擅自生产强制免疫所需兽用生物制品的，按照无兽药生产许可证生产兽药处罚。

第五十七条 违反本条例规定，提供虚假的资料、样品或者采取其他欺骗手段取得兽药生产许可证、兽药经营许可证或者兽药批准证明文件的，吊销兽药生产许可证、兽药经营许可证或者撤销兽药批准证明文件，并处 5 万元以上 10 万元以下罚款；给他人造成损失的，依法承担赔偿责任。其主要负责人和直接负责的主管人员终身不得从事兽药的生产、经营和进出口活动。

第五十八条 买卖、出租、出借兽药生产许可证、兽药经营许可证和兽药批准证明文件的，没收违法所得，并处 1 万元以上 10 万元以下罚款；情节严重的，吊销兽药生产许可证、兽药经营许可证或者撤销兽药批准证明文件；构成犯罪的，依法追究刑事责任；给他人造成损失的，依法承担赔偿责任。

第五十九条 违反本条例规定，兽药安全性评价单位、临床试验单位、生产和经营企业未按照规定实施兽药研究试验、生产、经营质量管理规范的，给予警告，责令其限期改正；逾期不改正的，责令停止兽药研究试验、生产、经营活动，并处 5 万元以下罚款；情节严重的，吊销兽药生产许可证、兽药经营许可证；给他人造成损失的，依法承担赔偿责任。

违反本条例规定，研制新兽药不具备规定的条件擅自使用一类病原微生物或者在实验室阶段前未经批准的，责令其停止实验，并处 5 万元以上 10 万元以下罚款；构成犯罪的，依法追究刑事责任；给他人造成损失的，依法承担赔偿责任。

第六十条 违反本条例规定，兽药的标签和说明书未经批准的，责令其限期改正；逾期不改正的，按照生产、经营假兽药处罚；有兽药产品批准文号的，撤销兽药产品批准文号；给他人造成损失的，依法承担赔偿责任。

兽药包装上未附有标签和说明书，或者标签和说明书与批准的内容不一致的，责令其限期改正；情节严重的，依照前款规定处罚。

第六十一条 违反本条例规定，境外企业在中国直接销售兽药的，责令其限期改正，没收直接销售的兽药和违法所得，并处 5 万元以上 10 万元以下罚款；情节严重的，吊销进口兽药注册证书；给他人造成损失的，依法承担赔偿责任。

第六十二条 违反本条例规定，未按照国家有关兽药安全使用规定使用兽药的、未建立用药记录或者记录不完整真实的，或者使用禁止使用的药品和其他化合物的，或者将人用药品用于动物的，责令其立即改正，并对饲喂了违禁药物及其他化合物的动物及其产品进行无害化处理；对违法单位处 1 万元以上 5 万元以下罚款；给他人造成损失的，依法承担赔偿责任。

第六十三条 违反本条例规定，销售尚在用药期、休药期内的动物及其产品用于食品消费的，或者销售含有违禁药物和兽药残留超标的动物产品用于食品消费的，责令其对含有违禁药物和兽药残留超标的动物产品进行无害化处理，没收违法所得，并处 3 万元以上 10 万元以下罚款；构成犯罪的，依法追究刑事责任；给他人造成损失的，依法承担赔偿责任。

第六十四条 违反本条例规定，擅自转移、使用、销毁、销售被查封或者扣押的兽药及有关材料的，责令其停止违法行为，给予警告，并处 5 万元以上 10 万元以下罚款。

第六十五条 违反本条例规定，兽药生产企业、经营企业、兽药使用单位和开具处方的兽医人员发现可能与兽药使用有关的严重不良反应，不向所在地人民政府兽医行政管理部门报告的，给予警告，并处 5 000 元以上 1 万元以下罚款。

生产企业在新兽药监测期内不收集或者不及时报送该新兽药的疗效、不良反应等资料的，责令其限期改正，并处 1 万元以上 5 万元以下罚款；情节严重的，撤销该新兽药的产品批准文号。

第六十六条 违反本条例规定，未经兽医开具处方销售、购买、使用兽用处方药的，责令其限期改正，没收违法所得，并处 5 万元以下罚款；给他人造成损失的，依法承担赔偿责任。

第六十七条 违反本条例规定，兽药生产、经营企业把原料药销售给兽药生产企业以外的单位和个人的，或者兽药经营企业拆零销售原料药的，责令其立即改正，给予警告，没收违法所得，并处 2 万元以上 5 万元以下罚款；情节严重的，吊销兽药生产许可证、兽药经营许可证；给他人造成损失的，依法承担赔偿责任。

第六十八条 违反本条例规定，在饲料和动物饮用水中添加激素类药品和国务院兽医行政管理部门规定的其他禁用药品，依照《饲料和饲料添加剂管理条例》的有关规定处罚；直接将原料药添加到饲料及动物饮用水中，或者饲喂动物的，责令其立即改正，并处 1 万元以上 3 万元以下罚款；给他人造成损失的，依法承担赔偿责任。

第六十九条 有下列情形之一的，撤销兽药的产品批准文号或者吊销进口兽药注册证书：

（一）抽查检验连续 2 次不合格的；

（二）药效不确定、不良反应大以及可能对养殖业、人体健康造成危害或者存在潜在风险的；

（三）国务院兽医行政管理部门禁止生产、经营和使用的兽药。

被撤销产品批准文号或者被吊销进口兽药注册证书的兽药，不得继续生产、进口、经营和使用。已经生产、进口的，由所在地兽医行政管理部门监督销毁，所需费用由违法行为人承担；给他人造成损失的，依法承担赔偿责任。

第七十条 本条例规定的行政处罚由县级以上人民政府兽医行政管理部门决定；其中吊销兽药生产许可证、兽药经营许可证、撤销兽药批准证明文件或者责令停止兽药研究试验的，由原发证、批准部门决定。

上级兽医行政管理部门对下级兽医行政管理部门违反本条例的行政行为，应当责令限期改正；逾期不改正的，有权予以改变或者撤销。

第七十一条 本条例规定的货值金额以违法生产、经营兽药的标价计算；没有标价的，按照同类兽药的市场价格计算。

第九章 附则

第七十二条 本条例下列用语的含义是：

（一）兽药，是指用于预防、治疗、诊断动物疾病或者有目的地调节动物生理机能的物质（含药物饲料添加剂），主要包括：血清制品、疫苗、诊断制品、微生态制品、中药材、中成药、化学药品、抗生素、生化药品、放射性药品及外用杀虫剂、消毒剂等。

（二）兽用处方药，是指凭兽医处方方可购买和使用的兽药。

（三）兽用非处方药，是指由国务院兽医行政管理部门公布的、不需要凭兽医处方就可以自行购买并按照说明书使用的兽药。

（四）兽药生产企业，是指专门生产兽药的企业和兼产兽药的企业，包括从事兽药分装的企业。

（五）兽药经营企业，是指经营兽药的专营企业或者兼营企业。

（六）新兽药，是指未曾在中国境内上市销售的兽用药品。

（七）兽药批准证明文件，是指兽药产品批准文号、进口兽药注册证书、允许进口兽用生物制品证明文件、出口兽药证明文件、新兽药注册证书等文件。

第七十三条 兽用麻醉药品、精神药品、毒性药品和放射性药品等特殊药品，依照国家有关规定管理。

第七十四条 水产养殖中的兽药使用、兽药残留检测和监督管理以及水产养殖过程中违法用药的行政处罚，由县级以上人民政府渔业主管部门及其所属的渔政监督管理机构负责。

第七十五条 本条例自2004年11月1日起施行。

十三、中华人民共和国食品安全法

中华人民共和国主席令

第九号

《中华人民共和国食品安全法》已由中华人民共和国第十一届全国人民代表大会常务委员会第七次会议于2009年2月28日通过，现予公布，自2009年6月1日起施行。

中华人民共和国主席 胡锦涛

2009年2月28日

中华人民共和国食品安全法

第一章　总则

第一条　为保证食品安全，保障公众身体健康和生命安全，制定本法。

第二条　在中华人民共和国境内从事下列活动，应当遵守本法：

（一）食品生产和加工（以下称食品生产），食品流通和餐饮服务（以下称食品经营）；

（二）食品添加剂的生产经营；

（三）用于食品的包装材料、容器、洗涤剂、消毒剂和用于食品生产经营的工具、设备（以下称食品相关产品）的生产经营；

（四）食品生产经营者使用食品添加剂、食品相关产品；

（五）对食品、食品添加剂和食品相关产品的安全管理。

供食用的源于农业的初级产品（以下称食用农产品）的质量安全管理，遵守《中华人民共和国农产品质量安全法》的规定。但是，制定有关食用农产品的质量安全标准、公布食用农产品安全有关信息，应当遵守本法的有关规定。

第三条　食品生产经营者应当依照法律、法规和食品安全标准从事生产经营活动，对社会和公众负责，保证食品安全，接受社会监督，承担社会责任。

第四条　国务院设立国务院食品安全委员会，其工作职责由国务院规定。

国务院卫生行政部门承担食品安全综合协调职责，负责食品安全风险评估、食品安全标准制定、食品安全信息公布、食品检验机构的资质认定条件和检验规范的制定，组织查处食品安全重大事故。

国务院质量监督、工商行政管理和国家食品药品监督管理部门依照本法和国务院规定的职责，分别对食品生产、食品流通、餐饮服务活动实施监督管理。

第五条　县级以上地方人民政府统一负责、领导、组织、协调本行政区域的食品安全监督管理工作，建立健全食品安全全程监督管理的工作机制；统一领导、指挥食品安全突发事件应对工作；完善、落实食品安全监督管理责任制，对食品安全监督管理部门进行评议、考核。

县级以上地方人民政府依照本法和国务院的规定确定本级卫生行政、农业行政、质量监督、工商行政管理、食品药品监督管理部门的食品安全监督管理职责。有关部门在各自职责范围内负责本行政区域的食品安全监督管理工作。

上级人民政府所属部门在下级行政区域设置的机构应当在所在地人民政府的统一组织、协调下，依法做好食品安全监督管理工作。

第六条　县级以上卫生行政、农业行政、质量监督、工商行政管理、食品药品监督管理部门应当加强沟通、密切配合，按照各自职责分工，依法行使职权，承担责任。

第七条　食品行业协会应当加强行业自律，引导食品生产经营者依法生产经营，推动行业诚信建设，宣传、普及食品安全知识。

第八条　国家鼓励社会团体、基层群众性自治组织开展食品安全法律、法规以及食品安全标准和知识的普及工作，倡导健康的饮食方式，增强消费者食品安全意识和自我保护能力。

新闻媒体应当开展食品安全法律、法规以及食品安全标准和知识的公益宣传，并对违反本法的行为进行舆论监督。

第九条 国家鼓励和支持开展与食品安全有关的基础研究和应用研究，鼓励和支持食品生产经营者为提高食品安全水平采用先进技术和先进管理规范。

第十条 任何组织或者个人有权举报食品生产经营中违反本法的行为，有权向有关部门了解食品安全信息，对食品安全监督管理工作提出意见和建议。

第二章 食品安全风险监测和评估

第十一条 国家建立食品安全风险监测制度，对食源性疾病、食品污染以及食品中的有害因素进行监测。

国务院卫生行政部门会同国务院有关部门制定、实施国家食品安全风险监测计划。省、自治区、直辖市人民政府卫生行政部门根据国家食品安全风险监测计划，结合本行政区域的具体情况，组织制定、实施本行政区域的食品安全风险监测方案。

第十二条 国务院农业行政、质量监督、工商行政管理和国家食品药品监督管理等有关部门获知有关食品安全风险信息后，应当立即向国务院卫生行政部门通报。国务院卫生行政部门会同有关部门对信息核实后，应当及时调整食品安全风险监测计划。

第十三条 国家建立食品安全风险评估制度，对食品、食品添加剂中生物性、化学性和物理性危害进行风险评估。

国务院卫生行政部门负责组织食品安全风险评估工作，成立由医学、农业、食品、营养等方面的专家组成的食品安全风险评估专家委员会进行食品安全风险评估。

对农药、肥料、生长调节剂、兽药、饲料和饲料添加剂等的安全性评估，应当有食品安全风险评估专家委员会的专家参加。

食品安全风险评估应当运用科学方法，根据食品安全风险监测信息、科学数据以及其他有关信息进行。

第十四条 国务院卫生行政部门通过食品安全风险监测或者接到举报发现食品可能存在安全隐患的，应当立即组织进行检验和食品安全风险评估。

第十五条 国务院农业行政、质量监督、工商行政管理和国家食品药品监督管理等有关部门应当向国务院卫生行政部门提出食品安全风险评估的建议，并提供有关信息和资料。

国务院卫生行政部门应当及时向国务院有关部门通报食品安全风险评估的结果。

第十六条 食品安全风险评估结果是制定、修订食品安全标准和对食品安全实施监督管理的科学依据。

食品安全风险评估结果得出食品不安全结论的，国务院质量监督、工商行政管理和国家食品药品监督管理部门应当依据各自职责立即采取相应措施，确保该食品停止生产经营，并告知消费者停止食用；需要制定、修订相关食品安全国家标准的，国务院卫生行政部门应当立即制定、修订。

第十七条 国务院卫生行政部门应当会同国务院有关部门，根据食品安全风险评估结果、食品安全监督管理信息，对食品安全状况进行综合分析。对经综合分析表明可能具有较高程度安全风险的食品，国务院卫生行政部门应当及时提出食品安全风险警示，并予以公布。

第三章　食品安全标准

第十八条　制定食品安全标准，应当以保障公众身体健康为宗旨，做到科学合理、安全可靠。

第十九条　食品安全标准是强制执行的标准。除食品安全标准外，不得制定其他的食品强制性标准。

第二十条　食品安全标准应当包括下列内容：

（一）食品、食品相关产品中的致病性微生物、农药残留、兽药残留、重金属、污染物质以及其他危害人体健康物质的限量规定；

（二）食品添加剂的品种、使用范围、用量；

（三）专供婴幼儿和其他特定人群的主辅食品的营养成分要求；

（四）对与食品安全、营养有关的标签、标识、说明书的要求；

（五）食品生产经营过程的卫生要求；

（六）与食品安全有关的质量要求；

（七）食品检验方法与规程；

（八）其他需要制定为食品安全标准的内容。

第二十一条　食品安全国家标准由国务院卫生行政部门负责制定、公布，国务院标准化行政部门提供国家标准编号。

食品中农药残留、兽药残留的限量规定及其检验方法与规程由国务院卫生行政部门、国务院农业行政部门制定。

屠宰畜、禽的检验规程由国务院有关主管部门会同国务院卫生行政部门制定。

有关产品国家标准涉及食品安全国家标准规定内容的，应当与食品安全国家标准相一致。

第二十二条　国务院卫生行政部门应当对现行的食用农产品质量安全标准、食品卫生标准、食品质量标准和有关食品的行业标准中强制执行的标准予以整合，统一公布为食品安全国家标准。

本法规定的食品安全国家标准公布前，食品生产经营者应当按照现行食用农产品质量安全标准、食品卫生标准、食品质量标准和有关食品的行业标准生产经营食品。

第二十三条　食品安全国家标准应当经食品安全国家标准审评委员会审查通过。食品安全国家标准审评委员会由医学、农业、食品、营养等方面的专家以及国务院有关部门的代表组成。

制定食品安全国家标准，应当依据食品安全风险评估结果并充分考虑食用农产品质量安全风险评估结果，参照相关的国际标准和国际食品安全风险评估结果，并广泛听取食品生产经营者和消费者的意见。

第二十四条　没有食品安全国家标准的，可以制定食品安全地方标准。

省、自治区、直辖市人民政府卫生行政部门组织制定食品安全地方标准，应当参照执行本法有关食品安全国家标准制定的规定，并报国务院卫生行政部门备案。

第二十五条 企业生产的食品没有食品安全国家标准或者地方标准的，应当制定企业标准，作为组织生产的依据。国家鼓励食品生产企业制定严于食品安全国家标准或者地方标准的企业标准。企业标准应当报省级卫生行政部门备案，在本企业内部适用。

第二十六条 食品安全标准应当供公众免费查阅。

第四章 食品生产经营

第二十七条 食品生产经营应当符合食品安全标准，并符合下列要求：

（一）具有与生产经营的食品品种、数量相适应的食品原料处理和食品加工、包装、贮存等场所，保持该场所环境整洁，并与有毒、有害场所以及其他污染源保持规定的距离；

（二）具有与生产经营的食品品种、数量相适应的生产经营设备或者设施，有相应的消毒、更衣、盥洗、采光、照明、通风、防腐、防尘、防蝇、防鼠、防虫、洗涤以及处理废水、存放垃圾和废弃物的设备或者设施；

（三）有食品安全专业技术人员、管理人员和保证食品安全的规章制度；

（四）具有合理的设备布局和工艺流程，防止待加工食品与直接入口食品、原料与成品交叉污染，避免食品接触有毒物、不洁物；

（五）餐具、饮具和盛放直接入口食品的容器，使用前应当洗净、消毒，炊具、用具用后应当洗净，保持清洁；

（六）贮存、运输和装卸食品的容器、工具和设备应当安全、无害，保持清洁，防止食品污染，并符合保证食品安全所需的温度等特殊要求，不得将食品与有毒、有害物品一同运输；

（七）直接入口的食品应当有小包装或者使用无毒、清洁的包装材料、餐具；

（八）食品生产经营人员应当保持个人卫生，生产经营食品时，应当将手洗净，穿戴清洁的工作衣、帽；销售无包装的直接入口食品时，应当使用无毒、清洁的售货工具；

（九）用水应当符合国家规定的生活饮用水卫生标准；

（十）使用的洗涤剂、消毒剂应当对人体安全、无害；

（十一）法律、法规规定的其他要求。

第二十八条 禁止生产经营下列食品：

（一）用非食品原料生产的食品或者添加食品添加剂以外的化学物质和其他可能危害人体健康物质的食品，或者用回收食品作为原料生产的食品；

（二）致病性微生物、农药残留、兽药残留、重金属、污染物质以及其他危害人体健康的物质含量超过食品安全标准限量的食品；

（三）营养成分不符合食品安全标准的专供婴幼儿和其他特定人群的主辅食品；

（四）腐败变质、油脂酸败、霉变生虫、污秽不洁、混有异物、掺假掺杂或者感官性状异常的食品；

（五）病死、毒死或者死因不明的禽、畜、兽、水产动物肉类及其制品；

（六）未经动物卫生监督机构检疫或者检疫不合格的肉类，或者未经检验或者检验不合格的肉类制品；

（七）被包装材料、容器、运输工具等污染的食品；

（八）超过保质期的食品；

（九）无标签的预包装食品；

（十）国家为防病等特殊需要明令禁止生产经营的食品；

（十一）其他不符合食品安全标准或者要求的食品。

第二十九条 国家对食品生产经营实行许可制度。从事食品生产、食品流通、餐饮服务，应当依法取得食品生产许可、食品流通许可、餐饮服务许可。

取得食品生产许可的食品生产者在其生产场所销售其生产的食品，不需要取得食品流通的许可；取得餐饮服务许可的餐饮服务提供者在其餐饮服务场所出售其制作加工的食品，不需要取得食品生产和流通的许可；农民个人销售其自产的食用农产品，不需要取得食品流通的许可。

食品生产加工小作坊和食品摊贩从事食品生产经营活动，应当符合本法规定的与其生产经营规模、条件相适应的食品安全要求，保证所生产经营的食品卫生、无毒、无害，有关部门应当对其加强监督管理，具体管理办法由省、自治区、直辖市人民代表大会常务委员会依照本法制定。

第三十条 县级以上地方人民政府鼓励食品生产加工小作坊改进生产条件；鼓励食品摊贩进入集中交易市场、店铺等固定场所经营。

第三十一条 县级以上质量监督、工商行政管理、食品药品监督管理部门应当依照《中华人民共和国行政许可法》的规定，审核申请人提交的本法第二十七条第一项至第四项规定要求的相关资料，必要时对申请人的生产经营场所进行现场核查；对符合规定条件的，决定准予许可；对不符合规定条件的，决定不予许可并书面说明理由。

第三十二条 食品生产经营企业应当建立健全本单位的食品安全管理制度，加强对职工食品安全知识的培训，配备专职或者兼职食品安全管理人员，做好对所生产经营食品的检验工作，依法从事食品生产经营活动。

第三十三条 国家鼓励食品生产经营企业符合良好生产规范要求，实施危害分析与关键控制点体系，提高食品安全管理水平。

对通过良好生产规范、危害分析与关键控制点体系认证的食品生产经营企业，认证机构应当依法实施跟踪调查；对不再符合认证要求的企业，应当依法撤销认证，及时向有关质量监督、工商行政管理、食品药品监督管理部门通报，并向社会公布。认证机构实施跟踪调查不收取任何费用。

第三十四条 食品生产经营者应当建立并执行从业人员健康管理制度。患有痢疾、伤寒、病毒性肝炎等消化道传染病的人员，以及患有活动性肺结核、化脓性或者渗出性皮肤病等有碍食品安全的疾病的人员，不得从事接触直接入口食品的工作。

食品生产经营人员每年应当进行健康检查，取得健康证明后方可参加工作。

第三十五条 食用农产品生产者应当依照食品安全标准和国家有关规定使用农药、肥料、生长调节剂、兽药、饲料和饲料添加剂等农业投入品。食用农产品的生产企业和农民专业合作经济组织应当建立食用农产品生产记录制度。

县级以上农业行政部门应当加强对农业投入品使用的管理和指导，建立健全农业投入品的安全使用制度。

第三十六条 食品生产者采购食品原料、食品添加剂、食品相关产品，应当查验供货者的许可证和产品合格证明文件；对无法提供合格证明文件的食品原料，应当依照食品安全标准进行检验；不得采购或者使用不符合食品安全标准的食品原料、食品添加剂、食品相关产品。

食品生产企业应当建立食品原料、食品添加剂、食品相关产品进货查验记录制度，如实记录食品原料、食品添加剂、食品相关产品的名称、规格、数量、供货者名称及联系方式、进货日期等内容。

食品原料、食品添加剂、食品相关产品进货查验记录应当真实，保存期限不得少于二年。

第三十七条 食品生产企业应当建立食品出厂检验记录制度，查验出厂食品的检验合格证和安全状况，并如实记录食品的名称、规格、数量、生产日期、生产批号、检验合格证号、购货者名称及联系方式、销售日期等内容。

食品出厂检验记录应当真实，保存期限不得少于二年。

第三十八条 食品、食品添加剂和食品相关产品的生产者，应当依照食品安全标准对所生产的食品、食品添加剂和食品相关产品进行检验，检验合格后方可出厂或者销售。

第三十九条 食品经营者采购食品，应当查验供货者的许可证和食品合格的证明文件。

食品经营企业应当建立食品进货查验记录制度，如实记录食品的名称、规格、数量、生产批号、保质期、供货者名称及联系方式、进货日期等内容。

食品进货查验记录应当真实，保存期限不得少于二年。

实行统一配送经营方式的食品经营企业，可以由企业总部统一查验供货者的许可证和食品合格的证明文件，进行食品进货查验记录。

第四十条 食品经营者应当按照保证食品安全的要求贮存食品，定期检查库存食品，及时清理变质或者超过保质期的食品。

第四十一条 食品经营者贮存散装食品，应当在贮存位置标明食品的名称、生产日期、保质期、生产者名称及联系方式等内容。

食品经营者销售散装食品，应当在散装食品的容器、外包装上标明食品的名称、生产日期、保质期、生产经营者名称及联系方式等内容。

第四十二条 预包装食品的包装上应当有标签。标签应当标明下列事项：

（一）名称、规格、净含量、生产日期；

（二）成分或者配料表；

（三）生产者的名称、地址、联系方式；

（四）保质期；

（五）产品标准代号；

（六）贮存条件；

（七）所使用的食品添加剂在国家标准中的通用名称；

（八）生产许可证编号；

（九）法律、法规或者食品安全标准规定必须标明的其他事项。

专供婴幼儿和其他特定人群的主辅食品，其标签还应当标明主要营养成分及其含量。

第四十三条 国家对食品添加剂的生产实行许可制度。申请食品添加剂生产许可的条件、程序，按照国家有关工业产品生产许可证管理的规定执行。

第四十四条 申请利用新的食品原料从事食品生产或者从事食品添加剂新品种、食品相关产品新品种生产活动的单位或者个人，应当向国务院卫生行政部门提交相关产品的安全性评估材料。国务院卫生行政部门应当自收到申请之日起六十日内组织对相关产品的安全性评估材料进行审查；对符合食品安全要求的，依法决定准予许可并予以公布；对不符合食品安全要求的，决定不予许可并书面说明理由。

第四十五条 食品添加剂应当在技术上确有必要且经过风险评估证明安全可靠，方可列入允许使用的范围。国务院卫生行政部门应当根据技术必要性和食品安全风险评估结果，及时对食品添加剂的品种、使用范围、用量的标准进行修订。

第四十六条 食品生产者应当依照食品安全标准关于食品添加剂的品种、使用范围、用量的规定使用食品添加剂；不得在食品生产中使用食品添加剂以外的化学物质和其他可能危害人体健康的物质。

第四十七条 食品添加剂应当有标签、说明书和包装。标签、说明书应当载明本法第四十二条第一款第一项至第六项、第八项、第九项规定的事项，以及食品添加剂的使用范围、用量、使用方法，并在标签上载明“食品添加剂”字样。

第四十八条 食品和食品添加剂的标签、说明书，不得含有虚假、夸大的内容，不得涉及疾病预防、治疗功能。生产者对标签、说明书上所载明的内容负责。

食品和食品添加剂的标签、说明书应当清楚、明显，容易辨识。

食品和食品添加剂与其标签、说明书所载明的内容不符的，不得上市销售。

第四十九条 食品经营者应当按照食品标签标示的警示标志、警示说明或者注意事项的要求，销售预包装食品。

第五十条 生产经营的食品中不得添加药品，但是可以添加按照传统既是食品又是中药材的物质。按照传统既是食品又是中药材的物质的目录由国务院卫生行政部门制定、公布。

第五十一条 国家对声称具有特定保健功能的食品实行严格监管。有关监督管理部门应当依法履职，承担责任。具体管理办法由国务院规定。

声称具有特定保健功能的食品不得对人体产生急性、亚急性或者慢性危害，其标签、说明书不得涉及疾病预防、治疗功能，内容必须真实，应当载明适宜人群、不适宜人群、功效成分或者标志性成分及其含量等；产品的功能和成分必须与标签、说明书相一致。

第五十二条 集中交易市场的开办者、柜台出租者和展销会举办者，应当审查入场食品经营者的许可证，明确入场食品经营者的食品安全管理责任，定期对入场食品经营者的经营环境和条件进行检查，发现食品经营者有违反本法规定的行为的，应当及时制止并立即报告所在地县级工商行政管理部门或者食品药品监督管理部门。

集中交易市场的开办者、柜台出租者和展销会举办者未履行前款规定义务，本市场发生食品安全事故的，应当承担连带责任。

第五十三条 国家建立食品召回制度。食品生产者发现其生产的食品不符合食品安全标准，应当立即停止生产，召回已经上市销售的食品，通知相关生产经营者和消费者，并记录召回和通知情况。

食品经营者发现其经营的食品不符合食品安全标准，应当立即停止经营，通知相关生产经营者和消费者，并记录停止经营和通知情况。食品生产者认为应当召回的，应当立即召回。

食品生产者应当对召回的食品采取补救、无害化处理、销毁等措施，并将食品召回和处理情况向县级以上质量监督部门报告。

食品生产经营者未依照本条规定召回或者停止经营不符合食品安全标准的食品的，县级以上质量监督、工商行政管理、食品药品监督管理部门可以责令其召回或者停止经营。

第五十四条　食品广告的内容应当真实合法，不得含有虚假、夸大的内容，不得涉及疾病预防、治疗功能。

食品安全监督管理部门或者承担食品检验职责的机构、食品行业协会、消费者协会不得以广告或者其他形式向消费者推荐食品。

第五十五条　社会团体或者其他组织、个人在虚假广告中向消费者推荐食品，使消费者的合法权益受到损害的，与食品生产经营者承担连带责任。

第五十六条　地方各级人民政府鼓励食品规模化生产和连锁经营、配送。

第五章　食品检验

第五十七条　食品检验机构按照国家有关认证认可的规定取得资质认定后，方可从事食品检验活动。但是，法律另有规定的除外。

食品检验机构的资质认定条件和检验规范，由国务院卫生行政部门规定。

本法施行前经国务院有关主管部门批准设立或者经依法认定的食品检验机构，可以依照本法继续从事食品检验活动。

第五十八条　食品检验由食品检验机构指定的检验人独立进行。

检验人应当依照有关法律、法规的规定，并依照食品安全标准和检验规范对食品进行检验，尊重科学，恪守职业道德，保证出具的检验数据和结论客观、公正，不得出具虚假的检验报告。

第五十九条　食品检验实行食品检验机构与检验人负责制。食品检验报告应当加盖食品检验机构公章，并有检验人的签名或者盖章。食品检验机构和检验人对出具的食品检验报告负责。

第六十条　食品安全监督管理部门对食品不得实施免检。

县级以上质量监督、工商行政管理、食品药品监督管理部门应当对食品进行定期或者不定期的抽样检验。进行抽样检验，应当购买抽取的样品，不收取检验费和其他任何费用。

县级以上质量监督、工商行政管理、食品药品监督管理部门在执法工作中需要对食品进行检验的，应当委托符合本法规定的食品检验机构进行，并支付相关费用。对检验结论有异议的，可以依法进行复检。

第六十一条　食品生产经营企业可以自行对所生产的食品进行检验，也可以委托符合本法规定的食品检验机构进行检验。

食品行业协会等组织、消费者需要委托食品检验机构对食品进行检验的，应当委托符合本法规定的食品检验机构进行。

第六章　食品进出口

第六十二条　进口的食品、食品添加剂以及食品相关产品应当符合我国食品安全国家标准。

进口的食品应当经出入境检验检疫机构检验合格后，海关凭出入境检验检疫机构签发的通关证明放行。

第六十三条　进口尚无食品安全国家标准的食品，或者首次进口食品添加剂新品种、食品相关产品新品种，进口商应当向国务院卫生行政部门提出申请并提交相关的安全性评估材料。国务院卫生行政部门依照本法第四十四条的规定作出是否准予许可的决定，并及时制定相应的食品安全国家标准。

第六十四条　境外发生的食品安全事件可能对我国境内造成影响，或者在进口食品中发现严重食品安全问题的，国家出入境检验检疫部门应当及时采取风险预警或者控制措施，并向国务院卫生行政、农业行政、工商行政管理和国家食品药品监督管理部门通报。接到通报的部门应当及时采取相应措施。

第六十五条　向我国境内出口食品的出口商或者代理商应当向国家出入境检验检疫部门备案。向我国境内出口食品的境外食品生产企业应当经国家出入境检验检疫部门注册。

国家出入境检验检疫部门应当定期公布已经备案的出口商、代理商和已经注册的境外食品生产企业名单。

第六十六条　进口的预包装食品应当有中文标签、中文说明书。标签、说明书应当符合本法以及我国其他有关法律、行政法规的规定和食品安全国家标准的要求，载明食品的原产地以及境内代理商的名称、地址、联系方式。预包装食品没有中文标签、中文说明书或者标签、说明书不符合本条规定的，不得进口。

第六十七条　进口商应当建立食品进口和销售记录制度，如实记录食品的名称、规格、数量、生产日期、生产或者进口批号、保质期、出口商和购货者名称及联系方式、交货日期等内容。

食品进口和销售记录应当真实，保存期限不得少于二年。

第六十八条　出口的食品由出入境检验检疫机构进行监督、抽检，海关凭出入境检验检疫机构签发的通关证明放行。

出口食品生产企业和出口食品原料种植、养殖场应当向国家出入境检验检疫部门备案。

第六十九条　国家出入境检验检疫部门应当收集、汇总进出口食品安全信息，并及时通报相关部门、机构和企业。

国家出入境检验检疫部门应当建立进出口食品的进口商、出口商和出口食品生产企业的信誉记录，并予以公布。对有不良记录的进口商、出口商和出口食品生产企业，应当加强对其进出口食品的检验检疫。

第七章　食品安全事故处置

第七十条　国务院组织制定国家食品安全事故应急预案。

县级以上地方人民政府应当根据有关法律、法规的规定和上级人民政府的食品安全事故应急预案以及本地区的实际情况，制定本行政区域的食品安全事故应急预案，并报上一级人民政府备案。

食品生产经营企业应当制定食品安全事故处置方案，定期检查本企业各项食品安全防范措施的落实情况，及时消除食品安全事故隐患。

第七十一条 发生食品安全事故的单位应当立即予以处置，防止事故扩大。事故发生单位和接收病人进行治疗的单位应当及时向事故发生地县级卫生行政部门报告。

农业行政、质量监督、工商行政管理、食品药品监督管理部门在日常监督管理中发现食品安全事故，或者接到有关食品安全事故的举报，应当立即向卫生行政部门通报。

发生重大食品安全事故的，接到报告的县级卫生行政部门应当按照规定向本级人民政府和上级人民政府卫生行政部门报告。县级人民政府和上级人民政府卫生行政部门应当按照规定上报。

任何单位或者个人不得对食品安全事故隐瞒、谎报、缓报，不得毁灭有关证据。

第七十二条 县级以上卫生行政部门接到食品安全事故的报告后，应当立即会同有关农业行政、质量监督、工商行政管理、食品药品监督管理部门进行调查处理，并采取下列措施，防止或者减轻社会危害：

（一）开展应急救援工作，对因食品安全事故导致人身伤害的人员，卫生行政部门应当立即组织救治；

（二）封存可能导致食品安全事故的食品及其原料，并立即进行检验；对确认属于被污染的食品及其原料，责令食品生产经营者依照本法第五十三条的规定予以召回、停止经营并销毁；

（三）封存被污染的食品用工具及用具，并责令进行清洗消毒；

（四）做好信息发布工作，依法对食品安全事故及其处理情况进行发布，并对可能产生的危害加以解释、说明。

发生重大食品安全事故的，县级以上人民政府应当立即成立食品安全事故处置指挥机构，启动应急预案，依照前款规定进行处置。

第七十三条 发生重大食品安全事故，设区的市级以上人民政府卫生行政部门应当立即会同有关部门进行事故责任调查，督促有关部门履行职责，向本级人民政府提出事故责任调查处理报告。

重大食品安全事故涉及两个以上省、自治区、直辖市的，由国务院卫生行政部门依照前款规定组织事故责任调查。

第七十四条 发生食品安全事故，县级以上疾病预防控制机构应当协助卫生行政部门和有关部门对事故现场进行卫生处理，并对与食品安全事故有关的因素开展流行病学调查。

第七十五条 调查食品安全事故，除了查明事故单位的责任，还应当查明负有监督管理和认证职责的监督管理部门、认证机构的工作人员失职、渎职情况。

第八章 监督管理

第七十六条 县级以上地方人民政府组织本级卫生行政、农业行政、质量监督、工商行政管理、食品药品监督管理部门制定本行政区域的食品安全年度监督管理计划，并按照年度计划组织开展工作。

第七十七条 县级以上质量监督、工商行政管理、食品药品监督管理部门履行各自食品安全监督管理职责，有权采取下列措施：

（一）进入生产经营场所实施现场检查；

（二）对生产经营的食品进行抽样检验；

（三）查阅、复制有关合同、票据、账簿以及其他有关资料；

（四）查封、扣押有证据证明不符合食品安全标准的食品，违法使用的食品原料、食品添加剂、食品相关产品，以及用于违法生产经营或者被污染的工具、设备；

（五）查封违法从事食品生产经营活动的场所。

县级以上农业行政部门应当依照《中华人民共和国农产品质量安全法》规定的职责，对食用农产品进行监督管理。

第七十八条 县级以上质量监督、工商行政管理、食品药品监督管理部门对食品生产经营者进行监督检查，应当记录监督检查的情况和处理结果。监督检查记录经监督检查人员和食品生产经营者签字后归档。

第七十九条 县级以上质量监督、工商行政管理、食品药品监督管理部门应当建立食品生产经营者食品安全信用档案，记录许可颁发、日常监督检查结果、违法行为查处等情况；根据食品安全信用档案的记录，对有不良信用记录的食品生产经营者增加监督检查频次。

第八十条 县级以上卫生行政、质量监督、工商行政管理、食品药品监督管理部门接到咨询、投诉、举报，对属于本部门职责的，应当受理，并及时进行答复、核实、处理；对不属于本部门职责的，应当书面通知并移交有权处理的部门处理。有权处理的部门应当及时处理，不得推诿；属于食品安全事故的，依照本法第七章有关规定进行处置。

第八十一条 县级以上卫生行政、质量监督、工商行政管理、食品药品监督管理部门应当按照法定权限和程序履行食品安全监督管理职责；对生产经营者的同一违法行为，不得给予二次以上罚款的行政处罚；涉嫌犯罪的，应当依法向公安机关移送。

第八十二条 国家建立食品安全信息统一公布制度。下列信息由国务院卫生行政部门统一公布：

（一）国家食品安全总体情况；

（二）食品安全风险评估信息和食品安全风险警示信息；

（三）重大食品安全事故及其处理信息；

（四）其他重要的食品安全信息和国务院确定的需要统一公布的信息。

前款第二项、第三项规定的信息，其影响限于特定区域的，也可以由有关省、自治区、直辖市人民政府卫生行政部门公布。县级以上农业行政、质量监督、工商行政管理、食品药品监督管理部门依据各自职责公布食品安全日常监督管理信息。

食品安全监督管理部门公布信息，应当做到准确、及时、客观。

第八十三条 县级以上地方卫生行政、农业行政、质量监督、工商行政管理、食品药品监督管理部门获知本法第八十二条第一款规定的需要统一公布的信息，应当向上级主管部门报告，由上级主管部门立即报告国务院卫生行政部门；必要时，可以直接向国务院卫生行政部门报告。

县级以上卫生行政、农业行政、质量监督、工商行政管理、食品药品监督管理部门应当相互通报获知的食品安全信息。

第九章　法律责任

第八十四条　违反本法规定，未经许可从事食品生产经营活动，或者未经许可生产食品添加剂的，由有关主管部门按照各自职责分工，没收违法所得、违法生产经营的食品、食品添加剂和用于违法生产经营的工具、设备、原料等物品；违法生产经营的食品、食品添加剂货值金额不足10000元的，并处2000元以上50000元以下罚款；货值金额10000元以上的，并处货值金额5倍以上10倍以下罚款。

第八十五条　违反本法规定，有下列情形之一的，由有关主管部门按照各自职责分工，没收违法所得、违法生产经营的食品和用于违法生产经营的工具、设备、原料等物品；违法生产经营的食品货值金额不足10000元的，并处2000元以上50000元以下罚款；货值金额10000元以上的，并处货值金额5倍以上10倍以下罚款；情节严重的，吊销许可证：

（一）用非食品原料生产食品或者在食品中添加食品添加剂以外的化学物质和其他可能危害人体健康的物质，或者用回收食品作为原料生产食品；

（二）生产经营致病性微生物、农药残留、兽药残留、重金属、污染物质以及其他危害人体健康的物质含量超过食品安全标准限量的食品；

（三）生产经营营养成分不符合食品安全标准的专供婴幼儿和其他特定人群的主辅食品；

（四）经营腐败变质、油脂酸败、霉变生虫、污秽不洁、混有异物、掺假掺杂或者感官性状异常的食品；

（五）经营病死、毒死或者死因不明的禽、畜、兽、水产动物肉类，或者生产经营病死、毒死或者死因不明的禽、畜、兽、水产动物肉类的制品；

（六）经营未经动物卫生监督机构检疫或者检疫不合格的肉类，或者生产经营未经检验或者检验不合格的肉类制品；

（七）经营超过保质期的食品；

（八）生产经营国家为防病等特殊需要明令禁止生产经营的食品；

（九）利用新的食品原料从事食品生产或者从事食品添加剂新品种、食品相关产品新品种生产，未经过安全性评估；

（十）食品生产经营者在有关主管部门责令其召回或者停止经营不符合食品安全标准的食品后，仍拒不召回或者停止经营的。

第八十六条　违反本法规定，有下列情形之一的，由有关主管部门按照各自职责分工，没收违法所得、违法生产经营的食品和用于违法生产经营的工具、设备、原料等物品；违法生产经营的食品货值金额不足10000元的，并处2000元以上50000元以下罚款；货值金额10000元以上的，并处货值金额2倍以上5倍以下罚款；情节严重的，责令停产停业，直至吊销许可证：

（一）经营被包装材料、容器、运输工具等污染的食品；

（二）生产经营无标签的预包装食品、食品添加剂或者标签、说明书不符合本法规定的食品、食品添加剂；

（三）食品生产者采购、使用不符合食品安全标准的食品原料、食品添加剂、食品相关产品；

（四）食品生产经营者在食品中添加药品。

第八十七条 违反本法规定，有下列情形之一的，由有关主管部门按照各自职责分工，责令改正，给予警告；拒不改正的，处2000元以上20000元以下罚款；情节严重的，责令停产停业，直至吊销许可证：

（一）未对采购的食品原料和生产的食品、食品添加剂、食品相关产品进行检验；

（二）未建立并遵守查验记录制度、出厂检验记录制度；

（三）制定食品安全企业标准未依照本法规定备案；

（四）未按规定要求贮存、销售食品或者清理库存食品；

（五）进货时未查验许可证和相关证明文件；

（六）生产的食品、食品添加剂的标签、说明书涉及疾病预防、治疗功能；

（七）安排患有本法第三十四条所列疾病的人员从事接触直接入口食品的工作。

第八十八条 违反本法规定，事故单位在发生食品安全事故后未进行处置、报告的，由有关主管部门按照各自职责分工，责令改正，给予警告；毁灭有关证据的，责令停产停业，并处2000元以上100000元以下罚款；造成严重后果的，由原发证部门吊销许可证。

第八十九条 违反本法规定，有下列情形之一的，依照本法第八十五条的规定给予处罚：

（一）进口不符合我国食品安全国家标准的食品；

（二）进口尚无食品安全国家标准的食品，或者首次进口食品添加剂新品种、食品相关产品新品种，未经过安全性评估；

（三）出口商未遵守本法的规定出口食品。

违反本法规定，进口商未建立并遵守食品进口和销售记录制度的，依照本法第八十七条的规定给予处罚。

第九十条 违反本法规定，集中交易市场的开办者、柜台出租者、展销会的举办者允许未取得许可的食品经营者进入市场销售食品，或者未履行检查、报告等义务的，由有关主管部门按照各自职责分工，处2000元以上50000元以下罚款；造成严重后果的，责令停业，由原发证部门吊销许可证。

第九十一条 违反本法规定，未按照要求进行食品运输的，由有关主管部门按照各自职责分工，责令改正，给予警告；拒不改正的，责令停产停业，并处2000元以上50000元以下罚款；情节严重的，由原发证部门吊销许可证。

第九十二条 被吊销食品生产、流通或者餐饮服务许可证的单位，其直接负责的主管人员自处罚决定作出之日起五年内不得从事食品生产经营管理工作。

食品生产经营者聘用不得从事食品生产经营管理工作的人员从事管理工作的，由原发证部门吊销许可证。

第九十三条 违反本法规定，食品检验机构、食品检验人员出具虚假检验报告的，由授予其资质的主管部门或者机构撤销该检验机构的检验资格；依法对检验机构直接负责的主管人员和食品检验人员给予撤职或者开除的处分。

违反本法规定，受到刑事处罚或者开除处分的食品检验机构人员，自刑罚执行完毕或者处分决定作出之日起十年内不得从事食品检验工作。食品检验机构聘用不得从事食品检验工作的人员的，由授予其资质的主管部门或者机构撤销该检验机构的检验资格。

第九十四条 违反本法规定，在广告中对食品质量作虚假宣传，欺骗消费者的，依照《中华人民共和国广告法》的规定给予处罚。

违反本法规定，食品安全监督管理部门或者承担食品检验职责的机构、食品行业协会、消费者协会以广告或者其他形式向消费者推荐食品的，由有关主管部门没收违法所得，依法对直接负责的主管人员和其他直接责任人员给予行政记大过、降级或者撤职的处分。

第九十五条 违反本法规定，县级以上地方人民政府在食品安全监督管理中未履行职责，本行政区域出现重大食品安全事故、造成严重社会影响的，依法对直接负责的主管人员和其他直接责任人员给予行政记大过、降级、撤职或者开除的处分。

违反本法规定，县级以上卫生行政、农业行政、质量监督、工商行政管理、食品药品监督管理部门或者其他有关行政部门不履行本法规定的职责或者滥用职权、玩忽职守、徇私舞弊的，依法对直接负责的主管人员和其他直接责任人员给予行政记大过或者降级的处分；造成严重后果的，给予撤职或者开除的处分；其主要负责人应当引咎辞职。

第九十六条 违反本法规定，造成人身、财产或者其他损害的，依法承担赔偿责任。

生产不符合食品安全标准的食品或者销售明知是不符合食品安全标准的食品，消费者除要求赔偿损失外，还可以向生产者或者销售者要求支付价款十倍的赔偿金。

第九十七条 违反本法规定，应当承担民事赔偿责任和缴纳罚款、罚金，其财产不足以同时支付时，先承担民事赔偿责任。

第九十八条 违反本法规定，构成犯罪的，依法追究刑事责任。

第十章 附则

第九十九条 本法下列用语的含义：

食品，指各种供人食用或者饮用的成品和原料以及按照传统既是食品又是药品的物品，但是不包括以治疗为目的的物品。

食品安全，指食品无毒、无害，符合应当有的营养要求，对人体健康不造成任何急性、亚急性或者慢性危害。

预包装食品，指预先定量包装或者制作在包装材料和容器中的食品。

食品添加剂，指为改善食品品质和色、香、味以及为防腐、保鲜和加工工艺的需要而加入食品中的人工合成或者天然物质。

用于食品的包装材料和容器，指包装、盛放食品或者食品添加剂用的纸、竹、木、金属、搪瓷、陶瓷、塑料、橡胶、天然纤维、化学纤维、玻璃等制品和直接接触食品或者食品添加剂的涂料。

用于食品生产经营的工具、设备，指在食品或者食品添加剂生产、流通、使用过程中直接接触食品或者食品添加剂的机械、管道、传送带、容器、用具、餐具等。

用于食品的洗涤剂、消毒剂，指直接用于洗涤或者消毒食品、餐饮具以及直接接触食品的工具、设备或者食品包装材料和容器的物质。

保质期，指预包装食品在标签指明的贮存条件下保持品质的期限。

食源性疾病，指食品中致病因素进入人体引起的感染性、中毒性等疾病。

食物中毒，指食用了被有毒有害物质污染的食品或者食用了含有毒有害物质的食品后出现的急性、亚急性疾病。

食品安全事故，指食物中毒、食源性疾病、食品污染等源于食品，对人体健康有危害或者可能有危害的事故。

第一百条 食品生产经营者在本法施行前已经取得相应许可证的，该许可证继续有效。

第一百零一条 乳品、转基因食品、生猪屠宰、酒类和食盐的食品安全管理，适用本法；法律、行政法规另有规定的，依照其规定。

第一百零二条 铁路运营中食品安全的管理办法由国务院卫生行政部门会同国务院有关部门依照本法制定。

军队专用食品和自供食品的食品安全管理办法由中央军事委员会依照本法制定。

第一百零三条 国务院根据实际需要，可以对食品安全监督管理体制作出调整。

第一百零四条 本法自2009年6月1日起施行。《中华人民共和国食品卫生法》同时废止。

十四、动物产地检疫规程

（一）生猪产地检疫规程

1. 适用范围

本规程规定了生猪（含人工饲养的野猪）产地检疫的检疫对象、检疫合格标准、检疫程序、检疫结果处理和检疫记录。

本规程适用于中华人民共和国境内生猪的产地检疫及省内调运种猪的产地检疫。

合法捕获的野猪的产地检疫参照本规程执行。

2. 检疫对象

口蹄疫、猪瘟、高致病性猪蓝耳病、炭疽、猪丹毒、猪肺疫。

3. 检疫合格标准

3.1 来自非封锁区或未发生相关动物疫情的饲养场（养殖小区）、养殖户。

3.2 按照国家规定进行了强制免疫，并在有效保护期内。

3.3 养殖档案相关记录和畜禽标识符合规定。

3.4 临床检查健康。

3.5 本规程规定需进行实验室疫病检测的，检测结果合格。

3.6 省内调运的种猪须符合种用动物健康标准；省内调运精液、胚胎的，其供体动物须符合种用动物健康标准。

4. 检疫程序

4.1 申报受理。动物卫生监督机构在接到检疫申报后，根据当地相关动物疫情情况，决定是否予以受理。受理的，应当及时派出官方兽医到现场或到指定地点实施检疫；不予受理的，应说明理由。

4.2 查验资料及畜禽标识

4.2.1 官方兽医应查验饲养场（养殖小区）《动物防疫条件合格证》和养殖档案，了解生产、免疫、监测、诊疗、消毒、无害化处理等情况，确认饲养场（养殖小区）6个月内未发生相关动物疫病，确认生猪已按国家规定进行强制免疫，并在有效保护期内。省内调运种猪的，还应查验《种畜禽生产经营许可证》。

4.2.2 官方兽医应查验散养户防疫档案，确认生猪已按国家规定进行强制免疫，并在有效保护期内。

4.2.3 官方兽医应查验生猪畜禽标识加施情况，确认其佩戴的畜禽标识与相关档案记录相符。

4.3 临床检查

4.3.1 检查方法

4.3.1.1 群体检查。从静态、动态和食态等方面进行检查。主要检查生猪群体精神状况、外貌、呼吸状态、运动状态、饮水饮食情况及排泄物状态等。

4.3.1.2 个体检查。通过视诊、触诊和听诊等方法进行检查。主要检查生猪个体精神状况、体温、呼吸、皮肤、被毛、可视黏膜、胸廓、腹部及体表淋巴结，排泄动作及排泄物性状等。

4.3.2 检查内容

4.3.2.1 出现发热、精神不振、食欲减退、流涎；蹄冠、蹄叉、蹄踵部出现水疱，水疱破裂后表面出血，形成暗红色烂斑，感染造成化脓、坏死、蹄壳脱落，卧地不起；鼻盘、口腔黏膜、舌、乳房出现水疱和糜烂等症状的，怀疑感染口蹄疫。

4.3.2.2 出现高热、倦怠、食欲不振、精神委顿、弓腰、腿软、行动缓慢；间有呕吐，便秘腹泻交替；可视黏膜充血、出血或有不正常分泌物、发绀；鼻、唇、耳、下颌、四肢、腹下、外阴等多处皮肤点状出血，指压不褪色等症状的，怀疑感染猪瘟。

4.3.2.3 出现高热；眼结膜炎、眼睑水肿；咳嗽、气喘、呼吸困难；耳朵、四肢末梢和腹部皮肤发绀；偶见后躯无力、不能站立或共济失调等症状的，怀疑感染高致病性猪蓝耳病。

4.3.2.4 出现高热稽留；呕吐；结膜充血；粪便干硬呈粟状，附有黏液，下痢；皮肤有红斑、疹块，指压褪色等症状的，怀疑感染猪丹毒。

4.3.2.5 出现高热；呼吸困难，继而哮喘，口鼻流出泡沫或清液；颈下咽喉部急性肿大、变红、高热、坚硬；腹侧、耳根、四肢内侧皮肤出现红斑，指压褪色等症状的，怀疑感染猪肺疫。

4.3.2.6 咽喉、颈、肩胛、胸、腹、乳房及阴囊等局部皮肤出现红肿热痛，坚硬肿块，继而肿块变冷，无痛感，最后中央坏死形成溃疡；颈部、前胸出现急性红肿，呼吸困难、咽喉变窄，窒息死亡等症状的，怀疑感染炭疽。

4.4 实验室检测

4.4.1 对怀疑患有本规程规定疫病及临床检查发现其他异常情况的，应按相应疫病防治技术规范进行实验室检测。

4.4.2 实验室检测须由省级动物卫生监督机构指定的具有资质的实验室承担，并出具检测报告。

4.4.3 省内调运的种猪可参照《跨省调运种用、乳用动物产地检疫规程》进行实验室检测，并提供相应检测报告。

5. 检疫结果处理

5.1 经检疫合格的，出具《动物检疫合格证明》。

5.2 经检疫不合格的，出具《检疫处理通知单》，并按照有关规定处理。

5.2.1 临床检查发现患有本规程规定动物疫病的，扩大抽检数量并进行实验室检测。

5.2.2 发现患有本规程规定检疫对象以外动物疫病，影响动物健康的，应按规定采取相应防疫措施。

5.2.3 发现不明原因死亡或怀疑为重大动物疫情的，应按照《动物防疫法》《重大动物疫情应急条例》和《动物疫情报告管理办法》的有关规定处理。

5.2.4 病死动物应在动物卫生监督机构监督下，由畜主按照《病害动物和病害动物产品生物安全处理规程》（GB 16548—2006）规定处理。

5.3 生猪启运前，动物卫生监督机构须监督畜主或承运人对运载工具进行有效消毒。

6. 检疫记录

6.1 检疫申报单。动物卫生监督机构须指导畜主填写检疫申报单。

6.2 检疫工作记录。官方兽医须填写检疫工作记录，详细登记畜主姓名、地址、检疫申报时间、检疫时间、检疫地点、检疫动物种类、数量及用途、检疫处理、检疫证明编号等，并由畜主签名。

6.3 检疫申报单和检疫工作记录应保存12个月以上。

（二）反刍动物产地检疫规程

1. 适用范围

本规程规定了反刍动物（含人工饲养的同种野生动物）产地检疫的检疫范围、检疫对象、检疫合格标准、检疫程序、检疫结果处理和检疫记录。

本规程适用于中华人民共和国境内反刍动物的产地检疫及省内调运种用、乳用反刍动物的产地检疫。

合法捕获的同种野生动物的产地检疫参照本规程执行。

2. 检疫范围及对象

2.1 检疫范围

牛、羊、鹿、骆驼。

2.2 检疫对象

2.2.1 牛：口蹄疫、布鲁氏菌病、牛结核病、炭疽、牛传染性胸膜肺炎。

2.2.2 羊：口蹄疫、布鲁氏菌病、绵羊痘和山羊痘、小反刍兽疫、炭疽。

2.2.3 鹿：口蹄疫、布鲁氏菌病、结核病。

2.2.4 骆驼：口蹄疫、布鲁氏菌病、结核病。

3. 检疫合格标准

3.1 来自非封锁区或未发生相关动物疫情的饲养场（养殖小区）、养殖户。

3.2 按照国家规定进行强制免疫，并在有效保护期内。

3.3 养殖档案相关记录和畜禽标识符合规定。

3.4 临床检查健康。

3.5　本规程规定需进行实验室疫病检测的，检测结果合格。

3.6　省内调运的种用、乳用反刍动物须符合相应动物健康标准；省内调运种用、乳用反刍动物精液、胚胎的，其供体动物须符合相应动物健康标准。

4. 检疫程序

4.1　申报受理。动物卫生监督机构在接到检疫申报后，根据当地相关动物疫情情况，决定是否予以受理。受理的，应当及时派出官方兽医到现场或到指定地点实施检疫；不予受理的，应说明理由。

4.2　查验资料及畜禽标识

4.2.1　官方兽医应查验饲养场（养殖小区）《动物防疫条件合格证》和养殖档案，了解生产、免疫、监测、诊疗、消毒、无害化处理等情况，确认饲养场（养殖小区）6个月内未发生相关动物疫病，确认动物已按国家规定进行强制免疫，并在有效保护期内。省内调运种用、乳用反刍动物的，还应查验《种畜禽生产经营许可证》。

4.2.2　官方兽医应查验散养户防疫档案，确认动物已按国家规定进行强制免疫，并在有效保护期内。

4.2.3　官方兽医应查验动物畜禽标识加施情况，确认所佩戴畜禽标识与相关档案记录相符。

4.3　临床检查

4.3.1　检查方法

4.3.1.1　群体检查。从静态、动态和食态等方面进行检查。主要检查动物群体精神状况、外貌、呼吸状态、运动状态、饮水饮食、反刍状态、排泄物状态等。

4.3.1.2　个体检查。通过视诊、触诊、听诊等方法进行检查。主要检查动物个体精神状况、体温、呼吸、皮肤、被毛、可视黏膜、胸廓、腹部及体表淋巴结，排泄动作及排泄物性状等。

4.3.2　检查内容

4.3.2.1　出现发热、精神不振、食欲减退、流涎；蹄冠、蹄叉、蹄踵部出现水疱，水疱破裂后表面出血，形成暗红色烂斑，感染造成化脓、坏死、蹄壳脱落，卧地不起；鼻盘、口腔黏膜、舌、乳房出现水疱和糜烂等症状的，怀疑感染口蹄疫。

4.3.2.2　孕畜出现流产、死胎或产弱胎，生殖道炎症、胎衣滞留，持续排出污灰色或棕红色恶露以及乳房炎症状；公畜发生睾丸炎或关节炎、滑膜囊炎，偶见阴茎红肿，睾丸和附睾肿大等症状的，怀疑感染布鲁氏菌病。

4.3.2.3　出现渐进性消瘦，咳嗽，个别可见顽固性腹泻，粪中混有黏液状脓汁；奶牛偶见乳房淋巴结肿大等症状的，怀疑感染结核病。

4.3.2.4　出现高热、呼吸增速、心跳加快；食欲废绝，偶见瘤胃膨胀，可视黏膜紫绀，突然倒毙；天然孔出血、血凝不良呈煤焦油样、尸僵不全；体表、直肠、口腔黏膜等处发生炭疽痈等症状的，怀疑感染炭疽。

4.3.2.5　羊出现突然发热、呼吸困难或咳嗽，分泌黏脓性卡他性鼻液，口腔内膜充血、糜烂，齿龈出血，严重腹泻或下痢，母羊流产等症状的，怀疑感染小反刍兽疫。

4.3.2.6　羊出现体温升高、呼吸加快；皮肤、黏膜上出现痘疹，由红斑到丘疹，突出皮肤表面，遇化脓菌感染则形成脓疱继而破溃结痂等症状的，怀疑感染绵羊痘或山羊痘。

4.3.2.7 出现高热稽留、呼吸困难、鼻翼扩张、咳嗽；可视黏膜发绀，胸前和肉垂水肿；腹泻和便秘交替发生，厌食、消瘦、流涕或口流白沫等症状的，怀疑感染传染性胸膜肺炎。

4.4 实验室检测

4.4.1 对怀疑患有本规程规定疫病及临床检查发现其他异常情况的，应按相应疫病防治技术规范进行实验室检测。

4.4.2 实验室检测须由省级动物卫生监督机构指定的具有资质的实验室承担，并出具检测报告。

4.4.3 省内调运的种用、乳用动物可参照《跨省调运种用、乳用动物产地检疫规程》进行实验室检测，并提供相应检测报告。

5. 检疫结果处理

5.1 经检疫合格的，出具《动物检疫合格证明》。

5.2 经检疫不合格的，出具《检疫处理通知单》，并按照有关规定处理。

5.2.1 临床检查发现患有本规程规定动物疫病的，扩大抽检数量并进行实验室检测。

5.2.2 发现患有本规程规定检疫对象以外动物疫病，影响动物健康的，应按规定采取相应防疫措施。

5.2.3 发现不明原因死亡或怀疑为重大动物疫情的，应按照《动物防疫法》《重大动物疫情应急条例》和《动物疫情报告管理办法》的有关规定处理。

5.2.4 病死动物应在动物卫生监督机构监督下，由畜主按照《病害动物和病害动物产品生物安全处理规程》（GB 16548—2006）规定处理。

5.3 动物启运前，动物卫生监督机构须监督畜主或承运人对运载工具进行有效消毒。

6. 检疫记录

6.1 检疫申报单。动物卫生监督机构须指导畜主填写检疫申报单。

6.2 检疫工作记录。官方兽医须填写检疫工作记录，详细登记畜主姓名、地址、检疫申报时间、检疫时间、检疫地点、检疫动物种类、数量及用途、检疫处理、检疫证明编号等，并由畜主签名。

6.3 检疫申报单和检疫工作记录应保存12个月以上。

（三）家禽产地检疫规程

1. 适用范围

本规程规定了家禽（含人工饲养的同种野禽）产地检疫的检疫对象、检疫合格标准、检疫程序、检疫结果处理和检疫记录。

本规程适用于中华人民共和国境内家禽的产地检疫及省内调运种禽或种蛋的产地检疫。

合法捕获的同种野禽的产地检疫参照本规程执行。

2. 检疫对象

高致病性禽流感、新城疫、鸡传染性喉气管炎、鸡传染性支气管炎、鸡传染性法氏囊病、马立克氏病、禽痘、鸭瘟、小鹅瘟、鸡白痢、鸡球虫病。

3. 检疫合格标准

3.1 来自非封锁区或未发生相关动物疫情的饲养场（养殖小区）、养殖户。

3.2 按国家规定进行了强制免疫，并在有效保护期内。

3.3 养殖档案相关记录符合规定。

3.4 临床检查健康。

3.5 本规程规定需进行实验室检测的，检测结果合格。

3.6 省内调运的种禽须符合种用动物健康标准；省内调运种蛋的，其供体动物须符合种用动物健康标准。

4. 检疫程序

4.1 申报受理。动物卫生监督机构在接到检疫申报后，根据当地相关动物疫情情况，决定是否予以受理。受理的，应当及时派官方兽医到现场或到指定地点实施检疫；不予受理的，应说明理由。

4.2 查验资料

4.2.1 官方兽医应查验饲养场（养殖小区）《动物防疫条件合格证》和养殖档案，了解生产、免疫、监测、诊疗、消毒、无害化处理等情况，确认饲养场（养殖小区）6个月内未发生相关动物疫病，确认禽只已按国家规定进行强制免疫，并在有效保护期内。省内调运种禽或种蛋的，还应查验《种畜禽生产经营许可证》。

4.2.2 官方兽医应查验散养户防疫档案，确认禽只已按国家规定进行强制免疫，并在有效保护期内。

4.3 临床检查

4.3.1 检查方法

4.3.1.1 群体检查。从静态、动态和食态等方面进行检查。主要检查禽群精神状况、外貌、呼吸状态、运动状态、饮水饮食及排泄物状态等。

4.3.1.2 个体检查。通过视诊、触诊、听诊等方法检查家禽个体精神状况、体温、呼吸、羽毛、天然孔、冠、髯、爪、粪、触摸嗉囊内容物性状等。

4.3.2 检查内容

4.3.2.1 禽只出现突然死亡、死亡率高；病禽极度沉郁，头部和眼睑部水肿，鸡冠发绀、脚鳞出血和神经紊乱；鸭鹅等水禽出现明显神经症状、腹泻，角膜炎、甚至失明等症状的，怀疑感染高致病性禽流感。

4.3.2.2 出现体温升高、食欲减退、神经症状；缩颈闭眼、冠髯暗紫；呼吸困难；口腔和鼻腔分泌物增多，嗉囊肿胀；下痢；产蛋减少或停止；少数禽突然发病，无任何症状而死亡等症状的，怀疑感染新城疫。

4.3.2.3 出现呼吸困难、咳嗽；停止产蛋，或产薄壳蛋、畸形蛋、褪色蛋等症状的，怀疑感染鸡传染性支气管炎。

4.3.2.4 出现呼吸困难、伸颈呼吸，发出咯咯声或咳嗽声；咳出血凝块等症状的，怀疑感染鸡传染性喉气管炎。

4.3.2.5 出现下痢，排浅白色或淡绿色稀粪，肛门周围的羽毛被粪污染或沾污泥土；饮水减少、食欲减退；消瘦、畏寒；步态不稳、精神委顿、头下垂、眼睑闭合；羽毛无光泽等症状的，怀疑感染鸡传染性法氏囊病。

4.3.2.6　出现食欲减退、消瘦、腹泻、体重迅速减轻，死亡率较高；运动失调、劈叉姿势；虹膜褪色、单侧或双眼灰白色混浊所致的白眼病或瞎眼；颈、背、翅、腿和尾部形成大小不一的结节及瘤状物等症状的，怀疑感染马立克氏病。

4.3.2.7　出现食欲减退或废绝、畏寒，尖叫；排乳白色稀薄黏腻粪便，肛门周围污秽；闭眼呆立、呼吸困难；偶见共济失调、运动失衡，肢体麻痹等神经症状的，怀疑感染鸡白痢。

4.3.2.8　出现体温升高；食欲减退或废绝、翅下垂、脚无力，共济失调、不能站立；眼流浆性或脓性分泌物，眼睑肿胀或头颈浮肿；绿色下痢，衰竭虚脱等症状的，怀疑感染鸭瘟。

4.3.2.9　出现突然死亡；精神委靡、倒地两脚划动，迅速死亡；厌食、嗉囊松软，内有大量液体和气体；排灰白或淡黄绿色混有气泡的稀粪；呼吸困难，鼻端流出浆性分泌物，喙端色泽变暗等症状的，怀疑感染小鹅瘟。

4.3.2.10　出现冠、肉髯和其他无羽毛部位发生大小不等的疣状块，皮肤增生性病变；口腔、食道、喉或气管黏膜出现白色节结或黄色白喉膜病变等症状的，怀疑感染禽痘。

4.3.2.11　出现精神沉郁、羽毛松乱、不喜活动、食欲减退、逐渐消瘦；泄殖腔周围羽毛被稀粪沾污；运动失调、足和翅发生轻瘫；嗉囊内充满液体，可视黏膜苍白；排水样稀粪、棕红色粪便、血便、间歇性下痢；群体均匀度差，产蛋下降等症状的，怀疑感染鸡球虫病。

4.4　实验室检测

4.4.1　对怀疑患有本规程规定疫病及临床检查发现其他异常情况的，应按相应疫病防治技术规范进行实验室检测。

4.4.2　实验室检测须由省级动物卫生监督机构指定的具有资质的实验室承担，并出具检测报告。

4.4.3　省内调运的种禽或种蛋可参照《跨省调运种禽产地检疫规程》进行实验室检测，并提供相应检测报告。

5. 检疫结果处理

5.1　经检疫合格的，出具《动物检疫合格证明》。

5.2　经检疫不合格的，出具《检疫处理通知单》，并按照有关规定处理。

5.2.1　临床检查发现患有本规程规定动物疫病的，扩大抽检数量并进行实验室检测。

5.2.2　发现患有本规程规定检疫对象以外动物疫病，影响动物健康的，应按规定采取相应防疫措施。

5.2.3　发现不明原因死亡或怀疑为重大动物疫情的，应按照《动物防疫法》《重大动物疫情应急条例》和《动物疫情报告管理办法》的有关规定处理。

5.2.4　病死禽只应在动物卫生监督机构监督下，由畜主按照《病害动物和病害动物产品生物安全处理规程》（GB 16548—2006）规定处理。

5.3　禽只启运前，动物卫生监督机构须监督畜主或承运人对运载工具进行有效消毒。

6. 检疫记录

6.1　检疫申报单。动物卫生监督机构须指导畜主填写检疫申报单。

6.2　检疫工作记录。官方兽医须填写检疫工作记录，详细登记畜住姓名、地址、检疫申报时间、检疫时间、检疫地点、检疫动物种类、数量及用途、检疫处理、检疫证明编号等，并由畜主签名。

6.3　检疫申报单和检疫工作记录应保存12个月以上。

（四）马属动物产地检疫规程

1. 适用范围

本规程规定了马属动物（含人工饲养的同种野生马属动物）产地检疫的检疫对象、检疫合格标准、检疫程序、检疫结果处理和检疫记录。

本规程适用于中华人民共和国境内马属动物的产地检疫。

合法捕获的同种野生动物的产地检疫参照本规程执行。

2. 检疫对象

马传染性贫血病、马流行性感冒、马鼻疽、马鼻腔肺炎。

3. 检疫合格标准

3.1　来自非封锁区或未发生动物疫情的饲养场（养殖小区）、养殖户。

3.2　按照国家规定进行免疫，并在有效保护期内。

3.3　养殖档案相关记录符合规定。

3.4　临床检查健康。

3.5　本规程规定需进行实验室检测的，检测结果合格。

4. 检疫程序

4.1　申报受理。动物卫生监督机构在接到检疫申报后，根据当地相关动物疫情情况，决定是否予以受理。受理的，应当及时派出官方兽医到现场或到指定地点实施检疫；不予受理的，应说明理由。

4.2　查验资料

4.2.1　官方兽医应查验饲养场（养殖小区）《动物防疫条件合格证》和养殖档案，了解生产、免疫、监测、诊疗、消毒、无害化处理等情况，确认饲养场（养殖小区）近期未发生相关动物疫病，确认动物已按国家规定进行免疫。

4.2.2　官方兽医应查验散养户防疫档案，了解免疫、诊疗情况，确认动物已按国家规定进行免疫，并在有效保护期内。

4.3　临床检查

4.3.1　检查方法

4.3.1.1　群体检查。从静态、动态和食态等方面进行检查。主要检查动物群体精神状况、外貌、呼吸状态、运动状态、饮水饮食情况及排泄物状态等。

4.3.1.2　个体检查。通过视诊、触诊、听诊等方法进行检查。主要检查动物个体精神状况、体温、呼吸、皮肤、被毛、可视黏膜、胸廓、腹部及体表淋巴结，排泄动作及排泄物性状等。

4.3.2　检查内容

4.3.2.1　出现发热、贫血、出血、黄疸、心脏衰弱、浮肿和消瘦等症状的，怀疑感染马传染性贫血。

4.3.2.2　出现体温升高、精神沉郁；呼吸、脉搏加快；颌下淋巴结肿大；鼻孔一侧

（有时两侧）流出浆液性或黏性鼻汁，可见鼻疽结节、溃疡、瘢痕等症状的，怀疑感染马鼻疽。

4.3.2.3 出现剧烈咳嗽，严重时发生痉挛性咳嗽；流浆液性鼻液，偶见黄白色脓性鼻液，结膜潮红肿胀，微黄染，流出浆液性乃至脓性分泌物；有的出现结膜浑浊；精神沉郁，食欲减退，体温达39.5～40℃；呼吸次数增加，脉搏增至每分钟60～80次；四肢或腹部浮肿，发生腱鞘炎；颌下淋巴结轻度肿胀等症状的，怀疑感染马流行性感冒。

4.3.2.4 出现体温升高，食欲减退；分泌大量浆液乃至黏脓性鼻液，鼻黏膜和眼结膜充血；颌下淋巴结肿胀，四肢腱鞘水肿；妊娠母马流产等症状的，怀疑感染马鼻腔肺炎。

4.4 实验室检测

4.4.1 对怀疑患有本规程规定疫病及临床检查发现其他异常情况的，应按相应疫病防治技术规范进行实验室检测。

4.4.2 实验室检测须由省级动物卫生监督机构指定的具有资质的实验室承担，并出具检测报告。

5. 检疫结果处理

5.1 经检疫合格的，出具《动物检疫合格证明》。

5.2 经检疫不合格的，出具《检疫处理通知单》，并按照有关规定处理。

5.2.1 临床检查发现患有本规程规定动物疫病的，扩大抽检数量并进行实验室检测。

5.2.2 发现患有本规程规定检疫对象以外动物疫病，影响动物健康的，应按规定采取相应防疫措施。

5.2.3 发现不明原因死亡或怀疑为重大动物疫情的，应按照《动物防疫法》《重大动物疫情应急条例》和《动物疫情报告管理办法》的有关规定处理。

5.2.4 病死动物应在动物卫生监督机构监督下，由畜主按照《病害动物和病害动物产品生物安全处理规程》（GB 16548—2006）规定处理。

5.3 动物启运前，动物卫生监督机构须监督畜主或承运人对运载工具进行有效消毒。

6. 检疫记录

6.1 检疫申报单。动物卫生监督机构须指导畜主填写检疫申报单。

6.2 检疫工作记录。官方兽医须填写检疫工作记录，详细登记畜主姓名、地址、检疫申报时间、检疫时间、检疫地点、检疫动物种类、数量及用途、检疫处理、检疫证明编号等，并由货主签名。

6.3 检疫申报单和检疫工作记录应保存12个月以上。

（五）兔产地检疫规程

1. 适用范围

本规程规定了兔产地检疫的检疫对象、检疫合格标准、检疫程序、检疫结果处理和检疫记录。

本规程适用于中华人民共和国境内兔的产地检疫。

2. 检疫对象

兔病毒性出血病（兔瘟）、兔黏液瘤病、野兔热、兔球虫病。

3. 检疫合格标准

3.1　来自未发生相关动物疫情的饲养场、养殖户。

3.2　养殖档案相关记录符合规定。

3.3　临床检查健康。

3.4　本规程规定需进行实验室疫病检测的，检测结果合格。

4. 检疫程序

4.1　申报受理。动物卫生监督机构在接到检疫申报后，根据当地相关动物疫情情况，决定是否予以受理。受理的，应当及时派出官方兽医到现场或到指定地点实施检疫；不予受理的，应说明理由。

4.2　查验资料

4.2.1　应当查验饲养场《动物防疫条件合格证》和养殖档案，了解生产、免疫、监测、诊疗、消毒、无害化处理等情况，确认饲养场6个月内未发生相关动物疫病。

4.2.2　应当查验散养户免疫信息，确认其疫病免疫情况。

4.3　临床检查

4.3.1　检查方法

4.3.1.1　群体检查。从静态、动态和食态等方面进行检查。主要检查兔群体精神状况、外貌、呼吸状态、运动状态、饮食情况及排泄物状态等。

4.3.1.2　个体检查。通过视诊、触诊和听诊等方法进行检查。主要检查兔个体精神状况、体温、呼吸、皮肤、被毛、可视黏膜、胸廓、腹部及体表淋巴结，排泄动作及排泄物性状等。

4.3.2　检查内容

4.3.2.1　出现体温升高到41℃以上，全身性出血，鼻孔中流出泡沫状血液等症状的，怀疑感染兔病毒性出血病（兔瘟）。

有些出现呼吸急促，食欲不振，渴欲增加，精神委顿，挣扎、咬笼架等兴奋症状；全身颤抖，四肢乱蹬，惨叫；肛门常松弛，流出附有淡黄色黏液的粪便，肛门周围被毛被污染；被毛粗乱，迅速消瘦等症状。

4.3.2.2　出现全身各处皮肤次发性肿瘤样结节，眼睑水肿，口、鼻和眼流出黏液性或黏脓性分泌物；头部似狮子头状；上下唇、耳根、肛门及外生殖器充血和水肿，破溃流出淡黄色浆液等症状的，怀疑感染兔黏液瘤病。

4.3.2.3　出现食欲废绝，运动失调；高度消瘦，衰竭，体温升高；颌下、颈下、腋下和腹股沟等处淋巴结肿大、质硬；鼻腔流浆液性鼻液，偶尔伴有咳嗽等症状的，怀疑感染野兔热。

4.3.2.4　出现食欲减退或废绝，精神沉郁，动作迟缓，伏卧不动，眼、鼻分泌物增多，眼结膜苍白或黄染，唾液分泌增多，口腔周围被毛潮湿，腹泻或腹泻与便秘交替出现，尿频或常呈排尿姿势，后肢和肛门周围被粪便污染，腹围增大，肝区触诊疼痛，后期出现神经症状，极度衰竭死亡的，怀疑感染兔球虫病。

4.4　实验室检测

4.4.1　对怀疑患有兔病毒性出血病（兔瘟）和兔球虫病的，应按照国家有关标准进行实验室检测。

4.4.2 实验室检测须由省级动物卫生监督机构指定的具有资质的实验室承担，并出具检测报告。

5. 检疫结果处理

5.1 经检疫合格的，出具《动物检疫合格证明》。

5.2 经检疫不合格的，出具《检疫处理通知单》，禁止调运，并按照有关规定处理。

5.3 发现死因不明或怀疑为重大动物疫情的，应按照《动物防疫法》《重大动物疫情应急条例》和《动物疫情报告管理办法》的有关规定处理。

5.4 病死兔应当在动物卫生监督机构监督下，由畜主按照《病害动物和病害动物产品生物安全处理规程》（GB 16548—2006）规定处理。

5.5 运载工具、笼具等应当符合动物防疫要求。启运前，畜主或承运人应当对运载工具、笼具等进行有效消毒。

6. 检疫记录

6.1 检疫申报单。动物卫生监督机构应当指导畜主填写检疫申报单。

6.2 检疫工作记录。官方兽医须填写检疫工作记录，详细登记畜主姓名、地址、检疫申报时间、检疫时间、检疫地点、检疫动物种类、数量及用途、检疫处理、检疫证明编号等，并由畜主签名。

6.3 检疫申报单和检疫工作记录应保存12个月以上。

（六）犬产地检疫规程

1. 适用范围

本规程规定了犬产地检疫的检疫对象、检疫合格标准、检疫程序、检疫结果处理、检疫记录和防护要求。

本规程适用于中华人民共和国境内犬的产地检疫。

人工饲养、合法捕获的野生犬科动物的产地检疫参照本规程执行。

2. 检疫对象

狂犬病、布氏杆菌病、钩端螺旋体病、犬瘟热、犬细小病毒病、犬传染性肝炎、利什曼病。

3. 检疫合格标准

3.1 来自未发生相关动物疫情的区域。

3.2 免疫记录齐全，狂犬病免疫在有效期内。

3.3 临床检查健康。

3.4 本规程规定需进行实验室疫病检测的，检测结果合格。

4. 检疫程序

4.1 申报受理。饲养者应在犬实施狂犬病免疫21天后申报检疫，填写检疫申报单。动物卫生监督机构在接到检疫申报后，根据当地相关动物疫情情况，决定是否予以受理。受理的，应当及时派出官方兽医到现场或到指定地点实施检疫；不予受理的，应说明理由。

4.2 查验资料

4.2.1 应当查验犬养殖场《动物防疫条件合格证》和养殖档案，了解生产、免疫、监测、诊疗、消毒、无害化处理等情况，确认狂犬病免疫在有效期内，饲养场未发生相关动物疫病。

4.2.2 应当查验个人饲养犬的免疫信息，确认狂犬病免疫在有效期内。

4.2.3 应当查验人工饲养、合法捕获的野生犬科动物的相关证明。

4.3 临床检查

4.3.1 检查方法

4.3.1.1 群体检查。从静态、动态和食态等方面进行检查。主要检查犬群体精神状况、外貌、呼吸状态、运动状态、饮食情况及排泄物状态等。

4.3.1.2 个体检查。通过视诊、触诊和听诊等方法进行检查。主要检查犬个体精神状况、体温、呼吸、皮肤、被毛、可视黏膜、胸廓、腹部及体表淋巴结，排泄动作及排泄物性状等。

4.3.2 检查内容

4.3.2.1 出现行为反常，易怒，有攻击性，狂躁不安，高度兴奋，流涎等症状的，怀疑感染狂犬病。

有些出现狂暴与沉郁交替出现，表现特殊的斜视和惶恐；自咬四肢、尾及阴部等；意识障碍，反射紊乱，消瘦，声音嘶哑，夹尾，眼球凹陷，瞳孔散大或缩小；下颌下垂，舌脱出口外，流涎显著，后躯及四肢麻痹，卧地不起；恐水等症状。

4.3.2.2 出现母犬流产、死胎，产后子宫有长期暗红色分泌物，不孕，关节肿大，消瘦；公犬睾丸肿大，关节肿大，极度消瘦等症状的，怀疑感染布氏杆菌病。

4.3.2.3 出现黄疸，血尿，拉稀或黑色便，精神沉郁，消瘦等症状的，怀疑感染钩端螺旋体病。

4.3.2.4 出现眼鼻脓性分泌物，脚垫粗糙增厚，四肢或全身有节律性的抽搐等症状的，怀疑感染犬瘟热。

有的出现发热，眼周红肿，打喷嚏，咳嗽，呕吐，腹泻，食欲不振，精神沉郁等症状。

4.3.2.5 出现呕吐，腹泻，粪便呈咖啡色或番茄酱色样血便，带有特殊的腥臭气味等症状的，怀疑感染犬细小病毒病。

有些出现发热，精神沉郁，不食；严重脱水，眼球下陷，鼻镜干燥，皮肤弹力高度下降，体重明显减轻；突然呼吸困难，心力衰弱等症状。

4.3.2.6 出现体温升高，精神沉郁；角膜水肿，呈“蓝眼”；呕吐，不食或食欲废绝等症状的，怀疑感染犬传染性肝炎。

4.3.2.7 出现鼻子或鼻口部、耳廓粗糙或干裂、结节或脓疱疹，皮肤黏膜溃疡，淋巴结肿大等症状的，怀疑感染利什曼病。

有些出现精神沉郁，嗜睡，多饮，呕吐，大面积对称性脱毛，干性脱屑，罕见瘙痒；偶有结膜炎或角膜炎等症状。

4.4 实验室检测

4.4.1 对怀疑患有本规程规定疫病及临床检查发现其他异常情况的，应按相应疫病防治技术规范进行实验室检测。

4.4.2 实验室检测须由省级动物卫生监督机构指定的具有资质的实验室承担，并出具检测报告。

5. 检疫结果处理

5.1 经检疫合格的，出具《动物检疫合格证明》。

5.2 经检疫不合格的，出具《检疫处理通知单》，禁止调运，并按照有关规定处理。

5.3 发现死因不明或怀疑为重大动物疫情的，应按照《动物防疫法》《重大动物疫情应急条例》和《动物疫情报告管理办法》的有关规定处理。

5.4 病死犬应当在动物卫生监督机构监督下，由饲养者按照《病害动物和病害动物产品生物安全处理规程》（GB 16548—2006）规定处理。

5.5 运载工具、笼具等应当符合动物防疫要求，并兼顾动物福利。启运前，饲养者或承运人应当对运载工具、笼具等进行有效消毒。

6. 检疫记录

6.1 检疫申报单。动物卫生监督机构应当指导饲养者填写检疫申报单。

6.2 检疫工作记录。官方兽医须填写检疫工作记录，详细登记饲养者姓名、地址、检疫申报时间、检疫时间、检疫地点、检疫动物种类、数量及用途、检疫处理、检疫证明编号等，并由饲养者签名。

6.3 检疫申报单和检疫工作记录应保存12个月以上。

7. 防护要求

7.1 从事犬产地检疫的人员要定期进行狂犬病疫苗免疫。

7.2 从事犬产地检疫的人员要配备红外测温仪、麻醉吹管、捕捉杆、捕捉网、专用手套等防护设备。

（七）猫产地检疫规程

1. 适用范围

本规程规定了猫产地检疫的检疫对象、检疫合格标准、检疫程序、检疫结果处理、检疫记录和防护要求。

本规程适用于中华人民共和国境内猫的产地检疫。

人工饲养、合法捕获的野生猫科动物的产地检疫参照本规程执行。

2. 检疫对象

狂犬病、猫泛白细胞减少症（猫瘟）。

3. 检疫合格标准

3.1 来自未发生相关动物疫情的区域。

3.2 免疫记录齐全，免疫在有效期内。

3.3 临床检查健康。

3.4 本规程规定需进行实验室疫病检测的，检测结果合格。

4. 检疫程序

4.1 申报受理。饲养者应在猫实施狂犬病免疫21天后申报检疫，填写检疫申报单。动物卫生监督机构在接到检疫申报后，根据当地相关动物疫情情况，决定是否予以受理。受理的，应当及时派出官方兽医到现场或到指定地点实施检疫；不予受理的，应说明理由。

4.2 查验资料

4.2.1 应当了解猫舍养殖情况，确认狂犬病免疫在有效期内，未发生相关动物疫病。

4.2.2 应当查验个人饲养猫的免疫信息，确认狂犬病免疫在有效期内。

4.2.3 应当查验人工饲养、合法捕获的野生猫科动物的相关证明。

4.3 临床检查

4.3.1 检查方法

4.3.1.1 群体检查。从静态、动态和食态等方面进行检查。主要检查猫群体精神状况、外貌、呼吸状态、运动状态、饮食情况及排泄物状态等。

4.3.1.2 个体检查。通过视诊、触诊和听诊等方法进行检查。主要检查猫个体精神状况、体温、呼吸、皮肤、被毛、可视黏膜、胸廓、腹部及体表淋巴结，排泄动作及排泄物性状等。

4.3.2 检查内容

4.3.2.1 出现行为异常，有攻击性行为，狂暴不安，发出刺耳的叫声，肌肉震颤，步履蹒跚，流涎等症状的，怀疑感染狂犬病。

4.3.2.2 出现呕吐，体温升高，不食，腹泻，粪便为水样、黏液性或带血，眼鼻有脓性分泌物等症状的，怀疑感染猫泛白细胞减少症（猫瘟）。

4.4 实验室检测

4.4.1 对怀疑患有本规程规定疫病及临床检查发现其他异常情况的，应按相应疫病防治技术规范进行实验室检测。

4.4.2 实验室检测须由省级动物卫生监督机构指定的具有资质的实验室承担，并出具检测报告。

5. 检疫结果处理

5.1 经检疫合格的，出具《动物检疫合格证明》。

5.2 经检疫不合格的，出具《检疫处理通知单》，禁止调运，并按照有关规定处理。

5.3 发现死因不明或怀疑为重大动物疫情的，应按照《动物防疫法》《重大动物疫情应急条例》和《动物疫情报告管理办法》的有关规定处理。

5.4 病死猫应当在动物卫生监督机构监督下，由饲养者按照《病害动物和病害动物产品生物安全处理规程》（GB 16548—2006）规定处理。

5.5 运载工具、笼具等应当符合动物防疫要求，并兼顾动物福利。启运前，饲养者或承运人应当对运载工具、笼具等进行有效消毒。

6. 检疫记录

6.1 检疫申报单。动物卫生监督机构应当指导饲养者填写检疫申报单。

6.2 检疫工作记录。官方兽医须填写检疫工作记录，详细登记饲养者姓名、地址、检疫申报时间、检疫时间、检疫地点、检疫动物种类、数量及用途、检疫处理、检疫证明编号等，并由饲养者签名。

6.3 检疫申报单和检疫工作记录应保存12个月以上。

7. 防护要求

7.1 从事猫产地检疫的人员要定期进行狂犬病疫苗免疫。

7.2 从事猫产地检疫的人员要配备红外测温仪、麻醉吹管、捕捉网、专用手套等防护设备。

十五、动物屠宰检疫规程

(一) 生猪屠宰检疫规程

1. 适用范围

本规程规定了生猪进入屠宰场(厂、点)监督查验、检疫申报、宰前检查、同步检疫、检疫结果处理以及检疫记录等操作程序。

本规程适用于中华人民共和国境内生猪的屠宰检疫。

2. 检疫对象

口蹄疫、猪瘟、高致病性猪蓝耳病、炭疽、猪丹毒、猪肺疫、猪副伤寒、猪Ⅱ型链球菌病、猪支原体肺炎、副猪嗜血杆菌病、丝虫病、猪囊尾蚴病、旋毛虫病。

3. 检疫合格标准

3.1 入场(厂、点)时,具备有效的《动物检疫合格证明》,畜禽标识符合国家规定。

3.2 无规定的传染病和寄生虫病。

3.3 需要进行实验室疫病检测的,检测结果合格。

3.4 履行本规程规定的检疫程序,检疫结果符合规定。

4. 入场(厂、点)监督查验

4.1 查证验物 查验入场(厂、点)生猪的《动物检疫合格证明》和佩戴的畜禽标识。

4.2 询问 了解生猪运输途中有关情况。

4.3 临床检查 检查生猪群体的精神状况、外貌、呼吸状态及排泄物状态等情况。

4.4 结果处理

4.4.1 合格 《动物检疫合格证明》有效、证物相符、畜禽标识符合要求、临床检查健康,方可入场,并回收《动物检疫合格证明》。场(厂、点)方须按产地分类将生猪送入待宰圈,不同货主、不同批次的生猪不得混群。

4.4.2 不合格 不符合条件的,按国家有关规定处理。

4.5 消毒 监督货主在卸载后对运输工具及相关物品等进行消毒。

5. 检疫申报

5.1 申报受理 场(厂、点)方应在屠宰前6小时申报检疫,填写检疫申报单。官方兽医接到检疫申报后,根据相关情况决定是否予以受理。受理的,应当及时实施宰前检查;不予受理的,应说明理由。

5.2 受理方式 现场申报。

6. 宰前检查

6.1 屠宰前2小时内,官方兽医应按照《生猪产地检疫规程》中"临床检查"部分实施检查。

6.2 结果处理

6.2.1 合格的,准予屠宰。

6.2.2　不合格的，按以下规定处理。

6.2.2.1　发现有口蹄疫、猪瘟、高致病性猪蓝耳病、炭疽等疫病症状的，限制移动，并按照《中华人民共和国动物防疫法》《重大动物疫情应急条例》《动物疫情报告管理办法》和《病害动物和病害动物产品生物安全处理规程》(GB 16548) 等有关规定处理。

6.2.2.2　发现有猪丹毒、猪肺疫、猪Ⅱ型链球菌病、猪支原体肺炎、副猪嗜血杆菌病、猪副伤寒等疫病症状的，患病猪按国家有关规定处理，同群猪隔离观察，确认无异常的，准予屠宰；隔离期间出现异常的，按《病害动物和病害动物产品生物安全处理规程》(GB 16548) 等有关规定处理。

6.2.2.3　怀疑患有本规程规定疫病及临床检查发现其他异常情况的，按相应疫病防治技术规范进行实验室检测，并出具检测报告。实验室检测须由省级动物卫生监督机构指定的具有资质的实验室承担。

6.2.2.4　发现患有本规程规定以外疫病的，隔离观察，确认无异常的，准予屠宰；隔离期间出现异常的，按《病害动物和病害动物产品生物安全处理规程》(GB 16548) 等有关规定处理。

6.2.2.5　确认为无碍于肉食安全且濒临死亡的生猪，视情况进行急宰。

6.3　监督场（厂、点）方对处理患病生猪的待宰圈、急宰间以及隔离圈等进行消毒。

7. 同步检疫

与屠宰操作相对应，对同一头猪的头、蹄、内脏、胴体等统一编号进行检疫。

7.1　头蹄及体表检查

7.1.1　视检体表的完整性、颜色，检查有无本规程规定疫病引起的皮肤病变、关节肿大等。

7.1.2　观察吻突、齿龈和蹄部有无水疱、溃疡、烂斑等。

7.1.3　放血后退毛前，沿放血孔纵向切开下颌区，直到颌骨高峰区，剖开两侧下颌淋巴结，视检有无肿大、坏死灶（紫、黑、灰、黄），切面是否呈砖红色，周围有无水肿、胶样浸润等。

7.1.4　剖检两侧咬肌，充分暴露剖面，检查有无猪囊尾蚴。

7.2　内脏检查　取出内脏前，观察胸腔、腹腔有无积液、粘连、纤维素性渗出物。检查脾脏、肠系膜淋巴结有无肠炭疽。取出内脏后，检查心脏、肺脏、肝脏、脾脏、胃肠、支气管淋巴结、肝门淋巴结等。

7.2.1　心脏　视检心包，切开心包膜，检查有无变性、心包积液、渗出、淤血、出血、坏死等症状。在与左纵沟平行的心脏后缘房室分界处纵剖心脏，检查心内膜、心肌、血液凝固状态、二尖瓣及有无虎斑心、菜花样赘生物、寄生虫等。

7.2.2　肺脏　视检肺脏形状、大小、色泽，触检弹性，检查肺实质有无坏死、萎陷、气肿、水肿、淤血、脓肿、实变、结节、纤维素性渗出物等。剖开一侧支气管淋巴结，检查有无出血、淤血、肿胀、坏死等。必要时剖检气管、支气管。

7.2.3　肝脏　视检肝脏形状、大小、色泽，触检弹性，观察有无淤血、肿胀、变性、黄染、坏死、硬化、肿物、结节、纤维素性渗出物、寄生虫等病变。剖开肝门淋巴结，检查有无出血、淤血、肿胀、坏死等。必要时剖检胆管。

7.2.4　脾脏　视检形状、大小、色泽，触检弹性，检查有无肿胀、淤血、坏死灶、边缘出血性梗死、被膜隆起及粘连等。必要时剖检脾实质。

7.2.5 胃和肠 视检胃肠浆膜，观察大小、色泽、质地，检查有无淤血、出血、坏死、胶冻样渗出物和粘连。对肠系膜淋巴结做长度不少于20厘米的弧形切口，检查有无淤血、出血、坏死、溃疡等病变。必要时剖检胃肠，检查黏膜有无淤血、出血、水肿、坏死、溃疡。

7.3 胴体检查

7.3.1 整体检查 检查皮肤、皮下组织、脂肪、肌肉、淋巴结、骨骼以及胸腔、腹腔浆膜有无淤血、出血、疹块、黄染、脓肿和其他异常等。

7.3.2 淋巴结检查 剖开腹部底壁皮下、后肢内侧、腹股沟皮下环附近的两侧腹股沟浅淋巴结，检查有无淤血、水肿、出血、坏死、增生等病变。必要时剖检腹股沟深淋巴结、髂下淋巴结及髂内淋巴结。

7.3.3 腰肌 沿荐椎与腰椎结合部两侧肌纤维方向切开10厘米左右切口，检查有无猪囊尾蚴。

7.3.4 肾脏 剥离两侧肾被膜，视检肾脏形状、大小、色泽，触检质地，观察有无贫血、出血、淤血、肿胀等病变。必要时纵向剖检肾脏，检查切面皮质部有无颜色变化、出血及隆起等。

7.4 旋毛虫检查 取左右膈脚各30克左右，与胴体编号一致，撕去肌膜，感官检查后镜检。

7.5 复检 官方兽医对上述检疫情况进行复查，综合判定检疫结果。

7.6 结果处理

7.6.1 合格的，由官方兽医出具《动物检疫合格证明》，加盖检疫验讫印章，对分割包装的肉品加施检疫标志。

7.6.2 不合格的，由官方兽医出具《动物检疫处理通知单》，并按以下规定处理。

7.6.2.1 发现患有本规程规定疫病的，按6.2.2.1、6.2.2.2和有关规定处理。

7.6.2.2 发现患有本规程规定以外疫病的，监督场（厂、点）方对病猪胴体及副产品按《病害动物和病害动物产品生物安全处理规程》（GB16548）处理，对污染的场所、器具等按规定实施消毒，并做好《生物安全处理记录》。

7.6.3 监督场（厂、点）方做好检疫病害动物及废弃物无害化处理。

7.7 官方兽医在同步检疫过程中应做好卫生安全防护。

8. 检疫记录

8.1 官方兽医应监督指导屠宰场（厂、点）方做好待宰、急宰、生物安全处理等环节各项记录。

8.2 官方兽医应做好入场监督查验、检疫申报、宰前检查、同步检疫等环节记录。

8.3 检疫记录应保存12个月以上。

（二）家禽屠宰检疫规程

1. 适用范围

本规程规定了家禽的屠宰检疫申报、进入屠宰场（厂、点）监督查验、宰前检查、同步检疫、检疫结果处理以及检疫记录等操作程序。

本规程适用于中华人民共和国境内鸡、鸭、鹅的屠宰检疫。鹌鹑、鸽子等禽类的屠宰检疫可参照本规程执行。

2. 检疫对象

高致病性禽流感、新城疫、禽白血病、鸭瘟、禽痘、小鹅瘟、马立克氏病、鸡球虫病、禽结核病。

3. 检疫合格标准

3.1　入场（厂、点）时，具备有效的《动物检疫合格证明》。

3.2　无规定的传染病和寄生虫病。

3.3　需要进行实验室疫病检测的，检测结果合格。

3.4　履行本规程规定的检疫程序，检疫结果符合规定。

4. 检疫申报

4.1　申报受理　货主应在屠宰前 6 小时申报检疫，填写检疫申报单。官方兽医接到检疫申报后，根据相关情况决定是否予以受理。受理的，应当及时实施宰前检查；不予受理的，应说明理由。

4.2　申报方式　现场申报。

5. 入场（厂、点）监督查验和宰前检查

5.1　查证验物　查验入场（厂、点）家禽的《动物检疫合格证明》。

5.2　询问　了解家禽运输途中有关情况。

5.3　临床检查　官方兽医应按照《家禽产地检疫规程》中“临床检查”部分实施检查。其中，个体检查的对象包括群体检查时发现的异常禽只和随机抽取的禽只（每车抽 60～100 只）。

5.4　结果处理

5.4.1　合格的，准予屠宰，并回收《动物检疫合格证明》。

5.4.2　不合格的，按以下规定处理。

5.4.2.1　发现有高致病性禽流感、新城疫等疫病症状的，限制移动，并按照《动物防疫法》《重大动物疫情应急条例》《动物疫情报告管理办法》和《病害动物和病害动物产品生物安全处理规程》（GB 16548）等有关规定处理。

5.4.2.2　发现有鸭瘟、小鹅瘟、禽白血病、禽痘、马立克氏病、禽结核病等疫病症状的，患病家禽按国家有关规定处理。

5.4.2.3　怀疑患有本规程规定疫病及临床检查发现其他异常情况的，按相应疫病防治技术规范进行实验室检测，并出具检测报告。实验室检测须由省级动物卫生监督机构指定的具有资质的实验室承担。

5.4.2.4　发现患有本规程规定以外疫病的，隔离观察，确认无异常的，准予屠宰；隔离期间出现异常的，按《病害动物和病害动物产品生物安全处理规程》（GB16548）等有关规定处理。

5.5　消毒　监督场（厂、点）方对患病家禽的处理场所等进行消毒。监督货主在卸载后对运输工具及相关物品等进行消毒。

6. 同步检疫

6.1　屠体检查

6.1.1　体表　检查色泽、气味、光洁度、完整性及有无水肿、痘疮、化脓、外伤、溃疡、坏死灶、肿物等。

6.1.2 冠和髯 检查有无出血、水肿、结痂、溃疡及形态有无异常等。

6.1.3 眼 检查眼睑有无出血、水肿、结痂，眼球是否下陷等。

6.1.4 爪 检查有无出血、淤血、增生、肿物、溃疡及结痂等。

6.1.5 肛门 检查有无紧缩、淤血、出血等。

6.2 抽检 日屠宰量在1万只以上（含1万只）的，按照1%的比例抽样检查，日屠宰量在1万只以下的抽检60只。抽检发现异常情况的，应适当扩大抽检比例和数量。

6.2.1 皮下 检查有无出血点、炎性渗出物等。

6.2.2 肌肉 检查颜色是否正常，有无出血、淤血、结节等。

6.2.3 鼻腔 检查有无淤血、肿胀和异常分泌物等。

6.2.4 口腔 检查有无淤血、出血、溃疡及炎性渗出物等。

6.2.5 喉头和气管 检查有无水肿、淤血、出血、糜烂、溃疡和异常分泌物等。

6.2.6 气囊 检查囊壁有无增厚浑浊、纤维素性渗出物、结节等。

6.2.7 肺脏 检查有无颜色异常、结节等。

6.2.8 肾脏 检查有无肿大、出血、苍白、尿酸盐沉积、结节等。

6.2.9 腺胃和肌胃 检查浆膜面有无异常。剖开腺胃，检查腺胃黏膜和乳头有无肿大、淤血、出血、坏死灶和溃疡等；切开肌胃，剥离角质膜，检查肌层内表面有无出血、溃疡等。

6.2.10 肠道 检查浆膜有无异常。剖开肠道，检查小肠黏膜有无淤血、出血等，检查盲肠黏膜有无枣核状坏死灶、溃疡等。

6.2.11 肝脏和胆囊 检查肝脏形状、大小、色泽及有无出血、坏死灶、结节、肿物等。检查胆囊有无肿大等。

6.2.12 脾脏 检查形状、大小、色泽及有无出血和坏死灶、灰白色或灰黄色结节等。

6.2.13 心脏 检查心包和心外膜有无炎症变化等，心冠状沟脂肪、心外膜有无出血点、坏死灶、结节等。

6.2.14 法氏囊（腔上囊） 检查有无出血、肿大等。剖检有无出血、干酪样坏死等。

6.2.15 体腔 检查内部清洁程度和完整度，有无赘生物、寄生虫等。检查体腔内壁有无凝血块、粪便和胆汁污染及其他异常等。

6.3 复检 官方兽医对上述检疫情况进行复查，综合判定检疫结果。

6.4 结果处理

6.4.1 合格的，由官方兽医出具《动物检疫合格证明》，加施检疫标志。

6.4.2 不合格的，由官方兽医出具《动物检疫处理通知单》，并按以下规定处理。

6.4.2.1 发现患有本规程规定疫病的，按5.4.2.1、5.4.2.2和有关规定处理。

6.4.2.2 发现患有本规程规定以外其他疫病的，患病家禽屠体及副产品按《病害动物和病害动物产品生物安全处理规程》（GB 16548）的规定处理，污染的场所、器具等按规定实施消毒，并做好《生物安全处理记录》。

6.4.3 监督场（厂、点）方做好检疫病害动物及废弃物无害化处理。

6.5 官方兽医在同步检疫过程中应做好卫生安全防护。

7. 检疫记录

7.1 官方兽医应监督指导屠宰场方做好相关记录。

7.2 官方兽医应做好入场监督查验、检疫申报、宰前检查、同步检疫等环节记录。

7.3 检疫记录应保存12个月以上。

（三）牛屠宰检疫规程

1. 适用范围

本规程规定了牛进入屠宰场（厂、点）监督查验、检疫申报、宰前检查、同步检疫、检疫结果处理以及检疫记录等操作程序。

本规程适用于中华人民共和国境内牛的屠宰检疫。

2. 检疫对象

口蹄疫、牛传染性胸膜肺炎、牛海绵状脑病、布鲁氏菌病、牛结核病、炭疽、牛传染性鼻气管炎、日本血吸虫病。

3. 检疫合格标准

3.1 入场（厂、点）时，具备有效的《动物检疫合格证明》，畜禽标识符合国家规定。

3.2 无规定的传染病和寄生虫病。

3.3 需要进行实验室疫病检测的，检测结果合格。

3.4 履行本规程规定的检疫程序，检疫结果符合规定。

4. 入场（厂、点）监督查验

4.1 查证验物 查验入场（厂、点）牛的《动物检疫合格证明》和佩戴的畜禽标识。

4.2 询问 了解牛运输途中有关情况。

4.3 临床检查 检查牛群的精神状况、外貌、呼吸状态及排泄物状态等情况。

4.4 结果处理

4.4.1 合格 《动物检疫合格证明》有效、证物相符、畜禽标识符合要求、临床检查健康，方可入场，并回收《动物检疫合格证明》。场（厂、点）方须按产地分类将牛只送入待宰圈，不同货主、不同批次的牛只不得混群。

4.4.2 不合格 不符合条件的，按国家有关规定处理。

4.5 消毒 监督货主在卸载后对运输工具及相关物品等进行消毒。

5. 检疫申报

5.1 申报受理 场（厂、点）方应在屠宰前6小时申报检疫，填写检疫申报单。官方兽医接到检疫申报后，根据相关情况决定是否予以受理。受理的，应当及时实施宰前检查；不予受理的，应说明理由。

5.2 申报方式 现场申报。

6. 宰前检查

6.1 屠宰前2小时内，官方兽医应按照《反刍动物产地检疫规程》中“临床检查”部分实施检查。

6.2 结果处理

6.2.1 合格的，准予屠宰。

6.2.2　不合格的，按以下规定处理。

6.2.2.1　发现有口蹄疫、牛传染性胸膜肺炎、牛海绵状脑病及炭疽等疫病症状的，限制移动，并按照《动物防疫法》《重大动物疫情应急条例》《动物疫情报告管理办法》和《病害动物和病害动物产品生物安全处理规程》（GB 16548）等有关规定处理。

6.2.2.2　发现有布鲁氏菌病、牛结核病、牛传染性鼻气管炎等疫病症状的，病牛按相应疫病的防治技术规范处理，同群牛隔离观察，确认无异常的，准予屠宰。

6.2.2.3　怀疑患有本规程规定疫病及临床检查发现其他异常情况的，按相应疫病防治技术规范进行实验室检测，并出具检测报告。实验室检测须由省级动物卫生监督机构指定的具有资质的实验室承担。

6.2.2.4　发现患有本规程规定以外疫病的，隔离观察，确认无异常的，准予屠宰；隔离期间出现异常的，按《病害动物和病害动物产品生物安全处理规程》（GB 16548）等有关规定处理。

6.2.2.5　确认为无碍于肉食安全且濒临死亡的牛只，视情况进行急宰。

6.3　监督场（厂、点）方对处理病牛的待宰圈、急宰间以及隔离圈等进行消毒。

7. 同步检疫

与屠宰操作相对应，对同一头牛的头、蹄、内脏、胴体等统一编号进行检疫。

7.1　头蹄部检查

7.1.1　头部检查　检查鼻唇镜、齿龈及舌面有无水疱、溃疡、烂斑等；剖检一侧咽后内侧淋巴结和两侧下颌淋巴结，同时检查咽喉黏膜和扁桃体有无病变。

7.1.2　蹄部检查　检查蹄冠、蹄叉皮肤有无水疱、溃疡、烂斑、结痂等。

7.2　内脏检查　取出内脏前，观察胸腔、腹腔有无积液、粘连、纤维素性渗出物。检查心脏、肺脏、肝脏、胃肠、脾脏、肾脏，剖检肠系膜淋巴结、支气管淋巴结、肝门淋巴结，检查有无病变和其他异常。

7.2.1　心脏　检查心脏的形状、大小、色泽及有无淤血、出血等。必要时剖开心包，检查心包膜、心包液和心肌有无异常。

7.2.2　肺脏　检查两侧肺叶实质、色泽、形状、大小及有无淤血、出血、水肿、化脓、实变、结节、粘连、寄生虫等。剖检一侧支气管淋巴结，检查切面有无淤血、出血、水肿等。必要时剖开气管、结节部位。

7.2.3　肝脏　检查肝脏大小、色泽，触检其弹性和硬度，剖开肝门淋巴结，检查有无出血、淤血、肿大、坏死灶等。必要时剖开肝实质、胆囊和胆管，检查有无硬化、萎缩、日本血吸虫等。

7.2.4　肾脏　检查其弹性和硬度及有无出血、淤血等。必要时剖开肾实质，检查皮质、髓质和肾盂有无出血、肿大等。

7.2.5　脾脏　检查弹性、颜色、大小等。必要时剖检脾实质。

7.2.6　胃和肠　检查肠袢、肠浆膜，剖开肠系膜淋巴结，检查形状、色泽及有无肿胀、淤血、出血、粘连、结节等。必要时剖开胃肠，检查内容物、黏膜及有无出血、结节、寄生虫等。

7.2.7　子宫和睾丸　检查母牛子宫浆膜有无出血、黏膜有无黄白色或干酪样结节。检查公牛睾丸有无肿大，睾丸、附睾有无化脓、坏死灶等。

7.3　胴体检查

7.3.1　整体检查　检查皮下组织、脂肪、肌肉、淋巴结以及胸腔、腹腔浆膜有无淤血、出血、疹块、脓肿和其他异常等。

7.3.2　淋巴结检查

7.3.2.1　颈浅淋巴结（肩前淋巴结）　在肩关节前稍上方剖开臂头肌、肩胛横突肌下的一侧颈浅淋巴结，检查切面形状、色泽及有无肿胀、淤血、出血、坏死灶等。

7.3.2.2　髂下淋巴结（股前淋巴结、膝上淋巴结）　剖开一侧淋巴结，检查切面形状、色泽、大小及有无肿胀、淤血、出血、坏死灶等。

7.3.2.3　必要时剖检腹股沟深淋巴结。

7.4　复检　官方兽医对上述检疫情况进行复查，综合判定检疫结果。

7.5　结果处理

7.5.1　合格的，由官方兽医出具《动物检疫合格证明》，加盖检疫验讫印章，对分割包装的肉品加施检疫标志。

7.5.2　不合格的，由官方兽医出具《动物检疫处理通知单》，并按以下规定处理。

7.5.2.1　发现患有本规程规定疫病的，按6.2.2.1、6.2.2.2和有关规定处理。

7.5.2.2　发现患有本规程规定以外疫病的，监督场（厂、点）方对病牛胴体及副产品按《病害动物和病害动物产品生物安全处理规程》（GB 16548）处理，对污染的场所、器具等按规定实施消毒，并做好《生物安全处理记录》。

7.5.3　监督场（厂、点）方做好检疫病害动物及废弃物无害化处理。

7.6　官方兽医在同步检疫过程中应做好卫生安全防护。

8. 检疫记录

8.1　官方兽医应监督指导屠宰场（厂、点）方做好待宰、急宰、生物安全处理等环节各项记录。

8.2　官方兽医应做好入场监督查验、检疫申报、宰前检查、同步检疫等环节记录。

8.3　检疫记录应保存10年以上。

（四）羊屠宰检疫规程

1. 适用范围

本规程规定了羊进入屠宰场（厂、点）监督查验、检疫申报、宰前检查、同步检疫、检疫结果处理以及检疫记录等操作程序。

本规程适用于中华人民共和国境内羊的屠宰检疫。

2. 检疫对象

口蹄疫、痒病、小反刍兽疫、绵羊痘和山羊痘、炭疽、布鲁氏菌病、肝片吸虫病、棘球蚴病。

3. 检疫合格标准

3.1　入场（厂、点）时，具备有效的《动物检疫合格证明》，畜禽标识符合国家规定。

3.2　无规定的传染病和寄生虫病。

3.3　需要进行实验室疫病检测的，检测结果合格。

3.4　履行本规程规定的检疫程序，检疫结果符合规定。

4. 入场（厂、点）监督查验

4.1　查证验物　查验入场（厂、点）羊的《动物检疫合格证明》和佩戴的畜禽标识。

4.2　询问　了解羊只运输途中有关情况。

4.3　临床检查　检查羊群的精神状况、外貌、呼吸状态及排泄物状态等情况。

4.4　结果处理

4.4.1　合格《动物检疫合格证明》有效、证物相符、畜禽标识符合要求、临床检查健康，方可入场，并回收《动物检疫合格证明》。场（厂、点）方须按产地分类将羊只送入待宰圈，不同货主、不同批次的羊只不得混群。

4.4.2　不合格　不符合条件的，按国家有关规定处理。

4.5　消毒　监督货主在卸载后对运输工具及相关物品等进行清洗消毒。

5. 检疫申报

5.1　申报受理　场（厂、点）方应在屠宰前6小时申报检疫，填写检疫申报单。官方兽医接到检疫申报后，根据相关情况决定是否予以受理。受理的，应当及时实施宰前检查；不予受理的，应说明理由。

5.2　申报方式　现场申报。

6. 宰前检查

6.1　屠宰前2小时内，官方兽医应按照《反刍动物产地检疫规程》中"临床检查"部分实施检查。

6.2　结果处理

6.2.1　合格的，准予屠宰。

6.2.2　不合格的，按以下规定处理。

6.2.2.1　发现有口蹄疫、痒病、小反刍兽疫、绵羊痘和山羊痘、炭疽等疫病症状的，限制移动，并按照《动物防疫法》《重大动物疫情应急条例》《动物疫情报告管理办法》和《病害动物和病害动物产品生物安全处理规程》（GB 16548）等有关规定处理。

6.2.2.2　发现有布鲁氏菌病症状的，病羊按布鲁氏菌病防治技术规范处理，同群羊隔离观察，确认无异常的，准予屠宰。

6.2.2.3　怀疑患有本规程规定疫病及临床检查发现其他异常情况的，按相应疫病防治技术规范进行实验室检测，并出具检测报告。实验室检测须由省级动物卫生监督机构指定的具有资质的实验室承担。

6.2.2.4　发现患有本规程规定以外疫病的，隔离观察，确认无异常的，准予屠宰；隔离期间出现异常的，按《病害动物和病害动物产品生物安全处理规程》（GB 16548）等有关规定处理。

6.2.2.5　确认为无碍于肉食安全且濒临死亡的羊只，视情况进行急宰。

6.3 监督场（厂、点）方对处理病羊的待宰圈、急宰间以及隔离圈等进行消毒。

7. 同步检疫

与屠宰操作相对应，对同一头羊的头、蹄、内脏、胴体等统一编号进行检疫。

7.1　头蹄部检查

7.1.1　头部检查　检查鼻镜、齿龈、口腔黏膜、舌及舌面有无水疱、溃疡、烂斑等。

必要时剖开下颌淋巴结，检查形状、色泽及有无肿胀、淤血、出血、坏死灶等。

7.1.2 蹄部检查 检查蹄冠、蹄叉皮肤有无水疱、溃疡、烂斑、结痂等。

7.2 内脏检查 取出内脏前，观察胸腔、腹腔有无积液、粘连、纤维素性渗出物。检查心脏、肺脏、肝脏、胃肠、脾脏、肾脏，剖检支气管淋巴结、肝门淋巴结、肠系膜淋巴结等，检查有无病变和其他异常。

7.2.1 心脏 检查心脏的形状、大小、色泽及有无淤血、出血等。必要时剖开心包，检查心包膜、心包液和心肌有无异常。

7.2.2 肺脏 检查两侧肺叶实质、色泽、形状、大小及有无淤血、出血、水肿、化脓、实变、粘连、包囊砂、寄生虫等。剖开一侧支气管淋巴结，检查切面有无淤血、出血、水肿等。

7.2.3 肝脏 检查肝脏大小、色泽、弹性、硬度及有无大小不一的突起。剖开肝门淋巴结，切开胆管，检查有无寄生虫（肝片吸虫病）等。必要时剖开肝实质，检查有无肿大、出血、淤血、坏死灶、硬化、萎缩等。

7.2.4 肾脏 剥离两侧肾被膜（两刀），检查弹性、硬度及有无贫血、出血、淤血等。必要时剖检肾脏。

7.2.5 脾脏 检查弹性、颜色、大小等。必要时剖检脾实质。

7.2.6 胃和肠 检查浆膜面及肠系膜有无淤血、出血、粘连等。剖开肠系膜淋巴结，检查有无肿胀、淤血、出血、坏死等。必要时剖开胃肠，检查有无淤血、出血、胶样浸润、糜烂、溃疡、化脓、结节、寄生虫等，检查瘤胃肉柱表面有无水疱、糜烂或溃疡等。

7.3 胴体检查

7.3.1 整体检查 检查皮下组织、脂肪、肌肉、淋巴结以及胸腔、腹腔浆膜有无淤血、出血以及疹块、脓肿和其他异常等。

7.3.2 淋巴结检查

7.3.2.1 颈浅淋巴结（肩前淋巴结） 在肩关节前稍上方剖开臂头肌、肩胛横突肌下的一侧颈浅淋巴结，检查切面形状、色泽及有无肿胀、淤血、出血、坏死灶等。

7.3.2.2 髂下淋巴结（股前淋巴结、膝上淋巴结） 剖开一侧淋巴结，检查切面形状、色泽、大小及有无肿胀、淤血、出血、坏死灶等。

7.3.2.3 必要时检查腹股沟深淋巴结。

7.4 复检 官方兽医对上述检疫情况进行复查，综合判定检疫结果。

7.5 结果处理

7.5.1 合格的，由官方兽医出具《动物检疫合格证明》，加盖检疫验讫印章，对分割包装肉品加施检疫标志。

7.5.2 不合格的，由官方兽医出具《动物检疫处理通知单》，并按以下规定处理。

7.5.2.1 发现患有本规程规定疫病的，按6.2.2.1、6.2.2.2和有关规定处理。

7.5.2.2 发现患有本规程规定以外疫病的，监督场（厂、点）方对病羊胴体及副产品按《病害动物和病害动物产品生物安全处理规程》（GB 16548）处理，对污染的场所、器具等按规定实施消毒，并做好《生物安全处理记录》。

7.5.3 监督场（厂、点）方做好检疫病害动物及废弃物无害化处理。

7.6 官方兽医在同步检疫过程中应做好卫生安全防护。

8. 检疫记录

8.1 官方兽医应监督指导屠宰场（厂、点）方做好待宰、急宰、生物安全处理等环节各项记录。

8.2 官方兽医应做好入场监督查验、检疫申报、宰前检查、同步检疫等环节记录。

8.3 检疫记录应保存12个月以上。

主要参考文献

[1] 蔡宝祥．家畜传染病学（第4版）．北京：中国农业出版社，2001.

[2] 陈炳卿，刘志诚，王茂起．现代食品卫生学．北京：人民卫生出版社，2001.

[3] 陈怀涛，许乐仁．兽医病理学．北京：中国农业出版社，2005.

[4] 陈杰．家畜生理学（第4版）．北京：中国农业出版社，2003.

[5] 陈一资．肉品卫生与检疫检验（修订版）．成都：四川科学技术出版社，2000.

[6] 陈杖榴．兽医药理学（第2版）．北京：中国农业出版社，2002.

[7] 陈主初．病理生理学．北京：人民卫生出版社，2001.

[8] 崔治中．兽医免疫学实验指导．北京：中国农业出版社，2006.

[9] 葛兆宏，路燕．动物传染病（第2版）．北京：中国农业出版社，2011.

[10] 郭成宇．现代乳品工程技术．北京：化学工业出版社，2004.

[11] 胡桂学．兽医微生物学实验教程．北京：中国农业大学出版社，2006.

[12] 胡新岗，蒋春茂．动物防疫与检疫技术．北京：中国林业出版社，2012.

[13] 黎介寿，吴孟超，黄志强．普通外科手术学（第2版）．北京：人民军医出版社，2005.

[14] 李春雨，贺生中．动物药理．北京：中国农业大学出版社，2007.

[15] 李国江．动物普通病．北京：中国农业出版社，2001.

[16] 李增利．乳蛋制品加工技术．北京：金盾出版社，2001.

[17] 林德贵．兽医外科手术学（第4版）．北京：中国农业出版社，2004.

[18] 刘莉，王涛．动物微生物及免疫．北京：化学工业出版社，2010.

[19] 陆桂平，胡新岗．动物防疫技术．北京：中国农业出版社，2010.

[20] 彭克美．畜禽解剖学．北京：高等教育出版社，2005.

[21] 沈永恕，吴敏秋．兽医临床诊疗技术（第2版）．北京：中国农业大学出版社，2009.

[22] 滕可导．家畜解剖学与组织胚胎学．北京：高等教育出版社，2006.

[23] 王涛，张鸿．巧施兽医消毒．北京：中国农业出版社，2004.

[24] 王雪敏．动物性食品卫生检验．北京：中国农业出版社，2002.

[25] 王喆，韩昌权．畜牧业法规与行政执法．北京：中国农业出版社，2006.

[26] 王子轼，周铁忠．动物病理（第3版）．北京：中国农业出版社，2010.

[27] 王子轼．动物防疫与检疫技术．北京．中国农业出版社，2006.

[28] 吴敏秋，李国江．动物外科与产科．北京：中国农业出版社，2006.

[29] 吴敏秋，周建强．兽医实验室诊断手册．南京：江苏科学技术出版社，2009.

[30] 吴永宁．现代食品安全科学．北京：化学工业出版社，2003.

[31] 邢钊，乐涛．动物微生物及免疫技术（第2版）．郑州：河南科学技术出版

社，2008.
[32] 许益民．动物性食品卫生学．北京：中国农业出版社，2003.
[33] 杨廷桂，陈桂先．动物防疫与检疫技术．北京：中国农业出版社，2011.
[34] 于大海，崔砚林．中国进出境动物检疫规范．北京：中国农业出版社，1997.
[35] 于康震．兽医行政与执法．长春：吉林科学技术出版社，2003.
[36] 余锐萍．动物产品卫生检验．北京：中国农业大学出版社，2000.
[37] 翟向和，金光明．动物解剖与组织胚胎学．北京：中国农业科学技术出版社，2008.
[38] 张宏伟，杨廷桂．动物寄生虫病．北京：中国农业出版社，2006.
[39] 张宏伟．动物疫病．北京：中国农业出版社，2001.
[40] 张庆茹．动物生理学．北京：中国农业科学技术出版社，2007.
[41] 张小建．国家职业技能鉴定教程．北京：中国物资出版社，1997.
[42] 张彦明，余锐萍．动物性食品卫生学．北京：中国农业出版社，2002.
[43] 郑世民，范春玲．动物病理生理学．哈尔滨：黑龙江教育出版社，2007.
[44] 周光宏．畜产品加工学．北京：中国农业出版社，2002.
[45] 王功民．村级动物防疫员技能培训教材．北京：中国农业出版社，2008.
[46] 相关国家标准、行业标准、技术规范、法律法规等．